600MW超临界
循环流化床锅炉设备与运行

胡昌华　卢啸风　等　编著

中国电力出版社
CHINA ELECTRIC POWER PRESS

内 容 提 要

本书是为适应超临界循环流化床锅炉技术迅速发展的需要而编写的。本书针对600MW超临界循环流化床锅炉，介绍了大型循环流化床锅炉的气固流动特性、传热特性、燃烧过程与污染控制特性。本书重点介绍了世界首台600MW超临界循环流化床锅炉的系统布置和结构特性、辅机系统配置及其主要设备的结构与工作原理；简要介绍了超临界循环流化床锅炉的控制特性及控制系统；着重阐述了超临界循环流化床锅炉的运行调整和事故处理；最后介绍了大型电站循环流化床锅炉的燃烧调整与运行优化试验方法。

本书理论阐述通俗易懂，并引用了大量的工程实例，内容丰富，实用性强，可作为从事超临界循环流化床电站锅炉研究、设计、安装、调试、运行、检修等工作的技术人员、管理人员及大专院校相关专业师生的参考书，也可作为超临界循环流化床锅炉运行人员的培训教材。

图书在版编目（CIP）数据

600MW超临界循环流化床锅炉设备与运行/胡昌华，卢啸风编著．—北京：中国电力出版社，2012.2
ISBN 978-7-5123-2689-7

Ⅰ.①6...　Ⅱ.①胡...　②卢...　Ⅲ.①循环流化床锅炉-锅炉运行　Ⅳ.①TK229.6

中国版本图书馆CIP数据核字（2012）第021929号

中国电力出版社出版、发行
（北京市东城区北京站西街19号　100005　http://www.cepp.sgcc.com.cn）
航远印刷有限公司印刷
各地新华书店经售

*

2012年7月第一版　2012年7月北京第一次印刷
787毫米×1092毫米　16开本　32印张　731千字
印数0001—3000册　定价198.00元

《600MW超临界循环流化床锅炉设备与运行》

编审委员会

前　言

　　循环流化床（CFB）燃烧技术由于具有燃料效率高、污染小、煤种适应性好、负荷调节范围大等优点，在世界各主要工业国家得到大力发展和推广应用。近年来，国外投运的循环流化床锅炉最大容量已达到 460MW，蒸汽参数已达到超临界参数，国内循环流化床锅炉用户市场更是以几何数量级增长。我国在"十五"（2001—2005）期间，开展了超临界循环流化床锅炉方案的初步研究，随后将超临界循环流化床锅炉的研究列入国家"十一五"科技支撑计划的重大项目。2008年，国家发展和改革委员会批准在四川内江白马循环流化床示范电站建设世界最大容量的 600MW 超临界循环流化床锅炉发电示范工程，预计 2012 年投产发电，这标志着我国的超临界循环流化床锅炉技术已进入世界先进行列。

　　随着循环流化床锅炉超临界参数时代的来临，国内大型循环流化床电站锅炉的设计、安装、调试、运行、检修人员以及大中专学校相关专业的师生，迫切需要一本系统介绍超临界循环流化床锅炉设备结构、系统配置、运行特性、现场试验的专业参考书。本书就是为满足这一要求而编写的。

　　本书除绪论外，共分八章。绪论介绍了循环流化床锅炉的基本结构和发展概况，第一章介绍了循环流化床锅炉流态化基础，第二章和第三章重点介绍了 600MW 超临界循环流化床锅炉的系统布置和结构特性，第四章着重介绍了 600MW 超临界循环流化床锅炉的辅助系统及其主要设备的结构特性，第五章讨论了 600MW 超临界循环流化床锅炉的控制系统，第六章和第七章分别探讨了 600MW 超临界循环流化床锅炉的运行调整和大型循环流化床锅炉的事故处理，第八章叙述了大型电站循环流化床锅炉的常规试验。

　　本书的作者们从事流化床燃烧技术研究、循环流化床锅炉安装、运行及检修等应用工作已 20 余年，近年参与了国内主要大型循环流化床锅炉工程建设和运行调试工作，尤其是 600MW 超临界循环流化床锅炉的研发工作。600MW 超临界循环流化床锅炉机组是目前世界上在建容量最大的循环流化床机组，是我国具有独立知识产权的发电机组，凝聚了我国循环流化床科技工作者几十年的研究成果。

由于在世界上没有现成的经验可以借鉴，因此本书作者根据有关研究资料和锅炉厂家、设计院、大专院校的有关技术资料，四川白马循环流化床示范电站管理人员多年积累的经验，以及与其他大型循环流化床设计、科研、建设、运行单位技术人员共同探讨研究中获得的大量第一手资料，编著而成。

本书理论阐述通俗易懂，并引用了大量的工程实例，内容丰富，实用性强。

本书可作为大型循环流化床电站锅炉管理人员、运行人员、检修人员以及工程技术人员的培训用书，也可作为大型循环流化床研究人员、设计人员、建设单位技术人员的参考资料。

本书在编写过程中，大量引用了国外著名锅炉制造商、锅炉辅机制造商公开发表的各种技术资料，还大量参考或使用了清华大学、西安热工研究院、中科院工程热物理研究所、浙江大学、东方锅炉股份有限公司、哈尔滨锅炉股份有限公司、上海锅炉厂有限公司、西南电力设计院、西北电力设计院、重庆大学、四川白马循环流化床发电有限责任公司等单位的研究成果或技术资料，在此表示深深的感谢。

作者特别感谢国家发展和改革委员会自主研发 600MW 超临界循环流化床锅炉专家组的专家们在多次专题会议上，对 600MW 超临界循环流化床锅炉的各种技术问题的精辟分析，使作者受益匪浅。

本书由胡昌华组织编写，由卢啸风统稿。王泉海重新绘制了部分插图并参与文稿的校对工作。由于水平所限，加之当今大型循环流化床锅炉技术的快速发展，书中谬误和不妥之处在所难免，恳请读者批评指正。

作 者

2012 年 1 月

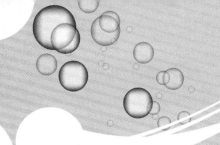

目　录

绪　　论

第一节　我国煤炭资源开发及其利用现状

一、我国的煤炭资源状况

我国煤炭资源储量较为丰富，分布面广，品种齐全。根据第三次全国煤田预测资料，除台湾省外，我国垂深 2000m 以浅的煤炭资源总量为 55 697.49 亿 t，其中探明保有资源量 10 176.45 亿 t，预测资源量 45 521.04 亿 t。在探明保有资源量中，生产、在建井占用资源量 1916.04 亿 t，尚未利用资源量 8260.41 亿 t。在现有探明储量中，烟煤占 75%、无烟煤占 12%、褐煤占 13%。其中，原料煤占 27%，动力煤占 73%。

在已探明的储量中，灰分小于 10% 的特低灰煤占 20% 以上；硫分小于 1% 的低硫煤约占 65%～70%；硫分 1%～2% 的约占 15%～20%。高硫煤主要集中在西南、中南地区。华东和华北地区上部煤层多低硫煤，下部多高硫煤。

煤炭在我国国民经济中占有重要的地位。在能源结构组成中，煤炭约占 75%，其次是石油和天然气以及可再生能源。从传统的能源消费与开采情况看，中国是世界上最大的煤炭生产国和消费国，2010 年煤炭产量已达到 33 亿 t 左右，煤炭消耗量已占到世界能源消耗量的 29%。到 21 世纪中叶，我国以煤为主的能源结构将不会改变，煤炭仍将是当今和今后中国能源的一个最重要的组成部分。

与丰富的煤炭资源相比，我国人均能源资源占有量却只有世界人均占有量的 1/2。我国人均煤炭能源资源占有量只有 233.4t，比世界人均煤炭占有量少 78.3t。因此，节约煤炭资源，尤其是节约优质煤炭资源，是确保国民经济可持续发展的重要措施之一。

二、我国煤炭资源的利用状况

我国生产的动力煤，主要是以燃烧方式将化学能转变为热能而加以利用。每年我国电站锅炉、工业锅炉与工业窑炉，仅发电、供热及工艺用热（烟气或蒸汽）耗煤就占了煤炭总消费量的 2/3 左右。据 2010 年的统计数据[1]，我国火力发电量约占发电总量的 73.43%（总发电量 42 277.71 亿 kW·h，其中，水电 6867.36 亿 kW·h，火电 34 166.28 亿 kW·h，核电 747.42 亿 kW·h，风电 494 亿 kW·h）。全国 6000kW 及以上容量电厂的平均供电标准煤耗为 333g/（kW·h）。

根据我国能源政策，火力发电厂应以煤为主要燃料，且动力用煤应尽量使用低品位劣质煤，加之市场经济条件下，电站锅炉燃煤煤质难以保证，煤质存在逐渐下降的趋势，这导致锅炉热效率下降、锅炉运行稳定性和安全性变差。另外，由于国民经济的快速发展，电网负荷的日峰谷差也不断增大，要求锅炉机组应具有较高的负荷调节能力。

三、煤炭开采、利用过程中带来的污染

在煤炭开采过程中会产生的大量煤矸石，煤炭洗煤过程中也会排出洗煤渣（煤泥），这些煤矸石、洗煤渣（煤泥）如果不加以利用，直接堆放在露天，也会造成严重环境污染。随着我国煤炭洗选率逐步提高到 50% 以上，每年由此还会新增 2 亿～3 亿 t 的煤矸石和洗煤渣（煤泥）。为解决煤矸石、洗煤渣（煤泥）的综合利用问题，"十一五"期间，国家有关部门特批 2000 万 kW 容量的循环流化床锅炉机组，用于在煤炭产区建设坑口电厂，燃用煤矸石和洗煤渣等低热值燃料。

以煤炭作为主要能源并且直接燃烧利用，是造成我国严重大气污染的主要原因之一。我国大气污染物中，80% 的粉尘、90% 的 SO_2、70% 的 NO_x 污染物，都来自煤的直接燃烧过程。煤炭在燃烧过程中，还带来严重的固体废弃物污染。作为燃煤大户的火力发电厂，其环保问题，也越来越受到全社会的关注。

四、燃煤锅炉在火力发电生产中的地位和作用

燃煤锅炉是利用煤燃烧放出的热量加热工质生产具有一定压力和温度的蒸汽的设备，也称为燃煤蒸汽锅炉。蒸汽锅炉按其用途的不同分为电站锅炉和工业锅炉。电站锅炉是指电力工业中专门用于生产电能的锅炉；而用于国民经济其他工业部门的锅炉，常称为工业锅炉。

火力发电厂的生产过程是一个能量转换的过程。这个能量转换过程是通过火力发电厂的三大主要设备即锅炉、汽轮机和发电机来实现的。锅炉将燃料的化学能转换为蒸汽的热能，生产并根据需要供给汽轮机以相应数量和规定质量（如汽压、汽温等）的过热蒸汽；汽轮机将蒸汽的热能转换为汽轮机转子的旋转机械能；发电机，将机械能转换为电能。

由上可知，锅炉是火力发电厂能量转换的首要环节，也是按能源品质而言，效率转换最低的一个环节，因此是最有节能潜力的一个环节。此外，由于锅炉运行耗用大量燃料，因此它工作的状况对整个电厂的经济性影响极大。

电能生产的一个特点是电能很难储存，发电厂的发电量要随着外界负荷的改变而变化，因而发电厂锅炉所产生的蒸汽也必须根据外界的需要而经常变化，以保证及时输送相应数量和规定质量的蒸汽给汽轮机，满足用户的用电需要。由于火力发电厂的能量转换过程是连续进行的，因此电网负荷变化，最终要由锅炉进行适当的燃烧调整来完成，因而锅炉实际上肩负着及时调节发电负荷的重任。这使得锅炉在火力发电厂正常生产运行过程中占有重要的地位。

锅炉也是火力发电厂中受外界因素变化影响最大的设备。市场经济条件下，燃煤品质很难与设计煤质保持一致；天气变化等因素给锅炉燃煤品质也带来一定的影响，因此锅炉工作条件较差。运行中锅炉设备一旦发生故障，必将影响到整个发电生产过程的正常进行。

燃煤锅炉也是火力发电厂中环保工作的重点。火力发电厂对环境的污染，主要来自燃

煤锅炉。因此，搞好燃煤锅炉废气（粉尘、SO_2、NO_x）、废水、废渣的治理，对提高火力发电厂的社会效益和经济效益有很大的作用。

综上所述，燃煤锅炉对火力发电厂能否安全、经济地为社会提供清洁能源，具有重要的作用。为了人类社会的可持续发展，世界各国都在大力推广洁净煤技术，以解决能源资源短缺和环境保护问题。

五、洁净煤技术

所谓洁净煤技术，就是采用多种先进技术，使煤炭利用过程中所产生的环境污染，降低到最低程度。针对现阶段的煤炭利用过程中的大气污染问题，我国推广洁净煤技术的主要目标是要大幅度减少燃煤锅炉的 SO_2 排放，并开始针对 NO_x 排放、粒径 $10\mu m$ 以下的飘尘排放以及重金属排放进行控制。

洁净煤技术主要包括煤燃烧前的处理和净化技术、煤燃烧过程中的净化技术、煤燃烧后的烟气净化技术。

煤燃烧前的处理和净化技术主要包括煤的洗选处理、型煤加工、水煤浆技术，以及高效低污染的煤的转化技术，如煤炭气化技术，煤炭液化技术，煤、油共炼技术，以及煤层甲烷气的利用等。

煤炭燃烧过程中的净化技术包括各种炉内脱硫、脱硝技术与消烟除尘技术，如流化床脱硫脱硝燃烧技术、炉内喷钙脱硫技术、型煤固硫技术、燃料再燃脱硝技术等。

煤炭燃烧后的烟气净化技术主要包括烟气脱硫技术、烟气脱硝技术以及各种高效除尘技术等，如各种干法或湿法烟气脱硫装置、各种烟气脱硝装置、静电除尘器与袋式除尘器等。

在现有的多种洁净煤技术中，煤炭燃烧过程中的净化技术，如循环流化床燃烧技术，在现阶段仍具有投资较少、运行费用低、煤种适应性好、市场应用广泛的特点。

以燃煤为主的能源结构、尽量使用劣质煤的火电厂用煤政策、日益下降的煤质与不断提高的火电调峰要求、市场化煤炭采购引起的入厂煤质波动、煤炭开采及使用过程中带来的严重大气污染，以及可持续发展和资源综合利用的要求，都迫切需要一种能高效燃用各种低发热量燃料、具有低污染及良好的调峰能力的新型高效燃煤技术。在这种市场需求的推动下，超临界循环流化床锅炉燃煤技术就应运而生了。与传统燃煤锅炉相比，超临界循环流化床锅炉不仅具有煤种适应性广、燃烧稳定、污染物排放量少且易于控制、负荷调节性好、灰渣可以综合利用等优点，而且由于有较高的蒸汽参数，电厂发电循环效率显著提高，目前在世界各主要工业国家得到大力研发和推广应用。

第二节　国外大型循环流化床锅炉技术发展概况

自从 20 世纪 80 年代以来，大型循环流化床锅炉技术在商业化过程中显示出其优良的环境保护特性，其污染控制成本较低，但在达到较高的供电效率方面并未具有明显的优越性，因此提高蒸汽的压力和温度并增加其容量已成广泛共识。随着循环流化床大型化的发展和世界首台亚临界 250MW 再热循环流化床锅炉于 1996 年顺利投运，以及 300MW 等级燃煤循环流化床锅炉的商业化，国际上在 20 世纪末展开了超临界循环流化床锅炉的研究。从技术角度来看，循环流化床和超临界都是成熟技术，两者的结合相对技术风险不大，结合后的技术综合了循环流化床低成本污染控制及超临界高供电效率两个优势，在燃料价格、材料成本、制造水平上，具有巨大的商业潜力，是一个具有明显优势的燃煤发电技术。超临界循环流化床锅炉技术，几乎降低了所有的污染物排放，包括 CO_2、SO_2、NO_x、Hg、粉尘等，同时还减少了发电煤耗、减少了发电水耗、减少了排灰量等。

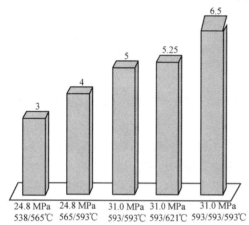

24.8 MPa 538/565℃	24.8 MPa 565/593℃
31.0 MPa 593/593℃	31.0 MPa 593/621℃
31.0 MPa 593/593/593℃	

图 0-1　超临界参数机组发电循环净效率的提高值

以亚临界参数机组为基准，蒸汽参数提高后，机组发电循环净效率的提高值见图 0-1。

在超临界煤粉炉中，由于炉膛中的燃烧比较集中，热负荷分布不均，工质的热偏差较大，再加上工质温度较高，因此水冷壁部件的冷却能力是关键之一，而循环流化床锅炉炉膛内的温度水平和热流密度比煤粉炉低得多，降低了对水冷壁冷却能力的要求。循环流化床炉膛内的热流密度在炉膛底部最大，且随着炉膛高度的增加而逐渐减小，热流最大值出现在工质温度最低的炉膛下部区域，有利于水冷壁金属温度的控制。在煤粉炉中，炉膛内热流曲线的峰值所对应的工质温度较高。循环流化床锅炉的低温燃烧使得炉膛内的温度水平低于一般煤灰的灰熔点，再加上炉膛内较高的固体颗粒浓度，所以水冷壁上基本没有积灰结渣，保证了水冷壁的吸热能力。与煤粉炉相比，循环流化床锅炉炉膛内的温度非常均匀，尤其是宽度和深度方向上的热负荷分布比煤粉炉均匀得多。可见，循环流化床所具有的特性使其更适合与超临界技术相结合。

超临界循环流化床（SC 循环流化床）锅炉兼备了循环流化床燃烧技术和 SC 蒸汽循环的优点。超临界循环流化床锅炉作为下一代循环流化床燃烧技术，由于可以得到较高的供电效率，烟气净化（脱硫、脱硝）的初投资和运行成本比烟气脱硫低 50% 以上，是一种很适于大量推广的高效洁净煤发电技术，其商业前途十分光明，因此在国内外受到高度重视。

国际上在 20 世纪末就展开了超临界循环流化床锅炉的研究。国外的主要研发商有美国 Foster Wheeler 公司（简称 FW 公司）、ALSTOM 法国分公司和 ALSTOM 美国分公司等。

（一）美国 Foster Wheeler（FW）公司的超临界循环流化床锅炉技术[2~5]

FW 公司所设计的超临界参数直流锅炉采用本生技术、方形分离器以及整体式再循环热交换器（INTREX）的紧凑设计，见图 0-2。锅炉从 35% 负荷至 100% 负荷时按线性滑压方式运行，亚临界向超临界的转折点大约在 75% 负荷，见图 0-3。

该设计充分吸收了波兰 Turow 电厂的 4~6 号炉的经验，在锅炉两侧分别布置 4 个冷却式方形分离器，再热蒸汽调温主要通过调节进入 INTREX 灰流量的比例以及尾部双烟道调节挡板的位置来实现。分离器和 INTREX 均由膜式壁构成，它与炉膛形成紧凑式布置。工质从四面炉墙的底部进入炉膛，然后向上流动至布置在炉膛顶部的出口集箱。炉膛底部水冷壁为光管，以降低流动阻力。中间和上部水冷壁采用内螺纹管，以防止在低负荷亚临界工况时，蒸汽质量流量较低而产生传热恶化。FW 公司采用该技术方案设计的世界第一台 460MW 超临界循环流化床锅炉，安装在波兰 Lagisza 电厂，并于 2009 年初投入商业运行，见图 0-4。该锅炉设计煤种参数见表 0-1，实测性能参数见表 0-2。

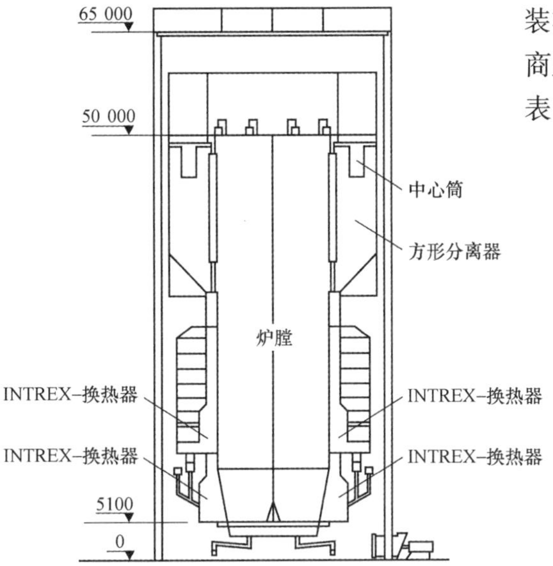

图 0-2　FW 公司超临界
循环流化床锅炉简图

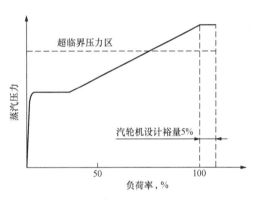

图 0-3　FW 公司超临界循环流化
床锅炉运行方式

　　该锅炉基于波兰 Turow 电厂 235MW 循环流化床锅炉上进行的热流测量和炉内流动的三维模型进行设计，最大连续主蒸汽流量为 359.8kg/s，最小连续主蒸汽流量为 143.9kg/s，汽轮机入口处蒸汽压力为 27.5MPa，汽轮机入口处蒸汽温度为 560℃；再热蒸汽流量为 306.9kg/s，再热蒸汽入口压力为 5.46MPa，再热蒸汽温度为 314.3℃，汽轮机入口再热蒸汽温度为 580℃。这是世界上第一台超临界循环流化床锅炉。该锅炉于 2009 年 6 月交付商业运行后，运行状态良好。图 0-5 为锅炉在 100％负荷时的运行数据。

图 0-4　Lagisza 电厂 460MW 超临界循环流化床锅炉

表 0-1   **波兰 Lagisza 电厂 460MW 超临界循环流化床锅炉设计煤质资料**

成分 \ 煤种	烟 煤		煤泥浆① （<30%）	
	设计煤种	实际燃煤	范围	范围
LHV （MJ/kg）	20	20.75	18～23	7～17
水分（%）	12	10.3	6～23	27～45
灰分（%）	23	24.7	10～25	28～65
硫分（%）	1.4	0.86	0.6～1.4	0.6～1.6
氯（干态）（%）	<0.4	N/A	<0.4	<0.4

① 设计要求燃烧最高至 50% 的洗煤厂的洗矸和 10% 的生物质燃料。

表 0-2   **波兰 Lagisza 电厂 460MW 超临界循环流化床锅炉实测性能参数**

性能参数	40%MCR		60%MCR		80%MCR		100%MCR	
	实测值	设计值	实测值	设计值	实测值	设计值	实测值	设计值
主蒸汽流量（kg/s）	144		205		287		361	361
主蒸汽压力（MPa）	13.1		17.2		23.1		27.1	25.7
主蒸汽温度（℃）	556		559		560		560	560
再热蒸汽压力（MPa）	1.9		2.8		3.9		4.8	5.0
再热蒸汽温度（℃）	550		575		580		580	580
床温（℃）	753		809		853		889	
排烟温度（℃）	80		81		86		88	
烟气 O_2（%）	6.8		3.8		3.4		3.4	
锅炉效率（%）	91.9	91.7	92.8	92.3	92.9		93.0	92.0

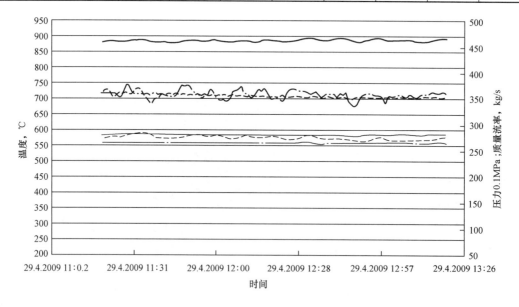

图 0-5   波兰 Lagisza 电厂 460MW 超临界循环流化床锅炉 100% 负荷时的运行参数

　　FW 公司签订的第二台超临界循环流化床锅炉合同，容量为 330MW，燃用无烟煤及不超过 30％的无烟煤洗煤浆。业主是俄罗斯电力机械建设公司，安装在俄罗斯南部的罗斯托夫地区 Novocherkasskaya 电厂，计划于 2012 年底投入商业运行，见图 0-6。

　　该炉最大连续主蒸汽流量为 278kg/s，汽轮机入口蒸汽压力为 24.8MPa，汽轮机入口蒸汽温度为 565℃；再热蒸汽流量为 227kg/s，锅炉进口再热蒸汽压力为 4.0MPa，汽轮机入口再热蒸汽温度为 580℃。锅炉设计排放标准为：SO_2 小于 400mg/m^3，NO_x（NO_2）小于 300mg/m^3，CO 小于 300mg/m^3。

　　2011 年 7 月，美国 FW 公司获得了韩国南方动力公司 Samcheok 绿色动力项目（Samcheok GreenPower Project）的锅炉订单，将为该项目提供 4 台 550MW 的超临界循环流化床锅炉，该锅炉设计采用本生垂直管直流锅炉技术，燃用煤与生物质混合物并达到相应排放标准。该发电机组计划于 2015 年 6 月投入运行，见图 0-7。

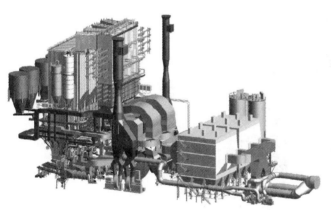

图 0-6　FW 公司设计的 330MW
超临界循环流化床锅炉示意图

图 0-7　550MW 超临界循环
流化床锅炉方案示意图

　　近年来，FW 公司在美国能源部支持下，联合多家企业，正在大力开发 800MW 级超超临界循环流化床锅炉。800MW 超超临界循环流化床锅炉的研发项目开始于 2005 年，目前已对 800MW 超超临界级循环流化床锅炉的锅炉设计、蒸汽循环、排放性能、动态特性和经济性等进行了详细的研究。参加该研发计划的有福斯特惠勒公司、芬兰国家技术研究中心（VTT）、西班牙的 Endesa Generación 电力公司、德国西门子公司、西班牙 Rundacion CIRCE 公司、希腊 Hellas 研究和技术中心。该项目有两个锅炉方案，其设计参数见表 0-3。

　　第一方案蒸汽参数为 30MPa/600℃/620℃ 的常规超超临界循环流化床锅炉，已于 2009 年底开发出容量为 800MW 常规超超临界循环流化床直流锅炉方案，见图 0-8。

表 0-3　　　　　　　　　　800MW 超超临界循环流化床锅炉设计参数

项　　目	第一方案	第二方案	项　　目	第一方案	第二方案
过量空气为 20% 时炉膛出口温度（℃）	853	851	总灰量（t/h）	68	67
			蒸汽参数（MPa/℃/℃）	30/600/620	35/700/720
煤流量（t/h）	238	236	主蒸汽流量（t/h）	2054	1972
石灰石流量（t/h）	48	47	再热蒸汽流量（t/h）	1760	1596
空气流量（t/h）	2478	2452	机组总功率（MW）	778	805
烟气流量（t/h）	2697	2668			

注　Ca/S＝2.4，脱硫效率＝96%。

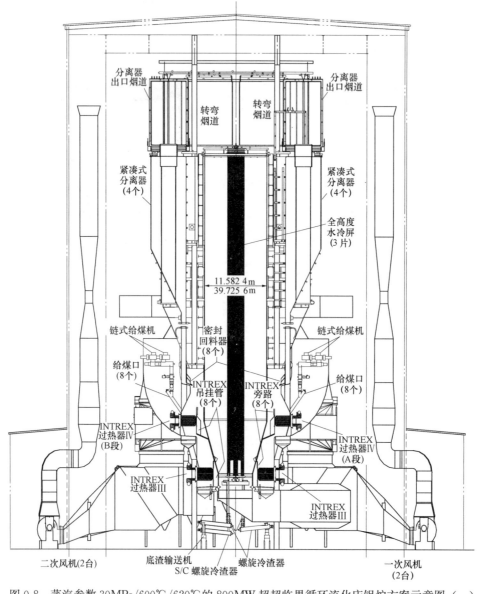

图 0-8　蒸汽参数 30MPa/600℃/620℃的 800MW 超超临界循环流化床锅炉方案示意图（一）

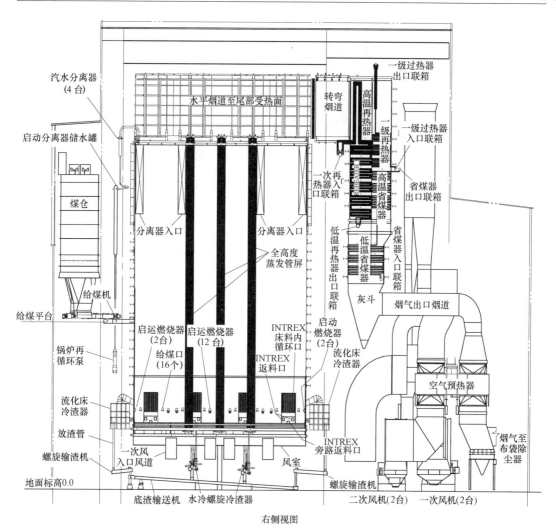

图 0-8 蒸汽参数 30MPa/600℃/620℃ 的 800MW 超超临界循环流化床锅炉方案示意图（二）

第二方案蒸汽参数为 35MPa/700℃/720℃ 的先进超超临界循环流化床锅炉，见图 0-9，其发电净效率可达 53%。

（二）法国 Stein 公司设计的超临界循环流化床锅炉

Stein 在设计 Provence 电站的 250MW 循环流化床锅炉时，已经考虑到循环流化床锅炉容量放大的问题，即采用将 Emile 125MW 循环流化床锅炉容量增加一倍的方法。Stein 的循环流化床燃烧技术发展目标是将机组容量增加至 600MW，它是基于放大设计经验以及 Provence 250MW 经验，并进一步改善机组的效率。从加尔达恩电厂收集了大量的数据，通过对实际性能与预计结果的比较，对他们原有的几个模型进行了修正。对大容量循环流化床锅炉，Stein 设想采用 30MPa/580℃/580℃/580℃ 二次再热，并研究了关键的合金钢管在 600～680℃ 温度下的性能。

Stein 公司目前已经完成了 600MW 超临界循环流化床锅炉的设计，并将由法国电力公司实施示范工程。该 600MW 超临界循环流化床锅炉的燃烧室截面积为 306m²，蒸汽温

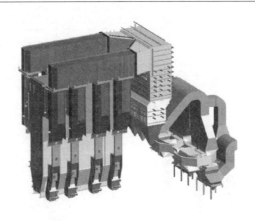

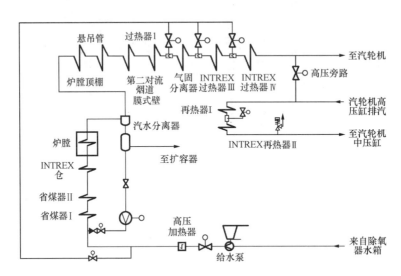

图 0-9　蒸汽参数 35MPa/700℃/720℃ 的 800MW 先进超超临界循环流化床锅炉方案示意图

度为 600℃，单炉膛双布风板 6 个冷却式分离器和相应的 6 个冷却式炉墙构成外置换热器，见图 0-10。其主要设计特点如下：

（1）"裤衩腿"型单炉膛、双布风板，垂直管型水冷壁以避免磨损。

（2）设有 6 个蒸汽冷却常规高效旋风分离器。

（3）设有 6 个外置热交换器。外置床内布置的受热面有中温过热器（ITSI 和 ITSII）、低温过热器（LTS）、高温再热器（HTR）和水冷受热面（省煤器）。

（4）对每组 3 个旋风分离器配置 1 个蒸汽冷却旋风分离器出口烟道。

该锅炉过热蒸汽流量为 483kg/s，过热蒸汽压力为 27.6MPa，过热、再热蒸汽温度均为 602℃，再热蒸汽压力为 6MPa，给水温度为 290℃。该示范工程的目标是要保证低污染物排放水平下的低发电成本以及运行灵活性。预计 NO_x 的排放小于 $150mg/m^3$，SO_2 的排放小于 $250mg/m^3$。

Stein 公司对 600MW 超临界循环流化床锅炉的性能进行了详细的研究，尤其是燃烧问题，认为分离器并不是影响循环流率的唯一参数，煤的破碎粒径对它也会有影响：在 $100\mu m$ 范围内，除了分离器效率之外，煤的粒径分布以及煤和石灰石的成灰特性、磨耗特性均对循环流率有重要影响。由于水冷壁金属管壁温度限制了出口工质温度，认为内螺纹管可在低质量流速下避免产生传热恶化，选择合理的水冷壁管直径可以解决这一问题。为承受高达 600℃ 的高温，过热器和再热器可采用 9％～12％Cr 材料，Ⅲ级过热器管考虑使用奥氏体钢，以满足蠕变、腐蚀、蒸汽氧化和热疲劳等要求。

（三）ABB-CE 公司的超临界循环流化床锅炉

ABB-CE 公司在多年前就开始了超临界循环流化床锅炉的研究，如垂直水冷壁在超临界工况下的滑压运行特性、炉膛的循环系统和材料问题、滑压运行的超临界循环流化床锅炉的可行性等，并对炉内热流分布、热负荷分配及辅机电耗、启动过程等进行了研究。尽管循环流化床锅炉的燃烧室受热面的局部热负荷不及煤粉炉的 1/3，但仍有必要维持一定的质量流速以满足水冷壁的冷却。在上述研究和工程实践基础上，完成了 25MPa/569℃ 的 420MW 超临界循环流化床锅炉的详细热力性能和水动力计算，锅炉方案见图 0-11。

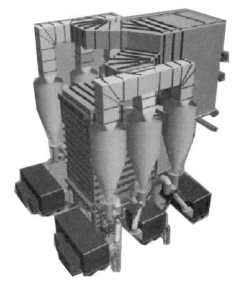

图 0-10 Stein 公司设计的 600MW
超临界循环流化床锅炉方案

ABB-CE 公司的循环流化床技术是从德国 Lurgi 引进的。固体燃料的循环流动完全采用典型的 Lurgi 系统。烟气携带的固体物料被旋风分离器收集后，靠重力流入返料装置，通过水冷机械调节阀的分配，一部分流入换热床，在床中被低速流化，将一部分热量传给埋在床中的受热管排，受到一定冷却后流入炉膛；其余部分直接返送至炉膛。通过调节两部分流量，实现对炉膛温度的调节。

目前，由于 ABB-CE、Stein 公司已经加盟 Alstom 公司，合并后的 Alstom 公司整合原来各公司

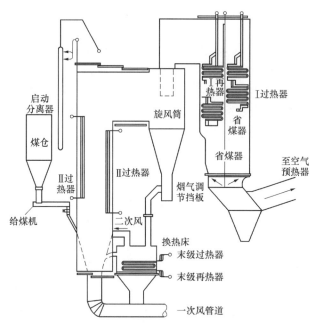

图 0-11 ABB-CE 公司 420MW 超临界循环流化床锅炉方案

的技术，正在积极策划超临界循环流化床锅炉示范工程。

第三节 国内大型循环流化床锅炉技术发展概况[6~8]

我国早在 20 世纪 60 年代开始了流化床燃烧技术的研究，开发了一大批具有中国特色的鼓泡流化床锅炉。到 20 世纪 80 年代初，我国的鼓泡流化床锅炉数量达到 3000 余台，居世界之冠，占世界流化床锅炉总数的 80% 以上，在国际上一度领先。当时鼓泡流化床锅炉的最大容量已达 130t/h，并积累了大量的工程经验。但是飞灰含碳量高、埋管磨损、容量放大困难等问题始终没有解决。

20 世纪 80 年代初，电站循环流化床锅炉在德国的成功示范，为流化床燃烧技术的发展指明了方向。由于循环流化床锅炉中设置了分离器与物料回送装置，燃烧效率更高。从 1980 年到 1990 年，我国开发了各式各样的循环流化床锅炉，容量在 35~75t/h。但是限于当时的认识水平，对循环流化床锅炉技术流程的理解还是基于鼓泡流化床的知识，错误认为循环流化床锅炉仅仅是带有分离器的鼓泡流化床锅炉，导致这批锅炉在运行中存在一些安全性及经济性问题。

20 世纪 90 年代开始，中国的循环流化床燃烧技术研究者认识到对该技术相关基础研究的重要性，在此基础上，国家有关部门组织了完善化的 75t/h 示范工程，此后相继成功开发了 130、220、410、440、480t/h 循环流化床锅炉。尽管这些进步当中还存在相当程度的模仿和经验性，但是有的单位已经形成了比较完整的设计理论体系。在大量经验的基础上，国内相关研发部门总结了循环流化床锅炉的基本原理和定量计算，使得锅炉设计建立在更加可靠的规范基础上。采用国内技术的循环流化床锅炉的可用率、可靠性、效率已经达到国际先进水平。大量工程实践积累了很多经验，使我国成为世界上拥有循环流化床锅炉最多、技术示范最多的国家。

我国在自主研制循环流化床燃烧技术的同时，通过技术引进，包括合作生产、设备进口、制造许可证等多种形式，在国内投运了多台大型循环流化床锅炉。1992 年哈尔滨锅炉厂作为分包商与 Alstom 公司一起为国内某化工企业提供了两台 220t/h 高温高压循环流化床锅炉；1996 年内江高坝电厂进口了一台 410t/h 高温高压循环流化床锅炉。

2000 年之前，220t/h 及以上容量的循环流化床锅炉，基本上采用引进技术制造或直接购买国外产品，这些引进技术包括以下几方面：

（1）哈尔滨锅炉厂引进 PPC 公司 220t/h 循环流化床锅炉制造技术。

（2）东方锅炉厂引进 FW 公司 220~410t/h 非再热循环流化床锅炉设计制造技术。

（3）哈尔滨锅炉厂引进 Alstom 公司（EVT）220~440t/h 非再热和再热循环流化床锅炉设计制造技术。

（4）上海锅炉厂引进 Alstom 公司（CE）220~440t/h 非再热和再热循环流化床锅炉设计制造技术。

（5）武汉锅炉厂引进 Alstom 公司（EVT）220~440t/h 非再热和再热循环流化床锅炉设计制造技术。

2003 年，哈尔滨锅炉厂、东方锅炉厂、上海锅炉厂共同引进了 Alstom（CE）公司 200～350MW 再热循环流化床锅炉设计制造技术。

技术引进对国内 CFB 锅炉技术的发展起到了积极的推动作用。在引进技术基础上，通过多年的消化吸收和经验总结，国内三大锅炉厂均开发出具有自主知识产权的 300MW 级亚临界循环流化床锅炉技术，并都有工程应用业绩。

图 0-12 是东方锅炉厂研发的具有自主知识产权的 300MW 循环流化床锅炉。该锅炉的主要结构特点是：采用单炉膛、双侧进风结构；炉内布置水冷屏和屏式再热器与屏式过热器；前墙给煤，后墙排渣；采用 3 台汽冷式旋风分离器；采用管式空气预热器。

哈尔滨锅炉厂和上海锅炉厂也分别开发出具有自主知识产权的 300MW 级循环流化床锅炉。

图 0-13 是哈尔滨锅炉厂自主研发的 300MW 循环流化床锅炉示意图。该锅炉的主要特点是：采用裤衩腿双布风板单炉膛结构；不带外置床；采用绝热旋风分离器。

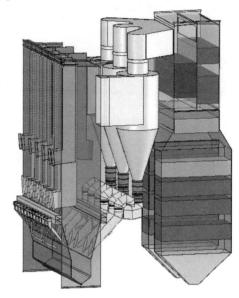

图 0-12　东方锅炉厂研制的具有
自主知识权的 300MW 循环流化床锅炉

图 0-14 是上海锅炉厂自主研发的 300MW 循环流化床锅炉示意图。该锅炉的主要特点是：采用单布风板、单炉膛结构；不带外置床；采用绝热或水冷旋风分离器。

三大锅炉厂自主研发型 300MW 循环流化床锅炉在结构布置上的主要差别见表 0-4。

表 0-4　　　　　　　三大锅炉厂自主研发型 300MW 循环流化床锅炉主要结构差异

锅炉厂名称 结构布置	东方锅炉厂	哈尔滨锅炉厂	上海锅炉厂
炉膛结构特点	单炉膛单布风板	双炉膛双布风板	单炉膛单布风板
分离器形式/数量	汽冷式/3	绝热式/4	水冷式或绝热式/3
给煤形式	前墙给煤	4 个回料腿给煤	前墙给煤
回料器结构形式	"一分二"回料器	"一分二"回料器	传统 "J" 阀
再热器布置	屏式再热器＋对流再热器	屏式再热器＋对流再热器	对流再热器
空气预热器形式	管式	管式	回转式

除三大锅炉厂外，国内一些科研机构也在研制具有自主知识产权的 300MW 级循环流化床锅炉。图 0-15 是西安热工研究院与哈尔滨锅炉厂联合研制的 330MW 循环流化床锅炉结构示意图。该锅炉采用单布风板、4 个高温旋风分离器，呈 "H" 型布置，设计有自主知识产权的外置床。第一台锅炉安装在江西分宜电厂，已于 2008 年投运。

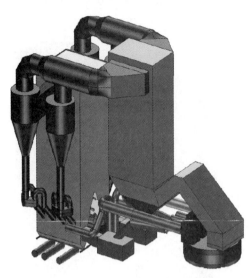

图 0-13　哈尔滨锅炉厂自主研制的
300MW 循环流化床锅炉示意图

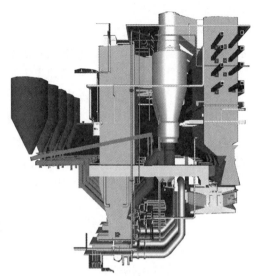

图 0-14　上海锅炉厂自主研制的
300MW 循环流化床锅炉示意图

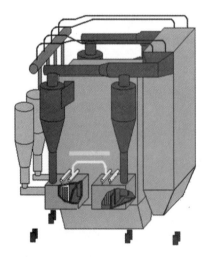

图 0-15　西安热工研究院研制的
330MW 循环流化床锅炉结构示意图

随着自主型 300MW 循环流化床锅炉的出现，300MW 循环流化床锅炉市场份额进一步扩大。截至 2010 年底，国内已投运 300MW 级循环流化床锅炉 39 台，其中引进技术型 17 台，具有自主知识产权的炉型 22 台。数十台燃用不同煤种的 300MW 循环流化床锅炉的成功投运，进一步增强了国家有关部门及用户对 300MW 级循环流化床锅炉运行可靠性及经济性的信心。"十一五"期间，国家有关部门为加快煤矸石综合利用而特批了 2000 万 kW 容量的循环流化床锅炉机组（绝大部分是 300MW 级循环流化床锅炉）。上述原因导致了国内 300MW 循环流化床锅炉产品市场在 2007 年开始出现"井喷"现象。截至 2010 年底，三大锅炉厂共获得超过 70 台 300MW 级循环流化床锅炉订单，几乎全部都是自主型 300MW 循环流化床锅炉。

　　此外，三大锅炉厂均在自主型亚临界 300MW 循环流化床锅炉技术基础上，积极开发自主知识产权的 350MW 超临界循环流化床锅炉技术。比如东方锅炉厂在国内率先开发的 350MW 超临界循环流化床锅炉技术，采用单炉膛，"M"型布置方案，不设外置床，炉内设高温再热器和高温过热器及中温过热器Ⅱ；炉内还设置靠后墙布置的全高度水冷屏，采用尾部双烟道结构，布置低温再热器和低温过热器，中温过热器Ⅰ，采用管式空气预热器。

　　与 350MW 亚临界循环流化床锅炉相比，350MW 超临界循环流化床锅炉由于汽水特性的巨大差异，在锅炉受热面布置方面有较大变化。这种变化主要体现在两点：一是由于汽化潜热减小至零，锅炉燃烧主循环回路［炉膛—分离器—回料器（外置床）—炉膛］中需要布置更多的过（再）热蒸汽受热面，甚至省煤器受热面；二是由于水冷壁吸热量增加（工质入口需有一定的欠焓，出口需有一定的过热度），其吸热份额从亚临界时的约27.4%增加到超临界时的约40%。

2006年，国家有关部门已正式决定自主研发600MW超临界循环流化床锅炉，计划在2012年投入商业运行。国内三大锅炉厂均提出了具有自主知识产权的设计方案。

（一）东方锅炉厂600MW超临界循环流化床锅炉方案

东方锅炉厂设计的600MW超临界循环流化床锅炉结构布置见图0-16。锅炉为超临界直流炉，单炉膛、H型布置、平衡通风、一次中间再热、循环流化床燃烧方式，采用外置床调节床温及再热蒸汽温度，采用高温汽冷式旋风分离器进行气固分离。锅炉整体呈左右对称布置，支吊在锅炉钢架上。

锅炉由三部分组成，第一部分布置有主循环回路，包括炉膛、汽冷式旋风分离器、回料器以及外置床等；第二部分布置尾部烟道，包括低温过热器、低温再热器和省煤器等；

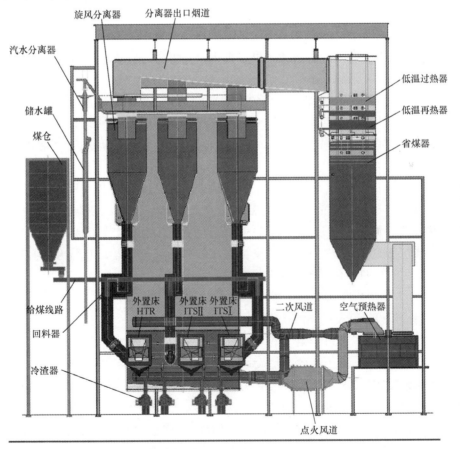

| 机组出力： | 600MW | 蒸汽压力： | 25.4MPa(g) |
| 最大连续蒸发量： | 1900t/h | 主蒸汽／再热蒸汽温度： | 571/569℃ |

图0-16　东方锅炉厂600MW超临界循环流化床锅炉结构布置示意图

第三部分为单独布置的两台四分仓回转式空气预热器。

锅炉本体包括裤衩腿双布风板单炉膛、汽冷式分离器和进出口烟道、6 个外置换热床、单面曝光中隔墙、低质量流速的光管和内螺纹管垂直管圈水冷壁、末级过热器以悬挂屏方式布置在炉膛中、2 台回转式空气预热器、滚筒式冷渣器、带有循环泵的启动系统等。

锅炉的循环系统由启动分离器、储水罐、水冷壁上升管及汽水连接管等组成。在负荷≥35%THA 后,直流运行,一次上升,启动分离器入口具有一定的过热度。为避免炉膛内高浓度灰的磨损,水冷壁采用全焊接的垂直上升膜式管屏,炉膛采用光管(部分区域采用内螺纹管)。炉膛内还布置有 16 片屏式过热器管屏,管屏采用膜式壁结构,垂直布置,在屏式过热器下部转弯段及穿墙处的受热面管子上均敷设有耐磨材料,防止受热面管子的磨损。

炉膛下部一分为二。布风板之下为由水冷壁管弯制围成的水冷风室。燃料从布置在 6 个回料器上及 6 个外置床返料管的给煤口送入炉膛。石灰石采用气力输送,6 个石灰石给料口布置在回料腿上。

每台炉设置有 4 个床下点火风道,每 2 个床下点火风道合并后,分别从分体炉膛的一侧进入风室。每个床下点火风道配有 2 个油燃烧器,能高效地加热一次流化风,进而加热床料。另外,在炉膛下部还设置有床上助燃油枪,用于锅炉启动点火和低负荷稳燃。6 台滚筒式冷渣器布置在炉膛两侧。

6 台蒸汽冷却式旋风分离器布置在炉膛两侧的钢架副跨内,在旋风分离器下各布置一台回料器。由旋风分离器分离下来的物料一部分经回料器直接返回炉膛,另一部分则经过布置在炉膛两侧的外置换热器后再返回炉膛。外置床内布置有受热面,靠炉前的 2 个外置床中布置的是高温再热器(HTR),通过控制其间的固体粒子流量来控制再热蒸汽的出口温度;中间的 2 个外置床中布置的是中温过热器Ⅱ(ITSⅡ),可以通过控制其间的固体粒子流量来控制中温过热器Ⅱ出口汽温;靠炉后的 2 个外置床中布置的是中温过热器Ⅰ(ITSⅠ),通过控制其间的固体粒子流量来调节床温。

汽冷包墙包覆的尾部烟道内从上到下依次布置有低温过热器、低温再热器和省煤器。空气预热器采用 2 台四分仓回转式空气预热器。

(二)哈尔滨锅炉厂 600MW 超临界循环流化床锅炉方案

哈尔滨锅炉厂设计开发的 600MW 超临界循环流化床锅炉,为超临界参数变压运行直流锅炉,采用单炉膛、一次中间再热循环流化床锅炉,锅炉整体布置见图 0-17。

锅炉主要由单炉膛、6 个高效绝热旋风分离器、6 个回料器、6 个外置床、尾部对流烟道、8 台滚筒式冷渣器和 2 个回转式空气预热器等部分组成。炉膛采用裤衩腿、双布风板结构,炉膛内蒸发受热面采用垂直管圈一次上升膜式水冷壁结构。采用水冷布风板、大直径钟罩式风帽。在炉膛上部左右两侧各布置有 3 个内径为 9.3m 的高效绝热旋风分离器,分离器上部为圆筒形,下部为锥形。每个分离器回料腿下布置一个回料器和一个外置床,分离器分离下来的循环物料,分别进入回料器和外置床,再分别以高温物料和"低温"物料的状态返回炉膛,从而达到了床温调节和再热汽温调节的目的。

回料器为气力式自平衡型，流化风用高压风机供给。回料器外壳由钢板制成，内衬保温材料和耐磨耐火材料。耐磨材料和保温材料采用拉钩、抓钉和支架固定。每个回料器一侧与炉膛相连，另一侧与一个外置床相连。分离器分离下来的高温物料一部分直接返送回炉膛，另一部分进入外置床，外置换热器入口设有锥形阀，通过调整锥形阀的开度来控制外置换热器和回料器的循环物料分配。

在炉膛两侧下部对称布置 6 个外置床，外置床外壳由钢板制成，内衬绝热材料和耐磨耐火材料。靠近炉前的 2 个外置床内布置高温再热器，这 2 个外置床的主要作用是用来调节再热蒸汽温度；中间的两个外置换热器中布置低温过热器Ⅰ和低温过热器Ⅱ，靠近炉后的 2 个外置床内布置中温过热器Ⅰ和中温过热器Ⅱ，布置过热器的 4 个外置床的主要

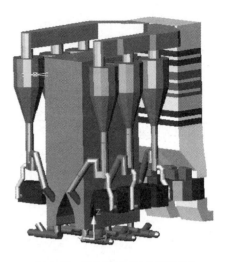

图 0-17　哈尔滨锅炉厂 600MW
超临界循环流化床锅炉示意图

作用是用来调节床温。外置床解决了随着锅炉容量增大，受热面布置困难的矛盾，使锅炉受热面的布置更灵活。

炉膛、分离器、回料器和外置床构成了循环流化床锅炉的核心部分——物料热循环回路，煤与石灰石在燃烧室内完成燃烧及脱硫反应，产生的烟气分别进入 6 个分离器，进行气固两相分离，经过分离器净化过的烟气进入尾部烟道。

尾部对流烟道中依次布置高温过热器、低温再热器、省煤器，最后进入回转式空气预热器。过热蒸汽温度由煤水比调节，并配合布置在各级过热器之间的三级喷水减温器作为细调，减温器分别布置在低温过热器与中温过热器Ⅰ之间、中温过热器Ⅰ与中温过热器Ⅱ之间、中温过热器Ⅱ与高温过热器之间，减温水来自锅炉给水。再热汽温通过布置有高温再热器的 2 个外置床来调节，同时还在低温再热器入口和高温再热器中间布置有事故喷水减温器，再热器事故喷水来自给水泵抽头。外置床实现了床温和再热蒸汽温度分开调节的目标，更方便灵活，有利于锅炉的低负荷稳燃，避免了再热器喷水调温影响整个机组热经济性的弊端。省煤器区烟道采用护板结构。

燃烧室与尾部烟道包墙均采用水平绕带式刚性梁来防止内外压差作用造成的变形。锅炉设有膨胀中心，各部分烟气、物料的连接管之间设置性能优异的膨胀节，解决由热位移引起的三向膨胀问题，各受热面穿墙部位均采用国外成熟的密封技术设计，确保锅炉的良好密封。

锅炉除在燃烧室、分离器、回料器、冷渣器和外置床等有关部位设置非金属耐火防磨材料外，还在尾部对流受热面、燃烧室和外置床等有关部位采取了金属材料防磨措施，以有效保障锅炉安全连续运行。

锅炉采用支吊结合的固定方式，冷渣器、外置床和空气预热器为支撑结构，回料器为支吊结合，其余均为悬吊结构。

哈尔滨锅炉厂600MW超临界循环流化床锅炉方案的主要特点为：裤衩腿双布风板单炉膛；高温绝热式分离器和进出口烟道；6个外置换热床；炉膛内设置屏式过热器；低中质量流速的光管和内螺纹管垂直管圈水冷壁；末级过热器位于尾部对流竖井；2台回转式空气预热器、锅炉排渣口布置在裤衩腿内侧墙；采用滚筒式冷渣器；带有循环泵的启动系统等。

（三）上海锅炉厂600MW超临界循环流化床锅炉方案

锅炉为超临界压力中间一次再热直流锅炉，采用单炉膛、露天布置、全钢架悬吊结构，炉后尾部布置1台四分仓容克式空气预热器，见图0-18。锅炉炉顶采用全密封结构的

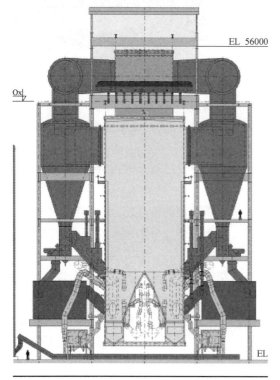

图 0-18　上海锅炉厂 600MW 超临界
循环流化床锅炉系统布置示意图

膜式水冷壁，炉底采用水冷一次风室结构，炉膛上部布置有扩展蒸发受热面。后烟井内依次布置有高温过热器、低温再热器和二级省煤器，二级省煤器之下布置有由护板包围的4组一级省煤器，以上设备均通过由包覆下集箱引出的过热器悬吊管支吊。炉膛两侧从上至下依次布置了6台旋风分离器、6台回料器、6台外置床及6台冷渣器，炉后布置1台四分仓容克式空气预热器，以上设备均通过钢结构支撑。

锅炉采用2级破碎燃煤制备系统，布置在炉前，燃料通过输送皮带送至布置在回料腿上的12个给煤口。锅炉设置了多个膨胀中心，运行时整台锅炉以膨胀中心为原点进行有序的热膨胀。炉膛及后烟井四周设有绕带式刚性梁，以承受正、负两个方向的压力。在高度方向设有导向装置，以控制锅炉受热面的膨胀方向和传递锅炉水平载荷。过热器的汽温调节主要采用喷水调温，过热器系统中布置有二级喷水减温器，第一级布置在低温过热器出口管道上，第二级布置在中温过热器出口管道上，再热蒸汽主要靠外置床调节汽温，在再热器进口处布置有事故喷水减温装置。

上海锅炉厂600MW超临界循环流化床锅炉方案的主要特点为：单布风板单炉膛；高温绝热式分离器和进出口烟道；6个外置换热床；一进二出回料器；末级过热器位于尾部对流竖井；中低质量流速内螺纹垂直管圈水冷壁；炉内设置二次上升扩展屏；单台回转式空气预热器；带有循环泵的启动系统等。

上海锅炉厂还开发了不带外置床的600MW超临界循环流化床方案，见图0-19。

综上所述，三大锅炉厂的600MW超临界循环流化床锅炉方案基本相同，均采用H

型布置、6 个高温旋风分离器、6 个外置床及回转式空气预热器。不同之处主要是分离器形式（绝热式或汽冷式）、蒸汽流程、给煤口和排渣口位置等。

2008 年 8 月，国家发展和改革委员会批准国产首台 600MW 超临界循环流化床锅炉，在三大锅炉厂各自方案的基础上，主要由东方锅炉厂承担设计研制。这也意味着大型循环流化床锅炉正逐步进入过去全部由煤粉锅炉占据的大容量燃煤电站锅炉市场。

在国产首台 600MW 超临界循环流化床锅炉工程项目开工建设的同时，国内锅炉制造厂和科研单位也在积极开发 1000MW 级超超临界循环流化床锅炉技术。图 0-20 是东方锅炉厂开发的 1000MW 超超临界循环流化床锅炉布置方案示意图。该锅炉横断面呈环形布置，设置了 8 台汽冷式高温旋风分离器，采用"一分二"回料阀，使高温循环灰通过 16 个返料口送回炉膛。锅炉设有 4 条给煤线，每条给煤线设置 4 个给煤口，通过 16 个返料口将煤送入炉膛。该锅炉未设置外置式流化床热交换器，因此炉内布置了较多的屏式受热面（过热器、再热器）。

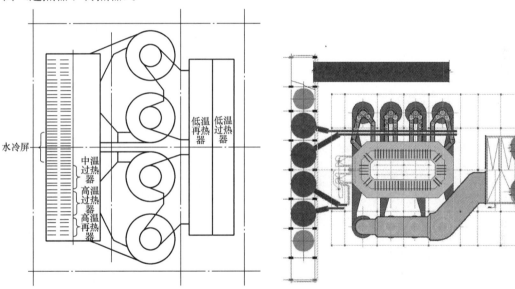

图 0-19　上海锅炉厂开发的不带外置床的　　　　图 0-20　东方锅炉厂开发的 1000MW 超超临界
600MW 超临界循环流化床锅炉方案示意图　　　　　　循环流化床锅炉布置方案示意图

预计不久的将来，国产 1000MW 级超超临界循环流化床锅炉工程项目也将实施，大型循环流化床锅炉的发展前景十分光明。

第一章　循环流化床锅炉流态化基础

第一节　循环流化床锅炉基本结构及工作原理

一、煤的典型燃烧方式

煤的燃烧方式有很多种，比较典型的有层状燃烧、悬浮燃烧、旋风燃烧和流化床燃烧四种。下面分别作简要介绍。

图 1-1　层状燃烧示意图

1. 层状燃烧

层状燃烧见图 1-1。层状燃烧（或称火床燃烧）方式的特点是：固体燃料在固定的或活动的炉排上形成一定厚度的燃料层进行燃烧，空气从炉排下面送入，穿过炉排与其上的燃料相遇；燃料的燃烧过程主要在炉排上进行，只有少量的细煤屑被吹到炉膛空间燃烧。其燃烧过程的主要特点是：燃料（煤）总是比空气多，增加空气量，就可提高锅炉负荷。

层状燃烧适用于各种固体燃料，主要优点是：炽热燃料层能储蓄相当大的热量，燃烧比较稳定，不易熄火；同时，新进入的燃料能与着火燃料接触并受到烘烤，点燃条件较好。主要缺点是：只适合燃用固体块状燃料；燃料与空气的混合条件不好，燃烧效率不高；燃烧速度也较慢。因此，这种燃烧方式不能适应现代电站锅炉特别是大容量锅炉的需要，一般仅用于工业锅炉和生活炉。

采用层状燃烧方式的层燃锅炉的蒸发量最大可达 60t/h，一般在 35t/h 以下。若容量再增大，炉排传动部分就会变得太复杂，炉排在运行过程中常会出现跑偏、拉断等事故，燃烧过程也更难于组织。

层燃锅炉主要分为机械炉排锅炉（如链条炉排锅炉、往复振动炉排锅炉等）和固定炉排锅炉（如小型立式手烧炉）。

在普通燃煤中添加脱硫剂（石灰石等），并将两者均匀混合、挤压成型，就生产出一种称为型煤的低污染燃煤。用型煤代替普通燃煤，可以在层状燃烧过程中减少部分粉尘排放和 SO_2 排放。

2. 悬浮燃烧

悬浮燃烧如图 1-2 所示。悬浮燃烧方式的特点是，没有炉排，但有一个高大的燃烧室，燃料燃烧的整个过程都在燃烧室空间中呈悬浮状态进行，故又称为火室燃烧。粉状燃料（煤粉）经燃烧器送入炉内后，不断地随同一起进入炉内的空气和燃烧生成的烟气流动并进行燃烧。燃料在炉膛内停留的时间很短，一般不超过 3s。

悬浮燃烧方式的优点是：不但适用于各种固体粉状燃

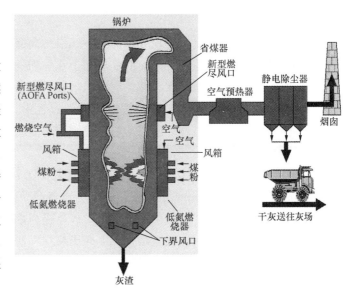

图 1-2　悬浮燃烧示意图

料，而且适用于液体燃料（燃油须雾化）和气体燃料；由于燃料悬浮在气流中燃烧，燃料与空气的接触面积大、混合条件好，故燃烧强烈、温度高，比层状燃烧的燃烧速度快，燃烧效率高，能适应大容量锅炉的需要，因此应用很广。

燃用煤粉、采用悬浮燃烧的室燃炉（习惯上简称为煤粉炉）已是现代电站锅炉的主要炉型。

其存在的主要问题是：调节不当时，燃烧不易稳定，甚至会造成炉膛熄火；燃料与空气的相对速度较小，限制了燃烧速度的提高；飞灰量较多；需要庞大的制粉系统。

炉内喷钙技术是主要针对煤粉锅炉的燃烧净化技术。通过在炉膛上部喷入石灰石粉，可在一定程度上降低烟气中的 SO_2 浓度。采用低 NO_x 燃烧器和燃料再燃技术（再燃燃料采用天然气或超细煤粉），可以降低 NO_x 排放。

按煤粉在炉内的燃烧方式，煤粉锅炉除常见的四角布置直流燃烧器的煤粉锅炉和采用前后墙或左右墙布置旋流燃烧器的煤粉锅炉外，还有将燃烧器布置在一个纵断面为图 1-3 所示的"酒瓶"型的炉膛前后墙上，使燃烧器的火焰在炉内形成"W"形状的"W"火焰锅炉。

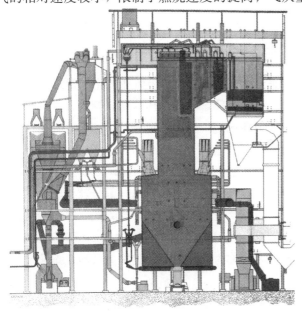

图 1-3　"W"火焰锅炉

3. 旋风燃烧

旋风燃烧方式的特点是，煤粉或煤屑与空气沿切向或轴向旋转进入旋风筒内，高速气流带着煤粉在耐火材料覆盖的旋风筒的受热面上作强烈的螺旋运动并进行燃烧。由于燃烧强烈、温度高，故灰渣呈熔融状态并在筒壁上形成液态渣膜。粗煤粒因受离心力作用被甩向筒壁黏附在液态渣膜上，在随渣膜缓慢运动的过程中，受高速旋转气流的冲刷迅速燃烧；细煤粉则被气流携带呈悬浮燃烧。粗煤粒因受熔渣的黏滞作用运动速度很低，与旋风筒的中心层的高速气流之间有很大的相对速度。

与固态排渣煤粉锅炉相比，旋风燃烧方式的主要优点是：燃烧强烈、稳定；炉温高；能燃用粗煤粉和粒度小于 5mm 的煤屑，故制粉设备简单、制粉电耗低；大部分灰渣呈液态排出，捕渣率高，减少了烟气中的飞灰量，故可提高烟速，加强对流传热。

主要缺点是：炉体的结构较复杂；产生高压头空气所需风机的电耗较高；负荷调节范围小；适用煤种受灰渣熔融特性的限制；高温燃烧产生的 NO_x 污染物浓度较高。

应当指出，对于旋风燃烧方式和旋风锅炉的优缺点，必须结合具体情况特别是要结合煤种特性来判定。根据我国旋风锅炉的发展来看，这种炉型有它一定的应用领域。目前仅对灰熔点低的煤种，或燃用劣质煤但要求有较高燃烧强度，或灰渣综合利用要求有较高捕渣率时，才考虑采用旋风锅炉。旋风燃烧示意图见图1-4。

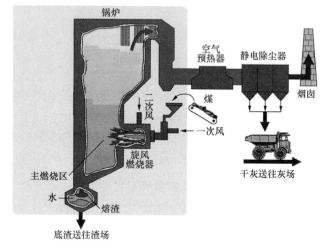

图 1-4　旋风燃烧示意图

4. 流化床燃烧

按炉内的气固流动状态，流化床燃烧可分为鼓泡流化床燃烧（也叫沸腾燃烧，见图 1-5）和循环流化床燃烧；按炉膛内高温烟气的压力，流化床燃烧可以分为常压流化床燃烧和增压流化床燃烧。

常压沸腾燃烧是使空气以适当的速度均匀地通过炉箅或布风板的风帽小孔，将煤粒吹起（煤粒直径一般在 8mm 以下），煤粒悬浮于炉床上一定高度范围内进行燃烧，即整个煤层都被空气托起，煤粒就是在这种由空气与炽热灰渣组成的所谓沸腾床内进行燃烧的。燃烧过程中产生的大颗粒灰渣不断地从溢流渣口和底渣口排出，另一部分粒径较少的飞灰则随烟气排出。沸腾燃烧是介于层状燃烧和悬浮燃烧之间的一种燃烧方式，煤粒与气流的整体运动情况是：沸腾层中心的气流速度较高，煤粒向上运动；靠边壁的气流速度较低，煤粒向下运动。煤粒呈流化状态上下翻腾，因此称为沸腾燃烧，也称为鼓泡流态化燃烧或鼓泡流化床燃烧。

沸腾床是一个蓄热量很大的炽热灰渣料层。料层中大部分是炽热的灰渣粒，新入炉煤粒仅占 5% 左右，新煤粒加入后立即与大量高温炽热的灰粒接触混合，强烈的传热使新煤

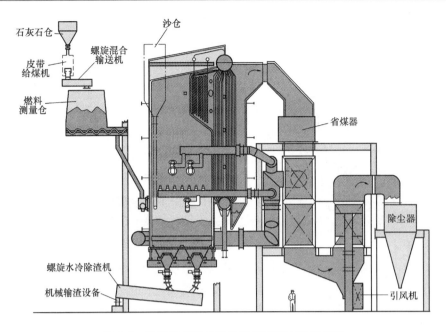

图 1-5　沸腾燃烧锅炉结构及其系统布置示意图

粒迅速得到加热、升温并着火燃烧。由于沸腾床的床层较厚，且其中绝大部分又是灰渣粒，为避免床层内结渣，因此沸腾床内的燃烧温度不宜超过 1000℃，一般控制在 850～950℃ 范围内（其具体限值取决于灰的软化温度、脱硫效果以及其他运行因素）。

将石灰石颗粒与煤一起送入炉内，石灰石就能吸收煤燃烧过程中产生的 SO_2，从而大幅度减少烟气中的 SO_2 浓度。

流化床燃烧是很有发展前途的一种燃烧方式，主要优点是：①能迅速引燃各种煤，同时沸腾床内煤粒与空气的接触面积大、相对速度高，煤粒在床层内上下翻腾扰动作用强，停留时间长，混合良好，故燃烧稳定且较强烈，不但对煤种具有广泛的适应性，而且为燃烧劣质煤创造了条件；②热强度高，强化了燃烧和传热过程，炽热的煤粒和灰粒与布置在床层内的受热面（称为埋管）之间的接触传热比一般锅炉的对流传热要强烈得多，因而可节省受热面钢材，使锅炉结构紧凑；③沸腾床燃烧温度不高，可抑制 NO_x 的生成，并便于脱硫；④灰渣中矿物质的结构在低温时不易受到破坏，灰渣含碳量较低，故有利于灰渣的综合利用。

鼓泡流化床燃烧存在的主要问题是：①相对于其他燃烧方式而言，沸腾燃烧属于低温燃烧，细煤粒飞出沸腾床以后由于温度更低、供氧和混合条件又差，因而不易燃尽，飞灰含碳量高，并且飞灰量大，使燃烧效率降低（q_4 损失较大）；②当煤粒粗、风速高时，对埋管受热面和尾部受热面的磨损比较严重；③风机耗电量较大，厂用电率比普通电厂高。

目前，采用沸腾燃烧方式的流化床炉的容量较小，热效率也较低，主要应用于中小型工业锅炉上。但是，由于流化床燃烧所具有的优越性，国内外都在继续对它作进一步的试验研究，以寻求改进和完善的措施。

循环流化床燃烧技术是在鼓泡流化床燃烧技术上发展起来的。如图 1-6 所示，在锅炉

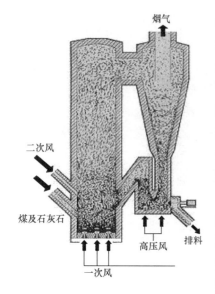

图 1-6 循环流化床燃烧示意图

结构上，循环流化床锅炉增加了一个高温分离器和灰渣返料装置，床料在炉膛、高温分离器和灰渣返料装置之间形成循环流动，因而称为循环流化床。在运行中，循环流化床锅炉的流化风速比沸腾炉高得多，燃烧在整个炉膛空间中进行（高温分离器内有少量燃烧）。大部分床料会被燃烧空气带出炉膛，并被高温分离器分离下来，最后又被返料装置送回炉膛继续燃烧，以降低飞灰中的含碳量，提高燃烧效率。

此外，目前还有一种称为增压流化床燃烧的洁净煤燃烧技术。它是在密闭的钢制容器内以一定的压力对劣质煤进行流化床燃烧（既可以是鼓泡流化床燃烧，也可以是循环流化床燃烧），将燃烧产生的高温高压烟气引至燃气轮机做功，从而构成燃气—蒸汽联合循环（见图 1-7）。采用燃气—蒸汽联合循环的机组，热力循环的热效率可达 45%～55%，而普通燃煤电厂热力循环的热效率不超过 40%（超超临界机组的循环效率可达 50%）。

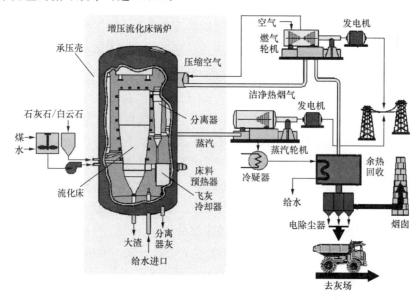

图 1-7 增压流化床锅炉及其燃气—蒸汽联合循环示意图

在上述几种煤的典型燃烧方式中，常压循环流化床燃烧技术，由于具有负荷调节能力强（不投油的最低稳燃负荷可达到额定负荷的 30%）、脱硫费用低、NO_x 排放少、煤种适应性强、可燃烧各种低发热量燃料（可低至 6MJ/kg）、燃烧效率高等优点，因而在我国电力、煤炭、化工、冶金、环境保护等行业得到高度重视。

二、超临界循环流化床锅炉基本结构及工作原理

超临界循环流化床锅炉设备包括锅炉本体设备和锅炉辅助设备两部分。这两部分包括的主要部件或设备在锅炉中的位置参见图1-8。锅炉设备可分为本体设备和辅助系统设备两大部分。其中，本体设备主要完成煤的燃烧、将给水转变成高温高压蒸汽的工作；辅助系统设备则主要完成输煤、除灰渣、点火、控制测量等工作。

锅炉各主要部件或设备的作用简述如下。

（一）锅炉本体设备

1．汽水系统

汽水系统即所谓"锅"，它的任务是吸收燃料燃烧放出的热量，使水蒸发并最后成为规定压力和温度的过热蒸汽。在亚临界

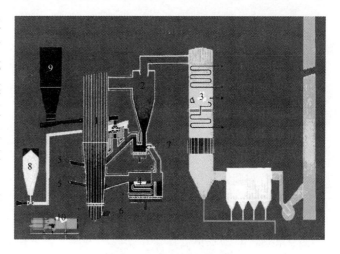

图1-8 超临界循环流化床
锅炉结构布置系统示意图

1—炉膛；2—分离器；3—尾部受热面；4—外置式换热器；
5—二次风；6——一次风；7—水冷锥形阀；8—石灰石；
9—燃料；10—滚筒式冷渣器

循环流化床锅炉中，它一般由锅筒、水冷壁、汽水分离器、过热器、再热器、省煤器、集箱等组成。在超临界循环流化床锅炉的汽水系统中，不存在锅筒。

（1）水冷壁。水冷壁是布置在燃烧室内四周墙上的许多平行的管子（因管内工质向上流动，也称为上升管），主要任务是吸收燃烧室中的气固对流换热和辐射热，使管内的水汽化。蒸汽就是在水冷壁管中产生的。水冷壁是现代锅炉的主要蒸发受热面，此外，还起保护炉墙的作用。大型循环流化床锅炉中通常还在炉内增设水冷翼墙管屏或水冷分隔墙作为额外的蒸发受热面。白马600MW超临界循环流化床锅炉炉膛内设置了水冷分隔墙蒸发受热面。

（2）过热器。它的作用是利用烟气的热量将饱和蒸汽加热成一定温度的过热蒸汽。为便于调节过热汽温及控制炉膛出口温度，国产大型循环流化床锅炉一般将过热器分别布置在尾部烟道中和炉膛内。当锅炉带有外置床时，通常将大部分过热器和再热器甚至部分省煤器布置在外置床中。白马600MW超临界循环流化床锅炉过热器分为三级，第一级（低温）过热器布置在尾部烟道中，第二级（中温Ⅰ和中温Ⅱ）过热器布置在外置床中，第三级（高温）过热器以管屏形式布置在炉膛上部。

（3）再热器。国产大型循环流化床锅炉再热器分别布置在尾部烟道和炉膛中。它的作用是将在汽轮机中做过部分功的蒸汽引回锅炉再次进行加热，提高温度后，又送往汽轮机中继续做功。经过再热器加热后的蒸汽称为再热蒸汽（注：图1-8中未画出再热器）。白马600MW超临界循环流化床锅炉再热器分为两级，第一级（低温）再热器布置在尾部烟道中，第二级（高温）再热器布置在外置床中。

（4）省煤器。装在锅炉尾部的垂直烟道中。它是利用烟气的热量加热给水，以提高给水温度，降低排烟温度，节约燃料消耗。

(5) 集箱。集箱起汇集、混合和分配工质的作用。集箱安装在锅炉的汽水系统回路中，如省煤器进出口、各段过热器管束的进出口处等。

2. 燃烧系统

燃烧系统即所谓"炉"，主要任务是使燃料在炉内进行良好的燃烧，放出热量，由燃烧室、分离器、回料器、空气预热器等组成。

（1）燃烧室。也叫炉膛，是供燃料燃烧的地方。它是由炉墙和水冷壁围成的空间，燃料在这种特定的空间中呈流化状态燃烧。白马 600MW 超临界循环流化床锅炉的炉膛采用双布风板、裤衩腿结构。

（2）分离器。分离器有多种结构形式，常见的是高温旋风分离器，它将被烟气从炉膛中带出来的未燃尽的燃料和较粗的床料分离下来，让回料系统将其送回炉膛继续燃烧和循环。白马 600MW 超临界循环流化床锅炉设计 6 台采用蒸汽冷却的高温旋风分离器。

（3）回料器。回料器布置在分离器下面，它的作用是将分离器分离下来的燃料送回炉膛或通过外置床送回炉膛中继续燃烧。

（4）外置床。外置床布置在炉膛两侧，主要作用是通过调节流经外置床的高温循环灰量，控制床温和再热蒸汽温度。白马 600MW 超临界循环流化床锅炉的外置床中布置有中温过热器和高温再热器。

（5）空气预热器。布置在锅炉尾部烟道中。其作用是利用烟气余热加热空气。空气经过预热后再送入炉膛，可降低排烟温度，提高锅炉效率。白马 600MW 超临界循环流化床锅炉采用回转式空气预热器。

3. 炉墙和构架

炉墙是用来构成封闭的燃烧室和一定形状的烟道，以使火焰和烟气与外界隔绝，为锅炉传热过程的正常进行提供必要的条件。

锅炉构架的作用是支撑或悬吊锅炉受热面、炉墙等全部锅炉构件。

（二）锅炉辅助系统

锅炉除上述本体设备以外，还需要一些辅助系统来配合工作，才能保证锅炉生产过程的正常进行。辅助系统主要有给煤/给石系统、送风/排烟系统、给水系统、除渣/除灰系统等以及一些锅炉附件。

1. 给煤/给石系统

给煤/给石系统的任务是将原煤/石灰石破碎成以一定粒径分布的煤粒/石灰石粉，并送入炉膛。煤粒及石灰石粒的粒径分布，对锅炉运行经济性以及脱硫效率影响很大。

2. 送风/排烟系统

送风/排烟系统是为维持炉内燃烧工况所需空气以及排出燃料燃烧后所生成的烟气的系统。它主要包括送风机、引风机、高压风机、点火增压风机、播煤增压风机、石灰石粉输送风机、仪用空压机等。此外，还包括风道、烟道、烟囱等。

3. 给水系统

给水系统的任务是向锅炉供应给水。它由给水泵、给水管道和阀门等组成。由于给水泵安装在汽轮机房内，故在发电厂中通常将给水泵及一部分给水管道划归汽轮机车间管理。

4. 除渣/除灰系统

除渣/除灰系统包括除渣装置、除尘器、输灰管路、除灰空压机、渣/灰库等。除渣装置是用来清除燃料燃烧后从燃烧室排出的灰渣（底渣）。除渣装置具有冷却底渣、回收底渣余热和输送底渣的作用。

5. 锅炉控制系统

锅炉控制系统主要包括锅炉燃烧控制子系统、锅炉给煤控制子系统、锅炉石灰石控制系统和锅炉排渣控制子系统等。锅炉控制系统的主要作用是：通过计算机采集各种运行参数，根据操作指令控制锅炉运行。

6. 点火系统

循环流化床锅炉一般采用柴油点火。点火过程中，点火系统会自动运行炉膛吹扫、点火、火焰确定、点火头退缩冷却等程序。点火方式主要有如下 3 种：

（1）采用风道燃烧器点火。点火时，风道燃烧器通过燃油产生的高温烟气（约1300℃）与流化空气混合成 900℃ 左右的热烟气进入水冷风室，经布风板送入炉内，使床温达到煤的着火温度。

（2）采用床上启动燃烧器点火。在炉内布风板上方约 2m 高度布置多个燃油启动燃烧器，其燃油量可达 500～1000kg/h 以上。当床料流化起来后，投运启动燃烧器，使床温升高到煤粒着火温度。

（3）床上床下联合点火。个别循环流化床锅炉还配合以上两种点火方式，加装床上油枪，形成风道燃烧器+床上油枪的点火方式。

白马 600MW 超临界循环流化床锅炉设置有 4 个床下点火风道燃烧器，每 2 个床下点火风道合并后，分别从分体炉膛的一侧进入等压风室。每个床下点火风道配有 2 个油燃烧器，能高效地加热一次流化风，进而加热床料。另外，在炉膛下部还设置有床上油枪，用于锅炉启动点火和低负荷稳燃。

7. 锅炉附件

锅炉附件包括直接装在启动分离器或储水罐等设备上的一次水位计、安全阀、吹灰器、热工仪表、自动控制装置以及一些汽水管道和阀门等。

水位计是用来监视水位高低的。安全阀是锅炉的一种保护设备，用来控制锅炉蒸汽压力使之不超过规定值。吹灰器的作用是清除过热器、再热器、省煤器和空气预热器等锅炉受热面烟气侧表面的积灰，以增强传热效果。由于循环流化床锅炉内的床料对炉壁冲刷较强烈，因此在循环流化床锅炉的炉膛内不需布置吹灰器。热工仪表是监督锅炉工作情况的表计。

现参照图 1-8 说明锅炉的工作过程。

［煤］　煤场来煤经燃运车间输煤皮带→碎煤机(一级或二级)→煤斗→给煤机→炉膛。

［风］　主要分为一次风、二次风和高压风 3 种。

［一次风］　冷风→一次风机→空气预热器→流化风室和播煤风道→炉膛。

［二次风］　冷风→二次风机→空气预热器→二次风道→炉膛。

[高压风] 冷风→高压风机→回料器(外置床)。

[烟] 煤粒与空气在炉膛中燃烧生成高温烟气→加热水冷壁→翼墙受热面→对流过热器→再热器(图1-8中未画出)→省煤器→空气预热器(加热上述受热面中的工质,烟温逐渐降低)→除尘器→引风机→烟囱→排向大气。

[灰] 燃烧后生成的灰渣,主要分为底渣(较粗)和飞灰(较细)两部分。

[底渣] 从炉膛底部排出→冷渣器→渣库→送往灰场。

[飞灰] 被烟气从炉膛带出→除尘器→飞灰库→送往灰场。

[水、汽] 高压加热器来水→锅炉房→省煤器(提高水温)→储水罐→下降管→(水冷壁/水冷分隔墙)下集箱→水冷壁/翼墙/水冷分隔墙(吸热,变成汽水混合物)→到汽水分离器(进行汽水分离)→分离出的蒸汽→汽冷式分离器→对流烟道膜式壁过热器→低温对流过热器→外置床中温过热器→炉膛高温过热器(加热成过热蒸汽)→主蒸汽管道→汽轮机。

从汽水分离器分离出来的水进入下降管,重复上述过程。

三、超临界循环流化床锅炉基本工作过程

1. 炉内物料的循环燃烧过程

锅炉冷态启动时,在流化床内加装启动床料后,首先启动风机,使床料流化。点火时,启动风道点火器,在点火风道中将燃烧空气加热至900℃左右后,通过水冷式布风板送入流化床,启动床料被加热,床温上升到允许投煤温度并维持稳定后,被破碎成0~7(8) mm的煤粒开始分别由给煤装置送入炉膛下部的密相区内,脱硫用石灰石(0~2mm)也由给料口同时送入炉膛。燃烧空气分为一、二次风分别由炉底和水冷壁前墙及两侧墙送入。额定负荷正常运行时,约占总风量60%的一次风,经床底水冷风箱,作为一次燃烧用风和床内物料的流化介质送入燃烧室。炉内布置二次风能提供给煤粒足够的燃烧用空气并参与燃烧调整,同时分级布置的二次风在炉内能够营造出局部的还原性气氛,从而抑制燃料中的氮氧化,降低氮氧化物 NO_x 的生成。

在870℃左右的床温下,空气与燃料、石灰石在密相区炉膛充分混合,煤粒着火燃烧释放出部分热量,石灰石煅烧生成二氧化碳 CO_2 和氧化钙 CaO;未燃尽的煤粒被烟气携带进入炉膛上部稀相区内进一步燃烧;这一区域也是主要的脱硫反应区,在这里氧化钙 CaO 与燃烧生成的二氧化硫反应生成硫酸钙 $CaSO_4$。

燃烧产生的烟气携带大量床料经炉顶转向,通过分别位于两侧墙水冷壁上部的三个烟气出口,分别进入高温旋风分离器进行气固分离。被分离器捕集下来的灰,通过分离器下部的立管和回料器送回炉膛实现循环燃烧。分离后含少量飞灰的干净烟气由分离器中心筒引出,通过前包墙拉稀管进入尾部竖井,对布置在其中的低温过热器、低温再热器、省煤器及空气预热器放热,到锅炉尾部出口时,烟温已降至130℃左右。

炉膛下部两侧墙或炉底设有多个排渣口,通过对排渣量的控制,使床层压降维持在合理范围内,以保证锅炉良好的运行状态。

2. 锅炉汽水流程

由炉前右侧进入位于尾部竖井后烟道下部的省煤器入口集箱,水流经省煤器受热面吸热后,由省煤器出口集箱右端引出,经下水连接管进入水冷壁入口集箱,经水冷壁管后进入水冷壁出口集箱汇集，然后通过连接管引入汽水分离器进行汽水分离。锅炉启动或低负荷运行时从分离器分离出来的水进入储水罐后排往冷凝器，蒸汽流程为：分离器入口烟道→分离器→分离器出口烟道→后竖井包墙入口烟道和后竖井包墙→吊挂管→低温过热器，然后通过蒸汽连接管引入布置在外置床中的中温过热器Ⅰ（ITSⅠ）和中温过热器Ⅱ（ITSⅡ），最后由连接管引入布置在炉膛中的高温过热器，合格的过热蒸汽由高过出口集箱引出到汽轮机。

　　锅炉进入直流运行时全部工质均通过汽水分离器进入分离器入口烟道。

　　高压缸排汽直接进入布置在尾部烟道内的低温再热器入口集箱，然后通过低温再热器出口联箱及连接管引入布置在外置换热器中的高温再热器（HTR），经高温再热器加热后合格的再热蒸汽由高再出口集箱引回汽轮机。

第二节　流态化现象及其基本特征

一、鼓泡流态化现象及其基本特性

（一）流态化现象及其定义

　　如图 1-9 所示，在一个开口容器中，放入一定质量的固体颗粒，使流体（液体或气体）从容器底部均匀地流入容器中，当流体速度达到一个临界值后，容器中的固体颗粒就会在容器中漂浮起来，处于一种拟悬浮状态，并呈现出一种上下翻腾的现象，这种现象就叫流态化现象。

　　从理论上讲，在流体流过固体颗粒层时，只有当固体颗粒所受到的各种力（主要是重力、浮力和流体在固体颗粒表面产生的摩擦力等）达到平衡时，才会出现流态化现象。因此，可以将流态化定义为：流体以一定速度流过固体颗粒层，流体对颗粒所产生的曳力与颗粒所受到的其他作用力相平衡的状态，就叫流态化。

　　根据流体种类的不同，流态化有气固流态化、液固流态化、气液固三相流态化三种。

　　根据固体颗粒的受力不同，有与磁场力相平衡的流态化、与浮力相平衡的流态化等流态化现象。图 1-10 是一个浮力作用下的液固流化床。

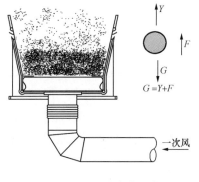

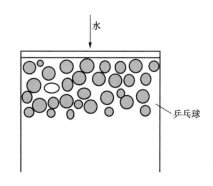

图 1-9　流态化现象　　　　　　　　图 1-10　浮力作用下的液固流化床

流态化现象最早应用于化工领域。由于化工领域中，经常将各种反应器称作"床"，因此应用流态化原理的反应器（包括容器、固体颗粒、流体）就统称流化床。

如图 1-11 所示，气固流化床具有以下重要性质：

（1）由固体颗粒和流过固体颗粒层的气体组成的气固流化床，具有类似于静止状态的液体的基本性质。

（2）床内任意高度的静压，近似等于在此高度上单位床截面内固体颗粒的重力。

（3）当流化床本体发生倾斜时，床表面总是保持水平，床内气固混合物的总体形状也保持流化床容器的形状。

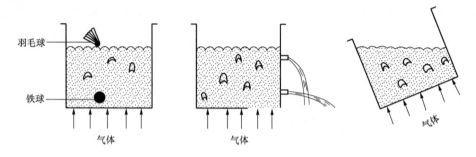

图 1-11　气固流化床的基本性质

（4）床内固体颗粒可以像液体一样，从底部或侧面的孔口中排出。

（5）密度高于床层表观密度的物体在床内会下沉，密度小的物体会浮在床面上。例如，一个钢球会沉在床底，而羽毛球会浮在床层表面。

（6）当其他操作参数相同时，将两个不同床面高度的流化床用一根连通管相连，床面较高的流化床中的固体颗粒会自动流向床面较低的流化床中，直至两个流化床中的床面高度相同。

（7）床内颗粒混合良好，当加热床层时，整个床层的温度基本上是均匀的。

（二）起始气固流态化的形成过程

气固流态化是伴随着流化风由小到大的过程中形成的。要形成气固流态化，必须要有如下三个基本条件：

（1）底部具有能使气流均匀流入的布风装置的容器（或炉膛）；

（2）容器内或炉膛内有一定高度的固体颗粒（或床料），颗粒粒径分布是均匀的；

（3）具有一定压力的流化气体。流化气体常采用空气。

在一个气固流化床中，起始流态化一般是这样形成的：先在容器（或炉膛）中堆放一定厚度的固体颗粒（或床料），并使料层表面基本平整；通过布风装置向床内送入气体（流化风）；刚开始时，由于气体流速很低，还不足于将床料吹起来，但随着流化风量增大，床层出现松动，并略有膨胀，个别粒径较小的床料颗粒被吹起；随着流化风量的继续增大，全部床料都被吹起，整个床层呈现出像煮沸的稀饭一样的波动现象；被吹出床层的床料，大部分会在一定高度范围内又重新落回床层。

（三）冷态流化特性曲线

在各类流化床中，应用最为广泛的是气固流化床。要系统地了解气固流化床，首先要掌握气固流化床的两个最重要的运行参数，即临界流化速度和床层压降。

所谓临界流化速度，就是使床料呈现流态化状态的最小流化速度。床层压降则是紧靠布风板上表面所测得的床层静压。

冷态流化特性曲线，十分形象地说明了在起始流态化过程中，床层压降与流化速度的关系。它同时也说明了，随流化风速不同，气固两相呈现出不同的流化状态。

图 1-12 是在某电站循环流化床锅炉上实测的冷态流化特性曲线。图中两条曲线分别代表 600mm 静止床层高度和 700mm 静止床层高度时，床层压降随流化风量的变化。从图中看出，600mm 和 700mm 静止床层高度得到的临界风量基本一致。临界流化风量约为 40km³/h，该炉布风板截面积为 $6.58 \times 3.526 = 23.2m^2$，则临界流化风速 u_{mf} 为 0.479m/s。

从图 1-12 还可看到，静止床层高度越高，床压值就越大。

图 1-12 中，曲线上升段代表固定床。在固定床中，颗粒彼此紧靠，并由布风装置支撑其重力。随着流化风速的增大，床层压降是增加的。流速增大到某一点时，床内开始呈现流态化现象：床层表面开始变得平坦，在床层附近的颗粒开始有了比较缓慢的运动以及重新排列。当流化风速继续增大时，床层压降将保持不变，而床层高度却开始增大。这是流化床特有的膨胀现象。根据不同的具体情况，床层有可能随流化风速增大而继续膨胀，也可能随流化风速

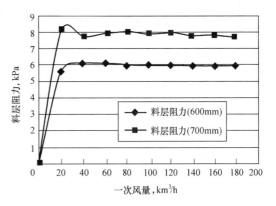

图 1-12　床层压降与流化速度的关系

增大而产生更多的气泡。床层膨胀和超过临界流化风量的气体以气泡形式通过床层，使流过床料颗粒之间的流速基本没有变化，这就是随流化风速增大，床层压降不变的原因所在。

图 1-12 中，两条曲线的形状有一点不同。其中，静止床层高度为 700mm 的曲线是流化风速由小到大得到的；静止床层高度为 600mm 的曲线是流化风速由大到小得到的。两条曲线形状有差别的原因是：当流化风速由大到小时，从流化床转变为固定床，床料颗粒之间不存在搭桥、连锁现象，因此从流化床到固定床的过渡比较平稳。

流化床锅炉运行中，要始终保持流化速度大于最小流化速度。而床层压降，则成为判断炉内床料量的多少以及是否应该排渣的一个重要参数。

在一定的床层高度下，流化曲线上升段的斜率值，反映了流化颗粒粒径或密度的大小；在一定的床料特性（如颗粒平均粒径、密度等）下，流化曲线水平段的高低则反映了单位床面上的床料重力。

床层压降可以这样来理解：从理论上讲，床层压降是由于流化风流过床层时，在床料颗粒以及床内壁上产生的摩擦压降。床层压降的大小，代表了单位布风板面积上床料量的多少。床层压降的形成也可以这样理解：它是由流化风流过床层时形成的摩擦力和单位床层面积上的床料重力（或气固浓度）共同形成的。

后续章节还将继续探讨流化速度与床层压降的关系。

（四）流化床的串并联运行特性

由于流化床所具有的优越性，往往在大型循环流化床锅炉不同部分或同一部分，采用了多种结构形式的流化床。其中，串、并联流化床就是常见的结构形式。

所谓串联流化床，就是固体颗粒从一个流化床流入另一个流化床。其流动方式有溢流和底流两种形式，如图 1-13 所示。

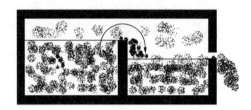

(a)   (b)

图 1-13   串联流化床的床料流动形式

（a）溢流；（b）底流

当呈流化状态的床料以溢流方式从一个流化床流入另一个流化床时，它具有以下特点：

（1）两个流化床的床层高度不必保持一致，即处于上游的流化床床层高度由两个流化床之间的隔墙高度决定，而下游的流化床床层高度则由该流化床壁面的最低高度或最低溢流口高度决定。

（2）床层高度不受进料量的限制，始终能保持一定的床层高度。当床层中布置有受热面时，就能保持一定的传热负荷。

（3）较粗的床料很难以溢流形式进入下游的流化床。

引进型 300MW 循环流化床锅炉中的外置床，就是采用溢流形式的串联流化床。

当呈流化状态的床料以底流方式（即两个流化床之间的隔墙底部开孔）从一个流化床流入另一个流化床时，它具有以下特点：

（1）两个流化床的床层高度几乎相等。当多个流化床以底流方式形成串联流化床时，其床层高度往往取决于最终排料口的高度。

（2）床层高度受进料量以及排料量的限制。由于床层高度变化，因此受热面浸没在床层中的面积也随之变化，传热负荷变化较大。

（3）较大的床料颗粒能通过隔墙底部的开孔，从上游流化床流入下游流化床中。

早期引进的循环流化床锅炉配备的流化床冷渣器就采用底流形式的串联流化床。

除串联流化床外，还有一种并联流化床结构，如图 1-14 所示。所谓并联流化床，就是两个流化床中的固体颗粒保持动态交换平衡，即从宏观上来看，两个

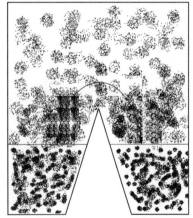

图 1-14   并联流化床的结构示意图

流化床之间似乎没有颗粒交换存在。这种并联流化床共用一个稀相空间，但却有两个布风板，从而形成两个流化床密相区。与单一流化床相比，并联流化床具有以下特点：

（1）两个密相区不能直接进行床料交换，但可以通过共有的稀相区进行床料交换。

（2）当两个密相区内的气固流动存在差异时，床料会自动从一个密相区通过共用稀相区进入另一个密相区，即俗称"翻床"。

（3）为避免"翻床"，流化风送风系统应当额外储备一定的压头。发现翻床现象时，立即调整两个床的流化风量，使其重新平衡。

二、广义流态化现象及其基本特征

循环流化床锅炉及其燃烧辅助设备中包括了多种气固流动状态，因此有必要在经典流态化的基础上，学习掌握更多的气固流动状态特性。广义流态化包含了一个较为完整的气固流动体系，在这一范围内的气固流态化现象也是较为复杂的，其中有许多影响因素我们目前还不清楚。目前只知道各种形式的气固流态化主要受气体流动速度（流化速度或空截面速度）、固体颗粒特性（密度、粒度及其分布）、流体特性（密度、黏度等）以及固体器壁的影响。如图 1-15 所示，随流化速度的增加，一个垂直上升气固系统会依次呈现以下几种状态。

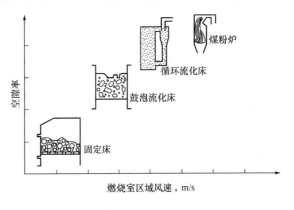

图 1-15　广义流态化范围内的几种流态化形式

（一）固定床

此时由固体颗粒组成的床层静止于一个多孔的网格上（比如层燃锅炉的炉排），气体通过这个多孔网格上行，床料基本不随气体运动（极个别细粉除外），固体颗粒之间没有相对运动。这种床层称为固定床。当气体流经固体颗粒时，它对颗粒产生曳力（颗粒对气体产生摩擦阻力），因此气体流经床层时会产生压力损失。

移动床也是与固定床的气固流动特性基本相同的一种流化床。在移动床中，床层固体颗粒整体相对于器壁产生移动，但床层颗粒之间没有相对运动。循环流化床锅炉分离器分离下来的循环灰在进入回料器之前，在料腿（也叫立管）中就处于移动床状态。

在固定床状态下，由于流化风在流过床层时产生的摩擦力小于床料的重力，因此床层不能流化起来。

（二）鼓泡流化床

如果通过固定床的气体流量增加，气体通过固定床而产生的压降会持续增大，直至达到一个临界值——临界流化风速 u_{mf} 为止。临界流化风速的定义是：气体对颗粒的曳力刚好等于颗粒的重力减去浮力时的流化风速。在此状态下，颗粒似乎是"无质量"的，此时固定床转化为初始流态化状态。在该状态下，固体颗粒呈液体的特性。在气流速度达到临界流化风速后，若继续增大流化风速，则根据不同的固体颗粒特性和流化床结构，床内有可能呈现以下三种流化状态中的一种。

1. 鼓泡流化床

鼓泡流化床的特征是超过临界流化风速的空气以气泡形式流过床层，床内存在明显的密相界面。气泡从布风板处产生，在上升过程中不断与其他气泡合并或分裂，到达床面后，气泡破裂并飞溅，同时将少量床料颗粒抛向床层上方的悬浮空间。这是工业应用中常见的一种流化现象，也叫聚式流化床。大型循环流化床锅炉的外置床和流化床冷渣器中，就处于鼓泡流化床状态。

2. （准）散式流化床

其特征是：当流化风速超过临界流化风速后，床层会随流化风速增大而继续膨胀，床内基本无气泡产生。一直到流化风速达到一个临界鼓泡速度 u_{mb} 后，床内才产生气泡。（准）散式流化床只存在于细颗粒组成的流化床中。在（准）散式流化床中，由于床层膨胀，床料颗粒之间的空隙变大，流过床料颗粒之间的流化风速基本未变，因此流化风速变化时，床层压降不变。

3. 节（腾）涌流化床

对一个给定的流化床，当流化风速或床层高度增加时，气泡尺寸也随之增大。如果床截面较小而又较深时，气泡尺寸可能会增大到与床直径或床宽度相差不大的程度，此时气泡会以节涌的形式（类似于一个运动的活塞）通过床层。当循环流化床锅炉回料器流化风量不正常时，立管内就可能出现节（腾）涌流化床状态，此时锅炉床压会随之大幅度波动，炉膛负压也会大幅波动。

（三）循环流化床

在广义流态化的范围内，并没有循环流化床的定义。一般而言，循环流化床是指快速流化床和密相气力输送这两种流化状态。但在燃煤锅炉中，循环流化床有时还可能包括湍流床在内。当床内处于鼓泡流化床时，随流化风速继续增大，床内会依次呈现湍流床、快速流化床、密相气力输送和稀相气力输送。

1. 湍流流化床

当床内达到鼓泡流化状态后，继续增大流化风速，超过临界流化风量的气体以气泡形式通过床层。但随着流化风速增大，气泡产生、合并和破裂都相应增多，床内呈现较强烈的气固运动，气固接触良好；床层表面有大量的气泡破裂，床层的压力降快速地脉动，大量床料颗粒被抛入床层上方的悬浮空间，床层仍有表面但已相当弥散，这种床层称为湍流流化床。

湍流流化床的运行风速会高于细颗粒的终端沉降速度，而低于粗颗粒的终端沉降速度。循环流化床锅炉在额定负荷或较高负荷下运行时，炉膛下部（二次风口以下）区域就可能处于湍流流化床状态。

2. 快速流化床

在湍流流化床的基础上继续增大流化风速，使床层中的流化风速高于全部颗粒的终端沉降速度，床内呈现一种由高速气固悬浮物组成的床层，由气流从床内夹带出的颗粒被分离下来并被送回床层下部，这就是快速流化床。在快速流化床中，由于返回的床料足够多，使床内的温度分布很均匀。循环流化床锅炉在额定负荷或较高负荷下运行时，炉膛上部（二次风口以上）区域就处于快速流化床状态。

快速流化床具有以下重要特性：

（1）在广义流态化范围内，循环流化床（包括快速流化床）内的气固之间具有最高的滑移（相对）速度，如图1-16所示。由于具有较高的气固滑移速度，故其燃烧强度较高。

（2）固体颗粒具有成团与返混现象；固体颗粒之间混合良好。成团与返混现象，使床料（包括煤粒）在炉膛内的停留时间大大延长。

（3）床内已不存在明显的密相界面，但床内仍呈现上稀下浓的固体颗粒浓度分布。

3. 密相气力输送

在快速流化床的基础上继续增大风速或减少床料加入量，床内颗粒浓度将变稀，床内颗粒浓度呈上下均匀分布状态，此时即为密相气力输送。其特征是：单位高度的床层压降沿床层高度不变。

4. 稀相气力输送

在密相气力输送的基础上继续增大风速，就转变成稀相气力输送。它与密相气力输送的区别是：增大风速，单位高度的床层压降上升（摩擦压降占据主导地位）；而在密相气力输送状态下，增大风速，单位高度的床层压降会减小（由于颗粒浓度下降，颗粒浓度压降占据主导地位）。压降随风速变化的转折点，恰好是最经济的气力输送流速。图1-17给出了流化床上、下部单位高度床层压降与流化风速的关系曲线。由图1-17可见，在鼓泡流化床状态下，下部床压比上部床压大得多；在快速流化床状态下，上、下部床压值逐渐接近；而在密相气力输送时，两者相等。在图1-17中，u_{TF}是湍流流态化向快速流态化的转变速度，u_{FD}是快速流态化向密相气力输送的转变速度，u_{PL}是密相气力输送向稀相气力输送的转变速度。

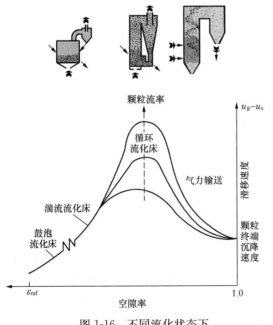

图1-16　不同流化状态下的气固滑移速度

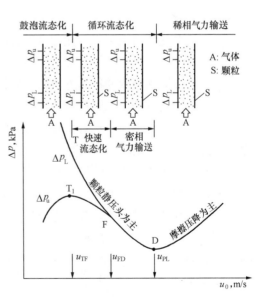

图1-17　流化床上、下部单位高度床层压降与流化风速的关系

35

应当注意的是，图 1-17 中指的是单位高度的床层压降，不是指流化床内的总压降。流化床中的总压降（即锅炉运行时必须监控的床压值）与流化风速和炉膛单位横截面上的固体颗粒重力（炉内气固浓度以及炉膛高度）有关。

在循环流化床锅炉运行中，总的床层压降（总床压）反映了床内的床料总量；炉膛上部（二次风口以上）床压反映了参与外循环的床料量的多少，或者间接反映了颗粒循环速率的大小。

快速流化床内存在较大的固体颗粒返混，即存在强烈的颗粒内循环，这对延长颗粒的停留时间是有利的。由于内循环的存在，在炉内的固体物料浓度不仅沿高度（轴向）是变化的，沿径向也是变化的。内循环的存在也使炉内温度场趋于均匀。

习惯上人们总是用风速来判别流化状态。当流化风速超过临界流化风速后，整个床层由固定床过渡到鼓泡流化床，再继续提高风速就过渡到湍流流化床和快速循环流化床。但我们需要特别注意的是，循环流态化并不是在传统的鼓泡流态化的基础上简单地增大流化风速就可得到的，还必须满足如下条件：

（1）合适的床料颗粒物性；

（2）运行风速大于颗粒终端沉降速度；

（3）足够大的颗粒循环速率。

综上所述，循环流化床内的气固流动特性或广义流态化特性是非常重要的，它决定着辅机的能耗、床内吸热量、温度分布、燃烧特性、床内载料量和磨损等，是循环流化床锅炉正常运行的基础。

鉴于循环流化床技术的发展历史还很短，特别是煤燃烧领域所涉及的高温和大颗粒情况，从鼓泡流化床（慢速床）过渡到循环流化床（快速床）的流型转变规律以及循环流化床内的各种特征，目前研究的尚不完整，对它的认识还在不断深化中，故其研究结果在应用中要注意分析。

三、流态化技术应用于工业生产过程时的优缺点

1. 优点

（1）可以采用简便的控制方法，使固体颗粒像液体一样地平滑流动。

（2）由于具有较快的颗粒混合速度，因此运行过程可以实现可靠而方便的控制。

（3）此外，由于混合良好的床料所具有的较大的热容量，对运行条件的变化反应较慢，因此在保证床温稳定方面具有较高的安全可靠性。

（4）在两个流化床之间的颗粒循环运行，可维持较大的吸热或放热量。

（5）流化床适合于大型化。

（6）与其他方式相比，气固之间的热交换和质量交换要大得多。

（7）浸没在流化床中的换热管的传热量很大，因而可以通过布置埋管受热面来减小换热金属表面。

2. 缺点

（1）对于细颗粒的鼓泡流化床，气流易于形成柱塞流，从而形成不充分的气固接触。

（2）固体颗粒快速地混合，导致不均匀的固体颗粒停留时间。

（3）流化床中会产生一些粉状颗粒，并被气流带出，形成飞灰。

（4）床料颗粒运动会造成的较严重的磨损。

（5）由于存在结焦的可能性，因此运行温度的进一步提高受到限制。

流化床由于强有力的竞争优势，已广泛应用于许多工业领域中。但这种成功应用都是建立在深入了解其特点和克服其缺点的基础上的。

四、流态化工程常用术语

有许多重要的流态化工程术语，对正确理解循环流化床锅炉运行过程有重要影响，下面分别加以介绍。

（一）颗粒特性参数

在实际的循环流化床锅炉中，无论是煤还是石灰石，都不可能破碎到同一粒径，只能破碎到某个粒径范围内。因此，这就涉及一个平均粒径及粒径分布问题。

1. 颗粒平均粒径

颗粒的平均粒径有多种，最常用的是颗粒的算术平均直径 d_{10}，计算式为

$$d_{10} = \frac{\sum N_i d_{pi}}{\sum N_i} \tag{1-1}$$

式中　d_{10}——颗粒的算术平均直径；

　　　　d_{pi}——第 i 组颗粒直径；

　　　　N_i——第 i 组颗粒的个数。

也可根据颗粒表面积（或体积）求取表面积（或体积）平均直径 d_{20}。

循环流化床锅炉中，炉膛内床料的平均粒度大约为 $1.2\sim2.5$mm，返料器中的循环灰的平均粒度大约为 $200\sim300\mu$m；煤的真实密度约为 $1300\sim1700$kg/m^3，灰的真实密度约为 $2300\sim2500$kg/m^3。

2. 颗粒粒径分布

颗粒粒径分布对流态化工况也有较大影响。理论上讲，粒径一致的球形颗粒的流态化质量最好。但在实际工业应用中，往往都是宽筛分颗粒，即流化床内的固体颗粒的粒径不是均匀一致的。因此，在实际循环流化床锅炉中，通常对入炉煤和石灰石的粒径分布有一定要求。通过对煤样和石灰石样的取样筛分，可得到如图 1-18 所示的两种颗粒粒径分布曲线。图 1-18 中的 $f(d_p)$ 曲线表示不同粒径的颗粒在全部颗粒中所占的质量百分比；图 1-18 中的 $N=f(d_p)$ 曲线则表示粒径小于某一个值的颗粒在全部颗粒中所占的质量百分比。

所谓颗粒总和曲线，就是颗粒直径从最小到最大时的个数累计曲线，而颗粒分布密度曲线则是在各颗粒直径下的颗粒个数，由此可明显看出颗粒的大小分布情况。颗粒分布曲线通常有一个最大值，即当 $d_p=d_{pm}$ 时，颗粒的个数最多。

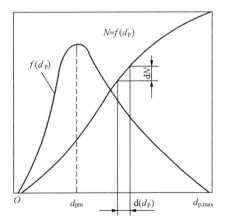

图 1-18　颗粒密度和总和的分布曲线

在实际的工程应用中，还常采用一种双对数坐标的颗粒分布曲线。图 1-19 是某 300MW 循环流化床锅炉的入炉石灰石粒径分布曲线，运行中要求石灰石的入炉粒径分布应在图中的两条直线之间。

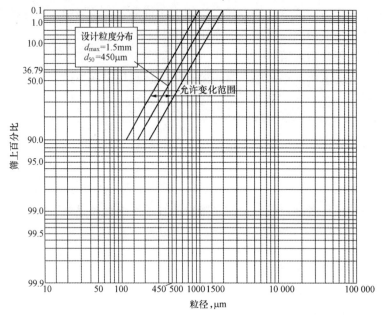

图 1-19　某 300MW 循环流化床锅炉入炉石灰石粒径分布曲线

图 1-19 中，纵坐标是未通过某一筛孔直径的石灰石所占的百分比（筛上百分比），横坐标是筛孔的直径，其单位是 μm。

3. 空隙率

颗粒由于受重力的作用，彼此往往以自然堆积方式存在。为表征这种颗粒堆积状态，引入所谓空隙率的概念。根据颗粒形状和颗粒填充特性的不同，颗粒间总是存在着一定的未被颗粒占据的空间，这一空间称为空隙。空隙率则定义为单位体积的气固两相流中，流体所占体积 V_g 与整个两相流体的总体积 V_m 之比，即

$$\varepsilon = \frac{V_g}{V_m} = \frac{V_m - V_p}{V_m} \tag{1-2}$$

式中　ε——空隙率；

　　　V_g——气固两相流中流体所占体积；

　　　V_m——气固两相流体的总体积；

　　　V_p——气固两相流中固体所占体积。

空隙率在气固两相流动工程领域中有重要的作用。它不仅表征了流体在整个气固两相流中所占的份额，也间接表示了气固两相流中固体颗粒的浓度。并且，由于不同的流态化状态有不同的固体颗粒浓度，因此空隙率值也就表示了不同流态化状态的特性。

4. 流态化颗粒的分类

不仅颗粒粒径分布对流态化性能有较大的影响，不同的粒径分布以及气固密度差，也

对流态化性能有较大影响，即较粗的颗粒和较细的颗粒的流态化状态是有很大差异的。英国学者Geldart在常温常压下对一些典型固体颗粒的气固流态化特性进行分析，提出了一种颗粒分类法。依照这种分类法，所有固体颗粒均可被分成 A、B、C、D 4 类。依据颗粒的直径 d_p、颗粒密度 ρ_p 与流化气体密度 ρ_g 的差值所作的流态化颗粒分类图见图 1-20。

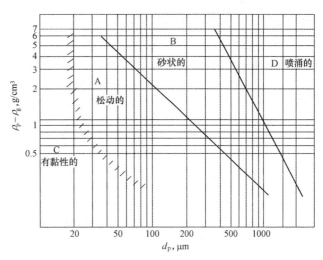

图 1-20 Geldart 的颗粒分类图

上述分类方法的提出对于正确理解颗粒的流化特性是十分重要的。例如，即使在相同的操作条件下，不同颗粒所反映出的流化特性会大不一样。下面对这 4 类颗粒分别加以介绍。

（1）C类颗粒。这些颗粒粒度很细，一般均小于 $20\mu m$，颗粒间相互作用力很大，属于很难流态化的颗粒。它是具有黏结性的一类，特别易于受静电效应和颗粒间作用力的影响，很难达到正常流化状态。颗粒间作用力与重力相近。如果要流化 C 类颗粒，则需特殊的技术，否则常会造成沟流。常常通过搅拌和振动方式使之正常流化。

（2）A类颗粒。这类颗粒粒度较细，其真实密度 ρ_p 为 2500kg/m³ 左右，粒径一般在 $30\sim100\mu m$ 范围内，气固密度差小于 1400kg/m³，如化工流化床反应器常用的裂化催化剂即属此类颗粒。这类颗粒能很好地流化，但表现气速在超过临界流化速度之后及气泡出现之前床层会有明显的膨胀，即在开始流化至开始形成气泡之间一段很宽的气速范围内，床层能够形成均匀的散式流化状态。这类颗粒在停止送气后会有缓慢排气的趋势，由此可鉴别 A 类颗粒。

（3）B类颗粒。这类颗粒具有中等粒度，典型的粒度范围为 $90\sim650\mu m$，具有良好的流化性能。流化床常用的石英砂即属典型的 B 类颗粒，此种颗粒在流化风速达到临界流化速度后即发生鼓泡现象。

（4）D类颗粒。这类颗粒通常具有较大的粒度和密度，并且在流化状态时颗粒混合性能较差，大多数燃煤流化床锅炉内的床料及燃料颗粒均属于 D 类颗粒。由于化工领域里的流化床多采用 C、A、B 类颗粒，因而以前对 D 类颗粒的流化性能研究得很少。近年来的一些研究结果表明，D 类颗粒的流化性能与 A、B 类颗粒有较大差别，如气泡速度低于乳化相间隙气流速度，属于所谓的慢速气泡流型。

人们对典型的 A、B、C、D 4 类颗粒的各种特性进行了统计，结果示于表 1-1 中。从表 1-1 中可以看出，4 类颗粒所反映出的流态化性能差异很大。

在实际的循环流化床锅炉中，往往同时存在 A、B、C、D 4 类颗粒。气速较低时，它充分表现 B 颗粒的鼓泡特征；气速高时，煤颗粒中细粉特征占主导地位，它也可以是下部鼓泡流态化，而上部为湍流或快速流态化。此外，加入炉内的煤粒和石灰石的粒径随着燃烧反应的进行，也在不断地变化。粗细颗粒的良好搭配，有时反而会使流化效果变好，此时细颗粒会在大颗粒之间起到一种"滚珠润滑"的作用。例如，某些工业试验结果表明，添加平均粒径比煤的平均粒径小的石灰石后，循环流化床锅炉中的流化效果会有较明显的改善。

在大型循环流化床锅炉中，颗粒粒径对运行的影响非常明显。比如，同样是处于鼓泡流化床流化状态，外置床内颗粒粒径通常在 1mm 以下，流化质量很高，颗粒流动性也很好；而流化床冷渣器中，颗粒平均粒径较大，最大粒径可达 20～50mm，运行中就很容易出现堵塞、结焦等现象。

表 1-1   4 类颗粒的主要特征

颗粒类型	C	A	B	D
粒度（$\rho_p = 2500kg/m^3$）	$<20\mu m$	$20～90\mu m$	$90～650\mu m$	$>650\mu m$
沟流程度	严重	很小	可忽略	可忽略
可喷动性	无	无	浅床时	有
最小鼓泡速度	无气泡	$>u_{mf}$	$=u_{mf}$	$=u_{mf}$
气泡形状	仅为沟流	平底圆帽		
固体混合	很低	高	中	低
气体返混	很低	高	中等	低
粒度对流体动力特性的影响	未知	明显的	很小	未知

（二）流速参数

1. 临界流化速度 u_{mf}

通常将床层从固定状态转变到流化状态（或称沸腾状态）时，按布风板（或炉膛空截面）面积计算的空气流速称为临界流化速度 u_{mf}，即所谓的最小流化速度。临界流化速度是一个非常重要的流态化参数。对循环流化床锅炉而言，在某种程度上，临界流化速度决定了锅炉低负荷运行的下限风速。

临界流化速度与床料颗粒粒径的平方值、固气密度差成正比。但至今还未能从理论上找到一种十分准确的计算方法，一般依赖于实验测定值或借助于经验公式作近似计算。

需要说明的是，在实际的工业燃煤流化床锅炉中，其正常运行时的流化速度均要大于u_{mf}。为保证床内颗粒充分流化，鼓泡流化床锅炉实际运行时的流化风速约为临界流化风速的 2 倍左右。

临界流化风速还受温度和颗粒平均粒度的影响。在热态下，达到临界流态化状态所需要的风量比冷态时少。工业试验表明，在温度为 700～1000℃时，其热态临界流化速度约为 20℃时的冷态临界流化速度的 0.52～0.45 倍。换而言之，热态下的流化风量达到冷态的 45%～52%，就可达到与冷态时相同的流态化效果。

当其他条件不变，只是煤粒平均直径变化时，则直径增大一倍，鼓泡流化所需的鼓风量约增加 50%。

需要特别强调的是，临界流化风速与床压无关，即与炉内床料量无关，但与送风压力有关（因为床层压降不同）。当炉内床料量增多时，为达到临界流化状态，通常流化风机的出口风量调节挡板的开度会增大，但这并不意味着临界流化风量增大了，因为此时风门挡板开度增大所减小的流动阻力，刚好被床料增多而带来的压降相抵消。风系统的阻力（此时包括床层阻力）曲线并没改变，从而风机的工作点也就没有变化，因此临界流化风速（风量）都没有因为床压升高而变化。

另一个需要注意的是，当炉内床压由于排渣而变化较大时，即使风门挡板开度未变，流化风量可能会发生较显著的变化，即与煤粉锅炉或层燃锅炉运行相比，循环流化床锅炉在锅炉负荷未变的情况下，燃烧系统的送风阻力是随时变化的，其变化的原因，就是床层压降不断波动或变化。

2. 颗粒终端沉降速度 u_t

单一固体颗粒在静止流体中自由下落时所能达到的最大速度，称为颗粒终端沉降速度。颗粒终端沉降速度是颗粒重力、颗粒在气体中的阻力和颗粒下落时所受到的气流摩擦力达到平衡状态时的下落速度。

在循环流化床中，只有流化速度大于颗粒终端沉降速度时，颗粒才能跟随气体一起从流化床中逸出。因此，在循环流化床锅炉运行过程中，考虑到床料及煤粒粒度分布不均匀，运行中可以通过适当控制流化风量，只将能够达到颗粒终端沉降速度的小颗粒吹到二次风口以上区域，就可以既保证循环倍率，又减小大颗粒床料对炉壁耐火材料交界处的磨损。

颗粒终端沉降速度与床料颗粒粒径的平方根、固气密度差的平方根成正比，即

$$u_t = \sqrt{\frac{4d_p(\rho_p - \rho_g)g}{3\rho_g C_D}} \qquad (1-3)$$

式中　　d_p——颗粒粒径，m；

　　　　ρ_g——气体密度，kg/m³；

　　　　ρ_p——颗粒密度，kg/m³；

　　　　g——重力加速度；

　　　　C_D——常数。

由于颗粒终端沉降速度与临界流化风速都是颗粒所受重力、浮力和气流流过颗粒时所产生的摩擦力达到平衡时的气流速度，因此某些读者可能会认为两者至少在数值上是相等的。这是不对的，这两个速度的适应范围有很大的差别。抛开它们各自所代表的物理意义不谈，光是它们两者所存在的条件就不一样。

颗粒终端沉降速度是指单一颗粒在空中自由下落时所能达到的最大速度，此时空气是静止的，不存在由于气流流动而产生的各种物理现象（如旋涡等），也不存在颗粒之间的相互作用（如碰撞等）。此外，还需要注意一点，这里只是借用了颗粒终端沉降速度的概念，认为当气流速度达到颗粒终端沉降速度值时，就能把静止的固体颗粒带走。而在实际的循环流化床中，不存在静止不动的固体颗粒。

临界流化速度是指若干固体颗粒形成一定厚度的床层时，达到流化状态所需要的最小流化速度，这里就存在一个颗粒之间以及流化空气（气泡）与颗粒之间的相互作用问题。

由于涉及颗粒之间的不规则碰撞等复杂因素，宽筛分颗粒流化床的临界流化速度目前只能通过试验确定。

3. 颗粒循环流率

循环流化床锅炉与其他燃煤锅炉在结构及运行方式方面的最显著区别之一就是循环流化床锅炉内存在床料颗粒的循环流动。床料（包括煤和石灰石）的循环流动对煤粒的燃尽和石灰石的充分利用都有极大的帮助。此外，从流态化的观点来看，如果说根据流化风速大小可以判断床内是否处于鼓泡流化状态的话，那么仅根据流化风速大小是无法单独判断床内是否处于循环流态化状态的。要判定循环流化床是否运行在快速流态化区，除了流化风速外，还需同时判断循环颗粒流率是否满足快速流态化的条件。具体地讲，在一定的流化风速下（即使风速较高）如果循环颗粒流率配合不好，整个流化床不一定落在循环流态化区域，使床内很难表现出循环流化床所独有的气固间很大的相对速度和壁面颗粒大量返混的流型结构。如果单位截面的颗粒流率太低，则床层有可能落入稀相气力输送状态。也就是说，在煤粉锅炉炉膛或鼓泡流化床锅炉炉膛出口简单地加一个高温旋风分离器和相应的回料器，是构不成循环流化床锅炉的。图 1-21 是不同类型流化床的存在区域。由图 1-21 可见，理论上需要有两个条件，即流化风速和单面截面上的颗粒流量，才能确定流化床处于什么样的气固流动状态。

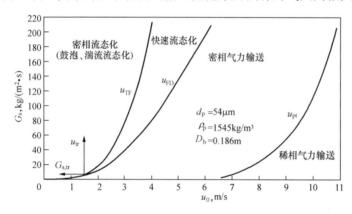

图 1-21　不同流态化的流型分区图

一般所说的物料循环量均指外部物料循环量，即通过返料机构送回床层的物料量，而实际上循环流化床锅炉有很大的内循环量。内循环量主要取决于床内构件及流体动力特性。内循环在提高脱硫、燃烧效率方面，其影响与外循环基本上是相同的，对平衡床内温度的影响与外循环不尽相同，但有一点是非常明显的，即内循环增大后，外循环可以适当地降低一些。

在工程应用上，循环流化床的颗粒循环流率很难确定，既难以计算，也难以准确测量。因此，循环流化床锅炉上一般采用颗粒循环倍率的概念。循环倍率的定义是

$$循环倍率 = \frac{单位时间内返回到炉膛的床料质量}{单位时间内的入炉煤质量} \tag{1-4}$$

循环倍率对循环流化床锅炉设计和运行的影响都很大。它主要影响炉膛下部的热量平衡（即床温）和炉膛上部水冷壁管的传热强度（即锅炉负荷）。在循环流化床锅炉运行中，可以通过一定的燃烧调整手段，调节循环倍率。

循环流化床锅炉的设计循环倍率相差很大。一般来讲，燃用劣质煤的循环流化床锅炉的循环倍率要低一些，而燃用优质烟煤的循环流化床锅炉的循环倍率要高一些。国内早期

某些燃用高灰分劣质煤的循环流化床锅炉的循环倍率低到 2～3 的水平，而国外某些燃用烟煤的循环流化床锅炉的循环倍率可高达 40～100。

由于循环倍率很难在现场测量，因此实际运行的循环流化床锅炉的循环倍率也很难确定，一般只是根据其设计的循环倍率估计。在工程上，常近似认为在锅炉二次风口以上的床料都会参加外循环，然后根据炉膛上部的床压降，计算出总的固体颗粒质量，并近似认为这些床料量就是参加外循环的床料质量。

（三）广义流态化的床层阻力

在广义流态化中，除临界流化风速和固体颗粒循环流率以外，决定流化床运行性能的另一个重要特征是床层的阻力特性。所谓流化床层的阻力特性，是指空气通过料层的阻力（压降）Δp 与按床截面积计算的冷态流化风速（或称表观速度）u 之间的关系，如图 1-22 所示。

图 1-22 是双对数坐标图。由图可知，床内料层在开始流化之前，床层阻力 Δp 随流化风速 u 的升高而急剧增大。料层开始流化后，Δp 随 u 的升高而基本保持不变，此时床层出现膨胀，床料颗粒之间的距离拉大，床料颗粒之间的气流速度并没有改变，因此出现随气流速度升高床层压降不

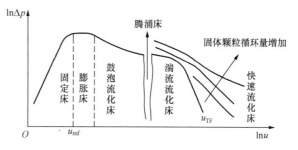

图 1-22　广义流态化的床层阻力特性

变的现象。随后，床层进入鼓泡流化状态，随流化风速升高，床层压降基本不变（或略有下降，其原因在于密相床料中出现较多的气泡，床层的空隙率略有增大）。

由于鼓泡流化床具有床层压降基本不随流化风速升高而变化的特性，因而可以用来判断料层是否处于流化状态，确定锅炉运行时静止料层的厚度和所要配的风机的压头大小（一次风机压头≥风道阻力＋布风板阻力＋料层阻力）。

在鼓泡流化床基础上，继续增大流化风速，床内依次进入节（腾）涌流化床、湍流流化床，并根据固体循环颗粒流率的大小，呈现循环流化床状态或稀相气力输送状态。在循环流化床状态，床层的阻力不仅与流化风速有关，还与固体颗粒的循环量有关。当固体颗粒的循环量增大时，床层压降要增大，但一般不会超过鼓泡流化床时的床层压降。

第三节　气固流动与传热传质特性

一、循环流化床系统气固流动特征及其工程应用

（一）循环流化床系统主要组成

按照组成循环流化床循环系统的类型来划分，循环流化床循环系统有多种形式，但最基本的循环系统由以下部分组成。

1. 布风装置（布风板和风室）

布风板及其风室的作用是将流化气体均匀地分布在整个床层截面上，一般布置在床层

底部。

布风板的作用是使床层底部呈现均匀的起始流态化，此外还起到支撑床料重力的作用，尤其在突然停风的情况下，布风板要承受超过流化床料重力数倍的冲击负荷。风室的作用是使进入风室的流化风均匀地分布在布风板下，使布风板下的压力处处相等，为布风板的均匀布风提供条件。循环流化床锅炉常采用等压风室结构。

布风板的形式有多种，常见的有孔板式、风帽式、多管式、泡罩式、多层板式等。由于流化床内的气固运动有随机性，因此带来随机性的压力波动。为了避免这种压力波动带来流化状态的恶化（如出现沟流、停滞、腾涌等现象），布风板必须要有一定的流动阻力或压降。通常布风板的压降要大于整个流化床压降的 20%～30%，才能保证流态化工况的稳定。

2. 流化床

布风板以上一定高度的区域内，气体向上流过固体颗粒堆积的床层，产生一种使得固体颗粒具有一般流体性质的现象，具有这一现象的区域就可以称为流化床。

根据操作参数的不同，可以形成多种形式的流化状态。鼓泡流化床是最典型的一种。在大多数情况下，循环流化床锅炉下部区域，都可能处于鼓泡流化状态。在鼓泡流化床中，超过临界流化风量的气体，以气泡形式通过流化床。

在鼓泡流化床的上部，根据具体情况，可以是快速流态化状态，或者仅仅处于稀相气力输送状态。在低负荷时，循环流化床锅炉炉膛上部空间就可能处于稀相气力输送状态。

3. 分离器

循环流化床可以配置多种气固分离器，但最常用的是旋风分离器。旋风分离器可以布置在炉膛内部，也可以布置在炉膛外部。绝大多数的循环流化床锅炉的旋风分离器都布置在炉膛外部。

分离器也可以多级布置，串联使用，以增强分离效果。循环流化床也可以使用其他形式的分离器，并根据具体情况，将这些分离器单独使用或与其他分离器联合使用。

4. 立管

分离器所分离的颗粒通过一根连接在分离器固体颗粒出口和回料器之间的管道送回床层。这根管道就称为立管。立管负责将分离器所收集下来的颗粒顺利地送到回料器中，并且在输送过程中，立管内不能发生颗粒起拱、架桥等阻塞现象，也不能有向上倒窜的气流存在。倒窜的气流会严重影响分离器的分离效率。在大多数情况下，固体颗粒在立管内处于移动床流动状态。

5. 回料器

回料器的作用是将立管送来的固体颗粒从分离器下部低压侧自动送往炉内高压侧，并防止炉内高压烟气反窜进入分离器。回料器的类型很多，循环流化床锅炉常用 U 形回料器、"J" 阀等。

（二）循环流化床内气固流动的基本特性

1. 气固流动现象的描述

在循环流化床中，气固两相总体而言是向上流动的；在床内中心区，固体颗粒浓度较稀，垂直向上流动；在壁面附近，固体颗粒浓度较大，并存在沿壁面向下流动的固体颗粒流。

实验表明，在循环流化床内，固体颗粒常会聚集起来成为颗粒团，在携带着弥散颗粒的连续气流中运动，这在壁面处的下降环流中表现得特别明显。这些颗粒团的形状为细长的，空隙率一般为 0.6~0.8。它们在炉子的中部向上运动，而当它们进入壁面附近的慢速区时，就改变它们的运动方向开始从零向下作加速运动，直到达到一个最大速度。所测量到的这个最大速度在 1~2m/s 的范围之间。颗粒团一般并不是在整个高度上与壁面相接触，在下降了 1~3m 后就会在气体剪切力的作用下，或其他颗粒的碰撞下，发生破裂，它们也有可能自己从壁面离开。

大多数循环流化床锅炉中的壁面不是平的。它们或是由管子焊在一起，或是由侧向肋片将相邻的两根管子连在一起。在每一个肋片处，由相邻管子构成深度为半个管子直径的凹槽。这将影响到颗粒在肋片上的运动。实验发现颗粒会聚集在肋片处，在那儿的停留时间要大于在管子顶部。

在循环流化床内的气固流动过程中，气相和固相表现出不同的特性。气体及其所包含部分分散颗粒组成的稀相，连续地向上流动，形成了循环流化床中的连续相；固体颗粒则存在"成团"与"返混"现象。在床层颗粒浓度较稀的区域（如床中心区）呈向上运动的丝束（上下两头尖，中间略粗）形状，而在床层颗粒浓度较高区域（床层下部和壁面附近）呈向下运动的 U 形，"成团"的固体颗粒群形成的浓相则成为循环流化床中的分散相。通过颗粒的"成团"与"返混"现象，连续相与分散相中的固体颗粒不断发生相互交换。

颗粒成团与解体（或返混）的最主要原因是：颗粒在气流中运动时，为减少气固之间的相互作用，力图通过颗粒聚集，以使若干颗粒相互屏蔽，从而减少阻力；另外，由于迎风作用、颗粒碰撞等原因，使成团的颗粒解体。即，颗粒的成团与返混现象，是当颗粒浓度达到一定数值后，由于颗粒在运动过程中为了达到气、固相互作用最小的稳定状态而自然发生的一种现象，是多种因素综合作用的结果。

颗粒的成团与返混现象，大大延长了颗粒在床内的停留时间，提高了气固相对速度，对强化燃烧，有很大的作用。

2. 气固混合及其停留时间

气固混合过程的预测与控制是循环流化床设计与运行操作的关键之一，气固混合过程与设计和运行操作的许多因素有关。由于气体与固体分布的不均匀性，循环流化床内的气固混合过程不是固定不变的，而是随设计及运行因素变化。

（1）气体混合及其停留时间。气体停留时间分布描述了气体通过循环流化床时总的混合程度，它与床层中的气固流动行为有密切的关系。当运行风速一定时，增大固体颗粒的循环倍率（比如增大循环流化床锅炉的一/二次风比），会使床内任意横截面上的颗粒分布的不均匀性增大，结果导致气体速度在床层中心区增大而在边壁区减少。

宏观上讲，由于循环流化床的运行风速很高，理论上讲不存在轴向的气体返混。但实际上，由于颗粒分布的不均匀性，颗粒运动所造成的气体夹带仍然存在，因此气体轴向混合也随固体颗粒的循环倍率增大而增加。

循环流化床中，气体径向混合是比较明显的，其主要原因是由于径向气体速度的不均匀分布以及固体颗粒的不均匀分布。

由于颗粒分布的不均匀性，气体停留时间在床内不同区域的分布也不相同。总的来讲，气体平均停留时间随运行风速增大而减少，随颗粒循环速率增大而增大。

此外，颗粒的不规则运动，对气体混合影响是很大的，但目前的试验研究结果比较分散，还需要继续进行大量系统的研究，并从机理上探明各种影响因素的定量关系，以建立普遍适用或能在较大范围内适用的关联式。

（2）固体混合及其停留时间。循环流化床的固体混合主要是由颗粒成团与返混、壁面附近颗粒下行流动以及横向颗粒交换引起的。颗粒成团与返混是造成颗粒轴向混合的最主要原因，也是循环流化床内颗粒混合的最主要方式。沿壁面附近下行流动的颗粒与中心区域随气流上行流动的颗粒之间的速度差，以及颗粒速度沿径向的不均匀分布，则成为固体颗粒径向混合的最主要原因。

固体颗粒停留时间是循环流化床内气固复杂流动的体现。由于循环流化床内存在颗粒成团与返混，加之内循环的存在，使得固体颗粒的停留时间差别相当大。在床中心区域的固体颗粒很快通过床层，而在壁面附近的颗粒则具有较长的停留时间，并根据参与内循环的情况不同，其停留时间的差异也相当大。

（三）循环流化床内各区域的气固流动特性

1. 各区域颗粒运动现象的描述

（1）底部区域的颗粒运动。循环流化床底部区域是位于布风板上方很小一个高度范围内的区域。在这一区域中，气固流动受布风板的影响较大。试验研究发现，在循环流化床底部区域，往往处于鼓泡流化床或湍流流化床状态，大量气体以气穴方式流过这一区域。当这些气穴到达底部区域的顶端时，气穴破碎并将大量固体颗粒喷入过渡区。底部区域的固体颗粒运动，可以认为主要是由于气穴运动引起的。因此，可以用经典鼓泡流化床内的颗粒运动机理来解释。图1-23示出了循环流化床内各个区域位置，也示出了过渡区、稀相区及出口区的位置。

（2）稀相区的颗粒运动。稀相区中存在较为明显的两相流动。研究表明，在稀相区中，上升气流及其所携带的颗粒组成了稀相；而密相则主要由下降颗粒团组成，其密相的颗粒浓度至少比稀相中的颗粒浓度大一个数量级，并且主要分布在壁面附近。这样，在循环流化床的稀相区中，就存在一个在边壁附近主要由下行固体颗粒形成的环和在中心附近主要由上升气流形成的核。这就是人们常说的循环流化床气固流动的环—核结构。

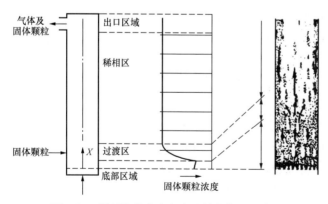

图 1-23　循环流化床内各个区域的位置示意图

图 1-24 是在某循环流化床锅炉内实测得到的炉内固体颗粒流量与炉膛深度的关系。图中分别给出了上升固体颗粒流量和下行固体颗粒流量两条曲线。由图 1-24 可见，只有在距膜式水冷壁 0.4m 以内，才能测到沿壁面下行的固体颗粒流量。

稀相区的另一个特点是固体颗粒速度存在一个径向速度分布。试验发现，最大颗粒速度出现在流化床的中心区域，其平均的颗粒速度大约是气流平均速度的 1.5～2 倍。只有在壁面

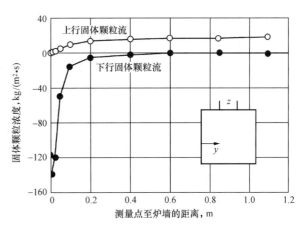

图 1-24 循环流化床内固体颗粒流量与炉膛深度的关系

附近，才能测到向下流动的固体颗粒。测量表明，向下流动的颗粒速度大约是 1～1.8m/s。

综上所述，循环流化床稀相区的流动可以看成由上升流动和下降流动两部分组成。由于颗粒这种特殊的流动形式，因此会产生较强的轴向混合。关于轴向混合，一种观点认为主要是由于颗粒间相互碰撞作用造成的，另一种观点则认为主要是由于颗粒的湍流扩散引起的。在循环流化床锅炉炉膛内，由于稀相区的固体颗粒浓度较低，可以认为颗粒混合主要是湍流扩散引起的。

（3）过渡区的颗粒运动。在过渡区，从底部区域产生的气穴将大量固体颗粒喷射到稀相区中；同时，从稀相区回落下来大量的颗粒团。因此，在过渡区域具有较高的固体颗粒混合强度。正是由于过渡区的这一特点，循环流化床锅炉的给煤口、返料口都位于这一区域。

（4）出口区的颗粒运动。如图 1-25 所示，循环流化床主要有两种出口几何结构，一种是气垫形出口结构，一种是直角形出口结构。

采用直角形出口结构时，循环流化床内固体颗粒沿床高的分布是连续降低的，而气垫形出口结构则会使循环流化床出口处的颗粒浓度升高，这主要是由于循环流化床顶棚将部分大颗粒反弹回床内所致。不同出口结构的循环流化床内固体颗粒份额分布如图 1-26 所示。

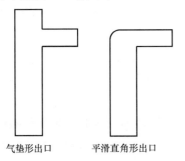

图 1-25 循环流化床出口结构示意图

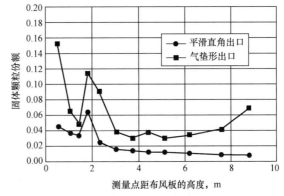

图 1-26 不同出口结构的循环流化床内固体颗粒份额沿床高的分布

2. 固体颗粒的混合

（1）轴向颗粒混合。研究表明，在循环流化床内可划分成不同的区域，每一个区域都具有不同的气固流动特性。因此可以预计，这些区域内固体颗粒的轴向混合肯定也具有不同的特点。不同的研究者采用不同的示踪粒子或示踪方式对床内的轴向混合进行了试验研究，通过喷入某种示踪剂，然后在下游对示踪剂进行检测，从而获得固体颗粒在床内的平均停留时间分布。图 1-27 是一个典型试验结果。从图 1-27 可以看出，当示踪剂加入后，在下游检测出来的固体颗粒存在一个随时间变化的分布关系。少量一直跟随气流流动的固体颗粒很快流到检测点，而较多的固体颗粒经过几次成团与返混之后，才流到检测点。最后，还有一定量的固体颗粒需经过较长时间，才能流到下游的检测点。

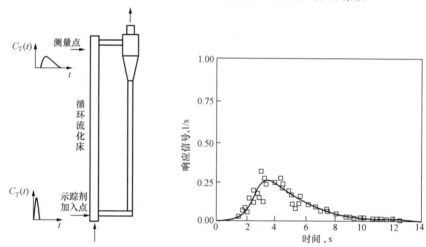

图 1-27　循环流化床固体颗粒轴向混合试验方法及结果示意图

固体颗粒的轴向混合机理至今还未完全弄清楚。一种观点认为，轴向混合的主要原因是循环流化床内存在环—核结构，即存在固体颗粒的上升和下降流动；另一种观点认为，轴向混合的主要驱动力是颗粒之间的相互碰撞。由于试验条件不同，试验研究结果也不太一致。有关轴向颗粒混合问题，还需要作较多的研究。有人认为，颗粒浓度差引起的颗粒扩散，对颗粒的轴向混合贡献不大；固体颗粒的对流，才是关键因素。

（2）横向颗粒混合。采用类似的研究方法，许多研究者研究了固体颗粒的横向混合问题。其中一种试验方法是：向炉内中心区域注入加热粒子，然后在下游的某一横断面上测量温度分布。另一种试验方法是：在床中心竖直放置一根加热管，再在下游测量床内各平面的温度分布，确定示踪颗粒与周围气体和颗粒之间的热交换特性以及与测温元件之间的热交换特性，进而得到固体颗粒的横向扩散特性。根据温度分布情况，确定密相与稀相之间的热交换特性以及颗粒横向混合特性。

研究表明，颗粒之间的碰撞对颗粒混合影响很大。循环流化床内不同区域，影响横向混合的因素也不相同。对于稀相区，当增加颗粒浓度时，混合将加强。在循环流化床壁面附近，上升的稀相气流与下降的密相之间的颗粒交换是壁面附近区域固体颗粒混合的主要来源。

目前，有关循环流化床内固体颗粒横向混合的研究报道还很少，试验研究结果的差异也比较大，还需要作进一步的研究。

（四）循环流化床锅炉炉膛内的气固流动特性

考虑到循环流化床锅炉炉膛内存在剧烈的燃烧过程，其实际的气固流动状态又有一些新的特点。

循环流化床锅炉中的气固两相流动的特点之一是上部稀相区的颗粒团聚，这正是快速流化床的特征，因此可以推断，循环流化床锅炉的炉膛上部为快速流化床。

循环流化床锅炉上部运行在快速流化床状态下，床料便被大量吹出，此时必须补充等量的物料才能使炉膛上部床层维持快速流态化状态。在相同的总流化风量条件下，不同的一、二次风比，产生不同的循环量，因此可以有不同的快速流化床状态，这是对炉膛上部的中、小颗粒床料而言。也可以维持炉内不同的床层高度（床压），改变物料沿床高浓度分布，从而在炉膛上部形成不同的快速流化床状态。由于在燃煤循环流化床中，始终有部分粗颗粒存在，因此床内是由鼓泡流化床与快速流化床叠加而成。

在快速流化床中存在着以颗粒团聚状态为特征的密相悬浮夹带。在团聚状态中，大多数颗粒不时地组成较大的颗粒密集的颗粒团。认识这些颗粒团是理解快速流化床的关键。有研究者根据稳定性研究结果解释了它们的形成，与解释低速条件下气泡形成的观点颇为类似。大多数颗粒团趋于向下运动，床壁面附近的颗粒团尤为如此；与此同时，颗粒团周围的一些分散颗粒迅速向上运动。快速流化床床层的空隙率通常在 $0.75\sim0.95$ 之间。与床层压降一样，床层空隙率的实际值取决于颗粒的净流量和气体流速。

人们公认循环流化床锅炉需要一个大的循环物料流，以维持燃烧室内沿高度方向物料空间浓度从下向上逐渐变化，而不能像鼓泡流化床锅炉那样，密相区以上物料空间浓度迅速减少。仅当沿床高度方向物料浓度逐渐减小并维持一定数值时，才有可能产生高度方向上的较强返混，从而把燃料释放出的热量纵向传递并横向传给受热面。最近的研究工作证明，随着循环量的增加，燃烧室内物料的平均粒度明显降低，从而使密相区气体中气泡相的比例增大，气相与乳化相传质减弱，燃料在密相区的燃烧为欠氧态，相应抑制了密相区的热量释放份额。再加上高度方向上物料返混的加强，才能使循环流化床锅炉在密相段不设置受热面的条件下亦能达到热量平衡。

在很长一段时间里，人们曾把循环流化床锅炉物料循环的经验借用到鼓泡流化床锅炉上，开发了一批带有一定数量的飞灰回送的鼓泡流化床以提高燃烧效率，这些改进型的鼓泡流化床锅炉得到很成功的工业应用，也因此称为低倍率循环流化床锅炉。清华大学的热态试验表明，在通常循环流化床锅炉 5m/s 的热态气速下，烟气对固体的携带量若小于 $0.7kg/m^3$，则循环流化床锅炉整体处于鼓泡流化床状态，若超过 $1kg/m^3$，则上部进入快速流化床状态。然而在这样的物料携带量条件下，稀相段平均空隙率已达到 0.98 以上，超过了化工领域对快速流化床反应器空隙率了解的范围。因此，仍有相当的研究者认为，燃煤循环流化床锅炉内属于鼓泡流化床扬析夹带。研究循环流化床燃烧的学者则是从热量平衡的角度寻找到证据，说明燃煤循环流化床锅炉内存在快速流化床。

因此，循环流化床锅炉燃烧室内是由多重粒子构成的下部鼓泡流化床、上部快速流化床的复合流态。而快速床的物料循环量可以在一定范围内变化。因此，以物料循环量或物料浓度空间分布为标准，其运行状态受到烟速、煤种、煤粒度、分离器效率的影响是不确定的。正因为这个事实，许多研究者和循环流化床锅炉设计者说循环流化床锅炉的循环量受煤种、粒度、分离器性能影响，运行时是个变量。事实上，在设计循环流化床锅炉时，均确定了一个流化状态（或炉膛上部的气固浓度）作为满负荷计算的参考，即在满负荷条件下的物料循环量，物料沿床高浓度分布是确定量，相应传热系数沿床高的分布也是确定的。其基本理论根据在于，循环流化床锅炉内有一个人为可调量，即床存量，可以在循环量或物料浓度发生漂移时，调整床存量而把流化状态调整回到设计态；此外，循环流化床锅炉炉膛内的温度也有一个运行范围值，通常可达 800~950℃。通过上述两个参数的调节，就可保证由于其他扰动影响了物料浓度分布偏离设计值后，仍可以恢复设计状态。决定流态的关键参数是燃烧室截面烟气速度和床料循环量，其中烟气速度是与锅炉负荷直接相关的量，或者是根据锅炉负荷所确定的量。除非燃煤水分变化范围很大（比如水分变化为 10%~40%），烟气量往往只与负荷有关。而循环灰量则可以通过调节进入炉膛上部快速流化床中的颗粒量来调节，其具体的调节手段有一次风量，一、二次风比，床压（炉膛内的床存量）以及床温的允许变化范围。运行中，就是通过上述调节手段，使锅炉的循环量维持在设计值的。

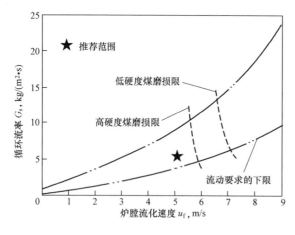

图 1-28　循环流化床锅炉设计气固状态的选择

早期的循环流化床锅炉设计，为追求较大的燃烧室截面热负荷，通常选择较高的烟气速度，但是该值受燃烧室受热面磨损程度的限制。早期研发循环流化床锅炉时，曾经选择 9m/s 的流化速度，但是由于磨损，不能在燃烧室有任何暴露的金属受热面。只能将受热面放到低速流化的外置换热床中。后期各个研发单位以燃烧室沿气体流向的垂直受热面不磨损为界限，把烟气速度逐步统一到 4~6m/s 的范围。个别特例如 CPC 设计风速为 1.5m/s，德国 Babcock 设计风速为 3m/s，则选择了更低的流态参数，如图 1-28 所示。

（五）回料系统中的气固流动

1. 旋风分离器内气固流动及其工程应用

旋风分离器是利用旋转的含尘气体所产生的离心力，将颗粒从气流中分离出的一种干式气固分离装置。

如图 1-29 所示，旋风分离器上半部分为圆柱形，下半部分为锥形。烟气出口采用钢板制作成直径远小于上部圆筒体的圆筒形，形成一个端部敞开的圆柱体。锅炉运行时，烟气携带固体颗粒切向进入圆筒形旋风分离器，并在分离器内形成向下的旋涡流动。在离心力作用下，烟气中的固体颗粒被抛向分离器筒壁，并沿壁面下滑进入连接分离器的立管中。烟气旋转到接近分离器锥体底部后，由于旋转速度降低，离心力减弱，在引风机抽力作用下，烟气携带少量的细小固体颗粒沿分离器中心轴线反向旋转上升，最后从分离器中心筒流出分离器。

据文献记载，从 19 世纪中叶，工业上已开始应用旋风分离器将固体颗粒从气流中分离出来。旋风分离器对于捕集、分离 5～10μm 以上的粉尘效率较高，现已被广泛地应用于能源、化工、石油、冶金、建筑、矿山、机械、轻纺、环保等工业部门。旋风分离器没有转动部件，结构简单，效率高，运行性能稳定，维护方便，特别适合于循环流化床锅炉。

与普通旋风分离器不同的是，循环流化床锅炉高温旋风分离器处理的烟气流量较大，且烟气所携带的固体颗粒浓度较高，分离器的工作温度也较高。

图 1-29　高温旋风
分离器示意图

旋风分离器内的流动，是一种旋涡结构流动。从循环流化床出来的气固两相流，以 25m/s 左右的速度沿切向进入旋风分离器上部筒体，形成高速的旋涡流动。在流动过程中，受离心力作用，较粗的颗粒首先被甩向壁面，沿壁面下滑进入立管中。其余的固体颗粒被旋转气流带往旋风分离器的下部锥体部分继续进行分离。最后，气流从旋风分离器中心以反向旋转方式通过分离器中心管流出。在流出的气流中，还带有极少量粒径很小的固体颗粒。

旋风分离器中的气流结构受到破坏（如从立管反窜上来大量的气体）或结构不佳，都可能造成分离效率严重下降。

在具体工程应用上，法国 Stein 公司、美国 FW 公司则对传统分离器进行较多的改进。其中，法国 Stein 公司对传统的绝热式旋风分离器进行了以下改进：

（1）将高温旋风分离器的中心筒偏置布置。

（2）延长分离器入口烟道，使得固体颗粒在进入分离器之前进行预加速。

（3）分离器入口烟道向下倾斜布置。

（4）将传统旋风分离器的螺线型入口改成切线形入口。

（5）针对煤种，采用不同长度的分离器入口烟道。

（6）炉膛出口烟窗设在炉膛中部，烟气在分离器内向外旋转，而不是像过去从炉子后墙两侧出口，向内旋转的布置方式。这样既减少了烟气的动能消耗，又减轻了炉膛出口侧墙水冷壁的磨损。

（7）采用优化的分离器入口烟道结构和中心筒入口结构。

上述改进使循环灰平均粒径从 180μm 下降到 80μm，从而降低了石灰石耗量，提高了脱硫效率。图 1-30 是改造前后的分离器结构示意图。图 1-31 是分离器不同入口烟道和中心筒结构对分离效率的影响。

美国 FW 公司也对旋风分离器的入口结构进行了改进，如图 1-32 所示。改进后的分离器入口结构，在处理相同烟气量的情况下，其进口断面狭长，气流更加贴壁，二次携带更小；而且直径也更小（5.6m）。相同的分离器入口风速，其切割直径更小（26μm），分离效率更高，能有效捕集未燃尽颗粒，从而进一步提高燃烧效率。

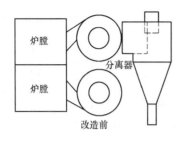 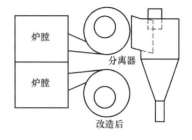

图 1-30　改造前后的分离器示意图

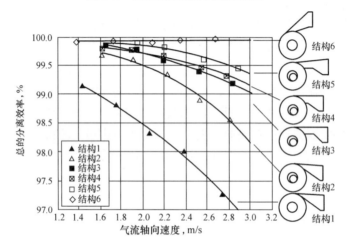

图 1-31　分离器入口烟道及中心筒结构对分离效率的影响

2. 立管内的气固流动

所谓立管，实际上就是一段有固体颗粒流动的管子。固体颗粒通过立管时，既可以属于稀相流动状态，也可以是移动床或流化床流动状态。立管的布置，既可以垂直布置，也可以倾斜布置，或者采用垂直和倾斜混合布置。

立管最早出现于 20 世纪 40 年代，用于在生产汽油的催化裂化装置中，将压力较低的流化床中的固体颗粒传送到压力较高的流化床中。

在立管中，当气体相对于固体颗粒向上流动时，固体颗粒可以在重力作用下，克服气流产生的压差而向下流动。这种相对的气固运动就可以产生所需要的密封压降。气流相对于立管壁面的速度方向可以是向下流动，也可以是

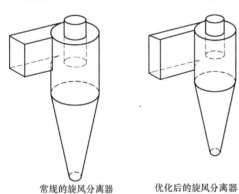

常规的旋风分离器　　优化后的旋风分离器

图 1-32　旋风分离器尺寸比较

向上流动，但相对于固体颗粒的速度方向，则一定是向上的，才能正常发挥立管的作用，即当气流相对于立管壁面向下流动时，其流速小于固体颗粒相对于立管壁面的下行流动速度，因此气流相对于固体颗粒的速度仍是向上的。

立管中可以存在如下三种基本的流动状态。

（1）固定床状态。在固定床中，立管中气固相对速度小于临界流化速度，立管中的空隙率基本固定；随气固相对速度的增大，立管内单位长度的压降也增大。由于立管内固体颗粒相对于立管壁面作整体向下的运动，因此也将立管内的工作状态称为移动床状态。当立管工作在移动床状态时，有时立管内的固体颗粒会产生脉动现象，并伴随瞬间发生的"噎塞"现象；这对循环流化床锅炉的运行十分不利，应尽量避免。但目前还没有可靠方法能预测这种现象何时发生。"噎塞"现象主要是由于颗粒在流动过程中出现"架桥"和"起拱"现象造成的，锅炉制造厂的通常做法是，在立管上每隔一定距离加装一组空气喷嘴并严格监视回料器的风量变化和静压变化，以防止"噎塞"现象的发生。

（2）流化床状态。在流化床状态下，气固相对速度等于或大于临界流化速度。立管中固体颗粒层的空隙率沿立管高度而变。当气固相对速度增大时，单位长度立管内的压降保持不变。在流化床状态下，立管内的气固流动状态主要有以下两种：

1）鼓泡流化床流动。当循环灰粒基本属于 B 类粒子时，在立管中总是形成鼓泡流化床流动状态，因此大于临界流化风量的气体都会形成气泡。循环流化床锅炉中的高温循环灰粒一般在 B 类粒子的范围，因此在循环流化床锅炉运行中，会形成鼓泡流化状态。

2）（准）散式流化床流动。当循环灰粒径属于 A 类粒子范围时，就可能形成（准）散式流化床状态。此时，当风速超过临界流化风速时，A 类粒子会形成流化状态，但不会出现鼓泡现象。继续增大风速，立管内的固体颗粒层进一步膨胀，颗粒之间的距离被拉大，空隙率增加；在风速超过最小鼓泡速度后，立管中才出现气泡。在循环流化床锅炉中，由于循环灰粒粒径较粗，因此立管中很难出现（准）散式流化床状态。

从循环流化床锅炉运行角度讲，不希望立管工作在鼓泡流化床状态。因为当固体颗粒相对于立管壁面的速度小于气泡相对于立管壁面的上升速度时，气泡群会不断上升、合并成大气泡。上行流动的气泡会阻碍固体颗粒的下行流动；气泡尺寸越大，对固体颗粒下行流动影响越大。当气泡上行速度低于固体颗粒的下行速度时，气泡相对于立管壁面是向下流动的。此时由于小气泡的下行速度大于大气泡的下行速度，因此小气泡仍可能追上前面的大气泡从而合并成更大的气泡，阻碍固体颗粒的下行流动。

在鼓泡流化床状态下，由于气泡的存在，还使单位高度立管的压降及颗粒层密度变小，立管内必须要有更高的固体颗粒高度才能产生足够的返料压差。在鼓泡流化床状态下，立管最佳的运行条件是：①对 B 类粒子，气固相对速度应略大于临界流化速度；②对 A 类粒子，气固相对速度应维持在略高于或略低于最小鼓泡流化速度。

（3）气力输送状态。在固体颗粒下行流动的立管中，尤其是立管上端连接一个旋风分离器时，大量的气体可能会随同被分离下来的固体颗粒一同进入立管，并在立管上部形成典型的稀相气力输送状态。

与回料器、循环流化床炉膛和旋风分离器不同，在大多数情况下，立管内的固体颗粒高度可自动根据回路的压降变化进行调节，从而使立管的压降也随之改变，以平衡整个循环回路的压降变化。

在过去相当长一段时间内，人们普遍认为，立管底部是呈流化状态的密相区，密相区的高度与循环回路其他部分所产生的压降成正比；立管上部则是稀相区，稀相区几乎不产生压降。但近年的试验研究表明，立管内的气固流动状况并不总是这样。当固体颗粒在立管内流速增大到一定程度时，大量气体会被固体颗粒卷吸进入立管。在极端情况下，随固体颗粒下行的气体流量可以达到进入旋风分离器气体流量的近 1/3；由于大量气体被固体颗粒携带进入立管，使立管底部的密相浓度降低，甚至会使回料器内呈现稀相流动状态。这对固体颗粒循环系统的运行相当不利。

研究表明，增大立管内单位高度的压降或减少固体颗粒的流动速度，可以显著减少固体颗粒对气体的携带。因此，在大型循环流化床锅炉中，一般推荐采用大直径的立管，以降低立管中循环灰的下行流速，从而避免循环灰携带过多的气体。

立管中储存的循环灰量，或立管中密相循环灰料层高度与炉内的床料量的比例，对循环流化床锅炉的运行有较大的影响。当循环流化床锅炉负荷较高、烟气流量较大时，若立管中的循环灰密相料层高度较低，则循环流化床中的固体颗粒密度分布就主要取决于立管中循环灰密相料层高度。因为较低的立管料层高度不足以产生足够的静压头将循环灰"推"入炉膛中，以使炉内烟气所携带的固体颗粒达到饱和浓度。当炉内烟气流速较低而立管中的料位高度较高时，则循环流化床中的固体颗粒密度分布就主要取决于炉膛内的床料量的多少。由于立管的静压很高，立管中的固体颗粒会以较快的速度被送入炉膛中。最后，炉内烟气是否能达到饱和携带程度，就主要取决于立管中固体颗粒的存量大小。

在某些情况下，如立管中料位较高，或通过回料器向炉内补充了较多的新床料，此时从回料器进入炉内的床料量会明显增大，整个循环回路的压力平衡也发生改变。为平衡这种压力变化，除了立管内的料位高度发生改变外，炉膛下部的密相区高度也会发生相应改变。当进入炉膛下部的循环床料量等于烟气从密相区带出的床料量时，密相区的高度也就不再发生变化。

在电站循环流化床锅炉中，立管内的气固流动结构，通常是一种典型的移动床流动结构。立管内的固体颗粒，在松动风的作用下，缓慢地整体向下流动。如果没有松动风的作用，立管内的固体颗粒很容易发生架桥、起拱现象，从而引起堵塞。但松动风的加入，又不可避免地在立管中产生向上流动的气流，从而给旋风分离器的工作带来影响。试验发现，当立管内的物料高度较高时，所送入的松动风 90% 以上会被向下流动的固体颗粒，通过回料器带入流化床内，只有不到 10% 的松动风，会进入旋风分离器内。

3. 回料器内的气固流动

回料器，也称为非机械回料器。它是一种只需要在阀的某个部位注入少量高压风（也称为松动风），就可使固体颗粒从阀的一端流向另一端的装置。它有两个重要的功能：一是使再循环固体颗粒从旋风分离器连续稳定地回到炉膛；二是提供旋风分离器负压和循环床下部正压之间的密封。分离器的静压非常接近大气压，而循环流化床回料点处由于床内存在较大的颗粒浓度差异，压力非常高，故必须在它们之间设置密封；否则燃烧室烟气将直接短路进入分离器。

在循环流化床锅炉中使用的各种非机械回料器有如下优点：

（1）没有机械运动部件，从而基本上不存在磨损与卡涩，尤其适合于高温高压的场合。

（2）采用普通管道材料制造，成本低。

（3）通常可以现场制造，从而避免长途运输。

回料器可以用于固体颗粒的各种回料系统。实际上，读者会发现，有时用于不同回料系统的非机械阀的形状几乎是相同的，其不同之处仅在于充气点不同。用于固体颗粒可控回料系统的非机械阀，主要在阀的侧面充气；用于固体颗粒自动回料系统的非机械阀，则主要在阀的底部充气。

（1）用于固体颗粒可控回料系统的非机械阀。在固体颗粒可控回料系统中，通过改变松动风量，就可改变通过非机械阀的固体颗粒流量。图 1-33 所示的"L"阀和"J"阀是用于固体颗粒可控回料系统中最常见的非机械阀。由于"J"阀的 180°光滑弯头很难制作，因此常将其形状简化成图 1-33（c）的形状。

不同非机械阀的差别主要是形状不同以及出料方向不同，其工作原理则是相同的，因此这里主要介绍"L"阀，其基本特性与其他非机械阀是一致的。

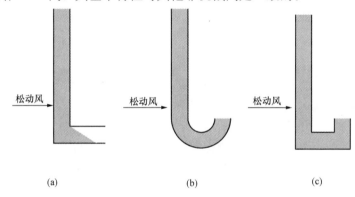

图 1-33　回料系统中常用的非机械阀

(a)"L"阀；(b)"J"阀；(c)"J"阀的简化形式

注入"L"阀中的松动风在固体颗粒上产生的摩擦力是推动颗粒流动的原动力。当松动风进入"L"阀后，松动风气流向下流过"L"阀的弯头。气流在"L"阀弯头处的固体颗粒上产生指向气流流动方向的摩擦曳力，当摩擦曳力大于颗粒流过"L"阀弯头的阻力时，固体颗粒就会流过"L"阀。

实际上，当立管内处于不同的流动状态时，流过"L"阀的气体流量也不相同。当立管内处于移动床状态时，立管中下行固体颗粒会携带部分气体，因此进入"L"阀弯头的气流就由立管内固体颗粒所携带的气流和松动风两部分组成；当立管中的固体颗粒流速很低或固体颗粒粒径较大时，进入"L"阀的部分松动风可能向上流动，此时流经"L"阀弯头部分的实际风量就等于松动风量与"L"阀上升风量之差。

最适合"L"阀输送的固体颗粒的粒径范围在 $100\sim5000\mu m$ 之间，这种粒径的固体粒子属于 Geldart 分类中的 B 类粒子和 D 类粒子。因此，"L"阀主要在早期的几种循环流化床锅炉上使用。

实际上，当固体颗粒的平均粒径大于 $2000\mu m$ 后，所需松动风量就会大幅度增加。因为粒径较大的固体颗粒单位质量的表面积较小，气流流过时所产生的摩擦力也较小。研究还发现，当大粒径的固体颗粒中混有一部分小粒径的固体颗粒时，固体颗粒会变得更易于输送，因为小粒径的固体粒子会填充大粒径颗粒之间的空隙，因而增加了气流流过颗粒时的摩擦力。

使"L"阀正常工作所需要的松动风并不是一成不变的。实际应用中发现，在高温条件下，使"L"阀正常运行所需松动风量小于室温条件下所需的松动风量。这是因为在高温下气体黏度增大，从而使气体流过颗粒表面产生的摩擦力增大所致。

（2）用于固体颗粒自动回料系统的非机械阀。许多非机械阀也可用于固体颗粒自动回料系统。在这种系统中，非机械阀并不起"阀"的作用，仅仅是一个流通部件。当固体颗粒流过非机械阀的流量变化时，非机械阀会进行自行调整，以适应回料量的变化。常用于固体颗粒自动回料系统的非机械阀有回料密封阀、"L"阀等。

在循环流化床锅炉中，自动回料系统主要用于将旋风分离器收集下来的固体循环颗粒回送到压力较高的炉膛下部，循环颗粒的回送是逆压力而行的。运行经验表明，采用固体颗粒自动回料系统输送固体颗粒，比采用传统的机械锁气器或机械旋转阀要可靠得多。

从稳定回料的角度出发，最简单的自动回料方法是将立管直接通往炉膛下部，利用立管内固体颗粒的静压头，将固体颗粒送回炉内。由于高温旋风分离器一般布置在炉外，因此这种布置方案要求采用倾斜式立管。由于倾斜式立管在运行中存在固体颗粒流动不稳定的问题，因此循环流化床锅炉往往采用回料密封阀、"L"阀、"V"阀等非机械阀，与立管一道将高温循环灰送回炉内。

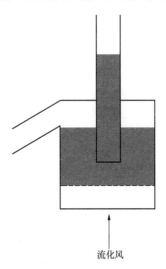

图 1-34　密封输送阀

1）密封输送阀。如图 1-34 所示，密封输送阀实际上是一个外置式流化床，旋风分离器分离下来的固体颗粒通过立管直接插入密封输送阀中。在流化风作用下，密封输送阀中的固体颗粒通过一根倾斜管溢流回到循环流化床中。固体颗粒会在立管中堆积一定的高度，以平衡循环回路中的压降，并产生足够的密封压头。

密封输送阀已在实际生产过程中应用多年，主要用于输送 Geldart 分类中的 A 类粒子和 B 类粒子，在输送 C 类粒子时，必须采用振动、脉冲等方式才能使固体颗粒不黏附在阀内。

密封输送阀自身能够可靠地运行，但与之配合的立管有时工作不稳定，需要采用充气立管。但充气太多与充气太少一样对立管的运行不利。充气太多，会在立管中形成大气泡，并使立管内出现堵塞现象。

采用充气立管时，一般每隔 2～3m 设置一层充气点。采用环形风管，可以使每层的各个充气点的充气量基本相同。

2）回料密封阀。如图 1-35 所示，回料密封阀实际上是密封输送阀的一种改进形式。它与密封输送阀一样，也是由立管和流化床组成。但立管安装在流化床的一侧，因而流化床的尺寸较小，使所需流化风量相应减少，运行效率更高。

在回料密封阀中，固体颗粒向上流动部分（返料侧）的高度可以设计得较高，使循环床内的压力波动不会影响回料密封阀的运行。通过增加回料密封阀返料侧的高度，还可以有效防止回料密封阀被"吹穿"。但回料器上升段的高度设计需要考虑两点：一是如果煤灰的比重较大，回料器的高度就要适当低一些；二是煤灰的比重越大，回料器上升段的流化风速就要越大。

为了平稳地输送 B 类粒子，返料侧往往处于流化状态；在用于输送 A 类粒子时，在返料侧可能需要加入少量的流化风，以帮助 A 类粒子顺利返回到循环流化床内。在这两种情况下，只需要较少的流化风量，就可形成均匀、稳定的固体颗粒流动。较大的流化风量反而会产生堵塞和不均匀的流动。

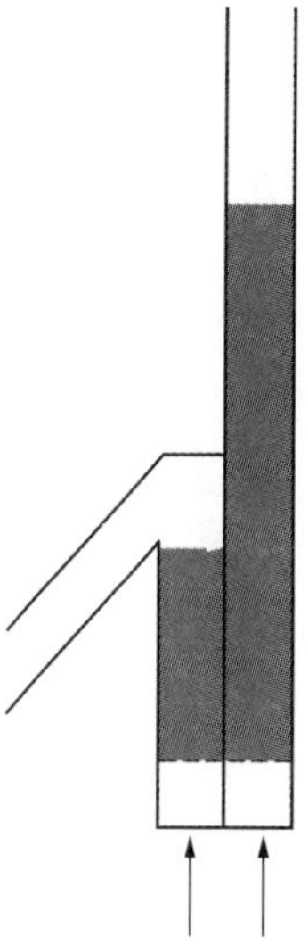

回料密封阀一般采用分隔开的两个独立风室，以便分别调节进料侧和返料侧的流化风量。在实际应用中，通常采用较大直径的立管，以避免下行固体颗粒携带气体过多而引起回料密封阀工作不稳定问题。

流化风

图 1-35　回料密封阀

在循环流化床锅炉上应用的回料密封阀，除了通过阀底部的布风板向阀内送入流化风外，往往还在阀的侧面设置一定数量的风管，以确保阀内不会出现流化不佳的区域。

通常，在来自高压风机的高压风作用下，回料器内处于流化状态，立管内处于临界流化状态或移动床状态。从旋风分离器分离下来的循环灰，进入立管后，就会形成一定的静压头。在此静压头作用下，立管内的高温循环灰不断流入回料器中，回料器中的流化物料高度则不断上升，当这一高度超过回料器出口高度时，高温循环灰就自动溢流进入炉膛。

图 1-36　风帽单独送风的回料阀

循环流化床锅炉运行时，必须时刻保持回料系统工作正常。在循环流化床锅炉的高温循环灰系统中，回料器内由于存在大量高温循环灰的横向流动（来自立管的高温循环灰在回料器内转弯上行），因此回料器的风帽在运行中容易出现磨损或堵塞现象，且运行中很难发现。美国 FW 公司曾采用每一个风帽单独送风的方式，解决了这一问题。其送风系统布置如图 1-36 所示。

当循环流化床锅炉设置有外置床时，回料器除将来自立管内的高温循环灰送回炉膛外，还起一个将部分高温循环灰送入外置床的作用，即此时的回料器，还具有高温循环灰流量分配作用。为了将一定流量的高温循环灰分配到外置床中，可以采用带水冷锥形阀的回料器和流化床气力式回料器两种类型。

水冷锥形阀的结构如图 1-37 所示。通过推拉这个锥形阀，达到控制外置床进灰量的目的。引进型 300MW 循环流化床锅炉就采用了这种形式的水冷锥形阀。白马 600MW 超

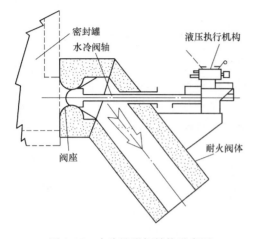

图 1-37　水冷锥形阀结构示意图

临界循环流化床锅炉也采用这种水冷锥形阀控制进入外置床中的高温循环灰量。

流化床气力式回料器的结构形式有多种，其中较为典型的是美国 FW 公司研制的称为 INTREX 的返料换热一体化装置，如图 1-38 所示。这种 INTREX 返料换热一体化装置，设置有进料通道、返料通道和冷却室三大部分。当锅炉运行时，进料通道和返料通道始终通风流化，冷却室则根据具体情况决定是否通风流化。当冷却室未流化时，从立管落入进料通道的高温循环灰经返料通道送回炉膛。当冷却室内处于流化状态时，从立管落入进料通道的高温循环灰则会从进料通道与冷却室之间隔墙下部开设的床料通道口进入冷却室。由于冷却室的返料口高度低于进料通道返料口的高度，因此落入进料通道的高温循环灰既可部分流过冷却室，也可以全部通过冷却室。具体操作上，只需控制冷却室的流化风量就可达到调节灰量的目的。当冷却室流化风量较高时，全部高温循环灰几乎会通过冷却室进入返料通道。当冷却室流化风量较低时，则会有部分高温循环灰因来不及进入冷却室而直接进入返料通道。

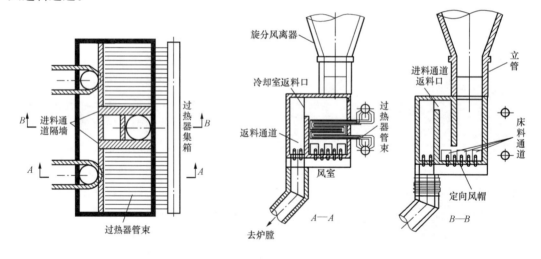

图 1-38　INTREX 返料换热一体化装置结构示意图

4. 外置床内的气固流动

外置床不是循环流化床锅炉的必备部分，它本身的功能是一个流化床换热装置或者兼有床料回送功能的流化床换热装置。循环流化床锅炉如果设置了外置床，则炉膛温度和蒸汽温度调节方面就会更方便一些。根据设计要求，外置床内可以布置不同形式的受热面，各受热面之间可以用隔墙隔开。外置床中，可以布置过热器、再热器、蒸发受热面甚至省煤器，受热面的布置十分灵活。外置床的结构的发展趋势是，从钢壳＋厚耐火材料结构，向膜式壁＋薄耐火材料结构发展；近年的发展趋势是将外置式流化床热换器与炉膛水冷壁连为一体。

图 1-39 所示是 Lurgi/CE 型外置式流化床换热器示意图，它由外部钢壳、内衬保温耐火材料，以及布风板、受热面管束等组成。

外置床实际上是一个细颗粒的鼓泡流化床。从固体颗粒的流动方向上看，可以将外置床看成是多个流化床的串联结构。高温循环灰从外置床的一端流入，再从相对的另一端流出，最后流入炉膛。

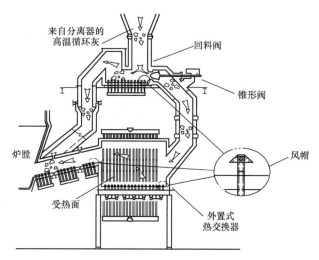

图 1-39　Lurgi/CE 型外置式流化床换热器示意图

与传统燃煤流化床相比，外置床内的气固流动有如下特点：

（1）外置床的床层高度虽然较高，但由于外置床中布置有大量的受热面管束，从布风板上方形成的气泡或气穴，在不断与管束相碰后很难长大，因此床面上较平稳，不易产生沟流或腾涌现象。

（2）外置床内存在十分明显的床料横向运动。高温循环灰从外置床一端流入，从相对的另一端流出；当高温循环灰流过外置床时，灰温会有非常明显的降低，即沿循环灰的流动方向，床温是不均匀的。

（3）进入外置床的高压流化风，除产生流化作用外，还会燃烧部分循环灰中的余碳。

（4）外置床中的流化风速，在 0.3～1m/s 之间，流化床内的固体颗粒（高温循环灰）直径为 0.1～0.5mm 左右，只要布置得当，根据长期的运行经验，受热面的磨损并不是很严重。

虽然外置式流化床换热器内的流化风速不高，但由于其床层面积一般都比仅作返料用的回送装置大，其总的流化风量较大，因此，从外置床流出的热空气将被直接引入炉膛。一方面，保持流化床热交换器的压力稳定，使颗粒流动不产生脉动现象；另一方面，使这股热空气作为二次风或三次风使用，以提高锅炉热效率。

5.循环流化床的传热传质特性及其工程应用

循环流化床锅炉炉膛中的传热是一个复杂的过程，传热系数的计算精度直接影响了受热面设计时的布置数量，从而影响锅炉的实际出力、蒸汽参数和燃烧温度。正确计算燃烧室受热面传热系数是循环流化床锅炉设计的关键之一，也是循环流化床锅炉区别于煤粉炉的重要方面。

随着循环流化床燃烧技术的日益成熟，有关循环流化床锅炉的炉膛传热计算思想和方法的研究也在迅速发展。许多著名的循环流化床制造公司和研究部门在此方面做了大量的工作，有的已经形成商业化产品使用的设计导则。

但由于技术保密的原因，目前国内外还没有公开的可以用于工程使用的循环流化床锅炉炉膛传热计算方法，因此对它的学习具有重要的实践意义。

（1）循环流化床传热过程的一般规律。循环流化床锅炉内的传热基本上沿用了在鼓泡流化床传热研究中建立的基本概念。只不过，鼓泡流化床传热研究重点在密相床层对埋管的传热，而循环流化床锅炉则集中研究床对垂直膜式壁的传热。

循环流化床锅炉与煤粉锅炉的显著不同是循环流化床锅炉中的物料（包括煤灰、脱硫添加剂等）浓度 C_p 大大高于煤粉炉的，而且炉内各处的浓度也不一样，它对炉内传热起着重要作用。为此首先需要计算出炉膛出口处的物料浓度 C_p，此处浓度可由外循环倍率求出。而炉膛不同高度的物料浓度则由内循环流率决定，它沿炉膛高度是逐渐变化的，底部高、上部低。近壁区贴壁下降流的温度比中心区温度低的趋势，使边壁下降流减少了辐射换热系数；水平截面方向上的横向搅混形成良好的近壁区物料与中心区物料的质交换，同时近壁区与中心区的对流和辐射的热交换使截面方向的温度趋于一致，综合作用的结果是近壁区物料向壁面的辐射加强，总辐射换热系数明显提高。在计算水冷壁、双面水冷壁、屏式过热器和屏式再热器时需采用不同的计算式。物料浓度 C_p 对辐射传热和对流传热都有显著影响。燃烧室的平均温度是床对受热面换热系数的另一个重要影响因素。床温的升高增加了烟气辐射换热并提高烟气的导热系数。虽然粒径的减小会提高颗粒对受热面的对流换热系数，在循环流化床锅炉条件下，燃烧室内部的物料颗粒粒径变化较小，在较小范围内的粒径变化时，换热系数的变化不大，在进行满负荷传热计算时可以忽略，但在低负荷传热计算时，应该考虑小的颗粒有提高传热系数的能力。

炉内受热面的结构尺寸，如鳍片的净宽度、厚度等，对平均换热系数的影响也是非常明显的。鳍片宽度对物料颗粒的团聚产生影响；另外，宽度与扩展受热面的利用系数有关。根据实验研究，可以归纳出循环流化床锅炉燃烧室受热面传热系数的计算方法。

有关循环流化床内的传热问题，关键是确定传热系数 h。传热系数根据式（1-5）确定，即

$$q = hA(T_{bed} - T_{wall}) \tag{1-5}$$

式中　q——传热量，W；

　　　　h——传热系数，W/(m^2·K)；

　　　　A——传热面积，m^2；

　　　T_{bed}——平均床温，K；

　　　T_{wall}——平均壁温，K。

在小型试验台及大型商业装置进行的试验表明，传热系数随截面平均颗粒密度增加而上升，也随温度上升而增大。当流化风速变化时，如果通过调整固体颗粒循环倍率以保持床内固体颗粒浓度不变，则传热系数也变化很小。在某些情况下，当平均床料粒度减少时，传热系数会增大。垂直布置的受热面长度也对传热系数有影响：较长的受热面管子使平均传热系数降低。当平均截面固体颗粒浓度不变时，随流化床横截面积的增大，传热系数有增加的趋热。受热面表面的粗糙度也影响传热系数，即使很小一点表面粗糙度，也对传热系数有较大影响。

尽管人们对循环流化床的兴趣与日俱增，但对循环流化床内传热特性的了解远远不如对鼓泡流化床内传热特性的了解。目前，还找不到一个非常合适的传热试验关系式或计算式可以对新设计的循环流化床内传热过程进行准确的计算。有关大型循环流化床锅炉炉内传热计算的研究成果就更加缺乏。就目前所知，循环流化床内的传热过程，主要与循环流化床内的流动特性有关，特别是与壁面附近区域的颗粒和气体流动有关。由于在循环流化床中，气体与固体颗粒之间存在着强烈的混合和良好的接触，循环流化床中心区域的气体与颗粒温度基本相同（流化床锅炉炉膛中的煤粒例外，但煤粒只占床料总量的 $3\%\sim5\%$），因此下面首先讨论壁面附近对传热过程有较大影响的气固流动特性。

（2）循环流化床内壁面附近的气固流动特性。目前，循环流化床内的环—核结构已被大多数研究者认可。研究表明，在环—核之间存在着颗粒交换和热量交换。固体颗粒从床中心区域向壁面附近的横向扩散，与固体颗粒的横向扩散特性有关。

在循环流化床上部区域，固体颗粒的这种横向扩散，主要是稀相颗粒的横向运动造成的，与颗粒团的横向运动关系不大。这种通过横向扩散造成的固体颗粒交换，一方面，会使壁面附近区域形成密度更大的颗粒团；另一方面，由于壁面对运动颗粒的滞止作用，又会使部分浓相颗粒重新返回到循环床的中心区域。由于壁面吸热的影响，在靠近壁面附近存在一个温度降落，因此循环流化床内存在横向的温度分布。

在循环流化床下部区域，固体颗粒向壁面附近的流动，则主要是由于床层底部气流喷射产生的横向分速度造成的。

在壁面附近形成的下行固体颗粒流动，会使下行流动的固体颗粒层逐渐变厚，但上升的稀相气流又会不断地将变厚的固体颗粒层撕去。壁面始终存在这种固体颗粒的贴壁与脱落现象，下行固体颗粒、密相颗粒团以及稀相气固混合物交替地覆盖在壁面上。壁面被密相颗粒团覆盖的时间长短及频率大小，则取决于颗粒团的形成与分解之间的平衡。采用光纤或电容探针可以测出密相颗粒团在壁面上的平均停留时间；随循环流化床内截面平均固体颗粒浓度的增大，任一瞬间会有更多壁面被密相颗粒团所覆盖。

进一步的研究表明，壁面附近密相颗粒团的份额大约是 $0.1\sim0.2$；密相颗粒团也并不是直接与壁面接触，在颗粒与壁面之间还存在一个非常薄的气体层。对壁面附近固体颗粒团下降速度的测量和研究表明，如果颗粒团不直接与壁面接触，则下落速度就取决于重力以及固体颗粒与壁面之间相互作用关系的平衡。

熟悉了上述气固流动规律，就可以对循环流化床内的传热过程进行进一步的分析。

二、流化床与金属表面之间的传热特性

在流化床中，热量可以通过多种形式从床内中心区域传递到金属壁面上。

在中心区域的炽热颗粒通过横向混合，到达壁面附近，在与壁面接触的瞬间，将热量传给壁面。这种现象称为固体颗粒的对流。由于固体颗粒并不总是能直接接触壁面，因此，大多数热量是通过固体颗粒与壁面之间的气膜进行传递的，即此时固体颗粒从循环流化床中心区域向壁面的流动，就成为热量传递的主要因素。颗粒对流总是发生在壁面被密相固体颗粒团覆盖的时候。

其余未被密相颗粒团所覆盖的表面，则会接触气体或固体颗粒浓度很低的稀相气固混合物。虽然固体颗粒的存在有助于传热过程，热量主要还是通过与循环流化床中心区域温度一致的气体的运动，从中心区域向壁面传递；在向壁面传热的同时，气体也将热量传递给壁面附近的固体颗粒。这种主要靠气体向未被密相颗粒团所覆盖的壁面传热的过程，就称为气体对流。

在气体对流环境下，气体运动作为能量传递的一个主要手段或一种传热介质，将热量从流化床中心区域向壁面传送。相反，在颗粒对流的条件下，固体颗粒（循环流化床中心区域的炽热粒子）则直接或通过一个很薄的气膜与壁面接触，将热量传递给壁面。

在循环流化床锅炉炉膛高温环境下，辐射传热会同时作用于所有的壁面，包括所有分别被浓相固体颗粒和稀相气固混合物覆盖的壁面。由于辐射传热的存在，高温下的传热进一步加强。

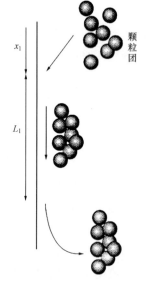

图 1-40　颗粒对流传热
过程示意图

为了计算循环流化床内传热过程，人们将上述三种传热过程分别加以研究，得出了各种传热方式单独存在时的传热计算方法及其影响因素。

（一）颗粒对流

除了壁面附近存在稀相气固混合物外，在大多数情况下，颗粒对流成为循环流化床壁面传热的主要形式。如果循环流化床中心区域的炽热颗粒在运动到壁面附近时，未与其他颗粒发生碰撞，则这些炽热颗粒到达壁面附近时，颗粒温度应该与循环流化床中心区域的温度相差不大。而实际上，由于存在颗粒碰撞引起的颗粒间热量传递，这些炽热颗粒到达壁面时，颗粒温度已有明显降低。

图 1-40 给出了颗粒对流传热的示意图。图中，假设在壁面位置 x_1 附近处出现一个颗粒团，并且沿壁面下滑的同时将热量传递给壁面。在沿壁面下滑了 L_1 的距离后，颗粒团与壁面分离，并与其他颗粒或气流混合。平均的传热系数，就与颗粒团具体的贴壁位置和下滑距离有关。

颗粒团一旦到达壁面，传热现象就会立即出现。具有循环流化床中心区域温度的炽热粒子会通过一层很薄的气膜，在壁面上发生稳态导热（对于 $100\mu m$ 厚的气膜，达到稳态传热的时间大约是 1ms）现象。

（二）气体对流

与固体颗粒对流传热相比，气体对流的研究进行得更少，研究也更为困难。由于与固体颗粒对流相比，气体对流产生的热交换很小，因此当绝大部分壁面都被固体颗粒覆盖时，气体对流产生的热交换可以忽略不计。固体颗粒团所占份额较小时，气体对流则起着重要的作用。研究表明，即使只存在很少一部分颗粒团，也会给气体对流换热带来很大的影响。因为当颗粒团所覆盖的壁面份额较小时，固体颗粒团则起了一个表面粗糙作用，或者使气体纵掠一根长管子的换热变成了纵掠多根短管的换热。

（三）辐射传热

在高温条件下，壁面上的传热强度会因为气体导热系数上升和辐射传热的上升而增强。辐射传热的增加，会同时增大气体对流换热和颗粒对流换热。

在固体颗粒团与壁面接触的初期，颗粒团的温度是均匀一致的。随着传热的进行，颗粒团温度下降。当固体颗粒浓度不同时，会有以下两种情况发生：

（1）若固体颗粒份额接近 0.5，类似于鼓泡流化床中的情况，则辐射传热主要发生在壁面与靠近壁面的前几排固体颗粒之间。在这种情况下，当固体颗粒团沿壁面下滑并且温度逐渐降低时，辐射传热也随之减少。

（2）若循环流化床内平均固体颗粒份额较低，比如不到 0.04，则壁面附近的颗粒团中的固体颗粒份额大约只有 0.1～0.2。在这种情况下，颗粒之间的间距已比较大，壁面所接受到的辐射热中，只有部分来自最靠近壁面的那排颗粒，其余大部分都来自颗粒团中的内部颗粒。当这种颗粒团沿壁面下滑时，紧贴壁面的颗粒受到壁面冷却，其辐射传热也急剧下降。而后面几排颗粒的温度仍然接近其初始温度，并继续向壁面辐射热量。

对于未被固体颗粒团覆盖的壁面，循环流化床中心区域的颗粒也能很容易地对其进行辐射传热。

因此，在循环流化床运行状态下，由于颗粒浓度较鼓泡流化床稀，辐射换热在总的传热过程中所占的比例会更大一些。

（四）影响循环流化床锅炉炉内传热的主要因素

在循环流化床锅炉炉膛中，通常以膜式水冷壁的形式垂直布置一些受热面；为了防磨，通常不设计水平布置的受热面（防磨性能较好的 Ω 管除外）；此外，为汽水吸热平衡的需要，炉内往往还布置一些双面受热的水冷管屏和汽冷管屏（过热屏和再热屏）。因此，循环流化床锅炉炉内受热面的传热系数，就成为锅炉设计的重要依据之一。在设计锅炉时，还必须考虑运行参数等因素对传热的影响。研究及运行实践表明，气体速度、固体颗粒流率（质量流率）、平均颗粒粒径、受热面在炉内的布置高度、受热面在炉内的横向位置、受热面的外形尺寸等因素对传热的影响较大。总体而言，存在以下规律：

（1）传热系数随受热面布置高度增加而减少；

（2）在炉膛下部区域，传热系数随流化风速升高而降低；

（3）在炉膛上部区域，传热系数随流化风速升高而增加；

（4）传热系数比纯空气对流要高，但低于相同流化风速下的鼓泡流化床传热系数。

上述规律表明，各种运行或设计因素对炉内传热的影响，主要通过改变颗粒浓度而使炉内传热发生相应变化，床温对传热系数也有一定的影响。比如，在循环流化床底部区域，颗粒浓度较大，因此传热系数也较大；而在循环流化床上部区域，颗粒浓度较稀，因此传热系数也相应小一些。当提高流化风速时，颗粒速度会提高，使循环流化床底部区域颗粒浓度减少、循环流化床上部区域颗粒浓度增大，因此这两个区域内的传热系数，也相应发生变化。

除了固体颗粒浓度和流化风速外，在壁面的不同高度，传热系数也不同。当流化风速不变时，传热系数随受热面位置高度的增加而降低，尤其是在壁面高度相对较低时。

颗粒质量流量与颗粒直径对传热系数也有影响。当床料粒径不变时，传热系数随固体颗粒流量的增大而增加。当固体颗粒流量和流化风量一定时，传热系数则随颗粒粒径减少而增大，尤其是当颗粒粒径较小时。

当流化风量和颗粒粒径一定时，在较大的固体颗粒流量范围内，传热系数都随传热壁面位置的升高而降低，即在循环流化床锅炉炉膛中，膜式水冷壁下部的传热系数大，而上部传热系数小。此外，壁面处的传热系数也明显大于炉膛中心处的传热系数。

循环流化床内的温度也对传热系数有影响。当温度升高时，气体导热系数增加，辐射传热也增强。因此总的传热系数也随温度升高而增大。有试验表明，当颗粒粒径及固体颗粒浓度不变时，若温度从 600℃ 升高到 900℃，总的传热系数会增长 300%。

目前，循环流化床锅炉的传热计算通常采用一种简化的传热计算模型。这种传热模型的思路是：采用热流计对沿循环流化床燃烧室高度的总传热系数进行测量，同时对沿高度的物料浓度采用压降法或空间取样法进行测量。认为传热系数中的辐射分量可以用计算法确认，因此可从总传热系数中将其剔除。这样即可得到颗粒对流传热分量与当地物料浓度的关系。反之，把实验确定的颗粒对流传热分量叠加上理论计算的辐射分量，可以得到循环流化床燃烧室壁面在不同温度和不同局部物料浓度下的全传热系数半经验计算模型。按上述方法得到循环流化床锅炉燃烧室对床壁面的换热系数计算模型，模型预测值与文献公布的在不同温度下传热系数的测量值相比较可见图 1-41，两者的误差在 ±8% 之内。依据该方法得到的循环流化床锅炉

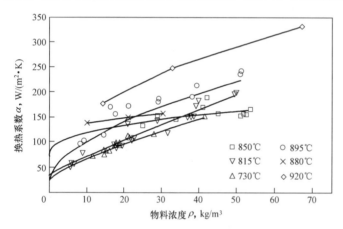

图 1-41　循环流化床对壁面换热模型
预测值与测量值的比较

燃烧室内受热面的传热计算方法，已经比较成熟，成功应用于各种容量的循环流化床锅炉设计。

（五）低负荷运行时，炉膛内受热面的传热特性

当煤粉炉处于低负荷运行时，相对于正常负荷，炉膛中的水冷壁受热面显得过大，导致炉内温度水平大大降低，炉膛出口温度也下降。为了维持低负荷时汽温仍保持在额定范围内，在设计锅炉时，除了额定工况的计算外，还必须进行 70%、50% 负荷的计算，这时一般要大大增加过热器及再热器受热面，以保证低负荷时温压降低的情况下仍能达到汽温的要求。

对于循环流化床锅炉，低负荷时，烟气流速减小，烟气携带固体的能力下降，可使炉膛下部燃烧份额上升，燃烧温度上升，从而可以弥补由于在低负荷时相对于正常负荷时过大的水冷壁受热面而造成的炉膛上部烟气过度冷却。同时，由于低负荷时气固浓度降低，

水冷壁的传热系数随之降低，吸热量减少，使炉膛出口温度变化较少，从而维持过热汽温达到额定值。

下面简要说明低负荷时几个工况参数的变化情况。

1. 床层温度和炉膛出口温度

100％负荷时，由于内外物料循环流量较高，炉膛上下乃至于整个主循环回路的温度基本一致。但低负荷时炉内物料循环流率显著降低，趋向于鼓泡流化床，故床层温度显著高于炉膛出口温度。

2. 密相区燃烧率 δ

低负荷时，燃烧工况向鼓泡流化床转化，故低负荷时的密相区燃烧率 δ 应大于正常运行时的 δ。以某 100MW 级循环流化床锅炉为例，正常运行时，$\delta \approx 0.47$；低负荷时，$\delta \approx 0.6$。

3. 烟气速度 u_0

受煤耗量 B_j、烟气体积（由于 α 增加，体积增加）和烟气温度 T_{pj} 的影响，一般低负荷时，烟气速度下降。以 100MW 机组为例，100％负荷时，$u_0 = 5.68\mathrm{m/s}$；75％负荷时，$u_0 = 3.81\mathrm{m/s}$；50％负荷时，$u_0 = 3.18\mathrm{m/s}$。

4. 上升的循环物料量

由于负荷降低，分离器效率降低，故循环物料量也相应比满负荷时要降低。降低多少可以通过校核计算求知。就是说，根据锅炉说明书给出低负荷时的床温，或根据实际运行时测出的床温来反求循环物料量。

下降和上升的循环物料量比 m 可通过校核计算求得。

5. 分离器分离效率 η

低负荷时，由于烟气量减少，则分离器进口烟气速度降低，因而使分离器效率降低，从而导致循环量和物料浓度减少。

第四节　循环流化床锅炉物料平衡、压力平衡与热平衡特性

一、循环流化床锅炉物料平衡特性

（一）循环流化床锅炉的物料分级平衡概念

循环流化床锅炉内的物料平衡是一个非常复杂的过程。在循环流化床锅炉中，空气源源不断地被送入炉内，烟气源源不断地流出；煤和石灰石不断地被送入炉内，燃烧及脱硫反应后，煤中的灰渣和脱硫后的石灰石，会形成大、中、小三种粒径。大粒径以底渣形式排出，中粒径在炉内循环，小颗粒随烟气以飞灰形式逸出炉膛。为维持炉内床料量的基本稳定，进入炉内的所有灰量，应等于从炉膛流出的灰量。如图 1-42 所示，循环流化床锅炉的物料平衡，应当是对所有单一粒度的颗粒均达到平衡，即

$$G_{in}(i) = G_{out}(i) + F(i) \tag{1-6}$$

式中：$G_{in}(i)$ 为燃煤成灰和石灰石进入系统的粒度为 d_i 的物料流率；$F(i)$ 为从分离器出口

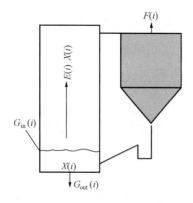

图 1-42　循环流化床锅炉
物料系统平衡

逃逸的粒度为 d_i 的物料流率；$G_{out}(i)$ 为循环流化床锅炉排渣形成的粒度为 d_i 的物料排渣流率。

而粒度为 d_i 的物料的夹带物料流应为 $E(i)X(i)$。其中，$X(i)$ 为密相床内粒度为 d_i 的物料所占的比例；$E(i)$ 为粒度为 d_i 的物料的夹带率。

以夹带物料流为基准的分离器效率为

$$s(i) = 1 - F(i)/E(i)X(i) \tag{1-7}$$

则有

$$F(i) = E(i)X(i) \times [1 - s(i)] \tag{1-8}$$

同样以夹带物料流为基准，定义排渣效率为

$$o(i) = 1 - G_{out}(i)/E(i)X(i) \tag{1-9}$$

系统对物料 d_i 的保存效率为

$$m(i) = 1 - [G_{out}(i) + F(i)]/[E(i)X(i)] = o(i) + s(i) - 1 \tag{1-10}$$

再考虑物料平衡式有

$$G_{in}(i) = G_{out}(i) + E(i)X(i) \cdot [1 - s(i)] \tag{1-11}$$

$$\sum X(i) = 1 \tag{1-12}$$

上述方程组对于将颗粒分成任何数目的粒度档均可解。其中，$E(i)$ 可以引用清华大学相关文献中的经验式计算。总排渣率近似认为

$$G_{out} = G_{out}(i)/X(i) \tag{1-13}$$

很清楚，无论进入循环流化床锅炉的物料粒度分布如何分散，系统均可对其进行"淘洗"，大颗粒由于夹带能力低，很难被气流携带，集中在密相床并从床底排出。细小颗粒尽管夹带率高，但是分离效率低，很容易从分离器出口逃逸。只有夹带率高且分离效率亦很高的颗粒，可以在床内积累，使床料筛分曲线形成一个很尖锐的峰。如图 1-43 所示，它给出了两种分离器效率及不同风速下循环流化床锅炉分级物料平衡系统平衡时床料粒度分布曲线。

因此，无论进入循环流化床燃烧室中的物料粒度以及脱硫石灰石、外加床料的分布如何分散，经过启动运行阶段，循环系统可对其进行"淘洗"，只有烟气夹带率高、分离效率亦很高的颗粒才可以在床内累积。循环流化床锅炉从启动到带负荷的运行过程也是床物料累积和粒度逐渐变细的

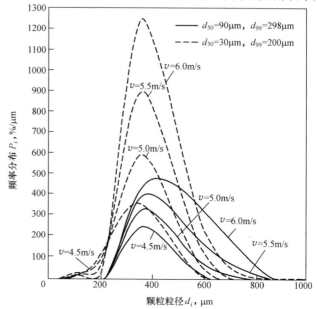

图 1-43　分离效率和流化速度对颗粒分布的影响

过程。

在实际循环流化床锅炉运行中，燃煤和石灰石均以一定的粒度分布进入炉内，经过燃烧脱硫后，形成的灰渣粒径分布值已远远不是入炉时的数值。在炉膛内，不同颗粒的床料由于自身重力的影响，沿炉膛高度分布是不均匀的，因此能被烟气带出炉膛的床料，其粒径分布与炉内床料的平均粒径分布肯定不同。

循环流化床锅炉的旋风分离器对不同粒径颗粒的分离效率是不同的，颗粒越粗，分离效果越好。因此，从分离器分离下来的循环灰，其平均直径一定会大于飞灰的平均直径，小于炉膛内床料平均直径。

循环流化床锅炉底渣通常是从略高于布风板的高度排放出来的，由于炉内床料颗粒粒径分布的影响，排放底渣的平均粒径会大于炉内床料的平均粒径。如果考虑某些冷渣器具有细灰回收功能（如流化床冷渣器）以及煤粒燃烧过程中的自然破碎特性，上述计算过程还需要进一步优化。

（二）循环流化床锅炉物料分级平衡特性对循环流化床锅炉运行的影响

1. 对炉膛温度分布的影响

由于存在床料循环，因此循环流化床锅炉的物料平衡与其他锅炉相差很大。其中，循环灰量的变化对炉膛温度分布会造成很大的影响。具体而言有两个方面：①循环灰量的变化，会直接改变炉膛下部的热量平衡关系。由于循环灰量通常是入炉煤量的 20 倍左右，甚至更高，因此循环灰温度的微小变化，都会带来循环灰热容量的较大变化，从而使炉膛下部的温度发生较大变化。②当循环灰量变化时，从炉膛下部进入炉膛上部的床料量也必然发生同步变化，会有更多的煤粒在炉膛上部燃烧，从而使炉膛上部温度上升。

锅炉运行过程中，循环灰量具有一定的调节范围。循环灰量变化导致的炉膛温度变化，还与锅炉负荷等因素有关。

2. 对锅炉负荷的影响

循环流化床锅炉的负荷，即蒸发量的大小，主要与炉膛上部烟气中的床料浓度有关。当烟气中的床料浓度升高时，炉内汽水受热面的传热会加强，蒸发量就会上升。因此，如果循环灰量发生变化，就会直接影响锅炉负荷。

在某些特定情况下，为维持一定的锅炉负荷所需要的循环灰量，可能与维持床温所需要的循环灰量不一致，因此就会出现床温偏低或偏高现象。如果锅炉设置有外置床，在一定程度上可以避免这种现象。

3. 对锅炉运行其他方面的影响

在循环流化床锅炉运行中，由于分离器效率变化不大，冷渣器设备一定时，炉膛的排渣效率（指是否有部分细灰被吹回炉膛）也变化不大，因此入炉煤质及其破碎后的粒度分布如果发生变化，就会极大影响炉内的气固流动状态，从而影响床温沿炉膛高度的分布和锅炉带负荷能力。循环流化床锅炉炉内物料平衡不正常的主要现象有以下两种：

（1）给煤粒径偏大（通常是由于煤中石头太多），导致运行过程中必须加大流化风量，才能维持炉膛上部温度和负荷。其后果是炉内受热面和布风板磨损严重，运行中感觉循环灰量不够。

(2) 给煤粒径两极偏差严重（通常是由于燃烧大量泥煤和煤矸石，或煤中混入太多的泥土和石头）。在这种情况下，为了流化大颗粒石头，不得不加大流化风量，从而带来循环灰量太多以及底渣排放不出来的问题。

综上所述，物料平衡是循环流化床锅炉正常运行的基础，而物料平衡是靠一定粒度分布的床料来实现的。任何可能导致炉内床料粒度分布发生变化的因素，必然会影响到循环流化床锅炉的正常运行。

受某些外在条件的限制，炉内床料的粒径分布很难达到设计值，此时可通过向炉内添加石灰石、河砂等方法，改善炉内床料的粒度分布。

（三）循环流化床锅炉"床质量"的优化

根据式（1-13），将某种粒径范围的床料加入到一个流化床试验台中，经过一时间的运行后，再次测量床内的物料粒径分布，就可得到保存下来的任一粒径的物料量与原始物料量的比值（保存效率）。

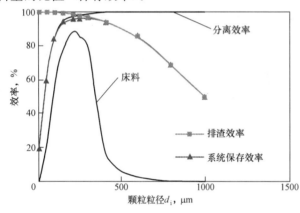

图 1-44 循环流化床锅炉物料平衡

图 1-44 为系统对物料 i 的保存效率 $m(i)$。系统保存效率像一座山峰，左边细颗粒侧的形状主要由分离器效率决定，右边粗颗粒侧的形状主要由排渣效率决定。床料分布的峰顶恰恰对应系统保存效率的峰顶。分离器效率越高，粒度分布的波峰越尖锐，并向细粒度推移。显然风速对粒度分布的影响也较大，且是通过对夹带率的影响而影响床料粒度分布的。

基于上述分析，循环流化床锅炉从启动到带负荷的运行过程也是床内物料累积和粒度逐渐变细的过程。国外将床料平均粒度称为"床质量"，并以此考察循环流化床锅炉物料循环的好坏。刚刚运行的循环流化床锅炉处于鼓泡流化床状态，密相床表面有少量细颗粒扬析夹带。随着燃料煤的进入，生成灰分对床料进行补充，循环系统对物料的淘洗，使得细物料所占比例逐渐增加，床料粒度下降，床质量提高，反过来使颗粒夹带逐渐增加。当夹带超过快速床的最小夹带，即最小固体循环量，则循环流化床锅炉进入快速床状态。若循环量继续增加，则床层空隙率沿高度分布除逐渐增加外，床层下部还会出现细颗粒浓相区。

根据研究，对于目前主流循环流化床锅炉技术，满负荷运行的床存量中，可夹带的细颗粒循环物料只需要有 500mm 水柱即可以满足达到上部为具有颗粒团聚行为的快速床状态。床存量（床料量）多余部分是为了保证大颗粒有足够停留时间完成燃尽而设置的。

那么，为什么常规电站流化床锅炉总是在较高的床压（约 10kPa）下运行呢？主要原因是：循环流化床技术最早来自于化工行业的催化裂化气固反应器。反应器中的固体颗粒是粒度均匀的球形催化剂，为提高气相反应率，设计上必须采用较高的床压，以提供足够高的气固反应率。而在循环流化床锅炉中，炉膛上部的床料主要用于传热。因此，从传热的角度讲，可能最多只需要约 5kPa 压降的床层高度就可以了。

运行床压的降低，可显著降低锅炉机组的厂用电率。

运行中所需的最低床压，还取决于煤在循环流化床炉内燃烧时的成渣特性，以及煤的燃烧时间等因素。尤其是在二次风以下区域，由于炉内气氛总体上是还原性气氛，加之存在粒径较大的入炉煤颗粒，所需要燃烧时间较长。

二、循环流化床锅炉循环系统的压力平衡特性

循环流化床锅炉在结构与运行上的最大特点，就是锅炉的高温循环灰系统能够将炉内烟气源源不断带出的高温循环灰分离下来，再源源不断地送入压力较高的炉膛中，以维持燃烧室内较高的固体颗粒浓度，并保证燃料和脱硫剂多次循环和反复燃烧。只有当炉内烟气所携带的固体颗粒浓度超过一定的数值后，炉膛上部才会形成具有循环流化床特征的颗粒成团与返混现象，这是循环流化床锅炉与煤粉炉（层燃炉）+飞灰再循环本质上的区别之一。要将压力较低处的高温循环灰，源源不断地送入到压力较高的炉膛中，并能根据负荷变化，自动调节回料量，需要采用可靠的且能自动调节的高温回料系统。

循环流化床高温循环灰的回料系统主要有两类，一类是应用于循环流化床锅炉的，系统相对比较简单，主要由立管和一个非机械回料器组成，可以根据炉膛压力或压差，自动调节高温循环灰的回送流量；另一类主要是用于化工工业的催化裂化装置，由于立管中要进行催化剂的再生反应，因此回料器比较复杂。这里只介绍用于循环流化床锅炉的高温循环灰回料系统。

循环流化床锅炉高温循环灰回料系统主要由立管及回料器组成。与石化工业的催化裂化装置相比，循环流化床锅炉循环灰回料系统的主要区别在于回送物料的粒径不同。在循环流化床锅炉中，高温循环灰的平均粒径约为 175μm，属于 Geldart 分类中的 B 类颗粒，其循环速率在 20~80kg/(s·m²) 的范围内；而催化裂化装置中的循环物料是催化剂，其平均粒径大约为 65μm，属于 Geldart 分类中的 A 类颗粒，其循环速率在 400~1000kg/(s·m²) 的范围内。

图 1-45 给出了循环流化床锅炉常用的几种回料系统的示意图。

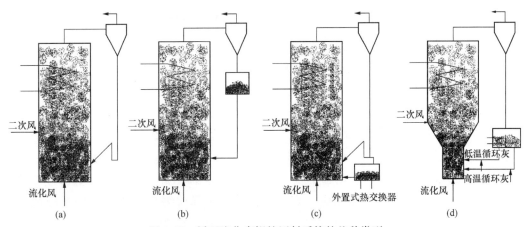

图 1-45 循环流化床锅炉回料系统的几种类型

(a) 最简单的固体颗粒自动回料系统；(b) 固体颗粒可控回料系统；

(c) 回料系统的改进方案；(d) 美国 Battelle 公司开发的固体颗粒可控回料系统

不同类型的回料系统，对应着不同的炉内床温控制方式。根据固体颗粒是否能被自动送回到炉内或者固体颗粒流量是否由回料器控制，可将回料系统分为两种类型。

1. 固体颗粒自动回料系统

图 1-45（a）是一个最简单的回料系统。在这种回料系统中，高温旋风分离器将烟气从炉内带出的绝大部分床料、煤粒和石灰石颗粒分离下来，落入立管中。从立管中流出的固体颗粒被一个回料器（通常采用回料密封阀）送回到炉内。在上述回料系统中，被高温旋风分离器收集下来的固体颗粒是自动被回料器送回炉内的，回料器并不控制固体颗粒的流量，通过回料器的固体颗粒流量与固体颗粒进入立管的流量是相同的。这种回料系统及其改进形式是循环流化床锅炉中最常见的回料系统，比如 FW 公司在其生产的循环流化床锅炉中，就大量采用这种回料系统。采用这种回料系统的循环流化床锅炉的特点是，炉膛下部绝热燃烧区域产生的热量，基本上全部由布置在炉膛上部的膜式水冷壁吸收。

图 1-45（c）是这种回料系统的一种改进方案，这种改进方案最早是由德国 Lurgi 公司提出来的。它与图 1-45（a）不同的是，在回料系统中增加了一个外置床以吸收高温循环灰的热量。高温循环灰通过立管后分为两路，一路直接经过回料器回到炉内，另一路则经过外置床换热后，再被送回炉内。由于流经外置床的循环灰流量大小可调，因此炉膛下部的温度，就主要由被外置床冷却后的低温循环灰控制。

在上述回料系统［见图 1-45（a）和（c）］中，包括炉膛在内的整个高温床料循环回路中的压力最高点在立管的底端。当炉膛压力变化（如排渣或改变一、二次风量）、分离器压降变化（如烟气流量或固体颗粒浓度变化）及回料器的流动阻力发生变化时，立管内的物料高度会自动改变，以适应这种由炉膛、分离器及回料器引起的压力变化，即所有这三者产生的压力变化以及因此而引起的高温循环灰流量变化，都是由立管内固体颗粒高度变化所产生的立管静压变化去自动平衡。

如图 1-46 所示，在整个循环回路中，存在以下压力平衡关系，即

$$\Delta p_{LS} + \Delta p_{CFB} + \Delta p_{CY} = \Delta p_{SP} \qquad (1\text{-}14)$$

式中　Δp_{LS}——回料器流动阻力；

　　　Δp_{CFB}——炉膛返料口到炉膛出口的流动阻力；

　　　Δp_{CY}——旋风分离器流动阻力；

　　　Δp_{SP}——立管的静压头。

在实际循环流化床锅炉运行中，当锅炉负荷升高时，如图 1-46 所示的炉膛上部压差 Δp_{UP} 会增大，炉膛返料口到炉膛出口的流动阻力 Δp_{CFB} 也会增大，分离器压降 Δp_{CY} 由于烟气流量增加而增大，回料器的流动阻力因固体颗粒循环量增多而增加，按照式（1-14），立管的静压头 Δp_{SP} 会相应升高，导致炉膛全压降降低（更多的床料会堆积在立管中）。当锅炉负荷降低时，床膛的全压降又会增加，因为此时立管内的床料量会部分回流到炉膛，使炉膛内总的床料量增加。

引进 300MW 循环流化床锅炉的实际运行数据也证明了这一点：当锅炉负荷由 100%

负荷降至 50% 负荷时，炉膛风室压力（相当于图 1-46 中的炉膛全压降 Δp_{T}）由 17kPa 增加到 21kPa。

锅炉送风阻力随锅炉负荷增加而减小的特性，只有在炉内属于高浓度气固两相流的循环流化床锅炉中才存在，其他锅炉（层燃炉、煤粉炉）都没有这一现象。循环流化床锅炉回料系统的这一特性，对锅炉运行、风机选型有重要影响，后续章节还会加以阐述。

2. 固体颗粒可控回料系统

图 1-45（b）所示是一种固体颗粒可控回料系统，循环灰的流量不能由系统自动调节，而是受回料器的控制。在这种回料系统中，被高温旋风分离器分离下来的固体颗粒被暂时储存在一个平衡罐中，然后再送入立管，并由一个非机械的"L"阀送回炉内。与上述固体

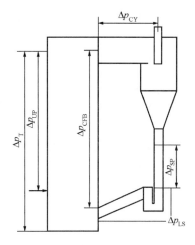

图 1-46　循环流化床锅炉循环系统压力平衡示意图

颗粒自动回料系统相比，固体颗粒可控回料系统有如下特点：

（1）立管的工作方式不同，此时立管运行在移动床状态，而不会出现流化床状态；

（2）立管内的固体颗粒层的高度或立管的静压值，并不能自动平衡物料循环回路上的压力变化，也对固体颗粒循环流量没有直接的影响；

（3）高温循环物料进入炉内的流速是由回料器（一般是"L"阀）控制的。

在固体颗粒可控回料系统中，炉膛下部温度是由通过"L"阀进入炉内的循环灰的数量控制的。为了使这种回料系统运行良好，在立管上方必须设置一个容量较大的平衡罐，以平衡循环灰流量的变化。这种可控回料系统最早是由瑞典 Studsvik 公司开发出来的。

包括炉膛在内的整个固体颗粒循环回路中，"L"阀充气点的压力是循环回路中的压力最高点，并且存在式（1-15）所示的压力平衡关系，即

$$\Delta p_{\mathrm{L-valve}} + \Delta p_{\mathrm{CFB}} + \Delta p_{\mathrm{CY}} = \Delta p_{\mathrm{SP}} + \Delta p_{\mathrm{surge}} \qquad (1\text{-}15)$$

式中　$\Delta p_{\mathrm{L\text{-}valve}}$——"L"阀的压降；

　　　$\Delta p_{\mathrm{surge}}$——平衡罐的压降。

由于平衡罐中的压降很小，可以忽略不计，因此式（1-15）简化为

$$\Delta p_{\mathrm{L-valve}} + \Delta p_{\mathrm{CFB}} + \Delta p_{\mathrm{CY}} = \Delta p_{\mathrm{SP}} \qquad (1\text{-}16)$$

当由于"L"阀所控制的循环灰流量发生变化而引起立管内循环灰粒的相对速度变化时，立管内的静压也会相应变化。当立管内的单位高度压降降低到某一极限值时，立管的压降无法再降，循环灰流量也就达到此时"L"阀充气流量下的最大值。

笔者所进行的试验研究表明，"L"阀充气流量的 90% 以上，都会随循环灰进入炉膛，只有不到 10% 的气流会上行流入立管中。

图 1-45（d）是美国 Battelle 开发出的另一种固体颗粒可控回料系统。在这种系统中，被分离器分离下来的固体颗粒直接流入一个带分隔墙的外置床中。在这个外置床中，分隔

墙的一侧布置了受热面，温度较低，称为冷床；分隔墙的另一侧，未布置任何受热面，温度较高，称为热床。在冷床和热床的下面，分别布置包括立管和"L"阀的回料器。这种布置方式与图 1-45（b）有些类似，但整个循环回路的压力平衡全然不同，因为在这里起物料平衡作用的是流化床而不是一个普通的平衡罐。由于呈流化状态的平衡罐的压降不能忽略，因此整个循环回路的压力平衡式为

$$\Delta p_{L-valve} + \Delta p_{CFB} + \Delta p_{CY} = \Delta p_{SP} + \Delta p_{surge} \tag{1-17}$$

在这种采用流化床平衡罐的回料系统中，运行中必须避免流化床平衡罐中的料位高度过高。如果流化床平衡罐中的压降比"L"阀、炉膛及分离器共同产生的压降还大，则立管的压降会变成负值，这意味着立管中的下行气流速度会超过固体粒子的下行速度。当立管中的下行气流速度大到足以将固体颗粒送过"L"阀的弯头时，"L"阀将无法关闭。

三、循环流化床锅炉放热与吸热平衡特性及其工程应用

（一）循环流化床锅炉燃烧放热与汽水吸热的总体平衡特点

在循环流化床锅炉中，燃烧过程与受热面的布置必须遵循以下规则。

1. 燃烧应在炉膛中完成

煤粒的燃烧应在炉膛中完成，可以允许少量可燃气体及极少量飞灰在高温旋风分离器内继续燃烧，否则会引起高温旋风分离器内温升过高而出现结焦现象。在尾部对流烟道中，则不允许存在燃烧现象，否则会导致可燃气体积累，产生爆燃；尾部烟道燃烧产生的高温还会烧坏对流过热器、空气预热器等设备。

2. 炉膛出口烟温（或进入尾部对流烟道的烟温）应该有利于对流受热面的布置

在高温下，比如 1000℃ 以上，适宜于布置辐射受热面；在 1000℃ 以下，适宜于布置对流式受热面，即进入对流烟道的烟气温度应在 1000℃ 以下，也应低于飞灰能继续燃烧的温度。

由于必须控制烟气进入尾部烟道时的温度，因此煤燃烧产生的热量在进入尾部烟道前必须被炉水、过热蒸汽甚至部分再热蒸汽吸收掉，以确保尾部对流烟道的烟温低于煤燃烧温度（防止二次燃烧和对流过热器壁温超温）。此外，炉内还必须维持一定的炉温，既不能过高，也不能过低。

由于循环流化床锅炉炉膛结构的特殊性（如炉膛下部不能布置受热面，炉膛呈流态化的床料对受热面的磨损特别大等），特别是锅炉容量增大后，锅炉容量与炉墙面积很难成比例增加，炉膛膜式壁受热面已不能完全满足维持床温和蒸汽参数的要求，因此必须增加受热面。这一般可采用如下两种方法：

（1）在炉内布置特殊结构的附加受热面，包括：① 在炉内布置翼墙受热面，包括翼墙水冷壁和翼墙过热器；② 炉内布置 Ω 过热器；③ 炉内采用膜式水冷壁隔墙。

以上方法，可以采用一种或同时采用多种。采用炉内增加附加受热面的方法，锅炉本体系统简单，但对回料量、入炉煤粒径分布的要求较高。炉温控制手段要求也较高。此外，炉内受热面的磨损也较为严重。

（2）在固体循环回路上布置外置床。采用外置床后，主要靠调节进入流化床换热器的

固体颗粒流量和直接返回炉膛的固体物料的比例来调节流化床的床温。这虽然在结构上增加了复杂性，但床温调节比较灵活，而且使燃烧与传热分开，可以使两者均达到最佳工作状态。如果将再热器布置在外置式流化床换热器中，则汽温调节比较灵活，甚至无需喷水减温装置就可调节汽温。

以上两种方案，都有许多电站循环流化床锅炉的实际运行业绩，运行效果都不错。总的来说，小容量锅炉趋向采用第一种方案，大容量锅炉趋向采用第二种方案。

外置床实际上是一个或多个仓室构成的细粒子鼓泡流化床，布置在高温循环灰回路中，位于分离器下方。高温循环灰经分离器分离后，在分流装置的作用下，一部分经返料装置以高温灰形式返回炉膛；另一部分流经外置床，与布置在其中的受热面完成热交换后，以中、低温灰形式返回炉膛。外置床内布置的受热面通常有蒸发、过热和再热受热面。通过调节进入外置床和直接返回炉膛的循环灰流量的比例，实现床温控制和汽温控制的要求。

与不带外置床的循环流化床锅炉相比，外置床使燃烧与传热分开，大大提高了床温、汽温调节和锅炉负荷调节的灵活性。外置床实际上起着调节炉内蒸发吸热与炉外过热（再热）蒸汽吸热平衡的作用。在额定负荷附近，炉内水冷蒸发受热面吸收不完的热量，则由流过了外置床的低温循环灰带走（因为要控制炉膛出口烟温）。

带有外置床循环流化床锅炉的实际运行证明，外置换热器具有以下优点：

1）可加大炉膛温度的调节范围。不布置外置换热器的循环流化床锅炉通过调节一、二次风比例调节炉膛温度，其调温范围有限且存在时间上的延迟现象。采用外置换热器的循环流化床锅炉可以通过调节进入外置换热器的灰流量来调节回到炉膛的灰温，从而可在较宽范围内调节炉膛温度。

2）增强锅炉燃料的适应范围。当循环流化床锅炉燃料改变后，炉内燃烧工况和颗粒循环倍率往往会发生较大变化。采用外置换热器，可以方便地使炉内燃烧与传热工况重新达到最佳。

3）更好的低负荷汽温特性。外置换热器的灰流量调节可以使过热器或再热器在低负荷下的汽温调节性能更加稳定，并减少减温水量，甚至不投减温水即可控制汽温。

4）避免在炉内布置大量受热面。将一部分受热面布置在外置换热器内，可以减少炉膛内部布置的部分受热面，并减少由此带来的受热面磨损。

5）有利于再热器的保护。将布置在炉膛内的再热器布置在外置换热器内，可以避免锅炉启动时的"干烧"现象，有利于再热器的保护。

（二）蒸汽参数对循环流化床锅炉受热面布置方式的影响

随着锅炉蒸汽参数的提高，汽化潜热逐步降低。汽水临界点（压力 21.115MPa，温度 374.12℃）时，水与汽的参数完全相同，两者的差别消失，汽化潜热为零。在临界点处，水的比热容为无穷大，这意味着蒸发吸热在汽水总吸热量中所占比例，随蒸汽参数的升高而逐步下降。因此，当蒸汽参数在亚临界参数以下时，随蒸汽参数升高，水冷壁的面积减少，炉内或循环流化床锅炉循环回路中，需要布置更多的过热器或再热器受热面，才能维护燃烧放热与汽水吸热的平衡。

当蒸汽参数超过汽水临界参数后，汽化潜热为零。锅炉水循环由亚临界参数时的自然循环，变为超临界参数下的强制循环，炉水流过水冷壁后全部变为蒸汽。为维护水循环稳定，进入水冷壁炉水需要有一定的欠焓，流出水冷壁的蒸汽要有一定的过热度。因此超临界参数下，循环流化床锅炉的水冷壁也起到部分过热器的作用，其吸热量是比较大的。与同容量（如 350MW）亚临界锅炉相比，超临界锅炉的热容量只增加了3%，但超临界循环流化床锅炉水冷壁系统的吸热份额高达约 40%（而亚临界参数约为27%）。

汽水工质物性对其传热过程有重大影响。在临界点处，水的比热容为无穷大，在超临界压力下，存在比热容的峰值区，通常称最大比热容点的温度为准临界温度。在这一区域内，流体的物性剧烈变化。如流体的密度显著减小，比体积显著增大，黏度和导热系数显著减少。准临界温度随压力增加略有增加，比热容的峰值随压力增加而显著减小，即越接近临界压力，比热容峰值区的影响越大。超临界锅炉水冷壁系统的设计既包含亚临界压力时的汽化区，又包含超临界压力时的准临界区，也就是发生相变的主要区域。工质物性变化剧烈，有可能发生传热恶化、水动力不稳定、热偏差过大等问题，因此水冷壁系统的设计成为超临界锅炉设计的关键，对其水动力与传热特性必须有深入研究。

（三）采用外置床后，高温循环灰循环回路的热平衡问题

循环流化床锅炉容量、参数提高后，工质蒸发吸热比例下降，蒸汽过热吸热比例上升，因此相关受热面布置须作相应调整。此外，炉膛蒸发受热面积增大速度，赶不上锅炉容量的增大速度。因此，为了维持一定炉膛出口烟温，必须在循环热灰回路上（包括炉膛内）布置过热或再热受热面甚至额外的蒸发受热面。

在大型循环流化床锅炉的外置式流化床中，出于对安全及系统连接简便考虑，一般只布置过热器或再热器。究竟布置何种受热面，主要有以下考虑：

当所有外置床内均布置同一种受热面时，在负荷变动时，对维持炉内床温有利。因为如果布置多种受热面（如既有过热器又有再热器，甚至还有蒸发受热面），当负荷变化时，各受热面的吸热比例将发生较大变化，从而使不同旋风分离器返回炉内的循环灰的总热容量发生变化，有可能影响炉内的温度均匀性。但同时布置过热器和再热器时，又确实使过热汽温和再热汽温的调节十分方便。综上所述，外置床内的受热面布置主要有以下两种方案。

1. 布置高温过热器

这种布置方案的优点是：当运行工况变化时，不会影响炉内沿宽度方向的温度分布。由于外置床传热系数较高，因此可充分保证出口汽温。此外，这种布置方案还带来锅炉燃烧调整简便的优点。其缺点是：为保证低负荷时再热器的出口汽温，必须在尾部对流烟道采取相关的调整措施，比如在尾部烟道采用了平行双烟道技术，通过调节流经再热器的烟气量来调节再热汽温。美国 FW 公司，在其设计的 JEA 电站 300MW 循环流化床锅炉设计中，采用过该方案。该锅炉外置床（INTREX）中只布置了过热器，再热器采用尾部双烟道方式布置，如图 1-47 所示。

2. 分别布置过热器和再热器

在多个（3 个或 4 个）外置床中分别布置过热器和末级再热器时，其最大优点在于可利用外置床的传热特性，确保不同负荷下的再热汽温。一般情况下，出于系统连接简便的考虑，不可能将再热器和过热器均匀地布置在每个外置床中，因此可能会在不同运行工况下，使各个分离器排向炉膛内的循环灰热负荷（高温灰和低温灰比例）不完全相同，从而带来炉内温度分布上的差异。

此外，受热面的布置还必须考虑锅炉在低负荷运行时的情况。当锅炉在低负荷运行时，炉内可能处于鼓泡流化床运行状态，此时炉膛下部床温、炉膛出口烟温、循环灰温都会降低，循环灰量也减少，此时有可能出现炉内温度控制与维持蒸汽温度的矛盾。从维持床温的角度出发，希望有较高的回灰温度，即希望分离器分离下来的循环灰尽可能直接进入炉膛；但从维持过热（再热）汽温的角度出发，则希望循环灰尽可能进入外置床中参加换热。出现上述矛盾的原因在于：低负荷时，受最小流化风量的限制，炉膛出口烟气温度偏低，从而使过热和再热吸热量不足。为维持过热汽温和再热汽温，又会促使床温下降。由此可见，外置

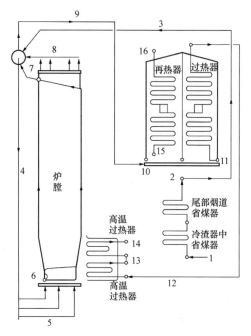

图 1-47　FW 公司 300MW 循环流化床锅炉过
热蒸汽和再热蒸汽系统

1—省煤器入口集箱；2—省煤器出口集箱；3—给水到汽包；4—下降管；5—分配管；6—水冷壁下集箱；7—水冷壁上集箱；8—汽水导管；9—饱和蒸汽到对流烟道；10—对流烟道侧墙进口集箱；11—包墙管至一级过热器入口集箱；12—一级过热器至二级过热器；13—二级过热器管组之间连接管；14—末级过热器出口集箱；15—再热器入口集箱；16—再热器出口集箱

床虽然本身只是一个结构并不复杂的流化床，但所涉及的炉内换热问题却十分复杂，需要在设计与运行中认真考虑。

第五节　煤在循环流化床中的燃烧过程

一、单颗煤粒在流化床中的燃烧过程

如图 1-48 所示，单颗煤粒被送入循环流化床锅炉炉膛后，将依次经历干燥、挥发分析出、着火及碳燃烧过程。在燃烧过程发生的同时，煤粒还会出现膨胀、破碎和磨损现象。这些现象使整个煤粒的燃烧过程变得非常复杂，数学处理也更为困难。此外，上述各个阶段并不是截然分开的，而是相互重叠的。图 1-48 是上述诸过程的示意图，图中大致示出了各个阶段的时间量级。

尽管整个燃烧过程的数学描述非常困难，但上述各个阶段单独的数学描述还是存在的，这些数学描述分别是在循环流化床燃烧或鼓泡流化床燃烧甚至煤粉燃烧的基础上建立

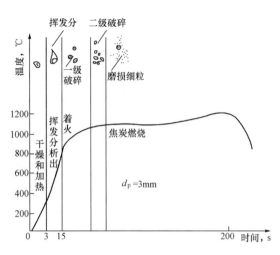

图 1-48　煤粒在流化床中的燃烧过程

起来的，这类数学模型大多数都带有一些与煤种特性相关的经验系数。

为了解循环流化床燃烧过程，很有必要了解一下煤粒燃烧各个阶段的时间量级，并将其与固体颗粒在炉内的循环时间相比较，从而可以预测炉内什么地方会开始发生什么样的燃烧反应。

当煤粒被送入炉内后，首先发生的是干燥和挥发分析出过程。挥发分析出过程主要取决于加热速率、煤种及煤粒尺寸。煤粒在炉内高温条件下释放挥发分时，首先会在达到着火点以前，释放部分挥发分；随后，由于煤粒不断升温和挥发分的不断析出，煤粒开始着火，并在煤粒周围形成扩散火焰。燃烧过程通常是由界面处挥发分和氧的扩散所控制的。火焰着火面的位置，则取决于挥发分的析出特性。对于煤粒，扩散火焰的位置是由氧的扩散速率和挥发分析出速率所决定的。氧的扩散速率低，火焰离煤粒表面的距离就远。对于粒径大于 1 mm 的大颗粒煤，挥发分析出时间与煤粒在流化床中的整体混合时间具有相同的量级。因此，在循环流化床锅炉中，在炉膛顶部有时也能观察到大颗粒煤周围的挥发分燃烧火焰。事实上，尽管挥发分在不断析出，但挥发分的析出速率不足以维持扩散火焰。当扩散火焰在煤粒表面上形成时，焦炭的燃烧也同时开始了。总的挥发分产量取决于加热速率，并且往往与挥发分标准测试方式所测出的挥发分含量不同。

更深入的研究表明，挥发分的释放主要是在密相区，而挥发分的燃烧仅在密相区进行一部分，对于挥发分含量较高的燃料，挥发分的燃烧是在整个燃烧室甚至分离器中完成的。

焦炭的燃烧通常始于挥发分析出之后，两者又是重叠的。一般焦炭的燃烧方式取决于燃烧反应速率和氧气扩散速率，两者综合作用决定了整个燃烧反应。根据燃烧反应速率和氧气扩散速率对总燃烧速率影响程度不同，简单地分为动力控制、动力—扩散控制、扩散控制三种情况。大颗粒焦炭处于动力—扩散控制。对较细的颗粒，温度较高时，化学反应速率较高，通过相对慢的传质过程而到达颗粒表面的有限的氧，在进入孔隙之前就已被消耗掉。这种类型的燃烧为扩散控制的燃烧。

当煤粒释放出挥发分气体后，它开始破裂，煤粒破裂成比原来小的几块，这种现象叫做一次破碎。当炭在燃烧时，焦炭细孔表面增大，炭里面连结内部结构的桥变得稀薄，在炭颗粒上的桥也变得稀薄，经过气体动力的作用，它形成松散裂纹，这一过程叫做二次破碎。

表 1-2 是根据试验和数学模型得到的典型无烟煤挥发分析出时间和焦炭燃烧时间与煤粒直径的关系。

表 1-2　　　　　　　典型无烟煤挥发分析出时间和焦炭燃烧时间与煤粒直径的关系

煤粒直径（mm）	挥发分析出时间（s）	碳燃烧时间（s）	煤粒直径（mm）	挥发分析出时间（s）	碳燃烧时间（s）
0.01		0.2	1	22	32
0.1	10	2.5	10	50	655

研究表明，循环流化床内的碳燃烧过程是受化学动力学因素控制的，这表明质量传递非常快，扩散阻力很小。碳的燃尽时间主要取决于碳的固有反应特性，并与燃烧温度和煤种有很大关系。对于不同的煤种和不同的燃烧温度，燃尽时间会相差一个数量级。

二、煤在循环流化床锅炉中燃烧的一般特征

循环流化床锅炉和鼓泡流化床锅炉中密相区的燃烧状况有着很大不同，鼓泡流化床锅炉密相区燃烧表现为氧化状态。循环流化床锅炉密相床燃烧处于一个很特殊的欠氧状态，虽然床中有大量的氧气存在，然而床内的 CO 浓度仍维持在很高的水平，如在密相区底部测得的氧气浓度在 13％ 左右，而 CO 浓度高达近 2％，表明循环流化床锅炉密相区燃烧局部处于欠氧状态。Bo Leckner 用氧化锆电池测定了密相区中氧化和还原的情况，发现密相区中氧化气氛和还原气氛以很高频率更替。从密相区气固两相流的行为出发，能较好地对这现象加以认识。由于气固两相流的行为，循环流化床锅炉密相区存在着气泡相和乳化相，气体主要以气泡的方式通过床层，而固体颗粒主要存在于乳化相中。与鼓泡流化床锅炉相比，由于循环流化床锅炉气泡流速较高，固体颗粒粒度又比较细，气泡相和乳化相之间的传质阻力对燃烧的影响显得更为突出。一方面，氧气不能充分进入乳化相中，限制了碳颗粒的燃烧反应，而且不完全燃烧的产物 CO 和煤颗粒释放出的挥发分也得不到充足的氧气供应；另一方面，乳化相中的不完全燃烧产物 CO 和释放出的挥发分不能很快地传到气泡相中，因而不能进一步反应完全。因此，在密相区中虽然有氧气存在，碳颗粒的燃烧仍处于欠氧状态。这在很大程度上限制了循环流化床锅炉下部的燃烧份额。关于循环流化床锅炉下部欠氧态及交变气氛是近年循环流化床锅炉燃烧研究的重要发现。

在额定负荷下，循环流化床锅炉炉膛内的烟气流速可达 6m/s，炉膛高度大多在 15～35m 之间。在炉膛中心区域，烟气速度大约与颗粒的终端沉降速度相当，颗粒一次性通过炉膛的最短停留时间约为 3～6s。固体颗粒在炉内一次性通过的平均停留时间由炉内固体颗粒总质量与固体颗粒外循环倍率之比而求得，大约是 2min。对任何大于 1mm 的颗粒，挥发分析出时间和焦炭燃尽时间可能分别都比颗粒一次性通过炉膛的停留时间和颗粒在炉内的平均停留时间长。这意味着较大的煤颗粒有足够的时间在炉内与炽热床料充分混合，并且大颗粒煤粒挥发分析出、挥发分燃烧以及焦炭燃烧会同时在炉内和旋风分离器内进行。细小的颗粒则可能会一次性通过炉膛并完成燃烧过程。不同粒径的煤粒在炉内的燃烧特性又受到诸如磨损和破碎的影响，使整个过程极为复杂，难以准确预测。非常粗和非常细的煤粒在炉内的表现与大多数床料的表现不同。这也就是当大颗粒煤粒太多会引起风帽磨损而小颗粒煤粒太多又会使燃烧效率下降的原因，也是许多循环流化床锅炉制造商要求用户限制给煤中细颗粒的份额的原因。因为细颗粒过多，会使炉膛上部区域和分离器中的温度上升。床料中细颗粒比例发生变化，对循环流化床锅炉运行有明显影响。当细颗粒床料的比例增大时，会明显加强炉内的传热过程。因此，循环流化床锅炉内的气固流动与传热过程与诸如给煤粒径分布等因素密切相关。

与炉内良好的固体混合相比，循环流化床锅炉炉膛内的气体混合显得较差，并给循环流化床锅炉运行带来不利影响。在大型循环流化床锅炉中，挥发分可能主要产生于给煤点附近区域，由于相对较低的径向气体交换，给煤点附近的挥发分浓度可能持续偏高。挥发分与燃烧空气的缓慢混合，使挥发分燃烧时间延长，导致炉膛上部的温度升高，并且由于产生局部还原性气氛，使脱硫效率下降。

总之，通过上述讨论，可以勾画出这样一副图景：循环流化床锅炉的燃烧份额分布与鼓泡流化床锅炉的燃烧份额分布有很大不同，循环流化床锅炉密相床内的燃烧份额远低于鼓泡流化床锅炉密相区的燃烧份额。密相床内的燃烧表现为特殊的欠氧燃烧状态，而且在密相区会有大量的 CO 产生，这些 CO 汇同部分挥发分被带到稀相区燃烧。煤中挥发分含量对燃烧份额分布的影响比较大，当挥发分含量增加，稀相区的燃烧份额将增加。在循环流化床锅炉炉膛上部形成的环—核结构中，在环所在炉壁附近区域，可能形成一个还原区域，并且存在大量的床料和煤粒，煤粒在这里发生还原燃烧反应；在核所在的炉膛中心区域，则是一个氧浓度较高的区域。这个区域中的氧浓度，随炉膛高度的增高而下降，尤其在炉膛底部区域，氧浓度随炉膛高度升高而快速下降。而在炉膛出口处，表征燃烧状态的氧浓度则已非常小了。随后，烟气中的 CO 等少量可燃气体将在旋风分离器内基本燃尽。

三、循环流化床锅炉气固浓度分布的不均匀特性

研究表明，随循环流化床锅炉炉膛尺寸的增大，炉内燃烧的不均匀性逐渐显现，具体表现在炉内烟气成分的分布不再完全遵守传统化工 FCC 装置表现出的特性。在小型循环流化床燃煤试验装置中，由于气体混合相对较快，环—核模型与实际情况比较吻合。而在大型循环流化床锅炉中，由于挥发分可能集中于给煤点附近区域，并垂直向上流动且不易与空气混合，从而造成与环—核模型不一致的气体流动结构。

图 1-49 给出了在一台 22MW 循环流化床锅炉上所测 O_2、CO 以及 SO_2 随炉

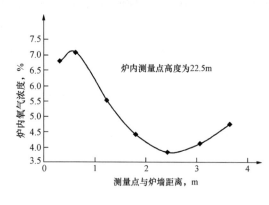

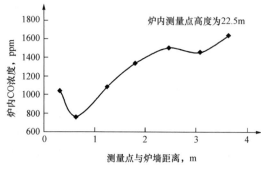

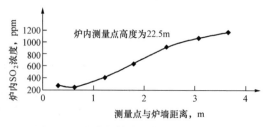

图 1-49　炉内气体成分与给煤点的关系

膛深度的变化关系。由图 1-49 可见，由于该炉采用前墙给煤（给煤点在图中横坐标 4m 处），炉内气体组分呈现不对称分布。

最新的研究证明，在炉膛上部区域的气体横向混合特别差。证据之一是燃烧室上部尽管存在氧气，一氧化碳也无法燃尽，在燃烧室出口一氧化碳高达 1%～2%。研究表明，在二次风口之上，燃烧室中心区存在一个明显的低氧区，二次风动量不足以穿透浓物料空间抵达燃烧室中心去。单纯加强二次风风速及刚度，则减少了二次风口的数量，因而不能将二次风扩散到燃烧室全部横截面上。因此，传统的二次风设计比例和进入方式值得重新考虑。

除气体浓度分布存在不均匀性外，炉内固体颗粒分布也存在不均匀性。

循环流化床锅炉入炉煤的平均粒径大多在 B 类粒子的范围内，煤粒在经历了破碎、磨损及燃烧后，细小的煤粒和床料已随烟气带出分离器，因此其循环倍率和炉内颗粒密度分布等，都与一般循环流化床试验装置上得到的结果有一定的偏差。

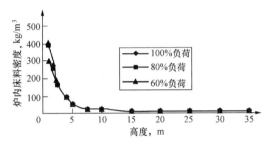

图 1-50 循环流化床锅炉炉内密度变化曲线

图 1-50 是典型循环流化床锅炉内的密度变化曲线。炉内密相从底部湍流床状态（空隙率 0.8，密度约 $400kg/m^3$）到炉膛出口处接近稀相气力输送状态（空隙率 0.998，密度约 $5kg/m^3$），其固气质量流率的比值约为 3:1。

试验发现，当二次风加入后，炉内密度急剧下降。这种情况与鼓泡流化床内悬浮段的情况类似，它们都符合指数函数形式的经验公式。但当流化风速很高时，循环流化床内的固体颗粒循环速率远高于鼓泡流化床，因此其密度曲线的降低速率要慢一些。

实际循环流化床锅炉运行经验表明，炉内气固分布确实呈现环—核结构，沿壁面下滑的颗粒流厚度可达 0.5m。在这层下滑颗粒流的内侧，是一个接近于稀相气力输送状态的核心区域，在这个区域中，气固滑移速度可以接近终端沉降速度，并且仅有很少量的颗粒向下流动。图 1-51 给出了某循环流化床锅炉炉膛内固体颗粒流速分布示意图。

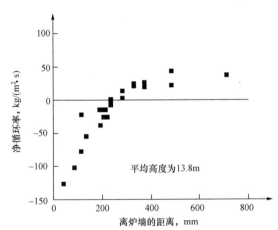

图 1-51 循环流化床锅炉炉膛内固体
颗粒流速分布示意图

四、循环流化床锅炉床料循环系统的温度控制特性

（一）床温控制与调节

在绝大多数流化床锅炉中，运行床温一般为 750～950℃。运行床温的确定，一般考虑如下因素：

（1）若床温低于 750℃，燃烧及脱硫速度明显降低，CO 及碳氢化合物排放明显增大；

（2）最佳炉内脱硫温度是 850℃左右；

（3）NO$_x$ 排放随温度升高而增大。

为了使循环流化床锅炉长期稳定地运行，首先要避免炉内结焦，即应当避免床温达到灰软化温度。炉内结焦通常是由于床内个别地点出现过热点产生小焦块而引起的。当个别床料粒子达到灰软化温度后，会黏上其他床料颗粒，形成一个小焦块并迅速长大。结焦主要出现在流化不好的区域，它会阻止燃烧热量的扩散，使结焦更趋严重。

不同成分灰的软化温度从 650℃（比如某些木炭灰）到 1000℃以上。当有氯化钠等成分存在时，结焦温度会降低。此外，研究表明，煤粒中心温度比床温高 200℃左右，因此运行床温应比灰熔点温度至少低 200℃左右。在循环流化床锅炉炉内，由于气固流动混合强烈，有助于破坏刚形成的小焦块，因此在燃用同样的煤炭时，床温可以稍高于鼓泡流化床锅炉，也可将石灰石喷入炉内，改变床料的组成，防止结焦，或者通过一个连续运行的床料分级系统，将床料中的结焦颗粒排出。某些流化床冷渣器就具有这样的床料分级功能。

灰软化温度限制了最高运行温度。在极端情况下，运行温度只能达到 750℃。在某些特殊情况下，则有可能在略高于 1000℃运行而不会出现炉内结焦，因此必须严格控制炉膛温度（床温）。

循环流化床锅炉的床温取决于下部密相区的能量平衡，其输入热为燃料的输入热，输出热（吸热）包括热风、入炉惰性物料、循环灰、受热面的吸热。为控制床温在某一范围，则需对上述热平衡进行校核，使热量平衡后床料的熔值为设计值。如在 40%BMCR工况下（约 50%THA），通过减少外置床的灰量，减少下二次风量等手段，使床温控制在 807℃左右，保证了燃烧和脱硫。为了防止超温结焦，白马 600MW 超临界循环流化床锅炉在设计上采取了如下措施：

（1）通过合理的结构设计，确保了循环流化床锅炉沿炉膛断面和炉膛高度方向上温度场的均匀性，避免了局部高温引起的高温结焦。

（2）锅炉床层即密相区燃烧室的四壁是由水冷壁管弯制围成的，其内壁仅敷设有一层较薄的耐火材料层，具有良好的冷却性。

（3）采用成熟的炉膛布风装置—水冷式布风板，布风均匀。它是由大口径内螺纹厚壁管加扁钢焊接而成的，既满足锅炉启动时高温烟气冲刷的防磨需要，又可在锅炉运行时起到较好的冷却床层的作用。

（4）在结构设计中，为保证布风均匀性，对一次风进风方式、风室结构、风帽形式及布风板阻力等的设计均作了精心的考虑，保证锅炉运行中床料良好的流化状态，防止因流化不均引起结焦。

除了在设计上对床温控制进行考虑外，锅炉运行中可以采用以下措施调节床温。

1. 外置床灰流量的调节

白马 600MW 超临界循环流化床锅炉，采用了外置床的布置形式，利用布置在回料器底部的锥形阀，将部分从旋风分离器分离下来的固体粒子，通过布置在类似鼓泡流化床的外置床中放热后送回炉膛；其余的固体粒子则通过回料器直接返回炉膛。循环灰在流经外置床的过程中灰温降低，对炉内床温的调节起到了重要的作用。

白马 600MW 超临界循环流化床锅炉设置有 6 个外置床，两两对称布置在炉膛两侧，其中靠炉前的两个外置床中布置高温再热器（HTR），通过控制其间的固体粒子流量来控制再热蒸汽的出口温度；中间的两个外置床中布置中温过热器（ITS Ⅱ），作为喷水减温的辅助手段，可以通过控制其间的固体粒子流量来控制过热蒸汽出口温度；靠炉后的两个外置床中布置两级中温过热器（ITS Ⅰ），通过控制其间的固体粒子流量来调节床温。

锅炉正常运行中，床温调节的根本手段是根据床温测点信号，通过自动控制系统控制中温过热器外置床的锥形阀开度，增加或减少流经外置床的灰量，调节床温。

白马 600MW 超临界循环流化床锅炉设计中充分考虑了自动控制的需要，在布风板上部均匀设置了足够数量的床温测点，可准确及时地将床温信号传递到控制系统，以便于控制系统对床温的调整。

2. 给煤量的调节

通过调整中温过热器外置床灰流量是床温调节的主要手段，但当床温需要进行大幅度调整时，还需从燃烧本质上进行调节，即根据床温信号控制入炉燃料量，从而增加或减少输入热量，调节床温。

3. 一、二次风的调节

锅炉运行过程中也可通过改变炉膛一、二次风的比例实现床温的调节。改变一、二次风比例后，可以有效地调整炉膛内燃烧份额和粒子浓度，从而改变炉膛内的燃烧和传热情况，达到改变床温的目的。

为达到调节的目的，设计采用了较高的二次风比例，增加了二次风的调节裕度。

4. 上下二次风的调节

上下二次风通过小风管引入炉膛，内外侧的上二次风主管上均设有挡板，内侧的二次风主管上也设有挡板，内外侧及上下层的二次风量设计均留有较大的裕度，保证锅炉在各种负荷和工况条件下都有充分的调节手段和调节裕量。

5. 床温和床压的综合调节

由于白马 600MW 超临界循环流化床锅炉设计燃用的燃料灰分较高（设计煤种收到基灰分为 37.2%，校核煤种为 42%），因此锅炉运行中应特别重视床温和床压的综合调节。如果在运行中出现床压较高、床温偏低且难以控制时，应加大排渣量，使床压降低，此时，床温控制将会得到改善。

（二）高温循环灰系统温度控制与调节

高温循环灰系统的温度控制主要是指高温旋风分离器、立管、回料器中的温度控制与调节。温度控制的关键，是确保温度不超过灰熔点。除了灰熔点温度的影响以外，较高的炉内及炉外固体颗粒循环是维持循环流化床内温度分布均匀性、防止结焦的另一个主要因素。高速循环流动的高温颗粒在炉膛及循环回路中产生了很高的热量输送，单位时间所输送的热量远高于炉内受热面单位时间的吸热量。因此，当输送的热量依次流过炉内所有区域时，就使炉内各处温度趋于一致。但是，也存在许多其他情况，使炉内温度和循环回路的温度分布不均匀。当烟气流入旋风分离器的时候。由于进入旋风分离器的烟气中的固体颗粒密度在整个循环回路中通常是最低的，因此分离器入口处的烟气热容要小一些。此外，旋风分离器内的良好混合，使某些可燃烧气体与氧气在此继续燃烧，其单位容积的放热量将高于炉膛出口处的单位容积放热量。因此，当循环流化床锅炉燃用低挥发分煤或炉内细煤粒与空气混合不佳时，烟气在旋风分离器内的温升可高达 50℃ 以上。对于汽水冷的旋风分离器，分离器内的温度则会由于膜式壁的吸热而下降。因此，应将旋风分离器看做是燃烧系统的一部分。

为进一步说明旋风分离器在燃烧系统中所起的重要作用，通过对某台 300MW 循环流化床锅炉旋风分离器进出口氧气浓度的测量，发现分离器内氧气浓度从入口处的 4.8％ 下降到出口处的 3.1％。这再次说明旋风分离器不仅起一个气固分离作用，而且确实具有燃烧作用。

当锅炉负荷降低时，烟气速度将降低，同时降低的还有固体颗粒的循环倍率。循环倍率的降低，会增加炉内温度分布的不均匀性。温度不均的程度，主要取决于调节方式及传热表面的设置；炉内及旋风分离器内的温度分布，则主要取决于受热面及给煤点的布置。

综上所述，循环流化床锅炉与其他锅炉相比存在很大差异。在额定负荷下，由于较高的固体颗粒流动，炉内具有低而均匀的温度分布。在炉膛全部空间中都充满着正在燃烧的煤粒。较细小的煤粒可能只需要一次或两次循环就能燃尽，而粗大的煤粒可能在炉内停留数小时，并充满整个炉膛和旋风分离器。在旋风分离器中，炉内生成的 CO 及某些碳氢化合物有机会与空气混合并燃烧。这种情形与鼓泡流化床不同，因为在鼓泡流化床中存在明显的密相和稀相两部分，即沸腾段和悬浮段。在这种情况下，容积尺寸较大的悬浮段，虽然对焦炭的燃烧效果不佳，但对 CO 的燃烧却十分有利。在许多鼓泡流化床锅炉中，悬浮段内布置了传热及辐射受热面，因此悬浮段的温度会急剧降低；但也有一些鼓泡流化床锅炉，在悬浮段中设置了卫燃带；当二次风射入后，由于挥发分大量燃烧，悬浮段的温度反而升高。

五、循环流化床锅炉燃烧效率问题

运行于 850～900℃ 范围的循环流化床锅炉，燃烧反应速率远低于煤粉炉。因此一般而言，相同煤种条件下，循环流化床锅炉的燃烧效率低于煤粉炉，特别是燃烧低挥发分的难燃煤种。

我国循环流化床锅炉大部分燃用各种劣质煤和少部分褐煤。早期的电站循环流化床锅炉在燃用煤龄较长的贫煤和无烟煤时，飞灰含碳量常常在 10％ 以上，甚至可达到 20％～30％。近年来，随着技术不断进步，特别是引进技术的 300MW 循环流化床锅炉，飞灰含碳量通常在 5％ 以下。

挥发分快速燃烧的本质，决定了对未完全燃烧损失的贡献甚少。主要的未完全燃烧来自固定碳。

焦炭燃尽需要较长的停留时间。一个直接的推论是，如果循环流化床锅炉的分离器对未燃尽的飞灰颗粒有足够高的分离效率，则可使未燃尽碳返回燃烧室继续燃烧，直至燃尽为止。但是，到目前为止，应用于循环流化床锅炉的大型旋风筒公认的临界粒径 d_{100} 均在 100μm 以上，因此 100μm 以下的碳颗粒，特别是 20～50μm 碳颗粒的停留时间不足以保证低反应活性的碳燃尽。

根据统计经验，如果将原煤的干燥无灰基挥发分除以其发热量，作为一个代表煤燃烧指数的参考值，该值基本上与该煤种用于循环流化床锅炉时飞灰含碳量呈单调变化关系，图 1-52 是对 11 台实际运行的燃用不同煤种的循环流化床锅炉的飞灰含碳量与煤种关系的统计数据，说明上述关系是存在的。当然飞灰含碳量与锅炉未完全燃烧损失并不能等同，还要看飞灰的绝对量有多少。但飞灰含碳量的多少是直接影响飞灰综合利用

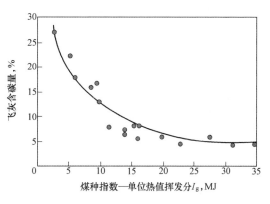

图 1-52　飞灰含碳量与煤种的关系

的。循环流化床锅炉使用者往往更从飞灰的综合利用角度看待飞灰含碳量的问题。

近年来，国内对循环流化床锅炉飞灰含碳量高的问题日益重视。最新的研究发现，引进技术 300MW 循环流化床锅炉在燃用各种煤种（无烟煤、烟煤、褐煤）时，正常运行时的锅炉效率都超过 92％，个别达到 93％以上，普遍高于目前的 135MW 级循环流化床锅炉；在 Ca/S 摩尔比低于 1.8 时，脱硫效率也能达到 90％以上。作者所在的研究小组，曾对引进 300MW 循环流化床锅炉在调试期间和商业运行期间的运行参数进行了研究，采用国家标准（GB/T 10184—1988 和 DL/T 964—2005）计算了锅炉热效率和脱硫效率，结果表明，锅炉在 BECR 工况下的热效率在 91.8％左右（未考虑环境温度和给水温度修正），在 Ca/S 摩尔比为 1.74 时，锅炉的脱硫效率高达 94.72％，NO_x 的排放浓度仅为 79mg/m³。锅炉热效率和脱硫效率都超过以往人们对循环流化床锅炉效率和脱硫效率的认可水平。锅炉热效率和脱硫效率高的原因是较高的炉内气固浓度，或者是较佳的二次风布置方式，或者是较佳的炉内受热面布置（较少的水冷屏），或者是较高的分离器分离效率，值得我们认真分析总结。

白马 600MW 超临界循环流化床锅炉为了最大限度地提高锅炉热效率（包括燃烧效率），设计上考虑了以下措施降低各项热损失。

1. 降低锅炉排烟热损失（q_2）的措施

从降低锅炉排烟温度和排烟过剩空气系数角度入手，降低排烟损失。锅炉设计中，烟气的酸露点温度决定着锅炉排烟温度的选取。虽然白马 600MW 超临界循环流化床锅炉所燃用燃料含硫较高（$S_{ar}=2.9\%$），但由于采取了循环流化床的燃烧方式，加上炉内脱硫，烟气中 SO_2 的含量完全能够控制在一个较低的水平，经过计算，烟气中 SO_2 含量为 400mg/m³ 时，烟气的酸露点温度为 58℃，完全可以将排烟温度设计到 125℃以下（设计值为 123℃），使锅炉排烟热损失控制在一个较低的水平。

由于煤质和锅炉参数确定后，锅炉燃烧需要的理论燃烧空气量就确定了。要减少锅炉烟气量就需要降低锅炉的过量空气系数。在锅炉设计中，通过改进的下部炉膛形状和布风设计等措施，在提高燃料的燃尽度的同时，大大地提高了入炉氧气的利用率。从而使炉膛过量空气系数仅需要 1.23。同时，通过合理的空气预热器设计，最大限度地减少了锅炉

漏风，从而减少了锅炉排烟量。

2. 降低锅炉气体未完全燃烧热损失（q_3）的措施

影响 q_3 的主要因素是燃料的挥发分、过量空气系数、炉膛温度和炉内气流的混合流动工况。

白马 600MW 超临界循环流化床锅炉所燃用燃料的挥发分较低（$V_{daf}=8.5\%$），可燃气体 CO 等的生成量较低。针对燃料特性，在保证燃烧的基础上选取了较低的过量空气系数（$\alpha=1.23$），并选取了较高的炉膛温度（884℃），加上二次风的强烈扰动，使燃料与风混合均匀，降低 q_3。

3. 降低锅炉固体未完全燃烧热损失（q_4）的措施

根据大量的理论研究和工程实践发现，燃煤的结构特性、挥发分含量、发热量、灰熔点等对流化床的燃烧有着重要的影响。

经过对燃料特性进行分析后可以发现：白马 600MW 超临界循环流化床锅炉所燃用煤质为无烟煤，其挥发分含量较低（$V_{daf}=8.5\%$），结构密实，这样的燃料进入锅炉受到热解时，分子的化学键不易破裂，内部挥发分不易析出，四周的氧气难以向粒子内部扩散，燃烧速度低，难以燃尽。

针对以上燃料特性，白马 600MW 超临界循环流化床锅炉设计上采取了如下措施：

（1）选用了较小的燃料粒度（最大粒径 d_{max}：3～6mm，d_{50}：700～1500μm），增大燃料燃烧反应的比表面积，减少燃料燃尽所需要的时间。

单颗碳粒的燃烧速度随着碳粒尺寸的增大而急剧增加，这是由于碳粒表面积增大的结果；但粒径的增加却会延长煤粒的燃尽时间。对单位质量燃料而言，粒径减小，粒子数增加，碳粒的总表面积增加，燃尽时间缩短，燃烧速率增加。

（2）在保证满足排放要求的前提下，综合考虑燃料的灰熔点温度，选取了较高的炉膛平均温度（884℃），提高燃料燃烧反应的速度。

在床层中煤粒挥发物的析出速率和碳的反应速率随床温的增加而增大。因此，提高床温有利于提高燃烧速率和缩短燃尽时间，但床温的提高受到灰熔点的限制。一般情况下，床温比煤灰的变形温度（DT）低 100～200℃。白马 600MW 超临界循环流化床锅炉燃煤的灰变形温度为 1090℃。而脱硫的最佳反应温度为 850～890℃，床温过高，脱硫效率急剧降低，Ca/S 摩尔比增大。

稀相区的温度也非常重要。白马 600MW 超临界循环流化床锅炉燃料粒径较小，较高的稀相区温度能保证细粒子在稀相区进一步燃烧，降低烟气中的可燃物损失。

（3）降低炉膛烟气流速，合理设计炉膛高度，保证颗粒在炉内停留时间，使分离器不能捕集到的细颗粒在一次通过炉膛后基本燃尽。白马 600MW 超临界循环流化床锅炉炉膛设计烟气流速为 5.5m/s。

（4）采用高效旋风分离器和高的床料保有量，增加燃料在主循环回路的停留时间。

（5）采用回料口给煤的方式，使燃料在进入炉膛之前，与循环灰粒子混合并得到有效的预热，缩短其达到着火点的时间，有利于燃料的着火和一次燃尽。

（6）下炉膛采用裤衩管结构，采用大收缩比使布风板面积较小，降低了炉膛下部一次风量，提高了二次风量。同时，用集中布置的大口径二次风喷口，以获得较高的二次风喷口动量，二次风能穿过高黏度的烟气层到达炉膛最缺氧的核心区，并造成强烈的湍流脉动、增强扩散。同时，二次风风量留有较大的调节裕度，调节灵活，炉膛温度由下至上较为均匀，有利于碳的一次燃尽。

（7）为提高锅炉燃烧效率，从提高布风均匀性出发，采用两侧进风的方式，保证整个风室风压的均匀性；采用改进型小口径钟罩式风帽，相对引进型的大口径风帽而言，布风板上可以布置更多的风帽，提高了风帽间隙区气流速度，避免了粗颗粒的沉积，改善了布风质量，使燃料与风能够充分接触，保证其着火和燃尽。

（8）一般来讲，燃料中粗颗粒在炉内的停留时间＝床料量/排渣量，因此床料量的多少（即床压的大小）决定着燃料在炉内的停留时间，停留时间越长，燃料燃烧充分，底渣含碳量越低。在 300MW 及以下容量的循环流化床锅炉中，炉膛床压一般为 7.9kPa，底渣含碳量一般在 1.25% 以下，白马 600MW 超临界循环流化床锅炉炉膛床压设计为 9.8kPa，以期将底渣含碳量控制在一个更低的水平。

（9）在排渣方式上，白马 600MW 超临界循环流化床锅炉炉膛共设置有 6 个排渣口，均匀布置在炉膛两侧墙，排渣口覆盖范围广，并远离给煤口，避免未燃烧的煤粒子短路直接进入排渣口，降低底渣含碳量。

4. 降低锅炉散热损失（q_5）的措施

影响散热损失的因素主要有锅炉外表面积、表面温度、保温材料厚度、性能以及环境温度等。随着保温技术的发展，锅炉散热损失已经降低到一个比较低的水平。白马 600MW 超临界循环流化床锅炉的分离器及其进出口烟道，均采用了膜式壁包覆的汽冷包墙的结构，其外表面采用常规的保温材料就能够将炉体外表温度控制在 50℃ 以下，相对绝热式结构 100℃ 左右的外表温度，散热损失明显降低。

5. 降低锅炉排渣热损失（q_6）的措施

锅炉的排渣热损失即飞灰、底渣和沉降灰排出锅炉设备所带走的热量损失，其中飞灰温度与排烟温度相同，沉降灰温与所对应部位的烟温相同，因此主要是要降低底渣热损失。

循环流化床锅炉中，要降低底渣温度，目前最佳的办法是采用非机械式的流化床冷渣器，利用风和给水作载体，将底渣带走的热量回收。随着锅炉容量的增大，锅炉给水温度提高，不能作为冷渣器的冷却介质，而冷渣器用风量过大又会影响到炉内燃烧工况的组织和调整，综合考虑目前国内外都存在的流化床冷渣器运行稳定性、可靠性差等情况，锅炉冷渣方式采用了机械式滚筒式冷渣器。通过选取较小的燃料粒度，减少锅炉底渣的排放量，从而达到降低锅炉排渣热损失的目的。

六、循环流化床锅炉负荷调节与控制方式

循环流化床与鼓泡流化床相比的一大优势就是其简便的调节方式。由于良好的颗粒对流和混合，循环流化床锅炉内的床料温度非常均匀。当对锅炉负荷进行调节时，床温应当基本保持不变，以保证燃烧稳定和控制污染物排放。但为了减少蒸汽产量，炉内受热面的吸热量或传热量必须降低，这就需要降低传热系数，或者使炉内部分受热面不再产生蒸汽。对于鼓泡流化床锅炉，沸腾层内埋管的传热系数较高，而传热系数的大小则主要取决于流化风速。当流化风速变化时，传热量随之改变，而床温则基本可以保持不变。鼓泡流化床锅炉本身，并没有多少自我调节能力，其主要的负荷调节方法如下：

（1）当流化风速降低时，床层高度降低，部分埋管不能再沉浸在床料中，使总传热系数降低。

（2）采用分床启停方式，调节负荷。

（3）通过再循环烟气降低床温，使炉膛内实际的流化风速不再与负荷有关；但锅炉送风量仍与锅炉负荷有关，除非在极低负荷时。

（4）上述几种调节方式的组合。

在循环流化床锅炉中，炉内传热系数会自然地紧跟负荷而变化。可以采用各种方式增大这种调节范围。传热系数的调节方法分为两种：一种是可变床料的调节方式；另一种是固定床料的调节方式。这里，床料量是整个循环系统中的床料，但不包括回料器内的床料。图 1-53 是固定床料调节方式的示意图。在一个固定床料的循环流化床系统中，不对固体颗粒的循环速率进行任何调节，除了少量存在于回料器或外置床中的床料外，所有的床料都在流化床炉膛中。图 1-53 中，炉膛上部稀相区域布置了一部分蒸发受热面，当负荷降低时，一、二次风量会同时减少，炉内固体颗粒密度

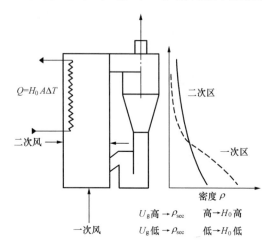

图 1-53　固定床料调节方式示意图

沿炉膛高度的分布将发生变化。一次风量的减少，会导致炉内上部区域固体颗粒浓度降低，下部区域固体颗粒浓度升高，最后使炉膛上部传热系数降低，以维持炉内温度水平。炉内的传热量和温度，还可以通过以下方法进一步调节：

（1）调节炉内一、二次风量比。提高一、二次风量比会增大炉膛下部的烟气速度，使更多的固体颗粒被带到炉膛上部；炉膛上部固体颗粒浓度的增加又会增大传热系数。

（2）采用烟气再循环。提高烟气再循环速率可以使更多的固体颗粒进入炉膛上部空间，从而提高传热速度。采用烟气再循环还会提高尾部受热面的传热系数，并降低 NO_x 排放。

（3）增大炉内过剩空气系数。也可增大炉膛上部的颗粒浓度，从而增加传热系数。

采用固定床料调节方式调节锅炉负荷时，炉膛内温度沿炉膛高度的分布也会发生相应变化。

四川白马循环流化床示范电站 600MW 超临界循环流化床锅炉就是采用固定床料调节方式进行锅炉负荷调节的。

避免炉内温度分布与负荷变化密切相关，可以通过在循环流化床循环回路中设置外置床来实现。这种外置床是一种典型的鼓泡流化床装置。流化速度虽然只有 0.5～1m/s，但

传热系数非常大，可高达 700MW/(m²·K)，并与锅炉
负荷无关，因此外置床的体积可以非常紧凑。无论炉内
负荷如何变化，只需调节通过外置床的固体颗粒流量，
就能控制床温基本不变。四川白马循环流化床示范电站
600MW 超临界循环流化床锅炉就采用了 6 台外置床。

　　外置床中的固体颗粒来自回料器，通常采用一个锥
形阀来调节进入外置式流化床中的颗粒流量。外置床中
可以布置蒸发受热面、过热器、再热器。外置床可吸收
高温循环回路固体颗粒所携带热量的 65% 左右，从而使
循环流化床锅炉在负荷调节和煤种适应性方面具有很大
的灵活性。

　　与上述固定床料量调节方式对应的是可变床料量调
节方式。在这种调节方式下，当需要增加炉内传热系数
时，不需要改变从炉膛底部进入上部区域的固体颗粒量

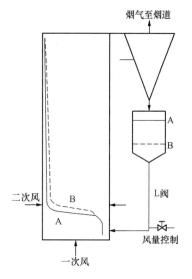

图 1-54　可变床料调节方式示意图

的大小，而是将储存在高温循环颗粒回路中的部分固体颗粒加入炉内即可。如图 1-54 所
示，这种调节方式要求进入炉内的固体颗粒流量完全可控，不像前一种调节方式那样只需
要维持整个循环回路的压力平衡就行了。因此，炉膛内和颗粒循环系统炉外部分的固体颗
粒量是随负荷变化而变化的。当负荷增大时，就需要提高固体颗粒在炉内的比例；而负荷
降低时，就要提高固体颗粒在循环系统炉外部分（如位于立管上的循环灰储存罐）的
比例。

　　采用可变床料调节方式使炉内颗粒密度特性及传热特性，基本不随流化速度和一、二
次风比变化的影响。这种调节方式目前在国外已成功用于多台商业运行的循环流化床锅
炉。在国内投运的某些循环流化床烟气脱硫装置，就是采用这种方式进行脱硫负荷调
节的。

　　综上所述，循环流化床锅炉中煤粒燃烧放热特性，取决于许多因素，如挥发分含量、
煤中的细粉含量、给煤粒径分布以及燃料的反应特性。循环流化床锅炉设计上必须留有足
够大的设计裕量，保证当锅炉热量释放曲线发生变化时，不至于在炉内形成引起结焦的过
热点。炉膛内循环和外循环是将热量从具有大量床料并产生大部分热量的炉膛底部，移到
布置大量受热面的炉膛上部和外循环回路的关键所在。

七、循环流化床锅炉高温旋风分离器内的燃烧现象

　　从炉膛随烟气进入分离器的飞灰可燃物通常会在分离器内继续燃烧，特别是对于贫
煤，在绝热式分离器内继续燃烧，会使出口烟气温度较进口烟温升高 30～100℃。这一现
象称为"后燃"现象。如果在锅炉运行时不考虑这种情况，将会给运行带来严重后果。

　　通常在如下条件下，会出现"后燃"现象：燃料在炉膛出口前由于燃料品质、颗粒
度、炉膛温度和停留时间影响，未能完全燃烧，而绝热式分离器内又具备继续燃烧的条
件。不同挥发分的煤种，在分离器内燃烧造成分离器出口烟温升高的情况，如图 1-55 所
示。对于极低挥发分的无烟煤，$V_{daf}<6\%～8\%$，一种观点认为，虽然在分离器内有停留时

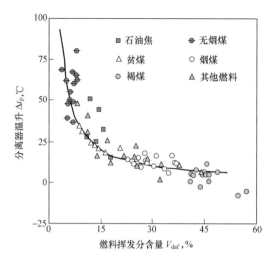

图 1-55 燃烧不同挥发分含量煤种时高温
旋风分离器的温升特性

间，但是由于温度不够高、颗粒度偏大，可能不再燃烧而排出，成为飞灰可燃物；但另一种观点认为"后燃"现象可能更严重。"后燃"现象特别表现在物料粒度 d 小于 0.1mm 所占份额较大时发生，如果小于 0.1mm 的颗粒份额不是很大，则"后燃"的影响就很小；对于"后燃"问题，采用冷却式分离器，可以使"后燃"释放的热量得到及时吸收，使循环物料的温度得到有效控制。

国外大部分循环流化床以燃烧褐煤为多，"后燃"现象非常弱。国内的循环流化床锅炉大多燃烧挥发分相对较低燃料，若没有考虑"后燃"，则势必导致尾部对流受

热面的超温，排烟温度偏高。为解决超温问题，同时维持排烟温度不再提高，人们试图减少布置在炉膛上部的再热器或过热器的受热面积。但是，仅仅通过改变炉膛中的再热器及过热器受热面积，则将导致主循环回路吸热量下降，温度上升，抵消了蒸汽吸热量下降而使对流受热面壁温下降的趋势，效果不明显。这在多个电厂的循环流化床锅炉运行实践中得到验证。可见，由于进入尾部烟道的烟气温度偏高、传热温压偏大，对流受热面的吸热量大大超过设计值，所以减少对流再热受热面和过热受热面，才能够把再热器喷水量和过热器喷水量减下来，同时增加省煤器受热面积，有助于调整蒸发受热面与过热、再热受热面吸热比例的失调，还可把排烟温度降下来。

"后燃"现象也有一定的好处。首先，"后燃"现象的存在，可以使烟气中携带的 CO、飞灰中未燃炭在分离器内进一步燃尽，降低飞灰含碳量，提高锅炉的燃烧效率；其次，"后燃"现象的存在，客观上起到了旋风燃烧的作用，对某些燃尽时间较长的煤种，可提高燃尽率。

第六节　循环流化床锅炉污染物控制与灰渣综合利用

烟尘、二氧化硫、氮氧化物和温室气体是影响人类生态环境和生活空间的几种主要排放物，而燃煤电厂是上述污染物的主要来源之一。降低大气污染物的排放，已成为全社会普遍关注的问题。中国作为能源生产和利用大国，其能源结构决定了其能源利用必须以煤为主。因此控制燃煤电厂污染物的排放，成为政府与社会日益关注的重要问题。本节主要介绍循环流化床锅炉在控制烟尘、二氧化硫和氮氧化物排放方面的一些特点和方法，它显示了循环流化床锅炉在控制污染物排放方面的优势。

烟尘是燃煤和工业生产过程中排放出来的固体颗粒物。烟尘的主要成分是二氧化硅、氧化铝、氧化铁、氧化钙和未经燃烧的炭微粒等。烟尘对人体的危害同颗粒物的大小有

关：大于 $5\mu m$ 的颗粒物能被鼻毛和呼吸道黏液挡住，小于 $0.5\mu m$ 的颗粒物一般会黏附在上呼吸道表面，并随痰液排出。烟尘被吸入人体后，它不仅会在肺部沉积下来，还可以直接进入血液到达人体各部位。由于粉尘粒子表面附着各种有害物质，因此它一旦进入人体，就会引发各种呼吸系统疾病。

二氧化硫和氮氧化物也是锅炉排向大气污染的两种主要排放物，它们对人类健康和生态环境的一个主要危害是形成酸雨。二氧化硫和氮氧化物一经排入大气后，会在阳光的催化下与大气中的水蒸气进行复杂的反应而形成酸性物质。这些酸性物质降至地面，就形成酸雨。

研究表明，对于植物，由于酸雨的影响，会造成一些植物生长力下降、叶子枯死、植物叶面和土壤养分的流失、树叶萎谢和加大植物病虫害等。酸雨还会影响各种植物和水产品的微观机体结构，使其产量下降。某些鱼类，如鲑鱼和鳟鱼等，对酸雨尤为敏感。对于建筑物，酸雨会对其造成侵蚀和毁坏，尤其对古建筑，这种危害所造成的损失有时是无法估量的。虽然酸雨对人类本身的影响还无法准确估计，但人们已经知道，特别高浓度的硫化合物、氮氧化物将直接对人类健康造成危害。众多研究者曾经对酸雨的危害进行过深入的研究，并越来越深刻地认识到其对人类和环境的巨大危害。因此世界各国都纷纷制订了越来越严格的法案，以限制粉尘、SO_2 和 NO_x 的排放。这些立法对于煤炭供应商及用户已经和即将产生非常广泛的影响。据估计，在近十年内，美国的电厂将耗资 100 亿美元来对其燃煤电厂烟气的排放进行控制。作为发展中国家的我国，其可供用来控制污染物排放的资金非常有限，因此，采用一种投资省、方法简便而又能满足排放要求的燃煤电厂污染物排放控制方法非常重要。循环流化床锅炉正是因为控制污染物排放方面的独有特点而在国内得到广泛的应用。

一、循环流化床锅炉烟尘排放与控制

(一) 循环流化床锅炉烟尘排放特点

与传统燃煤锅炉一样，循环流化床锅炉在燃烧过程中，也会随烟气排放大量烟尘。对循环流化床锅炉而言，烟气中的烟尘主要来自煤中灰分和为脱硫加入炉内的石灰石及其脱硫产物。与传统锅炉相比，循环流化床锅炉烟气中的烟尘颗粒，主要有以下特点。

1. 烟尘量较大

煤在循环流化床锅炉中燃烧时，煤中的灰分会形成炉渣和飞灰。炉渣（也叫底渣）可从炉膛底部直接排出，而飞灰（或烟尘）则随烟气一起排出锅炉。循环流化床锅炉运行时，通常底渣与灰的比例是 50：50 左右，因此煤中的灰分约有 50% 会以飞灰的形式排出炉膛，形成烟尘。由于循环流化床锅炉经常燃用高灰分劣质煤，因此烟气中的飞灰浓度较高。此外，循环流化床锅炉由于采用炉内加石灰石脱硫，当煤的含硫量较高时（如 $>3\%$），加入的石灰石，相当于煤量的 20%～30%，相当于提高了入炉煤的灰分，从而使烟气中的飞灰浓度更高。燃用高硫劣质煤时，循环流化床锅炉排烟的飞灰浓度可高达 $50g/m^3$ 左右，如果要使排烟中的烟尘浓度达到 $200mg/m^3$ 的排放标准，除尘器效率至少要达到 99.91%。如果要将烟气中的飞灰浓度控制在 $50mg/m^3$ 的新排放标准，除尘器效率至少要达到 99.95%。

2. 烟尘颗粒较粗

循环流化床锅炉的入炉煤要求一定的粒径分布，因此烟气中飞灰的平均粒径要比煤粉炉烟中的飞灰的平均粒径粗。

3. 烟尘含钙含硫高

循环流化床锅炉由于采取炉内加石灰石脱硫，烟尘中存在氧化钙及硫酸根离子含量也较高，飞灰的比电阻较高。

（二）电站锅炉常用烟气除尘设备

常用于我国电站循环流化床锅炉的烟气除尘设备主要是静电除尘器。近年来，由于国家环保排放标准不断提高，新上循环流化床锅炉工程项目，也有采用布袋除尘器和电袋除尘器的。

1. 静电除尘器

静电除尘器是一种使含尘烟气经过高压电场，使煤尘荷电沉积于沉降极的表面上，而起到净化烟气作用的除尘器。

目前国内外常见的电除尘器形式可概略地分为：按气流方向分为立式和卧式，按收尘极的形式分为板式和管式，按收尘极上的粉尘清除方法分为干式和湿式等。由于国内电厂使用的静电除尘器基本上都是干式的，因此以下所讨论的静电除尘器都是指的干式静电除尘器。

（1）静电除尘器的工作原理。当高压直流电接到静电除尘器的两个电极以后，在电晕线附近就产生了电晕放电，这时从电晕区里有大量的自由电子和负离子逸出，飞向阳极。负离子在运动中也常常几个黏结在一块成为重离子，因此负离子和重离子就充满在两电极之间的空间，一同飞向阳极板。在运动过程中，一旦与烟气中的粉尘相碰时，带负电的离子包围在烟气尘粒周围，共同驱向收尘极板。而达到收尘极板后，会放出负电荷，中性尘粒本身就沉积在收尘板上。与此同时，在电晕区内所有的正离子则以与电子相反的方向，朝着电晕线方向运动。这些正离子在运动过程中，同样也会使电晕区里的粉尘被正离子包围并移向电晕线，所以在电晕线上也不断积灰。沉积在收尘板和电晕线上的灰尘，通过机械振打将积灰振落，聚积到下部灰斗中排出。这就是电除尘器的基本工作原理，如图 1-56 所示。

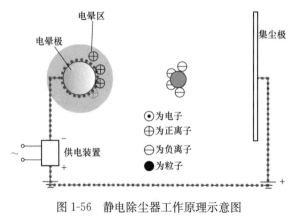

图 1-56　静电除尘器工作原理示意图

（2）静电除尘器的结构。静电除尘器的结构如图 1-57 所示。静电除尘器是一台大型的箱体式结构的机器，其两端装有锥形的进气口和排气口。含尘烟气从进气口进入，清洁的烟气从排气口排出。灰尘通过下部锥形的灰斗排出。

电除尘器箱体内装有成排的阳极板和阴极线，结构如图 1-58 所示。

烟气流过阴极线和阳极板之间通

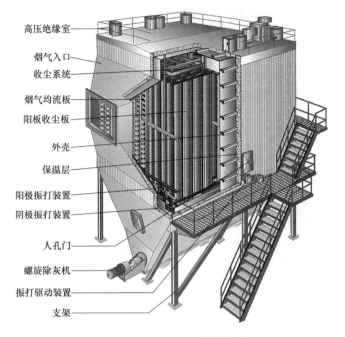

高压绝缘室
烟气入口
收尘系统
烟气均流板
阳板收尘板
外壳
保温层
阳极振打装置
阴极振打装置
人孔门
螺旋除灰机
振打驱动装置
支架

图 1-57　静电除尘器结构图

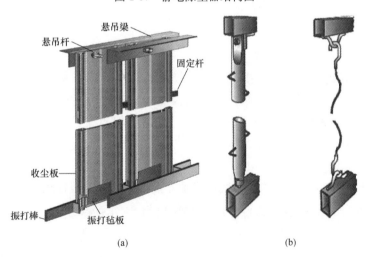

悬吊梁
悬吊杆
固定杆
收尘板
振打棒
振打毡板

(a)　　　　　　　　　　　　(b)

图 1-58　静电除尘器阳极板和阴极线结构图
（a）阳极板；（b）阴极线

道时，由于阴阳极之间存在着很高的电压差，促使阴极的尖端放电，使气体电离而产生大量负离子（即阴离子）。负离子吸附在烟气中的尘粒上，使尘粒有了向阳极板飞去的动力，于是尘粒就被阳极板吸附，随后振打阳极板，使尘粒落入灰斗而加以收集。

电场一般分 2～4 个电场，每个电场长度为 3～4m。电场分割的作用是使电场的利用率更为充分。当某一电场有故障时，其余电场尚可继续工作。当电场太宽时，则分成双电室。

进气口内装有气流分布板，以引导气流使其均匀地流入电场内。排气口内装有槽形板，以捕集遗留的细小粉尘，使其不至漏出电场，如图 1-59 所示。

每个电场的阴阳极和电源系统都是独立工作的。每个电场都有 10～30 个烟气通道，每个通道有一排阴阳极。整个阴极排由吊杆悬吊在绝缘支撑上。绝缘支撑装在独立的保温箱内，保温箱支撑在箱体顶部的大梁上。保温箱内装有电加热装置。使得保温箱内绝缘陶瓷件表面的温度保持在烟气露点以上，避免结露而击穿，保温温度一般为 80℃ 左右。

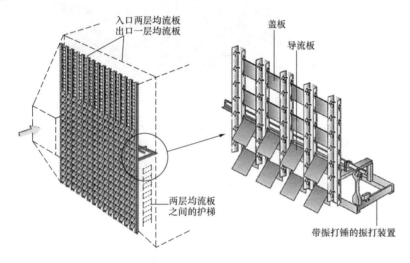

图 1-59　静电除尘器的烟气均流板示意图

6～8 块阳极板组成一个阳极排，一个阳极排用两块小梁夹紧，小梁的两端支撑在箱体顶部的大梁上。阳极排的中部再装有紧固腰带。阳极排的下部用两块 100mm×10mm 断面的扁钢夹紧，扁钢的端部装有振打板，振打锤就打到这个砧子上，如图 1-60 所示。

阴极线（电晕线）是支撑在一个钢管组成的框架上，框架边上焊有振打砧子，如图 1-61 所示。

阳极振打是直接从箱体外的电动机，联轴器接至振打轴，振打轴支撑在轴承上。电动机自带行星摆线针轮减速机，即每一次振打最快为 1～2min，由低压电控柜控制其工作。

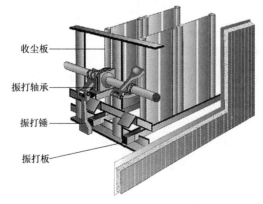

图 1-60　阳极板及其振打装置示意图

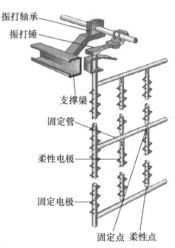

图 1-61　阴极线及其振打装置示意图

阴极振打由电动机减速机、保温箱、绝缘瓷轴等组成,带动箱体内的振打轴转动。由于阴极是带电的,因此增加了保温箱和绝缘瓷轴。

图 1-62 所示为各种阴极、阳极振打驱动装置结构示意图。

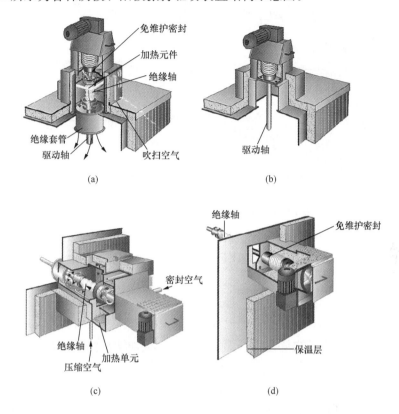

图 1-62　各种阴极、阳极振打驱动装置结构示意图
(a) 阴极顶置式振打驱动装置;(b) 阳极顶置式振打驱动装置;
(c) 阳极侧置式振打驱动装置;(d) 阴极侧置式振打驱动装置

灰斗安装在箱体底部,是一个四方锥体,灰斗锥角应大于灰尘的自然堆角,以利于物料的排出。灰斗底部接出灰装置,出灰装置有旋转排料阀或螺旋给料机,一般采用旋转排料阀,因为其密封性能比较好,结构紧固耐用。静电除尘器常用排灰装置示意图如图 1-63 所示。

电除尘器本身是一个密封箱体,要求完全密闭,因为漏风将造成除尘效率降低和烟气量增加。但电除尘器又是一台庞然大物不可能在制造厂装配成件,只能在现场进行安装,所以要求有较好的安装质量。即各部分焊接必须保证其气密封。由于箱体内装着上百吨的阴阳极构件,因此箱体的梁柱结构十分紧固。另外,箱体尚负载着烟气的温度、压力,以及大气的变化,如下雨、刮风、地震等因素,故需要考虑箱体受热的膨胀位移。电除尘器在梁柱设计中要考虑有足够的余量。箱体的下部采用一个支点固定,其余支点采用可滑动膨胀的结构。滑动部位都是精加工的。支点支撑在下部钢结构上,钢结构架在地基上,用户也可采用混凝土支架。

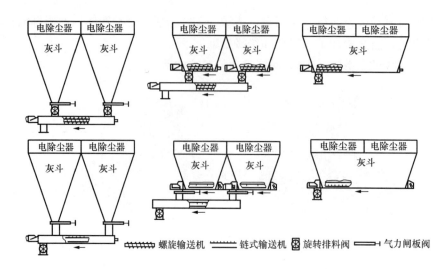

图 1-63 静电除尘器常用的排灰装置示意图

另外，为了检修维护的方便，电除尘器都带有走道扶梯、检修人孔。检修人孔常采用 600mm 以上大口径门，以方便出入。门上构件采用硅橡胶玻纤密封元件和厚钢板件开关构件，使开关方便而且密封牢靠。

箱体上部除了气密焊接的箱型外，还外加保温层，再加防雨盖。

电除尘器安装测试后，尚需进行保温和表面装饰处理。电除尘器均采用保温性能良好又耐高温的岩棉保温。最后电除尘器外面全部用镀锌或加塑瓦楞板覆盖，使电除尘器外观全部呈整体色彩。

2. 布袋除尘器

布袋除尘器广泛应用于各行各业，已经有了一百多年的历史。但其在电力行业中锅炉上使用了还不到 30 年。尤其在我国，20 世纪 80 年代和 90 年代分别两次在电站上推广使用布袋除尘器，最终都因布袋寿命短、堵灰或者烧袋导致故障率高，甚至影响机组安全运行而宣告失败（这里有设计、制造、滤料、运行和维护等各方面的因素），从而使布袋除尘器在电站锅炉上的应用受到了一定的限制。

近年来，由于环保标准的提高，以及布袋除尘器技术的发展，布袋除尘器在大容量电站锅炉上开始广泛地应用，特别是在美国、欧洲和澳大利亚。例如，在澳大利亚新南威尔斯州的电站锅炉中 80％ 已经采用布袋除尘器。现在布袋除尘器不但在新设计的电厂上广泛使用，有些国家更在对原有的静电除尘器进行改造。目前，安装布袋除尘器的最大机组为 850MW。

与静电除尘器相比，布袋除尘器有如下优点：

（1）除尘效率高，其效率一般在 99.5％ 以上，高的能达到 99.99％；

（2）对亚微米级的粉尘的收集效果很好，除尘器出口的气体含尘浓度都能低于 30mg/m³，好的能低于 5mg/m³；

（3）处理的气体量和含尘浓度的允许变化范围大，且除尘效率稳定；

（4）对粉尘的特性不敏感（对烟尘来说，不受比电阻的影响）；

（5）设备简单，维修方便，不需要高技术的工种。

布袋除尘器近年来能在电站锅炉，尤其是循环流化床锅炉上得到如此迅速地发展，其主要原因如下：

（1）环保标准提高，电站锅炉烟尘允许排放浓度由过去的 $50mg/m^3$，降低到 $30mg/m^3$，常规电除尘器很难达到这一排放标准。

（2）由于科技的发展，特别是新滤料的开发，清灰技术的完善，控制技术的飞跃发展，使得布袋除尘器的滤袋寿命延长，故障率降低。

（3）循环流化床锅炉采用炉内加石灰石脱硫后，烟气中 SO_3 浓度降低，静电除尘的除尘效率明显降低。虽然静电除尘在本体和电源设计上作了大量的技术改进，以提高除尘效率，收到一定的效果或采取烟气调质的方法来提高除尘效率，但为达到相同的除尘效率，满足环保的排放标准，投资大大提高，综合经济技术比较后，布袋除尘器更为有利、更为经济。

（4）对有些特殊的烟尘（比如飞灰中 SiO_2、Al_2O_3 的含量之和大于 90％），静电除尘器不适用。

1）布袋除尘器的基本原理。布袋除尘器的除尘机理很简单，它与口罩的除尘机理一样，是通过滤材料对烟气中飞灰颗粒的机械拦截来实现的。但除此之外，先收到的飞灰颗粒在滤料表面还形成了一层稳定的稠密的灰层（一般称为滤饼或滤床），它又起到了很好的过滤作用，特别是用编织布做滤袋的除尘器，这层滤床起到了主要的过滤作用。过滤元件可以由棉毛纤维、玻璃纤维或各种化学纤维经过纺织（或针刺）成滤料，再缝制成垂直悬挂的滤袋，不同场合要选用不同的滤料。在滤袋上收集到的粉尘通过周期性的机械抖动、过滤后的烟气反吹或压缩空气的脉冲反吹等途径使布袋变形而将灰清除。布袋除尘器的过滤清灰原理如图 1-64 所示。

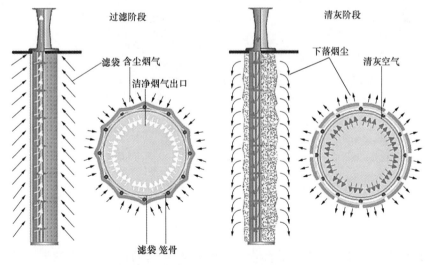

图 1-64　布袋除尘器过滤清灰原理示意图

烟气能够通过滤袋和滤料表面所形成的滤饼（滤床）是依靠滤层两边的压差，这个压差通常称为管板压差 dp（有时也称为滤床压差）。飞灰收集中，一个特殊的参数是过滤烟速——每分钟每平方米的滤布所过滤的气量。滤床的压差 dp 与烟速呈线性比例关系，因此也与烟气流量呈线性比例关系。这个固定的比例关系系数通常称为滤阻。按此定义，滤阻与烟气流量无关，有点类似于电阻的概念。我们把平均的过滤速度表示为"气布比"，它是烟气量与整个过滤面积之比。这个参数在布袋除尘器的选择和设计中是一项非常重要的技术指标。

布袋除尘器其余的压力损失是由布袋除尘器进出口法兰之间的烟道和挡板门所产生的。这个压降的大小与烟气的流速的平方成正比关系，因此整个布袋除尘器的压降 Δp_{total} 与烟气量是二次方的关系，即

$$\Delta p_{total} = K_1 Q_1 + K_2 Q_2 \tag{1-18}$$
$$K_1 = K_{drag}/A$$

式中　K_{drag}——滤阻；

　　　A——过滤的表面积；

　　　K_2——烟道和挡板门的压损系数；

Q_1、Q_2——流经滤布和烟道挡板的烟气量。

2）布袋除尘器的结构。布袋除尘器有多种结构形式，其基本工作原理都是相同的，主要差别是清灰方式和滤袋材料。用于电站循环流化床锅炉的大型布袋除尘器，主要采用脉冲清灰方式，滤袋材料一般采用 PPS（聚苯硫醚）材料，该材料优点有：使用温度上限较高，连续使用的最高温可达 190℃（短时 200℃）；具有强抗酸碱性；采取特殊防油水处理，抗结露性能好；使用寿命长，常规工况下可达到 3 万 h（4 年）。

电站燃煤锅炉常用布袋除尘器如图 1-65 所示。

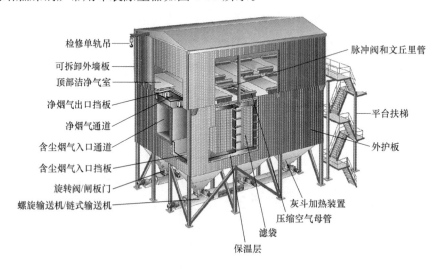

检修单轨吊
可拆卸外墙板
顶部洁净气室
净烟气出口挡板
净烟气通道
含尘烟气入口通道
含尘烟气入口挡板
旋转阀/闸板门
螺旋输送机/链式输送机
脉冲阀和文丘里管
平台扶梯
外护板
灰斗加热装置
压缩空气母管
滤袋
保温层

图 1-65　电站锅炉常用大型布袋除尘器结构示意图

如图 1-65 所示，布袋除尘器的形状属于框架结构，内部分为上下两层：下层用于安装滤袋、灰斗、出灰设备等，所占空间较大；上层用于安装脉冲清灰装置，包括压缩空气母管、喷管以及除尘后净烟气通道（图 1-65 中称为顶部洁净气室）。上下两层之间采用安装滤袋的花板分隔开来，花板上的每一个孔，刚好能安装下一只布袋。来自锅炉的烟气从

位于滤袋除尘器下层的含尘烟气入口通道进入，通过烟气进口挡板，烟气转弯上行。烟气在转弯过程中，使直径较大的粉尘颗粒在离心力作用下，落入灰斗；烟气携带剩余的粉尘上行穿过滤袋，粉尘被阻挡在滤袋外侧，烟气进入滤袋内侧，变成洁净烟气并向上流出布袋，进入上层洁净气室，最后由排气通道排出。烟气及其所携带的粉尘在脉冲布袋除尘器内的流动路径，如图1-66所示。

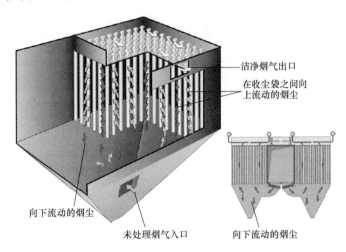

图1-66　脉冲布袋除尘器中烟气和粉尘流动路径示意图

随着烟气不断流过滤袋，滤袋外侧积聚的粉尘厚度逐渐增加，除尘器的流动阻力也逐渐增加。当阻力增加到某一个设定值时，控制系统打开压缩空气脉冲阀，吹向滤袋。这股高速脉冲气流，经一个缩放喷管加速后，速度超过当地音速，会将周边气流卷吸，形成很大的反吹气流，吹入滤袋。在这股反吹气流的作用下，滤袋会产生瞬间膨胀变形，将滤袋外侧黏附的灰尘抖掉，并落入灰斗中。图1-67所示为布袋除尘器的脉冲清灰装置示意图。

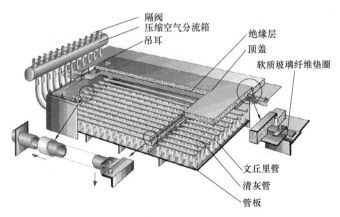

图1-67　脉冲清灰装置示意图

除尘器运行时，清灰过程不会同时在所有的滤袋上进行，而是分组进行，一排一排的轮流清灰。如图1-67所示，压缩空气分流箱的压缩空气在脉冲阀的作用下进入滤袋上方

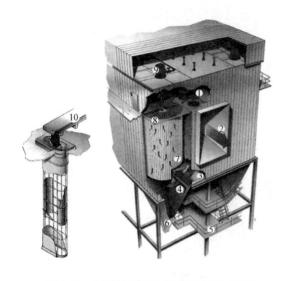

图 1-68　回转脉冲喷吹袋式除尘器示意图

1—净气室；2—出风烟道；3—进风烟道；4—进口风门；
5—检修平台；6—灰斗；7—滤袋和袋笼；8—花板；
9—清灰装置；10—清灰臂

喷吹管，每个喷吹管上有若干个喷吹孔，每个喷吹孔对准一个滤袋口。清灰时脉冲气体通过喷吹孔的喷射作用射入滤袋，并引入周围的气体，使滤袋产生振动，使滤袋上的粉尘脱落下来，从而完成清灰过程。每个脉冲阀带一根喷吹管，每根喷吹管负责一排滤袋的清灰，所以国内也称为行脉冲。此外，也有喷吹管是旋转的，滤袋全部呈同心圆布置，在喷吹管的旋转过程中分别对径向方向布置的滤袋进行喷吹清灰，这种清灰方式国内称为回转脉冲喷吹，如图 1-68 所示。

运行时，多头旋转机构在驱动电动机的带动下在净气室平台以上不停旋转，当接到清灰指令时，多头旋转机构落到花板上，脉冲储气罐中的压缩空气在脉冲阀的作用下通过多头旋转机构的喷嘴对滤袋进行清灰。

从滤袋上清除下来的粉尘，落入灰斗，由排灰装置排出。为了防止烟气中的水分冷凝在除尘器内壁上，影响出灰，除尘器外壁设置有保温层，灰斗内壁还设置有电加热板。

3. 电袋复合除尘器

电袋复合除尘器，简称电袋除尘器是一种在成熟的静电除尘器和布袋除尘器技术基础上发展起来的新型高效除尘器。

电袋除尘器是有机结合电除尘器和布袋除尘器的优点，先由电区捕集烟气中的绝大部分粉尘，再由袋区收集剩余少量粉尘，从而达到除尘高效稳定（≤30mg/m³）、节能、滤袋寿命长的一种新型除尘器。

电袋除尘器工作时，含尘烟气首先经过静电除尘器进行预除尘，将烟气中约 80% 的粉尘（其中包括易于荷电而不易被布袋除尘器除去的微尘）除去，使袋区滤袋处理的粉尘量少、阻力低、清灰周期长、避免粗颗粒烟尘磨损。剩余 20% 的粉尘颗粒荷电后被烟气带入布袋除尘器，当烟气流过滤袋时，这些荷电粉尘被滤袋过滤下来，在滤袋外侧形成稀松且阻力较低、易于脱落的滤层，通过脉冲吹灰，被轻易地抖落在灰斗中。由于清灰较容易，因此清灰间隔较长（最长可达80min），从而延长了滤袋使用寿命，同时也节省了清灰压缩空气量。电袋除尘器除尘原理如图 1-69 所示。

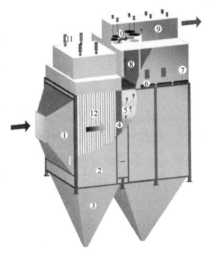

图 1-69　电袋除尘器示意图

1—进气烟箱；2—壳体；3—灰斗；4—导流装置；5—滤袋；6—清灰系统；7—人孔门；8—净气室；9—出气烟箱；10—提升机构；11—振打装置；12—收尘极

由此可见，电袋除尘器并不是静电除尘器和布袋除尘器的简单组合。在电袋除尘器中，粉尘经过电除尘区荷电后，改善了滤袋表面沉积的粉尘层结构，使同极电荷相互排斥，颗粒之间排列规则有序，形成的粉尘层孔隙率高、透气性好、易于剥落、阻力小，也使下游布袋除尘器滤袋外侧能形成稀松、阻力较少且易于脱落的滤层，这是电袋除尘器高效、低阻性能的关键之一。图 1-70 是粉尘荷电前后，在滤袋外侧的沉积状态。可见，在荷电状态下，由于同性相斥，滤袋的积灰层比较稀松。

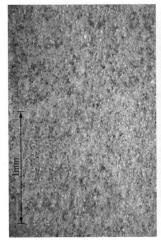

(a)   (b)

图 1-70　粉尘荷电与滤袋外侧堆积状态的关系

（a）无荷电粉尘堆密实；（b）有荷电粉尘堆积蓬松

图 1-71 给出了静电除尘器、布袋除尘器和电袋除尘器的除尘效率与粉尘粒径的关系。由图 1-71 可见，布袋除尘器的除尘效率随粉尘粒径的减少而降低，即布袋除尘器对极细粉尘的捕集率不高；而静电除尘恰恰对极细粉尘有极高的捕集率，因此集这两种除尘机理于一体的电袋除尘器对不同粒径的粉尘都有较高的捕集率。

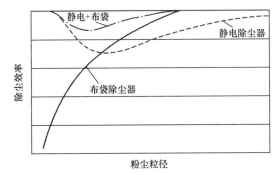

图 1-71　几种除尘器除尘效率与粉尘粒径的关系

与静电除尘器相比，电袋除尘器最大的优点是可以确保粉尘浓度达标排放。在运行费用方面，电袋除尘器增加了滤袋的折旧费用、引风机与清灰气源的电耗，但减少了电场高压电源的耗电量。同时，由于滤袋系化纤制作，能够承受的温度不如钢铁构件，需要有高温保护措施。

电袋除尘器有两种基本的布置方案，即分体式布置和一体式布置，如图 1-72 所示。

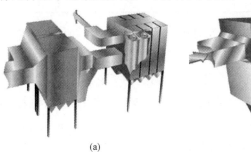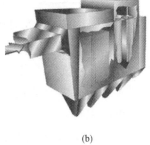

(a)   (b)

图 1-72　分体式电袋除尘器与一体式电袋除尘器对比

（a）分体式；（b）一体式

分体式电袋除尘器有如下优点：

（1）气流分布好。电袋除尘器内的气流分布更均匀，除尘效率更高。

（2）性能可靠，安全性好。布袋除尘器内部设有旁通烟道，对布袋除尘器的保护更好。

（3）维修更方便。可在锅炉 100％ 负荷下任意停运某个布袋除尘单元，方便地进行换袋维修。

但相比一体式电袋除尘器，分体式电袋除尘器占地面积较大，因此只适合新建机组。

相比分体式电袋除尘器，一体式电袋除尘器的优点是占地面积较小，阻力损失较低，通常小于 1000Pa。但除尘器内的气流分布不是很均匀，因此主要用于旧锅炉改造。

电袋除尘器设备投资略高于静电除尘器，但综合考虑除尘器周边配套电气设备、占地、土建等，两种除尘器综合投资相当。此外，电袋除尘器是节能型产品，在运行电费上大幅低于电除尘器。表 1-3 给出了某 600MW 电站锅炉采用电袋除尘器与采用静电除尘器时，所耗电功率的对比。

表 1-3　　　　　　　　　　　电袋除尘器与静电除尘器电功率对比

序号	分　　项	电袋除尘器	静电除尘器	序号	分　　项	电袋除尘器	静电除尘器
1	除尘器阻力（平均值）(Pa)	850	300	5	高压整流设备运行功率(kW)	528	2482
2	除尘阻力引风机消耗功率(kW)	1044	368	6	绝缘子电加热功率(kW)	48	192
3	空压机平均运行功率(kW)	74	0	7	振打器平均功率(kW)	7.5	15
4	冷冻干燥机(kW)	5	0	8	合计功率(kW)	1706.5	3057

由表 1-3 可见，电袋除尘器的运行电功率，远低于静电除尘器。表 1-4 给出了 600MW 电站锅炉采用电袋除尘器与采用静电除尘器的运行费用对比。

表 1-4　　　　　　　　　电袋除尘器与静电除尘器运行费用对比　　　　　　　　万元

序号	名　　称	电袋除尘器	静电除尘器	序号	名　　称	电袋除尘器	静电除尘器
1	滤袋更换平均年费用	201	0	3	其他维护费用	20	80
2	设备运行电耗费用	683	1223	4	合　计	904	1303

由表 1-4 可见，在考虑了电袋除尘器的滤袋更换费用后，电袋除尘器的运行费用仍低于静电除尘器。

白马 600MW 超临界循环流化床锅炉除尘器选用了电袋除尘器。锅炉设置两台电—袋复合式除尘器（2 电场＋布袋），并联运行。电—袋除尘器的钢结构设计温度为 300℃，布袋区滤袋设计运行温度为 120～180℃。

二、循环流化床锅炉 SO₂ 排放与控制

首先，谈一下循环流化床锅炉中 SO_2 的生成和吸收机理。

不同的煤种，其含硫量差异很大，一般都在 0.1％～10％ 之间，并以 3 种形式存在于煤中，即黄铁矿硫、有机硫和硫酸盐硫。其中，黄铁矿硫和有机硫是燃煤中 SO_2 生成的主要来源。

（一）二氧化硫的生成

燃煤给入循环流化床锅炉后，其中的硫分（黄铁矿硫和有机硫）首先被氧化生成二氧化硫，其反应为

$$S + O_2 == SO_2 + 296kJ/mol \tag{1-19}$$

由于燃煤矿物质中含有 CaO 而具有自脱硫能力，能脱去部分 SO_2，即

$$CaO + \frac{1}{2}O_2 + SO_2 == CaSO_4 + 486kJ \tag{1-20}$$

部分 SO_2 还会反应生成 SO_3，即

$$SO_2 + \frac{1}{2}O_2 == SO_3 \tag{1-21}$$

但是，由于 SO_3 的生成在高温、高压下进行得更加活跃，一般情况下，在循环流化床中，由于反应温度较低（850℃左右），SO_3 生成反应的反应速率很低，只有很少部分的 SO_2 转化成 SO_3。SO_2 和 SO_3 如果不经过处理直接排入大气，与空气中的水蒸气反应，就会形成酸雨。

（二）二氧化硫的脱除

所谓二氧化硫的脱除，是指将 SO_2 由气态转入固态化合物中，从而达到脱除 SO_2 的目的。

循环流化床锅炉采用向炉内添加石灰石颗粒（也称为脱硫剂）的方法来脱除 SO_2。之所以采用石灰石作脱硫剂，很大的原因是因为石灰石是世界上分布极广、蕴藏量极为丰富且价格相对低廉的矿物。

石灰石加入炉内后，首先发生煅烧反应，即

$$CaCO_3 == CaO + CO_2 - 183kJ/mol \tag{1-22}$$

生成的 CaO 进一步与 SO_2 反应，生成相对惰性和稳定的 $CaSO_4$ 固体，即

$$CaO + SO_2 == CaSO_3 \tag{1-23}$$

$$CaSO_3 + 1/2O_2 == CaSO_4 \tag{1-24}$$

$$SO_2 + 1/2O_2 == SO_3 \tag{1-25}$$

$$CaO + SO_3 == CaSO_4 \tag{1-26}$$

反应的第二条途径，即经过 SO_3 的反应，只在有重金属盐作为催化剂时才发生反应。

（三）石灰石的有效利用

1mol S 反应需要 1mol Ca。将实际使用的石灰石中 Ca 摩尔数与煤中需要脱除 S 的摩尔数之比，称为钙硫摩尔比，用 Ca/S 表示。钙硫摩尔比越高，石灰石的利用率越低。

影响石灰石有效利用的一个重要因素是由于 $CaSO_4$ 生成后形成一层密实的外壳，阻止了 CaO 与 SO_2 的进一步反应。在煅烧反应发生时，随着 CO_2 的放出，石灰石脱硫剂内部形成许多孔隙，SO_2 会通过这些孔隙进到脱硫剂内部与 CaO 反应。1mol $CaCO_3$ 反应将

生成 1mol 的 $CaSO_4$。由于 1mol 的 $CaCO_3$ 的体积为 $36.9cm^3$，而 1mol $CaSO_4$ 的体积为 $52.2cm^3$。因此，CaO 反应生成 $CaSO_4$ 后体积会发生膨胀。在脱硫剂内部的 CaO 有机会与 SO_2 完全反应之前，脱硫剂的孔隙及孔隙入口已经由于反应产物体积增大而被堵塞，使脱硫剂表面形成一层 $CaSO_4$ 硬壳，阻止二氧化碳继续与氧化钙反应，脱硫剂只有一部分得到了利用。石灰石加入炉内后，其孔隙变化如图 1-73 所示。

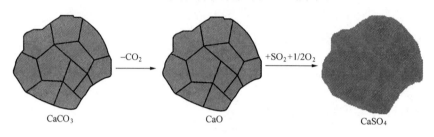

图 1-73　石灰石加入炉内后的孔隙变化过程示意图

这也就是鼓泡流化床加入石灰石脱硫时难以取得满意脱硫效率的原因。例如，对含硫 3% 的高硫煤，鼓泡流化床要达到 80% 的脱硫效率，所需要的 Ca/S 摩尔比将达到 5 以上。为了提高脱硫剂利用率，可以增加脱硫剂的反应接触表面，这通常通过将脱硫剂磨得更细来实现。但是，在鼓泡流化床中，颗粒太细会被直接吹出炉膛，脱硫剂同样得不到有效利用。

在循环流化床锅炉中加入石灰石以后，由于旋风分离器的分离作用，脱硫剂在床内反复循环利用，因此石灰石的粒度可以很细，从而有效地增加了脱硫剂与二氧化硫的接触表面。同时生成的 $CaSO_4$ 保护膜也因为在床内不断磨损而可能剥离，使未反应的氧化钙继续与二氧化硫反应。因此在循环流化床锅炉中，加入石灰石作为脱硫剂时，石灰石的利用率大大提高了。比如在循环流化床中，当煤中的含硫量为 3.0%～3.5% 时，要达到 90% 以上的脱硫效率，当采用高活性的石灰石时，所需要的 Ca/S 摩尔比在 1.5～2.5 范围内。

与其他燃煤锅炉采用的脱硫方式比如煤粉炉 FGD（尾部烟气脱硫）相比，循环流化床锅炉在脱硫方面具有投资省、方法简便而又能满足脱硫效率要求的优点，因此这一技术尤其对经济不发达、资金较紧张的发展中国家解决燃烧高硫煤的脱硫问题具有特别重要的意义。

（四）影响脱硫效率的一些主要因素

下面，简要介绍一下循环流化床锅炉中影响脱硫效率的一些主要因素。

1. 脱硫剂的反应活性

脱硫剂的反应活性简单地讲，是指脱硫剂与二氧化硫进行表面化学反应的难易程度。不同产地的石灰石在反应活性上有很大的差别。

因此，在选择脱硫剂时，应对其化学反应性能进行分析，尽可能选取高反应活性的石灰石，以降低 Ca/S 摩尔比。选取循环流化床锅炉所需石灰石和适当的 Ca/S 摩尔比，目前最可靠和有效的方法是通过在大型热态试验台上试烧来实现。

2. 床温

硫酸盐化的反应速度一开始随温度升高而升高，一般在 830～870℃ 时达到最佳值。

之后随温度升高，反应速度开始下降。这是因为氧化钙的孔隙被迅速生成的 $CaSO_4$ 堵塞而阻止了脱硫剂的进一步反应。在更高的床温下，$CaSO_4$ 还会逆向分解放出 SO_2，进一步降低硫酸盐化的化学反应速度。循环流化床锅炉运行床温一般选择为 $850 \sim 900℃$。

3. 气相停留时间及炉膛高度

SO_2 在炉内的停留时间越长，与脱硫剂的接触时间越长，越有利于 SO_2 的脱除，但硫酸盐化反应的速度取决于 SO_2 的浓度。因此循环流化床增加炉膛高度以延长 SO_2 停留时间对脱硫效果的促进作用是按指数衰减的。一般循环流化床内脱硫反应主要发生在炉膛内二次风以上的区域。随气体停留时间的延长，Ca/S 摩尔比下降很快，但随着停留时间的延长，其促进作用就逐渐减弱了。在实际循环流化床锅炉炉膛内，气体停留时间已经相当长（5s 左右），继续增加炉膛高度对脱硫效果的改善作用很小。

4. 固体停留时间、石灰石粒度及旋风分离器的效率

由于脱硫剂的硫酸盐化速度较慢，固体物料在循环流化床循环系统中停留时间对烟气脱硫效率影响极大，停留时间越长转化为 $CaSO_4$ 的程度也越大，但存在一个最大硫酸盐化程度。固体颗粒的停留时间与固体颗粒的粒径及旋风分离器的分离性能密切相关。正如前面燃烧部分所谈到的，颗粒越细，则表面积越大，脱硫剂的可利用率越高。但如果太细，以至于超过了分离器的最小分离粒径，则脱硫剂的利用会因停留时间太短而降低。因此脱硫剂粒径的选择应在保证能被分离器分离的条件下尽可能细。循环流化床锅炉中，一般采用平均粒径为 $100 \sim 300 \mu m$ 的脱硫剂。

循环流化床实际运行显示，在 Ca/S 摩尔比为 $1.5 \sim 2.5$ 时，能够保证脱硫效率在 90% 以上，将 SO_2 排放浓度有效控制在 $100 \sim 300 mg/m^3$ 的范围内。

（五）脱硫反应对锅炉热效率的影响

在循环流化床的炉温下投入床内的全部石灰石均会生成 CaO，而脱硫反应所产生的 $CaSO_4$ 与脱除的 SO_2 量有关。由于石灰的脱硫反应释放出的热量大于石灰石煅烧反应所吸收的热量，因此最后两者的平衡是增加了锅炉的热效率还是降低了锅炉的热效率，取决于脱硫所用的 Ca/S 摩尔比（即石灰石的流量），因为石灰的脱硫放热反应所释放的热量几乎是石灰石煅烧吸热反应所吸收的热量的一倍，因此，Ca/S 摩尔比较低时，投入炉内的石灰石较少，石灰石煅烧吸热反应所吸收的热量小于石灰的脱硫放热反应所释放的热量，因而总的效果是改善了锅炉效率。如果 Ca/S 摩尔比较大，则有可能使吸热大于放热，从而使锅炉效率降低。

对于三种不同的燃料，分别为含硫量为 6% 的石油焦、含硫量为 2% 的煤和含硫量为 2% 的煤矸石，在不同排放要求即脱硫效率不同时，石灰石脱硫对锅炉效率的影响有所不同，见图 1-74。以石油焦为例，如果要求的排放值为 $800 mg/m^3$ 时，即脱硫效率为 92%，这时的锅炉效率为 93.2%。但如果要求的 SO_2 排放值为 $400 mg/m^3$，要求达到的脱硫效率为 96%，由于提高了脱硫效率，导致 Ca/S 摩尔比增加，使锅炉效率略有下降，为 92.7%，下降了 0.5%。但是，即使脱硫效率达到 96%，加入石灰石脱硫实际上也是提高了锅炉效率，见图 1-75。

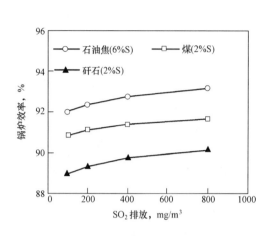

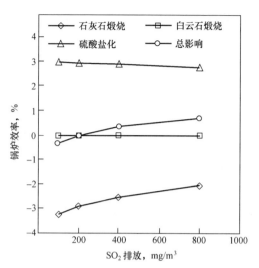

图 1-74　同一台锅炉燃烧不同燃料时排放
值要求的脱硫效率对锅炉效率的影响

图 1-75　SO₂ 排放值（脱硫效率）
对锅炉效率的影响

由图 1-75 可见，石灰石煅烧吸热反应对锅炉效率的影响从 SO_2 排放值 200mg/m³ 时的−3％降至 SO_2 排放浓度为 800mg/m³ 时的−2％。而石灰的脱硫放热反应对锅炉效率的影响从 SO_2 排放值 200mg/m³ 增至排放浓度为 800mg/m³ 时均为＋3％左右。因而，在 SO_2 排放值为 200mg/m³ 时，脱硫对锅炉效率没有影响；在 SO_2 排放值为 800mg/m³ 时，锅炉效率可增加约 0.7％。从图 1-74 和图 1-75 可以看出，在循环流化床中用石灰石脱硫对锅炉效率影响不大，其影响随对 SO_2 排放值的要求而不同，SO_2 排放浓度越低，即 Ca/S 摩尔比越高，它对锅炉效率的影响就越大。一般说来，Ca/S 摩尔比不大于 2.0～2.5 时，脱硫会增加锅炉效率；Ca/S 摩尔比大于 2.0～2.5 时，脱硫会略降低锅炉效率。这个 Ca/S 摩尔比的临界值之所以有一个范围，是因为煤的发热量不可能一致，即这个 Ca/S 摩尔比的临界值，还与煤的折算含硫量有关。

当某些燃料如褐煤的灰分中 CaO 含量较高时，实际上添加的石灰石量可以较小，Ca/S 摩尔比较低，则脱硫的热效应非常明显，此时脱硫利于改善锅炉效率，甚至可以提高锅炉效率达 2％～3％。

（六）SO_2 超低排放技术

循环流化床锅炉石灰石脱硫并不是不能满足严格的 SO_2 排放要求，很多锅炉的运行实践，已证明了可以达到超过 95％的脱硫效率。但是，近年来对于气体排放的要求日益严格，仅仅脱除 SO_2、NO_x 和 CO 到一定的水平已不够了，如美国联邦法律要求，必须根据最佳的可用控制技术（Best Available Control Technology，ACT）逐步加强对空气污染物排放的处理。在美国，现在如果要新建大型循环流化床锅炉项目，必须脱除所谓危险的空气污染物（Hazardous Air Pollutant，HAPS），如 HCl、HFl、H_2SO_4 和在火电厂排放的烟气中存在的其他酸性气体、飞灰中的微量元素。因此，某些新建的大型循环流化床锅炉，都将烟气洗涤装置包括在锅炉系统中。目前，在美国有 3 台容量在 250～300MW

的循环流化床锅炉安装了烟气洗涤装置，即除了采用石灰石炉内脱硫外，还在尾部空气预热器后面增设了第二级烟气脱硫系统。该系统包括 1 个洗涤塔和 1 个袋式除尘器，其目的是除去循环流化床本身无法除去的酸性气体和某些有害微量元素。这就是超低排放 SO_2 的循环流化床锅炉。

通过烟气洗涤，将来自锅炉飞灰中的未反应的 CaO 随烟气进入一垂直布置的半干式反应塔，在反应塔中通过喷水将飞灰中的 CaO 活化成氢氧化钙，或将新的水化石灰同时喷入反应塔，与 HCl、HF 和 H_2SO_4 进行反应，以进一步脱除烟气中的 SO_2 和酸性气体。在烟气洗涤装置中，SO_2 和酸性气体的脱除由两个分开的阶段进行。在第一个阶段，被喷入反应塔的雾化石灰浆液滴吸收。在反应的同时，在液滴中的水被蒸发掉，控制喷水量使吸收塔的出口温度保持在 70～80℃以上，刚好超过烟气的绝热湿球饱和温度的 20～30℃。重金属（如汞 Hg、铅 Pb、钡 Be 等）先在反应塔中凝结和收集，残存在烟气中的细微悬浮固体颗粒，随烟气被导入一个袋式除尘器将固体颗粒除去。在第二个阶段，SO_2 和酸性气体和重金属等在烟气通过袋式除尘器的滤袋外沉积的一层干灰层时被吸收。其效率主要取决于对细微颗粒（亚微米级）的过滤能力。颗粒收集能力越强，脱除细微悬浮固体颗粒的效果越好。JEA 的 300MW 循环流化床锅炉的反应塔可将 90％的汞脱除。如果需要，可将活性炭喷入袋式除尘器以进一步将汞除去。因此，袋式除尘器不仅可非常有效地降低循环流化床锅炉的粉尘排放，而且对进一步降低烟气中的污染物也起着重要的作用。

降低锅炉酸性气体的排放要依靠反应塔，而去除微量元素则要靠袋式除尘器。通常，反应塔除去 HCl、HF、H_2SO_4 的效率比脱除 SO_2 的更高，也就是说，如果脱硫效率达到 90％时，则脱除 HCl、HF、H_2SO_4 的效率可达 95％。

与单独的循环流化床锅炉相比，超低排放的循环流化床锅炉＋烟气处理装置增加了设备投资和运行维护费用，如用于洗涤塔的新石灰石、废物处理、水、电、运行维修的人工和材料等。如果考虑 NO_x 的超低排放，还需要考虑降低 NO_x 所需的氨消耗。

对酸性气体和微量元素的排放没有限值要求，循环流化床锅炉本身可满足严格的 SO_2 排放要求，在燃料含硫量小于 3％时，不应采用二级烟气反应塔方案。对于高硫燃料（>3％），在排放要求为 400mg/m³，此时要求的脱硫效率约为 97％。如果 SO_2 排放限值所要求的脱硫效率要超过 98％～99％，则需要进一步的研究是否需要采用反应塔。

若对酸性气体和微量元素的排放有限值要求，例如在美国，要求采用洗涤塔来控制酸性气体，用袋式除尘器来控制微量元素的排放，如果循环流化床锅炉本身脱除约 80％～92％的 SO_2，而反应塔脱除另外的 SO_2，可以达到最佳的经济性。

三、循环流化床锅炉氮氧化物的排放与控制

（一）氮氧化物的特性

循环流化床锅炉中生成的氮氧化物有很多种，如 NO、NO_2 等，习惯上用 NO_x 来表示所有的氮氧化物。燃煤锅炉生成的 NO_x 主要来源于燃料中的氮和燃烧空气中的氮。

燃烧空气中的 N_2 在高温下经过氧化会生成 NO_x，称为热力型 NO_x。但是，热力型

NO_x 的生成仅在温度高于 1450℃时才变得显著。在循环流化床锅炉中，由于燃烧温度很低（850～950℃），因此生成的热力型 NO_x 很少，可以不作考虑。

循环流化床锅炉中 NO_x 生成主要来自燃料，又可以分为挥发分氮和焦炭氮。

燃料中的氮按干燥无灰基（可燃基）计算一般只占 1%～2%左右。焦炭中的氮经过一系列反应被氧化成 NO，挥发分中的氮也经过一系列反应被氧化成 NO。所生成的 NO 中，又有一部分被还原成 N_2。每一反应对 NO 的生成及随后的还原贡献不一。比如，77%的燃料氮被氧化生成 NO，其余的燃料氮生成 NH_3，它又部分被转化成 N_2。

NO_x 的生成与还原涉及许多复杂的化学反应过程，其中一些反应受煅烧石灰石（CaO）和硫酸盐（$CaSO_4$）的催化。

循环流化床锅炉较低的炉内燃烧温度以及分级送风，可以有效抑制 NO_x 的生成。研究表明，燃烧温度低于 1500℃时，几乎观察不到高温型 NO_x 的生成反应，因此循环流化床锅炉中氮氧化物的生成与控制重点是考虑燃料型 NO_x 生成的控制。在通常煤的燃烧温度下，燃料型 NO_x 主要来自挥发分 N，所以高挥发分煤燃烧时 NO_x 排放量要高于低挥发分煤排放量。当今运行的循环流化床锅炉运行温度为 800～950℃，NO_x 排放量在 100～300mg/m³（标态）范围内。

（二）影响 NO_x 生成和排放控制的因素

1. 床温

低床温能够有效地抑制燃烧空气中的氮气被氧化成 NO_x。在 750～900℃温度范围内，热力型 NO_x 的生成量可以忽略不计。同时，由燃料氮生成的 NO_x 也随燃烧反应温度的降低而降低。但是，例外的是，N_2O 随温度降低排放值升高（循环流化床排放水平在50～200ppm）。因此，对燃烧、脱硫以及 NO_x 排放等方面综合考虑，宜选取 850～950℃作为循环流化床锅炉的运行温度。

2. 分段燃烧

还原性气氛对 NO_x 排放降低作用非常显著。通过分段燃烧，即燃烧空气不是一次性全部给入，而是随燃烧反应的进行，对燃烧空气进行补充，从而保证炉膛内特别是 NO_x 生成区域处于缺氧燃烧的还原性气氛。由于缺氧状态下有利于焦炭和 CO 对 NO 的还原，因此十分有利于减少 NO_x 排放。在循环流化床锅炉中，一次风由炉膛底部给入，通常只占燃烧所需空气的 60%～80%，二次风在不同的炉膛高度补入。

3. 低氧燃烧

过量空气系数的降低有利于还原气氛的形成，因此过量空气系数降低时，NO_x 排放明显下降。

4. Ca/S 摩尔比

循环流化床中加入石灰石脱硫会对 NO_x 的排放产生影响，在保证 SO_x 排放控制满足要求的条件下，采取尽可能低 Ca/S 摩尔比，有利于降低 NO_x 排放。

总之，采取循环流化床燃烧方式，通过选择适当的燃烧参数，能将 NO_x 的排放量有效控制在小于 100mg/m³ 范围内，低于国家规定的 NO_x 排放标准，这也是循环流化床锅炉在环保方面的一大优点。

四、循环流化床锅炉灰渣综合利用

（一）循环流化床锅炉灰渣处理的必要性

灰渣的处理是锅炉实际运行中需要认真考虑的问题。填地处理是当今电厂灰处理系统运用最多的处理方法。随着环保法规日益严格，处理灰渣的费用不断增加。降低灰渣处理成本，对于循环流化床锅炉同样具有重要的意义。由于循环流化床独特的燃烧方式，使得循环流化床锅炉排放的灰渣具有更大的综合利用潜力。

由于流化床锅炉的燃烧温度较低，煤灰在燃烧过程中不会熔化，飞灰不呈球形，因此较煤粉炉灰具有更高的活性。当流化床锅炉采用石灰石来控制 SO_2 的排放时，固体残余物除了灰渣本身外还常常包含有大量不溶于水的氧化钙和硫酸钙等。因此，燃用相同煤种时，采用石灰石脱硫的循环流化床锅炉的灰渣排放量比不带烟气脱硫装置的煤粉炉高。

对于灰渣的处理，了解灰渣物理化学特性是重要的。实际的循环流化床锅炉脱硫灰渣中氧化钙和硫酸钙的数量变化很大，主要取决于石灰石的利用程度与硫酸盐化程度。决定灰渣物理化学特性的因素除了煤、石灰石的物理化学特性外，还取决于锅炉的设计与运行参数。

应当注意的是，灰渣的化学成分并不能完全描述灰渣的特性，相同的化学成分的固体灰渣，其结构特性可能大不相同，对于灰渣性能的进一步了解还应对其渗透特性和物理结构特性等物理化学特性进行分析。

一个值得关心的问题是循环流化床灰渣渗出物可能对环境产生毒害。研究表明，通常情况下，循环流化床的燃烧废物中有 8 种元素的排放不会超过排放，这 8 种元素包括 As、Ba、Cd、Cr、Pb、Hg、Se、Ag。与此对照的是，少量煤粉炉飞灰和 FGD（烟气脱硫）的排放物没有通过毒性测试。

美国环境保护署（EPA）对 130 多种循环流化床灰渣（飞灰和底渣）进行了环境评估，其结果与对煤粉锅炉灰渣对环境影响的评估相似。总的来说，循环流化床的燃烧灰渣没有超过毒性特征（TC）规定的 8 种元素（As、Ba、Cd、Cr、Pb、Hg、Se、Ag）的水平；萃取方法、浸出液毒性和废弃物萃取液试验表明循环流化床灰渣浸出液的污染物浓度均低于控制水平。而一些煤粉锅炉飞灰和 FGD（尾部烟气脱硫）浆液样品没通过毒性测试。

初步测试结果表明循环流化床锅炉产生的灰渣至少与 PC 灰渣一样清洁。这个初步的结论基于下面的观察：第一，在循环流化床灰渣中超过审查标准以上的成分较少。仅在循环流化床灰渣中发现 7 种有污染的物质（铝、砷、铍、铅、水银、银、铊），但是在 PC 灰渣中却发现了 15 种有害成分。第二，在循环流化床灰渣中有毒物质的检出率和检出浓度值都大大低于或等于在 PC 灰渣中有毒物质的检出率和检出浓度。

美国环境保护署的实验室和现场研究结果都表明，循环流化床灰渣潜在的危害小于煤粉炉灰渣。这一科学的验证已被运用于循环流化床灰渣综合利用的最终决策中。因此，环境问题将不会限制循环流化床灰渣作为一种可销售的产品而被利用的可能性。

研究也表明，任何来自循环流化床锅炉的灰渣对地下水和地表水的污染的影响也比煤粉炉灰渣小。目前，多数国家尚没有制定有关循环流化床锅炉灰渣排放的专门法规。

（二）循环流化床锅炉脱硫灰渣综合利用的困难所在

到目前为止，循环流化床锅炉脱硫灰渣的综合利用仍然比较困难，其主要的困难在于：

在锅炉运行中向炉内加入石灰石脱硫后，锅炉灰渣中含有大量石膏成分，其含量可达20％～30％。当脱硫灰渣大量用于生产建筑材料（如水泥、混凝土）时，会由于 SO_3 含量过高而带来建筑材料的安定性问题（如造成混凝土内部产生膨胀裂缝等）。按照我国建筑材料生产工艺的有关标准，水泥中的 SO_3 成分不得超过 $3％～3.5％$（矿渣硅酸盐水泥）。因此，循环流化床锅炉脱硫灰渣，既不便于作为活性材料而大量用于建筑材料生产过程（ SO_3 成分含量太高），也不能作为石膏材料（ SO_3 成分含量太低）加以利用。

此外，当循环流化床锅炉燃烧某些高硫劣质煤时，飞灰含碳量较高。比如，燃用重庆地区的某些高硫劣质煤（属于半无烟煤）时，在某些 220～410t/h 容量循环流化床锅炉的飞灰含碳量高达 15％以上，个别甚至达到 25％。灰渣综合利用往往要求灰渣中的含碳量不超过 8％，最好不要超过 7％。由于飞灰约占循环流化床锅炉灰渣总量的 50％，因此高含碳量的飞灰，也就成为灰渣综合利用的主要困难之一。

（三）循环流化床锅炉灰渣综合利用的基本方针

笔者认为，结合循环流化床电站锅炉的实际情况，循环流化床锅炉脱硫灰渣的综合利用，应考虑以下基本方针。

1. 根据灰渣的矿物成分，确定可行的综合利用方案

由于燃煤成分、燃烧工况的差异，不同循环流化床锅炉的灰渣成分相差较大；化学成分相同时，矿物组成不同，灰渣特性也有较大差异；因此应根据循环流化床灰渣的具体矿物成分，采用科学的试验研究方法，确定可行的综合利用方案。

2. 根据当地的工农业布局及市场情况，确定最佳的综合利用途径

随着各地循环流化床锅炉大量上马，循环流化床锅炉灰渣更是量多面广。一般循环流化床锅炉灰渣及其综合利用后的产品，其销售范围往往不超过电厂周边 100km 范围，否则运输成本太高。因此，应当根据当地的工农业布局及市场情况，确定最佳的综合利用途径。

由于循环流化床锅炉脱硫灰渣的应用市场还不大，因此循环流化床锅炉用户需要主动去开发脱硫灰渣的应用市场。

3. 尽量采用简单利用方式

作为电厂生产过程中一种副产品，灰渣的成分随煤质、运行工况（例如，是否加石灰石脱硫）而每天改变。因此若将其作为一种工业原料来利用，其成分及性能的不稳定性远远大于天然工业原料。这一特点注定采用循环流化床锅炉灰渣作原材料的工艺过程，要求更高的可靠性和对原材料成分变化具有更大适应性，这就可能带来生产成本的升高和市场风险的增大。因此，循环流化床锅炉用户宜采用不需投资或投资较少的灰渣综合利用途径，如直接销售甚至送给建材厂商，以降低电厂的运行成本（至少节约了灰场征地费用、废渣排放费用、灰渣处理费用）。

（四）灰渣的综合利用途径

以石灰石为脱硫剂的循环流化床锅炉产生的固体灰渣不同于常规锅炉的灰渣。这种灰渣的主要成分为硫酸钙与氧化钙，而不像煤粉炉灰渣以氧化硅为主。循环流化床锅炉的固体灰渣具有广泛的应用前景。这些应用包括：

1. 农业方面的应用

由于循环流化床脱硫灰渣中含有 CaO、$CaSO_4$ 及 $Ca(OH)_2$ 成分，可以提供大量的钙质原料，这些材料可以代替钙肥施加于酸性土壤中，起到增产的作用。

循环流化床脱硫灰渣中含有少量的镁、钾、磷成分，这些元素是农作物必不可少的养分。此外，循环流化床脱硫灰渣中的铁、锰、钼、硼、铜、锌等元素，这恰恰也是农作物需求的微量养分。通常，农作物都是通过土壤吸收或施加精细化肥来获取这些微量元素，施加循环流化床脱硫灰渣后，可以很便宜并较充足的获取这些养分。

循环流化床脱硫灰渣可以作为农场、果园、牧场的土地改良材料，既可以减少农作物周围杂草的生长，还可以保持土壤水分。此外，利用循环流化床脱硫灰渣的自硬性能，可以稳定土壤并形成混凝土一样的坚实地面，成为干燥谷物的晒坝。

2. 矿山、矿井治理

目前，露天开采是开采煤矿的最常见方法，开采后会留下露天坑洞和废尾矿。这些尾矿往往会造成土壤酸化，而矿井则成为酸性污水的储藏场。循环流化床脱硫灰渣具有自硬性，可以作为废矿井的填充材料，又由于呈碱性，可以作为类似石灰材料来中和矿井中的酸性污水，有效地治理酸性污水溢流的问题。另外，流化床还可以作为灌浆材料与这些废尾矿混合，彻底固化废尾矿，防治环境污染，为了增加固化物强度，有时可以适当加入其他激发材料或胶凝材料。因此，循环流化床锅炉脱硫灰渣可以减轻矿山土壤酸化，恢复露天剥离开采后的土地。

3. 城市环境治理

循环流化床锅炉脱硫灰渣具有高 pH 值、高吸水性和一定的自硬性能，使得它可以有效的应用于城市垃圾固化稳定和酸性废物的中和及固化。

在处理城市管道污泥方面，循环流化床脱硫灰渣可以发挥高吸水性和自硬性能，稳定污泥，防止到处流淌；还可以提供 CaO 和 $CaSO_4$ 成分，水化放热，并创造碱性环境，起到杀菌和除臭气的作用，这样处理后的污泥可以像普通泥土一样应用于农业生产和土地回填工作中去。

在处理城市酸性废液方面，循环流化床脱硫灰渣有很明显的优势，不但可以固化并中和酸性废液，甚至可以将酸性废液的 pH 值提高至 10 或 11，解析出其中溶解的金属水化物，然后再中和废液，并将剩下的污泥脱水处理成固体后再进行利用。

4. 建筑工程

循环流化床锅炉燃烧温度一般在 850~900℃ 之间，此温度范围恰处于黏土矿物加热中温活性区内（600~950℃），黏土矿物中的高岭石变成无定型偏高岭石，水云母、绿泥石、蒙脱石、伊利石等矿物也开始转变成活性状态，故循环流化床脱硫灰渣具有一定的自硬性和火山灰活性。但由于循环流化床脱硫灰渣含 SiO_2、Al_2O_3 和 Fe_2O_3 量较低，且含有较高的 CaO 和过多的 SO_3，使其没能像其他燃煤副产物那样广泛利用，经研究，循环流化床脱硫灰渣在建筑工程的应用有了较大的提高，主要应用在以下方面：

（1）水泥混凝土。一般来说，循环流化床脱硫灰渣作为水泥混凝土的混合材料并不适宜；但它可以作为熟料组分引入水泥制造工艺过程中，生产火山灰水泥；另外，循环流化床脱硫灰渣还可以作为水泥生产的助磨剂，节约能源，甚至还可以代替石膏作为水泥调凝剂。同时，有目的地利用循环流化床脱硫灰渣中的 SO_3 和 CaO 作为水泥或混凝土材料的膨胀组分，还可配制微膨胀水泥或混凝土。循环流化床脱硫灰渣与石膏及其他膨胀组分可以配制膨胀剂和锚固灌浆材料。在砂资源缺乏的地方，循环流化床脱硫灰渣还可以代替天然砂，在合理使用掺合材料和膨胀抑制剂时，可配制性能合格的混凝土。只不过使用循环流化床脱硫灰渣代替天然砂时，混凝土的工作性能损失较大，这需要进一步研究。

（2）胶凝材料。循环流化床脱硫灰渣具有良好的自硬性和火山灰活性，将其粉磨到一定细度，利用合适的激发剂激发循环流化床脱硫灰渣的活性和采用合适的膨胀抑制剂抑制膨胀，利用循环流化床脱硫灰渣的胶凝性能，可在常温下生产性能合格的胶凝材料和建材制品。对某 410t/h 循环流化床锅炉脱硫灰渣综合利用的研究表明，利用磨细循环流化床脱硫灰渣的胶凝性能，可以生产出性能优良的蒸养制品。

（3）填充材料。循环流化床脱硫灰渣可以作为结构填充材料，应用于挖掘土回填、沟槽、管道垫层、路基等方面，与普通回填土材料相比，具有质量轻、强度高等优点，用同等质量的填充材料可以获得更大的填充范围和更高的硬化强度。循环流化床脱硫灰渣加水后还可以作为可流动性填充材料，应用于管道垫层或其他用普通回填土难以施工的地方。

5. 交通工程

循环流化床脱硫灰渣具有一定的火山灰活性和自硬性，可以大量地应用在交通工程的回填、路堤和路基中。国外有报道利用循环流化床脱硫灰渣做公路路基，但未见具体的做法和后期报道。我国基本上没有该方面的报道和资料，研究工作就更少。笔者所在课题组对某 410t/h 循环流化床锅炉脱硫灰渣综合利用的研究表明，利用循环流化床脱硫灰渣的自硬性和火山灰活性可以配制满足支路基层、干路基层、快速路和主干道基层力学要求的路基材料；同时，由于循环流化床脱硫灰渣 70%～80% 的颗粒在砂的细度范围，在很多缺少砂资源的地方，可以考虑用循环流化床脱硫灰渣代替天然砂。笔者的研究结果表明，循环流化床脱硫灰渣代替天然砂配制道路混凝土从力学性能看是可行的，且在抗折强度上相对天然砂混凝土具有优势，其他性能有待进一步深入研究。

综上所述，循环流化床燃烧脱硫技术由于投资、运行费用较低，脱硫效率高，且可免除脱氮过程，具有很广阔的市场前景。但目前对循环流化床脱硫灰渣的综合利用研究非常不够。其实，循环流化床锅炉脱硫灰渣具有高 pH 值、高吸水性、自硬性和火山灰活性的特点，只要树立资源化观念和加强基础研究，其在农业、矿山治废，酸性废物、废液处理、建筑工程和交通工程等方面会有很好的应用价值。随着对流化床固硫渣特性和胶凝材料耐久性的进一步研究，其应用范围将会越来越广。

第二章　600MW 超临界循环流化床锅炉系统布置

第一节　循环流化床锅炉总体布置及膨胀系统

一、大型循环流化床锅炉布置特点

循环流化床锅炉的基本作用是通过循环流化床这种气固接触方式，将燃料的化学能高效率、低污染且安全地转换成蒸汽的热能。但由于锅炉所采用的燃料有差别，锅炉的设计参数、工艺要求也会不同，就会使锅炉设计布置上有所不同。

此外，由于采用了不同的技术专利和设计思路，对于同一种燃料，不同设计者、不同制造厂家可能采用完全不同的炉型，当然这些炉型都有可能达到一定的设计要求。针对具体用户而言，只能根据自身的具体情况，选择合适的炉型，并综合考虑诸如锅炉效率、污染排放、锅炉制造费用、运行可靠性、维修费用等因素。由于循环流化床锅炉还处于快速发展阶段，对循环流化床锅炉的最佳炉型结构及系统布置等诸多问题暂时没有一个统一的看法或结论，因此本章只能通过介绍各种炉型，提出一些循环流化床锅炉总体布置的准则及一些基本参数的选择原则和方法，同时也介绍了一些循环流化床锅炉不同于常规锅炉的结构和运行特点。

由于循环流化床锅炉燃烧系统的类型很多，按不同的部件可以有不同的分类方法。循环流化床锅炉一般由燃烧室、分离装置、回送装置、尾部受热面及外置床等主要部件构成。其尾部受热面与常规锅炉相差不大，与常规锅炉的主要区别在于燃烧系统部分。不同循环流化床锅炉中，燃烧系统的主要区别在于分离器的位置、分离器的形式和是否布置外置床等方面。以下就按上述几种部件的不同形式来介绍循环流化床锅炉的燃烧系统及其分类。

1. 按分离器的不同工作温度进行分类

大型循环流化床锅炉中分离器所处理的烟气温度，是一个十分重要的问题。它直接影响着整个循环流化床锅炉的结构布置和运行特性。按分离器不同工作温度分类，循环流化床锅炉可大致分成如下几种形式：

(1) 高温分离型循环流化床锅炉；

(2) 中温分离型循环流化床锅炉；

(3) 组合分离型循环流化床锅炉。

　　高温分离型循环流化床锅炉是目前应用最广泛的循环流化床锅炉形式，其分离器工作温度与燃烧室基本相同，约为 850～900℃。这种高温分离型循环流化床锅炉的典型代表有美国 FW 公司、美国 ABB-CE 公司和法国 Stein 公司制造的 Lurgi 型循环流化床锅炉，其组成及工作原理如图 2-1 所示。

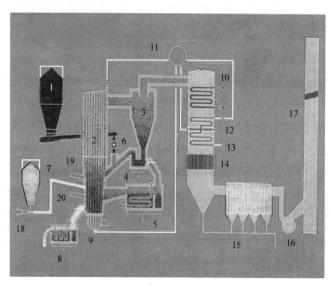

图 2-1　循环流化床锅炉设备组成及工作原理图

1—煤斗；2—炉膛（四周炉墙上布置有水冷壁）；3—高温旋风分离器；4—回料阀；5—外置床；6—给煤机；7—石灰石仓；8—冷渣器；9—流化风室；10—对流过热器；11—汽包；12—烟道膜式壁下集箱；13—省煤器；14—空气预热器；15—电除尘器；16—引风机；17—烟囱；18—石灰石风机；19—二次风；20—上一次风

　　中温分离型循环流化床锅炉，则是将分离器放在高温过热器甚至是部分省煤器之后，

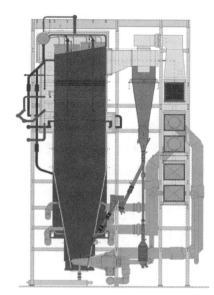

图 2-2　Circofluid 型循环流化床
锅炉结构图

这样分离器内的烟气温度只有 400℃ 左右，因此分离器的体积可以大幅度减小。比较典型布置方案的有 Deutsch Babcock 公司的 Circofluid 型循环流化床锅炉等，其结构如图 2-2 所示。

　　Circofluid 型循环流化床锅炉的特点是燃烧室的下部呈湍流流化床，湍流区域不布置埋管受热面，但在二次风口以上布置了屏式过热器、管式对流过热器、蒸发受热面和省煤器。燃烧室密相区床温为 850℃，而炉膛出口烟温降至 400℃，烟气在 400℃ 下进入旋风分离器，这样旋风分离器可以采用普通钢板制造；湍流床内流化风速为 4～5m/s，悬浮段内风速为 3～4m/s，以减少受热面的磨损和增加停留时间。Circofluid 型循环流化床的循环倍率较低，一般取为 10～15。

　　由于炉内布置了部分对流受热面，为避免炉内对流受热面磨损严重，炉内烟速也就不能太高；但高飞灰浓度的烟气流过对流受热面时，仍然容易产生较严重的磨损。此外，在炉膛上部，由于布置了对流受热面而使烟温下降较多，炉膛上部较低的烟温对烟气中飞灰的燃尽不利。

组合分离型循环流化床锅炉目前已得到了较大的发展，比较典型的如Babcock&Wilcox公司的循环流化床锅炉，其最大容量的循环流化床锅炉机组已达到200MW，如图2-3所示。提出这种炉型的出发点是为了解决庞大而笨重的高温旋风分离器在布置上的矛盾，同时又避免采用中温分离时，对流受热面的磨损问题。此外，这种炉膛在布置上接近于常规煤粉炉的"Ⅱ"型布置，特别适用于旧煤粉锅炉的改造。

Babcock&Wilcox公司开发的组合分离型循环流化床锅炉，在炉膛出口处布置了撞击分离器，在尾部烟道中又布置了多管式旋风分离器。该锅炉采用了完善的炉内U形槽钢式分离器，从而使结构大为简化，无须采用"J"阀返料机构，即可将飞灰送回炉膛内。撞击式U形槽钢式分离器的最新结构形式如图2-4所示。图2-5是多管式旋风分离器示意图。

从目前大型循环流化床锅炉的发展情况看，采用高温分离，特别是高温旋风分离，技

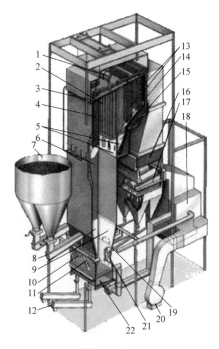

图2-3 B&W公司制造的内循
环型循环流化床锅炉

1—气包；2—炉内槽型分离器；3、5、9—水冷耐火层；4—蒸发屏；6—分隔；7—煤仓；8—重力给煤机；10—二次风喷嘴；11—给煤槽；12—冷渣器；13—过热器；14—外槽型分离器；15—飞灰斗；16—省煤器；17—多管旋风分离器；18—管式空气预热器；19—再循环系统；20—鼓风机；21—床上燃烧器；22——次风

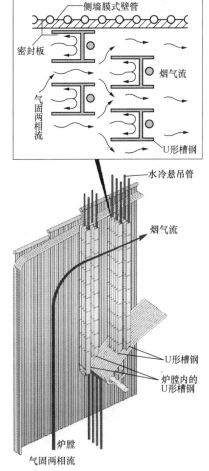

图2-4 U形槽钢式分离器

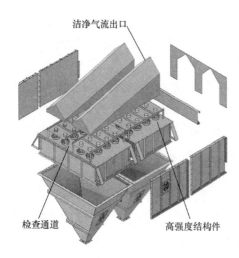

图 2-5 多管旋风分离器示意图

术上已非常成熟，已有大量的锅炉在运行，且运行情况基本良好。目前的主要问题是分离器体积较大，尤其是全部采用耐火材料后，热惯性大，启动时间长。高温旋风分离的发展方向之一是采用汽水冷旋风分离器。

中温分离与高温分离相比，虽然有其独特的优点，但在大型循环流化床锅炉上的应用还较少。主要问题在于，较低的循环灰温对炉内温度控制影响极大。尤其是燃用高灰分煤种时，若设计稍有不慎，大量中温灰被分离送回到炉内，会使炉膛下部温度难于维持，不得不将一部分循环灰直接排出炉外。有的用户为维持炉膛下部温度，不得不超负荷运行，使炉内对流受热面磨损严重。因此，中温分离技术目前主要应用于中、小型循环流化床锅炉上。此外，分离器工作温度越低，受高浓度固体颗粒烟气冲刷的对流受热面就越多，对流受热面的磨损就越严重。

对于组合分离型循环流化床锅炉，第一级高温分离一般采用惯性分离，在尾部烟道低温区域再布置一个体积较小的高效旋风分离器。这样，既可达到较高的循环物料量，又避免了单独采用高温旋风分离或中温分离的缺点，可以认为是一种较有发展前途的分离形式，但显然由于采用组合分离，结构上就比单一分离复杂，大型化后就更加复杂。

2. 按分离器形式分类

大型循环流化床锅炉中分离器的形式是循环流化床锅炉设计时首先要考虑的因素，因为分离器的形式对循环流化床锅炉的总体布置和运行特性的影响极大。按不同的分离器形式，大型循环流化床锅炉还可分成如下几种形式：

（1）炉外分离型循环流化床锅炉；

（2）炉内分离型循环流化床锅炉。

从目前循环流化床锅炉的发展情况看，采用炉外分离，尤其是炉外旋风分离是最成熟的技术，但也存在着一定的局限，特别是绝热型高温旋风分离器存在着启动升温时间长的问题；水冷或汽冷式分离器在锅炉启动速度和负荷调节速度方面有显著的优点，目前发展较快。由于汽水冷结构及汽水回路比较复杂，造价上比非冷却型的高。采用方形汽水冷高温旋风分离器，结构简单，且可与炉膛合为一体，减少膨胀差，并且使锅炉更紧凑，是高温旋风分离器的发展方向。

如图 2-6 所示的炉内立式水冷旋风分离器，是近年发展起来的一种较有前途的旋风分离器，其分离器采用水冷或汽冷。采用这种新型旋风分离器的循环流化床锅炉，具有以下特点：

图 2-6 炉内立式水冷
旋风分离器

（1）循环流化床锅炉的结构变得更为紧凑。

（2）由于含尘高温烟气从分离器周边均匀流入，分离器内的磨损大为减少，分离效率也得以提高。

（3）高温循环灰从分离器下部，被均匀地回送到炉内，与炉内床料的混合也更为均匀。

（4）由于炉膛中心布置高温旋风分离器，炉膛深度不大，因此对二次风射程要求不高。

（5）布置在炉膛中心的分离器，在锅炉启动时与炉膛一起升温，几乎没有热胀差，也不需要设置膨胀节，变负荷速度较快。

（6）由于受炉内布置的分离器直径及数量（炉内不便布置多个分离器，且分离器直径一般不能超过10m）的限制，锅炉的容量受到限制，因此，主要应用于中等容量以下的循环流化床锅炉中〔目前最大容量约为60MW（250t/h）〕。

图2-7是多入口分离器的内部结构示意图。

3. 按有无外置床分类

虽然外置式流化床换热器不是循环流化床锅炉的必备部件，但也可以按有无外置式流化床换热器对循环流化床锅炉进行分类。

设置外置式流化床换热器的典型锅炉为Lurgi型循环流化床锅炉，外置式流化床换热器的主要优点如下：

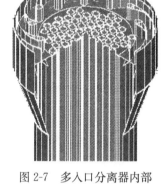

图2-7　多入口分离器内部
结构示意图

（1）床温调节仅需调节进入流化床换热器与直接返回燃烧室的固体物料的比例即可，无需改变循环倍率或床层温度等其他参数。

（2）将燃烧与传热基本分离，可以使二者均达到最佳状态。

（3）将再热器或过热器布置在流化床换热器中，气温调节非常灵活，甚至无须喷水调节或再热器启动旁路。虽然其控温特性较佳，但锅炉结构及控制调节方法却较复杂。

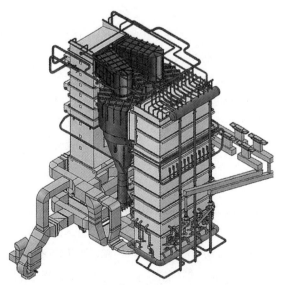

图2-8　芬兰奥斯龙（Ahlstrom）公司的
Pyroflow型循环流化床锅炉

Pyroflow型循环流化床均不设外置式流化床换热器，如图2-8所示。在固体颗粒循环回路上的吸热主要靠炉膛水冷壁以及屏式受热面来保证。在循环流化床锅炉发展的初期，人们普遍认为，由于在固体颗粒循环回路中必须布置足够多的受热面以维持燃烧室的温度，且在大型化过程中水冷壁的吸热量增加比锅炉容量增加得慢，不采用外置式流化床换热器时单个燃烧室的最大锅炉蒸发量为200～250t/h，但Alstrom公司在大型化过程中采用了具有独特抗磨特性

的 Ω 管作为屏式受热面,较好地解决了这一问题。

设置外置式流化床换热器和不设置外置式流化床换热器是目前循环流化床锅炉发展中的两大流派。这两种流派均具有自己的特色,也均有许多应用的实例,相信在循环流化床锅炉的进一步发展中,这两种流派还会进一步发展,完善下去。

4. 按不同的循环倍率分类

固体颗粒循环量是循环流化床锅炉中的一个非常重要的参数,按物料循环量的大小,可以将循环流化床锅炉分成高、中、低三种循环倍率。

由于燃料品质的不同,同一容量的锅炉其投煤量也不相同,因此采用循环倍率的概念并不能完全代表固体颗粒的循环量。但该值在一定程度上也反映了循环流化床锅炉的特性,且又比较直观,这里也采用该参数进行讨论。目前,尚未有一个确切的数字来划分高、中、低三种循环倍率的值,一般可以将循环倍率为 1~5 的循环流化床称为低倍率循环流化床,循环倍率为 6~20 的循环流化床称为中倍率循环流化床,循环倍率为大于 20 的循环流化床称为高倍率循环流化床。

比较典型的低倍率循环流化床锅炉是国内早期开发的鼓泡流化床+飞灰再循环型循环流化床锅炉,循环倍率约为 2.5。中倍率循环流化床锅炉比较典型的是 Deutsch Babcock 的 Circofluid 循环流化床锅炉,其循环倍率为 10~15。高倍率循环流化床锅炉的典型代表为 Pyroflow 循环流化床锅炉、Lurgi/CE 型循环流化床锅炉等,其循环倍率有的可高达 40 以上。

近年来,大型循环流化床锅炉循环倍率有所降低,一是为了减轻炉内磨损,二是为了降低风机电耗。

5. 循环流化床锅炉炉型对比及选择

本节前面已经介绍了循环流化床锅炉的各种形式,并简单介绍了这些形式的特点。可以这样认为,目前市场上的几种循环流化床炉型各有特色。在循环流化床锅炉发展的现阶段,发展多种形式并在实践过程中予以检验,对这项技术的完善无疑有很大的好处。

对于循环流化床锅炉分离器的形式及位置,从目前发展的情况来看:高温旋风分离器已较为成熟,但在分离器中采用蒸汽冷却无疑比很厚的耐火保温层更为合理,有可能会替代绝热型高温分离器;汽水冷却型的方形结构分离器在大型循环流化床锅炉上已有成功应用的实例,其应用前景很好。组合分离形式的分离器位置一般较统一,总是设置在高温和低温两个区域,高温区域采用比较简单的惯性分离器,低温区域采用分离效率较高的分离方法,这种组合形式的分离装置也能够保证有较高的分离效率。但作为第一级分离装置的惯性分离器,在燃用炉内破碎性能不佳的某些劣质煤或无烟煤时,分离效率较低,从而使总的分离效率大打折扣。

对于是否采用外置式流化床换热器的问题,主要取决于锅炉容量及受热面设计。当锅炉容量增大(如单炉容量达到 300MW)时,炉内受热面布置困难的问题会更加突出,此时可能就需要采用外置床。国内引进 300MW 循环流化床锅炉设备及技术时,国外几家著名锅炉制造商提出的设计方案,都采用了外置床。但国内三大锅炉厂提出的自主型 300MW 循环流化床锅炉技术方案,均不带外置床,并均已有数台乃至数十台成功投运的业绩。目前对于 600MW 级超临界循环流化床锅炉,国内外制造厂家提出的设计方案均带外置床。

对于中小容量循环流化床锅炉，为简化系统，可以不设置外置床。

综上所述，针对床料循环问题，国内外的许多锅炉制造厂商都进行了多方面的尝试。在分离器位置（布置在炉前、炉膛两侧、炉膛与尾部烟道之间）、工作温度（高温、中温、低温）、级数（一级分离或两级分离）、类型（旋风、惯性、组合）、循环灰冷却方式［分离器前冷却（中温分离）、分离器后冷却（外置床）］、循环倍率（高、中、低）等方面进行了探索，形成了许多很有特色的循环流化床锅炉技术方案。

二、大型循环流化床锅炉总体布置

（一）循环流化床锅炉常用布置方案

循环流化床锅炉的总体布置问题，实质上就是如何处理炉膛与分离器之间的关系问题。当选用不同形式的分离器及其分离级数时，循环流化床锅炉的总体布置方式也大不相同。针对目前国内大型循环流化床锅炉普遍采用高温旋风分离器的实际情况，这里主要叙述带有外置式高温旋风分离器循环流化床锅炉的总体布置方法。

这种类型的循环流化床锅炉主要有以下两种布置方案。

（1）第一种布置方案是将炉膛、分离器、尾部烟道依次布置，这是一种最基本的布置方案。在这个基本布置方案中，又分为两种布置形式：一是在炉前布置高温旋风分离器，称为过顶式布置；二是在炉后布置高温旋风分离器，称为顺列式布置。过顶式和顺列式两种布置方式如图 2-9 所示。

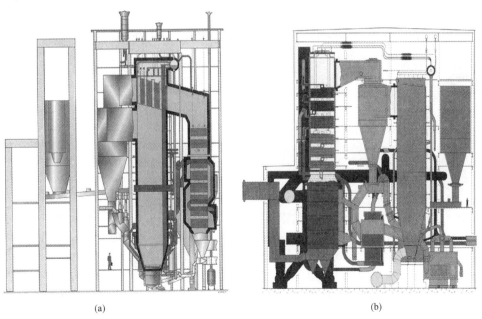

(a) (b)

图 2-9　大型循环流化床锅炉的基本布置方案
（a）过顶式布置方案；（b）顺列式布置方案

所谓过顶式布置，就是将高温旋风分离器布置在炉前，炉内烟气从设置在前墙的出口烟窗进入旋风分离器；从旋风分离器流出的烟气，经过布置在炉顶的水平烟道，流入锅炉的尾部竖井对流烟道。在炉顶的水平烟道中，可以布置对流过热器。

过顶式布置的优点是锅炉结构紧凑。由于过热器布置在炉顶的水平烟道中，尾部竖井烟道中有较充足的空间同时布置再热器、省煤器和空气预热器。其缺点是炉膛高度受到一定的限制。此外，当给煤及回料都从前墙进入炉内时，炉膛下部的燃煤分布明显不均匀，致使一定高度内的炉内氧气浓度也不均匀，从而对燃烧效率的提高带来负面影响。

在 150MW 以上容量的循环流化床锅炉上，很少采用过顶式布置方案。

所谓顺列式布置，就是炉膛内的烟气从布置在后墙的出口烟窗进入高温旋风分离器；从旋风分离器流出的烟气，不经过炉顶，直接向后流入尾部竖井对流烟道。

在顺列式布置中，高、低温对流过热器都布置在尾部对流竖井烟道中（高温过热器采用蛇形管式过热器，部分低温过热器采用包墙管式过热器）。当采用汽冷式高温分离器时，分离器膜式壁管也作为低温过热器的一部分。

目前，大多数循环流化床锅炉采用顺列式布置，尤其是采用汽冷式高温旋风分离器、外置床和新型回转式空气预热器后，大型循环流化床锅炉尾部受热面布置困难的问题已基本解决。

（2）第二种布置方案实际是为了满足循环流化床锅炉容量进一步放大的需要，从第一

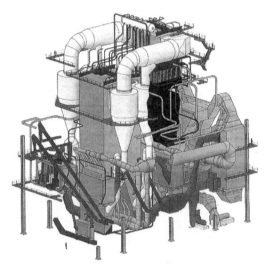

图 2-10　高温旋风分离器布置在炉膛两侧的 250MW 循环流化床锅炉

种基本布置方案中发展起来的，可以看做是两个采用基本布置方案的循环流化床锅炉的组合。在图 2-10 所示的布置形式中，其炉膛两侧各布置两个高温旋风分离器，这实际上是将两个顺列式布置的循环流化床锅炉的炉膛靠在一起而形成的。图 2-11 所示的布置形式，锅炉本体的中间部分是尾部烟道，在尾部烟道两侧依次布置炉膛和旋风分离器，这实际上是将两个过顶式布置的循环流化床锅炉的尾部烟道靠在一起而形成的。

目前，上述两种布置形式主要应用于 250～600MW 的大型循环流化床锅炉上。

白马 600MW 超临界循环流化床锅炉采用了顺列式组合布置方案，与图 2-10 所示的顺列式组合布置方式基本相同；不同之处是，它有 6 个分离器和 6 个外置床。

（二）国产 600MW 超临界循环流化床锅炉总体布置的考虑

国产 600MW 超临界循环流化床锅炉，是在总结国内外大型循环流化床锅炉技术经验的基础上发展起来的。三大锅炉厂在炉型布置方面均提出了许多很有特性的方案和设计意见。其中，东方锅炉厂完成了多个方案，包括单炉膛＋H 型布置＋六分离器、单炉膛＋M 型布置＋四分离器、双炉膛＋H 型布置＋六分离器总体布置形式等，并对受热面，主要是高温过热器放在外置床中或尾部进行了充分论证。同时，也对超临界循环流化床锅炉不带外置床的可行性进行了分析计算。通过这些充分的论证以及与设计院的充分配合，逐

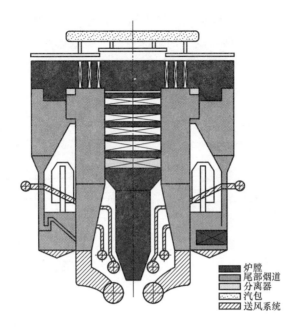

图 2-11　在尾部烟道两侧依次布置炉膛和分离器的 500MW 超临界循环流化床锅炉

步淘汰了单炉膛＋H 型布置＋六分离器、单炉膛＋M 型布置＋四分离器方案，形成了目前的双炉膛＋H 型布置＋六分离器总体布置形式，并将高温过热器放到炉内高温区。600MW 超临界循环流化床锅炉技术有如下特点。

1. 总体布置上采用了比例放大的原则

随着锅炉容量的增大，首先需要的是模型的放大问题，主要涉及炉膛形状、截面积和旋风分离器的尺寸和布置，以及固体再循环回路中受热面的布置等。通过总结国外大容量、高参数循环流化床锅炉主回路大型化的设计思路后发现，锅炉容量的放大都是在总结已有较小容量循环流化床锅炉运行经验的基础上进行的，并通过冷态模型实验和模型计算来提供更多的参数。

因此，在 600MW 超临界循环流化床锅炉的总体布置上采用了比例放大的原则，即在自主型 300MW 循环流化床锅炉和引进 300MW 循环流化床锅炉设计及运行上获得的经验进行组合，采用了 H 型布置＋分体式炉膛＋六分离器的总体布置形式。通过这一原则，对 600MW 机组而言，需要的炉膛断面（深度和宽度）则可以由当前的经验完全覆盖，如图 2-12 所示。

采用比例放大方案，使得白马 600MW 超临界循环流化床锅炉在总体布置上具有以下优点：

（1）通过分体式炉膛设计，保证了在较大炉膛断面下的二次风穿透性和混合要求。同时，炉膛宽度方向尺寸的增加，使

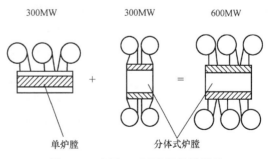

图 2-12　白马 600MW 超临界循环流化床锅炉的放大原则

炉膛深宽比控制较合理，避免了锅炉宽度过大造成的与汽机房的不匹配（图 2-13 所示为 M 型布置＋单布风板＋四分离器）以及锅炉深度过大造成的给煤线路过长的问题（图 2-14 所示为 H 型布置＋单布风板＋六分离器）。

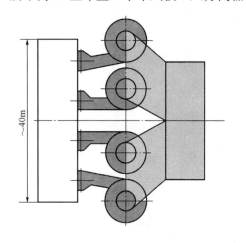

图 2-13　600MW 超临界循环流化床锅炉备选方案
（M 型布置＋单布风板＋四分离器）示意图

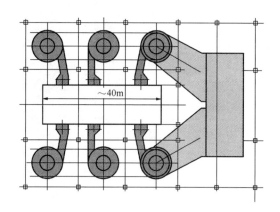

图 2-14　600MW 超临界循环流化床锅炉备选方案
（H 型布置＋单布风板＋六分离器）示意图

（2）合理的旋风分离器的尺寸和布置，气固两相流分布均匀，各个循环回路的回料量不会偏差太大。

首先，旋风分离器的尺寸直接影响分离器的分离效率，从工程设计角度来看，选择已经经过市场检验的旋风分离器尺寸可靠性更大。根据分离器的设计经验，分离器尺寸应小于 8.8m。白马超临界循环流化床锅炉的设计中遵循了这一经验，采用了 8.5m 的分离器尺寸。确定好分离器尺寸后，通过计算烟气量可以确定分离器的个数。

其次是采用哪种分离器布置方式才能使得气固两相流分布均匀，各个循环回路的回料量不会偏差太大。因此，必须对 3 个并列运行的旋风分离器上的固体颗粒分布情况进行研究。目前在 2 个和 4 个旋风分离器炉膛布置方面的经验业已表明几何对称可以保证每一个旋风分离器相对均匀地进料。而三分离器模型中，中间 1 个分离器可能会有相对较低的分离效率（特别是对细小微粒）。因此，在 6 旋风分离器布置中要强调的关键事项是：第一，要对中心旋风分离器和两相邻旋风分离器之间的固体颗粒流非均衡量进行量化并使其趋于最小；第二，优化旋风分离器的入口烟道形状，通过分离器入口烟道的不同设计来保证各分离器流动的均匀性。

根据现有 300MW 循环流化床锅炉设计技术和基础研究及工程应用可知，当锅炉同侧布置 3 个分离器时，两侧的两个旋风分离器和中间的旋风分离器入口烟道与水冷壁的夹角在设计上有所不同。按此原则设计的具有三旋风分离器布置、炉膛深度 20m 左右的循环流化床锅炉的运行经验表明，中间和两侧旋风分离器之间的流动非均衡可以忽略不计。

采用 H 型布置＋分体式炉膛＋六分离器的总体布置方案时，炉左和炉右中间分离器的旋向和分离器入口烟道在炉膛上的开孔应各有所不同。这样才能增加分离器在炉膛上开孔的均匀性，降低旋风分离器之间的流动的非均衡性。

（3）外置床设计过程中尽量采用成熟的结构，并严格遵循现有成熟的大型循环流化床锅炉设计导则的相关规定。

（4）回料器模型的大型化是循环流化床锅炉大型化过程中不可回避的问题。白马 600MW 超临界循环流化床锅炉回料器设计按自主型 300MW 锅炉技术设计。

2. 受热面的布置和锅炉本体热力系统关节点选取

锅炉容量、燃料特性和水/汽参数一旦选定，根据颗粒循环流量、停留时间、炉膛温度和烟气速度可以确定炉膛尺寸（截面积和高度），在主循环回路内要达到的换热量也就确定了。布置换热面的主要目的就是在不同的位置（也就是炉膛、流化床换热器和尾部烟道）放置不同类型的受热面（省煤器、蒸发器、过热器、再热器和空气预热器）。布置的关键点在于：

（1）运行灵活，燃料适应性广，降低运行、维护和投资费用。

（2）在满负荷时，运行为超临界，此时蒸发区与过热区之间没有明显界限。但是蒸发区（两相流）将会在低于 80% 时迅速重现。这时应对受热面布置进行校核，使炉膛出口温度在对应压力下的干饱和蒸汽温度以上。此时，为保证蒸发受热面出口温度或焓值，必须增加换热面积，以弥补炉膛四周膜式水冷壁蒸发受热面的不足。

（3）在满足了工质蒸发所需的吸热以外，循环流化床主回路炉内燃料燃烧放出的热量相比蒸发受热面吸热有余，这种情形随着锅炉容量的提高（蒸汽参数也相应提高）而显得更加明显。因此，有必要把某些受热面，如过热器、再热器等布置在主回路里，使得放热和吸热能和谐地平衡，以便把循环流化床锅炉主回路的温度控制在正常的范围内。

基于以上设计思路，白马 600MW 超临界循环流化床锅炉通过详细的热力计算，在受热面布置上有以下特点：

（1）在超临界循环流化床锅炉的设计中，大多数设计者采取的增加蒸发受热面的形式无外乎两种。一是通过用附加换热面实现，如屏式受热面、扩展水冷壁、外置床（FB-HE）等，但由此带来的由平行流引起的流量不均的问题或系统复杂化很难解决。二是通过增加炉膛高度实现。但过高的炉膛将会导致顶部粒子浓度较低，即换热系数较低，有效蒸发受热面积的增加并不明显，整个炉膛温度分布的不均匀性加剧。另外，过高的炉膛高度还会带来分离器入口灰浓度无法保证的问题，这直接影响到外置床能否正常工作。而白马 600MW 超临界循环流化床锅炉则采用单面曝光拉稀的中隔墙，一方面，解决了流量分配困难的问题；另一方面，又有效地增加了蒸发受热面积，并降低了炉膛高度。

（2）采用汽冷式的分离器和分离器入口和出口烟道，增加了受热面积，同时，将耐火耐磨材料衬里的数量减至最少，以便尽量降低维护工作量，并避免热聚集——直流锅炉在突然 MFT 情况下存在的一个难题。

（3）受热面的布置方式充分考虑了锅炉以后向更高容量以及参数发展的可能性。循环流化床锅炉烟气温度整体水平较低，并且，随着负荷的下降，床温和炉膛出口温度都有所下降。白马 600MW 超临界循环流化床锅炉最初的设计方案是将低温过热器、中温过热器

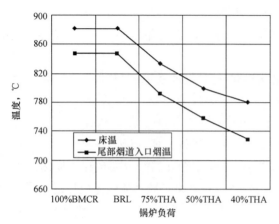

图 2-15　炉膛及分离器出口温度与锅炉负荷的关系

和高温再热器布置在外置床中，而尾部则从上而下分别为高温过热器、低温再热器和省煤器，结果在低负荷工况下，如在 40%THA 负荷下，炉膛出口温度低至 723℃，而床温仍保持在 780℃ 左右，高温过热器汽温维持困难，这完全抵消了该方案外置床管子材质档次更低（成本更低）的优势，床温及尾部烟道入口烟温随负荷变化关系如图 2-15 所示。

因此，在超临界参数下，为在各种负荷下最大限度地提高传热温压，应遵守高温级受热面布置在高烟温区、低温级受热面布置在低烟温区的原则。锅炉设计将高温过热器和高温再热器均布置在外置床内，低温过热器和低温再热器则布置在尾部竖井中。这样的布置不仅考虑了超临界锅炉的低负荷工况，还考虑了循环流化床锅炉向超超临界发展的可能性以及在向超超临界发展过程中整体布置不会有太大的调整。

（4）超临界参数的锅炉蒸发区（两相流）将会在某一低负荷（约 80%THA）时迅速重现。锅炉设计时，通过对受热面布置进行详细校核，以保证炉膛出口汽温在对应压力下的干饱和蒸汽温度以上，且省煤器出口（水冷壁入口）有一定的欠焓。经校核计算表明，100%BMCR 下对应的水冷壁入口温度在 340℃ 左右，各低负荷工况关节点数值较为合理，如图 2-16 所示。

（5）图 2-17 给出了炉膛上部稀相区的传热系数随锅炉负荷降低的变化趋势。从图 2-17 可以看出，稀相区的传热系数随负荷的下降而减小。这主要是由于负荷下降时，流化速度、循环流率随之下降，最终表现为燃烧室中物料悬浮浓度下降、对流换热系数下降，同时，负荷的降低使炉膛温度下降，致使辐射换热系数减弱。

（三）白马 600MW 超临界循环流化床锅炉的总体布置特性

600MW 超临界循环流化床锅炉为超临界直流炉，双布风板、H 型布置、平衡通风、一次中间再热、循环流化床燃烧方式，采用外置床调节床温及再热蒸汽温度，采用高温汽冷式旋风分离器进行气固分离。锅炉整体呈左右对称布置，支吊在锅炉钢架上。

锅炉由三部分组成，第一部分布置有主循环回路，包括炉膛、汽冷式旋风分离器、回料器以及外置床、冷渣器以及二次风系统等；第二部分布置尾部烟道，包括低温再热器、低温过热器和省煤器；第三部分为单独布置的回转式空气预热器。

锅炉的循环系统由启动分离器、储水罐、下降管、下水连接管、水冷壁上升管、汽水连接管等组成。在负荷不小于 30%BMCR 后，直流运行，一次上升，启动分离器入口具有一定的过热度。为避免炉膛内高浓度灰的磨损，水冷壁采用全焊接的垂直上升膜式管屏，炉膛采用光管（部分区域采用内螺纹管）。炉膛内还布置有 16 片屏式过热器管屏，管屏采用膜式壁结构，垂直布置，在屏式过热器下部转弯段及穿墙处的受热面管子上均敷设有耐磨材料，防止受热面管子的磨损。

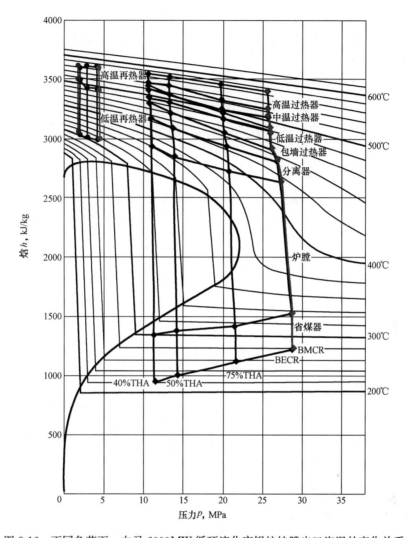

图 2-16 不同负荷下，白马 6000MW 循环流化床锅炉炉膛出口汽温的变化关系

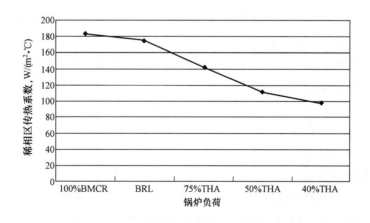

图 2-17 稀相区传热系数与锅炉负荷的关系

下部炉膛一分为二。布风板之下为由水冷壁管弯制围成的水冷风室。燃料从布置在 6 个回料器及 6 个外置床返料管的给煤口送入炉膛。石灰石采用气力输送，6 个石灰石给料口布置在回料腿上。

每台炉设置有 4 个床下点火风道，每两个床下点火风道合并后，分别从分体炉膛的一侧进入等压风室。每个床下点火风道配有两个油燃烧器，能高效地加热一次流化风，进而加热床料。另外，在炉膛下部还设置有床上助燃油枪，用于锅炉启动点火和低负荷稳燃。6 台滚筒式冷渣器被分为两组布置在炉膛两侧。

锅炉主要结构尺寸汇总如表 2-1 所示。

表 2-1   **600MW 循环流化床锅炉主要尺寸汇总表**

序号	名 称	数 值	序号	名 称	数 值
1	炉膛		3	尾部竖井	
	宽度(mm)	15 030		宽度(mm)	28 480
	深度(mm)	27 900		深度(mm)	8800
	高度(从布风板到顶棚)(mm)	55 000	4	外置床	
	布风板尺寸(mm)	2～4002(宽)× 27 900(深)		FBHE(ITS I)(只)	2
				FBHE(ITS II)(只)	2
	锥角(°)	27		FBHE(HTR)(只)	2
2	分离器		5	锅炉最大深度(m)	75
	数量(只)	6	6	锅炉最大宽度(m)	52
	内径(mm)	8500	7	给煤口位置与数量(个)	12(回料器 6＋外置床返料 6)

6 台冷却式旋风分离器布置在炉膛两侧的钢架副跨内，在旋风分离器下各布置 1 台回料器。由旋风分离器分离下来的物料一部分经回料器直接返回炉膛，另一部分则经过布置在炉膛两侧的外置换热器后再返回炉膛。外置床内布置有受热面，靠炉前的两个外置床中布置的是高温再热器（HTR），通过控制其间的固体粒子流量来控制再热蒸汽的出口温度；中间的两个外置床中布置的是二级中温过热器（ITS II），作为喷水减温的辅助手段，可以通过控制其间的固体粒子流量来控制中温过热器 II 出口汽温；靠炉后的两个外置床中布置的是一级中温过热器（ITS I），通过控制其间的固体粒子流量来调节床温。

冷却式包墙包覆的尾部烟道内从上到下依次布置有低温过热器、低温再热器和省煤器。

空气预热器采用两台四分仓回转式空气预热器。

锅炉整体布置如图 2-18～图 2-20 所示。

锅炉布置特点如下：

（1）为防止炉内磨损和取得较好的自补偿特性，水冷壁全部采用全焊接式的垂直上升膜式管屏，并使用了源于西门子的低质量流速垂直管圈技术，确保各工况水循环系统的安全可靠，提高水循环安全裕度和扩大煤种的适应性。

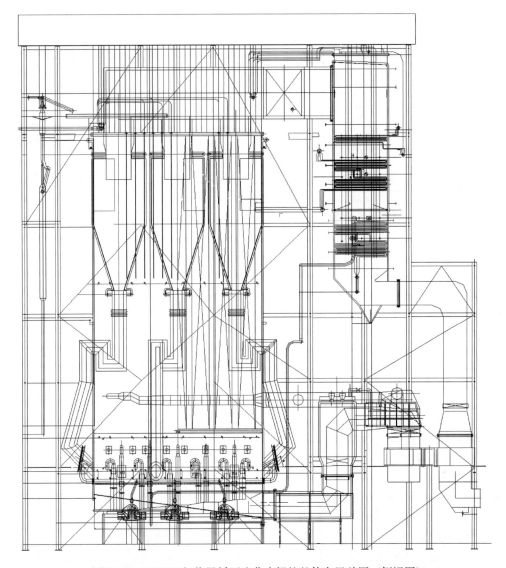

图 2-18 600MW 超临界循环流化床锅炉整体布置总图 (侧视图)

（2）采用成熟的启动分离器和储水罐结构，较薄的壁厚有利于锅炉快速启动。

（3）分体式炉膛为双布风板结构，主要目的在于保证合理的锅炉深宽比，以便保证良好的流化以及二次风的穿透，另外为设备的布置创造有利条件。

（4）炉内布置屏式过热器。

（5）通过回料管上的机械锥形阀，将部分回料通过分流管道引入外置床，在其中布置过热、再热受热面。

（6）采用 6 个冷却式高效旋风分离器。

（7）点火方式为床上床下联合点火。

（8）给煤采用炉侧回料器给煤与外置床回灰给煤相结合的方式，每一给煤点对应两条给煤线路，给煤余量大。

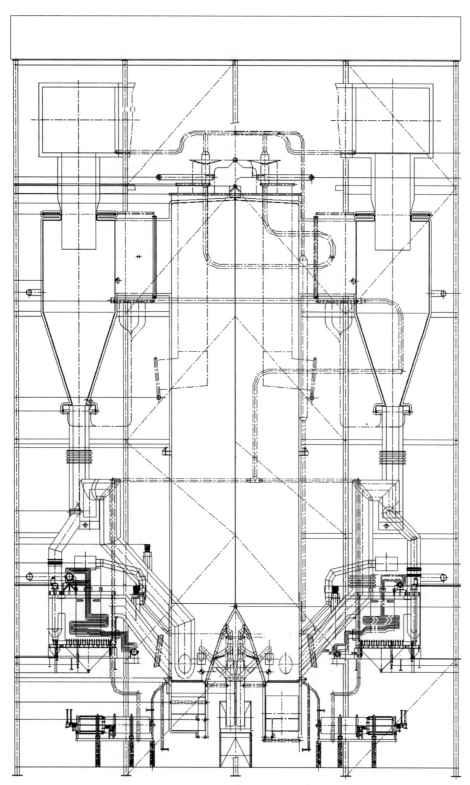

图 2-19　600MW 超临界循环流化床锅炉整体布置总图（正视图）

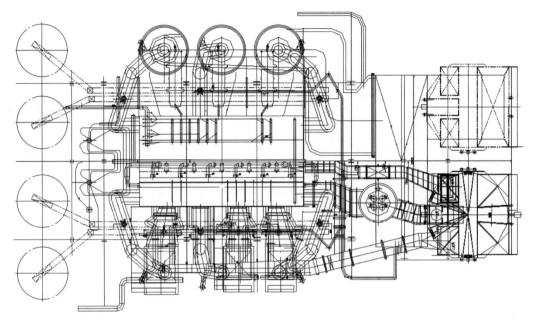

图 2-20　600MW 超临界循环流化床锅炉整体布置总图（俯视图）

（9）再热器温调节方式为控制外置床灰量。

三、大型循环流化床锅炉膨胀设计

（一）概述

锅炉运行时，各部分的温度与停炉时相比都发生了较大的变化，由于锅炉运行时各部分的温升不同，因此锅炉本体各部分会出现不同的热膨胀位移。锅炉设计时，通常要设计膨胀中心，锅炉各个部分以膨胀中心为基点，向外膨胀。否则，一旦发生由于膨胀不均而导致炉壁拉裂、泄漏现象，就会使炉内热灰、热烟气大量涌出，烧坏炉外设备。从炉膛泄漏部位涌出的热灰，还会加速泄漏部分的磨损，造成水冷壁爆管。因此，循环流化床锅炉一般在炉膛、高温旋风分离器和尾部烟道设置 3 个垂直膨胀中心，垂直膨胀的零点一般设在炉顶，水平膨胀的零点一般设在炉膛、高温旋风分离器以及尾部烟道中心线上。

与大型电站煤粉锅炉的全悬吊结构不同，大型循环流化床锅炉的某些部分（如绝热式高温旋风分离器、冷渣器、外置床、回料器等）无法或不便于采用悬吊结构，只能采用地面支撑结构。因此，大型循环流化床锅炉本体一般采用钢架悬吊与地面支撑相结合的承载方式。为了消除锅炉投运时悬吊部分与支撑部分之间存在的较大膨胀偏差，在悬吊结构与支撑结构之间，需要设置膨胀系统。即使在支撑结构相同的两个部分，若相互之间存在较大的相对膨胀位移，也需要采用专门的膨胀措施。常采用各种膨胀节作为补偿相对膨胀位移的措施。

综上所述，大型循环流化床锅炉的膨胀系统，与传统煤粉锅炉和层燃锅炉都不相同，对循环流化床锅炉的安全和经济运行有很大影响，在锅炉设计、安装和运行中，必须加以重视。锅炉设计时，必须设计锅炉本体的膨胀中心；锅炉安装时，应保证关键部位的安装精度；锅炉运行时，应避免炉膛—高温分离器—回料器整个回料系统中的温差过大，同时还应尽量减小炉膛内沿高度方向和水平方向的温差。

（二）循环流化床锅炉本体膨胀位移的补偿

1. 大型循环流化床锅炉支撑方式

根据炉型结构的不同，大型循环流化床锅炉有多种支撑方式。其中，炉膛和尾部烟道的支撑方式基本相同；不同之处，主要体现在高温旋风分离器和外置床的支撑结构上。

（1）绝热式高温旋风分离器循环流化床锅炉的支撑方式。带绝热式高温旋风分离器的循环流化床锅炉，由于绝热式高温旋风分离器体积大，质量大，不便于采用悬吊支撑，因此大多采用地面或钢架支撑结构。

高温分离器下部的立管和回料器，由于质量大，一般采用地面支撑结构。

炉膛及其水冷风室，由于是全膜式壁结构，因此与炉膛一起采用悬吊支撑结构。

尾部烟道的省煤器及其以上部分，由于采用了密封性较好的膜式包墙管过热器，烟道质量较小，因此采用悬吊结构。对流过热器、对流再热器以及省煤器管束，都通过省煤器出口连接管悬吊于炉顶钢架上。省煤器管束之下的管式空气预热器及其烟道炉墙，由于质量较大，一般采用地面支撑。

（2）汽冷式高温旋风分离器循环流化床锅炉支撑方式。带汽冷式高温旋风分离器的循环流化床锅炉，由于汽冷式高温旋风分离器采用了内敷较薄耐磨层、外包较薄保温层的膜式壁结构，其质量较绝热式高温旋风分离器大为减轻，因此汽冷式高温旋风分离器采用悬吊支撑结构。

炉膛、立管与回料器、尾部烟道的支撑方式与绝热式高温旋风分离器循环流化床锅炉相同。

（3）美国 FW 公司紧凑型循环流化床锅炉的支撑方式。美国 FW 公司制造的紧凑型循环流化床锅炉（见图 2-21），采用了与炉膛水冷壁连为一体的方形高温旋风分离器及其矩形截面的回料立管。方形高温分离器与回料立管均采用内侧敷设较薄耐磨层、外包较薄保温层的膜式壁围成，并与炉膛共用与其相邻的膜式水冷壁。因此，整个方形分离器和回料立管与炉膛水冷壁具有相同的膨胀位移。

美国 FW 公司制造的紧凑型循环流化床锅炉，还采用了与炉膛连为一体的 INTREX 热交换器及其返料机构（相当于"J"阀回料器），运行中与炉膛水冷

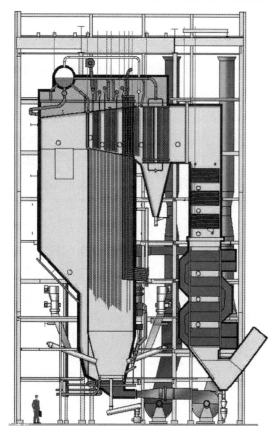

图 2-21　FW 公司紧凑型循环流化床锅炉示意图

壁膨胀特性相同。

由此可见，在美国 FW 公司制造的紧凑型循环流化床锅炉中，炉膛、高温分离器、INTREX 热交换器（其作用相当于传统循环流化床锅炉的外置床）以及立管、返料机构均与炉膛膜式水冷壁组合成一体，具有相同的膨胀特性，其相互之间膨胀偏差非常小。因此，整个锅炉本体，除空气预热器及其所在烟道外，都可以采用悬吊支撑结构，与炉膛一起，通过膜式水冷壁管悬吊于炉顶钢梁上。

（4）ALSTOM 紧凑型循环流化床锅炉支撑方式。法国 ALSTOM 公司在现已投运的 300MW 级循环流化床锅炉基础上，开发出如图 2-11 所示的 500MW 级紧凑型循环流化床锅炉布置方案。其紧凑化设计技术的特点是：采用双炉膛结构，且尾部烟道位于两个炉膛之间并共用一片膜式水冷壁；外置床、回料系统和汽冷式分离器也与炉膛连为一体。整个高温循环灰回路主要采用底部支撑结构，个别部分采用悬吊支撑结构。这种支撑方式可以最大限度地减少钢结构，同时由于悬吊与支撑部分之间膨胀位移较小，只需采用简单的膨胀补偿结构即可。

2. 白马 600MW 超临界循环流化床锅炉的膨胀系统及支撑方式

根据锅炉本体布置及吊挂、支撑系统结构，整台锅炉设置了多个膨胀中心（膨胀零点），如图 2-22 所示。

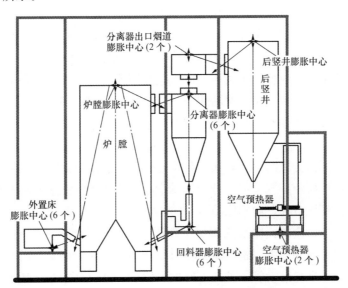

图 2-22　白马 600MW 超临界循环流化床锅炉主要膨胀中心示意图

600MW 超临界循环流化床锅炉炉膛的膨胀中心位于顶部几何中心，6 个旋风分离器的膨胀中心分别位于其中心线上，6 个"J"阀回料器的膨胀中心分别位于其支座中心，尾部烟道的膨胀中心位于包墙顶部几何中心，2 个分离器出口烟道的膨胀中心分别位于顶部的几何中心，6 个外置床的膨胀中心分别位于其支座中心，回转式空气预热器的膨胀中心位于其支座中心。

此外，各烟道、风道根据布置的需要，也分别设置有膨胀中心（固定点）。

各膨胀系统之间通过膨胀节连接。膨胀节作为循环流化床锅炉的一个关键部件，其工作的好坏直接影响锅炉的安全运行。各膨胀系统通过限位、导向装置使其以各自的中心为零点向外膨胀，热膨胀导向装置还可将风和地震的水平荷载传递至钢结构。

锅炉的炉膛水冷壁、旋风分离器及尾部包墙全部悬吊在顶板上，由上向下膨胀；炉膛左右方向通过刚性梁的限位装置，使其以锅炉对称中心线为零点向两侧膨胀；尾部受热面则通过刚性梁的限位装置，使其以锅炉对称中心线为零点向两侧膨胀。回料器和空气预热器均以各自的支撑面为基准向上膨胀，前、后和左、右为对称膨胀。

炉膛和高温旋风分离器的壁温虽然较为均匀，但考虑到锅炉的密封和运行的可靠性，两者之间采用非金属膨胀节相接；回料器与炉膛和分离器温差大，结构形式不同，故而单独支撑于构架上，用金属膨胀节与炉膛回料口和分离器锥段出口相连，隔离相互间的胀差。分离器出口烟道与尾部竖井间胀差也较大，且出口烟道尺寸庞大，故采用非金属膨胀节，确保连接的可靠性；吊挂的对流竖井与支撑的空气预热器间因胀差及尺寸较大，采用非金属膨胀节。

所有穿墙管束均与该处管屏之间或封焊密封固定，或通过膨胀节形成柔性密封，以适应热膨胀和变负荷的要求。

除水冷壁吊点、水冷壁及分隔墙上集箱、旋风分离器及其进出口烟道、包墙上集箱和前、后包墙吊点为刚性吊架外，蒸汽系统的其他集箱和连接管为弹性吊，或通过夹紧、支撑、限位装置固定在相应的水冷壁和包墙管屏上。

各膨胀系统之间通过膨胀节连接，膨胀节作为循环流化床锅炉的一个关键部件，其工作的好坏直接影响锅炉的安全运行。为保证膨胀节的膨胀特性，其布置应符合设计要求，以有效地吸收膨胀量，同时保证不发生泄漏，且耐磨损。另外，热膨胀系统图标明的所有集箱、大管道位移监视点都应安装膨胀指示器，用于检验各个膨胀点是否按预期方向膨胀，位移是否为计算值，如有差异，就应及时查明原因，避免事故发生。

3. 膨胀节

当锅炉本体不同部分之间存在较大的膨胀差时，在连接处就要安装膨胀节来消除膨胀差。循环流化床锅炉所用膨胀节可以分为金属膨胀节和非金属膨胀节两大类，按其膨胀方向又可划分为单向膨胀节和三向膨胀节。

(1) 金属膨胀节。金属膨胀节主要用于高温、截面尺寸不太大的地方。如图 2-23 所示，金属膨胀节由上下导筒管、密封填充材料及金属波纹管套组成。当由于温度变化而引起管长变化时，上、下导筒沿管子轴向方向发生位移。由于上、下导筒之间填充有一定弹性的耐火填充料，因此导筒移动时仍能保证密封。

金属膨胀节中所填充的耐火填充料对膨胀节的工作可靠性影响较大。一般情况下，从内导筒至波纹管要采用三道密封结构，以防止高温烟气和粒子反窜入波纹管，造成破坏。首先，在上下导筒间焊有一圈不锈钢圆钢，作为第一道密封；其次，在内导筒和波纹管底部间放置有用不锈钢钢丝网扎紧的硅酸铝纤维填充物，作为第二道密封；最后，在波纹管内还填充有硅酸铝纤维棉，作为第三道密封。某些国产 300MW 循环流化床锅炉上的金属膨胀节，膨胀节波纹管采用了 SS316 不锈钢，上、下内导筒采用了 0Cr25Ni20 耐热不锈钢，可承受 1200℃ 的工作温度，保证工作时不变形，上下导筒间保持足够的间隙。

（2）非金属膨胀节。在锅炉本体上尺寸较大、温度较高、存在较大的三向膨胀差的地方，往往采用非金属膨胀节，如图 2-24 所示。非金属膨胀节结构与金属膨胀节相似。

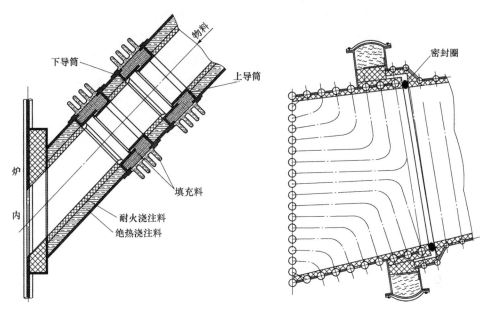

图 2-23　金属膨胀节　　　　　　　　　图 2-24　非金属膨胀节

非金属膨胀节的两侧端板分别焊接在相接的两个烟道上，内衬壁与耐高温纤维之间填充耐火保温材料；耐火保温材料常采用硅酸铝纤维毡和硅酸铝纤维棉，这类材料既可将非金属膨胀节的工作温度降低，又可防止烟气进入。

在相连接烟道之间的膨胀间隙填塞有包裹着耐火纤维的耐火钢丝网密封圈，以防止飞灰沉积在膨胀间隙中，从而妨碍热膨胀的正常进行；同时，也防止了烟气的反窜。

非金属膨胀节一般用在高温旋风分离器与炉膛、尾部竖井烟道的连接处。此外，热风管道上也往往采用非金属膨胀节。

（3）膨胀节在循环流化床锅炉本体上的应用。在循环流化床锅炉本体及其辅助系统中，有许多地方要用到膨胀节。根据连接处膨胀位移情况，选用不同的膨胀节。

根据膨胀节的结构和工作原理，膨胀节在轴向方向（与烟风道走向一致的方向）具有最大的膨胀补偿量，沿烟风道径向方向的膨胀补偿量要小得多。

因此，当烟风道之间不仅有轴向方向的膨胀位移，而且有径向方向的膨胀量时，就需要将两个或多个膨胀节串联起来，同时消除轴向和径向膨胀位移。

在某些情况下，径向膨胀位移量可能较大，可能串联多个膨胀节也难以消除。例如，循环流化床锅炉回料器与炉膛之间的回料管，由于回料器采用地面或钢架支撑结构，受热后向上膨胀，而炉膛采用悬吊支撑，受热后向下膨胀；因此回料管的主要膨胀位移方向在垂直方向，即在回料管的径向方向有较大的膨胀位移。为了消除回料管在垂直方向上所承受的膨胀位移，某些锅炉制造商在设计回料管时，在倾斜布置的回料管中间，设置一段垂直段，在这一垂直段上安装膨胀节，将多维膨胀位移简化为一维膨胀位移，较好地解决了膨胀位移，如图 2-25 所示。

由于回料管上安装的膨胀节工作条件较为恶劣，实际应用中曾多次出现过膨胀节被回料管内呈密相流动的高温循环灰烧坏的事故，因此有些循环流化床锅炉回料管上并不设置膨胀节，而是将膨胀节安装在立管上部稀相段部分，同时将回料管与炉膛焊接在一起，用吊杆将回料器吊在钢架上。这样，回料器、立管（膨胀节以下部分）均采用悬吊支撑，受热后与炉膛一起向下膨胀，以补偿回料系统的多维膨胀位移。为防止高温循环灰落入膨胀间隙内，常向膨胀间隙中通入高压空气，如图 2-26 所示。

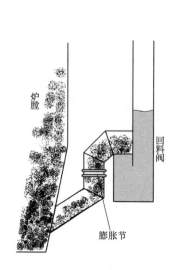

图 2-25　回料管膨胀节安装示意图

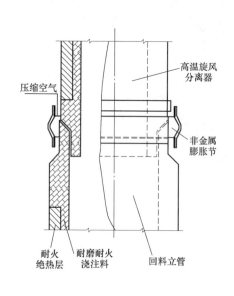

图 2-26　回料阀立管处膨胀节示意图

当所连接的烟道或管道长度较短，径向膨胀位移量较大时，就要采用主要以角偏转方式补偿多平面弯曲管段合成位移的三维金属膨胀节。比如在炉膛和流化床冷渣器之间连接管道上，由于悬吊支撑的炉膛受热后向下膨胀，地面支撑的流化床冷渣器受热后向上膨胀，从炉墙上引入冷渣器的排渣管和从冷渣器引入炉膛的细灰返料管及流化热风管，就要采用这种可以补偿烟道或管道两侧不等量膨胀位移的三维金属膨胀节。如图 2-27 所示，将两个三维金属膨胀节串联使用，就可消除较大的径向膨胀位移。这种主要以角偏转的方式补偿多平面弯曲管段合成位移的三维金属膨胀节，主要应用于直径不太大的管道上。

引进 300MW 循环流化床锅炉上采用了一种解决循环流化床锅炉三维膨胀位移的新方案。其基本思路是：设计安装一种新型膨胀节。安装时，该膨胀节的轴向方向始终与最大膨胀位移方向相同，或者始终与总膨胀位移方向相同，即将多维膨胀位移简化为一维膨胀位移，使所安装的膨胀节的轴向方向刚好与总膨胀位移方向相同。该新型膨胀节在回料管上的布置方式如图 2-28 所示。在图 2-28 中，由于主要膨胀位移在垂直方向，因此膨胀节的轴向方向就安装在垂直方向。由于膨胀节的轴向方向与回料管的轴向方向不一致，因此这种新型膨胀节的形状也不再是圆形，而是椭圆形或矩形。采用这种新形膨胀节，要求预先对膨胀位移的方向和位移量进行精确计算。

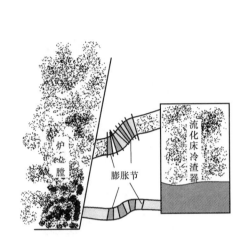

图 2-27　炉膛与冷渣器之间的膨胀补偿方式　　图 2-28　新型膨胀节布置方案示意图

膨胀节作为循环流化床锅炉的一个关键部件，其工作的好坏直接影响锅炉的安全运行。

（4）白马 600MW 超临界循环流化床锅炉所用膨胀节。白马 600MW 超临界循环流化床锅炉使用的膨胀节根据膨胀特性和布置要求分为单向和三向两种，能有效地吸收膨胀量，同时保证不泄漏，不损坏。为保证膨胀节工作的安全可靠，在锅炉的整体设计时，合理地设置膨胀中心，尽量减小膨胀节的工作位移；安装时，预先反向预留膨胀量的一半，以减轻膨胀节的工作负担。

锅炉部件间胀差较大处设置有膨胀节，根据使用部位的流体情况、接口形式和尺寸大小等，分别使用了金属和非金属两种形式的膨胀节。

1）金属膨胀节。白马 600MW 超临界循环流化床锅炉所用金属膨胀节的结构如图 2-29 所示。膨胀节波纹管采用不锈钢，上下内导筒采用的耐热不锈钢，可承受 1200℃的工作温度，保证工作时不变形，上下导筒间留有足够的膨胀间隙。

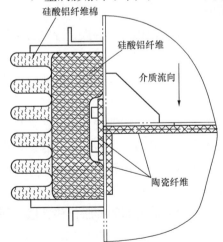

图 2-29　白马 600MW 超临界循环流化床锅炉
所用金属膨胀节结构示意图

从内导筒至波纹管有三道密封结构，以防止高温烟气和粒子反串入波纹管，造成破坏，具体为：①内导筒和波纹管底部间放置有用不锈钢钢丝网扎紧的硅酸铝纤维填充物，作为第一道密封；②在上下导筒间（外侧）焊有一圈压板，板下固定有陶瓷纤维环作为第二道密封；③在波纹管内还填充有硅酸铝纤维棉，作为第三道密封。

此外，在膨胀裕量、对灰载裕量以及安装裕量的选择方面，都进行了综合考虑。

2）非金属膨胀节。白马 600MW 超临界循环流化床锅炉在大尺寸、高温区域、存在三向大膨胀差的分离器进出口处采用纤维补偿器即非金属膨胀节，结构如图 2-30 所示。

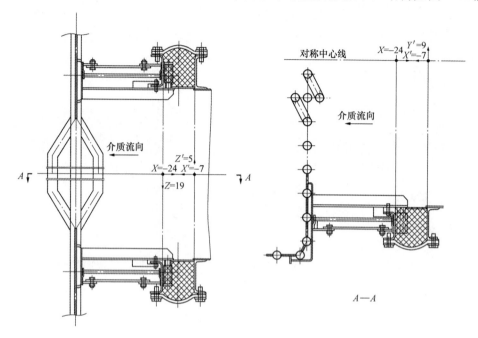

图 2-30　白马 600MW 超临界循环流化床锅炉所用非金属膨胀节结构示意图

非金属膨胀节在吸收三维膨胀位移的作用是毋庸置疑的，设计的关键在于防止烟气的反窜，避免烧坏非金属膨胀节。该非金属膨胀节有如下特点：①采用迷宫式结构；②相接烟道之间的膨胀间隙填塞有包裹着耐火纤维的耐火钢丝网密封圈，以防止飞灰沉积在膨胀间隙中妨碍热膨胀，同时，也防止了烟气的反窜；③对于灰浓度较大位置的膨胀节，采用了多达 7 层、厚度约 40mm 的蒙皮材料；④综合考虑了膨胀裕量、灰载裕量和安装裕量等。

综上所述，膨胀节在设计与使用上要注意以下几点：

（1）膨胀节的轴向方向应与所连接烟道或管道的最大膨胀位移方向一致，才能最大限度地发挥膨胀节的膨胀位移补偿作用。

（2）当所连接烟道或管道的膨胀位移方向与膨胀节的轴向方向不一致，但偏差不大时，可串联两个或多个膨胀节，消除其多维膨胀偏差。

（3）当所连接烟道或管道的膨胀位移方向与膨胀节的轴向方向相差较大时，在条件允许情况下，在所连接烟道或管道中间，可增加一段与膨胀位移方向一致的烟道或管道，变多维膨胀为一维膨胀，在新增加的烟道或管道上安装膨胀节。当现场管道太短或不允许改变管道走向时，若管道直径不大，可以考虑采用主要以角偏转方式补偿合成位移的三维金属膨胀节，若管道直径较大，比如炉膛及尾部烟道与高温分离器之间的膨胀位移补偿，则往往采用非金属三维膨胀节。

（4）当管道内的压力太高（如一次风道或二次风道）时，应特别注意膨胀节的承压能力，最好采用金属膨胀节。

第二节　大型循环流化床锅炉风烟系统及主要设备

一、大型循环流化床锅炉风烟系统

循环流化床锅炉的气固流动状态与层燃锅炉、煤粉锅炉相差较大，而维持这种特殊的气固流动状态的送引风系统也与常规锅炉有较大的差别。这种差别体现在：循环流化床锅炉的风机数量多，压头差异较大。比如，循环流化床有专门的高压头一次风机（风压可达 20kPa 以上）、高压头"J"阀风机（主要用于回料密封阀，风压可达 60～70kPa）、二次风机、石灰石风机、点火增压风机、播煤增压风机、冷渣器流化风机、外置床流化风机、引风机等。

由于风机数量多，其风机参数差异较大，因此风系统较为复杂。尽管不同的循环流化床锅炉采用的风系统有所差别，但它们还是有许多共性。下面讨论其一般的布置方法。

（一）送风系统的总体布置

大型循环流化床锅炉送风系统的总体布置，主要指的是一次风机、二次风机以及回料器专用高压风机等风机在送风系统中的分工及其所起的作用。锅炉制造商在完成循环流化床锅炉设计制造后，也就最终确定了该锅炉所有进风口的位置和送风参数（流量及压头）。风系统设计，就是要确定选择什么样的风机以及该风机在送风系统中所起的作用。

根据具体情况的不同，大型循环流化床锅炉送风系统主要向锅炉提供如下种类的空气：

（1）一次风；

（2）二次风；

（3）高压流化风（用于回料器、外置床、流化床冷渣器等）；

（4）床下点火燃烧器用风；

（5）给煤皮带密封风；

（6）石灰石输送风；

（7）炉内启动燃烧器、点火油枪点火用风和冷却风；

（8）膨胀节密封风。

在上述各种风中，一次风需要克服布风板阻力，压头较高，流量也大，需要设置单独的一次风机。

二次风流量较大，风压只有一次风风压的 50%～60%，也需要设置单独的二次风机。

回料器高压风，风压最高，是一次风风压的 3 倍左右，但流量很小，也需要设置单独的高压风机。

流化床冷渣器流化风和外置床流化风，因为要克服流化床布风板和床料阻力，且回风进入炉膛，需要设置单独的冷渣器流化风机和外置床流化风机。某些电厂的流化床冷渣器流化风来自一次风道（与一次风共用风机），但存在"抢风"现象，效果不好。某些大型循环流化床锅炉设置有高压风机组，共同提供冷渣器流化风、外置床流化风和回料器流化风。

床下点火燃烧器用风，由于点火预燃室燃烧后的高温烟气要能送入压头较高的一次风管道中，并且要能克服点火燃烧器的流动阻力，因此点火风风压要高于一次风机风压，也需要设置单独的点火风机。也有将风道燃烧器直接设置在一次风道中，从而不需要单独设置点火风机，但一次风机压头要相应提高。

某些大型循环流化床锅炉的给煤口开设在炉墙上，由于给煤口的位置低于炉内二次风口，加之需要足够的风压将给煤在炉内尽可能播散开来，因此需要设置专门的播煤风。由于给煤口的背压高于二次风风压，所以最好设置单独的播煤风机。

给煤皮带的密封风，其风压在任何情况下都要高于给煤口处的炉膛压力，以防止炉内高温烟气反窜进入皮带给煤机烧坏皮带；但其风量不大，可以从空气预热器前的一次风道上引入，也可从空气预热器前的二次风道引入。

石灰石输送风用于将石灰石粉仓中的石灰石输送到炉内，炉内石灰石口标高位置基本上与二次风口相同，为克服输送阻力，要求石灰石输送风的压头应大大高于二次风风压，甚至高于一次风风压。考虑到石灰石输送风须经过干燥处理以防石灰石粉管堵塞，加之石灰石系统故障时需停掉石灰石输送风，因此最好设置单独的石灰石风机。

床上启动燃烧器和油枪的燃烧用风及冷却用风，以及膨胀节的密封用风，都可以从一次风机或二次风机取得，不需设置专用的风机。

综上所述，大型循环流化床锅炉送风系统至少需要配备一次风机、二次风机、回料高压风机。至于流化床冷渣器流化风机、外置式流化床流化风机、播煤风机、点火风机和石灰石风机，则根据具体的锅炉结构（如是否采用风道燃烧器、是否采用流化床冷渣器等）和送风系统总体布置方案，有所不同。下面是 300MW 循环流化床锅炉的风系统几种布置方案。

1. FW 型循环流化床锅炉

美国 FW 公司制造的大型循环流化床锅炉带有 INTREX 换热器，在其 300MW 级循环流化床锅炉送风系统中，FW 公司设计了 2 台一次风机、2 台二次风机、2 台"J"阀高压风机、4 台石灰石输送风机（其中 1 台备用），2 台 INTREX 流化风机。2 台一次风机的冷风混合后，分为两路：一路进入回转式空气预热器，另一路送往选择式流化床冷渣器的分选仓和第一冷却仓。从空气预热器流出的热风，分为三路：一路通过风道燃烧器进入炉膛布风板下的等压风室，作为炉膛流化风；一路进入 INTREX 热交换器的返料通道；还有一路送往选择式冷渣器的第二和第三冷却仓。二次风机产生的二次风，在进入空气预热器之前也分为两路，一路进入空气预热器，另一路直接引至皮带给煤机作为密封风。从空气预热器出来的热二次风，一路作为二次风送入炉膛，另一路进入落煤管作为播煤风使用。2 台 INTREX 风机则负责向 INTREX 换热器进料侧的各仓室提供流化风。

2. ABB-CE 公司制造的 Lurgi 型循环流化床锅炉

ABB-CE 公司制造的 Lurgi 型循环流化床锅炉采用了 Lurgi 型循环流化床锅炉的典型布置方案。在其 300MW 级循环流化床锅炉送风系统中，ABB-CE 公司设计 1 台一次风机、1 台二次风机、2 台"J"阀高压风机（同时向 3 个"J"阀提供流化风）、3 台外置床流化风机（其中一台备用）、2 台冷渣器流化风机，2 台石灰石粉输送风机。一次风除了向炉膛提供流化风外，还提供给煤皮带密封风（冷一次风）和播煤风（热一次风）。二次风则全部用于炉膛二次风口使用。

3. ALSTOM 公司制造的 Lurgi 型循环流化床锅炉

法国 ALSTOM 公司制造的 Lurgi 型循环流化锅炉的高温旋风分离器布置在炉膛两侧。在其 300MW 级循环流化床锅炉送风系统中，该公司设计了 2 台一次风机、2 台二次风机、5 台"J"阀风机、4 台外置床流化风机（同时向 4 个外置床和 4 个流化床冷渣器提供流化风）、2 台石灰石输送风机、1 台石灰石粉仓流化风机、1 台石灰石制备系统排粉风机。2 台一次风机产生的冷一次风混合后进入空气预热器，从空气预热器出来的热一次风通过两个风道点火燃烧器进入布风板下的等压风室。2 台二次风机产生的冷二次风经过空气预热器加热后，全部作为二次风被送入炉膛。虽然全部给煤都从回料管给入，但该炉仍设置播煤风和给煤皮带密封风。

（二）引风系统及其主要设备

大型循环流化床锅炉的引风系统与传统燃煤锅炉基本相同。

当锅炉配置静电除尘器时，对 300MW 级及其以上容量的循环流化床锅炉，通常配置轴流式风机。具体设计上，有的采用动叶可调式轴流风机，有的采用静叶可调式轴流风机。

当锅炉配置布袋除尘器时，引风机则大多选用离心式风机。

二、白马 600MW 超临界循环流化床锅炉的风烟系统及其主要设备

（一）600MW 超临界循环流化床锅炉风烟系统

600MW 超临界循环流化床锅炉风烟系统的风机，由一次风机、二次风机、高压流化风机、引风机组成。循环流化床锅炉的燃烧需要相对较高的空气压头，以使颗粒在床内能得到良好流化。经过一、二次风机出来的一、二次风通过空气预热器后被送入炉膛，其他用风包括外置床、回料器的流化风，均取自高压流化风机。

1. 一次风系统

一次风系统如图 2-31 所示，从一次风机出来的空气分成两路：第一路，约占总风量

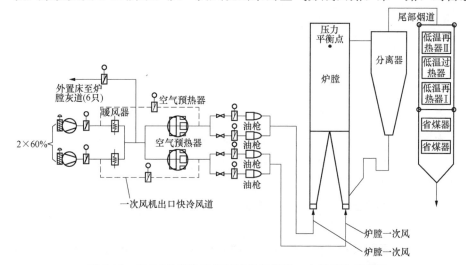

图 2-31　600MW 超临界循环流化床锅炉一次风系统示意图

42%的空气经暖风器、一次风空气预热器加热后，作为一次燃烧用风和流化风进入炉膛底部的水冷风室，通过布置在布风板上的风帽使床料流化，并形成向上通过炉膛的气固两相流，该回路上布置有床下风道点火器；第二路，未经预热的一次风作为外置床至炉膛灰道的输送风。另外，在一次风机出口至床下点火风道之间，布置有绕过空气预热器的一次风快冷风道，风量约为一次风总风量的35%～45%，用于停炉时快速冷却炉膛。

一次风机系统设计了两台离心风机，流量各为60%。

2. 二次风系统

如图2-32所示，从二次风机出来的空气分成四路：第一路，一部分未经预热的冷二次风作为回料器上给煤机密封用风；第二路，经暖风器、二次风空气预热器加热后的热二次风分两层，进入炉膛下部内侧和外侧，作为燃烧及燃烧调整用风；第三路，经空气预热器的热二次风作为给煤点吹扫风，防止给煤堵塞。第四路，作为炉膛至分离器入口烟道吹扫风，清理该烟道可能发生的严重积灰。

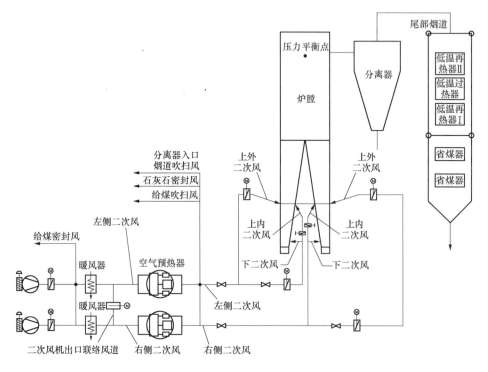

图 2-32　600MW超临界循环流化床锅炉二次风系统示意图

除了上述几路持续用风外，经空气预热器加热后的热二次风还作为间断用风用于石灰石给入点密封风，防止石灰石系统停运时炉膛烟气反窜。

二次风机之间通过二次风联络风道相连，联络风道的风量约为25%的二次风总风量。

锅炉设计了两台离心式二次风机，流量各为50%。

3. 高压风系统

高压风系统主要提供回料器、外置床、部分灰道以及锥形阀、油枪用风，通过调节挡板保证各支路要求的风量，如图2-33所示。

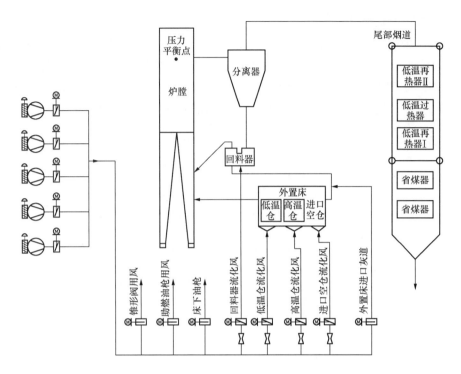

图 2-33 600MW 超临界循环流化床锅炉高压流化风系统示意图

锅炉共配置了 5 台低速多级离心鼓风机，正常运行时，其中 4 台运行、1 台备用。

4. 引风系统

由燃料燃烧产生的热烟气将热传递给炉膛水冷壁，然后流经旋风分离器，进入后竖井包墙，后竖井包墙内布置低温再热器、低温过热器和省煤器。之后，烟气分两路进入空气预热器，在预热器进口烟道上设有烟气关断挡板，可实现单台空气预热器运行。最后烟气进入除尘器，流向烟囱，排向大气，如图 2-34 所示。

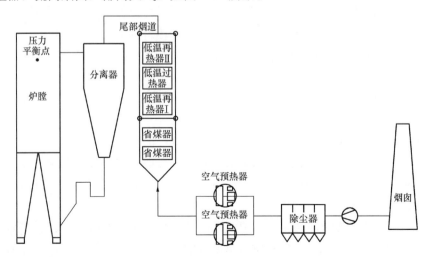

图 2-34 600MW 超临界循环流化床锅炉引风系统示意图

引风机风量较大，一般离心风机难以满足系统要求，白马 600MW 超临界循环流化床锅炉采用静叶可调轴流风机。

美国 FW 公司设计制造的 460MW 超临界循环流化床锅炉的引风系统中，采用了如图 2-35 所示的烟气余热回收系统。通过设置低压省煤器，将锅炉排烟温度降低至 80℃，回收的热量用以预热流化风。通过这种能量置换，将原用于加热空气预热器的一部分高温烟气热量节省下来，用于加热给水。虽然采用烟气加热给水后会增加汽轮机侧的冷凝损失，但从整个电厂热循环的角度考虑，采用该烟气余热回收系统后，仍使机组热效率提高了 0.8%。

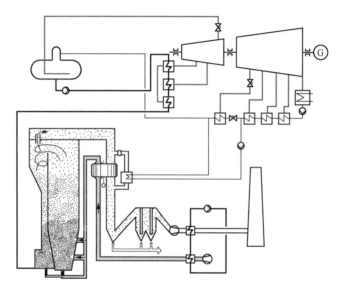

图 2-35 美国 FW 公司 460MW 超临界循环流化床锅炉烟气余热回收系统示意图

（二）600MW 超临界循环流化床锅炉风机选型

600MW 超临界循环流化床锅炉配套的主要风机包括一、二次风机和引风机、高压风机。风机运行的安全经济性直接关系到发电机组乃至整个电厂的安全经济运行，而我国电站风机的制造和运行水平近年来虽有所提高，但送引风机故障造成的锅炉非计划停运仍占到相当的比例。就投运的 135MW 及 300MW 亚临界循环流化床锅炉电站风机而言，目前存在的主要问题是送引风机气流压力脉动造成的风机异常振动和进出口管道振动现象，以及风机运行效率不高，经济性差等问题。因此，600MW 超临界循环流化床锅炉技术方案是否成熟可靠，风机的设计与选型至关重要。

风机选型设计参数是否合理是风机运行经济性好坏的首要关键：选大了会使风机运行不在高效区内，造成高效风机低效运行的后果，甚至可能导致离心风机及其进出口管道的剧烈振动和轴流风机失速（喘振）等不安全现象发生，威胁机组的安全经济运行；选小了又会造成机组不能满发。

对于 600MW 超临界循环流化床锅炉风机，选型参数（TB 点）是按锅炉 BMCR 工况所需的烟风量和烟风阻力加上一定的富裕量确定的。其中，锅炉本体的烟风量和烟风系统阻力由锅炉厂提供，锅炉岛内的设备和管道，包括暖风器、除尘器等的阻力则由设备厂家提供。因此，风机选型参数合理即 BMCR 工况点值计算准确、富裕量考虑合适。

目前国内大型循环流化床锅炉风机选型的实际情况是：早期的 300MW 等级循环流化床锅炉因处于初步设计阶段，锅炉系统的参数还没有大量的实际运行数据验证，普遍一次风机选型偏大。造成上述问题的一个重要原因是：长期以来，循环流化床锅炉的风机选型，往往仍按煤粉锅炉的风机选型思路进行，即首先确定的一个风机满负荷时的最大风量、系统最大阻力，再考虑一个裕量系数，从而确定风机的风量和风压参数。而实际情况是，在大型循环流化床锅炉中，当锅炉负荷变化时（总流化风量变化时），炉内床压随之变化。但这种变化的方向刚好与传统锅炉相反，由图 1-22 可知，当锅炉负荷降低时，炉膛上部流化状态会由快速床转变为气力输送，炉膛总阻力会增加，即对一次风机而言，其最大风量和最大风压，不在同一个工况点上。以引进 300MW 循环流化床锅炉为例，当锅炉负荷从 100% 降至 50% 时，风室压力会从 17kPa 上升到 21.5kPa，增加了约 20%，相差达 4.5kPa，而该锅炉的送风系统的总阻力（空气预热器、冷风道、热风道、点火风道），在 100% 负荷时，仅 2kPa 左右。对二次风而言，也有类似问题：当锅炉负荷降低时，上二次风喷口背压降低，下二次风喷口背压上升。这种背压变化，自然会影响到离心风机的风量大小。上述分析如图 2-36 所示。

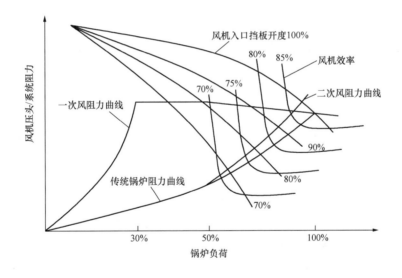

图 2-36 循环流化床锅炉负荷变化与风机压头的关系

因此，白马 600MW 超临界循环流化床锅炉的一、二次风机和引风机、高压风机 BMCR 点的烟风量和阻力计算则按空气动力计算进行，而裕量的选择应变更为：一次风机在常规风机选型的基础上适当降低裕量系数，二次风机在常规风机选型的基础上适当增加裕量系数。

此外，风机选型参数不能只有一个设计工况点，还应包括选型工况点（TB 点）、BMCR 工况点、50%BMCR 附近工况点、不投油最低稳燃负荷工况点（即油枪最大负荷工况点）及锅炉点火启动工况点的参数。否则风机难以满足低负荷工况的需要，甚至造成轴流风机失速（喘振），或离心风机工作在气流高脉动区，给风机安全稳定运行带来隐患。600MW 超临界锅炉风机选型条件为：在满负荷，即 100%BMCR 工况下，风机的正常工作点位于最高效率区；最大设计工况（即 TB 点）位于高效区，且在稳定运行区域内。按 TB 点工况参数选取风机的形式和型号大小，并尽量保证部分负荷点也位于高效率区域内。在所有运行条件下，即阻力线完全落在风机稳定区域内且失速裕度足够。

在满足安全稳定运行需要后，再选择经济性最好的风机型号（叶轮直径）。但在确定风机形式时（离心、动叶轴流、静叶轴流）时，还应对风机的成本、占地大小及运行的可靠性进行综合比较。

第三节　600MW 超临界循环流化床锅炉汽水系统

一、超临界循环流化床锅炉常用汽水系统

（一）电站燃煤锅炉汽水系统布置特点

汽水系统布置在电站燃煤锅炉设计中占有重要的地位。要了解燃煤锅炉汽水布置特性，必须了解煤在锅炉中的燃烧放热平衡、汽水吸热平衡以及超临界汽水参数与亚临界汽水参数的关系。

1. 煤燃烧的放热平衡

任何一种燃煤锅炉，从燃烧的角度来看，必须随时满足几个基本的平衡关系，才能保证锅炉的正常燃烧。

（1）炉内温度平衡。所谓炉内温度平衡，就是在锅炉运行过程中，在一定的负荷范围内以及一定的煤质波动范围内，都要保证炉内着火区域有一定的温度，以满足新入炉煤的着火要求，使煤在炉内能够稳定燃烧。炉内着火区域的温度值，是由煤的燃烧放热与烟气携热、水冷壁吸热等因素共同决定的。当锅炉负荷降低、入炉煤相应减少时，炉内煤的燃烧放热会成比例减少，而烟气携热和水冷壁吸热减少不多（低负荷下为维持燃烧，过剩空气系数会增加；水冷壁面积在运行中无法调节），从而导致炉温下降，入炉煤着火困难。对层燃锅炉和煤粉锅炉而言，煤燃烧产生的热量主要用于加热水冷壁使炉水变为蒸汽，并将入炉冷空气（通常是温度在 400℃以下的热空气）变成高温（1000℃左右）烟气。对循环流化床锅炉而言，煤燃烧产生的热量，除了加热炉水和冷空气外，还用于加热循环灰。除了维持着火温度以外，燃煤锅炉还需要维持一定的炉膛出口烟温。对于不同的炉型（煤粉炉、层燃煤、循环流化床锅炉），炉膛出口烟温通常为 900～1100℃。维持炉膛出口烟温的主要目的，是防止炉内超温结焦，同时也是为了防止尾部对流烟道产生二次燃烧。

由此可见，从维持炉内燃烧放热平衡的角度出发，炉内燃烧温度太低，容易造成熄火；炉内燃烧温度太高，又会造成炉内结焦或尾部烟道二次燃烧。由于炉内燃烧温度是由受热面的吸热及烟气携热控制的，因此从燃烧放热平衡的角度讲，煤在炉内燃烧放热并维持一定的炉膛出口烟温，就需要在炉内布置足够的受热面。由于煤在炉内的燃烧温度较高（通常会高于炉膛出口烟温），因此为保护受热面，就应该在炉内布置换热能力较强的受热面。在锅炉给水经过加热产生蒸汽最后变成过热蒸汽的过程中，由水变为蒸汽的过程，是

沸腾换热，其传热系数在所有对流换热过程中是最高的，因此炉内最应该布置蒸发受热面，即水冷壁。

（2）燃烧放热的热量分配平衡特性。燃烧放热的热量分配平衡特性，是指当负荷变化或煤质变化时，会带来燃烧参数的变化，也会使燃烧热量的分配特性发生变化。例如，当负荷降低时，燃烧过剩空气系数往往是增大的。对煤粉炉，存在一个最低一次风速，当负荷降低时，一次风量或风速不能成比例降低，否则会造成堵管等事故。对流化床锅炉而言，当负荷降低时，入炉煤减少，但流化风量不能同步减少，因为炉内必须维持一定的流化状态，否则就会结焦。当入炉煤煤质变化时，比如灰分增加或水分增大时，被灰渣或烟气带出炉膛的热量也会增加。负荷和煤质的变化，由于会引起煤燃烧放热的热量分配（分别分配给炉膛和尾部烟道）发生变化，因此锅炉设计上必须要有相应的调节手段。对煤粉锅炉，可以采用调节火焰中心位置进行适当调节；对循环流化床锅炉，采用布置外置床以调节水汽吸热比例是一个很好的办法。

2. 汽水吸热平衡特性

（1）蒸汽的热力学特性及其工程应用。要了解锅炉的汽水吸热平衡特性，首先要了解水蒸气的热力学特性。由水蒸气的热力学特性可知，在临界压力点以下的压力范围内，由水变为蒸汽所吸收的热量（称为汽化潜热），随压力升高而减少。在临界点处，汽化潜热为零。因此，对于中低压锅炉，比如燃煤工业锅炉，由于水的汽化潜热大，即使炉膛内只布置蒸发受热面，将炉膛出口温度控制在规定值（900～1100℃），也达不到所要求的蒸发量。此时，就需要在尾部烟道设置蒸发对流管束，即双汽包布置。反之，对电站燃煤锅炉，由于蒸汽压力高，汽化潜热小，因此炉内还需要布置过热器或再热器，才能维持炉膛出口烟温。随着电站锅炉参数从高压、超高压至亚临界，汽化吸热不断降低，炉膛内所需布置的过热器或再热器受热面也就不断增加。

基于以上设计思路，白马 600MW 超临界循环流化床锅炉在受热面布置上有以下特点：

1）在超临界循环流化床锅炉的设计中，大多数设计者采取的增加蒸发受热面的形式无外乎两种：一是通过用附加换热面实现，如屏式受热面、扩展水冷壁、外置床（FB-HE）等，但由此带来的由平行流引起的流量不均的问题或系统复杂化很难解决；二是通过增加炉膛高度实现，但过高的炉膛仅增加了顶部粒子浓度较低即换热系数较低的区域，有效蒸发受热面积的增加并不明显。另外，过高的炉膛高度也会带来分离器入口灰浓度是否有保证的问题。白马 600MW 超临界循环流化床锅炉则采用单面曝光拉稀的中隔墙，有效地增加蒸发受热面积。

2）炉外固体颗粒循环回路上布置有外置床，部分高温循环物料进入布置有受热面（过热器、再热器）的低速流化床，进行热交换。

（2）汽水吸热的平衡特性。由于煤燃烧放热的变化，以及电厂热力循环系统参数的变化（比如高压加热器停运），锅炉蒸发吸热量与蒸汽过热、再热吸热量很难始终保持平衡。具体锅炉设计时，在过热器系统中设置了减温器。减温水来自锅炉给水，实际上，就是通过减温，调节锅炉蒸发吸热量和过热器、再热器吸热量的比例，从而保证锅炉过热蒸汽和再热蒸汽参数。

对循环流化床锅炉，由于有高温循环灰回路，因此通过设置外置床，也能方便地调节蒸发吸热与过热蒸汽、再热蒸汽吸热的比例。比如，增加外置床的循环灰量，使返回炉膛的平均灰温降低，在保证相同的炉内温度条件下，即增加了过热蒸汽或再热蒸汽的吸热比例。

在具体的蒸汽吸热平衡上，还要考虑温压以及传热的安全性问题。蒸汽温度越高，所要求的加热介质温度也越高。这一点对循环流化床锅炉尤其重要。因为循环流化床锅炉低负荷运行时，炉膛出口烟温可能降至 600℃ 左右，为保证过热汽温和再热汽温，就必须将部分高温段再热器（按烟气流向，通常布置在过热器之后）布置在炉膛中或外置床中。从传热的安全性来讲，再热蒸汽由于换热能力低于过热蒸汽，应尽量不要布置在温度高、烟气传热能力强的区域。

超临界直流锅炉中，并没有固定的蒸发受热区域，即汽水之间并没有明确的分界面。具体针对白马 600MW 超临界循环流化床锅炉，省煤器出口（水冷壁入口）要求有一定的欠焓，而水冷壁出口则要求有一定的过热，因此，炉膛的一部分可以看做是过热器。同时，蒸发区（两相流）将会在低于 80% 负荷时迅速重现，这时应对受热面布置进行校核，使炉膛出口温度在对应压力下的干饱和蒸汽温度以上。因此，为保证蒸发受热面出口温度或焓值，必须增加换热面积，以弥补炉膛四周膜式水冷壁蒸发受热面的不足。

同时，在满足了工质蒸发所需的吸热以外，循环流化床主回路炉内燃料燃烧放出的热量相比蒸发受热面吸热有余，这种情形随着锅炉容量的提高（蒸汽参数也相应提高）而更加明显。因此，很有必要把某些受热面，如过热器、再热器等布置在主回路里，使放热和吸热能和谐地平衡，以便把循环流化床锅炉主回路的温度控制在正常的范围内。

3. 超临界汽水参数与亚临界汽水参数的差异

简单地讲，超临界状态下，不存在汽水相变，汽化潜热为零，即水与蒸汽是同一种状态。超临界状态下的水被加热后，直接变成蒸汽，没有汽水共存的相变阶段。而锅炉启动过程一定存在一个升压过程，即锅炉在启动时，并不是一开始就是超临界状态。因此，超临界参数电站锅炉，在启动及在较大的负荷变化（如从 100% 降到 70% 以下）过程中，就存在一个超临界与亚临界状态的转换问题。

在超临界状态下，由于没有汽水共存的蒸发过程，也就不存在汽水密度差，亚临界的锅炉自然循环被强制循环所代替。没有自然水循环，锅筒（汽包）也就不需要了。因此，在超临界锅炉中，炉水经过水冷壁管后，直接变为有一定过热度的过热蒸汽，但蒸汽压力一旦落入亚临界范围，水冷壁出口就可能有一部分水存在。因此，在超临界锅炉的汽水系统中，设置了一个汽水分离器。在低负荷及锅炉启动过程中，采用汽水分离器将水冷壁出口蒸汽中的水分离出来，再送入水冷壁中。

（二）亚临界以下参数电站循环流化床锅炉的蒸汽系统

1. 高压循环流化床锅炉的蒸汽系统

根据锅炉容量不同，在相同压力等级下，锅炉的蒸汽系统基本上大同小异。

　　某100MW高压循环流化床锅炉，带绝热式高温旋风分离器，其过热蒸汽流程为：饱和蒸汽从汽包引出后，进入尾部竖井侧包墙上集箱，依次流经包墙侧墙、前墙、后墙后汇集到低温过热器进口集箱并对低温过热器管组进行冷却，然后从锅炉两侧引到炉内的二级过热器（屏式过热器或Ω管过热器），在二级过热器出口经两侧交叉后，同时返回到尾部竖井中的高温过热器，最后合格的过热蒸汽由高温过热器出口集箱单侧引出。

　　整个过热器系统共布置有两级喷水减温器：一级减温器（左右各一台）布置在低温过热器出口至二级过热器入口管道上，作为粗调；二级减温器（左右各一台）位于屏式过热器或Ω管过热器与高温过热器之间的连接管道上，作为细调。

　　2. 超高压循环流化床锅炉的过热蒸汽系统和再热蒸汽系统

　　135MW及其以上容量的超高压循环流化床锅炉还带有一级再热器。在过热器系统布置中，二级过热器一般采用翼墙管式过热器，布置在炉膛内。若锅炉不带外置床，再热器也分两级布置，低温段对流再热器布置在尾部竖井上部的前烟道中，高温段再热器采用翼墙管屏结构，布置在炉膛中。以某台带有汽冷式高温分离器的135MW循环流化床锅炉蒸汽系统为例，其布置方案为：饱和蒸汽从汽包引出后，由饱和蒸汽连接管引入汽冷式旋风分离器入口烟道的上集箱，下行冷却烟道后由连接管引入汽冷式旋风分离器下部环形集箱，上行冷却分离器筒体之后，由连接管从分离器上部环形集箱引至尾部竖井左右侧包墙上集箱，依次流经左右侧包墙、前墙/后墙、中隔墙后汇集到低温过热器进口集箱并对布置在尾部竖井后烟道中的低温过热器管束进行冷却，然后从低温过热器出口集箱两侧引到炉内的屏式过热器。蒸汽流出屏式过热器后，从屏式过热器出口集箱两侧引到尾部竖井后烟道中的高温过热器，最后合格的过热蒸汽由高温过热器出口集箱单侧引出。

　　过热器系统采取调节灵活的喷水减温器作为汽温调节和保护各级受热面管子的手段，整个过热器系统共布置有两级喷水：一级减温器（左右各一台）布置在低温过热器出口至屏式过热器入口管道上，作为粗调；二级减温器（左右各一台）位于屏式过热器与高温过热器之间的连接管道上，作为细调。以上两级喷水减温器均可通过变更左右侧的喷水量，以达到消除左右两侧汽温偏差的目的。

　　再热蒸汽流程为：汽轮机高压缸→布置在尾部竖井前烟道的低温再热器→微调喷水减温器→炉内翼墙管再热器→汽轮机中压缸。

　　当锅炉带有外置床时，其低温再热器布置在外置床中，高温再热器布置在尾部烟道中。

　　3. 亚临界循环流化床锅炉的过热蒸汽系统和再热蒸汽系统

　　亚临界蒸汽参数的循环流化床锅炉主要有带外置床和不带外置床的循环流化床锅炉两种类型。

　　（1）带外置床的300MW亚临界参数循环流化床锅炉的蒸汽系统。带外置床的300MW亚临界参数循环流化床锅炉过热蒸汽和再热蒸汽系统如图2-37所示。

　　其过热蒸汽流程为：饱和蒸汽从锅筒引出后，由饱和蒸汽连接管引入尾部烟道包墙过热器，然后通过蒸汽连接管进入布置在炉前外置床中（该外置床还布置有高温再热器）的低温过热器，再进入布置在炉后外置床中的中温过热器，此后由连接管引入到布置在尾部

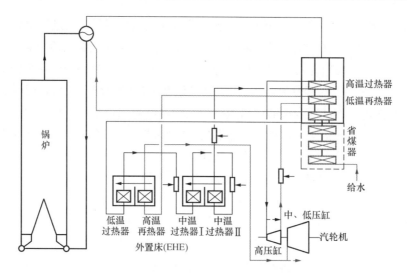

图 2-37 亚临界循环流化床锅炉的过热蒸汽和再热蒸汽系统示意图

烟道中的高温过热器，最后合格的过热蒸汽由高温过热器出口集箱（合并成一根连接管）引入汽轮机。

再热蒸汽流程为：从汽轮机高压缸排出的再热蒸汽通过连接管，进入布置在尾部烟道内的低温再热器（LTR）入口集箱，流经低温再热器蛇形管，由低温再热器出口集箱引出，然后由连接管引入布置在外置换热器中的高温再热器（HTR），经高温再热器加热后合格的再热蒸汽由高温再热器出口集箱（最终合并为单根管）引回汽轮机。

过热器系统采取调节灵活的喷水减温作为汽温调节和保护各级受热面管的手段，整个过热器系统共布置有 3 级喷水减温器：第一级在低温过热器（LTS）和第一级中温过热器（ITSⅠ）之间，用于控制 LTS 出口和 ITSⅠ入口温差为 10℃；第二级在第一级中温过热器（ITSⅠ）和第二级中温过热器（ITSⅡ）之间，用于控制 ITSⅡ出口温度为 485℃；第三级在第二级中温过热器（ITSⅡ）和高温过热器（HTS）之间，用于控制高温过热器出口温度为 540℃。过热器系统喷水用给水做减温水。

再热器系统在锅炉正常运行时无喷水，再热汽温靠控制外置床的灰流量来实现。在低温再热器（LTR）入口设有事故喷水，在事故工况时，通过喷水来控制高温再热器（HTR）出口汽温。

（2）不带外置床的 300MW 亚临界参数循环流化床锅炉的蒸汽系统。不带外置床的 300MW 亚临界参数循环流化床锅炉过热蒸汽和再热蒸汽系统与 135MW 超高压循环流化床锅炉的布置方式相差不大。以带有汽冷高温旋风分离器的 300MW 循环流化床锅炉为例，锅炉过热蒸汽流程为：饱和蒸汽从锅筒引出后，由饱和蒸汽连接管引入汽冷式旋风分离器入口烟道的上集箱，下行冷却烟道后由连接管引入汽冷式旋风分离器下集箱，上行冷却分离器筒体之后，由连接管从分离器上集箱引至尾部竖井侧包墙上集箱，下行冷却侧包墙后进入侧包墙下集箱，由包墙连接管引入前、后包墙下集箱，向上行进入中间包墙上集箱汇合，向下进入中间包墙下集箱，即低温过热器进口集箱，逆流向上对后烟道低温过热器管组进行冷却后，从锅炉两侧连接管引至炉前屏式过热器进口集箱，流经屏式过热器受热面后,从锅炉两侧连接管返回到尾部竖井后烟道中的高温过热器,最后合格的过热蒸汽由高温过热器出口集箱两侧引出。

锅炉再热蒸汽流程为:汽轮机高压缸排汽引入尾部竖井前烟道低温再热器进口集箱,流经低温再热器,由低温再热器出口集箱引出,经锅炉两侧连接管引至炉前屏式再热器进口集箱,逆流向上冷却布置在炉膛内的屏式再热器后,合格的再热蒸汽从炉膛上部屏式再热器出口集箱两侧引至汽轮机中压缸。

(三)超临界循环流化床锅炉的汽水系统

超临界参数下,由于汽水状态与亚临界相比发生很大变化,因此循环流化床的汽水布置系统也有较大差别。

1. 国外超临界参数循环流化床锅炉的汽水系统

目前,世界上唯一投入运行的超临界参数循环流化床锅炉是安装在波兰、由美国FW公司设计制造的460MW超临界循环流化床锅炉。该锅炉的主要参数如表2-2所示。

表 2-2 　　　　　FW公司设计的460MW超临界循环流化床锅炉的主要设计参数

项　目	设计参数	项　目	设计参数
过热蒸汽流量（kg/s）	361	再热蒸汽压力（MPa）	5.48
过热蒸汽压力（MPa）	27.5	再热器入口蒸汽温度（℃）	315
过热蒸汽温度（℃）	560	再热器出口蒸汽温度（℃）	580
再热器出口蒸汽流量（kg/s）	306	给水温度（℃）	290

该锅炉特点为:采用本生(BENSON)垂直管低质量流率技术;炉膛汽水回路包括本生垂直管、膜式壁光管水冷壁;炉内全高度蒸发受热面管屏采用内螺纹管、整体式流化床换热器(INTREX)的膜式壁与省煤器回路相连;此外,过热器分四级布置。

该锅炉的汽水系统如图2-38所示,其汽水流程是:来自高压加热器的给水,流过尾部烟道省煤器后,进入形成"INTREX"换热器的膜式水冷壁管束,再进入炉膛水冷壁,在垂直上升管中形成干蒸汽,在进入炉膛顶棚管后,变成有一定过热度的过热蒸汽,再依次流过尾部烟道过热器吊挂管、尾部包墙管后,进入布置在尾部烟道外侧平行

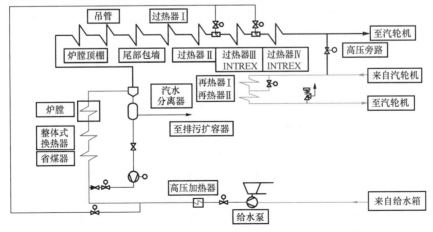

图 2-38　460MW超临界循环流化床锅炉汽水系统流程示意图

烟道中的低温对流过热器（过热器Ⅰ），然后再进入布置在炉膛上部的 U 型管屏过热器（过热器Ⅱ），再经汽冷式旋风分离器膜式壁（过热器Ⅲ）后，进入布置了高温过热器管束（过热器Ⅳ）的 4 个 INTREX 中，加热至 560℃，最后至汽轮机。过热汽温采用两级喷水调节。

来自汽轮机高压缸的排汽，经过布置在尾部烟道的低温再热器加热后，最后进入 INTREX 中的高温再热器，然后返回汽轮机中压缸继续做功。锅炉的再热汽温采用蒸汽旁路调节，即在高负荷时，将部分再热蒸汽旁路低温再热器，以降低高温再热器入口汽温，防止高温再热器超温。

图 2-39 是 460MW 超临界循环流化床锅炉汽水系统受热面布置示意图。

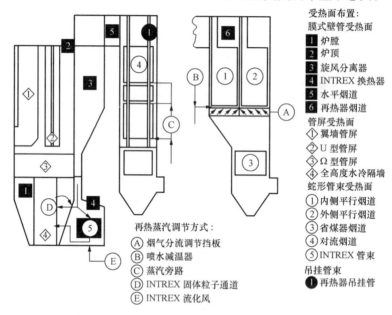

受热面布置：
膜式壁管受热面
■1 炉膛
■2 炉顶
■3 旋风分离器
■4 INTREX 换热器
■5 水平烟道
■6 再热器烟道
管屏受热面
◇① 翼墙管屏
◇② U 型管屏
◇③ Ω 型管屏
◇④ 全高度水冷隔墙
蛇形管束受热面
①内侧平行烟道
②外侧平行烟道
③省煤器烟道
④对流烟道
⑤INTREX 管束
吊挂管束
●再热器吊挂管

再热蒸汽调节方式：
Ⓐ 烟气分流调节挡板
Ⓑ 喷水减温器
Ⓒ 蒸汽旁路
Ⓓ INTREX 固体粒子通道
Ⓔ INTREX 流化风

图 2-39　460MW 超临界循环流化床锅炉汽水受热面布置示意图

2. 国外超超临界参数循环流化床锅炉的汽水系统

图 2-40 是美国 FW 公司设计的 800MW 超超临界循环流化床锅炉的汽水系统图。该汽水系统图与 460MW 超临界锅炉的汽水系统图很相似，过热器系统仍采用四级布置，但设置了三级喷水减温。此外，高温再热器布置在炉膛中。该汽水系统的汽水流程为：来自高压加热器给水（290℃）首先进入光管省煤器加热，然后进入 INTREX 热交换器膜式壁管继续加热。给水从 INTREX 热交换器进入炉膛水冷壁分配集箱，经垂直管水冷壁加热成干蒸汽后从水冷壁出口再热器箱流出。流出的干蒸汽被导入炉膛顶棚管，依次进入尾部烟道吊挂管、包墙管以及水平烟道包墙管，这后三者称为Ⅰ级过热器。过热蒸汽进入由 8 个旋风分离器膜式壁组成的Ⅱ级过热器。最后，过热蒸汽进入布置在叠置式 INTREX 中的过热器Ⅲ和过热器Ⅳ，蒸汽温度达到设计值（600℃）。

来自汽轮机高压缸的排汽，首先进入锅炉尾部烟道的低温再热器，然后进入布置在炉内的 U 形高温再热器。

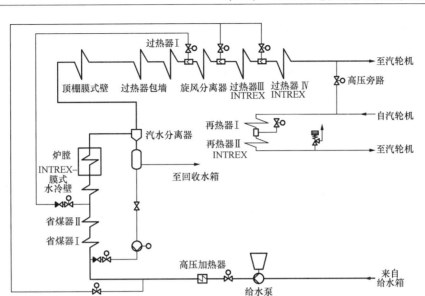

图 2-40　800MW 超超临界循环流化床锅炉汽水系统布置示意图

二、600MW 超临界循环流化床锅炉汽水系统

白马 600MW 超临界循环流化床锅炉汽水系统如图 2-41 所示。

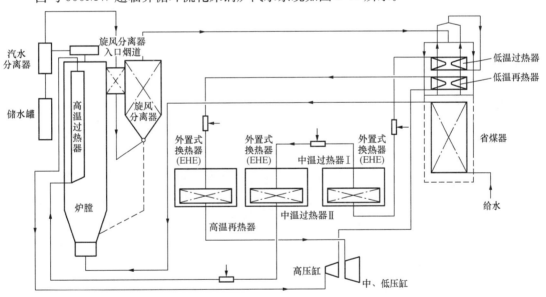

图 2-41　白马 600MW 超临界循环流化床锅炉汽水系统示意图

锅炉给水首先进入位于尾部烟道下部的省煤器入口集箱，水流经省煤器受热面吸热后，由省煤器出口集箱右端引出，经连接管进入水冷壁入口集箱，经水冷壁管后进入水冷壁出口集箱汇集，然后通过连接管引入汽水分离器进行汽水分离，在锅炉启动处于循环运行方式时，饱和蒸汽经汽水分离器分离后进入旋风分离器进口烟道，疏水进入储水罐。来自储水罐的一部分饱和水通过锅炉再循环泵和再循环管路流量调节阀回流到省煤器入口，其余疏水排往凝汽器。

蒸汽流程为：分离器入口烟道→分离器→后竖井包墙→吊挂管→低温过热器，然后通过蒸汽连接管引入布置在外置床中的两级中温过热器，最后由连接管引入布置在炉膛中的高温过热器，合格的过热蒸汽由高温过热器出口集箱引出到汽轮机。锅炉直流运行时，全部工质均通过汽水分离器进入分离器入口烟道。

过热蒸汽温度是由水煤比和三级喷水减温来控制。水煤比的控制温度取自设置在高温过热器上的 3 个温度测点，通过 3 取中进行控制。过热蒸汽喷水减温器共布置有三级：第一级在低温过热器（LTS）和第一级中温过热器（ITS I）之间，用于控制 LTS 出口和 ITS I 入口温差；第二级在第一级中温过热器（ITS I）和第二级中温过热器（ITS II）之间，用于控制 ITS II 出口温度；第三级在第二级中温过热器（ITS II）和高温过热器（HTS）之间，用于控制 HTS 出口温度。过热器系统喷水来自省煤器出口。

从汽轮机高压缸排出的再热蒸汽通过连接管进入布置在尾部烟道内的低温再热器入口集箱，流经低温再热器后，由连接管引入布置在外置换热器中的高温再热器（HTR），经高温再热器加热后合格的再热蒸汽由高温再热器出口集箱引回汽轮机。

再热蒸汽的调温主要通过调节流经外置换热器的灰量，在低温再热器出口管道上布置再热器微调喷水减温器作为事故状态下的调节手段。

图 2-42 是哈尔滨锅炉厂提出的 600MW 超临界循环流化床锅炉的汽水系统图。

哈尔滨锅炉厂 600MW 超临界循环流化床锅炉方案的主要特点是采用绝热式高温分离器，具体的汽水流程略有不同。

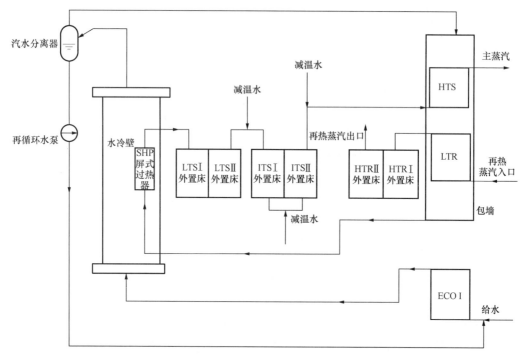

图 2-42　哈尔滨锅炉厂 600MW 超临界循环流化床锅炉汽水系统示意图

SHP—屏式过热器；LTS—低温过热器；ITS—中温过热器；HTR—高温再热器；HTS—高温过热器；
LTR—低温再热器；ECO—省煤器

给水直接送入尾部对流烟道内的省煤器内，经省煤器预热后送入水冷壁下部入口集箱，在水冷壁系统中加热成过热蒸汽后送入 4 个汽水分离器内，然后引入过热系统中。

从汽水分离器出来的过热蒸汽首先引入到尾部对流烟道的包墙过热器，然后经连接管引入到炉膛内的屏式过热器，从屏式过热器出来的过热蒸汽进入外置床内的低温过热器，然后引入中温过热器外置床，最后引入到尾部高温过热器，在高温过热器内加热到额定温度后引出锅炉，进入汽轮机高压缸。在低温过热器与中温过热器Ⅰ之间，中温过热器Ⅰ与中温过热器Ⅱ之间，中温过热器Ⅱ与高温过热器之间分别布置有减温器，减温器共 3 组，减温器的水来自锅炉给水。

再热蒸汽系统分两级布置，低温再热器布置在锅炉尾部，高温再热器布置在外置床内。再热汽温采用锥形阀灰侧调节。为了保证锅炉的安全稳定运行，在再热器入口设有事故喷水减温器。

上海锅炉厂提出的 600MW 超临界循环流化床锅炉在总体结构上与哈尔滨锅炉厂很相似，也采用绝热式高温旋风分离器。但其汽水系统有所不同，其炉内未设置屏式过热器。图 2-43 是上海锅炉厂 600MW 超临界循环流化床锅炉汽水系统示意图。

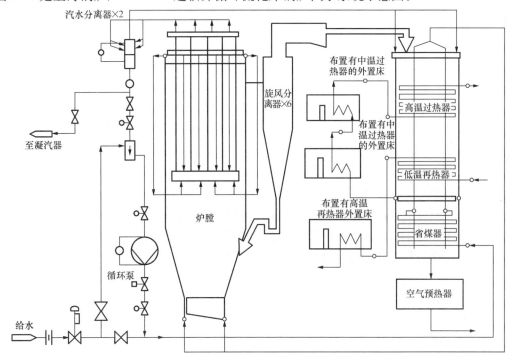

图 2-43 上海锅炉厂 600MW 超临界循环流化床锅炉汽水系统示意图

给水进入省煤器加热后，经省煤器吊挂管进入布置在尾部烟道顶部的省煤器出口集箱，然后被引入锅炉水冷壁下集箱（水冷风室集箱），沿膜式水冷壁上行被加热到有一定过热度的蒸汽，再进入汽水分离器。从汽水分离器流出的蒸汽进入过热器系统。

过热器由尾部烟道包墙管膜式壁过热器、低温过热器、中温过热器及末级过热器等部件组成。末级过热器布置在尾部烟道中，低温过热器和中温过热器布置于外置床内。

过热器系统按蒸汽流向可分为包墙过热器、低温过热器、中温过热器和末级过热器四级。其中，主受热面为低温过热器、中温过热器、末级过热器。低温过热器和中温过热器布置在外置床内，主要吸收部分高温循环灰的对流热量。末级过热器布置在尾部烟道，通过对流传热吸收烟气热量。过热器系统的汽温调节采用水煤比和两级四点喷水减温。

再热器系统由低温再热器和高温再热器两级组成。由汽轮机高压缸来的排汽首先进入低温再热器，然后进入布置在外置床中的高温再热器。在低温再热器进口管道上布置有事故喷水，以保护再热器。锅炉再热蒸汽采用外置床调温。

第四节　600MW 超临界循环流化床锅炉防磨结构

在循环流化床锅炉床料循环回路中，由于烟气流速高、烟气中的灰量大，炉墙和受热面受到大量固体颗粒的冲刷，炉内金属受热面和非金属炉膛的磨损比传统锅炉要严重得多。尤其是较高循环倍率的循环流化床锅炉，炉内烟气所携带的灰量，往往是普通煤粉锅炉的十几倍，甚至几十倍。当高含尘浓度的烟气携带床料粒子高速流过时，就会在炉墙或金属受热面表面产生磨损。国内外现已投运的循环流化床锅炉中，许多锅炉曾经出现过因磨损而被迫停炉的事故。

这种由于烟气携带大量颗粒对固体表面的磨损，主要分为冲刷磨损和撞击磨损两种类型。

冲刷磨损是指固体颗粒相对于固体表面的冲击角较小，甚至接近平行，颗粒垂直于固体表面的分速度，使颗粒锲入被冲击物体的表面；而颗粒与平行于固体表面的分速度，使它沿固体表面滑动，这两个分速度的合成效果，就起到一种"刨削"作用。若固体表面经受不起这种"刨削"作用，就会被切削掉很微小的一块。当这种"刨削"现象大量重复时，固体表面就产生明显的磨损。

撞击磨损是指颗粒相对于固体表面冲击角度较大，或接近于垂直时，以一定的运动速度撞击固体表面，使其产生微小的塑性变形或显微裂纹；在大量颗粒的反复撞击下，逐渐使塑性变形层整片脱落而形成的磨损。

此外，在循环流化床锅炉中，还存在由于受热面振动而导致的磨损。有报道称这种磨损现象主要发生在外置床内的受热面管束上，磨损的主要原因是高温下受热面管束由于与支撑件之间的连接不够牢固而产生了"微振"现象引起的。但其磨损的本质，仍然是由于固体表面与颗粒之间存在相对运动而产生冲刷磨损和撞击磨损。

根据颗粒磨损机理和炉内气固两相流动特性，循环流化床锅炉受热面及炉墙的磨损是不可避免的，只要锅炉运行，磨损总会发生，但磨损并不全是由炉内正常的气固流动造成的，在很多情况下，锅炉设计、安装、运行中存在的一些问题，大大加重了受热面和炉墙的磨损程度。而停炉期间，对炉膛、高温旋风分离器、回料器、对流烟道内的炉墙、受热面以及防磨材料的磨损检查、修理、更换，已成为保证循环流化床锅炉安全经济运行的一项重要工作。

本节不打算深入探讨磨损机理，而是将重点放在如何减轻对炉内金属表面和非金属表面的磨损，使其磨损量在正常范围之内。

一、循环流化床锅炉本体的易磨损部位及其磨损原因

循环流化床锅炉的炉膛、旋风分离器、回料器、外置床、尾部烟道内表面都存在较易受到磨损的区域。

（一）炉膛内磨损

炉膛内的磨损部位主要包括布风板、金属受热面和炉墙。

1. 布风板

布风板的易磨损区域一般在布风板与四周炉墙的交接处、正对回料口的区域、给煤口下方、排渣口附近，如图 2-44 所示，其中深色区域是易磨损区域。

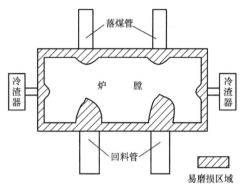

图 2-44　布风板的易磨损区域

布风板四周的磨损，主要是由于沿壁面下滑的高浓度颗粒流造成的；回料器出口附近区域的磨损，则是由返回到炉膛的循环灰造成的。排渣口附近布风板的磨损，是由于炉内底渣汇集排出时造成的。炉内给煤口下方布风板的磨损原因则略有不同，此处布风板的磨损往往还带有烧蚀原因，即较多的煤粒在给煤口所正对的布风板区域集中燃烧，产生局部烧蚀现象所致。

布风板的磨损情况还与风帽结构有一定关系。采用定向风帽时，如果风帽出风口方向设计、安装不当，使某些风帽的出风口正对其他风帽的背部，也会造成这些定向风帽磨损。

此外，布风不均、床料颗粒太粗等原因，也会造成布风板磨损。

2. 炉内水冷壁管

炉膛内金属受热面的磨损主要发生在膜式水冷壁管和翼墙管上。

水冷壁管的主要磨损区域是炉膛出口处的侧墙水冷壁、顶棚管水冷壁和炉膛下部水冷壁和耐火材料的交汇处及炉墙四角处的水冷壁管。此外，当炉内气固流场分布不均匀时，床料下落过程中产生偏斜，也会使某个高度处的水冷壁管产生磨损。

炉膛出口处侧墙水冷壁管的磨损主要是由于烟气转弯进入分离器时，炉内烟气向炉膛出口烟窗汇集，造成局部烟气流速和颗粒浓度较高而引起的。顶棚管的磨损则主要是由于烟气在炉膛出口处转弯流动产生的离心力，将许多大颗粒床料从烟气中抛向炉顶水冷壁管造成的。炉膛四角水冷壁的磨损，则主要是由于四角交界处向下流动的固体颗粒流量较大引起的。

在炉膛下部水冷壁和耐火材料的交汇处所产生的水冷壁管磨损，则主要是由于沿壁面下落的床料在交汇处台阶上，产生反弹与飞溅现象而产生的。此外，烟气在交汇处由于流动方向变化而产生涡流，涡流将部分上升状态的床料颗粒拉向交汇处，进一步加重了交汇处的磨损，如图 2-45 所示。

在翼墙管下部，为了防磨，通常包裹一层耐火耐磨层。在裸露的翼墙水冷壁管与耐火耐磨层交汇处，也易发生如图 2-45 所示的磨损情况。

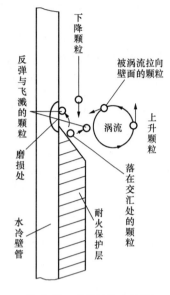

图 2-45 交汇处的水冷壁
磨损示意图

此外，在炉内水冷壁管的对接焊口处和水冷壁膜片焊接处，如果打磨不平整也易发生磨损。

3. 耐火材料磨损

耐火材料磨损主要出现在炉膛水冷壁下部倾斜部分，以及炉墙上的某些凸出部分，如启动燃烧器出口处。

造成耐火材料磨损的原因较多，主要的原因有以下两点：

（1）由于炉膛温度循环波动的热冲击及由于不同耐火材料之间、耐火材料与金属受热面之间因热膨胀不均所引起的机械应力造成耐火材料产生裂纹和剥落。尤其当锅炉频繁启停及负荷经常变化时，很容易缩短耐火材料的使用寿命。

（2）由于大量床料粒子的冲刷、撞击作用而造成耐火材料的损坏。由冲刷、撞击引起的磨损，尤其在冲击角度较大时，磨损较严重。因此，炉墙扩口部分的耐火材料、启动燃烧器出口上沿凸出部分的耐火材料，在运行中磨损较为严重，如图 2-46 所示。

此外，耐火材料质量与施工工艺、炉膛下部的还原性气氛以及锅炉防磨设计等，也对炉墙的抗磨性能产生较大的影响。

循环流化床锅炉对耐火材料的要求较高，要求极高的耐磨性能、很好的抗热震性能和抵抗还原性气氛侵蚀的能力，以及适宜的养护或烧结温度。许多在其他行业或传统锅炉上应用效果很好的耐火材料，用于循环流化床锅炉后，往往会出现耐磨性差而被磨损、抗热震性差而出现较大的裂纹、在炉内存在腐蚀性气体及还原性气氛时耐火耐磨强度大幅下降的情况。此外，还存在由于

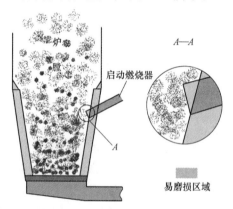

图 2-46 炉膛下部耐火材料易磨损区域

循环流化床锅炉炉温达不到耐火材料的设计养护或烧结温度，而使耐火材料无法达到其设计强度的问题。

耐火材料施工过程中，耐火材料现场施工时的拌和时间、捣打时间、炉墙密实程度和墙面的光滑程度、烘炉养护等施工工艺参数控制不好，也是造成炉墙磨损严重的主要原因之一。

（二）旋风分离器磨损

高温旋风分离器的磨损主要发生在炉膛到分离器的水平烟道内、分离器入口处、分离器的圆筒形部分区域和分离器上部烟气出口管。

在炉膛到高温旋风分离器的水平烟道中，来自炉膛的高温烟气在此加速，在进入高温旋风分离器时，其速度已达到 20~25m/s。床料颗粒的加速过程要慢得多，在旋风分离器的旋

风筒入口处，颗粒速度才基本与烟气速度一致。因此，在水平烟道靠近炉膛一端，磨损相对较轻，而在靠近分离器一端，磨损则较为严重。在水平烟道中，铺设得十分光滑的耐磨衬里，在运行1～2年后，在其表面有时会磨出1mm左右深的沟槽。尤其需要注意的是：在水平烟道的膨胀节处，若膨胀节在炉内的密封填料因施工偏差而凸出或凹入烟道内壁，未形成光滑过渡，高速烟气流过填料密封处就会产生涡流，造成密封填料的磨损，使非金属膨胀节因温度过高而烧坏外层密封，造成高温烟气泄漏，其磨损原因如图2-47所示。

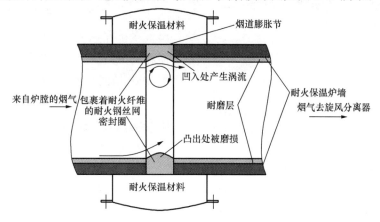

图 2-47　分离器前水平烟道膨胀节的磨损示意图

高浓度含尘烟气高速（20～25m/s）流入旋风分离器时，在旋风分离器入口处因流通截面突然扩大，流场发生改变而产生磨损；同时，高速气流会在正对入口的分离器筒壁上产生撞击磨损区域，如图2-48所示。

高温旋风分离器上部烟气出口管也是较易磨损的部位，与其他区域的磨损不同，由于采用金属结构，出口管还存在氧化、高温化学腐蚀等破坏因素，因此金属管一般采用耐热合金钢材制造，常用材料有 RA253MA、1Cr20Ni14Si2 等。

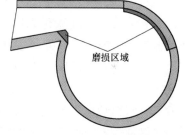

图 2-48　分离器内的磨损区域

（三）回料器磨损

大型循环流化床锅炉回料器内的循环灰流量很大，可达到同一时间给煤量的20～40倍，因此也存在磨损问题。回料器内的易磨损区域主要是风帽、返料管以及回料器上下行通道之间的隔板。

除了"一分二"结构的回料器以外，常规回料器的流通面积与立管基本相同，但由于回料器中呈流化状态，流化料层的空隙率高于立管中床料的空隙率，因此回料器中循环床料的流动速度通常高于立管内的流动速度；此外，回料器中循环灰量横掠风帽的定向运动（从立管进料口到炉膛返料管出口），自然会对风帽造成冲刷磨损。回料器中循环灰的横向运动，还会对回料器隔板造成磨损。

除颗粒冲刷对返料管内壁造成磨损外，采用回料管给煤时，高温腐蚀性气体也可能对返料管内衬产生腐蚀作用。高温腐蚀性气体主要来自煤在返料管中的热解过程，即当煤被

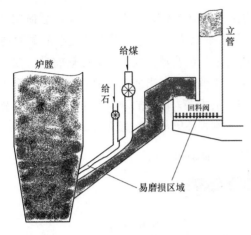

图 2-49　回料阀与返料管的磨损区域示意图

加入返料管后，与高温循环灰混合，在缺氧条件下产生热解作用，煤中的硫形成 SO_2 气体。

由于煤与高温循环床料在返料管中的混合很弱，因此高温腐蚀气体主要对返料管内壁的上部区域造成腐蚀。某 410t/h 循环流化床锅炉全部给煤均从位于前墙的 4 个回料管上给入，投运两年后，发现回料器返料管内壁上部区域，出现多条深达 10cm 的沟槽。据分析，这是磨损和腐蚀的双重作用效果。

图 2-49 是回料阀与返料管的磨损区域示意图。

尾部烟道的磨损与传统锅炉的磨损情况类似，本节不再讨论。

二、大型循环流化床锅炉常用防磨措施

循环流化床锅炉炉内高含尘烟气流动，使炉内金属受热面和耐火材料的磨损不可避免。但采取有效的防磨措施，可以将磨损程度降到最低。为此，国外循环流化锅炉制造商在循环流化床锅炉上不断采用一些新的防磨措施，以减轻金属受热面和耐火材料的磨损，或者减少因磨损而增加的维护工作量。

（一）布风板四周设置防磨台阶

国外某大型循环流化床锅炉的运行实践证明，在布风板与前后炉墙交界处设置如图 2-50 所示的防磨台阶后，可有效防止沿壁面下滑的床料粒子对布风板边界处风帽的冲击磨损以及堵塞。因为循环流化床锅炉一般只有两面炉墙下部采用倾斜炉墙，沿倾斜炉墙下滑的床料量较多，所以一般设置防磨台阶。

设置防磨台阶后，插入炉膛的最下层热电偶会被防磨台阶上的积灰包裹住，影响测温准确性。因此，热电偶插入处下方的防磨台阶，则做成如图 2-50 中放大图所示的斜面结构。

防磨台阶采用耐火材料浇注。采用防磨台阶后，布风板的磨损大大减轻，磨损主要发生在防磨台阶处，停炉后只需修补防磨台阶即可。

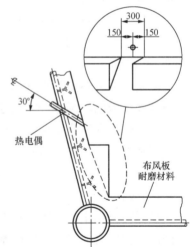

图 2-50　炉膛下部的防磨台阶示意图

（二）炉膛下部耐火材料过渡区的防磨措施

1. 水冷壁外弯管防磨结构

在膜式水冷壁与炉膛下部耐火材料交汇处，采用如图 2-51 所示的水冷壁外弯管防磨结构，可有效防止交汇处床料颗粒对膜式水冷壁的磨损。

由于水冷壁管在交汇处采取外弯结构，外弯结构内侧敷设耐火耐磨材料，使沿水冷壁

面下滑的床料颗粒，不会反弹或飞溅到膜式水冷
壁管上，从而有效防止了交汇处水冷壁管的磨损。
实际使用中，水冷壁管外弯结构有多种形式。

2. 防磨凸台结构

国外某公司在其 300MW 循环流化床炉膛内
耐火材料过渡区上采用了图 2-52 所示的凸台结
构，用于防止过渡区金属管壁的磨损。该防磨凸
台的防磨原理是：锅炉运行时在该凸台上会自然
堆积较厚的一层细灰或细床料。当沿水冷壁下滑
的床料落至这层细灰上后，产生一个软着陆效果，
从而有效防止床料在水冷壁交界面上的反弹，避
免了水冷壁的磨损。该防磨设计曾用于多个大型

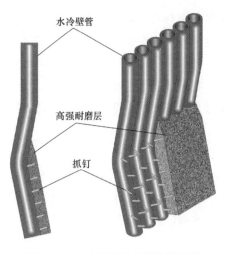

图 2-51　水冷壁管外弯管防磨结构

循环流化床锅炉项目，效果较好。但国内的使用情况表明，其防磨效果似乎不如水冷壁外
弯管防磨结构的效果好。

3. 防磨瓦结构

国外某公司在过渡区采用图 2-53 所示的防磨结构，该防磨结构的主要特点是：将水
冷壁管的直径减少，同时设置防磨瓷片，其防磨机理与让管方式差不多。该防磨结构已申
请了专利。

图 2-52　某 300MW 循环流化床锅炉
炉膛下部结构

图 2-53　国外某公司在循环流化床
锅炉内采用的防磨结构

4. 喷涂（堆焊）耐磨合金材料

在炉内翼墙管下部耐火耐磨层与金属管壁交汇处、炉膛出口烟窗两侧墙水冷壁及顶棚
管等易磨损区域，可以通过喷涂耐磨合金来提高金属管子的防磨能力。根据热喷涂技术要

求及国内热喷涂粉末生产现状，可选择镍基自熔合金粉末 Ni60 作为喷涂粉末。该粉末红硬性比较好，在 600℃ 左右硬度值不变。Ni60 粉末的化学成分是：C 为 0.35~1.0，Si 为 4.5~7，Fe 不大于 20，Cr 为 14~18，B 为 3~4.5，其余为 Ni。

在翼墙管上的喷涂高度约为 20~100cm，喷涂厚度为 1~3mm，使用效果表明，经喷涂处理的膜式水冷壁管屏寿命可延长 8~12 倍。

目前，国内从事合金喷涂的厂家很多，技术上有较大差异，使用效果、费用也相差较大。

（三）炉膛上部水冷壁的防磨措施

针对炉膛上部水冷壁的防磨，以及四角部位水冷壁的防磨，国内循环流化床电厂常采用防磨梁、防磨瓦等方法减轻磨损。

在循环流化床炉膛的四角，由于下行床料流量较大，磨损较重，为了防止炉膛上部四角水冷壁的磨损，有的循环流化床锅炉还在炉膛四角加设防磨结构，将耐火材料从炉膛下部耐火材料过滤区一直延伸到炉顶。

图 2-54 是上述三种防磨措施在炉膛内的使用照片。采用防磨梁的优点是能降低沿水冷壁下滑的床料速度，形成软着陆，从而起到防止水冷壁磨损的作用。应用该技术时，通常需要在炉膛水冷壁上设置多道防磨梁。

设置这些防磨措施后，会覆盖部分水冷壁面积，有可能导致炉膛出口温度升高、过热器减温水量增大的现象。

(a)　　　　　　　　　　　　　　　　　　(b)

(c)

图 2-54　防磨梁与防磨瓦实际使用的现场照片

（a）防磨梁；（b）防磨瓦；（c）炉膛四角的防磨措施

（四）高温旋风分离器中心管的防磨结构

高温旋风分离器烟气出口管（也称为分离器中心筒）的形状和尺寸，对旋风分离器的分离效率有极大的影响。运行中，由于高温旋风分离器内的工作环境恶劣，分离器烟气出口管容易发生磨损、烧蚀变形，甚至脱落现象。

早期循环流化床锅炉采用整体式中心筒，即整个中心筒由一根大直径合金钢管构成。当中心筒部分损坏难以修复时，必须整个更换；由于中心筒采用合金材料制造，更换费用较高。

近十年来，分离器中心筒往往采用三截筒体组合而成，当其中一段磨损变形后，只需修复或更坏损坏的一段，从而减少了维修更换费用。

但随着锅炉容量增大，中心筒直径也在增大；而大直径合金钢管因轧制困难而价格较高。为此，近年来，国外开发出一种新的中心筒制造技术。该新型中心筒，采用若干片弧形或平板形合金板相互扣接而成，如图 2-55 所示。

该中心筒分为上、中、下三段。每一段由若干片结构完全相同的合金板围成，最下面一段的合金板的挂扣上，用扁钢镶嵌，像一条腰带一样将合金板围住。在室温下，每片合金板之间存在约 10 mm 的膨胀间隙；在锅炉运行时，此间隙因合金板片的热膨胀而消失。

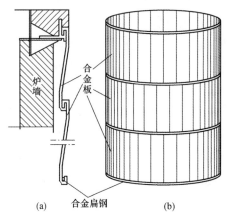

图 2-55 合金板组合式分离器中心筒
结构示意图
（a）合金板断面结构及悬挂示意图；
（b）中心筒外观示意图

采用这个合金板组合结构，当中心筒局部区域磨损烧坏后，只需更换相应位置的合金板即可，大大降低了检修工作量和中心筒的维护费用。此外，采用这种结构，还可以围成任意尺寸的分离器中心筒，从而大大降低了分离器中心筒的制造成本。

三、白马 600MW 超临界循环流化床锅炉防磨措施

循环流化床锅炉主循环回路灰浓度很高，并且由于低温燃烧和燃料粒度相对较大，因此循环流化床锅炉主循环回路的磨损倾向非常大。循环流化床锅炉的防磨措施必须引起特别的重视，防磨问题是循环流化床锅炉设计的一个关键问题。

要解决循环流化床锅炉的磨损问题，首先应该从性能上改善主循环回路的运行环境。白马 600MW 超临界循环流化床锅炉在性能设计中采用的有利于防止磨损的措施主要有以下三点：

（1）采用合理的炉膛截面，降低炉膛烟速，减小磨损。为达到快速流化床状态，流化床需在一定的速度和循环灰流量范围内运行，并应考虑磨损的风险。综合考虑，600MW 超临界循环流化床锅炉设计中采用的炉膛上部轴向烟气速度不大于 5.5m/s。

（2）采用高效旋风分离器，使减小入炉煤和石灰石粒径成为可能。这不仅提高了锅炉的燃烧效率，也有利于减轻磨损。

（3）重视膨胀中心的设置、膨胀节的形式，防止由于膨胀问题引起了耐磨耐火材料的

损坏。

由于循环流化床锅炉独特的燃烧方式，在性能设计中的调整不能根本解决磨损问题，还需要在结构设计、安装工艺等方面综合系统考虑，才能避免发生严重磨损，保证锅炉的稳定运行。

（一）白马600MW超临界循环流化床锅炉主要部件磨损情况分析

在大型带外置床（EHE）的循环流化床锅炉中，容易磨损的部件（或部位）主要是组成锅炉主循环回路的下部炉膛水冷壁密相区、炉膛出口、旋风分离器、回料器和外置床，以及布置在主循环回路中的各级受热面。由于旋风分离器的气固分离作用，循环流化床锅炉布置在旋风分离器以后的尾部受热面的烟气含灰浓度一般相对较低，尾部受热面磨损情况好于煤粉炉，但一般更易积灰。因此，循环流化床锅炉尾部受热面仅需采用常规的防磨技术，并可选取比煤粉炉略高的尾部受热面烟速（省煤器除外），既保证了安全运行，又能提高传热效率。因此，600MW超临界循环流化床锅炉在如下部位设计有不同特性和结构的耐磨耐火材料层以防止磨损。这些部位的防磨结构主要分为受热表面的防磨结构和非受热表面的防磨结构两类。白马600MW超临界循环流化床锅炉主要的防磨区域如图2-56所示。

白马600MW超临界循环流化床锅炉需要防磨的受热表面主要有以下几方面：

（1）水冷布风板。

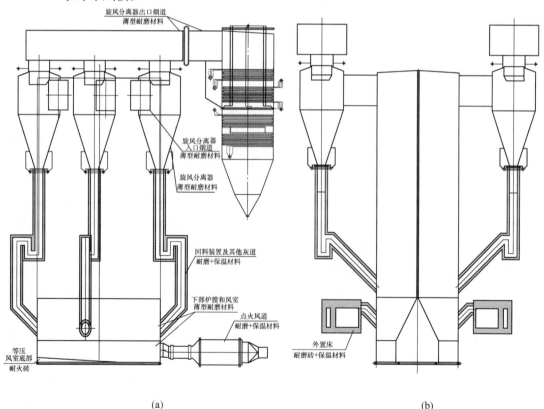

图 2-56　白马600MW超临界循环流化床锅炉的主要防磨区域

（a）侧视图；（b）正视图

（2）炉膛下部密相区四周水冷壁内表面。

（3）炉膛出口四周水冷壁内表面。

（4）汽冷式旋风分离器及入口烟道内表面。

（5）分离器出口汽冷烟道内表面。

（6）汽冷尾部入口烟道内表面。

需要防磨的非受热表面主要有以下几方面：

（1）旋风分离器中心筒。

（2）立管及回料器内表面。

（3）回料器至 EHE 灰道。

（4）EHE 内表面。

（二）白马 600MW 超临界循环流化床锅炉防磨措施

1. 受热表面的防磨措施

（1）一般原则。由于受热表面对热量的吸收，通过合理的设计可有效保证金属表面不会超过许用温度。因此，受热表面的防磨可采用密集销钉固定的薄型耐磨耐火材料，而不需要再敷设保温材料层。

受热表面采用高密度销钉固定的耐磨材料如图 2-57 所示。

（2）水冷布风板和炉膛下部密相区四周水冷壁防磨。由于循环流化床锅炉炉膛下部密相区物料浓度很高，而且炉内的混合及湍流扰动非常强烈，因此该区域非常容易磨损。在炉膛下部锥段区域的四面墙水冷壁、炉膛至旋风分离器出口烟窗四周及相应的侧

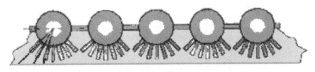
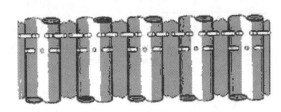

图 2-57　燃烧室下部水冷壁管上的耐磨浇注料

墙局部区域、前后墙水冷壁相交的顶部高灰浓度回流区以及炉膛四面墙上的开孔区和旋风分离器内壁均敷设有如图 2-57 所示的密集销钉固定的耐磨材料。

（3）密相区与稀相区交界处和水冷壁开孔让管的防磨。在炉膛水冷壁收缩拐点处，同时也是炉膛密相区与稀相区交界处，将采用如图 2-50 所示的结构，避免由于形成涡流区引起水冷壁管的磨损。炉内水冷壁让管、弯管区域如人孔、回料口、风渣管口、热工测点、二次风口等部位以及密相区与稀相区的交界过渡区，也均采用类似的密焊销钉加耐磨材料的防磨结构。采用了这种结构的循环流化床锅炉工程运行实践都表明，此结构很好地解决了耐磨材料在上述区域的磨损问题。

引进型 300MW 亚临界循环流化床锅炉密相区与稀相区的交界处是下部分叉炉膛顶部，为水冷壁的分流点：内侧炉膛通过 F 形管两两合并后引至前后墙水冷壁；而前后墙水冷壁其余部分、侧墙水冷壁则用 Y 形管一分为二，然后共同组成炉膛中上部水冷壁。大量弯管、F 形管和 Y 形管的存在使该处水冷壁的结构非常复杂，无法采用管子外弯防

磨结构。故引进型 300MW 亚临界循环流化床锅炉只能在密相区与稀相区交界处采用防磨凸台结构。

从国内众多的 135~150MW 等级循环流化床锅炉的运行实际反映，在防止交界面磨损上，管子外弯让管的防磨结构效果明显优于防磨凸台。虽然白马 600MW 超临界循环流化床锅炉也采用了分体炉膛结构，但其分体炉膛的结构与引进型 300MW 亚临界循环流化床锅炉完全不同。由于采用独特的单面曝光中隔墙水冷壁结构，内侧炉膛水冷壁管子直接进入中隔墙下集箱，并上行形成单面曝光中隔墙水冷壁，对外侧四周的水冷壁没有影响。因此，白马 600MW 超临界循环流化床锅炉外侧水冷壁结构非常简单，可以在密相区与稀相区交界处采用周向管子外弯防磨结构，以达到更加良好的防磨效果。

（4）炉膛内部受热面的防磨。炉膛水冷壁采用规格为 $\phi 28.6$ 的管子，由于管子较细，表面的弧度较常规水冷壁管更小，炉膛内的粒子在管子表面的运动更趋平缓，从而天然具有更好的防磨特性。

同时，白马 600MW 超临界循环流化床锅炉方案采用开式炉膛结构，除炉膛中部有单面曝光中隔墙水冷壁外，炉膛内不布置其他翼墙管屏受热面。对于炉内受热面的防磨，主要考虑炉内的水冷壁集箱（包括单面曝光中隔墙水冷壁下集箱）防磨和拉稀管形成的开孔区域的防磨措施。

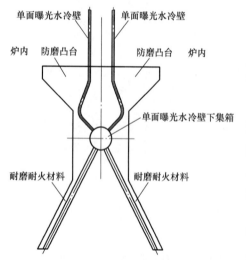

图 2-58　单面曝光中隔墙水冷壁下集箱
防磨结构示意图

其中，由于结构所限，单面曝光中隔墙水冷壁下集箱区域的防磨主要采用销钉固定的防磨凸台结构（见图 2-58）。此类防磨凸台结构主要依靠凸台上堆积的松散灰，使沿水冷壁下降的内循环物料减速而软着陆；同时避免在堆灰区域形成旋涡，造成二次夹带磨损管壁。此类防磨凸台已用于 135~150MW 国产循环流化床锅炉和 300MW 引进型循环流化床锅炉下部，是比较成熟的一种防磨结构。

（5）旋风分离器、分离器进出口烟道及尾部入口烟道的防磨。白马 600MW 超临界循环流化床锅炉的旋风分离器、旋风分离器出口烟道、尾部入口烟道均采用过热蒸汽冷却。采用汽冷式分离器及其进出口烟道，不仅有效增加了过热受热面，同时可以在这些结构中采用图 2-57 所示的密集销钉薄型耐磨耐火材料结构。采用汽冷式旋风分离器＋薄型耐磨耐火材料＋外保温结构与采用绝热式旋风分离器＋耐磨材料＋保温材料结构（绝热式分离器耐磨保温结构按引进型 300MW 亚临界循环流化床典型设计）的对比如表 2-3 所示。

从表 2-3 可以看出，对旋风分离器、分离器进出口烟道及尾部入口烟道采用薄型耐磨耐火材料的设计，使材料耗量大大少于绝热式分离器的厚型耐磨保温结构。薄型结构的耐火＋保温材料的单位面积质量比厚型结构的耐火层单层单位面积质量都小得多。此外，相比厚型材料用挂钩固定的多层成型砖结构，薄型结构炉内仅单层密集销钉固定的耐磨可塑料，维护简单、不易脱落。同时，由于炉内耐火层极薄，用量很少，故薄型结构的热惯性小，对锅炉启停速度没有限制，可以大大提高锅炉启停速度并降低锅炉启动时的耗油量。因此，薄型设计的耐磨保温结构，在极大降低了炉内耐火耐磨材料的初投资费用的同时，也降低了锅炉的运行费用，减少了锅炉的运行维护工作量和维护费用。

表 2-3 　　　　　　　　汽冷式旋风分离器与绝热式旋风分离器防磨结构的对比

分　类	名　称	厚　度 (mm)	容　重 (kg/m³)	单位面积各层质量 (kg/m²)	单位面积总质量 (kg/m²)
绝热式旋风分离器					
内耐火层	耐磨耐火砖	150	2500	375	475
内保温层	保温砖	150	500	75	
	无石棉微孔硅酸钙	100	250	25	
汽冷式旋风分离器					
内耐火层	耐磨可塑料	25（管壁外） 51（扁钢外） 38（平均）	2800	106.4	120
外保温层	硅酸铝耐火纤维毯	50	128	6.4	
	高温玻璃棉	150	48	7.2	

旋风分离器中心筒和风帽的材料采用耐高温、耐磨损的钢种，在抗氧化性、耐磨性方面全面超过一般厂家采用的 1Cr25Ni20Si2 材料。

（6）水冷壁角部、炉内受热面现场拼接焊缝处的防磨。循环流化床锅炉在炉膛边壁存在大量向下流动的粒子（内循环），下降粒子流的速度和厚度从炉膛顶部开始逐渐增加，在炉膛底部达到最大。下降流对强化炉膛内受热面传热有很大的作用。但大量粒子的高速流动，对炉内受热面的磨损也非常严重。国内外大量循环流化床锅炉运行经验表明，炉膛内部的任何不平整处均易导致磨损。

大量研究和工程实践表明，随着炉膛高度的增加，下降流流速降低；在下降流流速低于某一值时，炉内无需敷设耐磨材料（上炉膛）。因此，降低下降流流速，对控制磨损有着至关重要的意义。

根据以上原理，白马 600MW 超临界循环流化床锅炉在超临界循环流化床锅炉炉膛角部的防磨上采取了增设凸台的方案。

目前，解决角部磨损的常见方式是在炉膛角部从炉底至炉顶全部敷设耐磨耐火材料。但这样的处理工作量较大，施工质量难以保证。耐火材料的不平整或局部脱落会加剧磨损。同时，耐磨耐火材料的敷设必然会引起最边沿水冷壁管的吸热减少，对水循环不利。

从磨损机理分析可知，炉膛角部水冷壁的磨损主要是因为颗粒下降流造成。由于下降流从炉顶沿炉膛高度的降低，其流速逐渐增大，边界层厚度也逐渐增厚，从而造成整个炉膛，特别是下部炉膛的角部严重磨损。因此，如果通过角部一定高度间隔布置的凸台结构，破坏角部边界层，减小边界层颗粒的流量和速度，将会大大减少角部磨损。国内某150MW 循环流化床锅炉上的使用情况表明，该防磨结构有效避免了水冷壁角部的磨损。

（7）受热面管子金属表面喷涂。近年来，循环流化床锅炉防磨喷涂新技术的发展很快，在部分循环流化床锅炉中进行的喷涂改造，取得了较好的使用效果。因此，白马600MW 超临界循环流化床，在一些关键区域将采用经过工程验证的可靠金属喷涂工艺对受热面进行保护。

如密相区和稀相区交界的下部水冷壁拐角处，不仅设计了有效的水冷壁周向外弯防磨结构，而且在此外弯管子没有耐磨材料的区域采用金属喷涂，进一步加强了水冷壁管的防磨保护。

2. 非受热表面的防磨措施

由于非受热表面不能吸收热量，为保护金属件，在炉内除敷设耐磨耐火材料外，还要增加保温层。白马600MW 超临界循环流化床锅炉在非受热表面的防磨材料主要采用的是销钉固定的定型或不定型耐火耐磨材料加保温层设计。以下用具有代表性的回料器内部防磨设计进行详细说明。

（1）防磨设计的特点。回料器内部的防磨设计，采取耐磨材料与保温材料配合的结构形式，如图 2-59 所示，其形式基本有以下几种：

1）耐磨砖衬里 + 保温砖形式，耐磨砖与耐磨砖之间的灰浆缝为 2mm，一定间隔留有膨胀缝。在适当高度设有高温热强钢制的托架，把耐磨砖的重力分层传递到钢壳上。

2）耐磨砖 + 保温浇注料，适合于钢壳形状较复杂及其他不适合保温砖的部位，耐磨

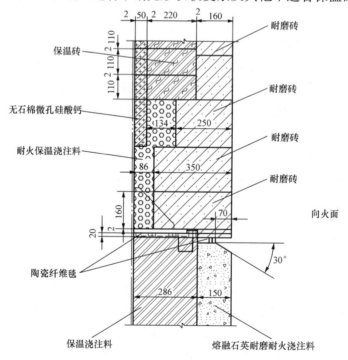

图 2-59 几种典型非受热表面的防磨设计

砖与耐磨砖之间的灰浆缝为2mm，适当间隔留有膨胀缝，每间隔一定高度设砖托分层卸载。

3）耐磨浇注料＋保温浇注料（见图2-60），适用于耐磨衬里表面复杂部位及设备顶面，这种结构最普通的形式是按一定规律布置"Y"形抓钉用以固定耐磨衬里，抓钉上要涂1mm厚沥青解决金属抓钉与耐磨浇注料之间的温胀差异，耐磨浇注料按2％的比例加入不锈钢纤维，耐磨衬里要适当留有膨胀缝。

在非受热表面的耐磨耐火材料衬里的设计结构中，耐磨耐火砖或耐磨耐火浇注料均在各个方向留有足够的膨胀缝，以防止热膨胀产生应力而破坏耐磨耐火材料进而导致的脱落。预留的膨胀

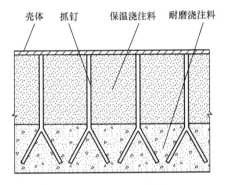

图2-60 耐磨浇注料＋保温浇注料的
施工工艺

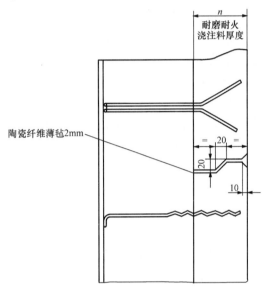

图2-61 非受热表面留置膨胀缝的
典型设计

缝中需充填耐高温的耐火纤维毡，防止灰进入膨胀缝中。

由于设计有足够的膨胀间隙，因此可以保证耐磨砖的膨胀空间，从而避免出现"鼓包"等现象。留置膨胀缝的典型设计如图2-61所示。

（2）高性能的耐磨耐火材料选择。完善的耐火耐磨设计是锅炉防磨的一个重要前提，而良好的耐磨耐火材料性能则是防磨性能最终得以实现的保证。白马600MW超临界循环流化床锅炉的耐火耐磨材料的选取上，充分吸收国产135～300MW各参数循环流化床锅炉、引进型300MW亚临界循环流化床锅炉在分离器、回料器、EHE、热灰道等部件的防磨设计特点，并结合其在安装运行中出现的问题进行了优化设计。

研究表明，耐磨耐火材料的破坏一般是由耐火耐磨材料中的裂缝在运行中的"挤压剥落"引起。当循环物料被裂缝夹住时，炉内的耐磨耐火材料经历反复的温度变化热循环时就会出现"挤压剥落"。这就需要耐磨耐火材料要具备一定的抗压抗折强度。

在耐磨耐火砖较难施工的位置，一般采用耐磨耐火浇注料来实现防磨设计，因浇注料的养护和烧结要在炉内安装完后进行，受环境、加热条件的限制，浇注料的耐磨性能要低于耐磨耐火砖。因此，在设计中尽量多采用砖的结构设计，而在耐磨耐火浇注料中，除加入不锈钢增强纤维外，还增加了固定销钉的密度，以达到更好的效果。

3. 尾部受热面防磨设计

白马 600MW 超临界循环流化床锅炉的尾部受热面防磨措施，在设计制造上也进行了较全面的考虑：

（1）对于尾部烟道内的受热面，由于采用了高效的旋风分离器，减少了尾部烟道中的飞灰浓度，为尾部受热面的防磨创造了良好的外部环境。极细粒子参加循环的更多优点在于炉膛与尾部烟道磨损均得到改善。

（2）低温过热器、低温再热器和省煤器管组前均设有防止烟气走廊形成的均流板，管组沿烟气流向前几排管子迎风面均设置有防磨盖板。这种防磨结构成熟、可靠。同时合理选取管间烟速，既防止管间积灰搭桥，又能够尽量减少受热面管子的磨损。

（3）省煤器蛇形管采用具有优良防磨性能的螺旋肋片管省煤器。该型省煤器具有优良的防磨性能。

（4）在空气预热器的烟侧入口段采用了厚壁管。

（5）烟气流速控制。根据灰的磨损特性选取烟气流速，将磨损控制到最小。

耐火耐磨材料性能的完全发挥，不仅需要在性能、结构设计，耐火耐磨材料的性能要求等因素上考虑，而且与耐火耐磨材料的生产、敷设、养护、烧结等各个环节都紧密相关。

第五节　600MW 超临界循环流化床锅炉耐火材料

对大型循环流化床锅炉而言，耐磨耐火材料作为其关键性的基础材料，对设备稳定而可靠的运行有重大影响。一般而言，循环流化床锅炉用耐火材料必须具备的性能有：①高强度和良好的耐磨性；②良好的体积稳定性及合适的导热系数；③良好的热震稳定性；④良好的耐火性和抗 CO 侵蚀能力。由于不同使用部位的工况条件不同，应根据耐磨耐火材料行业发展的先进水平及材料特性，借鉴国外先进的设计理念，进行精细化设计；耐磨耐火材料的制造，必须借鉴国内外成功的技术路线，结合国内资源特点和生产装备水平，走自我发展和创新之路；随着各种高技术新型定型及不定型耐火材料的诞生及应用，施工及烘炉也成为影响大型循环流化床锅炉耐火材料应用水平的重要环节，探索先进的施工及烘炉技术，制订调试、运行期间与耐磨材料相关的应急服务预案，完善工程系统管理及快速反应机制，已成为业内一项重大而紧迫的任务。

我国循环流化床锅炉耐磨耐火材料通过多年的引进、消化和探索，走引进和国产化相结合的道路，在耐磨耐火材料的设计、制造、施工、烘炉及维护等方面均已积累了丰富的经验。早期的耐磨耐火材料基本上都从国外进口，价格极其昂贵，相当于国内同类产品的3～10 倍，这对我国大部分循环流化床锅炉项目来说是难以承受的；另外，基于我国基本国情，劣质、高硫燃料燃烧的技术难度明显高于国外，引进耐火材料的适用性和稳定性大幅下降，其使用效果也不十分理想。随着我国燃料特性的变化、循环流化床锅炉的大型化以及高参数化，超临界循环流化床锅炉关键部位耐火材料的工作条件进一步恶化。目前国内普通耐磨耐火材料的使用寿命往往很短，长则一两年，短则几个月，远远不能满足超临界循环流化床锅炉的需要。

　　如何大力降低耐磨耐火材料的造价，提高其使用质量，在总结 300MW 亚临界循环流化床锅炉配套技术的基础上，认真剖析 600MW 超临界循环流化床锅炉的特性，结合国内耐磨耐火材料行业发展水平及自主创新水平，探索出一条符合中国国情的新型耐磨耐火材料产业化道路，大力推进大型循环流化床（尤其是超临界循环流化床）燃烧技术的发展，将是一项长期而艰巨的任务。以一台带外置床 300MW 循环流化床锅炉本体为例，单台耐火保温材料数量达 5000 余 t，耐火材料总投资约 2000 余万元。由于使用周期较短，其运行维护成本较高。据不完全统计，耐火材料维修更换费用约占电站设备总维护成本的15％～30％。所以，提高循环流化床锅炉耐火材料的配套水平，对减少项目投资、降低运行成本、促进 600MW 超临界循环流化床电站乃至 800、1000MW 超超临界循环流化床电站的推广应用来说，是至关重要的。据预测，一台配备绝热型高温分离器的 600MW 超临界循环流化床锅炉，约需耐火材料 8600 余 t，耐火材料总投资约 4000 余万元。一台采用汽冷式分离器的 600MW 超临界循环流化床锅炉，约需耐火材料 6000 余 t，耐火材料总投资约 3000 余万元。

　　600MW 超临界循环流化床锅炉耐火材料配套技术（包括炉衬设计技术、新型耐磨材料制造技术、施工技术、烘炉技术、工程管理技术等），作为 600MW 超临界循环流化床示范电站项目的重要技术内容，示范电站一经成功运行，就标志着具有自我知识产权的 600MW 超临界循环流化床锅炉耐火材料配套技术的诞生，并将大力促进 600MW 超临界循环流化床锅炉在我国乃至世界的推广应用，由此带来的 600MW 超临界循环流化床电站市场及耐火材料市场是十分巨大的。

一、超临界循环流化床锅炉对耐火耐磨材料的要求

　　首先，在蒸汽参数方面，超临界与亚临界循环流化床锅炉有较大差异，因此对耐火材料也提出了新的要求。表 2-4 是 300MW 亚临界循环流化床锅炉、460MW 超临界循环流化床锅炉以及 600MW 超临界循环流化床锅炉参数的对比。

表 2-4　　　　超临界与亚临界循环流化床锅炉主要汽水参数的对比

项　　目	460MW 超临界循环流化床锅炉超临界参数	600MW 超临界循环流化床锅炉超临界参数	300MW 亚临界循环流化床锅炉亚临界参数
过热蒸汽流量（kg/s）	361	528	294
过热蒸汽流量（t/h）	1300	1900	1060
过热蒸汽压力（MPa）	27.5	25.4	17.55
过热蒸汽温度（℃）	560	571	540
过再热蒸汽流量（kg/s）	306	445	243
过再热蒸汽流量（t/h）	1102	1604	875
再热蒸汽压力（MPa）	5.48	4.6	4.03
冷再热蒸汽温度（℃）	315	320	330
热再热蒸汽温度（℃）	580	569	540
给水温度（℃）	290	290	281.4

超临界循环床是大型循环床技术与超临界垂直管圈汽水系统技术的结合。燃烧系统与亚临界循环床锅炉类似，汽水系统与超临界煤粉炉类似，但也存在特殊性。这两种技术结合，形成的新的循环流化床锅炉技术特性，并同时对耐磨耐火材料提出新的要求。

（一）超临界循环流化床锅炉方案技术选型和整体布置与耐火材料的关系

在炉膛密相区、扩展受热面、炉膛出口、汽冷式分离器、汽冷热循环回路、汽冷出口烟道以及水冷风室等防磨部位，有选择性地采用较高导热系数的耐磨耐火材料，有利于增加传热，在保证工质合理流动及炉膛出口工质温度、控制燃料燃尽率及飞灰含碳量、兼顾低负荷滑压运行时的锅炉水循环安全可靠性和调节特性的前提下，可以合理降低炉膛、分离器及出口烟道的高度，从而减少锅炉本体制造成本。

在绝热部位采用低导热的耐磨耐火材料，有利于减薄衬层总厚度，降低结构部件尺寸以及钢结构支撑负荷。

采用不同耐磨耐火材料衬层结构的部件，如绝热结构或水冷或汽冷结构的分离器、回料系统、出口烟道、风室等部件，其耐磨耐火材料总量差距很大，既影响锅炉钢结构的机械负荷，同时还影响整个锅炉岛的工程造价，且耐磨耐火材料衬层厚度与部件外形尺寸的设计及布置密切相关。考虑到超临界循环流化床锅炉部件的大型化及部件数量的增多，这种相关性较亚临界循环流化床锅炉更为突出。

（二）超临界循环流化床锅炉炉内热负荷分布与耐火材料的关系

循环流化床锅炉的大型化与高参数化—超临界流化床技术，使流化床内的流体动力特性与颗粒的混合过程发生了很大的变化，从而引起气体、颗粒、床层及受热面之间对流传热与辐射传热过程的显著差异，给工程设计带来一定的技术风险，主要体现在正常流化、二次风穿透以及传热恶化三个方面。超临界直流锅炉由于结构与运行环境上的不同，决定了它在传热特性上与汽包亚临界锅炉有着许多不同的显著特性。水冷壁的结构形式、水冷壁吸热量的分配比例、水冷壁的传热和金属壁温、水冷壁对炉内热偏差的敏感性、水冷壁的支吊和自由膨胀等，均与汽包锅炉有着明显的差异。

耐磨耐火材料作为水冷壁敷面防磨材料的主体，直接参与炉内复杂传热过程，基于超临界循环流化床锅炉与亚临界循环流化床锅炉明显的热负荷分布差异，对超临界循环流化床锅炉用耐磨耐火材料的要求更加严格，主要表现在耐磨耐火材料的导热系数、比热容、辐射黑度系数、热膨胀系数、弹性模量等，这些因素与耐磨耐火材料的传热性能及抗剥落性能密切相关。

（三）超临界循环流化床锅炉水循环回路特性及其与耐火材料的关系

超临界压力流动传热是变物性强制对流传热，在超临界压力下，流体工质的特点在于它的热物理性质随温度和压力的变化非常剧烈，并且呈非单调性，这就决定了相应的流动过程和传热传质特性更加复杂。超临界压力下，工质的热物理特性显著地影响着直流锅炉水动力的稳定性和传热特性，并进一步影响到锅炉的自动调节性能。

水冷壁是吸热量变化最大的区域，因而水冷壁的合理设计非常关键。水冷壁的结构形式主要有光管和内螺纹管两种，在超临界压力下，内螺纹管在传热特性上有着光管无法相比的优越性。与螺旋管圈相比，垂直水冷壁具有防磨阻力小、安装焊缝少、支撑结构与刚性梁结构简单等特点。通常，对超临界直流锅炉采用垂直管布置加内螺纹管技术，并充分借鉴现有亚临界控制循环煤粉锅炉中的成熟技术，炉膛上部水冷壁采用内螺纹管，下部低温区采用光管，保证超临界压力下炉膛水冷壁可靠的传热性能。合理控制设计参数如传热系数、热流密度、质量流速以及变压运行设计，尤为关键。

耐磨耐火材料作为水冷壁敷面防磨材料的主体，与部分防磨水冷壁如炉膛密相区、汽冷式分离器、汽冷烟道、汽冷回料系统、水冷风室等构成有机整体。不同于亚临界循环流化床锅炉，锅炉大型化及高参数化后，必须考虑其在不同运行工况条件下与不同质量流速、不同类型管材及合金的适配性。

（四）大型循环流化床锅炉外置床的布置与耐火材料的关系

随着锅炉容量的逐步放大，过热和再热负荷比例不断提高，使得炉膛内燃烧与传热越来越难以匹配。为了控制炉膛床温和炉膛出口烟气温度在合适的范围内，主要可以采取两种解决办法，一种是在炉膛内布置扩展受热面，另一种是在炉膛外布置受热面（外置换热器）。第一种办法通过增加炉膛的受热面吸收炉内过多的热量，达到控制床温和炉膛出口烟气温度的目的；第二种办法通过在外置换热器中布置受热面，降低循环灰返回炉膛时的温度，达到控制床温的目的。第一种方法有其自身无法克服的缺点，不再适用于300MW以上循环流化床锅炉。第二种方法在超临界循环流化床锅炉上布置则具有明显的比较优势，并可一定程度上弥补第一种方法的不足：炉膛密封不好；扩展受热面膨胀、变形、超温及磨损；炉膛上下部吸热不均；炉膛上部温度及炉膛出口烟气温度偏低不利于烟气排放；再热器需干烧保护，再热器需喷水减温，降低了电厂热力循环热效率；低负荷运行时炉膛的工况不好且炉膛床温低（燃烧效率下降）；运行时炉膛温度缺乏调节手段且过热器温难以保持等。

无论是FW型的INTREX，还是ALSTOM的FBHE，耐磨耐火材料均是不同种类外置床的重要组成部分。除外置床本身外，外置换热器技术中最关键的部件是外置换热器进出口处的灰控制阀。正由于灰控制阀具有较宽的调节特性，使得灰控制阀的尺寸和安装得以标准化，国外技术共有8、12in和17in 3种标准化灰控制阀，8in通常用于冷渣器，其他两种则用于外置换热器。目前，国内已能生产以上3种规格的灰控阀（不含操纵机构）。超临界循环流化床锅炉用外置床，由于锅炉大型化的需要，多在300MW亚临界循环流化床锅炉的基础上通过严格计算予以放大，并使外置床受热的不均匀性与结构不均匀性得到较好的匹配。经过放大以后的超临界循环流化床锅炉外置床，承担着灵敏调节再热蒸汽的温度、方便调节锅炉负荷、有效调节床温的任务。因此，耐磨耐火材料所承受的机械负荷及热负荷较亚临界循环流化床锅炉外置床要苛刻得多。

二、超临界循环流化床锅炉耐火材料技术的进展

（一）超临界循环流化床锅炉耐火材料技术的研究

对超临界循环流化床锅炉耐火材料技术的研究，也是超临界循环流化床锅炉能否成功的关键之一。循环流化床锅炉与常规煤粉锅炉相比，在目前技术水平的条件下，还存在锅炉的可靠性较差，运行周期相对较短，而且锅炉防磨要求很高，难度较大的问题。因此耐火材料的性能、防磨结构设计、施工烘炉质量保证以及调试试运维护等，对循环流化床锅炉的性能起着关键而重大的作用。

超临界循环流化床锅炉耐磨耐火材料的主要分布部位包括床下点火风道燃烧器、炉底等压风室、炉膛密相区（含布风板及台阶、一次风进口、两排二次风进口、给煤口、返料口、测温测压孔、门孔、床上启动燃烧器等）、稀相区穿墙穿顶开孔密封、扩展受热面、炉膛烟气出口顶及烟窗、分离器进口、分离器筒体、分离器锥体、回料系统及相关灰道、外置床及相关灰道、流化床冷渣器、分离器出口烟道、对流包覆防磨、集箱防磨、竖井门孔及密封盒等。

有鉴于超临界循环流化床锅炉（阶段性超临界）与亚临界循环流化床锅炉的重大差别，超临界循环流化床锅炉新型耐磨耐火材料的研发，也就成为一个重大的全新课题。

例如：床下点火风道燃烧器体积比亚临界的要大，对耐磨耐火材料的要求要高于亚临界的循环流化床锅炉；炉膛密相区大部分区域采用密布销钉锚固的防磨结构，其水冷壁及布风板的温度和亚临界有区别，膨胀特性不一样，且局部区域的防磨要求高于以前的亚临界锅炉；床上助燃燃烧器的开口相对比较大，防磨结构更容易损坏；二次风的开孔也大于以往的亚临界锅炉；对给煤口及返料口的耐磨耐火材料的要求也比较高；一次风的进风口耐磨耐火材料设计要求要提高；炉膛及屏式扩展受热面耐火材料交汇处的处理更要合理，要考虑耐磨耐火材料与带销钉水冷壁及屏式扩展受热面由于高温热膨胀及传热的匹配性能；炉膛出口区及汽冷式分离器或汽冷出口烟道的壁温和亚临界的不一样，而且由于变负荷操作的原因，其温度是变化的，更要考虑高温热膨胀及传热的匹配性能；绝热式分离器或出口烟道，由于尺寸的大型化及变负荷操作，应和常规的 300MW 的绝热式分离器或出口烟道有所区别，并予以结构优化，确保整体结构的稳定性，尽可能地提高部件长周期运行时间和总体使用寿命。

（二）超临界循环流化床锅炉关键耐火材料部件及工艺研究

电站循环流化床锅炉的大型化及高参数化，加上变负荷操作的因素，常规耐磨耐火材料及 300MW 循环流化床锅炉通用配置耐磨耐火材料，已不可能完全胜任即将承受的负荷，因此需要开发以下新型耐火材料：

（1）SiC 自流浇注料：严格控制平均使用温度条件下 SiC 自流浇注料的导热系数，有效解决抗氧化性能，确保浇注料的工作性能。

1）导热系数为 $3.0W/(m^2 \cdot ℃)$ 的 SiC 自流浇注料用于汽冷型分离器筒体；

2）导热系数为 $5.0W/(m^2 \cdot ℃)$ 的 SiC 自流浇注料用于汽冷型分离器锥体；

3）导热系数为 $4.0W/(m^2 \cdot ℃)$ 的 SiC 自流浇注料用于炉膛密相区及扩展受热面。

（2）SiC 可塑料：严格控制平均使用温度条件下 SiC 可塑料的导热系数，有效解决抗氧化性能，确保可塑料的工作性能。

1）导热系数为 $2.5W/(m^2 \cdot ℃)$ 的 SiC 耐磨可塑料用于汽冷型分离器筒体；

2）导热系数为 $4.5W/(m^2 \cdot ℃)$ 的 SiC 耐磨可塑料用于汽冷型分离器锥体；

3）导热系数为 $3.5W/(m^2 \cdot ℃)$ 的 SiC 耐磨可塑料用于炉膛密相区及扩展受热面。

（3）熔融石英浇注料：有利于减小炉墙厚度及结构体的负荷，并适应温度场的频繁变化（最高使用温度 1300℃，灰道、点火风室、回料器、外置换热器、冷渣器等的特定区域）。在确保高熔融石英含量的同时提高其耐磨性能。

1）导热系数为 0.7W/（m² · ℃）的熔融石英质耐火材料，目标耐磨指数≤9CC；

2）导热系数为 0.8W/（m² · ℃）的熔融石英质耐火材料，目标耐磨指数≤8CC；

3）导热系数为 0.9W/（m² · ℃）的熔融石英质耐火材料，目标耐磨指数≤7CC。

（4）靶区专用耐磨砖：一种超级耐磨砖，目标耐磨指数≤5CC。

（5）特种耐磨可塑料：严格控制最高使用温度条件下可塑料的线变化率，确保可塑料的耐磨性能。目标线变化率−0.2%～+0.2%，目标耐磨指数≤7CC。

（6）低导热保温砖：一种超级保温砖，以利于减小炉墙厚度及结构体的负荷。严格控制平均使用温度条件下的导热系数。

1）导热系数为 0.15W/（m² · ℃）的低导热保温砖；

2）导热系数为 0.16W/（m² · ℃）的低导热保温砖；

3）导热系数为 0.17W/（m² · ℃）的低导热保温砖。

（7）特殊结构的膨胀节组件：一种安装方便的长寿命膨胀节枕套组件。

（8）特殊形式的锚固支撑件：各类型锚固支撑件，构型科学，具有高强度，且能减少护板及水冷壁热点，减免衬里剥落。

三、白马 600MW 超临界循环流化床锅炉耐火耐磨材料及施工工艺

循环流化床锅炉的耐火材料在运行中的可靠性问题是困扰循环流化床锅炉技术发展的关键因素之一。耐火耐磨材料及其施工的质量如何，直接关系到循环流化床锅炉的设计成功与否，直接影响循环流化床锅炉机组的可用率。

循环流化床锅炉耐火耐磨材料的损坏，主要发生在燃烧室、分离器物料循环回路上，另外，锅炉尾部对流烟道也有发生。600MW 超临界循环流化床锅炉中使用耐火耐磨材料的区域主要包括以下几方面：

（1）布风板。

（2）炉膛下部四周水冷壁表面及翼墙管。

（3）燃烧室出口烟窗周围及分离器入口水平烟道内表面。

（4）分离器整个内表面。

（5）料腿及回料器内表面。

（6）外置床及冷渣器内表面。

（7）分离器出口烟道内表面。

（8）尾部对流烟道内表面。

白马 600MW 超临界循环流化床锅炉上应用耐火耐磨材料的区域主要有两类，一类是应用在金属承压部件上，如炉膛下部水冷壁、汽冷式旋风分离器。由于金属承压部件往往具有极好的传热作用，因此耐火耐磨材料的应用主要是考虑耐磨性好、与金属承压部件之间的黏合性较好，使用中不易分层脱落。另一类是非承压部件的防磨，由于这些区域未被炉水或蒸汽冷却，且暴露在高温环境中，接触高速流动的烟气流或物料流，如钢板结构的点火风道、冷渣器、"J"阀回料器、外置床等，因此耐火耐磨材料的应用主要是考虑耐磨

性好、耐高温、保温性好。在这些无热传导的区域内部往往都敷设有两层耐火耐磨材料，其中最靠近外层金属板的是保温层，内层是耐磨耐火层。

应当特别指出的是，炉内耐火耐磨材料出现破损现象，并不完全是由于炉内高浓度气固烟气冲刷造成的。当耐火材料选型不当、施工不良以及运行操作不佳时，都会造成耐火材料的严重损坏。图 2-62 给出了炉内耐火材料由于温度急剧变化而损坏的过程。为避免耐火材料损坏，必须从耐火材料的选型、施工工艺等方面严格把关。

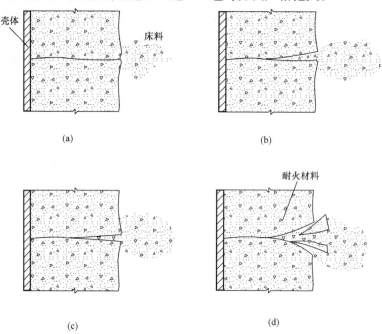

图 2-62　耐火材料由于温度急剧变化而损坏的过程

(a) 由受热引起的水泥脱水及热表面塑性变化，导致耐火材料出现初始裂纹；(b) 运行中床料嵌入裂缝中，停炉冷却后，裂缝变大，更多的床料嵌入裂缝中；(c) 重新启动后，耐火材料受热使裂缝变小，裂缝中的床料使裂缝处产生挤压应力；(d) 应力超过耐火材料强度，导致局部耐火材料脱落

（一）耐火耐磨材料选择

循环流化床锅炉中要采用大量的耐火耐磨材料，不同区域的耐火耐磨材料也不相同。常用的耐火材料主要有以下三种：

（1）超级高强浇注料。主要用于旋风分离器内壁、立管、回料器及回料器返料管内壁，具有良好高温抗磨性能，耐火温度达 1690℃，1000℃的耐压强度达到 86.2N/mm²。

（2）高强浇注料。主要用于炉膛底部、底渣冷却器、烟道，耐火温度达 1460℃，1000℃的耐压强度为 27.6N/mm²。

（3）低温浇注料。主要用于旋风分离器超强浇注料与保温砖之间的夹层，具有良好的韧性，能有效地防止外层超强浇注料的变形损坏，耐火温度达 1250℃，1000℃的耐压强度为 0.7N/mm²。

耐火耐磨材料不能只根据常规使用条件下的技术指标进行选择，关键是要根据在循环流化床锅炉实际运行条件下的抗磨强度和耐火性能进行选择。

（二）耐火耐磨材料设计

1. 点火风道

点火风道在锅炉正常运行时，风温在300℃左右；点火时油枪后的温度约为1000℃，点火燃烧器点火瞬时温度高达1500℃左右，风速较高（可达约25m/s）。运行中的特点是升温迅速、瞬间温度高，无磨损现象。该区域对耐火材料要求有高的使用温度，要求抗热震稳定性好，不易脱落。

在该区域为内保温结构，总厚度约300mm。在点火燃烧器油枪处采用温度高、抗热震稳定性好的重质耐火浇注料。在点火风道预燃室侧面设计采用耐高温陶瓷纤维模块＋耐火纤维毡。在点火风道后段的侧墙上部和风道顶部采用陶瓷纤维模块＋耐火纤维毡，在侧墙下部和风道底面采用耐火浇注料＋绝热浇注料＋保温浇注料。

2. 炉底水冷风室

点火期间，水冷风室内的烟风温度约为900℃。为保持热风的温度，需减少管屏的吸热，因此需在管屏内壁敷设一层内衬材料。布风板上采用钟罩式风帽，风室内基本没有漏渣情况。因此，内衬材料采用具有一定强度的耐火浇注料即可。具体地说，此区域设计采用薄形的单层内衬结构，从管子中心算起内衬厚度为47.5mm（距管子顶表面厚度33mm）的耐火浇注料。

3. 炉膛下部密相区

在额定负荷下，炉膛下部密相区的工作环境为还原性气氛，工作温度达900℃左右，烟气流速约为5m/s。炉膛密相区是循环流化床锅炉的主要燃烧区域，这里的床料密度高，煤灰颗粒大，磨损严重，且集中了各种开孔，如给煤口、返料口、二次风口等，这些局部开孔会使物料产生扰动、涡流，容易造成局部严重磨损。对内衬材料要求有良好的抗磨性、热震稳定性且不易脱落。另外，为了尽量减少对受热面吸热的影响，对耐磨材料的导热系数有一定的要求。在具体设计时，在布风板上面敷设厚度87.5mm（布风板管子中心算起）的SiC自流浇注料。在炉膛水冷壁管子表面，则敷设厚度47.5mm（水冷壁管子中心算起）的SiC自流浇注料或捣打式耐磨可塑料。在布风板四周，为防止沿炉膛壁面下落的颗粒磨损风帽，在布风板四周布置一周耐磨浇筑平台。所用的耐火耐磨材料主要包括SiC自流浇注料、耐磨可塑料、耐磨浇注料。

对炉内耐火材料较厚的某些区域，还需要将耐火材料分层浇注，如图2-63所示。

4. 炉内屏式受热面和炉膛出口区域

这些区域的颗粒粒径及浓度相对密相区要小，但由于屏式受热面下部处于烟气的迎风面，炉膛出口区域的烟气流发生转向，烟气流通截面发生变化，因此还是存在磨损较为严重的问题，要求内衬

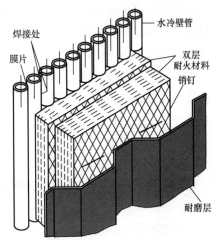

图2-63　炉膛下部区域的炉墙结构

173

材料具有一定的耐磨性和一定的导热性。在防磨结构上，设计采用敷设距管子顶表面厚度 33mm 的 SiC 自流浇注料或捣打式耐磨可塑料。

5. 分离器进口烟道

该部位烟速较高（15～25m/s）、工作温度为 900℃左右，灰浓度较高，磨损严重，耐磨材料要求有良好的抗磨损性能及抗热震性能以防止脱落，对热导性也有一定要求。防磨材料采用在管子顶表面敷设厚度 25mm 的耐磨可塑料。

6. 旋风分离器

白马 600MW 超临界循环流化床锅炉采用汽冷式旋风分离器。旋风分离器是循环流化床锅炉最重要的部件，其性能的好坏直接影响锅炉的性能。分离器筒体部位工作温度为 900℃左右，烟气流速高（20～30m/s），灰浓度高，磨损严重，特别是靶区（入口弧向约 80°范围）更为严重，顶部耐磨材料施工困难易脱落，分离器锥体部位结构较稳定，锥段下部烟气折返处磨损严重，内衬材料要求有良好的抗磨性能及抗热震性能，防止脱落。对于管屏式的内衬，其耐磨材料对热导性有要求，设计的防磨措施为敷设厚度为 47.5mm（管子中心算起）的耐磨可塑料。

7. 回料器

回料器的主要作用是把分离器分离下来的物料送到炉膛下部密相区，同时还防止炉内的烟气从返料腿反窜进入回料器。回料器的工作环境也是较为恶劣的，其内是高温渣块，流动的速度较低，要求内衬材料具有一定的抗磨损性。特别是在阀体处，要充分考虑其膨胀对于耐磨内衬的影响，在阀体底板有温度较低的流化风进入回料器，因此该处的耐磨内衬材料还要考虑具有一定的抗结焦能力。

白马 600MW 超临界循环流化床锅炉回料阀设计采用耐磨砖＋保温砖＋无石棉微孔硅酸钙的复合结构，内衬总厚度为 430mm。对一些关键部位，如回料器内的隔板以及某些耐火材料厚度或截面变化较大的区域，耐火材料施工前，要在销钉上浇涂一层沥青，避免热态下由于金属销钉与耐火材料的膨胀不同而引起耐火材料的开裂。

8. 分离器出口烟道

该部位处于分离器之后，灰浓度低、灰粒较小、磨损较轻。工作温度 900℃左右，内衬材料要求有较好的抗磨损性能及热震性能、防止脱落。该区域的内衬结构属于内保温结构，内衬总厚度为 460mm。

在出口烟道圆筒的垂直段、出口烟道侧墙及底平面则采用耐磨砖＋保温砖＋无石棉微孔硅酸钙的复合结构，出口烟道顶部采用耐磨浇注料＋绝热浇注料＋无石棉微孔硅酸钙的复合结构。

9. 后竖井转向室

该部位内衬主要是保护受热面管屏，特别是在启、停炉时，防止受热面管屏过量吸热。设计内衬结构为约 50mm 的硅酸铝梳形板＋金属内护板。

10. 炉内集箱（尾部环形集箱）

尾部烟温较低、磨损较轻，采用普通的耐火材料即可。在集箱表面敷设约 80mm 厚的耐火浇注料即可。

11. 外置床

外置床内布置有热交换器，一部分在回料器和炉膛间循环的热物料被旁路到外置床中，其热量被外置床内热交换器吸收。外置床内是高温循环灰，其高温循环灰的冲击力很大，要求内衬结构具有一定的抗磨损性，热稳定性要好，抗冲击性强。外置床底板上布置有布风板，较低温度的流化风通过风帽进入床内，因此在床内高温段的耐磨内衬材料还要考虑具有一定的抗结焦能力。

其内衬结构根据外置床内温度分布情况而定，在高温区域采用熔融石英耐磨耐火浇注料＋耐火保温浇注料＋无石棉微孔硅酸钙的复合结构；低温区域采用耐磨耐火浇注料＋保温浇注料或保温砖的复合结构；床内分隔墙采用熔融石英耐磨耐火浇注料＋保温浇注料，并在分隔墙顶部的熔融石英耐磨耐火浇注料加2%钢纤维以增加耐磨材料的稳定性。

12. 各类连接灰道

高温循环灰在各连接灰道内流动，高温循环灰的冲击力很大，要求内衬材料具有一定的抗磨损性，热稳定性要好，抗冲击性强。

这些区域设计采用耐磨浇注料＋绝热浇注料＋保温浇注料的复合结构。

13. 内衬材料中膨胀伸缩缝的设置

膨胀伸缩缝的作用在于预留间隙（保证锅炉部件受热后自由地膨胀）、减少炉衬材料本身的热胀应力和限制耐磨层中裂纹继续扩展，因此在浇注型耐磨层中必须留设膨胀缝，保温层中则可不留膨胀缝。在耐磨层中每隔600mm左右设置1条膨胀缝，膨胀缝应呈"T"形交错布置。对于耐磨砖墙，由于砖缝可吸收一定的膨胀量，仅需在砖墙两端、角部、顶端等处留设一定间隙的膨胀缝。

膨胀缝宽的留设应依据内衬材料的热膨胀率和线变化率两项指标来确定，以免缝宽留设不当，造成耐磨材料挤压损坏或缝宽过大，使灰粒进入膨胀缝，损毁里面的保温材料。

整台锅炉膨胀缝材料采用硅酸铝耐火纤维毡、硅酸铝耐火纤维绳等。

（三）耐火耐磨材料施工、养护工艺

为保证循环流化床锅炉耐火耐磨材料施工质量，特别是上述部位的施工质量，首先必须要有科学、规范的施工工艺，从工艺流程上保证施工的科学性。

根据循环流化床电站锅炉耐火耐磨材料的使用和结构特点，主要涉及的施工工艺有耐火耐磨材料的浇注工艺、耐火砖砌筑工艺、喷涂工艺和烘炉工艺。现将这四大工艺技术分述如下。

1. 浇注工艺

每一个耐火耐磨工作面被工作缝划分成无数个小模块，块间的工作缝为"Z"形。它需通过浇注时间的先后自然形成。上、下层模块须错缝，每条工作缝在模块的表面必须形成三角形沟槽。可以采取"跳仓法"施工，既可以加快施工进度，又能保证施工质量。

该施工工艺流程为：在耐热钢筋和保温混凝土施工完成后，在保温混凝土的表面敷设一层油纸；再根据整块耐火耐磨工作面的大小，规划出每小块耐火耐磨混凝土块的大小和位置；浇注顺序则采用"跳仓法"交叉进行，直至完成整个耐火耐磨工作面。

2. 耐热钢筋安装

耐热钢筋设计间距为 100～200mm。在金属壳体上按要求用墨线进行纵横放线，线的交点即为耐热钢筋的安装位置。在个别位置，可能有设计遗漏，现场须根据情况适当增加耐热钢筋。在耐热钢筋焊接前应局部打磨固定位置，以清除油漆、污渍、铁锈等。通常，耐热钢筋为不锈钢，壳体为碳钢，须注意异种钢焊接质量。考虑耐热钢筋在高温下膨胀对耐火混凝土的影响，耐热钢筋头部戴塑料帽或涂沥青进行补偿。

3. 膨胀缝安装

膨胀缝根据其分布的位置分为膨胀缝和工作缝，膨胀缝主要设计在四周墙体角部、顶部和侧墙的阴角处。膨胀缝的形状和结构与常规设计相同；工作缝为"Z"形，为错牙布置，炉墙墙体中部工作缝须填充 2mm 的陶瓷板，以补偿高温时耐火混凝土的微膨胀，防止混凝土表面裂纹。

4. 木模配置安装

木模制作、安装质量的好坏直接影响到浇注的质量。首先应使用合格的材料制作模板，木模表面应清洁光滑。异形木模制、安完后，拼缝难免不严，须用封口宽胶带密封。

制作好的木模须进行预组合，接缝及拼缝间的间隙应控制在 1.5mm 内。木模的安装须根据具体的结构按一定的先后顺序进行，以保证木模的配制质量。

工作面的木模使用前须涂刷脱模剂，以易于拆分模件。模板支撑点应合理，防止浇注时发生弯曲和破裂。模件间连接缝应严密紧固，防止振打时耐火耐磨材料渗漏。

5. 搅拌

搅拌、浇注、振捣是一个连续的施工过程，必须保证工作的连续性。通常一盘料从搅拌到浇注完成不易超过 30min。搅拌是一个重要的工序，它直接影响到耐火耐磨浇注质量的好坏。搅拌应充分，严格控制加水量。

搅拌设备：搅拌设备可以利用叶轮式砂浆搅拌机改制而成，但绝不能使用主动式混凝土搅拌机。搅拌机的叶片与壳体之间间隙为 2～3mm 比较适应，并调节适当的转速以获得最好的搅拌效果。

施工用水质要求较高：除必须满足生活饮用水标准外，还应满足表 2-5 的要求。

表 2-5　　　　　　　　　　　　　　**耐火材料施工用水的技术指标**

技术指标	数值（mg/L）	技术指标	数值（mg/L）
NO_3^-	50.0	NO_2^-	0.1
NH_3	1.0	NH_4^+	0.1
Cl^-	100	PO_4^{3-}	0.5
H_2S	无	SO_3^{2-}	无
SiO_4^{2-}	200/50	硬水/软水	

搅拌时间：搅拌时间根据耐火耐磨浇注料不一样而有不同，一般不易超过 7min。

搅拌顺序：干搅拌 30～60s，然后加 80％的水进行充分的搅拌；余下的水，根据目测或利用抛球试验检查拌料情况决定加水的多少，以达到最佳的效果。加水容器应能测量加水量的多少。由于环境温度等的影响，每班须检查一次加水量。

搅拌时要认真作好搅拌记录。搅拌人员与浇注操作人员必须配备良好的通信工具，以保持密切联系，有效控制整个浇注的时间。若停电或机具出故障，搅拌好的耐火耐磨材料超过30min未用完，则报废。搅拌的水温应控制在10℃左右，以保证材料在浇注时温度不高于15℃，使材料具有良好的浇注性能。

6. 振捣

使用插入式振动棒对浇注料进行振捣。对耐火耐磨浇注料，须进行有效的振捣，操作手法为"快进慢出"。在振动棒退出后，如发现浇注料有较深的凹坑，则说明浇注料已发生初凝。要避免该类事情的发生。对保温浇注料，不能进行大能量的振捣，只需进行轻微振捣即可，操作手法为"快进快出"。

7. 拆模

耐火耐磨混凝土硬化后拆除模板。正常的温度下，12h后通常可拆除模板。拆模前首先进行锤击试验，锤击时发出清脆的声音，说明耐火材料已经有效的硬化，可以拆除模板。

施工完后一般在空气中自然养护（环境温度保持在5℃以上）2～7天。

8. 耐火砖砌筑工艺

耐火砖的砌筑主要设计在锅炉旋风绝热式分离器、炉膛到绝热式旋风分离器入口烟道、绝热式旋风分离器到后竖井出口烟道及部分灰道。

为保证砌筑后砌体断面尺寸误差在许可范围内，有效地消除壳体的变形，应先砌筑耐火砖，然后再砌筑IFB保温砖。保温砖与硅钙板间的间隙用13号保温料填充严实。

对圆形结构，必须使用锁砖，以保证砌体的稳固。锁砖为楔形结构，大头朝里，小头为工作面。严禁出现方形或里小外大的楔形锁砖。砖切割时，只能从一个方向进行切割，不能从两个方向进行。

（1）旋风分离器砌筑。旋风分离器从下至上分为锥段、直段、顶部、直管四部分。锥段与回料器相连，直段经旋风分离器入口烟道与炉膛连接，直管经出口烟道与后竖井相连。耐火耐磨衬里结构从外至里为硅钙板、保温砖、重质耐火砖。在锥段共有3个水平支撑环，支撑环上面支撑耐火砖，下面为膨胀缝。

锥段砌筑主要控制直径的偏差，由于其直径随高度不断变化，锥段的直径控制比较困难。采用"环形绳测量法"是一个非常有效的控制方法。在锥段的上、下通过8～10根绳对锥段的直径进行控制。砌筑完一环后应及时测量直径，对直径偏差较大的地方应该用木榔头轻轻的敲打耐火砖，校正直径，不要让这一环的直径误差累计到下一环。

直段的耐火砖首先砌筑冲击区的TZB耐火砖，待冲击区的耐火砖砌筑完后，再砌筑非冲击区的SDB耐火砖。通过切割冲击区的耐火砖，在冲击区耐火砖与非冲击区耐火砖间形成笔直狭窄的膨胀缝，除此之外，所有的砖缝都要求错开。

旋风分离器内在运行过程中磨损非常严重，对施工质量要求非常严格。要求耐火砖的灰缝饱满度必须大于90%，灰缝误差1～2mm，膨胀缝要求均匀，误差±1mm。

（2）直墙砌筑。在入口烟道和出口方烟道的侧墙砌筑都属直墙砌筑。砌筑前检查炉壳尺寸偏差，在垂直方向上拉线，以保证墙体的垂直度。将水平线画在金属壳上，保证砌体的平整。砌筑方式与旋风分离器相似。由于入口烟道底部炉壳有坡度，所以砌筑时砌体的平整度应该特别重视。挂钩砖应砌筑在设计位置，并放线保证每层挂钩在一垂线上。挂钩砖不能有松动现象，挂钩不能过长或过短。

（3）圆形及异形件砌筑。出口烟道有三通、弯头、方圆节等，是砌筑的重点和难点。弯头处的几圈对嘴砖成弧状，加工砖时，应以金属壳体的弧度为标准进行，加工砖尺寸务求准确。砌筑前，检查金属壳体的偏差。如炉壳偏差很小，则以炉壳为导面，耐火材料紧贴着炉壳砌筑；如炉壳偏差较大，则需要制作弧度板（弧度板的直径为 IFB 保温砖的直径），在砌筑保温砖时打弧度板，拉小线砌筑。保温砖的直径尺寸控制准确。重质耐火砖紧贴着保温砖砌筑。

圆形砌筑容易出现砌筑不圆，相邻砌体的圆弧砌偏的现象。须采用"样板砌筑法"，制作圆弧样板进行砌筑。圆弧拱顶是砌体中最难的部位，它是最不稳定的薄弱环节。锅炉拱顶采用"环砌工艺"，是从两边拱脚开始，向上逐步砌筑，环向砌体径向缝互不交错。砌筑拱顶时须安装拱胎进行砌筑。拱顶的锁砖是关键部位，特别是当拱顶的跨度大于 3m 时，每环须设置 3 块锁砖，以保证一个圆环砌体的稳定。

9. 耐火耐磨材料施工喷涂工艺

自白马引进 300MW 循环流化床锅炉工程开始，循环流化床电站锅炉保温、耐火耐磨材料的施工中，大量采用了喷涂施工工艺。

循环流化床锅炉保温、耐火耐磨喷涂料，主要分布于旋风分离器进出口烟道、旋风分离器、灰道等难于施工部位。它解决了设备安装完后，其顶面、异形件等难于施工的部位，在施工过程中由于材料重力的原因造成炉墙与壳体间出现空隙的技术难题，使保温、耐火耐磨材料能紧贴金属壳体，极大地提高了炉墙的施工质量；具有极大降低异型部位施工难度、速度快、施工质量高等特点；非常适用于检修。

喷涂工艺的原理是：保温、耐火耐磨材料通过压缩空气输送，在材料喷出前，加入适量的水混合后，喷向工作面；材料在一定速度的冲出力和自身黏结力的作用下，堆积在受喷面上，形成工作面。在施工过程中，材料在射向受喷面后，由于冲出力的作用，部分材料会弹出。此部分反弹料如不能及时清除，和后到的喷涂料混在一起后，会形成疏松的结构，严重的会形成空洞，严重影响喷涂质量。

喷涂料主要有两种，一种为轻质保温喷涂料，另一种为重质耐火耐磨喷涂料。轻质保温喷涂料由于其密度相对较小，在喷涂过程中，不论是料的输送还是对喷涂的工艺要求都相对较低，比较容易进行喷涂作业；重质耐火耐磨喷涂料对喷涂工艺的要求相对较高，它的最佳喷涂作业温度是 15～30℃。

10. 耐火耐磨材料施工烘炉工艺

由于循环流化床锅炉自身的特点，在锅炉的炉腔、外置床、旋风分离器、回料器及旋风分离器进出口烟道、流化床冷渣器等部位布置大量的耐火耐磨材料，这些耐火耐磨材料的质量直接影响到锅炉的安全经济运行。新施工完成的耐火耐磨炉墙中含有大量的水分，需要对其进行干燥、烘烤，进行充分的固化，才能形成稳定、高强度的耐火耐磨衬里，才不会在锅炉运行时出现裂缝、变形、脱落和严重磨损，保证锅炉安全、经济的运行，充分发挥出它的经济效益。

烘炉的目的就是要充分排除施工过程中驻留在材料中的游离水和结晶水，并使耐火材料发生化学转变形成高强度的耐火耐磨衬里。常规电站煤粉锅炉和小型循环流化床锅炉，由于材料种类少，耐火耐磨材料量相对较少，炉墙结构相对简单，烘炉涉及的系统较少，烘炉的措施和控制都相对简单和容易。特别是国内目前在小型循环流化锅炉烘炉时，需要开设大量的排汽孔，既不经济，也大大影响了设备的观感。大型循环流化床锅炉，由于耐火材料工程量大、分布面广、系统结构复杂，在烘炉期间，对温度分布的均匀性和温度升降的控制技术都远远超过其他锅炉。因此需要采用如图 2-64 所示的专用烘炉机。此外，由于锅炉尺寸大，所需烘炉机较多，就其烘炉机的布置而言，如仅在局部布置烘炉机进行烘炉，无可避免地会出现很多死角无法烘烤，因此要求在锅炉的各部位布置烘炉机（多点布置），以使各部位的耐火耐磨材料得到充分的烘烤、固化，通过烘炉使其耐火耐磨特性达到要求。

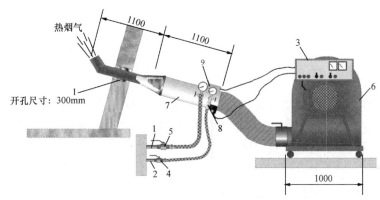

图 2-64　烘炉机结构示意图

1—压缩空气管路；2—燃油管路；3—安全装置；4—燃油管路快关阀；5—压缩空气管路快关阀；
6—风机；7—热烟发生器；8—电动安全阀；9—UV 火焰监视器

（1）烘炉范围。烘炉的范围为后竖井入口前所有流道，它包括一次风道从风道点火器开始至水冷风室、炉膛、旋风分离器及进/出口烟道、回料器、外置床、冷渣器等部件。

（2）烘炉过程的要求。中低温烘炉分为四个阶段：第一阶段是按 10℃/h 的升温速度将锅炉各部的温度升至 150℃，在此温度下恒温 36h；第二阶段是按 10℃/h 的升温速度将锅炉各部温度升至 250℃，在此温度下恒温 50h；第三阶段是按 10℃/h 的升温速度将锅炉各部的温度升至 500℃，在此温度下，恒温 24h；第四阶段时按 35℃/h 的降温速度控制锅炉各部温度均匀降至 150℃，然后自然冷却。典型的烘炉温升曲线如图 2-65 所示。

（3）保证锅炉温度分布均匀的措施。在烘炉期间，为保证整台锅炉各部位耐火材料工作面的温度能均匀上升，在各个设备布置了烘炉机。烘炉机通过临时烟道接入。在锅炉内采取临时隔离措施，改变烟气的流动方向，以改善温度在锅炉内的均匀性。

在烘炉过程中，考虑到烟气流向直接影响到温度场的分布，烘炉时烟气的流动不能按

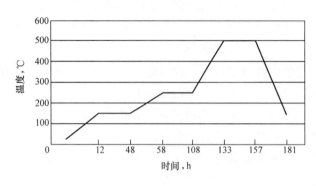

图 2-65 中低温烘炉温升曲线

正常运行的烟气流向流动。考虑到炉膛顶部有大量的耐火材料，热烟气从炉膛底部上来后，经水冷壁中部受热面吸收部分热量后，才流到顶部，如不滞留烟气，直接排出炉膛，则无法对顶部耐火材料进行良好的烘烤，需在炉膛出口设置临时隔墙。同时为最大限度地将烟气滞留在炉内，保留热量以充分烘烤耐火材料，在后竖井的入口处也设置一道临时隔墙。烟气经临时隔墙后再经后竖井从空气预热器排出。

烘炉过程中，可以考虑设置以下临时烟道：

点火风道：风道燃烧器暂不装，油枪口用于连接烘炉机；在风道燃烧器与热一次风挡板之间用硅酸铝板封堵。

炉膛：每侧炉膛有 3~5 个二次风口用于连接烘炉机，其余二次风口用硅酸铝板封堵；所有床枪暂不装，全部用硅酸铝板封堵。

回料器：用硅酸铝板封堵所有给煤口、石灰石给料口、床料加入口；布风板风帽用硅酸铝包牢后用铁丝扎紧。锥形阀全开。

外置床：用硅酸铝板封堵床料加入口（一次风吹扫口）；布风板风帽用硅酸铝包牢后用铁丝扎紧；受热面管束用硅酸铝板包覆，一方面保护受热面免受高温烟气的冲刷引起过热，另一方面减少被受热面吸收的热量。

空气预热器：用硅酸铝板封堵空气预热器一次风、二次风的进、出口风道，防止热烟气进入风道烧坏非金属膨胀节等部件。在空气预热器前调置隔离层并在进口烟道上方开设排烟孔。

耐火耐磨材料的使用寿命除了与结构设计、施工工艺、烘炉工艺等因素有关外，锅炉启停及变负荷过程中也应严格按制造厂家要求和运行规程给定的升降温度曲线控制温度，确保热胀冷缩时耐火材料应力符合要求而不发生裂纹和损坏。检修过程中严格按照耐火材料制造厂家的浇注工艺进行，在重点部位浇注时加入进口耐热不锈钢针，以增加耐火材料的强度和耐磨性，延长使用寿命。在锅炉正常运行过程，应严格控制入炉煤的粒度分布，尤其是超大粒度的石头不能进入炉内，同时应优化运行操作，尽量降低一次风（炉膛流化风），可在一定程度上减少炉内金属受热面的磨损。

第六节 600MW 超临界循环流化床锅炉密封防堵结构

一、循环流化床锅炉密封结构

循环流化床锅炉炉内呈正压运行状态，床压也在一定范围内波动，烟气含尘浓度很高，因此密封问题显得尤为重要。为此，大型循环流化床锅炉炉膛四面炉墙、炉顶以及炉底布风板、风室，均采用膜式水冷壁制造，形成全密封结构。在布风板与炉墙之间、炉顶（通常由前墙水冷壁或后墙水冷壁弯成）与两侧墙间均采用填料密封结构。

在炉膛顶部和尾部竖井烟道顶部所有穿墙处设有如图 2-66 所示的柔性护板密封装置。其中，在管子穿越顶棚处，密封板与顶棚之间填充有微膨胀耐火可塑料；在顶棚与密封护板装置之间的其他地方，采用珍珠保温混凝土作保温密封材料。

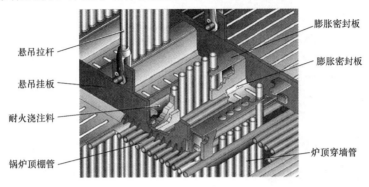

悬吊拉杆

悬吊挂板

耐火浇注料

锅炉顶棚管

膨胀密封板

膨胀密封板

炉顶穿墙管

图 2-66　炉顶密封结构

除炉顶外，炉膛所有的穿墙管，如翼墙管、Ω 管，都采用如图 2-67 所示的穿墙管密封结构：在穿墙处，膜式水冷壁管向炉外弯出，作让管处理；穿墙管从水冷壁管子之间穿出。为保证穿墙处的密封，在水冷壁管弯管处，设置一个四周与膜式水冷壁的膜片焊在一起的带有波纹形膨胀结构的密封盒；穿墙管穿过密封盒的地方，还设置有使穿墙管能自由膨胀的套管；密封盒内充满密封填料，在炉内一侧，还浇注一层耐火密封料。

炉墙上的人孔门，也采用循环流化床锅炉专用密封炉门。图 2-68 为循环流化床锅炉上经常使用的一种密封炉门。国产循环流化床锅炉也大多采用与这种密封炉门类似结构的炉门。

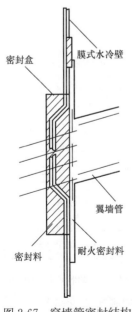

密封盒

膜式水冷壁

翼墙管

密封料

耐火密封料

图 2-67　穿墙管密封结构

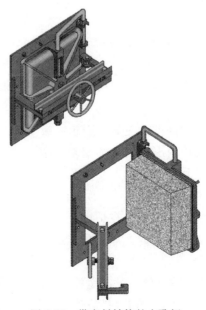

图 2-68　带密封结构的人孔门

在循环流化床锅炉尾部烟道处，也有许多穿墙管，其穿墙管处的膨胀密封结构与常规锅炉基本相同，此处不再叙述。

二、循环流化床锅炉防堵措施

循环流化床锅炉中的某些关键部位，如回料器风帽、排渣管、床压测点等，一旦发生堵塞，会严重影响锅炉运行，甚至导致被迫停炉。近年来，国外先进的循环流化床锅炉上采用了一些新的防堵措施，现介绍如下。

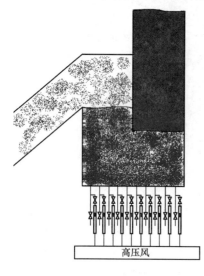

图 2-69　回料器单风帽供风系统示意图

（一）回料器风帽防堵措施

回料器内的气固流动状态，对高温循环灰能否顺利返回炉膛影响很大。因此，回料器中的风帽在锅炉运行中必须保持畅通状态。

传统回料器一般采用等压风室供风，当回料器风帽在运行中发生堵塞现象时，运行人员虽然可以根据回料器等压风室的风压值判断堵塞状况，但在锅炉运行中根本无法疏通。

图 2-69 是国外引进的一台 220t/h 循环流化床锅炉回料器供风系统示意图。该回料器采用了单风帽供风形式，即每个风帽单独对应一根带有一个浮子流量计的高压风管，高压风管上设置有压缩空气接口。

正常运行时，浮子流量计中的浮子位于浮子流量计满量程的 1/2～2/3 之间，一旦发现浮子高度低于这个区间，就说明该风帽有堵塞现象，可以立即关闭浮子流量计与风帽之间的阀门，打开压缩空气阀，用压缩空气将风帽吹通。然后关闭压缩空气阀，再打开浮子流量计与风帽之间的阀门，使该风帽重新投入使用。

（二）炉膛排渣管防堵措施

循环流化床锅炉运行中，由于炉内耐火耐磨材料脱落、局部流化不良产生焦块等原因，常引起炉膛排渣管的堵塞。图 2-70 给出了一种炉膛排渣管防堵结构，其防堵思路是：适当提高炉膛排渣管口的高度，使其高于布风板 100～150mm。这样，即使炉内出现较大的渣块，也无法堵塞排渣口。运行过程中，炉内产生的较大渣块，可以在停炉后，人工捡出。

当炉膛排渣管设置在炉墙上时，也可以通过适当提高排渣口高度的方法，防止或减缓炉膛排渣口的堵塞。

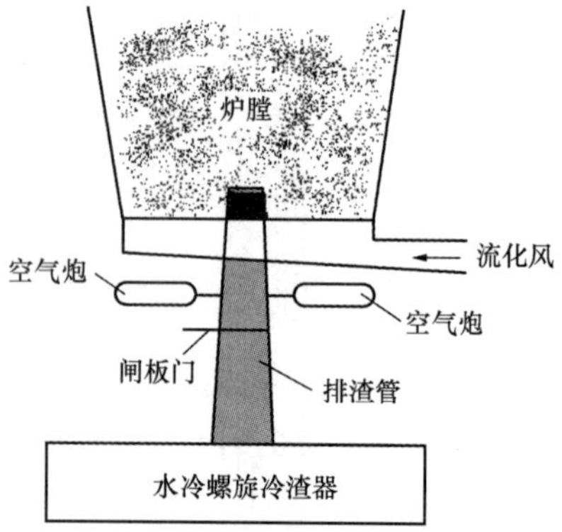

除提高炉内排渣口的高度外，还可采用如图2-70所示的上小下大的变口径排渣管以及空气炮等措施，防止炉膛排渣管堵塞。

图 2-70　炉膛排渣管的防堵结构

（三）床压测量点防堵措施

由于循环流化床锅炉炉内压力呈正压且不断波动，因此床压测量点经常被炉内的床料堵塞。锅炉设计及运行中，可以考虑采用以下两种防堵措施。

1. 用防堵罐

可以采用如图 2-71 所示的防堵罐，减缓堵管的频率。防堵罐实际上是一个密封良好、有一定容积的罐子，其上开有两个压力接口，分别与床压测量管和压力变送器相连。防堵罐在测压管路中起一个存放进入测压回路中的床料的作用。

一段时间后，防堵罐中会装满从床压测量管进入的床料。因此实际使用时，每隔一段时间，需要卸下防堵罐，将其中的床料倒掉。

2. 用正压进气设计

床压测量管堵塞的根本原因，是炉内压力高于大气压，且不断波动。如果床压测量管内的压力高于炉内压力，就不会出现堵塞现象。图 2-72 给出了一种采用正压进气设计的床压测量系统。

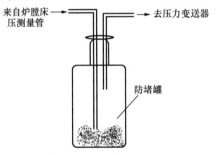

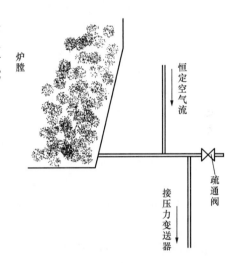

图 2-71　防堵罐结构示意图　　　　图 2-72　采用正压进气设计的床压测量系统

该系统在床压测量管上引入一小股仪用空气。由于仪用空气压力高于床压，因此仪用空气会沿测压管流入炉内。这样，压力变送器所感知的压力，将等于炉内床压与仪用空气在测压管上的流动压降之和。由于所引入的仪用空气量是预先准确计量或标定好的，因此该股仪用空气在测压管上产生的流动压降是基本恒定的。使用中，只需将压力变送器所转换出的压力信号，减去一个仪用空气在测压管上的流动压降（基本上是一个常数），就等于炉内床压。

万一发生测压管堵塞，还可通过图 2-72 所示疏通阀，用压缩空气将测压管疏通。

第三章 600MW 超临界循环流化床锅炉结构特性

第一节 600MW 超临界循环流化床锅炉炉膛结构

一、循环流化床锅炉炉膛结构形式

循环流化床锅炉的炉膛结构及其参数主要包括以下几个方面：

（1）炉膛的结构尺寸，包括炉膛的截面尺寸、炉膛高度等；

（2）炉膛内受热面的布置；

（3）炉膛内各种开孔的结构及位置；

（4）循环流化床锅炉本体的布风装置等。

（一）炉膛的结构

炉膛结构尺寸主要包括炉膛的长、宽、高以及是否有截面收缩等。

1. 炉膛的横截面积

炉膛的横截面积决定了运行风速的大小和锅炉低负荷运行的下限。一般循环流化床锅炉都要求在30%负荷时能不投油稳定燃烧，因此在30%负荷时，炉内实际运行风速应确保炉膛底部区域处于良好鼓泡流化状态。若炉膛横截面积过大，则在低负荷时，为维持炉内流化状态的最小流化风量仍较大，使床温不易稳定在800℃以上；若炉膛横截面积过小，则在正常运行时，由于风速过高，布风阻力较大，风机电耗会增大。根据国外设计或投运的300MW级循环流化床锅炉资料，炉膛上部烟气流速大约在5~6m/s的范围内。当炉内烟速确定后，炉膛上部的横截面积就已经确定了，但宽深比还需要根据二次风射程等因素确定。

2. 炉膛截面的宽深比

当锅炉横截面积确定后，炉膛的形状可以有多种不同形式。除了早期的循环流化床锅炉外，现在的大型循环流化床锅炉总是采用矩形截面，四周为水冷壁，其宽深比主要根据以下几个因素确定：

（1）炉膛内能否布置足够的受热面。一般除了大容量锅炉可能需布置屏式受热面外，尽量不在炉膛下部布置类似埋管的受热面等。

（2）二次风在炉膛内的穿透能力。由于二次风在炉膛下部密相区的射程有限，当炉膛深度尺寸太大时，会使炉膛中心缺氧，因此炉膛深度尺寸的确定应确保二次风射程能够到达炉膛中心区域。

（3）固体颗粒在炉内的横向扩散。实际运行经验表明，炉膛深度太大，会影响炉内固体颗粒的横向混合，使前后墙给入的煤粒很难在短时间内均匀混合。

炉膛宽深比的具体尺寸，还影响尾部受热面的布置。其他诸如分离器的布置位置等，也与炉膛宽深比有关。必须注意：炉膛过深会使二次风在炉内穿透能力变弱，挥发分在炉膛内的扩散不均匀，故炉膛的深度一般不超过 8m，以保证二次风的穿透。实际应用中，炉膛宽深比从 1∶1～2.5∶1 都是合适的。为保证炉膛中二次风的穿透能力和布置足够多的受热面，国外某些大容量循环流化床锅炉采用了裤衩支腿结构（二次风布置在每个支腿上）和水冷分隔墙，如图 3-1 和图 3-2 所示。水冷分隔墙由其下部敷设有耐火耐磨材料的整片膜式水冷壁构成，并可向下自由膨胀。在水冷分隔墙底部约 3～7m 高度内，将水冷壁管之间的膜片去掉，形成压力平衡通道。在压力平衡通道处的水冷壁管都采取了相应的防磨措施。在接近炉膛出口的高度，水冷分隔墙还开设有压力平衡孔。由于水冷分隔墙上的平衡孔、平衡通道较大，床料通过平衡孔或平衡通道的速度并不高，因此对平衡孔或平衡通道处管子的横向冲刷磨损并不严重。

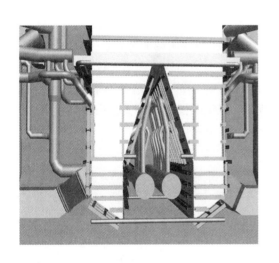 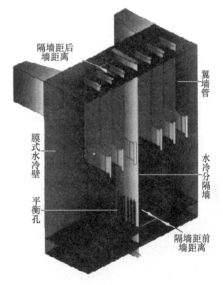

图 3-1　某大型循环流化床锅炉炉膛的　　　图 3-2　大型循环流化床锅炉炉膛中的
　　　　　　裤衩结构　　　　　　　　　　　　　　　　　水冷分隔墙

白马 600MW 超临界循环流化床锅炉炉膛采用了图 3-1 所示的裤衩支腿结构。6 个回料器的返料（包括给煤和给石）、6 个外置床的返料、6 个冷渣器的排渣、二次风送入、助燃油枪开孔均在此区域。炉膛上部宽度为 15 030mm，深度为 27 900mm。

3. 炉膛高度尺寸

循环流化床锅炉炉膛高度是循环流化床锅炉的一个关键参数。炉膛越高，则锅炉的钢架就越高，锅炉的造价也就越高。因此，在满足锅炉和炉膛的截面尺寸后，尽可能地降低炉膛高度。一般来讲，循环流化床锅炉炉膛高度尺寸与以下因素有关：

（1）分离器不能捕集的细粉在炉膛内一次通过时的燃尽率。

（2）炉内能否布置下全部蒸发受热面；炉膛高度太低，无法布置全部蒸发受热面。

（3）返料机构料腿一侧能否建立起足够的静压头，即循环流化床锅炉能否有足够的循环物料在循环回路中流动。

（4）脱硫所需最短气体停留时间。

（5）循环流化床锅炉的尾部烟道是否有足够高度布置全部对流受热面。

（6）炉膛受热面的水动力要求。

循环流化床锅炉炉膛高度通常是根据常规煤粉锅炉的炉膛高度确定一个数值，看布置受热面是否足够，然后考虑分离器的切割直径，再根据上述要求考虑固体颗粒的燃尽和其他条件。大型循环流化床锅炉的炉膛高度（从布风板到炉膛顶棚管）的高度一般在 35m 左右，以保证烟气在炉内停留时间大于 5s。

由于采用低质量流率本生管水冷壁，白马 600MW 超临界循环流化床锅炉炉膛从布风板到炉膛出口中心线的垂直距离约 55 000mm。

4. 炉膛下部区域结构

在循环流化床锅炉中，燃烧空气分成一、二次风：一次风从炉膛底部送入，二次风从一定高度的炉墙上送入。二次风口以下区域的截面积如果与二次风口以上区域的截面积相同，则正常运行时的流化风速肯定较低，特别是在低负荷时会产生床层停止流化等现象。因此，循环流化床锅炉的二次风口以下区域总是采用较小的横截面积，即在二次风口以下，炉膛横截面逐渐收缩。炉膛截面收缩可以采用两种不同的方法：第一种是下部区域采用较小的截面，在二次风口送入位置采用渐扩的锥形扩口，扩口的角度小于 45°；第二种方法是从炉膛布风板就开始呈锥形扩口。在大型循环流化床锅炉中，一般采用上述第二种方法，并且是炉膛的两个对面墙（一般是前后墙）呈锥形扩口。

白马 600MW 超临界循环流化床锅炉炉膛下部采用支腿结构后，每一支腿采用内侧墙锥形扩口结构。图 3-3 是某 250MW 循环流化床锅炉炉膛下部的照片图，图中是单一裤衩形支腿炉膛内的情况，炉墙只在裤衩形支腿的内侧墙呈锥形扩口。

采用锥形扩口能保证床层下部和上部的流化风速比较接近，并且使床层下部密相区在低负荷情况下仍能保持稳定的流化。

图 3-3　某 250MW 循环流化床锅炉炉膛下部结构

为了防止炉膛下部流化床料对水冷壁管的磨损，以及正常运行时炉膛底部的还原性气氛对炉膛水冷壁的腐蚀，循环流化床锅炉下部区域无一例外地不布置任何受热面。一般采用如图 3-4 所示的方法，将塑性耐火材料敷设在密焊销钉（可达到 1200 个/m² 以上）的膜式水冷壁上。白马 600MW 超临界循环流化床锅炉炉膛下部敷设的耐火材料厚度为 100mm。

（二）炉膛内受热面布置

在循环流化床锅炉炉膛上部裸露出金属水冷壁的部分，属于炉膛上部区域，如图 3-5
所示。在这一区域中，主要是布置各种类型的受热面。

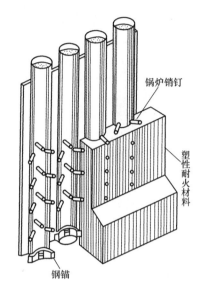

图 3-4　炉膛下部区域的炉墙结构

图 3-5　循环流化床锅炉炉膛上部结构

在这一区域中布置的受热面主要有膜式水冷壁、翼墙受热面、Ω 管受热面 3 种。

1. 膜式水冷壁

膜式水冷壁是循环流化床锅炉炉膛内的主要蒸发受热面。采用膜式水冷壁有两大好
处：一是保证炉膛密封，防止炉膛内的正压烟气漏出；二是减轻炉墙质量，便于悬吊。膜
式水冷壁结构如图 3-6 所示。

白马 600MW 超临界循环流化床锅炉炉膛
下部膜式水冷壁为内螺纹管。在炉膛上部，采
用光管膜式水冷壁。在炉膛顶部，两侧墙向炉
中心弯曲形成炉顶。

2. 翼墙受热面（炉内扩展受热面）

随着锅炉容量的增大，炉膛内可供布置受
热面的壁面表面积的增大速度赶不上蒸发容量
的增长速度，因此需要在炉膛上部空间中布置
一部分额外的受热面。此外，当锅炉容量增加
时，蒸汽的压力和温度也随之升高，给水温度
也升高，此时给水加热和蒸汽过热的吸热比例

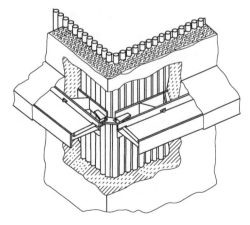

图 3-6　膜式水冷壁结构图

上升，蒸发吸热比例下降。如果不在外置床内设置蒸发受热面，则炉膛内只沿炉墙内表面
布置蒸发受热面时已无法维持炉膛温度（炉膛会超温），因此也需要将部分过热器布置在

炉膛内。在这两种情况下，都需要在炉内布置翼墙受热面。也就是说，翼墙受热面可以是蒸发受热面，也可以是过热器。

白马 600MW 超临界循环流化床锅炉设置高温过热器翼墙受热面。哈尔滨锅炉厂和上海锅炉厂 600MW 超临界循环流化床锅炉方案，也在炉内设置了翼墙管屏，用做过热器。翼墙管屏起到了增加炉内受热面面积的作用，翼墙管屏附着在炉膛水冷壁四周，其传热特性和炉膛水冷壁相同，如图 3-7 所示。

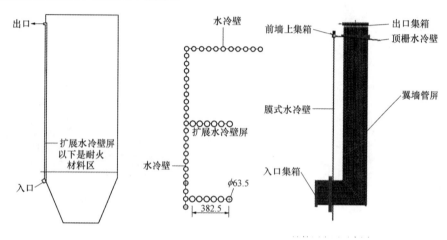

图 3-7　某 300MW 循环流化床锅炉翼墙管屏布置示意图

翼墙管在炉内属于双面曝光，材料选用厚壁管。翼墙管下端有防磨保护，上端一般直接从炉顶穿出。上、下端穿墙处焊有套管，且设计成密封盒结构，使管束既可以自由膨胀，又可以确保炉膛内的高压烟气不外泄。

翼墙管一般布置在炉膛出口烟窗的对面水冷壁炉墙上，以避免烟气横向冲刷带来的剧烈磨损。

还有一种翼墙管屏从布风板下面一直延伸到炉顶，主要用于布置蒸发受热面，如图 3-8 所示。这种管屏也称做全高度翼墙管屏或全尺寸分隔墙。美国 FW 公司设计的 460MW 超临界循环流化床锅炉炉膛中就采用了图 3-8 所示的全尺寸水冷分隔墙。

3. Ω 管受热面

Ω 管受热面是芬兰奥斯龙公司开发的专利技术，主要用于 Pyroflow 型循环流化床锅炉。Ω 管受热面由外壁为平面的管子以纵向焊接而成，这样管子的平表面使磨损问题得到很好的解决。为了能经受高温下气固流的长期冲刷，Ω 形管由 10CrMo910 合金钢轧制的 Ω 特形管材焊接成板状结构（Ω 形管由此得名），管屏板平面与上升气流流动方向平行。管屏底端和顶端均焊接防磨护板，防磨护板采用耐温耐磨的 253MA 材料，Ω 管受热面的结构及外观如图 3-9 所示。

Ω 管受热面从前后墙横穿水冷壁，重力由前、后墙水冷壁承担。运行时，炉膛内呈微正压，因此在穿墙部位的密封措施也是这项技术的关键之一。

Ω 管受热面一般用做二级过热器（也可做再热器），其主要技术特点为：

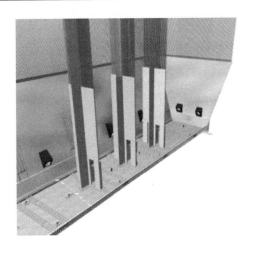

图 3-8　FW 公司 460MW 超临界循环流化床锅炉
全尺寸水冷分隔墙结构示意图

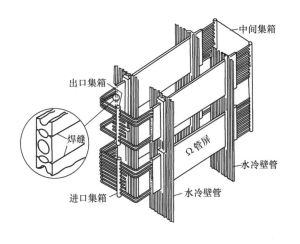

图 3-9　Ω 管受热面结构及外观图

（1）换热条件好，传热系数高，可有效起到平衡吸收炉内热量和调节过热气温的作用；

（2）结构简单，布置合理，体积小，防磨效果较好。

白马 600MW 超临界循环流化床锅炉炉膛内未采用 Ω 管受热面，目前国内只有高坝电厂引进 1×100MW 循环流化床锅炉采用了 Ω 管受热面。

（三）炉膛内耐火耐磨材料

循环流化床锅炉与常规煤粉锅炉不同，它采用的是一种多次循环燃烧方式，不可避免地在炉内形成一个高灰浓度区域，因此耐火耐磨材料对于确保锅炉的安全、可靠运行极为重要。

为炉内承压部件（水冷壁管、翼墙管等）防磨损而设计的耐磨耐火材料同时还具有低绝热的特性，这样，锅炉的热传导就不会受到太大影响。这种耐磨耐火材料覆盖层主要使用在炉膛及汽冷式旋风分离器内。在炉膛的密相区，床料与添加的燃料和石灰石混合，并被流化，其中较小的颗粒被上升气流带走，较粗的颗粒则落回到布风板上，这里的颗粒有很强的磨损性，因此耐磨耐火材料的覆盖范围就从布风板开始，一直延伸到炉膛下部锥段区域的四面水冷壁。在炉膛翼墙管受热面底部弯曲及倾斜处，采用密焊销钉加耐磨耐火材料的防磨结构予以防磨。烟气向炉膛出口汇集并进入旋风分离器时，其携带的不定向颗粒不可避免地会对该区域造成一定程度的磨损，因此在炉膛至旋风分离器入口烟窗四周及相应的侧、后墙局部区域、前后墙水冷壁相交的顶部高灰浓度回流区，以及旋风分离器内壁均敷设耐磨材料。

（四）炉膛内开孔

在循环流化床锅炉的炉膛中，需要送入燃料、脱硫剂、空气、循环物料，排出灰渣、烟气以及测量温度、压力等，这些都要通过炉膛的开孔实现，如图3-10所示。

炉膛内各种开孔的大小、数量和位置应该适当，应该兼顾物料出入和炉膛水冷壁的性能要求，循环流化床锅炉炉膛一般设置如下的开孔：①流化风进口（这由布风板实现，在本章后续部分介绍）；②给煤口；③给石口；④二次风进口；⑤床层底部排渣口；⑥循环物料进口；⑦炉膛出口；⑧启动燃烧器和点火油枪口；⑨人孔门、测试孔等。在炉墙上开设这些孔洞时，都需要作如图3-11所示的各种让管处理。在让管时必须注意向炉膛外让管，而不能在炉膛内有任何突出的受热面，否则会引起严重的磨损问题。电厂锅炉用户应在锅炉安装阶段留意这些让管方式，以便于锅炉投运后搞好锅炉的检修维护工作。

1. 给煤口

循环流化床锅炉的给煤口，既可单独设置在炉膛上，也可设置在回料管上。当单独设置在炉墙上时，燃料通过重力给入循环流化床炉膛内，为了防止高温气体从炉内通过给煤口反吹，要求给煤口压力高于炉膛压力，通常是将进料口和上部的给煤装置密封，或通入播煤风，如图3-12所示。

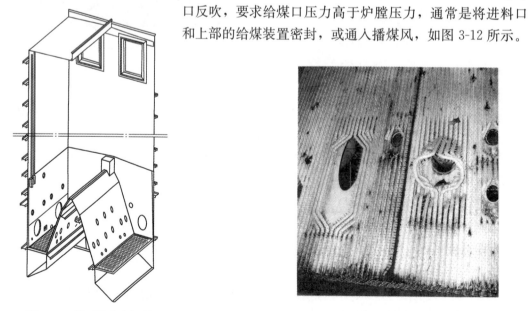

图3-10　循环流化床锅炉
炉膛内开孔示意图

图3-11　某230MW循环流化床锅炉炉膛
下部区域开孔处的让管处理

给煤点一般布置在敷设有耐火材料的炉膛下部还原区，并且尽可能地远离二次风入口，从而使细煤颗粒在被高速气流夹带前有尽可能长的停留时间。有关给煤口的个数，目前尚未有理论来计算单位横截面积所需的给料点数。但由于循环流化床的横向混合比鼓泡流化床强烈，所以其给煤点比鼓泡流化床锅炉要少。如果燃料的反应活性高，挥发分产量高，则可以布置较少的给煤口，反之应布置较多的给煤口。

白马 600MW 超临界循环流化床锅炉采用回料管给煤方式，共有 12 个给煤点，分别位于 6 个高温循环灰返料管和 6 个外置床循环灰返料管上。

2. 石灰石给料口

石灰石由于其反应速率比煤燃烧速率低得多，而且石灰石给料量少，粒度又较小，所以其给料点的位置及个数不像给煤点那么关键；石灰石可以采用气力输送单独送入床内，也可以将其从循环物料进口、给煤口或二次风口送入（在二次风口内单独设置一根石灰石喷管）。

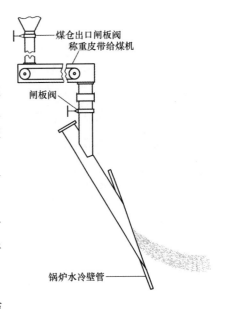

煤仓出口闸板阀
称重皮带给煤机
闸板阀
锅炉水冷壁管

图 3-12　循环流化床锅炉炉墙
给煤口示意图

3. 床层底部排渣口

循环流化床底部的排渣口主要用于床层的最底部排放床料。它的主要作用有二：一是维持床内固体颗粒存料量；二是维持颗粒尺寸，不使过大的颗粒聚集于床层底部而影响循环流化床锅炉的运行。

排渣管布置在床层的最低点，一般有如下两种布置方式：

第一种方式是布置在布风板上，即取消一定数量的风帽，而代之以排渣管。排渣管的尺寸应足够大以使大颗粒物料能顺利地通过排渣管排出。此外，排渣管一般采用上小下大的内径，以防灰渣堵塞，有时还在排渣管的炉外部分安装有空气炮，以便在紧急情况时疏通排渣管。这种排渣管在炉内的部分要比布风板风帽高 150mm 左右，以防止特别大块的灰渣（如炉内耐火材料）落入排渣管引起堵塞。万一炉内出现这种特别大块的灰渣甚至铁块，则只有停炉后将其从炉膛中捡出，这总比堵塞排渣管甚至损坏冷渣设备要好。采用这种布置方式，由于冷渣器与炉膛的膨胀方向刚好相反，只需采用一维膨胀节就能够很好地消除胀差。但排渣管中却始终充满高温灰，其工作条件较差。

第二种方式是将排渣管布置于炉壁下部靠近布风板的炉墙上，这样就不需要在布风板上开孔布置排渣管。但在布风板面积较大时，这种形式就比较难布置。由于这种排渣管接近水平布置，如何保证排渣管中的灰渣流动自如、可控，就成为运行中的一个关键问题。高坝电厂引进 410t/h 循环流化床锅炉就是采用的这种排渣管，在该排渣管中，设计了阶梯板结构的脉冲风来控制灰渣的流动。其内部结构如图 3-13 所示。此外，也有采用脉冲风来控制排渣的方法。

图 3-13 国内某 410t/h 循环流化床
锅炉排渣管内部结构（从冷渣器
侧向炉膛内看）

设置排渣口时，应使其尽量远离给煤口，防止刚进入炉膛的煤粒直接短路进入排渣口，增大了底渣含碳量。国内某锅炉厂设计的双支腿循环流化床锅炉，通过将排渣口设置在支腿内侧，有效地解决了排渣口与给煤口相距太近的问题。该锅炉排渣口的具体布置如图 3-14 所示。

白马 600MW 超临界循环流化床锅炉采用锥形阀控制炉膛排入冷渣器的底渣。锥形阀的结构就像一个塞子，排渣时打开；不排渣时就堵住炉膛的排渣口。采用锥形阀控制排渣，其优点是开关灵活。

排渣口的个数应视燃料颗粒尺寸而定。当燃料颗粒尺寸较小，且比较均匀时，可采用较少的排渣口，因为此时沉底的大颗粒较少或近乎等于零，此时排渣口的个数可以等于给煤点数；但如果燃用的燃料颗粒尺寸较大，此时应增加排渣口，使可能沉底的大颗粒能及时从床层中排出。白马 600MW 超临界循环流化床锅炉共设置了 6 个排渣口，分别位于锅炉两侧墙靠近布风板处，即位于裤衩脚外侧墙。

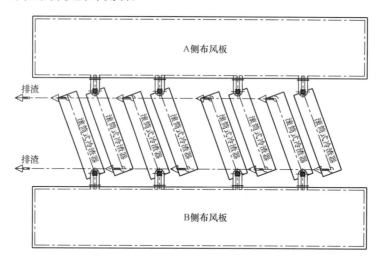

图 3-14 排渣口布置在裤衩腿炉膛内侧方案示意图

经排渣口排出的底渣温度较高，一般将底渣直接排入冷渣器以回收一部分热量。冷渣器将在后续章节专门讨论。也有一些循环流化床锅炉为了保证炉内循环物料量，采用分级排渣装置将粗颗粒从炉内排掉，并将冷渣器中的细颗粒床料重新送回炉膛内。

4. 循环物料进口

为了增加未燃尽碳和未反应脱硫剂在炉内的停留时间，返料口一般布置在二次风口以下的密相区内，在这一区域的固体颗粒浓度比较高，设计时必须考虑返料系统与炉膛循环物料入口点处的压力平衡关系，具体内容将在本书后续部分加以介绍。此外，由于大量高温循环灰较为集中地进入距布风板很近的区域，虽然这有利于循环灰在整个炉膛高度内进行热量和物质交换，也有利于调节床温，但大量循环灰可能会直接被送到炉底，循环物料进口处的防磨问题也应重视。

循环灰采用多点回料方式有利于使回送到炉内的床料分布均匀，但这需要采用"一分二"回料器。白马600MW超临界循环流化床锅炉采用了"一分二"回料器。

当全部或部分燃煤和石灰石通过回料管加入炉内时，还应考虑由于煤粒被炽热的回料灰在缺氧状态下加热后，所逸出的腐蚀性气体对回料管内耐火材料的腐蚀问题和煤过早燃烧可能产生的结焦问题。

当锅炉带有外置床时，外置床的返料，也属于循环物料的一部分，或称为低温循环物料，也需要在炉内开设循环物料进口。

5. 炉膛出口

循环流化床锅炉炉膛出口对炉膛内气固两相的流体动力特性有很大的影响。不同的炉膛出口结构，一是影响炉内固体颗粒浓度沿炉膛高度的分布；二是影响炉膛出口烟窗两侧墙和炉顶的磨损；三是影响炉内固体颗粒的内循环速率和炉内停留时间。因此，循环流化床锅炉的出口应以采用具有气垫的直角转弯出口为最佳，以增加转弯对固体颗粒的分离，从而增加床内固体颗粒浓度和颗粒在床内的停留时间。

炉膛出口烟窗的水平间距也很重要。如果出口烟窗太靠近炉膛侧墙，容易造成炉膛侧墙磨损；如果出口烟窗彼此靠得太近，又容易造成流入两个出口烟窗的烟气流量不均。

由于炉内烟气携带大量床料颗粒向炉膛出口烟窗汇集并加速流入旋风分离器入口水平烟道，会对炉膛出口烟窗四周膜式水冷壁造成较严重的磨损，因此大型循环流化床锅炉在炉膛出口常采用如图3-15所示的防磨措施。

白马600MW超临界循环流化床锅炉共有

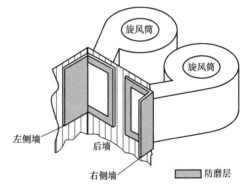

图3-15　炉膛出口防磨层示意图

6个炉膛出口，在炉膛两侧墙各设置3个炉膛出口；为了不影响炉内气流的流动均匀性以及旋风分离器的进口烟道内的气固流动特性，6个分离器相对炉膛中心均匀布置。

6. 二次风口

(1) 二次风口的布置高度。二次风喷口高度是一个重要参数。喷口位置过高，会使炉内氧化区域的燃烧行程缩短，使飞灰含碳量增加。二次风喷口到炉膛出口的距离越大，对飞灰燃尽越有利。二次风喷口高度过低，就必须采用压头更高的二次风机，否则运行时二次风量就达不到设计要求。国外某大型循环流化床锅炉的二次风布置示意图如图3-16所示。

(2) 二次风射流的刚度问题。二次风喷口面积及速度，决定了二次风喷入的动能，是影响二次风穿透性能非常重要的因素。由于不同锅炉制造商设计循环流化床锅炉时，

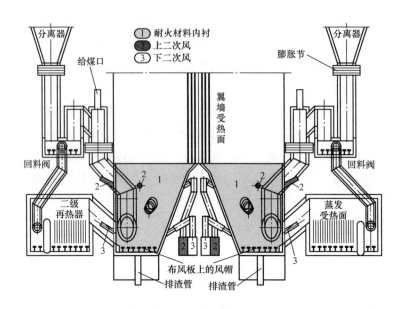

图 3-16 国外某大型循环流化床锅炉的二次风布置示意图

在给煤粒径、石灰石粒径、循环倍率参数设计上相差较大，使炉内烟气所携带的灰粒浓度有所不同，因此很难准确知道多大的二次风刚度才是合适的。根据国内某 410t/h 循环流化床锅炉运行优化实测数据，当冷态下二次风喷口速度达到 70m/s 时，热态实测二次风喷口以上 10m 高处的炉膛中心仍存在氧气浓度为零的区域，说明冷态下的二次风口速度最好超过 70m/s。国产大型循环流化床锅炉的二次风口速度常在 80m/s 以上。

白马 600MW 超临界循环流化床锅炉布置了两层二次风口（支腿内侧布置两层，外侧布置一层），均设置在炉膛下部支腿部分的炉墙上。

7. 人孔门

循环流化床锅炉本体上设置有多个人孔门。

炉膛下部左右侧墙设置有人孔门，便于停炉后检查炉膛内部情况。该人孔门只用于检修时进入炉膛，在运行中绝不能打开，否则会使炉内正压床料大量喷出。

此外，在炉膛出口至高温旋风分离器之间的水平烟道两侧墙上，以及在高温旋风分离器烟气出口至尾部竖井的水平烟道两侧墙，也设置有人孔门。在尾部竖井烟道上，与传统锅炉一样，每一级受热面都设置一个或多个用于检修进出的人孔门。

8. 飞灰再循环入口

实践证明，锅炉燃用难燃燃料时，将一定量的第一电场飞灰送回炉膛复燃，是降低飞灰可燃物的有效措施。飞灰再循环口一般布置在炉膛后墙锥段上部，其出口处的气、固可燃物浓度相对较低，对回送入的飞灰细颗粒的燃尽比较有利。另外，飞灰再循环入口设置在后墙，也便于飞灰输送管路的布置与连接。

（五）炉膛底部布风装置

循环流化床锅炉本体上的送风装置主要由布风装置［布风板（包括风帽）和风室］等

组成，下面分别加以讨论。

布风板的主要作用是：依靠布风板自身阻力，使布风板上下两侧气流分布均匀，使流化空气均匀地流入炉内并在炉内产生均匀的流化状态。具体地讲，当布风板下面的气流静压分布不均匀时，具有一定阻力的布风板产生一个均压作用，使流过布风板的气流速度处处相等，从而在炉内产生均匀的流化状态；当炉内流化床料随机性地出现气固流动不稳时（如出现沟流等不正常流化状态），布风板能依靠自身的阻力，及时消除炉内不稳定流化状态，即当炉内某处出现沟流时，由于沟流处的流动阻力很小，大量的气流会从沟流处短路穿过床层，若布风板具有一定的阻力，则会随气流增大，沟流处布风板阻力急剧上升，从而阻止更多气流从沟流处短路并最终导致沟流现象消失。

另外，布风板还起到支撑床料的作用。尤其是当正常运行的循环流化床锅炉送风机突然跳闸时，砸向布风板的床料可达近百吨之重，因此布风板必须要有一定的强度。

所以，对循环流化床锅炉布风装置的要求如下：

（1）能均匀密集地分配气流，避免在布风板上面形成停滞区。

（2）能使布风板上的床料与空气产生强烈的扰动和混合，要求风帽小孔出口气流具有较大的动能。

（3）空气通过布风板的阻力损失不能太大，但又需要一定的阻力，以消除床料流化时的不稳定性。

（4）具有足够的强度和刚度，能支撑自身和床料的重力，压火时，防止布风板受热变形，风帽不烧损，并考虑到检修清渣方便。

（5）具有一定的防磨能力，并能有效防止床料倒流进入风室。

研究表明，布风装置对布风板以上 300mm 高度以内的床料运动有直接的影响。

目前，循环流化床锅炉采用的布风装置由布风板（包括花板和风帽）、隔热层、风室和风道组成。

1. 风帽

循环流化床锅炉常用的风帽有多种，一般都安装在水冷布风板水冷管之间的膜片上。既有传统的带有帽头或不带帽头的风帽，也有近年新开发出的定向风帽、T 形风帽、钟罩式风帽和猪尾形风帽等。

图 3-17 是传统风帽的结构形式及其在水冷花板上的布置图。

图 3-18 所示是一种定向风帽，其基本用途是定向吹动（将大渣排向排渣口），这有利

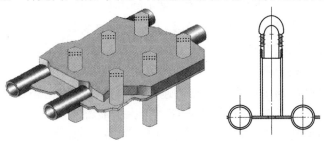

图 3-17　传统风帽的结构形式及其在水冷花板上的布置图

于大渣的排出，增加床层底部的扰动。但实际运行中发现，某些特别大的渣块，在炉内会逆向气流方向运动。这种风帽主要用于炉膛内的布风板。另外，某些电厂用户在锅炉运行过程中发现，风帽出风口方向在安装时稍有偏差，就会对其他风帽造成严重磨损。风帽被磨损后，大量床料会直接漏入风室。

图 3-19 是循环流化床锅炉中常用的另外两种风帽。其中，图 3-19（a）是大直径钟罩式风帽，该风帽可以有效防止灰渣堵塞风帽小孔，风帽也不易被磨穿而产生泄漏。图 3-19（b）为 T 形风帽，该风帽出口气流向下吹，可防止风帽之间沉积较大的渣块。内外两层开孔结构，可以使风帽阻力与风帽小孔射流动量，分别达到最佳参数。

图 3-18　定向风帽

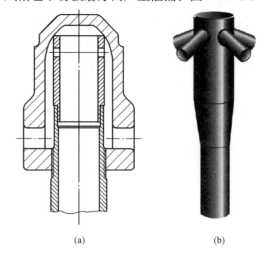

(a) (b)

图 3-19　循环流化床锅炉中的风帽
(a) 大直径钟罩式风帽；(b) T 形风帽

白马 600MW 超临界循环流化床锅炉炉膛、回料器、外置床的布风板上都采用不同直径的钟罩式风帽。

上述三种风帽的布风板都有一个明显的特点，即风帽出风小孔都要高出布风板绝热层一定距离。在正常运行时，风帽中有空气流通，可以得到冷却，但压火停炉时，因没有空气通过，帽头浸埋在高温床料中，容易烧损。针对上述不足之处，Pyropower 公司开发出图 3-20 所示的猪尾形布风板，该风帽出风口向上，且与耐火层平齐。该风帽由于采用了弯管形的喷嘴结构，因此可以防止床料颗粒落入风室。但该风帽由于焊在花板上，因此更换不太方便。此外，当床压波动较大时，该风帽仍有漏渣现象。

图 3-21 是美国 FW 公司在其最新设计的 400～800MW 超超临界循环流化床锅炉上使用的箭头式风帽，这种风帽据称可以最大限度地减少漏入风室中的床料。

从风帽小孔喷出的空气速度称为小孔风速，是布风装置设计的一个重要参数。小孔风速越大，气流对床层底部颗粒的冲击力越大，扰动就越强烈，从而有利于粗颗粒的流化，并可使底渣含碳量降低。但风帽小孔风速过大，风帽阻力增加，所需风机压头增大，将使风机电耗增加。反之，小孔风速过低，容易造成粗颗粒沉积，底部流化不良，冷渣含碳量增大，尤其当负荷降低时，往往不能维持稳定运行，造成结焦停炉。所以，小孔风速的选择，应根据燃煤特性、颗粒筛分特性、负荷调节范围和风机电耗等方面综合考虑。

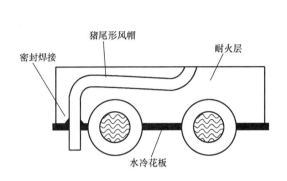

图 3-20　带有猪尾形风帽的
布风板

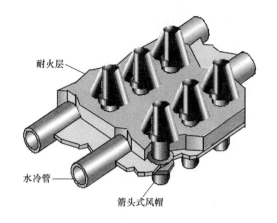

图 3-21　FW 公司设计的箭头式风帽布
风板示意图

循环流化床锅炉排渣口、炉墙壁面处以及给煤点附近，由于床料浓度较高，为了流化均匀，在这些部位上的风帽小孔直径或风帽个数比其他部位略大一些，因而在实际设计中常采用变开孔率布风板。

为提高布风的均匀性，炉膛中心区域和边缘区域有时还采用了不同的风帽密度。

由于循环流化床锅炉负荷调节范围大，因此入炉风量变化也较大。如果全部风量都经过布风板进入炉内，则很难同时兼顾风机电耗与流化状态稳定性，即高负荷时可能风机电耗很大，低负荷时由于布风板阻力太低而使炉内流化不均匀。因此，循环流化床锅炉的入炉风量设计成两部分，一部分经布风板进入炉内，称为一次风或流化风；另一部分（约占总风量 40％以上）则从布风板上方炉墙上水平进入炉内，称为二次风。这样，锅炉负荷升高时，一次风基本不变，只增加二次风；负荷降低时，则先减少二次风，再减少上一次风。这样就同时兼顾了风机电耗与流化状态稳定性。

根据大量的运行经验，布风板阻力为整个床层阻力（布风板阻力加料层阻力）的 25％～30％才可以维持炉内稳定的流化状态。

2. 水冷花板

循环流化床锅炉目前普遍采用如图 3-22 所示的水冷花板结构。整个风室四周、底部以及花板都由膜式水冷壁弯制而成，两侧是侧墙水冷壁的一部分，风帽则安装在花板上。风帽与花板连接有焊接和螺纹连接两种形式。在风帽出风口与花板之间填充 150～200mm 厚的耐热混凝土层。

引进型 300MW 循环流化床锅炉的水冷风室和水冷花板结构较为独特。其构成方式是：从两侧墙入口集箱引出的管子分为四路：

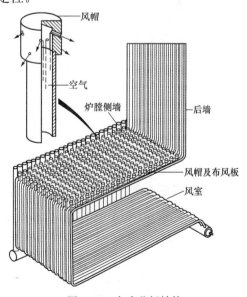

图 3-22　水冷花板结构

①外侧墙→布风板→内侧墙；②外侧墙；③内侧墙→布风板→外侧墙；④内侧墙。这些管子与从前（后）墙下集箱引出的管子一起形成了风室和水冷布风板。水冷布风板位于炉膛底部，由水平的膜式管屏和风帽组成。水冷管屏的管子直径 $\phi76.1\times8mm$，节距 174mm，材料为 SA-210C。2000 个不锈钢制成的钟罩式风帽按一定规律焊在水冷管屏鳍片上。在炉膛左、右侧墙底部各有两个排渣口，所有风帽底部到耐火材料表面的距离保持 50mm。

白马 600MW 超临界循环流化床锅炉布风板由 $\phi82.55$ 的内螺纹管加扁钢焊接而成，扁钢上设有钟罩式风帽，其作用是均匀流化床料。布风板标高为 10 000mm。

当采用床下风道燃烧器点火时，水冷花板与整个水冷风室一道，在风室内壁面都需要敷设耐火保温层（水冷花板上下两面都要敷设耐火保温层，以防烧坏）。

3. 隔热层

为避免布风板受热而挠曲变形，在花板上必须有一定厚度的隔热层或耐火层，如图 3-17、图 3-18 所示。隔热层厚度根据风帽高度而定，一般为 150～200mm。风帽插入花板以后，花板自下而上涂上密封层、绝热层和耐火层，直到距风帽小孔中心线以下 15～20mm 处。这一距离不宜超过 20mm，否则运行中容易结渣，但也不宜离风帽小孔太近，以免堵塞小孔。涂抹耐火保护层时，为了防止堵塞小孔，事先应用胶布把小孔封闭，待保护层干燥以后做冷态试验前再把胶布去掉。

对于采用猪尾形喷嘴的密孔板型布风板，耐火保护层的上沿高度则与喷嘴上沿保持平齐。

4. 风室结构

为了使布风板上方的气流速度能够分布均匀，为均匀稳定的流化状态创造良好的条件，要求布风板对气流具有一定的重整阻力。气流重整阻力偏差的大小是与布风板下风室中的气流分布不均匀性成正比的，因此应使风室中的气流能够在布风板下形成较均匀的压力分布，使布风板上的气流分布更为均匀。

风室的布置就是围绕上述目的而进行的，一般要求满足下述三点：

（1）具有一定的强度、刚度及严密性，在运行条件下不变形，不漏风。

（2）具有一定的容积并具有一定的稳压作用，消除进口风速对气流速度分布不均匀性的影响，一般要求风室内平均气流速度小于 1.5m/s。

（3）具有一定的导流作用，尽可能地避免形成死角与涡流区。

循环流化床锅炉一般采用"等压风室"布置方式。这种风室底部不是水平的，而是从风室入口处逐渐向上倾斜，从而使风室内各点的水平速度大致相同。

具体的进风方式有三种，一种是从两侧进风，如图 3-23（a）所示；另一种是从炉膛后部进风，如图 3-23（b）所示，最后一种是从风室下部进风。当布风板阻力足够大时，从风室下部进风，也能基本保证布风的均匀性，如图 3-24 所示。

白马 600MW 超临界循环流化床锅炉采用了图 3-23（a）所示的进风方式。风室底部由侧墙水冷壁管拉稀形成，由水冷壁管加扁钢组成的膜式壁组成，加上前后墙水冷壁及水冷布风板构成了水冷风室。水冷风室内壁设置有耐磨可塑料和耐火浇注料，以满足锅炉启

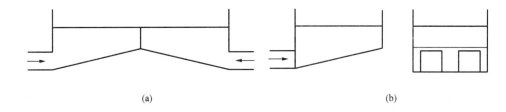

图 3-23 循环流化床锅炉常用的等压风室结构

(a) 两侧进风；(b) 炉膛后部进风

动时 900℃左右的高温烟气冲刷的需要。其具体结构与图 3-23 类似，但流化风是从风室后部进入的。

　　图 3-24 是组成等压风室膜式水冷壁的一种弯管结构。风室底部和前部由前墙水冷壁管拉稀后加焊扁钢组成，风室后部是后墙水冷壁的一部分，风室两侧是侧墙膜式水冷壁的一部分，风室上部（水冷花板）由内螺纹管加扁钢焊接而成。采用大口径内螺管的目的是防止汽泡在水平管中停滞。

　　等压风室膜式水冷壁的另一种弯管结构如图 3-22 所示。两者的具体区别是：图 3-24 所示的等压风室全部由膜式水冷壁构成，结构较复杂，常用于采用风道燃烧器点火的大型循环流

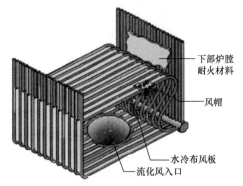

图 3-24 大型循环流化床锅炉水冷风室的弯管结构

化床锅炉；图 3-22 所示等压风室的进口端（即流化空气流入等压风室的一端），没有膜式水冷壁，风室内壁也不敷设耐火材料层，但水冷花板仍采用大口径内螺纹管。这种风室常用于采用床上启动燃烧器点火的中、小型循环流化床锅炉。

　　美国 B&W 公司设计开发了一种如图 3-25 所示的开式风室及其布风板结构。该布风板由多根水平放置的风管和连接在风管上的若干风帽组成。煤燃烧后形成的灰渣，从风帽

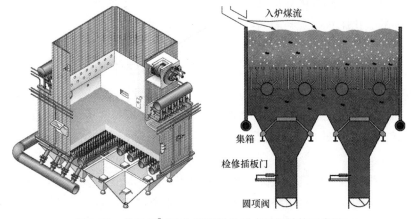

图 3-25 美国 B&W 公司研制的开式风室结构示意图

及风管之间的间隙向下流入风室,并被风管及流化风冷却,再从风室底部排出。这种设计很好地回收了锅炉排渣中的热量。

图 3-26 所示是循环流化床锅炉上常用的另外几种结构的风室及其与之相配合的布风板。

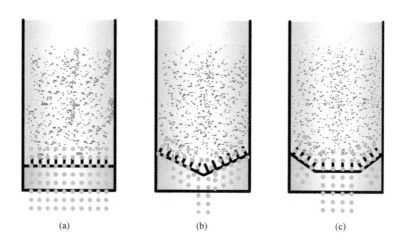

图 3-26 几种从底部进风的风室结构及其与之相配的布风板
(a) 水平布风板;(b) 锥形布风板;(c) 平锥形布风板

图 3-26 所示的三种风室,都是从底部进风的。应当指出的是,在现代大型循环流化床锅炉中,由于炉内处于循环流态化状态,流化风速较高,布风板压降也比鼓泡流化床状态运行时高得多,因此风室结构对布风均匀性的影响不大。但在低负荷运行时,风室结构对布风均匀性的影响仍然比较显著。图 3-26 所示的三种布风板,除图 3-26 (a) 外,另外两个布风板的形状为锥形或平锥形,采用这种布风板的目的主要是为了进一步加强炉内床料的内循环。

5. 风道结构及其风量测量

风道是连接风机与风室所必需的部件。气流通过风道时,必然因与风道壁面的摩擦、气流的转向及风道的截面变化等带来一系列的压降。这个压降与布风板的压降不同,后者是为维持稳定的流化床状态所必需的,而风道压降则完全是一种损失。因此,在风道的布置过程中,必须尽可能地设法减少风道中的压力损失,减少风机的电耗,即尽可能地减少不必要的风道长度、转弯和截面变化以及风门阻力。在必须转向时,尽可能采用逐渐弯曲的弧形转向结构,使总的阻力系数较小,避免采用过高的气流速度(阻力与气流速度的平方成正比)。但太小的气流速度,在显著减少压降并取得均匀气流速度分布的同时,也导致风道截面与金属耗量的增大。对金属风道而言,通常选取的空气流速在 10～15m/s 左右。

循环流化床锅炉由于风机压头高、风机种类多,因此风道较复杂,且强度要求高,因此风道内需要较多的支撑,风道外的悬吊、膨胀,也要特别注意。

循环流化床锅炉运行中的风量控制对炉内燃烧影响很大,因此一、二次风的风量测量要求较高。传统锅炉的风量测量常采用机翼测速装置，这种测速装置要求测量点前后应分别有 10 倍和 7 倍的直管段，这一点在循环流化床锅炉上很难做到。引进型 300MW 循环流化床锅炉采用了一种特殊文丘里管风道测量装置，如图 3-27 所示。该装置对直管段长度要求低，压差信号大，维护工作量小。对锅炉的实际运行性能测试表明，这种测量装置测量比较准确。国内的一些大型电力设计院，在设计国产自主型循环流化床锅炉时，往往也在送风道上设计采用文丘里管风道测量装置。

图 3-27　正在安装的某 300MW 循环流化床锅炉文丘里管风道风量测量装置

二、白马 600MW 超临界循环流化床锅炉炉膛结构与布风装置

（一）白马 600MW 超临界循环流化床锅炉炉膛结构

1. 炉膛总体结构

白马 600MW 超临界循环流化床锅炉的炉膛由水冷壁前墙、后墙、两侧墙以及炉内中隔墙构成，尺寸为 55m（高）×15m（宽）×28m（深），分为风室水冷壁、水冷壁下部组件、水冷壁上部组件、水冷壁中部组件和单面曝光中隔墙。

炉膛采用分体炉膛中隔墙结构，保证二次风能很好地深入流化床密相区中心部分。分体炉膛中隔墙结构特征在于：底部采用分体炉膛设计，组成分体炉膛的下部内侧水冷壁在中隔墙下集箱汇集后，从中隔墙下集箱间隔引出上行在炉膛内部形成中隔墙。间隔布置的中隔墙膜式壁留有烟气通道，便于平衡炉内压力。中隔墙下集箱及拉稀的单面曝光水冷壁下部敷设有耐磨耐火材料，如图 3-28 所示。

下部炉膛采用优化设计的内螺纹管，节距为 45mm。炉膛下部分体段四周开有许多

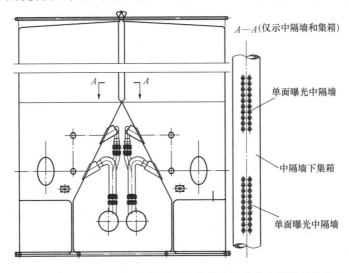

图 3-28　白马 600MW 超临界循环流化床锅炉炉膛中隔墙结构特点

孔，二次风口、回料器返料口、外置床返料口、排渣口和温度、压力测量孔以及看火孔等开孔均在此区域。

上部炉膛采用光管，设计在锅炉最高热负荷时，仍有足够裕量防止光管膜式水冷壁到达沸腾极限。上部膜式壁的管子规格尺寸、材质、节距均与下部炉膛相同。在炉膛顶部，两侧墙向炉中心弯曲形成炉顶。炉膛上部两侧墙各有 3 个炉膛至分离器烟气出口。

水冷壁出口工质汇入上部水冷壁出口集箱后，由连接管引入水冷壁出口汇集集箱，再由连接管引入启动分离器。

为了防止受热面管子磨损，在下部炉膛、上部烟气出口附近的区域，均敷设有耐磨材料，其厚度均为距管子表面 100mm。

2. 炉膛截面积选取

白马超临界循环流化床锅炉炉膛截面积的选取主要取决于炉膛上部轴向烟气速度，考虑的因素是磨损和循环流量。

影响磨损的诸因素中，最重要的是灰粒速度（即烟气速度），其次是灰粒浓度，其余因素只要合理考虑，对磨损的影响较小。为降低磨损，必须使灰粒速度和灰粒浓度在合理的设计范围，如图 3-29（以下称为"磨损趋势图"）所示。该图中，与横坐标平行的最下面一条线（标有快速床）表示在给定粒径的情况下，不同流化风速下达到快速床状态所需的最小循环流量。上面两条线（分别标有一级旋风分离器和二级旋风分离器）表示采用不同分离器时，在对应风速下所能达到的最大循环量。而与纵坐标平行的两条曲线（标有硬煤和软煤）则表示燃用不同煤质时的磨损极限，煤中灰的磨损特性越强，该曲线越向纵坐标轴方向推移。

由图 3-29 可知，白马 600MW 超临界循环流化床锅炉磨损上限的流化速度约为 5.8 m/s，同时，考虑低负荷灰的循环流量满足换热要求，炉膛上部轴向烟气速度取值为 5.5m/s。在取定炉膛上部轴向烟气速度后，可根据炉膛烟气量，得出炉膛横截面积。

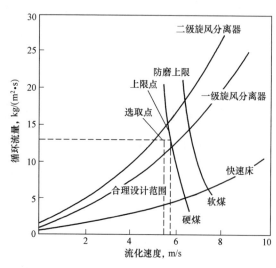

图 3-29 循环流化床锅炉流化速度、循环灰量及磨损速度的关系

3. 炉膛高度选取

炉膛截面由烟气流速确定后，炉膛高度应容纳全部或大部分蒸发受热面。

对于 600MW 超临界锅炉，不管是煤粉炉或是循环流化床锅炉，为保证各负荷工况下省煤器出口均有一定的欠焓，水冷壁出口有一定的过热度，炉膛水冷壁的吸热量差别不大。而 600MW 超临界煤粉炉典型的炉膛截面积为 342.6m²，炉膛受热面积为 4065m²，水冷壁吸热量为 1987.7GJ/h，热流密度约为 136kW/m²，炉膛高度一般为 55m 左右。

在超临界循环流化床锅炉的设计

中，由于循环流化床锅炉热流密度远低于煤粉炉（约为 $78kW/m^2$），如吸热量和煤粉炉相同，则炉膛水冷壁吸热面积应在 $7087m^2$ 左右（4065×136/78）。而增加蒸发受热面的形式无外乎两种：一是通过增加附加换热面实现，例如屏式受热面、扩展水冷壁、外置床（FBHE）等，但由此带来的由平行流引起的流量不均的问题或系统复杂化很难解决；二是通过增加炉膛高度实现，如水冷壁截面积按 $443m^2$ 考虑（周长 85.5m），炉膛高度约为 82m。过高的炉膛将会导致顶部粒子浓度较低，即换热系数较低，有效蒸发受热面积的增加并不明显，整个炉膛温度分布的不均匀性加剧。另外，过高的炉膛高度还会带来分离器入口灰浓度是否有保证的问题，这直接影响到外置床能否正常工作。为降低炉膛高度，设计采取以下措施：

（1）较小的省煤器出口欠焓（或水冷壁入口欠焓）。在 600MW 超临界循环流化床锅炉设计中，省煤器受热面面积较大，省煤器出口温度在 BMCR 工况下约为 340℃，而常规煤粉炉为 310℃。故相对而言，600MW 超临界循环流化床锅炉水冷壁所需吸热量较小，有利于减小水冷壁受热面积，降低炉膛高度。

（2）采用单面曝光中隔墙水冷壁。为保证东方自主开发型 600MW 超临界循环流化床锅炉炉膛有足够的水冷壁受热面积，炉膛中设计有单面曝光中隔墙水冷壁。该中隔墙水冷壁如图 3-22 所示，由两片背靠背的膜式水冷壁管组成。该结构在不增加炉膛高度的情况下增加了水冷壁受热面积。单面曝光中隔墙水冷壁面积约为 $1881m^2$，相当于炉膛水冷壁 22m 左右的高度。因此，白马超临界循环流化床锅炉的炉膛高度为 55m 即可满足水冷壁的吸热要求。

4. 下部分体炉膛设计和"翻床"现象应对措施

为保证在较大炉膛断面下的二次风穿透性和混合要求，同时兼顾炉膛深宽比控制和与汽机房的匹配，白马 600MW 超临界循环流化床锅炉采用下部分体炉膛设计。

由于下部分体炉膛设计，炉膛布风板被分隔成为两个独立的部分。为保证两个分体炉膛中的床料稳定流化运行，不出现两侧床压悬殊的"翻床"现象，有必要对分体炉膛发生"翻床"现象进行深入的分析研究。

从循环流化床锅炉的运行原理看，在锅炉运行过程中，床压会不可避免地发生波动。较小的波动不会对锅炉运行造成影响。但如果床压波动超过一定值而不进行控制，则由于床压相对较高的布风板一次风流量相应减少，造成物料的聚集，进而引起局部流化质量不好并扩展到整个床面。如果控制系统仍然不能有效干预，则可能造成单侧下部炉膛床料无法流化而压死，床压持续增高；同时该侧一次风憋压造成另一侧布风板风量增大，使另一侧下部炉膛风速过高而床料过少，床压持续减少。这就是床压波动引起"翻床"现象的过程。

从"翻床"现象出现的整个过程我们可以看到，床压波动只是发生"翻床"现象的一个诱因。鉴于床压波动的不可避免性，要解决"翻床"问题，重点应放在增大对床压波动的调控力度上，而对床压波动的调控应从整个锅炉烟风系统的整体控制入手才能根本解决。

首先，从循环流化床锅炉的运行控制方法看，循环流化床锅炉床压控制主要是通过控制底渣排放速度实现的。

白马 600MW 超临界循环流化床锅炉的冷渣器选用了 6 个滚筒式冷渣器。滚筒式冷渣器排渣速度控制类似螺旋输送机，是依靠滚筒转速的高低来实现的，相对引进型 300MW 亚临界循环流化床的非机械式冷渣器，具有对排渣速度控制指令反应快，排渣速度控制精确的特点。滚筒式冷渣器的选用，对床压控制非常有利。

同时，循环流化床锅炉炉膛床压在小范围变化时，可以通过调整一次风道的调节风门进行控制。为便于调节控制，被控制量——炉膛压降应在整个系统压降中占的比例较小。

最后还可采用启动床料添加系统进行床料粒径调节。循环流化床锅炉长期运行后，布风板上难免会堆积部分大粒径的床料，影响流化质量，容易造成两侧床压波动。通过加大排渣，同时吹入粒径适当的床料进行补充，可以有效地进行控制。

在设计上，白马 600MW 超临界循环流化床锅炉烟风系统的压力平衡点设置在炉膛出口。从风机出口到压力平衡点，除去连接风道的阻力，整个系统的阻力主要有暖风器阻力、空气预热器阻力、风道调节挡板阻力、布风板阻力和炉膛压力降。根据表 3-1 中候选方案所示的阻力计算，此时挡板阻力为 2.5kPa，压力平衡点到风机出口的总压降为 21.545kPa，炉膛压力降占总压降的 51.06%。这样的设计使被调节量炉膛压力降在总压降中所占比例较高；同时，较高的炉膛压力降也使挡板阻力居高不下，造成系统总压降较高，风机电耗增大，电厂常用电率上升，经济性受影响。

鉴于以上原因，白马 600MW 超临界循环流化床锅炉炉膛设计中，选取炉膛压力降为 9.8kPa，阻力计算如表 3-1 中优化方案所示，此时挡板阻力为 1.5kPa，布风板阻力提高到 5.5kPa，压力平衡点到风机出口的总压降为 19.845kPa，炉膛压力降占总压降的 49.38%。据此方案，炉膛压力降的份额下降 1.68%，便于压降调节；同时，总压降下降了 1.7kPa，降低了厂用电率。

表 3-1　　　　　　　　　　　　炉膛压力降方案比较　　　　　　　　　　　　Pa

项　目	候选方案	优化方案	项　目	候选方案	优化方案
炉膛压力降	11 000	9800	空气预热器阻力	1700	1700
布风板阻力	5000	5500	暖风器阻力	585	585
油枪阻力	0	0	风机出口至空气预热器入口阻力	260	260
空气预热器出口至风室阻力	500	500	风机总压降	21 545	19 845
挡板阻力	2500	1500	选取值	21 600	19 900

由于炉膛压力降的调整会引起锅炉炉膛床料量的变化，通过对优化方案的床料量和燃料消耗量的比值进行了核算，并比较了 150～600MW 不同压力等级再热机组的数据，计算结果如表 3-2 所示。

项　目	150MW	200MW	300MW	600MW
炉膛床料量（kg）	87 484.38	118 481.8	166 521.6	339 540.6
燃料消耗量（kg/s）	24.61	31.71	44.96	89.91
炉膛床料量/燃料消耗量	3555	3737	3704	3776

表3-2　　　　　　　　　　　　　床料量和燃料消耗量比值

从循环流化床锅炉原理和设计运行经验看，不同容量等级再热机组的炉膛床料量和燃料消耗量的比值应相对固定。按照表3-2的数据可知，白马600MW超临界循环流化床锅炉炉膛压力降优化方案的炉膛床料量和燃料消耗量的比值与其他容量等级再热机组的数据相当，完全可以满足锅炉的正常运行。

5. 600MW超临界循环流化床锅炉水冷壁布置特性

作为主循环回路的重要组成部分，循环流化床锅炉的炉膛水冷壁具有以下重要功能：

（1）保证炉内物料正常流化，避免炉内流化不均而出现炉膛结焦等问题；

（2）通过炉膛形状、给煤方式、二次风布置等组织良好的炉内燃烧工况，提高燃料的燃尽率；

（3）作为一级重要的受热面，在保证水动力安全性的同时，按照设计的热量分配吸收合理的热量。

为此，白马600MW超临界循环流化床锅炉炉膛的性能和结构设计主要考虑几个方面的内容：①炉膛形状；②炉膛高度的选取；③炉膛开孔。

根据超临界循环流化床锅炉的特点，白马600MW超临界循环流化床锅炉采用直流锅炉形式，炉膛为下部分体式水冷壁，如图3-30所示。

炉膛深度为27 900mm，但宽度却随着锅炉高度的不同而变化。炉膛下部从宽度方向沿锅炉对称中心线被分为两个独立部分。最下部为后进风的等压风室，风室顶部为独立的两个布风板。从布风板往上，分体炉膛内侧逐渐向锅炉中心线收缩，最终汇集于中隔墙下集箱。中隔墙下集箱以上的炉膛，在宽度方向通过单面曝光水冷壁被分为两个8820mm×27 900mm的两部分。中隔墙管子拉稀形成大量平衡孔，保证了两部分炉膛的连续性和压力平衡及能量物质的交换。

炉膛布风板以上的两侧墙布置有排渣口，布风板至中隔墙下集箱之间的炉膛区域还布置有回料器返料口、二次风口、石灰石口等接口。

（二）600MW超临界循环流化床锅炉炉膛布风装置特性

流化床锅炉燃烧是否稳定良好，除了受燃煤特性、燃煤粒径级配、给煤方式、床温、床体结构和运行水平等诸多因素影响之外，还要求布风装置配风均匀，消除死区和粗颗粒沉积，使底部流化质量良好。

600MW超临界循环流化床锅炉由于布风板尺寸较大，相应风室尺寸也较大，风室内静压分布不均匀性增加。因此，为保证布风板最终的布风均匀性，需要综合考虑风室结构

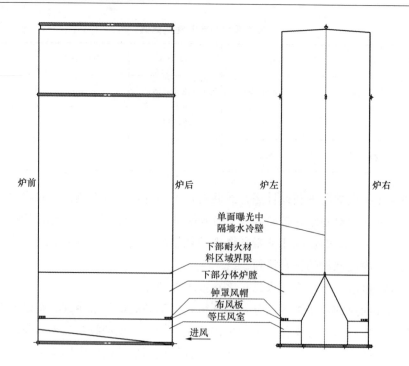

图 3-30　白马 600MW 超临界循环流化床锅炉水冷壁布置示意图

形状、风室进风方式、风帽结构和布风板阻力等因素的影响。

1. 风室结构形状的影响

循环流化床锅炉的风室连接在布风板下，起着稳压和均流的作用，使从风管进入的气体降低流速，将动压转变为静压。对风室的设计基本要求如下：

（1）具有一定的强度和较好的气密性，在工作条件下不变形，不漏风；

（2）具有较好的稳压和均流作用；

（3）结构简单，便于维护检修，且风室应设有检修门和放渣门。

大型流化床锅炉的风室主要有两种类型：分流式风室和等压风室。

所谓分流式风室，就是借助分流罩或导流板把进入风室的气流均分为多股气流，使接近正方形的风室截面获得均匀的布风。分流式风室通常采用风室底部进风方式，利用布风板较高的压降，达到布风均匀的目的。

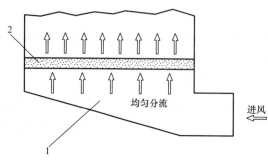

图 3-31　等压风室结构及工作原理
1—风室；2—布风板

等压风室的结构特点是具有倾斜的底面，这样能使风室内的静压沿深度保持不变，有利于提高布风均匀性，如图 3-31 所示。

工程实践表明，对于高风速的风道而言，随着风室风量（风速）的增加，动压损失（由摩擦和几何布置引起的）逐渐增加，压力损失与风量的特性曲线将变得十分复杂。因此，在设计等压风室时，应将等压风室的入口风速降到 10m/s 以下，可使阻力随风量的变化比较平缓。此外，流化风在风室中的行程（距离），也对布风板下的静压分布有一定影响。当流化风在风室中的行程较长时，沿程阻力就不能再忽略了，此时按等压风室原理设计的风室，就不能保证等压效果。按目前国内经验，风在风室中行程不能超过 15m。

白马 600MW 超临界循环流化床锅炉燃烧室底部的水冷风室是由水冷壁管加扁钢组成的膜式壁结构。风室底部由侧墙管拉稀而成，加上前后墙水冷壁及水冷布风板构成了水冷风室。风室内壁设置有较薄的耐火、绝热材料层，以适应锅炉启动时高温烟气冲刷的要求。风室为等压风室结构。600MW 超临界循环流化床锅炉的流化风，经预热器加热后形成热一次风由风管引出，从风室后墙进入风室，一次风在风室中的行程约为 27m，超过了单侧进风时风在风室中行程不超过 15m 的上限。

为在这种情况下，保证进风的均匀性，必须对等压风室设计进行进一步的优化。为保证等压风室设计的合理性，等压风室倾斜底面距布风板底的最小高度（稳压段）约 2.0m，风室底部倾角为 10°，风室的水平截面与布风板的有效截面积相等。经计算，气流在风室的上升速度为 1.86m/s。同时，在各种工况下，进入风室的风速最高值为 7.19m/s，动压阻力沿风室行程方向变化平缓，如图 3-32 所示。

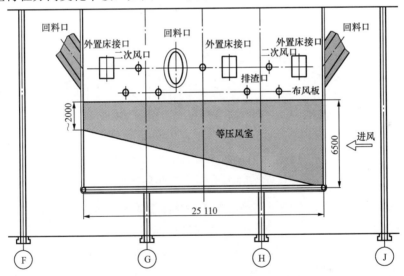

图 3-32　白马 600MW 超临界循环流化床锅炉等压风室结构示意图

在超临界流化床锅炉炉膛风室的设计中采取以上措施后，可以保证布风的均匀性。图 3-33 是 FW 公司 460MW 超临界循环流化床锅炉风室结构，该锅炉也采用了单面进风的等压风室结构。

2. 进风方式对布风均匀性影响

风室的进风方式会直接影响风室内风压是否分布均匀。风室进风方式与炉膛布风均匀性及床料的稳定流化都有关系，图 3-34 说明了不同的进风方式对风室风压的影响。

对于单侧进风的方式而言，如图 3-34（a）所示，沿着风室进风行程，风室静压呈现

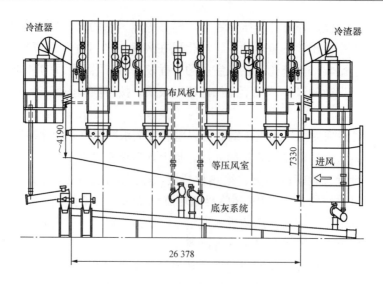

图 3-33 FW 公司 460MW 超临界循环流化床锅炉风室的结构示意图

单调增加趋势（除非采取等压风室设计）。当风室的深度方向尺寸超过某一极限值（约为 15m）时，由于需要考虑沿程阻力的影响，这种增加趋势开始变得比较平缓。此时若要在布风板下达到等压效果，风室底边需要做成曲线形状。

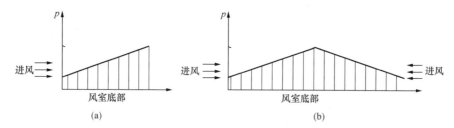

图 3-34 不同进风方式对风室风压的影响
(a) 采用单侧进风；(b) 采用两侧进风

　　而对于双侧进风方式，左侧风室静压的单调增加到右侧风室入口时最大，而右侧风室此处静压却最低，反之亦然。这种高静压区和低静压区的叠加，使整个风室风压更为均匀。但这种进风方式，要求两侧风量严格一致，否则在风室中部，容易产生静压偏差。这两种进风方式，国内大型循环流化床锅炉上都有应用。如引进型 300MW 循环流化床锅炉采用单侧进风方式［见图 3-35 (a)］，东锅自主型 300MW 循环流化床锅炉采用双侧进风方式［见图 3-35 (b)］。白马 600MW 超临界循环流化床锅炉采用了单侧进风方式（从炉膛后部进风）。

　　3. 风帽设计

　　风帽的作用在于使进入流化床的空气产生第二次分流并具有一定的动能，使炉膛底部颗粒产生强烈的扰动，避免粗颗粒的沉积，减少冷渣含碳损失。风帽还有产生足够的压降、均匀布风的作用。

　　实践表明，小直径的风帽可以使布风更加均匀，有效地改善流化质量，提高燃烧效

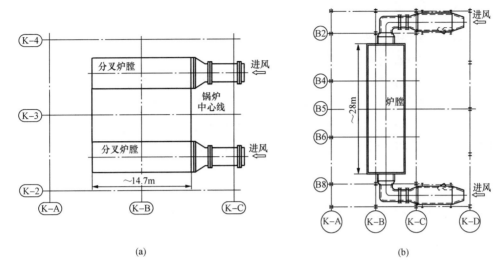

图 3-35 大型循环流化床锅炉的风室进风方式

（a）单侧进风；（b）双侧进风

率。大钟罩式风帽尺寸较大，风帽间距较大，运行时容易产生局部布风不均而结焦。在白马 600MW 超临界流化床锅炉上，采用了改进型钟罩式风帽，如图 3-36 所示。这种风帽尺寸相对较小，可以在布风板上布置更多的风帽，提高了风帽间隙区气流速度，避免了粗颗粒的沉积，改善了布风质量。

此外，该钟罩式风帽是在多种风帽模型的试验研究基础上确定的。其主要结构特点是：选取了合适的开孔率的钟罩和芯管，达到了较好的阻力特性；选择了合理的钟罩出口风速，进一步避免了粒子的倒灌磨损；采用了易于更换的套管结构，改善了钟罩和芯管的连接方式，避免了紧固件的磨损和由此引起的钟罩滑动。

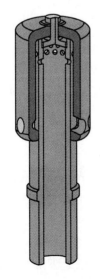

图 3-36 白马 600MW 超临界循环流化床锅炉钟罩式风帽结构示意图

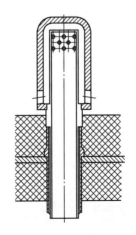

图 3-37 白马 600MW 超临界循环流化床锅炉水冷布风板及其风帽

4. 水冷布风板结构及其阻力

白马 600MW 超临界循环流化床锅炉的水冷布风板标高为 10 000mm。水冷布风板（其上敷设有耐磨可塑料）将水冷风室和燃烧室相连。布风板由内螺纹管加扁钢焊接而成，扁钢上设置有钟罩式风帽，其作用是让一次风均匀流化床料，并将较大颗粒及入炉杂物排向出渣口。水冷布风板与小直径钟罩式风帽的连接如图 3-37 所示。

一般来说，布风板阻力越大，床的布风越趋于均匀。但布风板阻力大到一定程度时，对床的布风均匀性的改善已无太大意义，反而导致风机的电耗过大，因此要合理选取，使布风板具有恰当的阻力特性。

第二节　600MW 超临界循环流化床锅炉水冷壁结构布置

按照锅炉工作介质（简称工质）的流动方式，锅炉分自然循环和强制流动两大类。自然循环锅炉蒸发受热面中，工质的循环流动是依靠工质本身（水与汽）的密度差来维持的；强制流动锅炉受热面中，工质的流动则是借助于给水泵的压力来实现的。

蒸发设备能否安全地工作，在很大程度上取决于是否有可靠的水循环，即蒸发受热面管内是否有连续流动的水来冷却它，这也是锅炉安全工作的关键。若不能对管子进行有效的冷却，则在炉膛高温环境下，管子就有过热损坏的危险。

由此可知，建立良好的水循环，使蒸发设备可靠地工作，直接关系到锅炉机组运行的安全性。因此，了解蒸发设备的结构，掌握水循环的基本原理和特性，对于指导锅炉运行工作是十分重要的。

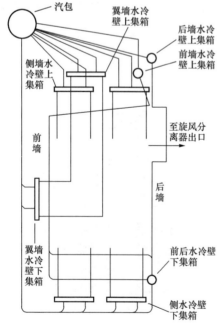

图 3-38　带翼墙蒸发展的循环流化床锅炉
水循环回路示意图

一、亚临界参数下的汽水循环特性

1. 汽水循环组成及工作过程

蒸发设备是锅炉的重要组成部分，其作用就是吸收燃料燃烧放出的热量，使水受热汽化变成饱和蒸汽。

采用汽水自然循环方式运行的循环流化床锅炉，其蒸发设备主要是由汽包、下降管、水冷壁、翼墙管、集箱及一些连接管道所组成。这些部件在锅炉中的相互位置及连接关系如图 3-38 所示。

由省煤器来的给水进入汽包，汽包的上半部充满蒸汽，叫汽空间；下半部充满水，叫水空间或水容积，汽、水空间的交界面称为汽包蒸发面。

从汽包下部引出的管子是下降管，它将汽包中的水一部分引至锅炉下部，经分配支管送入水冷壁的各个下集箱，汽包中的另一部分水经分配支管被引入翼墙管下集箱。下降管及各分配支管布置在炉外不受热。水冷壁管布置在炉膛内的四周，紧贴炉墙。从下集箱引入水冷壁的水，吸收炉内高温烟气的辐射/对流热并部分汽化，变成密度比水小的汽水混合物向上流动（故水冷壁管也叫上升管），引入上集箱，再通过汽水混合物引出管引入汽包或者不经上集箱直接引入汽包。汽水混合物在汽包内进行汽、水分离，蒸汽流入汽空间并经饱和蒸汽引出管送出；分离出的水流入水空间并与不断送入汽包的给水一道再流入下降管送至水冷壁/翼墙管下集箱，继续循环。这样，水从汽包→下降管→（水冷壁/翼墙管）下集箱→水冷壁/翼墙管→（变成汽水混合物）→上集箱→再回到汽包，就形成了一个闭合的流动回路，称为锅炉蒸发设备的水循环回路。一台锅炉的蒸发系统是由若干个独立的水循环回路所组成，每个回路均由自己的下降管及其分配支管、下集箱、水冷壁/翼墙管（为整个炉膛水冷壁的一部分）、上集箱所构成，所有回路的汽水混合物最后都引入汽包。

　　由于锅炉结构、容量、蒸汽压力等参数的不同，蒸发设备的组成和结构也不完全相同。如控制循环锅炉，就是在下降管中设置循环泵，使炉水强制循环，保证水冷壁的传热安全，因此，其蒸发设备还包括循环泵；超临界直流锅炉由于不存在汽水相差，因此蒸发设备中就不需要再设置汽包，而是采用结构更简单的汽水分离器，用于亚临界参数（锅炉启动和低负荷时）的汽水分离。

　　2. 亚临界参数下的垂直蒸发受热面管中汽水流动状态

　　在锅炉的蒸发系统中，给水经加热而沸腾，沸腾过程是在蒸发受热面中进行的。蒸发受热面中为汽、水两相流体，两相流体流动中汽和水并不是均匀分布的，它们的流速也不一样。由于热负荷、汽水混合物中的含汽率、工质流速和压力等的不同，两相流体构成的流动状态（或称流动结构）也不一样。两相流体的流动状态则直接关系到沸腾过程的传热工况。

　　根据实验可知，当汽水混合物向上流经均匀受热的垂直蒸发管（如水冷壁的垂直部分）时，蒸汽在水中的分布形式是不同的，通常有 4 种不同的流动状态，即泡状流、弹状流、环状流和雾状流，如图 3-39 所示。

　　当受热面热负荷不大时，汽水混合物中的蒸汽含量较少，流速很低。只是在管壁上产生少量小汽泡（壁面上产生汽泡的那些"点"叫做汽化核心，这种状态的沸腾称为核态沸腾），这些小汽泡分散在水中，随着水流一起向上流动，这种流动状态叫做汽泡状流动，如图 3-39 中 A 所示。

　　随着受热面热负荷的加大，产生的蒸汽量也增多，小汽泡就合并成大汽泡，占据了管子中的大部分截面。由于密度不同，汽水向上流动时，汽的流速高于水的流速，因而水对汽泡有阻力，将汽泡逼迫成炮弹形状，这种流动状态称为弹状流动，这时弹状汽泡与管壁之间被较薄的水层隔开，如图 3-39 中 B 所示。

　　当受热面热负荷再加大时，蒸汽含量更多，弹状汽泡的长度不断增长，各弹状汽泡之间的水柱则逐渐缩短，最后各弹状汽泡汇合成一个蒸汽柱沿管子中心向上流动，水在蒸汽柱与管壁之间成环状沿管壁向上流动，这种流动状态称为环状（或汽柱状）流动，如图 3-39 中 C 所示。

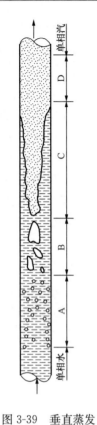

图 3-39　垂直蒸发
管中汽水的
流动状态
A—泡状流；B—弹状
流；C—环状流；
D—雾状流

当受热面热负荷进一步增加时，蒸汽含量和汽水流速都很大，水环逐渐变薄，最后只在管壁上形成很薄的一层水膜，由于壁面上的水膜逐渐被"蒸干"，同时高速汽流也会将水膜撕破，形成许多细小的水滴，并将水滴均匀分布在汽流中，汽、水形成雾状混合物，这种流动状态称为雾状流动，如图 3-39 中 D 所示。这时，虽然汽流中仍含有一些细小水滴，但由于管内壁上的水膜已不复存在，形成管壁直接与蒸汽接触，管壁对工质（蒸汽）的放热大大减弱，管壁温度急剧升高，很容易造成管子过热而烧坏，这种现象称为沸腾传热恶化。

蒸发受热面管中汽水混合物的流动特性，一般与管内工质的质量流速、蒸汽含量、压力的高低和受热面热负荷的大小等因素有关。

以上所述的 4 种流动状态，是在热负荷和压力都不太高的条件下得出的。当压力提高时，从一种流动状态转变为另一种流动状态的范围将缩小，甚至完全消失。对弹状流动，由于压力提高时，水的表面张力减小，不易形成大的汽泡，故弹状流动的范围将随压力的升高而缩小。当压力达 10MPa 时，弹状流动完全消失，这时随着产汽量的增多，汽水混合物就直接由汽泡状流动转变为环状流动（当流速增加时，环状流动存在的范围也会缩小）。

若增大热负荷，则环状流动的范围同样会缩小甚至完全消失，雾状流动将会提前发生。

当热负荷很高时，传热恶化将可能在汽泡状流动范围内发生。这时，由于管子受热十分强烈，壁面上的汽化点很多，在管子内壁上汽泡的生成速度大大超过汽泡的脱离速度，管子内壁形成一层连续而稳定的汽膜，将水挤向管子中部，这种状态的沸腾叫做膜态沸腾，也是一种沸腾传热恶化现象。这时，由于管壁得不到水的冷却，而紧贴管壁的汽膜导热性又很差，因而管壁的温升十分迅速，往往造成管壁超温破坏。

在倾斜度大于 30° 的蒸发管中，汽水流动状态与垂直蒸发管中的流动状态大体相似，只是蒸汽稍偏向管子上部而形成不对称流动。

在微倾斜或水平的蒸发管中，当汽水混合物流速很高时，其流动状态仍相似于倾斜度较大的蒸发管中的情况；但当流速较低时，则会出现上部是汽，下部是水的汽、水分层流动状态，这种汽水分层现象仍可能造成管子上部和汽水交界处管壁的损坏。

从上述蒸发管的汽水流动状态可知，要使蒸发受热面安全可靠地工作，必须要有良好的水循环，即保证工质以一定的速度连续流动，使管内壁保持一层连续而稳定的水膜，以对蒸发管进行有效的冷却；同时应限制受热面热负荷，避免在蒸发管的汽泡状流动范围内产生沸腾传热恶化现象。

在亚临界以下参数的循环流化床锅炉设计中，水循环一般问题不太大，与常规的锅炉水循环相近，运行时水循环是非常稳定的。为了保证循环流化床锅炉的水循环安全，不致造成受热面管壁过热变形，布置水循环回路时应注意：

（1）水循环回路应合理、简单，传热强度相差很大的受热面不宜并联在同一回路中，以免产生热偏差。如在大容量循环流化床锅炉中，有可能布置屏式蒸发受热面（如翼墙管屏），此受热面必须布置单独的集箱，将此水循环回路从水冷壁上独立出来。

（2）下降管不宜受热，并尽可能减少弯头和其他附件的局部阻力损失，汽水引出管路应尽可能缩短。在同一回路中，下降管、汽水引出管的总截面积应足够大。

（3）在一般的锅炉受热面设计中，均要求受热面没有水平段，倾斜受热面与水平方向的倾角要大于15°，但在循环流化床锅炉中常采用水平布置的受热面，如水冷布风板。但这有几个条件，第一，此水平段受热面的吸热很弱，有时水冷布风板上下两面均有耐火材料涂层；第二，与此水平段连接的垂直段较长，受热比较强烈，水平段的相对流动阻力不大，而且管内流速较高；第三，水冷布风板往往采用大直径内螺纹管，从而进一步降低管子壁温。在设计时如果采用了水平段，最好进行水动力计算。

二、亚临界参数锅炉蒸发系统布置及其主要设备

亚临界参数锅炉自然循环蒸发系统主要由汽包、下降管、集箱和水冷壁组成。

（一）汽包

汽包是锅炉蒸发设备中的主要部件，是一个汇集炉水和饱和蒸汽的圆筒形容器。汽包也称为锅筒。

现代锅炉都只用一个汽包，横置于炉膛的顶部，不受火焰和烟气的直接加热，并进行良好的保温。

1. 汽包作用

汽包的作用主要有以下几点：

（1）汽包与下降管、集箱、水冷壁管等共同组成锅炉的水循环回路；它接受省煤器来的给水，并向过热器输送饱和蒸汽。所以，汽包是过热蒸汽生产过程中加热、蒸发、过热这三个阶段的连接枢纽或大致分界点。

（2）汽包中储存有一定的汽量、水量，因而汽包具有一定的储热能力；在运行工况变化时，可以减缓汽压变化的速度，对锅炉运行调节有利。如当外界负荷增加而尚未进行燃烧调节时，汽压要下降，则汽包中的水温就要从原来较高汽压下的饱和温度降低至相应于较低压力下的饱和温度。随着水温下降，水冷壁、下降管、汽包金属壁的温度也降低。水和金属的温度降低，当然就要放出热量，这些热量用来使部分炉水汽化，就会多产生一些蒸汽（称为附加蒸发量），这样就部分地弥补了蒸汽量的不足，使汽压下降的速度减缓。相反，当外界负荷降低时，水和金属会吸收热量，使汽压上升的速度减缓。

（3）汽包中装有各种装置，能进行汽水分离，清洗蒸汽中的溶盐，排污，以及进行锅内水处理等，从而可以改善蒸汽品质。

2. 汽包结构

汽包，也叫锅筒，位于炉前顶部，横跨炉宽方向。汽包起着锅炉蒸发回路的储水器的功能，在它内部有分离设备以及加药管、给水分配管和排污管。某300MW循环流化床锅炉汽包的内部结构如图3-40所示。

汽包本体是一个圆筒形的钢质受压容器，由筒身（圆筒部分）和两端的封头组成。筒

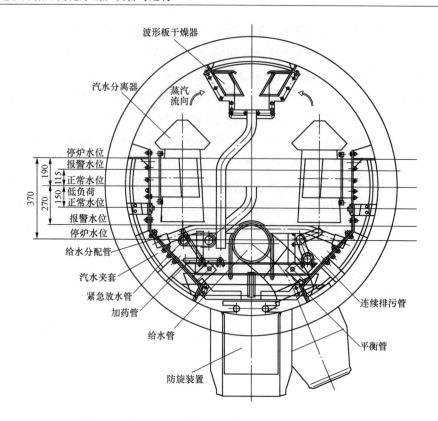

图 3-40　某 300MW 循环流化床锅炉汽包的结构示意图

身由钢板卷制焊接而成，凸形封头用钢板冲压而成，然后两者焊接成一体。封头上开有人孔，以便进行安装和检修。封头为了保证其强度，常制成椭球形的结构，或制成半球形的结构。半球形封头的应力分布很均匀，只要其厚度不小于筒身的厚度，强度是足够的。

汽包内设置了覆盖汽包总长范围内的汽水大联通箱，可将汽包内的炉水和进入汽包的给水与汽包内壁隔开，避免炉水和进入汽包的给水与温度较高的汽包壁直接接触。汽包水侧内壁绝大部分覆盖在汽水大联箱之下，其壁温与汽水混合物温度即汽包工作压力下的饱和温度一致，同时，也与暴露在饱和蒸汽空间的汽包内壁温度一致，从而降低汽包壁温差和热应力。

汽包外面有许多管座，用以连接各种管道，如给水管、下降管、汽水混合物引入管、蒸汽引出管、连续排污管、事故放水管、加药管、连接仪表和自动装置的管道等。汽包与这些管道的连接，现在都采用焊接，即预先在汽包上开好管孔，在管孔内焊上短管（称为管座），安装时只需将管子对焊在管座上即可。对于给水引入管等工质温度可能波动并低于筒壁温度的管道，在与汽包连接时还带有保护套管，以避免汽包壁产生局部应力。为了使汽包便于与大量的管子连接，故现代锅炉的汽包一般都在炉前顶部作横向布置，即平行于前墙布置。

汽包内部装有各种提高蒸汽品质的装置，如汽水分离装置、蒸汽清洗装置、连续排污装置、加药装置、分段蒸发装置，还有给水分配装置、事故放水管等。

沿整个锅筒直段上都装有弧形挡板，在锅筒下半部形成一个夹套空间。从水冷壁汽水引出管来的汽水混合物进入此夹套，再进入立式汽水分离器进行一次分离，蒸汽经中心导筒进入上部空间，进入干燥箱，水则贴壁通过排水口和钢丝网进入锅筒底部。钢丝网减弱排水的动能并让所夹带的蒸汽向汽空间逸出。

蒸汽在干燥箱内完成二次分离。由于蒸汽进入干燥箱的流速低，而且汽流方向经多次突变，因此蒸汽携带的水滴能较好地黏附在波形板的表面上，并靠重力流入锅筒的下部。经过二次分离的蒸汽流入集汽室，并经锅筒顶部的蒸汽连接管引出。分离出来的水进入锅筒水空间，通过防旋装置进入集中下水管，参与下一次循环。

汽包的人孔通常是在两端封头上都开，以备安装及检修用，同时起通风作用。人孔为椭圆形或圆形。人孔盖一般由汽包里面向外关紧，这样可以借助于运行中汽包内的压力将人孔盖压紧。在人孔盖与人孔的结合面处有衬垫，以确保关闭严密。现代锅炉的汽包通常是采用圆形人孔，其人孔盖是事先装在封头内侧的，孔盖与封头之间是活动连接。

由于现代锅炉普遍采用悬吊式构架，故汽包的支吊方式都采用悬吊，即用吊箍将其悬吊在炉顶钢梁上，以保证运行中汽包能自由膨胀。在中小型锅炉上一般是用滚柱支座将汽包支撑在钢架上。

3. 汽包尺寸和材料

汽包的尺寸和材料是根据锅炉的参数、容量、钢材性能，以及汽包内部装置等因素决定的。一般锅炉容量较小、压力较低及汽包内部装置较简单时，采用的汽包内径和壁厚较小。锅炉压力较高时，汽包壁厚也较大。当采用合金钢材时，则汽包壁厚可以减小。汽包壁太厚将增加制造上的困难，同时在运行中容易由于温差的变化而产生过大的局部热应力。汽包壁厚还与汽包直径有关，为限制壁厚，汽包内径不宜过大。

近年来，国产高压循环流化床锅炉，一般采用 19Mn6 作为制造汽包的材料；超高压中间再热型循环流化床锅炉和 300MW 级亚临界循环流化床锅炉，则常采用 13MnNiMo54 或 DIWA353 作为制造汽包的材料，也有厂商采用 SA299 钢板制造 300MW 级超高压循环流化床锅炉汽包。

（二）下降管

下降管的作用是将汽包中的水或将直接引入下降管的给水，连续不断地送至下集箱供给水冷壁，以维持正常的水循环。

下降管的一端与汽包连接，另一端直接或通过分配支管与下集箱连接。为了保证水循环的可靠性，下降管自汽包引出后都布置在炉外，不受热，并加以保温以减少散热损失。

下降管的钢材一般采用 20 号碳钢。下降管有小直径分散下降管和大直径集中下降管两种。过去生产的高压锅炉一般是采用小直径分散下降管，这种下降管的特点是管径小（ϕ108、ϕ133、ϕ159 等）、根数多（一般在 40 根以上），故下降管阻力较大，对水循环不利。小直径分散下降管直接与水冷壁下集箱连接。为了减小阻力，加强水循环，节约钢材，简化布置，现在生产的高压以上大容量锅炉都采用根数较少（一般为 4~6 根）的大直径下降管（ϕ325、ϕ368、ϕ377、ϕ419、ϕ426、ϕ558 等），其下部是通过分配支管与水冷壁/翼墙管下集箱连接，以达到配水均匀之目的。下降管的材质为 20G。

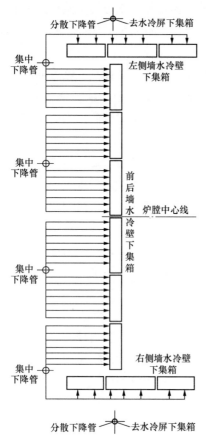

图 3-41 某 300MW 循环流化床锅炉
下降管系统布置示意图

在亚临界压力控制循环锅炉中，大直径集中下降管是将汽包的水先引至"引入集箱"汇集，然后进入循环泵，提高压力后由泵的出口阀经直径较小的连接支管送入水冷壁下部的环形集箱。

图 3-41 是某 300MW 循环流化床锅炉下降管系统布置示意图。

锅炉下降管采用集中与分散相结合的方式，锅筒内的锅水通过 4 根集中下降管、2 根分散下降管和 56 根下降连接管送至各个回路。下降连接管两侧墙各布置 7 根，前后墙布置 42 根。

（三）集箱

除蒸发设备外，过热器、再热器、省煤器等设备上也有集箱。集箱也称为联箱。

现代锅炉都采用圆形集箱，它实际上是直径较大、两端封闭的圆管，可用来连接两部分相同或不同管数和管径的管子，起汇集、混合和分配工质的作用。

圆形集箱通常用轧制的无缝钢管两端焊上弧形封头或平封头制成。

集箱一般布置在炉外不受热，其材料常用 20 号碳钢。常用的水冷壁集箱尺寸有 $\phi 219 \times 16$（用于中压）、$\phi 273 \times 28$、$\phi 273 \times 36$ 等，其长度由所需连接的管数决定。集箱与管子的连接现在都采用焊接，集箱上都带有与管子对焊用的管座（也叫管头或焊接短管）。

水冷壁下集箱，通常都装有定期排污装置和膨胀指示器，有的还装有锅炉启动时加强水循环用的蒸汽加热装置即循环推动器。

汽冷式旋风分离器膜式壁的进出口集箱，与普通集箱不同，是一种环形结构的集箱。

大型循环流化床锅炉尾部烟道的包墙管过热器下集箱，往往也是一种环形集箱，并且这种环形集箱往往还带有隔板，从而将包墙管过热器管屏分为不同的蒸汽回路。

（四）水冷壁

水冷壁是由许多根并列的上升管组成的，一般垂直布置在炉膛内壁四周或部分布置在炉膛中间。

水冷壁的作用主要有以下几点：

（1）现代锅炉的蒸发受热面。依靠炉膛高温烟气对水冷壁的辐射传热，使水受热产生饱和蒸汽。与对流受热面相比，辐射受热面的热负荷要大得多；热负荷大，则传递同样的热量可以用较少的受热面积。所以，采用水冷壁作为蒸发受热面可以节省金属。

（2）保护炉墙。炉膛敷设水冷壁，由于炉墙内表面被水冷壁管遮盖，因而炉墙温度大为降低，同时可使炉膛出口烟气被冷却到灰的软化温度以下，有利于防止炉墙和受热面结渣以及熔渣对炉墙的侵蚀。

（3）可以简化炉墙结构，减少炉墙质量（便于采用轻型炉墙）。当采用膜式水冷壁时，水冷壁还起着悬吊炉墙的作用。

1．水冷壁主要结构形式

现代高压以上大容量锅炉的水冷壁，一般都是将水冷壁管两端与集箱一起制成组合件，以便于安装。管子钢材通常采用碳钢，在亚临界压力锅炉上有采用低合金钢的（如15CrMo钢）。管子的结构尺寸，主要根据锅炉的参数、容量和受热面热负荷以及防磨要求选用，既要保证管子的强度和水循环的安全，又要减少金属耗量。高压锅炉多用$\phi 60\times 5$的管子；超高压锅炉用$\phi 60\times 6$，$\phi 60\times 5.5$或$\phi 60\times 5$的管子；亚临界压力自然循环锅炉目前采用$\phi 57\times 6.5$，$\phi 63.5\times 7.5$及$\phi 60\times 8$的管子。在承受相同压力的情况下，管壁厚度随管径的减小而减薄，遮盖同样面积的炉墙用小直径管比用大直径管所消耗的金属要少，故采用小管径可以节省钢材。

现代锅炉的水冷壁都是通过其上集箱悬吊在炉顶钢梁上，受热时向下膨胀。

水冷壁的主要结构形式有光管式、销钉式、膜式和内螺纹管式。由于循环流化床锅炉炉膛压力较高，因此不采用光管式水冷壁，而是采用膜式水冷壁。

（1）膜式水冷壁。膜式水冷壁如图3-42所示。它是将整个水冷壁管连成一体，使炉膛空间四周被一层整块的水冷壁严密地包围起来，因此称为膜式水冷壁。

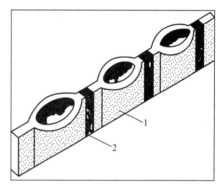

图 3-42　膜式水冷壁
1—鳍片管；2—焊缝

膜式水冷壁有两种结构形式（见图3-43）：一种是光管之间加焊扁钢，这种结构形式在亚临界压力锅炉上有应用；另一种是目前我国普遍采用的由轧制的鳍片管焊接而成的膜式壁结构，这种结构是把一根根鳍片管沿纵向相互焊接在一起，并按水循环回路的要求焊制成若干个膜式壁组件，安装时再将各组件焊接起来，组成整块的水冷壁受热面。

鳍片管的结构如图3-43（b）所示。管子与其两翼的鳍片是轧制成一体的，鳍片的断面大致成梯形。图中所示为超高压锅炉上采用的一种鳍片管，其鳍片的顶宽、根宽和高分别为6、9mm和10mm。由于运行中鳍片的冷却条件比管壁差，故鳍片的几何尺寸不宜过大。若鳍片过高，则其顶部的温度将较高；鳍片过厚，则其两面金属的温差将较大。它们都会产生很大的热应力，甚至过热损坏，危及膜式水冷壁的安全。

膜式水冷壁由于具有下列显著优点，因而在现代锅炉中得到了广泛的应用：①能充分地保护炉墙；②使炉膛具有良好的气密性，大大减少了漏风（故有时将膜式水冷壁称为气密式水冷壁），为正压燃烧创造了条件；③能采用较大的面积吸收炉膛辐射热，并且以鳍片代替部分管子吸热可节省钢材；④便于采用敷管式炉墙，炉墙薄而轻，简化了炉墙结

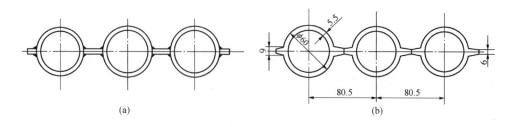

图 3-43　某类型膜式水冷壁结构形式

（a）光管焊扁钢结构；（b）鳍片管焊接结构

构；⑤便于由制造厂焊成组件出厂，方便了安装工作。

采用膜式水冷壁时，要求相邻管子间的热偏差要尽量小；若相邻管间温差过大，则由于膨胀不均、热应力过大易导致管子损坏。

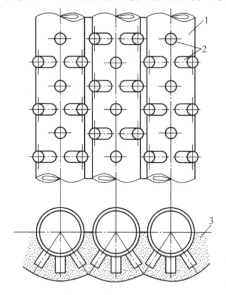

图 3-44　销钉膜式水冷壁

1—水冷壁管；2—销钉；3—塑性耐火材料

（2）销钉膜式水冷壁。在炉膛下部膜式水冷壁管上需要敷设耐火耐磨层时，则需要在膜式水冷壁管上密焊若干销钉，形成销钉膜式水冷壁管。

循环流化床锅炉中的销钉膜式水冷壁（或叫刺管水冷壁）是在膜式水冷壁上焊上一些直径为 9～12mm、长 20～30mm 的圆钢（称为销钉或抓钉）而构成，如图 3-44 所示。

在煤粉锅炉中，销钉水冷壁是用来敷设卫燃带的。在循环流化床锅炉中，销钉膜式水冷壁是用于循环流化床锅炉炉膛下部敷设耐火层的。销钉用以固牢耐火层，同时利用销钉传热，以冷却耐火材料。销钉材料应与管子相同，以利膨胀。在循环流化床锅炉中，销钉膜式水冷壁上的销钉密度，要比煤粉锅炉销钉水冷壁上的销钉密度大得多，其数量可达 1200～1600 颗/m^2。

除此之外，销钉水冷壁还用于循环流化床锅炉的汽水冷旋风筒内。

由于循环流化床锅炉对销钉水冷壁的耐火耐磨强度要求较高，因此在不同销钉膜式水冷壁上常需要焊接不同材质的销钉。

（3）双面膜式水冷壁。布置在炉膛中间的膜式水冷壁，其管子两面都吸收辐射热，称为双面膜式水冷壁。管屏尺寸较小的，习惯上称为翼墙管屏；管屏穿过整个炉膛的，就称为水冷分隔墙。

图 3-45 所示为水冷分隔墙形式的双面水冷壁结构及布置示意图。

双面水冷壁是在发展大容量锅炉的过程中出现的，因为当锅炉容量增大时，炉膛内壁面积的增长速度小于锅炉容量的增长速度。为了不增大炉膛尺寸，采用在炉膛中间布置一部分水冷壁管的办法来增加水冷壁的吸热面积，以充分冷却烟气，降低炉膛出口烟温。此外，在炉膛出口烟窗两侧布置水冷分隔墙或翼墙管屏，会在炉内增加"环-核"结构的数量，有利用均衡旋风分离器的负荷。

水冷分隔墙通常是沿炉膛的深度方向布置在炉膛中间的，将炉膛分为两个，即形成双炉膛结构。为了平衡两个炉膛的压力，并防止当一个炉膛内的床层高度与另一个炉膛内的床层高度不等而导致水冷分隔墙产生过大的弯曲变形，在炉内布置水冷分隔墙时常有意留有一定尺寸的间隙，并且在水冷分隔墙的上下端留有平衡孔或平衡"间隙"。

国产135~150MW级超高压循环流化床锅炉就带有采用炉内水冷分隔墙形式的双面水冷壁。在水冷分隔墙下部，包括平衡通道部分，

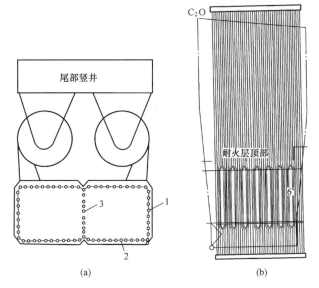

图3-45 双面水冷壁结构及布置示意图
(a) 水冷壁布置示意图；(b) 双面水冷壁结构示意图
1—侧墙水冷壁；2—前墙水冷壁；3—双面水冷壁

都采用耐火耐磨材料覆盖。这种水冷分隔墙管子尺寸及管材通常与所用膜式水冷壁管子尺寸及管材相同。

东锅自主型300MW亚临界循环流化床锅炉的炉膛后墙上部，布置有尺寸较大的2个翼墙管屏形式的双面水冷壁。该水冷屏之间是中间旋风分离器的入口烟道。通过设置双面水冷壁，除降低炉膛高度外，还可均衡3个分离器的负荷。

(4) 内螺纹膜式水冷壁。内螺纹膜式水冷壁管是在管子内壁开有单头或多头螺旋形槽道的管子。内螺纹管具有非常好的传热性能，特别是在蒸发段，水滴随蒸汽旋转流动，在离心力的作用下被甩向管壁，并在管壁形成了一层水膜，强化了管壁和水的换热，使管子能得到较好的冷却，壁温得以降低。图3-46所示为试验用内螺纹膜式水冷壁管的结构和降温效果。

运行实践表明，采用内螺纹管水冷壁对改善传热工况、降低管壁温度、防止发生传热恶化（或推移发生传热恶化的地点，使之远离炉膛高热负荷区）都有明显的效果。大型循环流化床锅炉的水冷布风板，往往采用大口径的内螺纹膜式水冷壁管，以降低管子壁温，防止风道燃烧器点火时产生的高温热风将水冷布风板烧坏。

2. 炉膛出口烟窗结构

循环流化床锅炉炉膛的出口烟窗通常有如下两种结构形式：

(1) 采用4根集箱围成。后墙水冷壁管在到达炉膛出口烟窗下沿时，进入一个水平集箱，形成了出口烟窗的下边。汽水混合物从这个水平集箱的两端分别进入两个垂直集箱，这两个垂直集箱构成了出口烟窗的两个垂直边。随后汽水混合物从这两个垂直集箱上端引出，一起进入一个水平集箱。这个水平集箱则构成了出口烟窗的上边。最后汽水混合物从这个水平集箱被引入汽包。

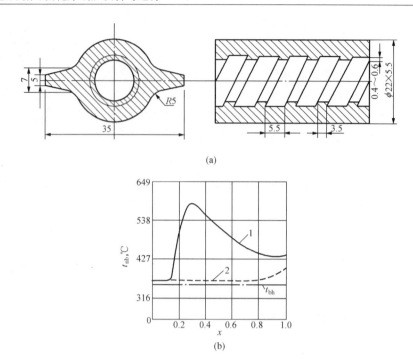

(a)

(b)

图 3-46　内螺纹膜式水冷壁管

(a) 结构；(b) 降温效果示例

1—光管；2—内螺纹管

（2）采用让管结构。从后墙水冷壁上行到达出口烟窗下沿的水冷壁管，先向炉外弯出，再分别弯向两侧，最后向上弯曲形成炉膛出口水平烟道的侧墙水冷壁管。为防止高温烟气冲刷，该水平烟道水冷壁管内侧敷设了耐火耐磨材料。

白马 600MW 超临界循环流化床锅炉的炉膛出口采用让管结构。出口烟窗下部水冷壁管向炉外、两侧弯出，围成炉膛出口烟道。

3. 水冷壁刚性梁结构

现代高参数大容量锅炉，由于炉膛都比较高大，水冷壁管屏又长又宽，特别是采用膜式水冷壁后，炉墙只是一层很薄的保温层，炉墙外层又无框架梁和护板，因此水冷壁和炉膛的刚性较差。为了增强水冷壁和整个炉墙的刚性，承受炉内压力波动而产生的作用力，减轻振动，并防止炉内发生爆燃事故时水冷壁产生过大的结构变形或损坏，故采用刚性梁结构。

刚性梁就是在炉膛外侧四周用型钢（通常用工字钢和角钢）将前后左右的水冷壁围起来，四个角再连在一起，沿炉膛高度每隔一定距离围一圈，好像一圈腰带将水冷壁箍紧，使整个水冷壁成为刚性整体，如图 3-47 所示。

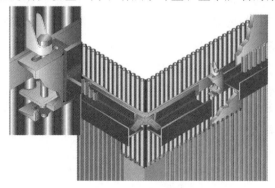

图 3-47　刚性梁示意图

三、超临界参数下的汽水动力特性

超临界参数锅炉的水动力特性主要取决于水冷壁形式、工质的热物理特性、运行方式、水冷壁热流密度大小及分布等因素。其中，工质的热物理特性是指：超临界参数下，在拟临界温度附近，工质受到大比热容特性的影响，比体积、黏度、导热系数发生急剧变化的特性。超临界压力下，工质的热物理特性显著地影响着锅炉水动力稳定性及水冷壁出口工质的温度，进一步影响到自动调节性能。下面对超临界参数下的水动力及其影响因素进行分析。

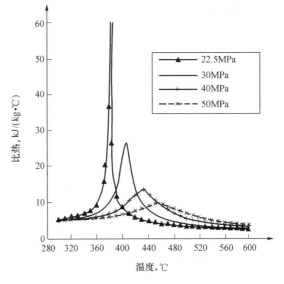

图 3-48 超临界压力下工质
比热容特性曲线

（一）工质热物理特性对水动力及传热特性的影响

1. 工质大比热容特性的影响

超临界压力下工质的大比热容特性可以采用如图 3-48 所示的超临界压力下工质比热容特性曲线加以说明。由图可见，在超临界压力范围内，对应一定的压力，工质存在一个大比热容区。对应比热容最大值的温度，称为拟临界温度（或准临界温度）。工质温度低于拟临界温度时，工质为水；工质温度高于拟临界温度时，工质为汽。尽管在超临界参数下，不存在汽液相变现象，但习惯上，仍将工质最大比热容对应的拟临界温度点也称为相变点。

由图 3-48 还可以看到，随压力升高，拟临界温度也随之升高，其大比热容特性逐渐减弱。

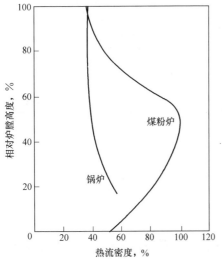

图 3-49 循环流化床锅炉和煤粉炉的
炉膛热流密度结比

当锅炉水冷壁中的炉水在超临界压力下被加热时，炉水温度会上升并经过具有大比热容特性的拟临界温度区，变成有一定过热度的蒸汽。大比热容区内工质比体积的急剧变化，必然导致工质的膨胀量增大，从而引起水动力不稳定或类膜态沸腾。

在大比热容区外，工质比热容很小，因而温度随吸热变化很大。根据超临界压力下工质的热物理特性，应将炉内最大热负荷区的水冷壁工质温度控制在对应工质压力的拟临界温度以下，使工质的大比热容区避开炉内高温区域，是超临界锅炉机组设计和运行的关键。在这一方面，循环流化床锅炉由于炉内温度、热流密度均匀，超临界参数下的水冷壁安全性要比煤粉炉好得多。图 3-49 是循环流化床锅炉与煤粉炉的热流密度对比。由图可见，沿炉膛高度，煤粉锅炉的燃烧器区域由于温度高，存在一个热流密度的峰值区域，而循环流化床锅炉炉内热流密度就平稳得多。

2. 超临界压力下的类膜态沸腾

超临界压力下水冷壁管内可能发生的类膜态沸腾，主要是由于在管子内壁面附近的流体黏度、比热容、导温系数和比体积等物性发生了显著变化而引起的。图 3-50 给出了水和蒸汽的热物理性质与温度的关系。由图可见，这些物性参数随温度升高而剧烈变化。超临界压力下工质热物理性质的急剧变化，对管子传热特性的影响主要表现在以下几个方面：

（1）由于管子壁面处流体的温度与管子中心的流体温度不同，管子中心的流体黏度大，而壁面处的流体黏度较低。例如，当工质温度在 300～400℃ 范围内时，管内壁面处的工质黏度约为管子中心工质黏度的 1/3，由此产生黏度梯度，引起流体边界层的层流化。

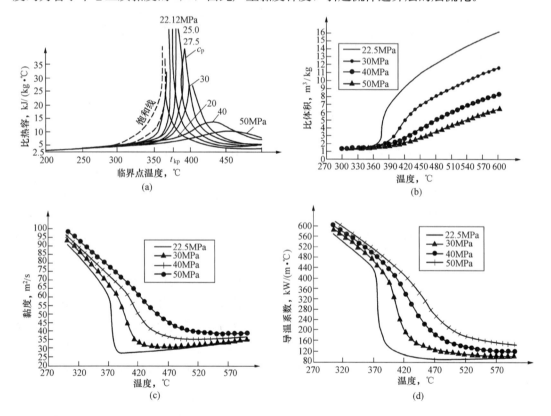

图 3-50　超临界压力下水和蒸汽的热物理性质与温度的关系

(a) 工质比热容与温度的关系；(b) 工质比体积与温度的关系；

(c) 工质黏度与温度的关系；(d) 导温系数与温度的关系

（2）在边界层中的流体密度降低，产生浮力，促使湍流传热层流化。边界层中的流体导热系数随温度升高而降低，使导热性差的流体与管壁接触，当进口温度较低时，壁面处的流体速度远小于管中心的流体速度，这又促使流动层流化。

（3）显而易见，当管子热负荷较大时，就可能导致传热恶化。超临界压力下，由于工质热物理特性变化导致的这种传热恶化现象，类似于亚临界参数下的膜态沸腾，称为"类膜态沸腾"。

此外，研究发现，超临界参数下的传热恶化，还与热负荷、工质质量流速以及工质欠焓有关。传热恶化往往首先发生在工质欠焓最大的管子入口处，工质欠焓越大，受热面热负荷越高，发生传热恶化的位置越提前。

综上所述，白马 600MW 超临界循环流化床锅炉设计时，需要考虑超临界参数工质的热物理特性，即水的临界压力为 22.115MPa，临界温度为 374.12℃。在临界点上，水与汽的参数完全相同，两者的差别消失。在低于临界压力时，存在一个汽化阶段，即汽液两相处于平衡共存状态。其特点是定温定压，即一定的压力对应一定的饱和温度，或一定的温度对应一定的饱和压力。这一阶段吸收的热量称为汽化潜热。随着压力增加，汽化潜热逐步减少，到临界压力时，汽化潜热为零。

工质物性对流体的传热有重大影响。在临界点处，水的比热容为无穷大。在超临界压力下，存在比热容的峰值区，通常称最大比热容点的温度为准临界温度（拟临界温度，pseudocritical temperature）。在这一区域内，流体的物性剧烈变化。如流体的密度显著减小，比体积显著增大，黏度和导热系数显著减小。准临界温度随压力增加略有增加，比热容的峰值随压力增加而显著减小，即越接近临界压力，比热容峰值区的影响越大。

超临界锅炉水冷壁系统启动及负荷调节时，既包含亚临界压力时的汽化区，又包含超临界压力的准临界区，也就是发生相变的主要区域，工质物性变化剧烈，有可能发生传热恶化、水动力不稳定、热偏差过大等问题，因此水冷壁系统的设计成为超临界锅炉设计的关键，对其水动力与传热特性必须有深入的研究。

由于超临界参数的上述特点，决定了超临界参数锅炉与亚临界参数锅炉在设计上的较大差别，为保证超临界循环流化床锅炉水冷壁系统的安全与可靠，超临界循环流化床锅炉水冷壁系统入口需有一定的欠焓，出口需有一定的过热，这个特点决定了超临界循环流化床锅炉水冷壁系统的吸热份额将高达约 40%（而同容量亚临界参数约为 27.4%），同时在设计煤种确定的情况下，主回路吸热份额基本确定，故锅炉各部位的吸热份额也就基本确定。

（二）超超临界参数锅炉水动力及传热特性分析

当超临界参数锅炉的工作参数进一步提高，且过热器出口蒸汽压力超过 31MPa 时，水冷壁中工作压力将达到 37MPa 以上。根据超临界压力下工质的热物理特性可知，水冷壁中工质大比热容特性将随压力升高而减弱，对应压力的大比热容值减小，拟临界温度向高温区移动。例如，当工质压力由 31MPa 提高到 40MPa，对应的拟临界温度由约 410℃提高到 430℃，定压比热容的最大值约降低 52%。当工质压力由 31MPa 提高到 50MPa，对应的拟临界温度由约 410℃提高到 460℃，定压比热容的最大值约降低 63%。

工质黏度、密度、导热系数等热物理参数也随压力和温度而变化，但受压力的影响较小，而受温度的影响较大。在 250~550℃ 范围内，工质密度和动力黏度随温度变化最大。在 150~550℃ 范围内，导热系数随温度变化最大。在工质为 40MPa，温度为 300~460℃

的范围内，随温度升高，动力黏度约降低 70%，导热系数约降低 68%。压力提高到 50MPa，温度为 300~460℃的范围内，随温度升高，动力黏度约降低 50%，导热系数约降低 57%。

当蒸汽压力提高到 40MPa 时，水冷壁中工质压力低于 50MPa，而 50MPa 压力对应的拟临界温度大约为 460℃。与蒸汽压力为 25MPa 的超临界参数锅炉相比，水冷壁管金属材料所需的耐温能力的提高值小于 50℃。

可以预见，超超临界参数锅炉的水动力特性将趋于稳定。由于类膜态沸腾造成的传热恶化的程度也将减弱，但因工质黏度和导热系数随温度变化较大，仍需要注意防止类膜态沸腾引起的传热恶化。

发展超超临界参数锅炉的主要问题是随着工质温度和压力的进一步提高，水冷壁、汽水分离器、过热器、再热器等受热面，集箱及其连接管道等都需要耐高温、高强度的高级金属材料。因此，发展超超临界参数的技术关键是金属材料。此外，在锅炉低负荷时，尤其是循环流化床锅炉，如何保证高达 700℃的过热汽温和再热汽温，也是一个需要研究的问题。

四、超临界参数燃煤锅炉汽水系统组成及工作原理

（一）水冷蒸发系统组成与水冷壁结构布置

超临界参数燃煤锅炉中，由于蒸发吸热很少，因此需要将部分省煤器受热面、过热蒸汽受热面，甚至再热蒸汽受热面布置在炉内。具体的布置方式有多通道垂直管屏、螺旋管圈和低质量流率垂直管（本生垂直管）3 种方式，如图3-51所示。

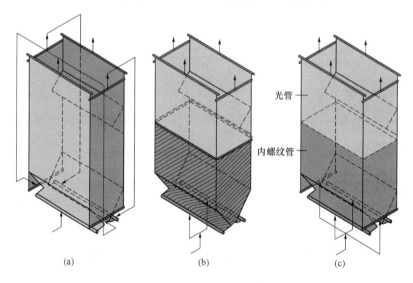

图 3-51 超临界参数锅炉水冷壁布置示意图

（a）多通道垂直管屏布置；（b）螺旋管圈布置；（c）本生垂直管布置

图 3-51 中采用螺旋管圈布置方式的水冷壁主要用于煤粉锅炉。设计中采用较高的质量流率，其满负荷炉膛质量流速都大于 1500kg/(m² · s)，有些设计甚至是该值的两倍。这种设计的动压损失（由摩擦和几何布置引起的）比静压要大得多。实际上，螺旋管圈水

冷壁的水动力特性的稳定性，主要是靠高质量流速以及避免采用中间再分配集箱来实现的，由此决定了管内工质的流动状态必须是强制流动。

与垂直管屏相比，螺旋管圈水冷壁系统在结构形式上有如下特点：

（1）螺旋管圈直流锅炉可保证每根管子都绕过炉膛四周，因此每根管子的吸热都很均匀，尤其适合对吸热偏差比较敏感的超临界参数锅炉。由于管子的均匀吸热，可以防止热应力过大而断裂。但这种螺旋管圈水冷壁的结构比较复杂，如图 3-52 所示，其支撑结构如图 3-53 所示。

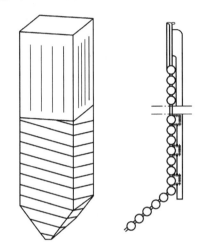

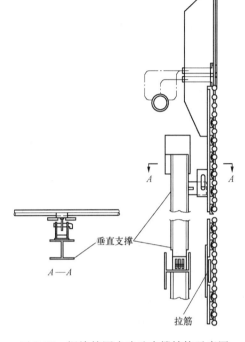

图 3-52　螺旋管圈水冷壁结构布置示意图　　　图 3-53　螺旋管圈水冷壁支撑结构示意图

（2）采用高质量流率可防止类膜态沸腾，但水冷壁管内工质流动阻力损失较大。

（3）没有自补偿冷却能力，即受热越强的管子，流量越小。因此，可能需要在每根管子入口设置节流管圈，以平衡不同水冷管子内的工质流量。

（4）由于倾斜布置，需要采用较复杂的管子支撑系统，建造和维护成本较高。

（5）由于循环流化床锅炉炉膛水冷壁附近存在大量下行的床料，为避免水冷壁管磨损，螺旋管圈水冷壁不适用于循环流化床锅炉。

在超临界参数煤粉锅炉上，垂直管屏以其结构简单、制造、安装方便的优势而被广泛采用。超临界参数煤粉锅炉采用垂直管屏后，由于受炉膛横截面积、炉膛周界、炉墙总面积、传热强度等因素的限制，炉膛高度不能大幅度升高。当采用高质量流率时，由于单根管子长度低于螺旋管圈，从而很难保证单根管子出口工质能达到过热蒸汽状态。因此，在超临界煤粉锅炉中，在炉膛下部往往采用二次垂直上升的形式，两个上升管屏之间采用不受热的下降管连接。

采用垂直管屏水冷壁后，就可以采用各种优化设计的内螺纹管以有效地冷却管子，并可以采用低质量流率，从而使直流锅炉具有自然循环的特性以限制管间的温差。此外，采用单通道垂直管屏还可以大大减少互联管，并可以继续使用传统标准、简单的垂直管支撑

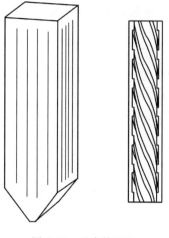

图 3-54　垂直管屏及
内螺纹管结构示意图

设计，使蒸发受热面和过热器能够进行全变压运行，降低蒸发受热面阻力，节省辅机电耗。图 3-54 是垂直管屏及内螺纹管结构示意图。

总之，与螺旋管圈水冷壁相比，垂直管屏水冷壁有如下特点：

（1）在炉内高热流区，可以通过采用内螺纹管和低质量流率而防止类膜态沸腾（DNB），避免传热恶化而产生的爆管。

（2）可采用较小直径的管子，通过采用低质量流率，使其具有自补偿和自冷却特性，即传热越强的管子，流过的水量越大。

（3）管子支撑系统较简单，如图 3-47 所示。

（4）采用低质量流率，阻力损失较小，如图 3-55 所示。

（5）建造和维护成本较低。

（6）适用于循环流化床锅炉。

此外，螺旋管圈直流锅炉在从低负荷升至满负荷时有较大阻力损失，而垂直管屏低阻力直流锅炉技术在锅炉运行负荷范围内阻力损失很小。由于循环流化床锅炉炉膛燃烧温度较低，且炉温均匀，因此具有简单蒸发受热面回路的循环流化床直流锅炉具有最低的阻力损失，如图 3-56 所示。

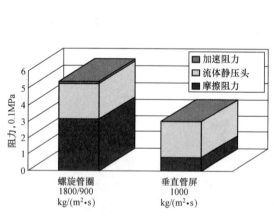

图 3-55　螺旋管圈与垂直管屏的阻力对比

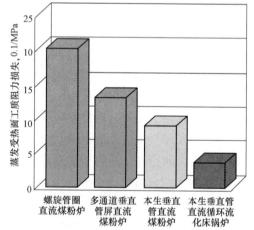

图 3-56　超临界煤粉炉与超临界
循环流化床锅炉蒸发受热面阻力
损失对比示意图

（二）超临界循环流化床锅炉垂直管屏水冷壁的水动力特性

相对于煤粉炉，循环流化床锅炉的固有特点决定了它在超临界滑压运行中的显著优势。

（1）低的热流密度。循环流化床锅炉炉膛内的温度和热流比煤粉炉低得多，降低了对水冷壁冷却能力的要求。

（2）清洁的炉膛。循环流化床锅炉的低温燃烧使得炉膛内的温度水平低于一般煤灰的灰熔点，再加上炉膛内较高的固体颗粒浓度，所以水冷壁上基本没有积灰结渣，保证了水冷壁的吸热能力，传热恶化的可能性大幅减少。

（3）热流分布。循环流化床锅炉的热流密度分布与煤粉炉有着很大的差异。从整体上来看，循环流化床锅炉的热流密度大致是煤粉炉的一半，炉内较低的热流密度降低了对水冷壁冷却能力的要求。从分布上来看，横向热流密度的分布与煤粉炉正好相反，呈现角部高中间低的趋势，但是横向不均匀性要远远小于煤粉炉。纵向热流分布也与煤粉炉相差较远，呈现了下高上低的趋势，热流曲线的最大值出现在炉膛底部附近，刚好处于工质温度最低的炉膛下部区域，从而避免了煤粉锅炉炉膛内热流曲线的峰值位于工质温度较高的炉膛上部区域这一矛盾。

即使如此，超临界直流锅炉蒸发受热面回路主要的设计要求，在循环流化床锅炉中仍应被重点予以考虑，因为超临界循环流化床锅炉运行中会经历亚临界到超临界的转变，因此有关亚临界和超临界及临界点参数下的水动力安全性问题都要认真考虑。

具体而言，超临界循环流化床锅炉随着负荷的增大，水冷壁要经过低负荷控制循环、亚临界直流和超临界直流 3 个阶段。

控制循环运行时，水冷壁出口为具有饱和温度的汽水混合物，由于此阶段水冷壁的最高工作压力（约为 9MPa）远低于亚临界区，因此不存在膜态沸腾的问题或干烧，但由于压力较低，水冷壁蒸发段工质比体积显著增加，易造成各水冷壁管间的流量偏差增大。水冷壁的安全性校验应保证相邻两管间的温度偏差不超过允许值。同时，流量偏差过大时，还会造成某些管子的质量流速可能低于界限质量流速，而导致水动力的不稳定性（产生多值性和脉动），因此必须对水动力的稳定性进行校核。

对于亚临界直流运行阶段来说，水冷壁沿高度方向分为：燃烧室管子入口（过冷水）→中部（汽水混合物）→上部（过热蒸汽），水冷壁的安全性是检验高热负荷区膜态沸腾（DNB）的裕度，以及高含汽率区的蒸干（DRO）现象产生后，管壁温度的升高是否在管子许可温度范围内。在过热区段中，则主要是检查水冷壁出口的壁温是否低于管材的许可温度，以及沿炉宽和炉深的出口汽温偏差和相邻二回路边管之间的温度差值是否在膜式水冷壁的热应力许可温差范围内。

对于超临界直流工况来说，已不存在蒸发区，水冷壁的安全性主要是检查水冷壁出口和各点的壁温是否在许可值内，沿炉宽和炉深的出口汽温偏差以及相邻二回路的边管之间的温度差是否在许可温差范围内。

图 3-57 给出了滑压运行时循环流化床直流锅炉的汽水循环特性。由图 3-57 可见，直流蒸汽循环从亚临界过渡到超临界时，存在以下主要安全问题：

（1）烧干；

（2）类膜态沸腾（DNB）；

（3）管间吸热不均匀导致热应力；

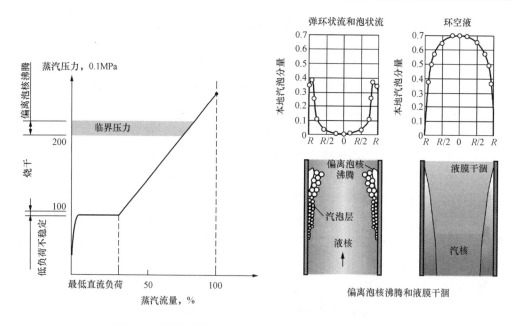

图 3-57 滑压运行时循环流化床直流锅炉的汽水循环特性

（4）低负荷的不稳定性。

以上现象会导致炉膛受热面管子出现管子超温而爆管和由于热应力而断裂的危险，但正确的设计可避免以上现象的发生。比如，采用低质量流率、内螺纹管等。

图 3-58 给出了亚临界锅炉水冷壁与超临界锅炉水冷壁的壁温差异。

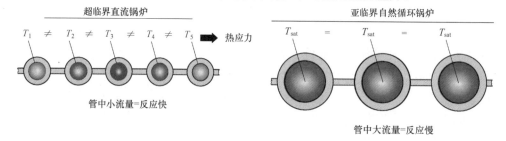

图 3-58 亚临界锅炉水冷壁与超临界锅炉水冷壁的壁温差异

由图 3-57、图 3-58 可见，对水冷壁管，要最大限度地降低管壁温度的峰值，避免偏离泡核沸腾（Departure from Nuclear Boiling，DNB），防止管子过热而爆管；对尾部烟道包墙管，要尽量限制包墙水冷壁管的邻近管子之间的温差，防止因热应力而断裂。

为保证水冷壁管的传热安全，采用低质量流速的本生垂直管技术，成为超临界循环流化床锅炉水冷壁的首选技术。

早在 1991 年，德国西门子公司就发现了低质量流速[<1200kg/（m² · s）]的正流量特性，这种新的低质量流速炉膛设计技术和螺旋水冷壁一样能够满足滑压运行地要求。西门子公司的研究表明，如果将质量流速降至 1200kg/（m² · s）或更低，动压损失就可以减到最少，一直到比静压还低。这时，炉膛的水动力特性变得类似于亚临界的自然循环炉膛，

即当某些水冷壁管吸热量减少时，管内工质流量会减少；当吸热量增加时，管内工质流量会增加。实验研究表明，当水冷壁管内的质量流速控制在800～1000kg/(m²·s)时，水冷壁的吸热量会产生正流量特性。

造成这一现象的主要原因是：在垂直管屏水冷壁中，每根管子流过的工质流量由工质流动过程中产生的总阻力所决定。阻力越大，流量越低。工质在管内流动过程中的总阻力由两部分构成，即流体静压头（工质由低往高流）和工质与管壁之间产生的摩擦阻力。流体静压头与水冷壁管的高度和工质密度有关，工质与管壁间摩擦阻力与工质的流速有关。当水冷壁管的高度一定时，流体静压头就只与水冷壁管中工质的密度有关。在低质量流率条件下，当垂直管屏中的工质被加热后，体积膨胀，密度降低，流速升高。密度降低使流体静压头降低，工质流速升高则使摩擦阻力上升。如果质量流率足够小，使垂直管屏水冷壁管被加热后，流体静压头降低的数值，高于摩擦阻力升高的数值，就会出现受热越强，管内流过的工质越多的正流量特性。高质量流速与低质量流速垂直管屏中工质的流量特性如图3-59所示。

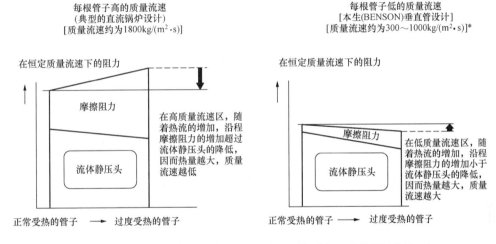

图3-59　高质量流速与低质量流速垂直管屏中工质的流量特性

由于低质量流速的垂直上升水冷系统具有正流量特性，在水冷壁入口处不需要变径的节流圈或阀门，同时也不需要在水冷壁进口设置专门的给水流量平衡调节分配装置。可以采用较为简单的传统水平刚性梁支撑系统来保护垂直上升的炉膛水冷壁，不会因受到炉内烟气压力的作用而产生额外的热应力，从而保证了炉膛在各种工况下的安全可靠运行。

在低质量流速基础上，采用优化设计的内螺纹管，可以进一步提高水冷壁管的安全性。大量试验研究表明，内螺纹管可以增强传热，降低金属温度，延迟传热恶化。与光管相比，内螺纹管的传热特性较好。在相同或相近的质量流速和热负荷下，无论在近临界或亚临界区，内螺纹管开始出现DNB的蒸汽干度和DNB后壁温的升高值均明显低于光管；在近临界区出现传热恶化状态时，内螺纹管管壁对工质的最小放热系数比光管高出50%（单侧受热工况）。因此采用内螺纹管的垂直管屏在出现DNB后，以及在近临界区超过临界热负荷出现传热恶化时，管壁温度也较光管低，增加了水冷壁的安全性。在相同条件下，内螺纹管与光管水冷壁的壁温对比如图 3-60 所示。

与螺旋管圈相比，在超临界循环流化床锅炉中采用垂直内螺纹管布置的好处在于：

（1）垂直管布置有利于避免磨损，适应循环流化床锅炉炉膛高灰高磨损的运行环境。这是螺旋管圈所无法满足的。

（2）与螺旋管圈相比，内螺纹管垂直管圈的质量流速更低，管子总长减少很多，水冷壁阻力大大减少，降低了给水泵耗电量。

（3）由于低质量流速的垂直上升水冷系统具有正流量特性，在水冷壁入口处不需要变径的节流圈或阀门，同时也不需要在水冷壁进口设置专门的给水流量平衡调节分配装置。

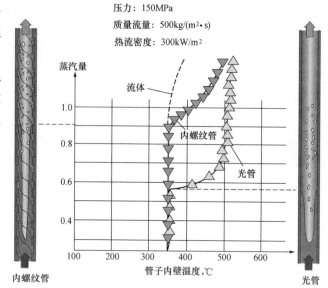

图 3-60　内螺纹管与光管水冷壁在相同受热条件下的壁温对比

（4）可以采用较为简单的传统水平刚性梁支撑系统来保护垂直上升的炉膛水冷壁，不会因受到炉内烟气压力的作用而产生额外的热应力，从而保证了炉膛在各种工况下的安全可靠运行。

五、白马 600MW 超临界循环流化床锅炉水冷壁结构与系统组成

白马 600MW 超临界循环流化床锅炉炉膛的整个炉膛水冷壁分为上、下两部分，水冷壁全部采用全焊接式的垂直上升膜式管屏，下炉膛采用内螺纹管，上炉膛采用光管。

采用下部垂直内螺纹管结构虽然有以上的众多优点，但仍然存在某些局限性，主要是水冷壁出口偏差较螺纹管圈稍大。但由于循环流化床锅炉炉内温度场分布相对较均匀，在较好地解决结构引起的流量偏差后，垂直内螺纹管结构的水动力是安全的。

在超临界垂直管圈煤粉锅炉中，常采用中间混合过渡集箱连接上、下水冷壁。下部螺纹管和上部光管的过渡集箱布置在最高热负荷以上并有足够高度，防止光管达到沸腾极限。四周水冷壁的过渡集箱布置在炉外并采用剪刀连接，在避免集箱磨损的同时，还可传递垂直荷载，并便于弯管处密封和防磨。过渡集箱的布置如图 3-61 所示，传递荷载的过渡水冷壁区域扁钢布置如图 3-62 所示。单面曝光中隔墙水冷壁过渡集箱采用全包覆的防磨凸台结构，有效防止磨损。

为保证水动力安全，白马 600MW 超临界循环流化床锅炉除采用低质量流速[设计满负荷时的质量流速为 $850kg/(m^2 \cdot s)$]和内螺纹管外，还采用单面曝光水冷壁中隔墙。单面曝光水冷壁中隔墙结构的中隔墙下集箱位于下部分体炉膛内侧顶部，汇集分体炉膛内侧水冷壁管。这部分流量直接通过中隔墙进入水冷壁上集箱。由于是背靠背的膜式结构，使中

隔墙仅单面曝光，这样中隔墙水冷壁的热负荷与四面墙水冷壁基本相同，不存在热负荷差异较大而引起的水动力问题。

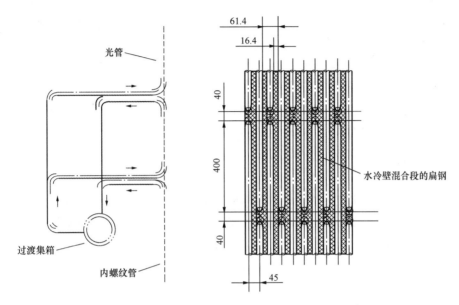

图 3-61 过渡集箱布置示意图　　　　图 3-62 水冷壁混合段扁钢布置示意图

图 3-63 是白马 600MW 超临界循环流化床锅炉在不同负荷下的水冷壁管壁温度。水循环计算表明，在各种负荷下不会出现传热恶化。通过详细的水循环计算，得出如下结论：

（1）管壁内外温度和鳍片中心温度均随高度的增加而增高，出口处达到最大。

（2）炉膛角部的管壁温度高于炉墙中部的管壁温度。

（3）与煤粉炉相比，循环流化床锅炉的炉膛水冷壁的热流整体上仅为煤粉炉的 1/2；循环流化床锅炉的炉膛宽度或深度方向上的横向热流分布与煤粉炉相反，为中心低角部高，出口处偏差最大，但偏差程度最大处仅为 20％，远低于煤粉炉的 100％的水平；垂

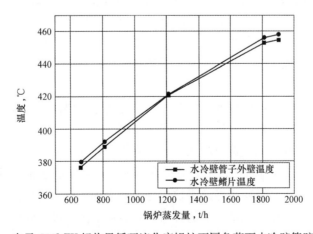

图 3-63 白马 600MW 超临界循环流化床锅炉不同负荷下水冷壁管壁温度

直方向热流分布单调下降。

（4）锅炉在最低直流负荷以下时，管壁温度增长迅速，因此负荷高于 25%THA 时，要开启循环泵，加强对水冷壁的冷却。

在超临界循环流化床锅炉蒸发受热面中，在亚临界状态，由于两相介质的密度差别较大，有可能产生水动力不稳定问题，主要表现形式有停滞、倒流、多值性和流体脉动。这些水动力的不稳定性主要是发生在启动和低负荷运行工况。为此，设计上采取了如下措施：

（1）倒流和停滞。超临界循环流化床锅炉由于在启动和低负荷阶段采用再循环模式，水冷壁有较强的强制流动特性，因此水冷壁不会发生倒流。同时，对于垂直水冷壁，最低直流负荷下的总压降（重位压差和流动阻力之和）总是大于管屏的最大停滞压差，因此，也不会发生停滞现象。

（2）多值性和流体脉动。消除热力型脉动的根本方法是控制水冷壁入口欠焓。减少进水欠焓可提高水动力的稳定性，但欠焓过小如工况稍有变化，易使进口水汽化造成并联管间流量分配不均，同时，也容易造成脉动。因此，综合考虑消除多值性和脉动，保证水冷壁入口不会产生汽化的水冷壁入口欠焓应在 84～210kJ/kg 之间。

如图 2-16 所示，锅炉设计上确保超临界循环流化床锅炉水冷壁入口（即省煤器出口）欠焓在易发生水动力不稳定的压力区间内均满足此要求。

第三节　高温旋风分离器及回料器结构和工作原理

一、常见循环流化床锅炉高温分离器类型及特点

（一）高温分离与回料器的重要性

循环流化床锅炉高温循环灰的分离与回送装置是循环流化床锅炉的关键部件之一，其主要作用是将大量的高温固体物料从烟气中分离出来，送回燃烧室，以维持燃烧室内较高的固体颗粒浓度，并保证燃料和脱硫剂多次循环和反复燃烧。只有当炉内烟气所携带的固体颗粒浓度超过一定的数值后，炉膛上部才会形成具有循环流化床特征的颗粒成团与返混现象，这是循环流化床锅炉与煤粉炉或层燃炉＋飞灰再循环本质上的区别之一。

循环流化床分离与回送装置，必须能够保证将足够多的循环灰送回炉膛。循环流化床分离与回送装置的性能，将直接影响整个循环流化床锅炉的总体设计、系统布置及锅炉运行性能。

大型循环流化床锅炉高温循环灰的分离与回送装置主要由高温旋风分离器、回料器以及连接两者的立管（也叫料腿）组成。

大型循环流化床锅炉高温旋风分离器必须满足下列几个要求：

（1）能够在高温环境下正常工作；不仅能承受高温，而且还能消除由于温度变化引起的胀差，并能避免由于高温环境导致炭粒燃烧而产生的结焦等现象。

（2）能够满足高浓度含尘烟气流的分离，并能抵抗由于极高固体颗粒浓度烟气冲刷带来的磨损。

（3）具有尽可能低的流动阻力。

（4）具有较低的 d_{50} 值。d_{50} 值是分离效率达到 50% 时的颗粒直径。d_{50} 值越小，表示分离器能够分离下来的颗粒越细。

在循环流化床锅炉的高温灰循环回路中，物料回送装置的作用是将分离器分离下来的高温灰从压力较低的分离器出口输送到压力较高的炉膛下部，并尽可能减少反窜进入分离器的气流，以避免分离器效率下降。将分离器分离下来的床料及时送到炉膛，是维持循环流化床锅炉流化状态的关键条件。因为一旦没有了床料循环，炉内循环流化状态就会立即终止。因此，对物料回送装置有如下基本要求：

（1）灰料输送稳定。这是保证循环流化床锅炉正常运行的一个基本条件。如果回料不稳定，会造成炉内床压不稳，并严重影响炉内燃烧工况的稳定性。

（2）能产生足够的压差，防止气流反窜进入分离器。物料回送装置必须保证产生足够的正压差来克服负压差，既起到气体的密封作用，又能将固体颗粒送回炉内。否则，如果有气流反窜进入旋风分离器，会严重影响分离器的分离效率。

（3）物料回送速率必须可控或能根据分离物料的多少自动调节。能够稳定地开启或关闭固体颗粒的循环，同时能够调节或自动平衡固体物料流量，从而适应锅炉运行工况变化的要求。

（4）为满足上述基本要求，回送装置一般由立管和阀两部分组成。立管的主要作用是防止气体反窜，形成足够的压差来克服分离器与炉膛之间的负压差，而阀则起调节和开闭固体颗粒流动的作用。在各种类型的回送装置中，立管的差别不是很大，主要的差别是在阀的部分。

（二）大型循环流化床锅炉高温旋风分离器结构形式

1. 绝热式高温旋风分离器

绝热式高温旋风分离器是根据旋风分离器的传统设计理论，采用外包钢板、内敷耐火保温材料建造而成。绝热式高温旋风分离器的筒体结构如图 3-64 所示。

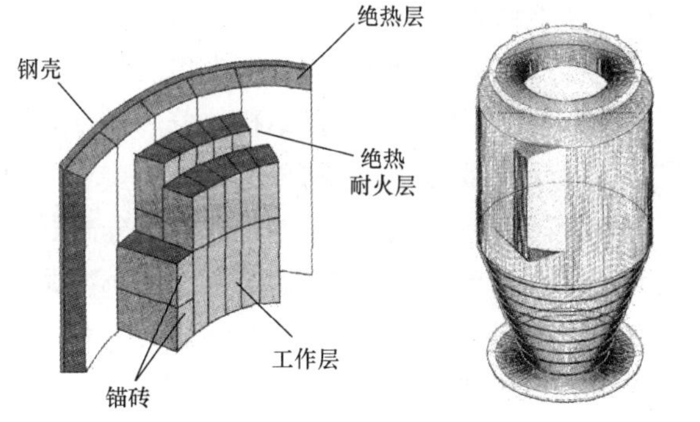

绝热式高温旋风分离器是目前循环流化床锅炉上应用最多的旋风分离器，特点是造价相对较低，技术成熟。

引进型 300MW 循环流化床锅炉

图 3-64　绝热式高温旋风分离器的筒体结构
（a）三层砖结构的耐火保温层；（b）旋风分离器本体结构

采用了 4 个绝热式旋风分离器，它们对称地布置于锅炉的两侧墙，其上半部分为圆柱形，下半部分为锥形，外表面是一定厚度的钢板，内衬为保温、绝热和耐磨材料（从外而内）。烟气出口为圆筒形钢板件，形成一个端部敞开的圆柱体（中心筒）。旋风分离器中心筒由高温高强度、抗腐蚀、耐磨损的特种不锈钢板卷制而成。为提高分离效率，中心筒的中心线与旋风分离器筒体的中心线有一定的偏离。

分离器内衬耐火耐磨材料按所处位置和工作环境的区别，分为分离器出口直段、分离器出口顶面、分离器圆筒段磨损严重面、分离器圆筒段其余区域、分离器圆锥段等区段，并在不同区段采用不同的固定方式和材料厚度、形式（砖或浇注料）。

每个旋风分离器分别对应设置有一个进口烟道，开孔既可在前后炉墙，也可在左右侧墙，进而形成了长烟道和短烟道两种布置方案，分别针对不同的设计煤种，如图 3-65 所示。

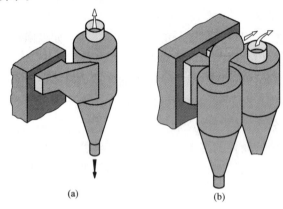

图 3-65　长、短烟道的设计方案
（a）长烟道方案；（b）短烟道方案

绝热式高温旋风分离器在使用过程中，发现存在如下主要问题：

（1）由于分离器基本处于绝热状态（优点是能使 CO 等在其内继续燃烧），因此为避免在其内部产生局部高温结焦，一般不希望残碳在其内部继续燃烧。这点实际上往往难以做到，尤其是燃用挥发分低、难燃、细末较多的煤种时，有时结焦现象较严重。

（2）高温旋风分离器的耐热耐磨内衬及保温层必定很厚（当内壁温度为 870℃，为保持金属外壳温度低于 50℃，其内衬通常需厚达 360～410mm），因而启动、停炉时间很长（通常需要 14～16h），否则耐火材料易开裂、剥落。此外，分离器本身十分庞大且笨重，无法与炉膛一样采用悬吊结构，只能采用地面支撑安装，其支撑结构的钢耗量也很大。

（3）由于采用地面支撑结构，分离器温升后向上膨胀，与采用悬吊结构的炉膛的热膨胀方向相反，因此在炉膛与分离器之间要求采用多个膨胀节来消除胀差。

虽然存在上述缺点，但绝热式旋风分离器由于成熟可靠，尤其适合一些锅炉维护检修能力较差的工业锅炉用户。国产某些中小型循环化床锅炉采用在分离器锥体部分外包水套的方法，对解决分离器内的高温结焦问题有一定作用。

2. 汽（水）冷式高温旋风分离器

图 3-66 所示是美国 FW 公司率先开发出来的采用汽冷或水冷的旋风分离器。整个分离器都采用膜式壁组成，在膜式壁内表面上，衬以约 60mm 厚的耐磨材料；在膜式壁与金属外壳之间，衬以较薄（50～100mm）的隔热材料。这样可以节省大量热惯性较大的耐火材料和缩短启停时间。但这种分离器汽水管路结构复杂、制造困难、成本较高。

在亚临界循环流化床锅炉中采用水冷分离器，可以有效减少过热器系统的蒸汽连接管道。在超临界循环流化床锅炉中，由于没有锅筒，则只能采用汽冷式分离器。

目前，国内大型锅炉制造厂都能生产带汽冷式高温旋风分离器的循环流化床锅炉。汽冷式旋风分离器包括分离器本体及入口烟道。

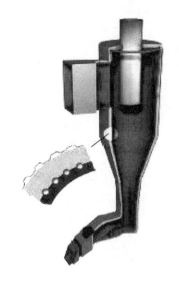

图 3-66　汽冷式高温
旋风分离器

3. 方形旋风分离器

方形旋风分离器最大的结构特点是其外形为非圆形，如正方形、长方形或多边形，一般采用的形状均为八边形，故而通常简称为方形分离器。由于分离器的几个面都是平面结构，因此可以采用加工相对容易的水冷或汽冷膜式壁组装而成，从而大大降低制造成本；另外，由于采用膜式壁结构，因此其内部无需敷设很厚的耐火层而仅需敷设 40～150mm 耐磨层即可，从而提高了锅炉启停的灵活性，体积也相对减少。此外，分离器还可以与炉膛共用一片膜式壁，使得锅炉结构更为紧凑。当与炉膛共用膜式壁时，为了减少胀差，方形旋风分离器则采用水冷结构。这样，分离器就与炉膛组合成一个整体，从而基本消除了与炉膛之间的热差胀，使整个锅炉本体膨胀系统更加可靠。

方形分离器的入口一般采用狭长形，并可在入口侧加装导流板以提高分离效率，分离器内四角还采用耐火混凝土的内圆角结构，使方形分离器的分离效率并不比常规圆筒形旋风分离器差。

由于方形旋风分离器呈矩形结构，因此可方便地实现两个或多个分离器组件并列布置，而且可以布置得相当紧凑，一种典型布置方式如图 3-67 所示。对于并列布置形式，其回料既可由每一组件单独实现，也可汇集至一个总灰斗集中回料。

图 3-67 的方形分离器布置方案中，方形分离器与炉膛共用水冷壁，分离器入口烟道长度很短，对烟气中的固体颗粒几乎没有加速作用，这会影响分离器中的气固分离效果。FW 公司在其设计的 460MW 超临界循环流化床锅炉上，就采用了 8 个方形水冷分离器。

二、白马 600MW 超临界循环流化床锅炉高温分离器结构特性

分离器是循环流化床锅炉的关键部件，其选型与设计通常应作为循环流化床锅炉设计的一个重要组成部分。不同类型的循环流化床锅炉，多是以采用的分离装置不同为特征的，因此分离器的选型与锅炉的选型紧密地联系在一起的。

在超临界锅炉分离器的结构设计中，充分考虑了分离器的结构尺寸与锅炉本体布置及其结构尺寸的协调，除此之外，还确保足够的分离效率，以满足循环流化床锅炉所需的循环倍率，通过优化分离器各部件的结构尺寸，使分离器的阻力降至最低。

（一）白马 600MW 超临界循环流化床锅炉高温旋风分离器结构布置参数

白马 600MW 超临界循环流化床锅炉汽冷式旋

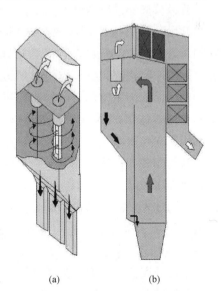

(a)　　　　　　　(b)

图 3-67　方形分离器布置示意图

（a）分离器结构；（b）分离器布置

风分离器结构尺寸如表 3-3 所示。

表 3-3　　　　白马 600MW 超临界循环流化床锅炉汽冷式旋风分离器的结构尺寸　　　　　　　m

项　目	数值
旋风分离器直径 d_c	8.5
旋风筒直段高度 h_1	6.8
分离器锥段高度 h_5	10.772
分离器进口烟道高度 B	6
分离器进口烟道宽度 A	2.56

白马 600MW 超临界循环流化床锅炉汽冷式旋风分离器系统主要由汽冷式进口烟道、汽冷式旋风分离器、汽冷式分离器出口烟道组成。

锅炉单侧布置有 3 个旋风分离器进口烟道，两侧共 6 个旋风分离器进口烟道，将炉膛两侧的烟气出口与旋风分离器连接，并形成了气密的烟气通道。

旋风分离器进口烟道由汽冷膜式壁包覆而成，内敷耐磨材料，上下集箱各一个。

旋风分离器进口烟道设有吹扫风，吹扫风来自压缩空气，作为锅炉低负荷和停炉时，防止旋风分离器进口烟道积灰的手段。锅炉正常运行时，吹扫风可不开启。白马 600MW 超临界流化床锅炉采用了 6 台汽冷式旋风分离器，布置在炉膛两侧墙，每侧墙布置 3 台，烟气经分离器分离后，由分离器中心筒引出，分别进入炉膛上部两侧的分离器出口烟道及水平烟道，再进入尾部烟道，如图 3-68 所示。

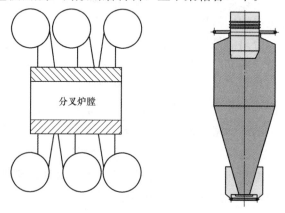

图 3-68　白马 600MW 超临界循环流化床锅炉汽冷式旋风分离器布置示意图

旋风分离器上半部分为圆柱形，下半部分为锥形，分离器内空直径 ϕ8500。

烟气出口为圆筒形钢板件，形成一个端部敞开的圆柱体。细颗粒和烟气先旋转下流至圆柱体的底部，而后向上流动离开旋风分离器；粗颗粒落入与旋风分离器相连接的回料器立管。

旋风分离器为膜式包墙过热器结构。其顶部与底部均与环形集箱相连，管子在顶部向内弯曲，使得在旋风分离器管子和烟气出口圆筒之间形成密封结构。

旋风分离器内表面敷设防磨材料，其厚度距管子外表面 25mm。

旋风分离器中心筒直径为 $\phi4149$，由耐高温、高强度、抗腐蚀、耐磨损的奥氏体不锈钢 RA-253MA 钢板卷制而成。

白马 600MW 超临界循环流化床锅炉的汽冷式分离器有如下特点：

（1）吸收分离器内未燃尽燃料二次燃烧产生热量，防止结焦。当循环流化床锅炉炉内燃烧工况组织不好时，炉膛出口烟气中含有一定浓度的 CO 等气体，非常容易在旋风分离器中燃烧，使分离器中烟气温度升高，加之分离器和回料器中固体粒子浓度极高，极易造成分离器和回料器结焦。这种情况在国内多个使用非冷却式分离器的循环流化床锅炉中都有发生。而汽冷式高效分离器的筒体，包括进口烟道均为膜式壁包覆的汽冷受热面，内衬一层薄薄的耐磨材料，使分离器能够吸收二次燃烧释放出的热量，有效地降低其出口烟气温度，避免结焦。

（2）提高锅炉启停和变负荷速度。分离器外壁由过热器管子和内衬薄型耐磨耐火材料组成。相对于绝热式分离器，汽冷式分离器运行中蓄热和内外表面温差较小，使锅炉的启停和变负荷速度不受分离器升温速度的限制，大大提高了锅炉的升降温速率和负荷调节能力。汽冷式分离器循环流化床锅炉启动耗油量约为绝热式分离器的 25％。

（3）减少分离器外表面温度，降低表面散热损失。

（4）合理的吊挂布置，减小系统膨胀差。由于汽冷式高效分离器采用的是膜式壁结构，可以采用与炉膛水冷壁相同的吊挂结构。与绝热式分离器的支撑结构相比，吊挂的汽冷式分离器在运行中同炉膛一起向下膨胀，大大减少了炉膛出口和分离器入口之间的膨胀差，从而避免了进入分离器的含灰烟气流道中出现阶梯或急剧变化，可有效地防止磨损，延长使用寿命。

（5）采用薄型耐火耐磨材料，大大减少了材料用量，减轻了施工和维护工作量。汽冷式高效分离器内壁采用密集销钉固定的单层薄型耐磨耐火浇注料，其厚度和质量仅为绝热式分离器的 5％，使材料用量大为减少。同时，由于可以采用成熟的浇注方法，在大大减轻安装工作量的同时，保证了耐磨耐火材料的安装质量。

相对于内衬耐磨砖等耐磨结构，密集销钉固定的薄型耐磨耐火材料更加牢固，不易脱落。通过合理的安装（浇注、烘炉、养护等），薄型耐磨耐火材料在循环流化床锅炉的运行中能够达到非常好的使用效果。

（二）白马 600MW 超临界循环流化床锅炉高温旋风分离器系统性能参数

1. 分离效率保证措施

国内外大量的实践表明，分离器的分离效率与分离器的结构参数、粉尘的物理性质和分离器的运行参数等有着较为密切的关系，其中分离器的结构参数（即物理模型）对分离器的分离效率至关重要。

超临界流化床锅炉采用的分离器是从大量分离器模型中筛选出的优化模型。

为白马 600MW 超临界循环流化床锅炉高温分离器的分离效率和主回路的循环灰量，提供了有力的技术保证。

白马 600MW 超临界循环流化床锅炉汽冷式分离器性能参数的主要特点如下：

（1）合理的分离器切向进口烟速。大量的实践表明，进口的烟速过高将使颗粒的反弹加剧，造成二次夹带严重，使分离效率降低。白马 600MW 超临界循环流化床锅炉设计时选取了合理的烟气入口速度，既可以保证分离效率又可以降低分离器的阻力。

（2）渐缩型分离器入口烟道形状。超临界锅炉汽冷式分离器入口烟道的形状采用了最新结构的优化设计，这种结构可以使烟气更加平稳地进入旋风分离器，减少了由于入口烟道形状突变对连续流动烟气流所造成的扰动，提高了旋风分离器的效率。

（3）合理的旋风分离器中心筒直径及插入深度。由于气固两相流直接在中心筒和分离器壁面流过，因此中心筒的插入深度及直径的大小将直接影响到旋风分离器的性能。超临界流化床锅炉选用的旋风分离器的模型结合了大量的实践经验，可以极大程度地提高分离效率并降低分离器的阻力。

综上所述，超临界流化床锅炉所采用的汽冷式旋风分离器，是经过试验确定、实践验证、具有丰富运行经验的优化设计产品，其对细颗粒粒子的捕捉能力强、高效可靠，为保证炉内高的循环灰浓度和高效传热提供了保证；同时减小了尾部飞灰量，并有效地将飞灰粒径控制在适当范围之内，为降低尾部对流受热面的磨损创造了条件。

2. 分离器入口和出口烟道防止积灰措施

分离器进、出口烟道均采用汽冷式，由膜式壁包覆而成，为了防止分离器进、出口烟道积灰，在分离器进、出口烟道的烟速的选取上作了考虑。该速度的选取在尽可能减少分离器阻力的基础上，将烟速提高到一个较高的水平，减少烟道积灰。另外，在分离器进口烟道底面和分离器出口烟道底面，均装设有吹扫风，防止烟道局部积灰。吹扫风来自热二次风，并接入压缩空气系统。

在分离器出口烟道的设计中，将烟道底面做成与水平形成一个约为 $5°\sim8°$ 的夹角，烟道沿烟气流动方向为变截面，这种结构不但可以有效地防止烟道积灰，还可以保证分离器出口烟道烟气截面速度基本保持在一个范围内，保证了烟气流动的均匀性，如图 3-69 所示。

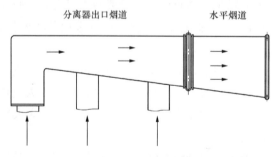

图 3-69　白马 600MW 超临界循环流化床锅炉分离器出口烟道示意图

3. 分离器及出口烟道吊挂方式

分离器采用常规的吊挂方式，吊点设在分离器上部环形集箱，每个分离器出口集箱吊点分为 4 组，每组 6 个吊点，如图 3-70 所示，吊点通过吊挂装置吊在标高为 67m 钢构架上面。

分离器出口烟道布置在炉膛两侧墙，每 3 个分离器出口汇合成 1 个烟道，由炉膛两侧

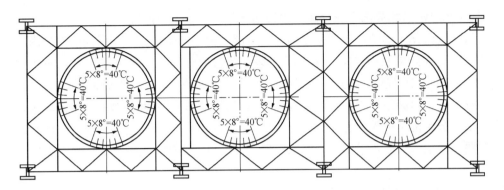

图 3-70 白马 600MW 超临界循环流化床锅炉高温汽冷式分离器及出口烟道的吊挂方式

分别送入尾部烟道，每台锅炉布置有两个分离器出口烟道。由于分离器出口烟道采用汽冷包墙包覆而成，烟道的固定和吊挂形式可参考炉膛的吊挂形式，如图 3-71 所示。

4. 防止分离器中心筒变形措施

在早期投运的循环流化床锅炉中，旋风分离器中心筒插入分离器筒体太深，即中心筒沿分离器筒体高度方向上的尺寸较大，而且中心筒顶端是通过焊接固定在分离器筒体的中心，处于一种自然下垂的状态。

循环流化床锅炉的炉膛都处于正压燃烧区域，压力零点位于炉膛出口即旋风分离器入口处。因此，分离器中心筒就处于

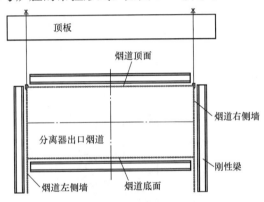

图 3-71 分离器出口烟道吊挂方式示意图

一种微负压的运行状态（约−200Pa）。但是循环流化床锅炉运行工况的变化较大，分离器中心筒这样一个大直径薄壁的筒体经常处于压力大范围变化的过程中，这样就很容易在没有受到任何约束的分离器中心筒入口处出现变形的现象，从而大大降低分离器分离效率。

为防止中心筒变形现象在 600MW 超临界循环流化床锅炉中发生，在保证分离效率的基础上降低了中心筒的插入深度，并对中心筒及其支撑结构进行了改进，采用了空间桁架形式的支撑装置对中心筒进行固定，如图 3-72 所示。这种新型结构共分为上下两层，每一层均采用十字形支撑，上下两层之间采用人字形斜支撑加固，形成刚性结构，可以大大提高中心筒的整体刚性，保证其在各种恶劣工况下的防变形能力。此外，这种结构还可以起到"消旋"作用，减轻分离器中心管出口气流的旋转。

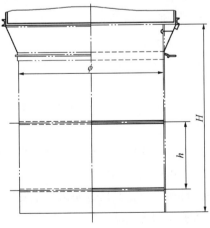

图 3-72 汽冷式分离器中心筒支撑结构示意图

三、600MW 超临界循环流化床锅炉回送装置结构及工作原理

大型循环流化床锅炉，普遍采用回料密封阀。由于向炉内集中回料易引起炉内床料分布不均以及局部区域磨损严重，国外某些锅炉制造商开发出"一分二"形式的回料阀结构。图 3-73 是目前已在大型循环流床锅炉上采用的两种"一分二"回料阀结构。在这两种"一分二"回料阀结构中，从高温旋风分离器通过立管进入回料阀的高温循环灰，从回料阀出来后分为两路进入炉膛。当高温旋风分离器布置在炉墙较宽的一侧时，回料的不均匀性问题必须加以考虑，采用"一分二"形式的回料阀结构，可以提高循环灰返回到炉内的均匀性。

图 3-73 所示两种"一分二"回料阀结构的差别，仅仅在于回料阀横截面形状以及返料的两根回料管的方向不同。图 3-73（a）的回料阀横截面形状是矩形（包括风室），图 3-73（b）所示的回料阀横截面形状是"人字形"结构。

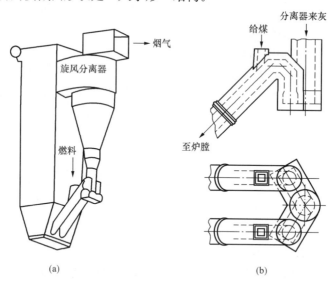

图 3-73 两种"一分二"回料阀结构
（a）回料阀横截面形状为矩形；（b）回料阀横截面形状为"人字形"

大型循环流化床锅炉回料阀底部布风装置也有两种布置方案。

第一种方案是普遍采用的等压风室结构，其优点是结构简单，造价低，但存在运行中个别风帽被堵塞后难于发现的问题。

第二种方案采用每个风帽单独供风，即每一个风帽单独与一个带有浮子流量计的来自回料阀高压风机的高压风管相连，并在风管上设有疏通接口。

运行中一旦发现某个浮子流量计的浮子不再浮起，则表示该风帽已堵塞，即可将供风管上的三通阀转向疏通接口，用压缩空气或采用人工方式将被堵塞的风帽疏通。

为了确保回料阀回料顺畅，大型循环流化床锅炉回料阀不仅在其底部布风板上安装风帽，而且在回料阀侧墙和立管上也安装有松动风管，如图 3-74 所示。

白马 600MW 超临界循环流化床锅炉运行时，被汽冷式旋风分离器分离下来的循环物料通过回料阀送回到炉膛下部的密相区。单侧布置回料阀 3 台，两侧共 6 台回料阀，分别

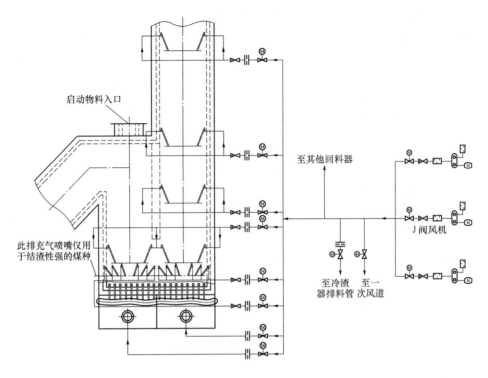

启动物料入口

此排充气喷嘴仅用
于结渣性强的煤种

至其他回料器

J 阀风机

至冷渣
器排料管

至一
次风道

图 3-74 大型循环流化床锅炉回料阀送风系统示意图

布置在 6 台旋风分离器的下方，支撑在冷构架梁上。分离器与回料阀间、回料阀与下部炉膛间均为柔形膨胀节连接。它有两个关键功能：一是使再循环床料从旋风分离器连续稳定地回到炉膛；二是提供旋风分离器负压和下燃烧室正压之间的密封，防止燃烧室的高温烟气反窜到旋风分离器，影响分离器的分离效率。回料阀通过分离器底部出口的物料在立管中建立的料位，来实现这个目的。回料阀阀体出口段灰道分为两部分，一部分经回料阀灰道直接进入炉膛，另一部分通过回料阀至外置床灰道进入外置床。高温灰分别与布置在外置床中的中温过热器Ⅰ、中温过热器Ⅱ、高温再热器进行热交换，然后经外置床至炉膛灰道进入炉膛。流经外置床的灰量通过布置在回料阀至外置床灰道上的锥形阀控制。通过控制流经中温过热器Ⅰ、中温过热器Ⅱ的灰量来进行炉膛床温的调节。回料阀用风由单独的回料阀风机提供，经外置床后进入炉膛，作为二次风使用。回料阀阀体、回料立管、回料阀灰道由钢板卷制而成，内侧敷设有防磨、绝热材料。

大型循环流化床锅炉还常采用一种带受热面的回料阀。该回料阀由进料通道、返料通道、冷却室等几部分组成。这种带有受热面的回料阀的详细结构如图 3-75 所示。

当锅炉运行时，进料通道和返料通道始终通风流化，冷却室则根据具体情况决定是否通风流化。当冷却室未流化时，从立管落入进料通道的高温循环灰经返料通道送回炉膛。当冷却室内处于流化状态时，从立管落入进料通道的高温循环灰则会从进料通道与冷却室之间隔墙下部开设的床料通道口进入冷却室。由于冷却室的返料口高度低于进料通道返料口的高度，因此落入进料通道的高温循环灰既可部分流过冷却室，也可以全部通过冷却室。具体操作上，只需控制冷却室的流化风量就可达到调节灰量的目的。当冷却室流化风

241

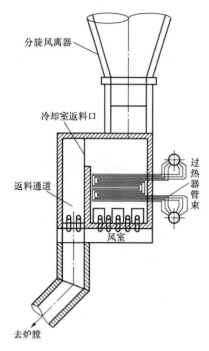

分旋风离器

冷却室返料口

返料通道

过热器管束

风室

去炉膛

图 3-75 带有受热面的
回料阀结构示意图

量较高时，全部高温循环灰几乎都会通过冷却室进入返料通道。当冷却室流化风量较低时，则会有部分高温循环灰因来不及进入冷却室而直接进入返料通道。

国产某 330MW 循环流化床锅炉采用了如图 3-76 所示的将外置床与回料阀合二为一的分流回灰换热器。

分流回灰换热器主要包括进灰管、高温灰料室、灰分配室、回灰隔板、分流隔板、换热床、换热床、进口集箱、出口集箱、低温回料室、隔墙及受热面等部分。物料经立管向下流动进入高温灰料室后，经回灰隔板的下部开孔进入灰分配室，一路经分流隔板的下部开孔进入高温换热床；一路经过高温回灰管直接返回炉膛；进入高温换热床的物料依次经低温换热床、低温回料室后由低温回灰管返回炉膛。

采用气动调节控制高温返料量和低温返料量的比例，从而实现对循环流化床燃烧最佳运行工况的调节与控制。

物料的分流比例先通过分流隔板实现分流，同时可以通过调节如下几个区域的布风来调节高温返料量和低温返料量的比例：①灰分配室的流化风；②低温回料室的流化风。

在其他风量固定不变的条件下，高温返料量随着灰分配室流化风的增加而增加，低温返料量则相反。

分流回灰换热器内的物料粒度在 $0 \sim 300 \mu m$ 之间，床内空截面流化风速为0.5～0.6m/s，颗粒的磨损量较小。安装在分流回灰换热器中的低温再热器采用 $\phi 76 \times 8$ 的厚壁管，材料为 SA213-TP304，可承受 650℃高温。低温再热器管采用悬挂支撑，其下端距风帽距离为 300mm，风帽小孔射流对受热面的磨损影响不大。

分流回灰换热器所有仓的内壁均敷设耐磨保温材料，其厚度达 320mm，以防止分流回灰换热器磨损和保证安全的外壁温度。分流回灰换热器的每个换热床下部设有排灰管，保证事故状态下排出换热床内的物料，或排掉脱落的耐磨材料，以免结焦。

分流回灰换热器各仓上部开有加料

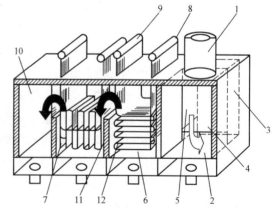

图 3-76 分流回灰换热器结构剖视图
1—进灰管；2—高温灰料室；3—灰分配室；
4—回灰隔板；5—分流隔板；6、7—换热床；
8—进口集箱；9—出口集箱；10—低温回料
室；11—隔墙；12—受热面

口，以便启动前向分流回灰换热器各仓内添加物料，避免炉膛烟气短路。

第四节 外置床结构布置与传热特性

一、大型循环流化床锅炉设置外置床的必要性

在大型循环流化床锅炉的设计过程中，是否设置外置床是一个无法回避的问题。国外容量在 200MW 以上的循环流化床锅炉，大都设置外置床。国内三大锅炉厂自主知识产权的 300MW 循环流化床锅炉，均未设置换热器，并都有投运业绩，至今已投运 20 多台，都能稳定运行。对 600MW 超临界循环流化床锅炉是否需要设置外置床，以及如何保证外置床的性能，是需要首先考虑的问题。

大型循环流化床锅炉的外置床，是利用布置在回料阀底部的锥形阀，将部分从旋风分离器分离下来的固体粒子通过布置在类似鼓泡流化床的外置床中放热后送回炉膛；其余的固体粒子则通过回料阀直接返回炉膛。对 600MW 超临界循环流化床锅炉而言，采用外置床有如下好处。

1. 有利于受热面布置

研究表明：亚临界及以下参数的循环流化床锅炉通过受热面的合理配置，可以不采用外置床。这一结论已在国内投运的 20 余台自主知识产权循环流化床锅炉上得到验证。

而对于超临界参数及以上的循环流化床锅炉，外置床则是必须的。为验证这一点，东方锅炉曾设计了一个不带外置床的方案，如图 3-77 所示，并完成了该方案的热力计算。

该方案采用 M 型布置＋单炉膛＋四分离器，炉内布置屏式过热器和屏式再热器，尾部采用双烟道挡板调温，前烟道布置低温再热器和高温省煤器，后烟道布置高温过热器和低温过热器，烟道合并后布置低温省煤器，省煤器后布置了管式空气预热器。该方案最大的问题在于屏式过热器和再热器长度过大，无法解决变形过大问题。这一方案反证了超临界参数设置外置床的必要性。此外，如果不设置外置床，则锅炉运行时的汽水参数控制极为困难。在直流运行时，省煤器出口欠焓、中间点温度、过热汽温这三大参数与燃烧相耦合，控制系统要求很高。

2. 有利于污染物排放控制

采用外置换热器技术，可以通过调节外置床中受热面的吸热量来灵活调节锅炉主循环回路和锅炉尾部的吸热比例，从而使锅炉具有更强的燃料适应能力，并使其具有更好的低负荷汽温特性。

通过调节布置在回料阀底部的锥形阀的开度，控制进入外置换热器的灰流量，可以调节外置换热器中受热面的吸热量，从而可以很好地调节床温。稳定的床温和燃烧工况对控制 NO_x、SO_2、CO、C_xH_y 等污染物的排放也是极其重要的。

二、国外大型循环流化床锅炉外置床基本类型

外置床不是循环流化床锅炉的必备部分，它本身的功能是一个受热面或者兼有床料回

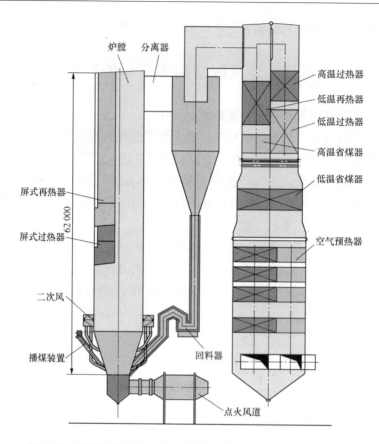

图 3-77　不带外置床的 600MW 超临界循环流化床锅炉设计方案

送功能的受热面。一般在外置床内布置不同形式的受热面，各受热面之间可以用隔墙隔开。外置床中，可以布置过热器、再热器、蒸发受热面甚至省煤器。总之，受热面的布置十分灵活。

外置床实际上是一个细颗粒的鼓泡流化床，流化风速在 0.5m/s 左右，流化床内的固体颗粒直径为 0.1～0.5mm 左右，只要布置得当，根据长期的运行经验，受热面的磨损并不是很严重。

虽然外置式流化床换热器内的流化风速不高，但由于其床层面积一般都比仅作返料用的回送装置大，其总的流化风量较大，因此，从外置床流出的热空气将被直接引入炉膛的稀相区，一方面，保持流化床热交换器的压力稳定使颗粒流动不产生脉动现象；另一方面，使这股热空气作为二次风或三次风使用，以提高锅炉热效率。

外置床的关键技术在于高温循环灰的流量控制。外置床本身也在不断发展之中。总的发展趋势是：循环物料的控制方式，由机械阀控制向气动控制方向发展；外置床的结构形式，从钢壳＋厚耐火材料结构，向膜式壁＋薄耐火材料结构发展；近年的发展趋势是将外置式流化床换热器与炉膛水冷壁连为一体。

外置床有多种结构形式。图 3-78 是 Lurgi/CE 循环流化床锅炉的外置床结构示意图。从高温旋风分离器分离下来的高温循环灰，被分成两路：一路采用流动密封阀将高温循环灰直接送回炉膛；另一路通过一个水冷锥形阀将高温循环灰送入外置式流化床换热器中冷却后再送回炉膛。

在这种方案中，外置式流化床换热器本身也兼作回送装置。固体物料进入外置床的流量采用一个水冷锥形阀来控制。水冷锥形阀的结构如图 3-79 所示。通过推拉这个锥形阀，达到控制外置床进灰量的目的。

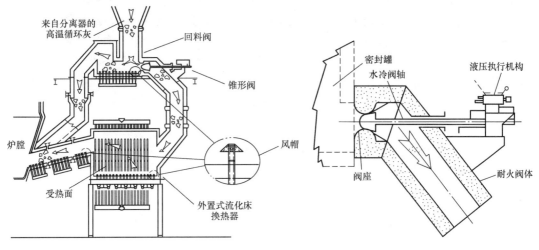

图 3-78　Lurgi/CE 循环流化床锅炉的　　　　图 3-79　水冷锥形阀结构示意图
　　　　　外置床结构示意图

白马引进 300MW 循环流化床锅炉就采用了这种形式的外置床及其水冷锥形阀。图 3-80 是外置式流化床换热器的结构示意图，外置式流化床换热器的系统布置如图 3-81 所示。

由图 3-80 和图 3-81 可见，引进 300MW 循环流化床锅炉在炉膛两侧下部对称布置 4 个外置式流化床换热器。分离器分离下来的高温物料一部分通过回料阀直接返送回炉膛，另一部分进入外置式流化床换热器，外置换热器入口设有锥形阀，通过调整锥形阀的开度，来控制外置换热器和回料阀的循环物料分配。

外置床外壳由 $\delta=8mm$ 碳钢材料制成，顶板和布风板由 $\delta=10mm$ 碳钢材料制成，内衬绝热材料和耐磨耐火材料。布置有高温再热器和低温过热器的 2 个外置床分别由 3 个分室组成，第一室为空室，第二室布置有高温再热器，第三室布置低温过热器，各室之间的隔墙为水冷隔墙。布置有中温过热器Ⅰ和中温过热器Ⅱ的 2 个外置床分别由 2 个分室组成，第一室为空室，第二室布置有中温过热器Ⅰ和中温过热器Ⅱ，各室之间的隔墙为水冷隔墙。每个分室都布置有布风板和风箱，流化风由高压流化风机供给。靠近炉前的两个外置床内布置高温再热器和低温过热器，这两个外置床的主要作用是用来调节再热蒸汽温度；靠近炉后的两个外置床内布置中温过热器Ⅰ和中温过热器Ⅱ，这两个外置床的主要作用是用来调节床温。

由于在外置换热器中，高温灰垂直于每片屏流动，每片屏的受热情况不一样，而进口蒸汽温度是相同的，为了减轻出口汽温偏差，控制管屏壁温，需通过严格计算，将外置床沿灰流动方向分为几个区，调整各区阻力，合理分配蒸汽流量。阻力的调整是靠调整管子

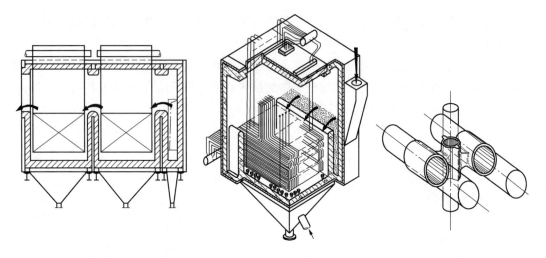

图 3-80　300MW 循环流化床锅炉外置式流化床换热器结构示意图

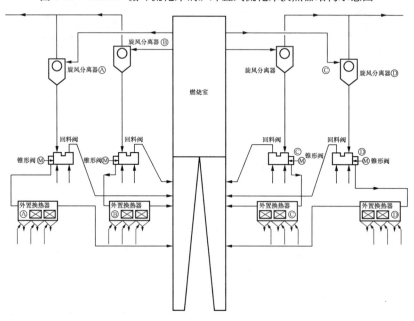

图 3-81　引进 300MW 循环流化床锅炉外置式流化床换热器系统布置示意图

规格来实现的。因此，FBHE 结构十分复杂，管子规格众多。

　　由于外置换热器内有大量高温循环灰，因此其受热面的固定也是十分关键的。外置换热器内的过热器、再热器蛇形管采用专利结构支撑，避免管子振动和在管子上的焊接。

　　外置换热器座在构架钢梁上，与回料阀的膨胀差是通过安装在连接灰道上的膨胀节来解决的。

　　FW 公司开发的一种称为一体化返料换热器（INTREX）的外置床。它可以紧靠后墙布置，与炉膛连为一体。也可以独立布置，同时具有回料阀和外置床的双重作用。当这种外置床炉膛连为一体时，则有两种布置方式，一种称为"底流式"布置方式，另一种称为"溢流式"布置方式。

　　图 3-82 是"底流式"INTREX 流化床热交换器结构布置示意图。这种"底流式"INTREX流化床热交换器主要用于采用方形分离器的紧凑型循环流化床锅炉。从方形分离器下部回料密封阀溢流出的高温循环灰，进入"底流式"INTREX 流化床热交换器布置有换热管束的冷却室，向下流过换热管束，然后通过冷却室下部隔墙上的多个开口，进入呈流化状态的上行通道返回炉内。通过控制上行通道的流化风速，就可控制流过换热管束的循环灰流量。其余的高温循环灰则通过冷却室上部的溢流口，经上行通道的顶部，从炉膛后墙的开口，进入炉膛。

　　这种类型的 INTREX 热交换器不仅可以冷却高温分离器分离下来的高温循环灰，还可以冷却部分炉内高温床料。炉膛下部的高温床料可以通过炉墙上的开口进入 INTREX 热交换器中。

　　图 3-83 是"溢流式"INTREX流化床热交换器结构布置示意图。这种流化床热交换器在结构上由不布置受热面的进料通道和布置了受热面的冷却室以及一个共用的返料通道组成。进料通道与冷却室并排布置，返料通道则布置在炉膛与进料通道和冷却室之间。每个进料通道对应一根回料立管。在进料通道和冷却室之间的隔墙下部开有床料通道。在"溢流式"INTREX 流化床热交换器中，从"J"阀返料管来的高温循环灰落入 INTREX 流化床热交换器的进料通道中。高温循环灰通过进料通道与冷却室之间隔墙下部的开口进入冷却室。冷却室中布置有过热器管束或再热器管束。进入冷却室的循环灰上行流过换热管束，并溢流进入呈流化状态的返料通道。最后，返料通道中的循环灰，通过返料通道上设置的若干个返料口进入炉膛下部区域。

　　由于进料通道的溢流口高度略高于冷却室的溢流口高度，因此当冷却室的流化风速略

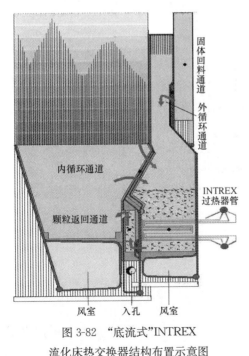

图 3-82　"底流式"INTREX
流化床热交换器结构布置示意图

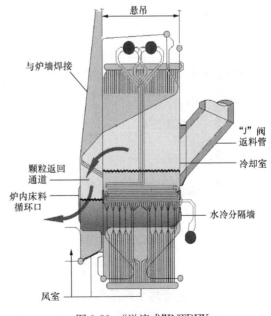

图 3-83　"溢流式"INTREX
流化床热交换器结构布置示意图

高于进料通道的流化风速时，由"J"阀回料管进入 INTREX 热交换器的高温循环灰就可以全部通过冷却室返回炉膛。

返料通道的主要作用是将循环灰均匀的返回炉膛下部。当不同冷却室的返料量差异较大时，返料通道就起一个均匀分布循环灰的作用。返料通道的另一个作用是防止炉内的大颗粒进入 INTREX 的冷却室中。由于炉内床料粒径与 INTREX 中循环灰的粒径相差较大，床料颗粒进入 INTREX 后会极大恶化 INTREX 中的流化状态，因此必须防止炉内床料倒流进入 INTREX 中。

当有大颗粒床料试图进入返料通道时，则由于进入冷却室的流化风和进入返料通道的流化风都要经过返料通道与炉膛之间的开口进入炉内，且返料通道与炉膛之间的开口低于冷却室的溢流口，因此所有从炉膛倒流进入返料通道的大颗粒床料都会被返料通道和冷却室的流化风重新送回炉膛。

INTREX 热交换器还可以独立布置在炉外，成为回料阀的一部分。图 3-84 是独立布置的 INTREX 流化床热交换器结构示意图。这种 INTREX 热交换器的结构与"溢流式"INTREX 热交换器相似。当锅炉运行时，进料通道和返料通道始终通风流化，冷却室则根据具体情况决定是否通风流化。当冷却室未流化时，从立管落入进料通道的高温循环灰经返料通道送回炉膛。当冷却室内处于流化状态时，从立管落入进料通道的高温循环灰则会从进料通道与冷却室之间隔墙下部开设的床料通道口进入冷却室。由于冷却室的返料口高度低于进料通道返料口的高度，因此落入进料通道的高温循环灰既可部分流过冷却室，也可以全部通过冷却室。具体操作上，只需控制冷却室的流化风量就可达到调节灰量的目的。当冷却室流化风量较高时，全部高温循环灰几乎都会通过冷却室进入返料通道。当冷却室流化风量较低时，则会有部分高温循环灰因来不及进入冷却室而直接进入返料通道。

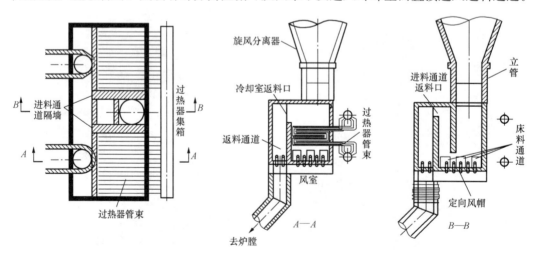

图 3-84　独立布置的 INTREX 流化床热交换器结构示意图

INTREX 流化床热交换器具有以下特点：

（1）启动时，从高温分离器分离出的床料不受冷却，直接送回炉膛，锅炉的升温启动较快。

（2）启动时，可以避免由于没有足够的蒸汽产生而导致冷却室中过热器的"干烧"现象。

正常运行时，可以灵活调节进料通道和冷却室的流化风量，从而分别调节通过冷却室进入返料通道的循环灰量和由进料通道直接流入返料通道的循环灰量，以调节炉温和过热汽温。

可与炉膛连为一体，因此运行中与炉膛一起向下膨胀，消除了热胀差。如果与汽冷式旋风分离器配合使用，则整个床料循环回路都可以采用悬吊结构，这对消除热胀差极为有利。

图3-85是美国FW公司专门针对超超临界循环流化床锅炉设计开发的一种叠置式INTREX换热器，该外置床的主要特点是：它不仅接收来自高温外循环回路的高温循环灰，还能接收来自炉膛内循环的高温床料，从而确保低负荷时，布置在外置床中的高温过热器和高温再

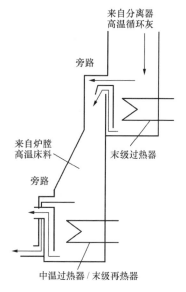

图3-85　叠置式INTREX换热器

热器出口汽温，不会因为炉膛温度降低、外循环灰量减少且温度降低而引起出口汽温偏低的问题。美国FW公司将该技术用于800MW超超临界循环流化床锅炉设计中，用于布置末级过热器和末级再热器。

三、白马600MW超临界循环流化床锅炉外置床布置特点

（一）外置床系统布置特点

600MW超临界循环流化床锅炉设有6个外置床，两两对称布置在炉膛两侧，其中靠炉前的2个外置床中布置的是高温再热器（HTR），通过控制其间的固体粒子流量来控制再热蒸汽的出口温度；中间的2个外置床中布置的是中温过热器（ITSⅡ），作为喷水减温的辅助手段，可以通过控制其间的固体粒子流量来控制过热蒸汽出口温度；靠炉后的两个外置床中布置的是一级中温过热器（ITSⅠ），通过控制其间的固体粒子流量来调节床温。

如图3-86所示，高温级的受热面（HTR）布置在靠炉前的位置，中温过热器（ITSⅠ）布置在靠炉后的位置，既方便锅炉出口蒸汽管道的连接，也使锅炉本体范围内连接管流程尽可能短，降低工质流动的沿程阻力，降低锅炉运行成本。

在锥形阀的控制下，部分循环灰将流过外置床，外置床通过分隔墙被分为各个小室。护板及分隔墙均采用碳钢板，其内表面敷设有耐火耐磨材料。隔墙内布置有水冷管束，以改善隔墙的工作环境。各个仓室下布置有风箱，循环颗粒通过布置于各个室底部的风帽实现流化。循环颗粒流经每个仓室后将进入炉膛。炉膛床温主要通过控制中温过热器外置床内的固体粒子流量进行控制和调节，通过控制高温再热器外置床内的固体粒子的流量可实现对再热蒸汽温度的控制。

外置换热器中，各级受热面均采用单侧引入、单侧引出的方式，各受热面管屏均采用蛇形管平行于灰流动方向的布置方式。受热面管屏的固定及吊挂方式采用国内300MW循环流化床锅炉用户改进后的成熟结构，即热仓中采用两片管屏共用两根吊挂管的结构，冷

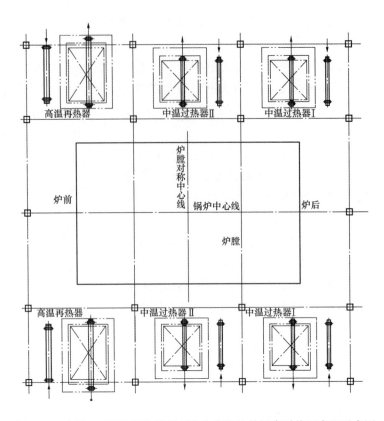

图 3-86　白马 600MW 超临界循环流化床锅炉外置床受热面布置示意图

仓中采用两片管屏共用两根圆钢吊杆的结构，吊挂装置的设计均考虑了管屏热态时的轴向膨胀，保证两个吊点在各种运行工况下都能够均匀受力。

各级受热面进口集箱均布置在靠近布风板标高位置，出口在外置床顶部，进出口集箱都布置在炉外，通过连接管与上下级受热面相连，如图 3-87 所示。

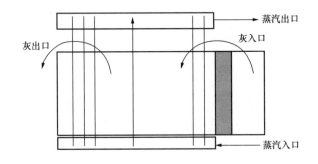

图 3-87　白马 600MW 超临界循环流化床锅炉外置床受热面系统布置示意图

为保证外置床运行的可靠性，设计中采取了如下措施。

1. 结构尺寸

为保证外置床宽度和高度尺寸，在设计上采取的主要措施如下：

（1）增加外置床台数。锅炉共布置有 6 台旋风分离器，对应布置 6 台外置床。

（2）通过控制外置床管子规格和纵向节距以及纵向管排数，使外置床管屏高度达到设计要求。

（3）为增加外置床受热面面积，达到所需的吸热份额，以及控制蒸汽质量流速，控制压降，适当增加了外置床的长度。长度尺寸在现有循环流化床锅炉设计经验范围内。

2. 灰流量与循环灰量的匹配

进入各外置床的灰流量是通过调节布置在相对应的回料阀上的锥形阀的开度来实现控制的。锅炉 BMCR 工况下，设计各外置床灰流量如图 3-88 所示。

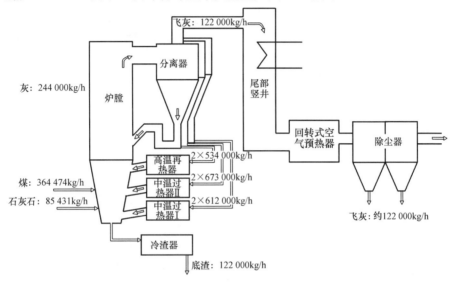

图 3-88　白马 600MW 超临界循环流化床锅炉的灰平衡

（二）外置床受热面设计

在热力计算中，通过热平衡计算，确定了各级外置床受热面积，因此外置床设计的主要目的就是在保证足够的换热面积的前提下，对各受热面的管屏进行设计，并经过技术经济比较，最终确定各受热面管子规格及材质。

1. 高温仓中受热面设计

外置换热器中，各级受热面均采用单端引入、单端引出 U 形布置方式，各受热面管屏可垂直于灰的流向布置（也可平行于灰的流向布置）。如果管屏垂直于灰的流向布置，则每一屏的进出口渣温都不同，而各屏的进口汽温是相同的，因此各屏出口汽温都不相同。沿灰的走向，各屏出口汽温逐级降低。各管屏的进出口压力也各不相同，因此，受热面设计中最关键的问题便是如何匹配各管屏中介质的流量和阻力，以保证实际运行中各受热面管子不超温，不爆管。同时，通过壁温计算，合理选择管子材料和规格，保证锅炉长期安全稳定运行。

如果管屏垂直于灰的流向布置，在高温仓中，迎灰面的第一屏管子进口渣温最高，蒸汽流量最小，工作环境最为恶劣，管子壁温和外表面温度最高，因此设计的第一步就是通过壁温计算，确定第一屏管的管子规格及材质，进而确定整级受热面的材料档次。

根据相关设计经验，高温仓中受热面沿灰的走向分为三个部分，其中位于上游的管屏布置应考虑采用较大口径的管子，尽可能加大其蒸汽流量，同时，管子的流程应尽可能短，减少其受热面积，使其吸热量尽可能少，以降低金属壁温和材料档次。

基于这一设计理念，在进行高温再热器、中温过热器Ⅰ和中温过热器Ⅱ的设计时，通过分析对比国内外各种循环流化床锅炉外置床结构与运行特性，进行了各受热面管子布置方案的研究，最终确定采用受热面管屏平行于灰流动方向的布置方案。通过壁温计算，并在计算结果的基础上留有一定的余量。高温再热器受热面壁温计算结果及金属材料允许壁温如图 3-89 所示。

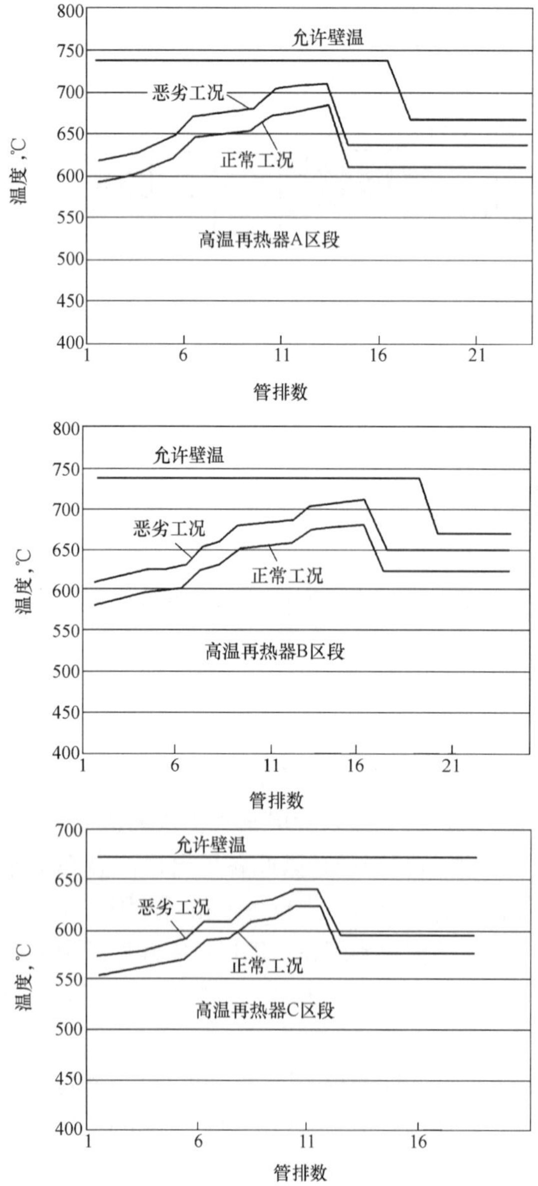

图 3-89　高温再热器壁温计算结果

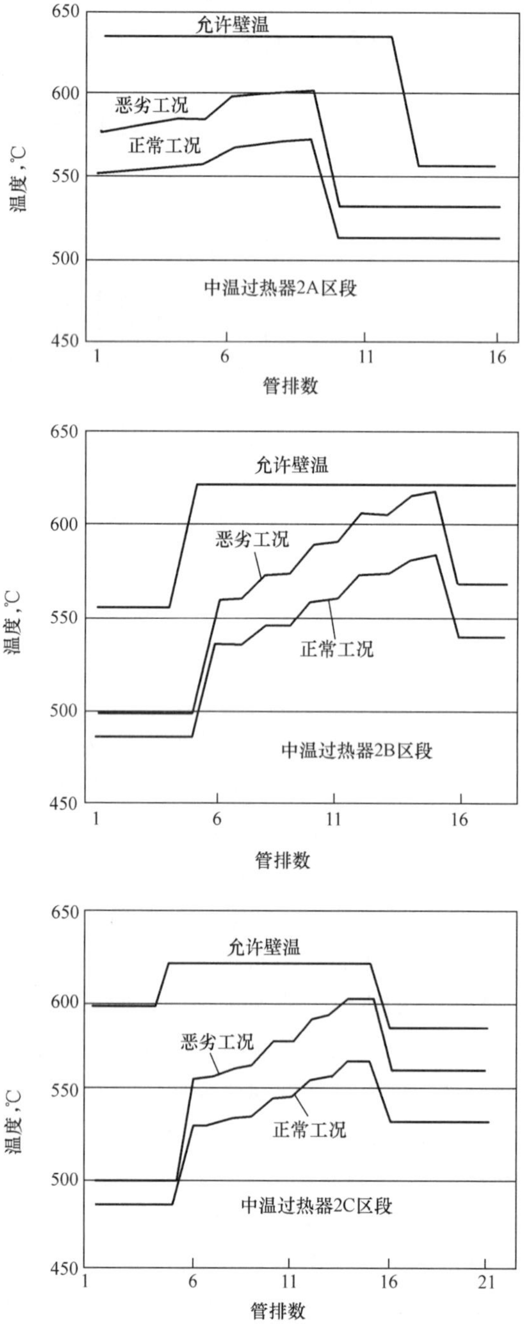

图 3-90　中温过热器管壁温度计算结构

2. 低温仓中受热面设计

在低温仓中，由于进口灰温相对较低，各管屏的流量不均匀性可以忽略不计，所有管屏的几何尺寸相同，壁温计算仅考虑迎灰面的第一屏管子。第一屏管子介质流量的考虑与高温仓相同。根据壁温计算结果，并在计算结果的基础上留有一定的余量，各受热面壁温计算结果及金属材料允许壁温如图 3-90 所示。

第五节　过热器与再热器结构布置及汽温调节特性

过热器是电厂锅炉的重要组成部件，它的作用是将饱和蒸汽加热成具有一定温度的过热蒸汽。

提高过热蒸汽的初参数（压力和温度）是提高电厂热经济性的重要途径。但是，蒸汽初温度的提高受到金属材料耐温性能的限制。如果只提高蒸汽初压力而不相应提高蒸汽初温度，则会导致蒸汽在汽轮机内膨胀做功终止时的湿度过高，影响汽轮机的安全工作。为了进一步提高电厂热力循环的效率，以及在继续提高蒸汽初压力时，使汽轮机末端的蒸汽湿度控制在允许范围内，在超高压及以上参数锅炉中普遍采用蒸汽中间再热系统，即将汽轮机高压缸的排汽送回锅炉中再加热到高温，然后又送往汽轮机中、低压缸膨胀做功。这个再加热蒸汽的部件就称为再热器。通常把过热器中加热的蒸汽称为一次过热蒸汽或主蒸汽；把再热器中加热的蒸汽称为二次过热蒸汽或再热蒸汽。再热蒸汽的参数与热力循环的经济性有关。一般，再热蒸汽的压力约为主蒸汽压力的 $20\% \sim 25\%$，再热器出口的蒸汽温度与主蒸汽温度相同或相近，再热蒸汽量约为主蒸汽量的 80%。采用一次中间再热可使电厂循环热效率提高约 $4\% \sim 6\%$，二次再热可再提高约 2%。我国生产的超高压以上机组都至少采用了一次中间再热系统。

过热器是锅炉所有受热面中工作温度最高的受热面。过热器管内流过的是高温蒸汽，其传热性能较差，而管外又是高温烟气，这就决定了过热器的管壁温度比较高。此外，运行中并列各管间还存在受热偏差，故实际的最高壁温可能会超过管子金属材料的极限耐热温度。

在再热器中，由于蒸汽压力较低，蒸汽比体积较大，故传热性能也差。而且再热后的蒸汽温度很高，但管内的蒸汽流速又不能太高，否则压降太大，会使蒸汽在汽轮机中、低压缸内的做功能力大大降低。较低的蒸汽流速使再热器管壁的冷却条件变差。因此，再热器的管壁温度也相对较高，特别是高温段出口区管子的安全问题较为突出。

所以，过热器和再热器的工作条件都是比较差的。运行中如果壁温长期超过钢材的极限耐热温度，则会造成管子胀粗以致爆破损坏。从实际运行中管子发生的损坏，特别是过热器管损坏的情况来看，往往就是由于管子长期超温过热而引起。因此，为了保证过热器、再热器的安全，除了从结构、布置以及过热器、再热器系统选择等方面，进行综合考虑和采用可靠的调温手段以外，还应根据过热器、再热器的工作条件正确地选用钢材，并避免管子长期超温运行。

大型循环流化床锅炉过热器和再热器的布置方式较多。当循环流化床锅炉不带外置床时，过热器和再热器通常都以对流过热器/再热器和屏式（翼墙）过热器/再热器两种方式布置。其中，对流过热器/再热器布置在尾部烟道中，屏式（翼墙）过热器/再热器布置在炉膛中。当循环流化床锅炉带有外置床时，部分过热器和再热器可以布置在外置床中。

一、大型循环流化床锅炉过热器结构与布置特性

循环流化床锅炉的过热器和再热器有多种结构形式，一般按传热方式分为烟气对流式、炉内辐射式这两种基本形式。

（一）对流过热器

布置在锅炉烟道中，主要依靠对流传热方式吸收烟气热量的过热器，称为对流过热器。对流过热器有两种结构形式，一种是由许多平行并列的蛇形管和进出口集箱所构成的蛇形对流过热器；另一种是布置在尾部烟道上部，由膜式壁和进出口集箱组成的包墙管过热器。

1. 蛇形管对流过热器基本结构

循环流化床锅炉的蛇形管对流过热器是由布置在尾部竖井烟道中的许多平行并列的蛇形管和进出口集箱所构成，如图3-91所示。蛇形管与集箱之间采用焊接连接。集箱布置在炉墙外面。蒸汽在蛇形管内流动，蛇形管外受到烟气的横向冲刷。这样，烟气将热量传给蛇形管，蒸汽则从管壁上将热量带走，因而蒸汽受到加热，温度得到提高。

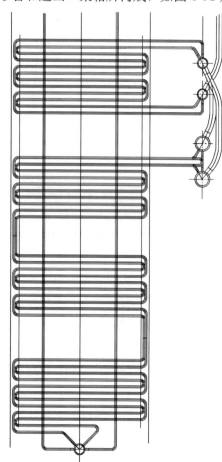

图3-91 循环流化床锅炉卧式
蛇形管对流过热器结构示意图

过热器蛇形管一般采用外径为 $28\sim42mm$ 的无缝钢管（在超高压循环流化床锅炉上采用 $\phi51$ 的管子，在300MW循环流化床锅炉上采用直径为 $51\sim60mm$ 管子），其壁厚由强度计算确定，一般为 $3\sim9mm$。蛇形管管圈的弯曲半径一般为 $1.5\sim2.5d$，若弯曲半径过小，则弯头外侧管壁太薄，将影响强度。循环流化床锅炉过热器管束的钢材，根据工作条件即壁温来确定，低温段可用20号碳钢或低合金钢；高温段常用铬钼钢或铬钼钒钢，如15CrMoG、12CrMVG等；高温段出口区则一般用12CrMoVG、SA213-T91或同等级的耐热性能较好的合金钢。

对流过热器并联蛇形管的数目，主要取决于管内蒸汽流速，蒸汽流速按管子的壁温状况和过热器的压力降大小来决定。蒸汽流速高，则传热性能好，管壁金属能得到较好的冷却，但压降也增大，过热器系统允许的压降一般不应超过其工作压力的10%。

对流过热器区的烟气流速按传热性能、飞灰

磨损和积灰等多方面因素来考虑。烟气流速高，则传热性能好，可以减少过热器的受热面面积，但飞灰对管壁的磨损较严重；烟气流速过低，则不仅影响传热，而且容易积灰。对流过热器区的烟速一般为 8～12m/s。

根据锅炉容量和过热器管内必须维持的蒸汽流速，对流过热器的蛇形管可以采用不同结构的管圈形式，即可以增加或减少同一排管子（管圈）的重叠数，如图 3-92 所示。大容量锅炉的过热器一般采用多管圈结构。当管圈重叠数增多时，蒸汽流通截面积增大，则蒸汽流速可以降低；反之，则蒸汽流速可以提高。但是，管圈重叠数不宜太多，否则容易引起蛇形管之间的蒸汽流量分配不均，造成温度偏差。

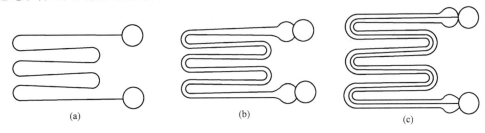

图 3-92　对流过热器的管圈结构

(a) 单管圈；(b) 双管圈；(c) 三管圈

2. 对流过热器布置

对流过热器按照烟气与蒸汽的相互流向可分为顺流、逆流及混流等几种布置方案，如图 3-93 所示。

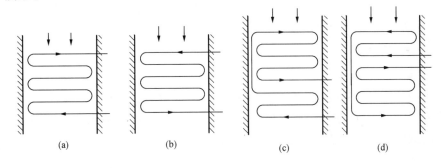

图 3-93　过热器管束传热布置方案

(a) 逆流；(b) 顺流；(c) 混流（串联）；(d) 双逆流

顺流布置时，其蒸汽温度高的一端，处于烟气低温区，因而管壁温度较低，比较安全，但其传热温差最小，传热性能较差，需要较多的受热面，不经济。逆流布置具有最大的传热温差，故传热性能好，可以节省受热面，较经济，但其蒸汽温度高的一端正处在烟气高温区，壁温高，故安全性较差。所以，一般不用纯顺流或纯逆流的布置方案。

双逆流布置的过热器，其特点是充分利用了逆流布置传热性能好的优点，又将蒸汽温度的最高端避开了烟气高温区，因而改善了蒸汽高温端管壁的工作条件；混流布置的过热器，其特点则是低温蒸汽段为逆流，有较好的传热性能，而高温蒸汽段为顺流，其管壁温度又不会过高。故总的说来，混流布置和双逆流布置的过热器，其壁温虽高于顺流布置的过热器，但却低于逆流布置的过热器，其经济性也在顺流与逆流之间，而混流布置方案则更为合理，因此得到了广泛的应用。

在现代高参数锅炉中的高温对流过热器，常作为整个过热器系统的最后一级，并常采用两侧逆流中间顺流的混合布置方案。在这种混流布置方案中，逆流与顺流部分按烟气流向是并联布置［故称为并联混流，图 3-93 (d) 则为串联混流］，其蒸汽温度较低的冷段部分，在烟道两侧为逆流布置，蒸汽温度高的热段部分，在烟道中间为顺流布置，这样使"冷段"有较好的传热性能，而"热段"金属壁温又不致过高。

3. 管子布置方向与排列方式

对流过热器按照管子的放置方向，有立式和卧式两种布置形式。立式布置的优点是支吊比较方便，积灰的可能性小，缺点是停炉时管内积水不易排出，当锅炉启动时可能会由于积水的堵塞而造成通汽不畅，易使管子过热烧坏。立式布置时，其蛇形管是吊在集箱上的，而集箱则在炉顶墙外用吊杆悬吊在锅炉顶部构架的钢梁上。在蛇形管束的下端装设梳形板，以保持横向管间距离均匀，并在蛇形管束的上下部位装设管夹，以保持纵向管间距离均匀。卧式布置的优点是疏水比较方便，但易积灰，且管子的支吊比较困难。大型循环流化床锅炉多采用悬吊管的支吊方式，即用有工质冷却的受热面管（如省煤器的引出水管）作为悬吊管。过热器蛇形管直接或间接地支吊在悬吊管上，悬吊管与锅炉顶部的悬吊结构相连接。卧式过热器与锅炉尾部烟道中其他卧式布置受热面的悬吊方式是相同的。

对流过热器的管子有顺列和错列两种排列方式。在其他条件相同时，错列管束的传热系数比顺列管束的高。但顺列排列有利于防止结渣、减轻磨损和吹扫积灰，其横向管间节距 S_1/d 一般为 2～3（错列时为 3～3.5），纵向管间节距 S_2/d 一般为 1.8～2.5。S_2/d 主要取决于蛇形管的弯曲半径，在管子弯曲半径允许的条件下，纵向节距应小一些，以使过热器的结构较紧凑。

当燃用高灰分劣质煤时，出于防磨考虑，大型循环流化床锅炉对流过热器管束和再热器管束均采用顺列布置方式，每组过热器和再热器之前均设有防止形成烟气走廊的均流板，并在沿烟气流向第一排管子迎风面设置有防磨盖板。

4. 包墙管过热器

在大型循环流化床锅炉中，为了采用悬吊结构和敷管式炉墙，在尾部竖井烟道的内壁，像膜式水冷壁那样布置膜式壁过热器管，称为膜式包墙管过热器。这样可将尾部竖井的耐火保温材料直接敷设在包墙管外侧上，形成敷管炉墙，从而可以大幅度减少笨重的耐火材料，减轻炉墙的质量，简化炉墙的结构，并减少炉墙漏风。包墙管悬吊于炉顶，采用比较简单的全悬吊结构。

循环流化床锅炉尾部烟道包墙管的管径通常与对流过热器相同。管间节距 $S/d＝2$～3。膜式包墙管可以保持锅炉的严密性，减少漏风，并可节省钢管耗量。包墙管紧靠炉墙，仅受烟气单面冲刷，而且烟速较低，因此传热效果较差。图 3-94 是某高压循环流化床锅炉尾部包墙过热器的布置和蒸汽流程。

如图 3-94 所示，来自汽包（或汽冷式旋风分离器）的蒸汽，进入侧包墙上集箱 1，经侧包墙管过热器向下流入侧包墙下集箱 2，然后进入前包墙下集箱 3，向上流过前包墙后流入烟道进口下集箱 4，再同时流入两个烟道进口垂直集箱 5、然后流入前墙进口上集箱 6，再依次流经顶棚包墙管、后墙包墙管流入后墙下部集箱 7。后墙下部集箱 7 也是第一级对流过热器的入口集箱。

在某些循环流化床锅炉中，前包墙膜式壁管，以拉稀管的形式（拉稀成 2~3 排），直接穿过水平烟道，然后进入设置在炉顶的前包墙上集箱或者直接弯成顶棚包墙管。

5. 汽冷式旋风分离器形式过热器

汽冷式旋风分离器形式的过热器管束结构如图 3-95 所示。汽冷式高温旋风分离器采用饱和蒸汽冷却筒壁，其冷却管也就成为过热器的一部分。汽冷式高温旋风分离器筒壁也采用膜式壁结构，其膜式壁结构与包墙管过热器基本相同。其不同之处在于：

（1）汽冷式高温旋风分离器内壁敷设有 25mm 厚的耐火耐磨材料，外侧敷设有 100mm 厚的耐火保温材料。

（2）汽冷式高温旋风分离器筒壁主要起减轻分离器耐火材料质量、便于悬吊支撑的作用，对提高过热汽温的作用不大。

（3）在旋风分离器锥形筒下部，采用了"抽管"结构，同时设置环形过热蒸汽集箱。

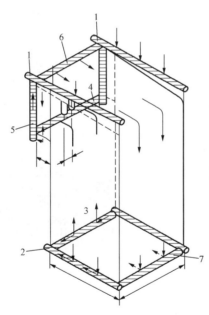

图 3-94 包墙管过热器的蒸汽流程示例

1—侧包墙上集箱；2—侧包墙下集箱；3—前包墙下集箱；
4—烟道进口下集箱；5—进口垂直集箱；6—前墙进口上
集箱；7—后墙下部集箱

图 3-95 汽冷式旋风
分离器管束结构

（二）辐射式过热器

布置在锅炉炉内高温区域的过热器称为辐射式过热器。实际上，在循环流化床锅炉中，由于炉膛温度不高，炉内布置的辐射式过热器以对流方式吸收的热量仍占有相当份额，但习惯上仍称为辐射式过热器。尽管如此，由于循环流化床锅炉炉膛温度随负荷的增减变化不大，因此在变负荷时，炉内辐射式过热器仍能起到调节过热器出口蒸汽温度的作用。

循环流化床锅炉中辐射式过热器的主要形式有翼墙管屏过热器和 Ω 管过热器。

1. 翼墙管屏过热器

翼墙管屏过热器的结构布置形式如图 3-96 所示。翼墙管屏过热器采用膜式壁结构形式。翼墙管屏过热器一般作为二级过热器或二级再热器。在炉内布置二级过热器或二级再热器的目的，一是为了吸收炉内热量，维持炉膛出口烟温，但更主要的作用是调节蒸汽温度。这也是所有辐射式过热器/再热器的主要作用之一。某些循环流化床锅炉的翼墙管屏的管子根数较少，设计就不采用如图 3-96(a) 所示的进口小集箱，而是将管子直接焊接在进口集箱上。

在蒸汽流程设计上，也有采用如图 3-96(b) 所示的 U 形翼墙管屏，采用这种结构可以在一定程度上消除炉内的温度偏差。

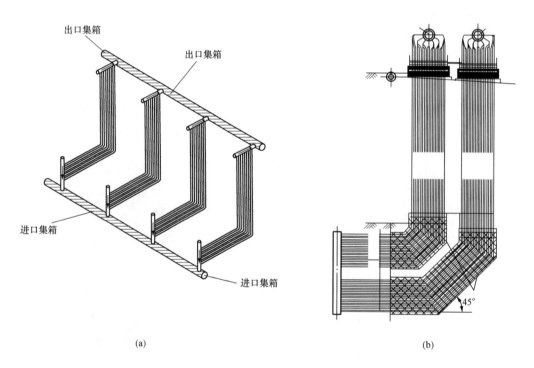

(a)   (b)

图 3-96　翼墙管屏过热器的结构布置示意图

(a) 直通形翼墙管屏；(b) U 形翼墙管屏

许多大型循环流化床锅炉也设置翼墙管屏再热器。翼墙管屏再热器的管子直径比过热器的管子直径大，且悬吊在炉膛内较高的位置。

2. Ω 管过热器

Ω 管过热器是 Pyroflow 公司的专利技术，主要目的是为了解决锅炉大型化后不设外置床带来的传热面积不足的问题及消除管屏的磨损。Ω 管屏由外壁为平面的管子以纵向连

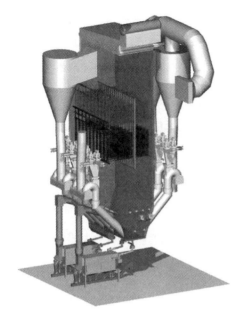

图 3-97 布置在炉内的 Ω 管过热器和
Ω 管再热器

续焊接而成，管屏的平表面消除了磨损，同时管屏又构成了布置在炉膛中的结构牢固的汽冷梁，既可用做过热器受热面，也可用做再热器受热面。图 3-97 为一台 160MW 燃用高灰高硫烟煤循环流化床中的 Ω 管过热器和 Ω 管再热器的布置示意图。图中所示，Ω 管过热器布置在 Ω 管再热器的下方。

目前，Ω 管屏在全世界已用于 40 台以上大型循环流化床锅炉，已有累计长达 30 万小时以上的运行业绩。

（三）外置床中的过热器

外置床中布置的过热器管束，一般采用管夹固定在外置床中，其结构仍为蛇形管束。由于热交换器内高温床料呈流化状态，其传热系数大约是相同温度烟气对流传热的 4 倍以上，因此传热强度很高。

图 3-98 所示为引进型 300MW 循环流化床锅炉外置床中过热器和再热器的布置示意图。

在外置床中，由于床料粒径很小，流化速度不高，因此管束磨损并不严重。运行中，通过调节进入外置床中的循环灰量，就可调节外置床的运行温度，从而调节过热蒸汽温度。在外置床中，也可布置再热器、省煤器甚至某些蒸发受热面。

（四）白马 600MW 超临界循环流化床锅炉过热器布置

白马 600MW 超临界循环流化床锅炉过热器

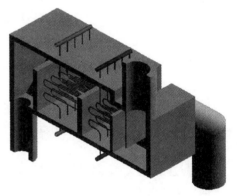

图 3-98 布置在外置床中的过热器和再热器

系统由分离器进口烟道膜式壁过热器、汽冷式分离器过热器、分离器进出口烟道过热器、尾部烟道包墙过热器、过热器吊挂管、低温过热器、中温过热器Ⅰ、中温过热器Ⅱ、高温过热器组成。在低温过热器与中温过热器Ⅰ之间、中温过热器Ⅰ与中温过热器Ⅱ之间、中温过热器Ⅱ与高温过热器之间管道上，分别布置有一、二、三级喷水减温器。高温过热器布置在炉膛中，中温过热器Ⅰ和中温过热器Ⅱ布置在 2 个外置换热器内，低温过热器布置在尾部烟道中，高温再热器布置在另外 2 台外置换热器中。

下面对白马 600MW 超临界循环流化床锅炉的几种过热器分别进行介绍。

1. 包墙管过热器

白马 600MW 超临界循环流化床锅炉的包墙管过热器布置在尾部烟道上部。

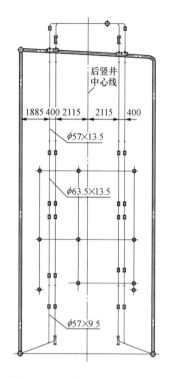

图 3-99 白马 600MW 超临界
循环流化床锅炉包墙管过
热器流程示意图

尾部对流烟道断面为 28 550mm（宽）×8800mm（深），烟道上部由膜式包墙过热器组成。包墙过热器后墙在顶棚拐点处往前弯，与前包墙汇合于前包墙上集箱。前包墙的烟窗为每两根管在炉深方向对齐组成一组的拉稀管结构。烟窗部位拉稀管外用耐高温钢板包裹，内包有绝热材料。

吊挂管过热器节距为 228.6mm，前后共两排吊挂管，共 228 根吊挂管，如图 3-99 所示。

蒸汽经旋风分离器出口混合集箱经连接管分别引入包墙上集箱，蒸汽沿包墙过热器下行，进入包墙过热器下集箱，下集箱为环形集箱，前后集箱（吊挂管入口集箱）与两侧集箱通过弯头连接。吊挂管过热器蒸汽从前后包墙下集箱引入，与烟气呈逆向流动，经吊挂管进入吊挂管出口集箱。

2. 低温过热器

低温过热器位于尾部对流烟道上部，低温过热器由沿锅炉宽度方向布置的两圈绕水平管圈组成，顺列、逆流布置。

低温过热器管组通过过热器吊挂管悬吊在大板梁上，蒸汽从吊挂管出口集箱两端由连接管引入低温过热器进口集箱两端后流经低温过热器管组，蒸汽与烟气呈逆向流动经过低温过热器管束后进入低温过热器出口集箱，再从出口集箱的两端引出。低温过热器进口集箱规格为 $\phi482.6 \times 65$，材料为 12Cr1MoVG；出口集箱规格为 $\phi508 \times 67$，材料为 12Cr1MoVG。低温过热器布置如图 3-100 所示。

低温过热器采取常规的防磨保护措施，每组低温过热器管组入口与四周墙壁间装设防止烟气偏流的阻流板，每组低温过热器管组前排管子迎风面采用防磨盖板。

3. 中温过热器

中温过热器Ⅰ、中温过热器Ⅱ分别布置在中温过热器Ⅰ外置床和中温过热器Ⅱ外置床中。锅炉两侧各布置中温过热器Ⅰ外置床、中温过热器Ⅱ外置床 1 个。中温过热器Ⅰ至中温过热器Ⅱ连接管上布置二级减温器。外置床壳体内敷设浇注料，浇注料厚度为：四面墙 380mm，顶棚 390mm，布风板 400mm。外置床壳体座安装在构架梁上。

白马 600MW 超临界循环流化床锅炉外置床受热面布置形式采用蛇形管平行于灰流动方向的布置方式，如图 3-101 所示。

4. 高温过热器（屏式过热器）

屏式过热器布置在炉膛上部左右两侧，单侧布置有 8 片屏过，共 16 片。屏式过热器为膜式壁结构。

蒸汽从 ITSⅡ分别引入同侧布置的屏式过热器进口集箱，单侧 8 片屏式过热器并联布置，蒸汽经屏式过热器入口分配集箱，流经屏式过热器、屏式过热器出口集箱，再通过连接管引入高温过热器出口集箱。屏式过热器结构简图如图 3-102 所示。

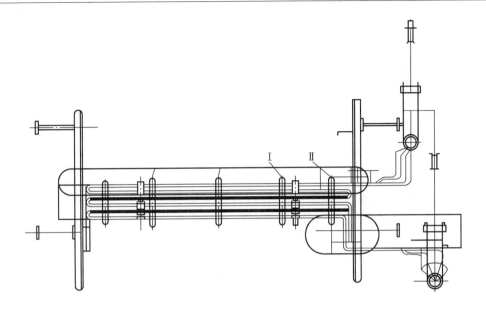

图 3-100　白马 600MW 超临界循环流化床锅炉低温过热器布置示意图

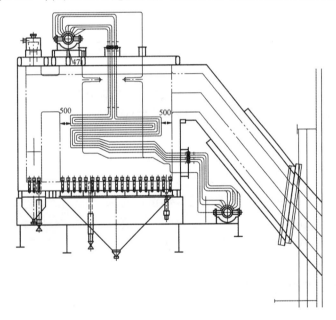

图 3-101　白马 600MW 超临界循环流化床锅炉中温过热器布置示意图

5. 蒸汽减温器

过热器系统蒸汽温度的控制主要由水煤比以及设计在过热器系统上的三级减温器实现，低温过热器出口至中温过热器Ⅰ（ITSⅠ）连接管布置一级减温器，中温过热器Ⅰ（ITSⅠ）至中温过热器Ⅱ（ITSⅡ）连接管布置二级减温器，中温过热器Ⅱ（ITSⅡ）至屏式过热连接管布置三级减温器。减温水取自省煤器出口。同一级减温设有左右两个喷水点，分别用单独的调节阀调节左右两侧管路上的喷水量，以消除左右侧汽温偏差。

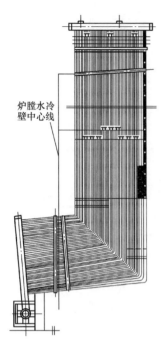

图 3-102　白马 600MW 超临界循环流化床锅炉高温过热器布置示意图

减温器内部设有喷管和混合套筒。混合套筒装在喷管的下游处，用以保护减温器筒身免受热冲击。

二、大型循环流化床锅炉再热器结构与布置特性

再热器管束结构与过热器类似，同样可以布置在炉内、尾部烟道和外置床中。

与过热蒸汽相比，再热蒸汽的压力较低，对再热器管壁的冷却能力较弱；由于受系统阻力不能过高的限制（否则对热力系统的热经济性影响很大），再热蒸汽的流速远低于过热蒸汽的流速，因此再热器管子直径要比过热器管子直径略大一些。

不带外置床的亚临界循环流化床锅炉一般在尾部烟道布置低温段再热器，在炉内采用翼墙管屏形式布置高温段再热器。为了调节再热汽温，低温段对流再热器与对流过热器分别平行地布置在尾部竖井的前后烟道中，在两者之间设置汽冷分隔墙，如图 3-103 所示。

采用烟气挡板调节进入再热器烟道的烟气量，对再热汽温进行粗调。在两级再热器之间还设置有喷水减温装置，对再热汽温进行细调。

引进型 300MW 循环流化床锅炉将低温再热器布置在尾部烟道中，高温再热器布置在外置床中。白马 600MW 超临界循环流化床锅炉的再热器也是按这一方案布置的。

蒸汽在汽轮机高压缸做功后，经由冷端再热器管道引回锅炉，进入再热器系统。再热器系统由低温再热器和高温再热器组成，低温再热器布置在尾部烟道，高温再热器布置在 2 个外置换热器内，在低温再热器与高温再热器之间设有微量喷水减温器，在低温再热器入口布置有事故喷水减温器。

白马 600MW 超临界循环流化床锅炉再热器系统布置如图 3-104 所示。

从汽轮机高压缸排出的再热蒸汽通过连接管进入布置在尾部烟道内的低温再热器入口集箱，经低温再热器加热后，由连接管引入布置在外置换热器中的高温再热器（HTR），经高温再热器加热后合格的再热蒸汽由高再出口集箱引回汽轮机。

再热蒸汽的调温主要通过调节流经外置换热器的灰量，在低温再热器出口管道上布置再热器微调喷水减温器作为事故状态下的调节手段。

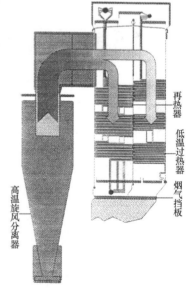

图 3-103　某 300MW 循环流化床锅炉对流受热面在尾部双烟道中的布置示意图

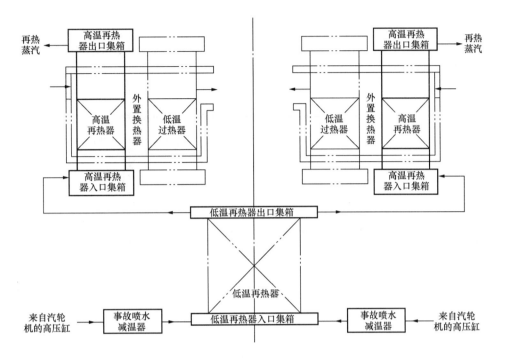

图 3-104　白马 600MW 超临界循环流化床锅炉再热器系统布置示意图

1. 低温再热器

低温再热器位于尾部对流烟道包墙过热器下部。低温再热器由沿锅炉宽度方向布置的四圈绕水平管圈组成，顺列、逆流布置，如图 3-105 所示。

低温再热器管组通过过热器吊挂管悬吊在大板梁上，蒸汽从汽轮机高压缸出口经连接管分别从低温再热器入口集箱两端引入。蒸汽与烟气呈逆向流动经过低温再热器管束后进入低温再热器出口集箱，再从出口集箱的两端引出。

低温再热器采取常规的防磨保护措施，每组管组入口与四周墙壁间装设防止烟气偏流的阻流板，每组管组前排管子迎风面采用防磨盖板。

2. 高温再热器

高温再热器布置在高温再热器外置床内。从低温再热器出口集箱两端引出的再热蒸汽分别引入布置在锅炉两侧的高温再热器，低温再热器至高温再热器连接管布置事故喷水减温器。外置床壳体内敷设浇注料，浇注料厚度为：四面墙 380mm，顶棚 390mm，布风板 400mm。外置床壳体布置在构架梁上。由构架梁支撑外置床重力。白马 600MW 超临界循环流化床锅炉高温再热器外置床受热面布置形式同中温过热器布置形式一样（ITSⅠ、ITSⅡ），采用蛇形管平行于灰流动方向的布置方式，如图 3-106 所示。

高温再热器（HTR）结构：受热面采用七圈绕，单侧外置床布置 40 片屏，两侧共 80 片管屏。管屏横向节距为 120mm，纵向节距为 115mm/127mm。

3. 再热蒸汽调温手段

再热汽温通过控制流经高温再热器外置床的灰量来调节。再热器事故喷水减温器布置

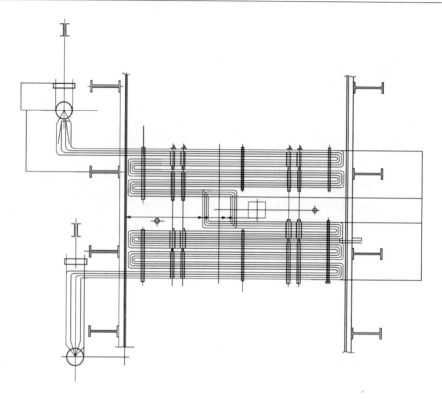

图 3-105　白马 600MW 超临界循环流化床锅炉低温再热器布置示意图

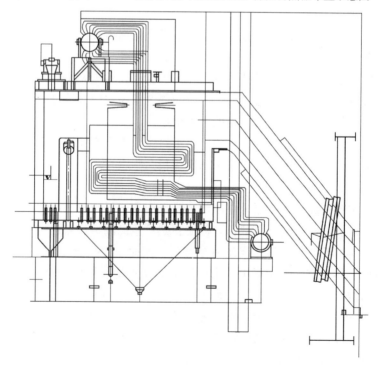

图 3-106　白马 600MW 超临界循环流化床锅炉高温再热器布置示意图

在低温再热器至高温再热器间连接管道上，左右两侧各一个。减温水来自给水泵中间抽头。再热器喷水仅用于紧急事故工况、扰动工况或其他非稳定工况。再热器事故喷水减温器规格为 $\phi711.2 \times 40$，材料为 12Cr1MoVG。

三、再热器安全保护及汽轮机旁路系统

1. 再热器安全保护问题

由于再热蒸汽压力低、比体积大、密度小，其传热系数比过热蒸汽小得多，因此在相同的蒸汽出口温度时，再热器管壁温度要比过热器管壁温度高出很多。此外，由于再热器系统阻力不能过高，再热蒸汽的交叉流动布置也受到限制，在同等条件下的热偏差高于过热器，因此再热器的工作条件比过热器更恶劣，必须重视对再热器的安全保护。

此外，再热器还存在一个锅炉启动过程和汽轮机甩负荷后的冷却保护问题。在汽轮机甩负荷时，再热器与过热器不同，过热器可以引入饱和蒸汽冷却，然后将蒸汽排向大气或凝汽器；而在再热器中，则由于汽轮机甩负荷而中断蒸汽来源，使再热器有烧坏的危险。为此，在过热器与再热器之间，装有快速动作的减温减压器，在启停和汽轮机甩负荷时，将高压过热蒸汽减温减压后送入再热器中进行冷却，再热器出口蒸汽则经减温减压后排入凝汽器或排入大气。国产带有中间再热的大型循环流化床锅炉往往还采用以下措施保护再热器安全：

（1）在翼墙管屏再热器和对流再热器入口安装烟温测点，通过燃烧速率的调整，控制启动过程中烟温不超过设定值，确保再热器可以在短时间内安全地"干烧"。

（2）在再热器进出口管路上设置安全阀，且出口安全阀的整定压力低于进口安全阀，确保事故状态时，整个再热器仍可得到充分的冷却，从而有效保护再热器。

（3）再热器管束、管屏选用高级合金钢材制造，有较大的裕度。

（4）在再热器管束、管屏出口设置对空排汽。

（5）在再热器管束、管屏入口设置事故喷水。

对于布置在外置床中的再热器，采用如下几种保护措施：

（1）在锅炉点火、汽轮机尚未冲转前，或当厂用电停电、紧急停炉、汽轮机甩负荷时，由来自过热器出口的部分蒸汽流经减温减压器（高压旁路系统）后，进入布置在外置床中的再热器进行冷却，以保护再热器。

（2）在锅炉点火、汽轮机尚未冲转前，外置床的流化风机处于停运状态。

（3）在锅炉点火、汽轮机尚未冲转前，向外置床加入沙子或循环灰。

（4）通过停运外置床流化风机、及时从外置床中排出热灰等措施，防止外置床中的再热器干烧。

（5）当厂用电停电、紧急停炉、汽轮机甩负荷时，锅炉连锁保护动作，外置床的流化风机自动停运，并通过专门的放灰管排出外置床中的高温灰。

（6）采用启动旁路系统。设置旁路系统的主要目的是为了改善机组启动工况，以及在发电机组全部甩负荷时，快速减少锅炉负荷，保护再热器系统，达到停机不停炉或带基本负荷的目的，这有助于电网的稳定性和减少损失。

2. 启动旁路系统

汽轮机从其安全出发，在冲转启动时，对来自锅炉的冲转蒸汽的温度、压力和流量有一定的要求，从冲转启动到并网带负荷，也要求蒸汽参数能随汽轮机的需要而变化。锅炉设计首先是按最大连续出力和额定蒸汽参数设计布置受热面，由于锅炉在汽轮机冲转启动和并网带负荷过程中，往往不能按汽轮机所需的蒸汽温度、压力和流量来工作，即不能在任意一组 T、P、D 参数组合下工作，特别是再热机组。也就是说，在启动、停机过程中，锅炉和汽轮机的运行是不协调的。在满足了蒸汽温度和压力时，锅炉的产汽量往往比汽轮机冲转进汽量大得多。

设置汽轮机的旁路系统就是为了使锅炉和汽轮机能以非协调方式运行。旁路的功能是排放汽轮机所不能接纳的蒸汽。在机组启动期间，将作为启动排汽阀；在降负荷时，将起减压阀作用，并可维持停机不停炉状态。有旁路系统的机组特别适应调峰机组快速启动或停炉的要求，同时能大量节省暖机和稳燃的费用与时间。

因此，简单地讲，设置启动旁路系统主要有以下几个优点：

（1）汽轮机甩负荷或紧急停炉时冷却再热器。在汽轮机甩负荷过程中，由于汽轮机的切除而不再向锅炉提供再热蒸汽，由于耐火材料和床料的蓄热，整台锅炉的温度难以在短时间内降下来，需要部分蒸汽去冷却保护再热器，此时应投入旁路系统。

有时汽轮机或发电机局部故障需停机检修，希望停机不停炉或带厂用电的目的，一般需要借助旁路系统稳定锅炉的最低负荷以使损失降到最小。此时旁路系统也起到了防止再热器干烧功能。

（2）锅炉起停过程中保护再热器。与煤粉炉不同的是，带外置床的循环流化床锅炉在启动过程中再热器系统不易超温，原因如下：

由于外置换热器入口布置有锥形阀，可调节由分离器分离下来的热循环灰量，并且外置换热器内有流化风作为冷却介质，通过调整锥形阀的开度来控制外置换热器内的温度场，可保证外置换热器内的再热器工作安全可靠。

位于尾部烟道内的低温段再热器由于处于末级过热器之下，温度要相对低些，可控制在管子允许的温度范围内，因此在启动过程中再热器也可以不投旁路保护。

（3）改善机组的启动性能。在机组启动时，降低锅炉的热损耗，并能控制锅炉汽温，使与汽轮机汽缸金属温度较快地相匹配，从而缩短启动时间和减少汽轮机的寿命损耗。

（4）减少锅炉的起停次数，提高经济性。当汽轮机或发电机出现故障而需要短期停机检修时，用旁路系统带锅炉最低稳燃负荷，故障排除后立即投运，可减少锅炉的起停次数，经济性好。

（5）机组甩负荷时，减少安全阀的起跳次数。

白马 600MW 循环流化床锅炉设置了 60％容量的高压旁路系统和低压旁路系统，启动分离器储水罐能满足 35％THA 工况的运行要求。

3. 超临界循环流化床锅炉启动旁路系统

超临界循环流化床锅炉启动旁路系统如图 3-107 所示。汽轮机旁路系统根据启动特性设置高、低压汽轮机串联旁路系统，在汽轮机旁路系统投入使用时，过热蒸汽首先经过高压旁路，其压力和温度降到汽轮机高压缸排气参数后进入再热器，再热后的蒸汽再进入低压旁路，进一步降低其参数，最后引入凝汽器。

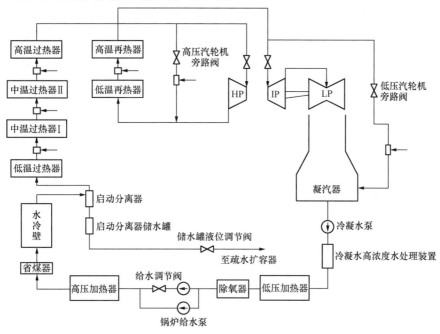

图 3-107　超临界循环流化床锅炉启动旁路系统示意图

高、低压汽轮机串联旁路系统具有以下优点：在各种工况下，再热器受热面管均能得到蒸汽保护；在机组启动时，既可加热主蒸汽管道，也可加热再热蒸汽管道；热态启动时，可调节再热蒸汽温度，以满足汽轮机中压缸的温度工况；对于机组各种运行工况均可满足要求。

启动系统中主要阀门功能如下：

（1）启动分离器储水罐水位调节阀：启动分离器储水罐水位调节（直到湿态完全转变到干态）。

（2）高压汽轮机旁路阀：主蒸汽压力调节（直到约 20％负荷）。

（3）低压汽轮机旁路阀：再热蒸汽压力调节（直到约 20％负荷）。

通过高、低压汽轮机旁路的使用，再热器有蒸汽冷却，以及从锅炉点火到汽轮机冲转时间的缩短，因此启动时，汽轮机冲转前的入炉燃料量限制可放宽。

由于锅炉运行方式为带基本负荷并参与调峰，因此对于调峰机组，要求经常热态启动，有时还要求停机不停炉、带厂用电等运行工况，这都要求机组需有较大容量的旁路系统。

在确定旁路容量时，主要考虑的因素是机组的启动工况和甩负荷工况，容量选择原则为：高压旁路的容量能保证锅炉压力无明显变化情况下，全部新蒸汽可以顺利通过；低压旁路的容量能保证凝汽器系统不受明显扰动情况下，通过部分或全部再热蒸汽。

为了满足机组调峰、热态启动，并缩短启动时间，减少汽轮机寿命损耗，所需的汽轮机旁路系统容量必须高于 30%BMCR。

机组容量与旁路的作用之间的关系如表 3-4 所示。

表 3-4　　　　　　　　　　　机组容量与旁路的作用之间的关系

序号	作　　用		容量（%额定压力下的额定流量）				
			20　　　40　　　60　　　80　　　100				
1	改善启动特性和时间	再热器冷却	▨				
		汽轮机金属匹配	▨				
2	汽轮机负荷和锅炉负荷之间差异的匹配	甩负荷（电站运行负荷）	▨				

从表 3-4 中可以看出：在满足机组调峰、热态启动、缩短启动时间、减少汽轮机寿命损耗等方面，采用 60%BMCR 汽轮机旁路系统容量是合理的，能有效改善启动特性和时间，满足再热器冷却和满足汽轮机金属匹配的要求。

旁路系统中，启动分离器储水罐水位调节系统的作用是，调节到凝汽器的水量，以确保炉膛最低给水流量。而且，这个系统也用做冷态清洗运行时的疏水，把不合格水排到疏水箱或凝汽器。因此，启动分离器储水罐排水管道能力为 35%THA。

四、过热汽温和再热汽温的调节特性

为了调节过热汽温和再热汽温，锅炉过热蒸汽系统和再热蒸汽系统，通常采用辐射式过热器和对流过热器/再热器相结合的汽温调节方案。

图 3-108 所示为两种类型过热器的蒸汽温度与额定蒸汽流量百分比的关系曲线。值得注意的是，辐射式过热器中随着锅炉负荷的降低温度反而上升。在最大和最小蒸汽流量之间，这一温度变化很小（一般不超过 93℃）。

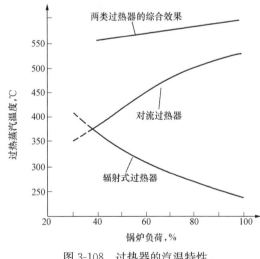

图 3-108　过热器的汽温特性

在辐射式过热器中，蒸汽温升与蒸汽流量有关。如果炉膛内的温度基本保持不变，则辐射式过热器的吸热量就基本不变，那么随着蒸汽流速（量）的下降，蒸汽温度将上升。

对流过热器的传热取决于流经该过热器的烟气速度和烟气温度。当锅炉负荷下降时，烟气速度和烟气温度同时降低，对流过热器的吸热量大幅降低，即使此时蒸汽流量下降，蒸汽温度仍将下降。

锅炉中同时布置对流过热器与辐射式过热器的目的是，要在两者之间找到一个升温和降温的平衡点，以使锅炉在较宽的负荷范围内能够维持额定的蒸汽温度。

从图 3-109 还可以看出，在 40％至 100％的负荷范围内，同时布置对流过热器和辐射式过热器后，汽温随负荷的变化曲线比较平坦。

除了采用辐射式过热器和对流过热器相结合的布置方案以得到较为平均的过热汽温特性外，运行中还需要采取必要的减温手段对过热汽温进行调节，同时保护过热器安全。

常见的调温方式有烟气侧调温、蒸汽侧调温和外置床调温。

1. 烟气侧调温

烟气侧调温主要采用烟气挡板调节流经过热器/再热器的烟气量；采用烟气再循环调节进入尾部烟道的烟温、烟气量；通过调整燃烧工况改变烟气量和烟温等措施来调节过热蒸汽/再热蒸汽的出口汽温。

烟气侧调温比较滞后，主要用于过热/再热汽温的粗调。

2. 蒸汽侧调温

蒸汽侧调温主要采用表面式减温器和喷水减温器两种方式调节（降低）过热器/再热器出口蒸汽温度。对中、低压电站锅炉，由于给水品质不太高，通常采用表面式减温器；过热蒸汽和给水通过换热表面进行热交换，从而达到调节过热蒸汽温度的目的。高压、超高压以上等级的电站锅炉一般采用喷水减温器。将高品质凝结水雾化后喷入过热蒸汽中，凝结水汽化吸热，而使过热蒸汽温度降低。图 3-109 为某国外锅炉制造商开发的新型喷水减温器结构示意图。由于采用了耐磨防热震内衬，因此喷水减温器的使用寿命得以延长。

图 3-110 所示为白马 600MW 超临界循环流化床锅炉再热蒸汽系统所用的事故喷水减温器。

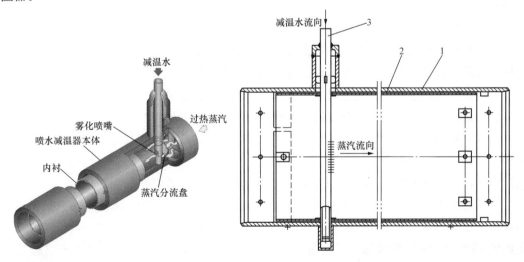

图 3-109　喷水减温器结构示意图　　图 3-110　再热器事故喷水减温器示意图

1—筒体；2—混合管；3—喷管

事故喷水减温器布置在低温再热器至高温再热器间连接管道上，分左右两侧喷入。减温器喷嘴采用多孔式雾化喷嘴，再热器喷水仅用于紧急事故工况、扰动工况或其他非稳定工况。

减温器在过热蒸汽系统或再热蒸汽系统中的布置位置对蒸汽调节和过热器/再热器保护也相当重要。减温器布置在过热器/再热器之前（蒸汽先流过减温器，再流入过热器/再热器），对过热器/再热器管壁的安全保护比较及时、可靠，但对过热蒸汽和再热蒸汽温度的调节有滞后；减温器布置在过热器/再热器之后，对过热蒸汽和再热蒸汽温度的调节非常准确、及时，但对过热器/再热器管壁的安全保护则比较差。因此，在大型电站锅炉的过热蒸汽系统和再热蒸汽系统中，通常设置多级减温器。

白马 600MW 超临界循环流化床锅炉过热器系统采用三级喷水减温调节，分别布置在低温过热器出口、第一级中温过热器出口和第二级中温过热器出口。

3. 外置床调温

外置床调温主要用于带有外置床的大型循环流化床锅炉，通过调节流经外置床的热灰流量，就可准确地调节布置在外置床中的过热器和再热器的出口汽温。

白马 600MW 超临界循环流化床锅炉再热器系统采用外置床进灰量调节。在紧急状态下，可以开启布置在低温再热器出口的事故喷水。

五、过热器与再热器的热偏差

过热器和再热器长期安全工作的首要条件是其金属壁温不超过材料的最高允许温度。然而，要满足这一条件是有一定难度的。这是因为过热器和再热器往往工作在烟气温度较高、工质换热能力较差的场合，因此管壁温度已接近钢材的最高允许温度。运行时，一旦出现热偏差，就可能导致个别管子因壁温过高或超过允许温度而爆管损坏。

所谓热偏差，是指过热器和再热器管组中因各根管子的结构尺寸、流动阻力和外部热负荷不同而引起的每根管子中的蒸汽吸热量不同的现象。蒸汽流量小、外界热负荷大的管子，自然壁温就高。

引起热偏差的主要原因有吸热不均和流量不均。

造成吸热不均的主要原因是：从旋风分离器出来的烟气往往还带有少量的旋转动能，沿尾部竖井烟道宽度方向上分布不均；进入尾部竖井烟道的烟气的速度场和温度场客观上呈现中间温度高、速度大，两侧温度低、速度小的现象；此外，炉膛烟气沿炉膛宽度分布不均、尾部烟道受热面积灰和存在烟气走廊等因素，都会导致吸热不均。

造成流量不均的主要原因是：对流受热面多管圈结构造成管子长度不同，使得同一管屏中每根管子的流动阻力不同；不适宜的集箱连接方式，也是造成流量不均的一个重要原因。比如，"U" 形集箱连接方式就要比 "Z" 形集箱连接方式要好。

为了防止热偏差，锅炉设计上可以采用受热面分级、分段布置，蒸汽左右交叉，管束加装横向定距装置、加装节流圈调节管子流量等措施。在锅炉运行上，要尽量保持炉膛两侧燃烧工况、温度分布和烟气流量分布均匀；及时吹灰，避免因积灰和结渣引起受热不均。

第六节 600MW 超临界循环流化床锅炉 省煤器结构与系统布置

省煤器是利用锅炉尾部的烟气热量来加热给水的一种热交换装置。省煤器的应用，最初就是为了降低排烟温度，提高锅炉效率，节约燃料消耗量，因此称为省煤器。

为了降低排烟温度，提高锅炉效率，只依靠增大蒸发受热面非但不经济，而且受到很大的限制。因为蒸发受热面中的工质温度等于工质在工作压力下的饱和温度，烟气温度绝不能冷却到低于或达到这一温度，必须保持一定的温差，才能有效地传递热量。正因为这样，在老式的锅炉中，不论怎样发展对流锅炉管束或增加汽包的数目，排烟温度仍然很高，一般是在 300～400℃，而让这些高温烟气排走，显然是不经济的。

省煤器中的工质是给水，给水的温度要比饱和温度低得多，省煤器中的平均水温一般也要比炉水温度低几十度，因此传热温差大，特别在省煤器为逆流布置时更为显著。其次，由于工质在省煤器中为强制流动，省煤器可以布置得很紧凑。由于温差和传热系数的提高，使得在对流蒸发受热面的一般烟温范围内，降低相同的烟气温度时，所需的省煤器受热面差不多仅为蒸发受热面的一半。此外，省煤器的单位受热面价格也比蒸发受热面要低。

在现代锅炉中，省煤器也成为不可缺少的一部分。在低压锅炉中，设置省煤器的主要目的是为了降低排烟温度，提高锅炉效率。在中压，特别是高压和超高压锅炉中，由于给水温度高，并采用了空气预热器，因此省煤器的应用主要是为了减少蒸发受热面，以廉价的省煤器受热面来代替昂贵的蒸发受热面。此外，对汽包式锅炉而言，尤其是工业锅炉，给水经省煤器提高温度后再进入汽包，也减轻了汽包所承受的热应力。

空气预热器是利用锅炉尾部的烟气热量来加热燃烧用的空气的一种热交换器。

在近代火力发电站中，一般都采用汽轮机抽气来预热给水，以提高整个热循环的经济性。随着工质参数的提高，采用多级给水加热器后，给水预热温度不断提高，这将对电站总经济性的提高更为有利。当锅炉的工作压力由 4MPa 提高到 14MPa 时，给水温度相应从 150℃ 提高到 240℃ 左右。这样，由于省煤器进口水温升高，就无法利用省煤器将烟气温度冷却到合理的温度。但锅炉送风机送出的冷空气温度较低，因此可以用空气预热器来达到吸收排烟中热量、进一步降低排烟温度的目的。

空气预热器不仅能吸收排烟中的热量，降低排烟温度，从而提高锅炉效率，而且还由于空气的预热改善了燃料的着火条件和燃烧过程，从而减少燃料的不完全燃烧损失，进一步提高了锅炉效率，这对于燃用难着火燃料尤其重要。例如在煤粉锅炉中燃用无烟煤时，要求热空气温度高达 380～420℃。在液态排渣锅炉中，也要求较高的热空气温度。但在循环流化床锅炉中，由于煤在炉内的着火及燃烧条件较好，对热空气温度没有要求。循环流化床锅炉的空气预热器，主要是为了降低排烟温度，提高锅炉效率。此外，空气的预热，还可以强化炉膛中的辐射换热，因此，在现代锅炉中，空气预热器已成为锅炉的主要部件之一。

由上可知，省煤器和空气预热器的应用，主要为了降低排烟温度，提高锅炉效率，节约燃料消耗量；也为了减少价格较贵的蒸发受热面及改善燃烧与传热效果。

省煤器和空气预热器工作于较低的烟温区域，工作条件虽然已不像过热器、再热器那样恶劣，然而如果不重视它们的设计及运行要求，也会影响锅炉的安全经济运行。

一、大型循环流化床锅炉省煤器结构与布置

按水在省煤器内被加热的程度，可以将省煤器分为非沸腾式省煤器和沸腾式省煤器；按制造时所用的材料可以将其分为铸铁式省煤器和钢管式省煤器。

铸铁式省煤器主要应用于低压锅炉。大型循环流化床电站锅炉中，均采用钢管式省煤器。

大型循环流化床锅炉省煤器一般布置在尾部烟道中，也可以部分布置在外置床内和冷渣器中。

国产大型高压或超高压循环流化床锅炉对流式钢管省煤器，一般采用尺寸为 $\phi 32 \times 4 \sim \phi 42 \times 5$ 的钢管制造，管材为 20G，有光管和肋片管两种结构形式，通常采用螺旋肋片管。

当采用螺旋肋片管式省煤器时，在吹灰器有效范围内，省煤器可不设防磨护板。

锅炉启动时，为保护省煤器，省煤器出口集箱与除氧器水箱之间设有再循环管，以便在锅炉起停过程中使省煤器能够得到有效的冷却，防止省煤器中的水静滞汽化而损坏省煤器。

省煤器上还设置有充氮及排放空气的连接管座和阀门；省煤器入口集箱上设有放水门。省煤器入口集箱上装有带截止阀和止回门的锅炉充水和酸洗冲水及排水的连接管座。

省煤器入口集箱设置有牢靠的固定点，能承受主给水管道一定的热膨胀推力和力矩。

为便于检修、清扫，锅炉尾部烟道内布置的省煤器等受热面管组之间，还要设置有足够高度的检修空间，供检修人员进入。

对流式省煤器通常挂在省煤器出口悬吊管上，对流过热器、对流再热器管束也挂在省煤器出口悬吊管上。

作为一种对流受热面，钢管式省煤器的管束形状、排列方式等参数，与过热器、再热器相差不大，这里不再叙述。

图 3-111 是省煤器结构及布置示意图。

值得指出的是，循环流化床锅炉设计和运行时，要特别注意省煤器的防磨问题，原因如下。

1. 循环流化床锅炉飞灰量较大

循环流化床锅炉由于通常燃用高灰分劣质煤，并加石灰石脱硫，因此飞灰量较大；采用石灰石脱硫后的烟气飞灰浓度，一般高

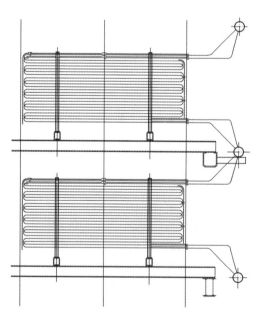

图 3-111　省煤器结构及布置示意图

于同容量的煤粉锅炉。

2. 循环流化床锅炉飞灰粒径较粗

由于入炉煤粒径的影响，循环流化床锅炉飞灰平均粒径高于煤粉锅炉的飞灰平均粒径。在同等烟气参数条件下，粗粒径的飞灰随烟气绕流管束时，更容易从烟气流中脱离出来，直接冲向管壁，因此粗颗粒飞灰的冲刷磨损要大得多。尤其是 500℃ 左右的烟温区域，飞灰颗粒硬化，飞灰表面棱角较多，对管壁的冲刷尤其严重。

国内外循环流化床锅炉制造商都比较重视循环流化床锅炉省煤器的防磨问题，设计上通常采用采用如图 3-112 和图 3-113 所示的防磨结构，并采用如下防磨措施：

（1）采用较低的烟气流速（平均烟速小于 8m/s），顺列布置；

（2）在弯头进口区域一周布置均流板，避免烟气走廊的形成；

（3）采用具有自身防磨特性的螺旋肋片省煤器；

（4）适当增加管子的壁厚。

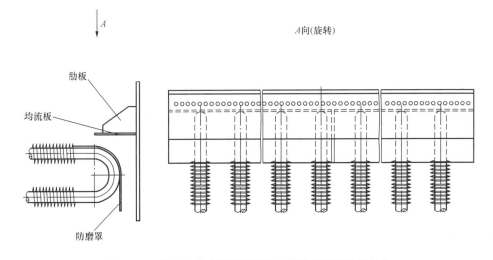

图 3-112　循环流化床锅炉螺旋肋片管省煤器的防磨结构

图 3-113　某 300MW 循环流化床锅炉设置耐热钢格栅消除省煤器烟气走廊的方法

二、白马 600MW 超临界循环流化床锅炉省煤器结构与布置特性

白马 600MW 超临界循环流化床锅炉省煤器位于后竖井烟道内低温过热器的下方。省煤器采用 H 形鳍片式省煤器。省煤器布置示意图如图 3-114 所示。

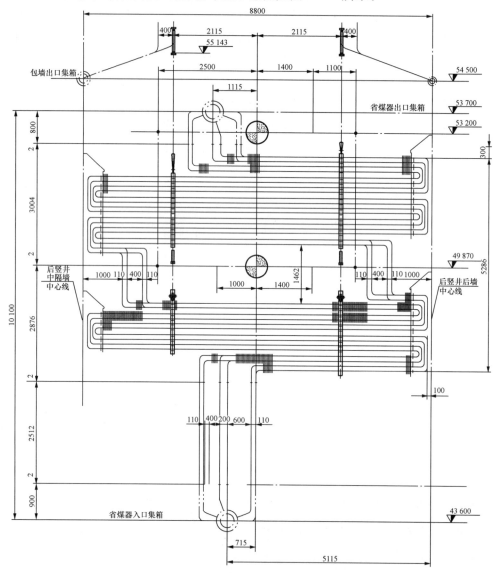

图 3-114　白马 600MW 超临界循环流化床锅炉省煤器结构布置示意图

省煤器系统的质量通过前后包墙过热器下集箱引出的吊挂管悬吊，悬吊管吊杆通过吊挂管将荷载直接传递到锅炉顶部的钢架上。省煤器进口集箱位于后竖井环形集箱下护板区域，穿护板处集箱上设置有防旋装置，进口集箱由支撑梁支撑。

给水从炉右侧分为 2 根管子从底部进入省煤器进口集箱，流经省煤器蛇形管后，进入省煤器出口集箱，由省煤器出口集箱右端引出，经下水连接管进入水冷壁。

省煤器分上下两组，均采用鳍片管，沿烟道宽度方向顺列逆流布置。管子规格为 $\phi 51 \times 7$mm，3 圈绕，横向节距为 114.3mm，共 264 排。

为了防止烟气偏流和管排磨损，在省煤器管束与四周墙壁间设有阻流板，在每个管组上两排迎流面及边排和弯头区域均设置有防磨盖板，起到了防止烟气偏流、防止含灰烟气和吹灰蒸汽磨损的作用。

第七节　600MW超临界循环流化床锅炉空气预热器结构与布置

一、大型循环流化床锅炉空气预热器结构与布置形式

空气预热器按传热方式可分为导热式、再生式和热管式三大类。

常用的管式空气预热器属于导热式，热量连续地通过壁面从烟气传给空气；管式空气预热器通常制作成管箱结构。

在再生式空气预热器中，烟气和空气则是相互交替地流过受热面，当烟气与受热面壁面接触时，热量从烟气传给受热面，并积蓄起来，然后当空气流过受热壁面时，再把热量传给空气。

热管式空气预热器则主要是通过热管内的液体的蒸发—凝结循环，将热量从热管的热段（烟气侧）传给冷端（空气侧）。

（一）管式空气预热器

管式空气预热器是导热式空气预热器中最常见的一种，它由许多平行的有缝薄壁钢管制成。管子错列布置，两端与管板焊结，形成立方形管箱。管箱外装有密封墙和空气连通罩。

为了加强传热，常在管子内部（或外部）表面上采用增加传热面积的方式来加强传热。具体形式有管子外表面加焊肋片或管内加工螺旋槽形表面。

由于循环流化床锅炉一、二次风压相差较大，管式空气预热器中设置有独立的一次风道和独立的二次风道，相互之间不连通。

管式空气预热器在布置上有立式布置和卧式布置两种方式。

立式布置时，烟气自上而下地通过管内，空气横向流过管外，如图3-115所示。为了使空气能作多次交叉流动，立式空气预热器中还装有中间管板，中间管板用夹环固定在个别管子上。

美国FW公司制造并于2003年在其美国佛罗里达州杰克逊威尔市JEA电力公司Northside电站投入商业运行的2台300MW循环流化床锅炉就采用了立式布置的管式空气预热器。

卧式布置时，烟气自上而下地流过管外，空气从管内流过，如图3-116所示。在大型循环流化床锅炉管式空气预热器中，一、二次风道可以采用左右平行布置[见图3-116(a)]和重叠布置[见图3-116(b)]。采用左右平行布置时，若二次风机低负荷停用，则可关闭设置在二次风空气预热器低温段的烟道挡板，避免二次风一侧的空气预热器管子"干烧"。

目前，国产自主型50～300MW等级的大型循环流化床锅炉普遍采用卧式布置的管式空气预热器。与立式布置相比，卧式布置的空气预热器管壁温度较高（可高出10～30℃），抗腐蚀性能较好，更换管子也较为方便。

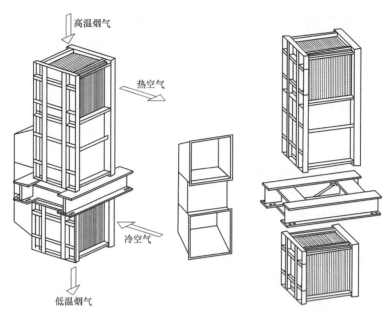

图 3-115　立式布置的管式空气预热器

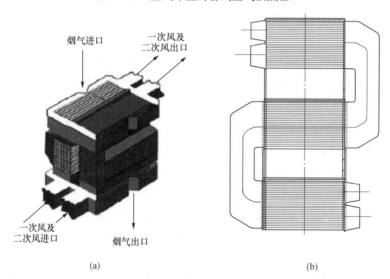

(a)　　　　　　　　　　　　　　　　　(b)

图 3-116　卧式布置管式空气预热器结构示意图

（a）一、二次风道采用左右平行布置；（b）一、二次风道采用重叠布置

　　东锅自主型 300MW 循环流化床锅炉的空气预热器采用卧式顺列四回程布置，空气在管内流动，烟气在管外流动，位于尾部竖井下方双烟道内，且一、二次风分开布置。

　　每个回程的管箱上部两排采用规格为 $\phi57\times3mm$ 的加厚管，其余管子的规格为 $\phi57\times2mm$，沿烟气流向前三回程管箱采用材质为 Q215-A 的管子，最后一个回程的管箱低温段部分采用材质为 09CuPCrNi-A 的耐腐蚀考登钢钢管。

　　各级管箱空气侧之间通过连通箱连接。一、二次风由各自独立的风机产生并分别通过各自的通道，被管外流过的烟气所加热。一、二次风道沿炉宽方向双进双出。

　　与回转式空气预热器相比，管式空气预热器具有结构简单、制造安装方便和运行漏风量低的优点，但存在体积大、钢材耗量多、阻力大的缺点。

管式空气预热器具有漏风少、适合预热高压头空气的优点，被国外某锅炉厂应用于一台 280MW 循环流化床锅炉的高压流化风预热，如图 3-117 所示。

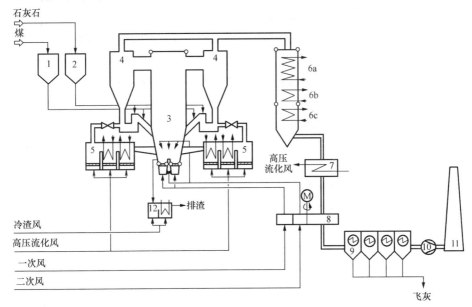

图 3-117 高压流化空气预热器布置示意图

1—煤仓；2—石灰石仓；3—炉膛；4—旋风分离器；5—外置床；6a—高温过热器；

6b—低温再热器；6c—省煤器；7—高压流化空气预热器；8—回转式空气预热器；

9—电除尘器；10—引风机；11—烟囱；12—流化床冷渣器

（二）热管空气预热器

1. 热管基本工作原理

热管是一种利用封闭在管内的工作物质反复进行物理相变或化学反应来传送热量的一种换热装置。单个热管，称为热管元件或简称为热管；将由许多热管元件组成的换热器，称为热管换热器，比如热管空气预热器。

尽管热管的种类很多，但根据热管的工作原理，按工作液的变化，可分为两大类，即物理热管和化学热管。由于安装在锅炉上的热管空气预热器常采用重力式钢水热管（物理热管的一种）组成，因此这里只介绍重力热管。

重力式钢水热管的外壳是能承压的细长圆钢管，管内的真空度高达 -10^{-14} Pa。管内充入一定量的工作液（含有某些化学成分的水），工作液处于汽液两相共存状态，如图 3-118 所示。

重力式钢水热管是利用工作液的物理相变（沸腾、凝结）传送热量。在热管下部的工作液受外部热流体的加热

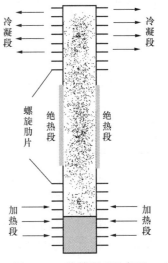

图 3-118 热管原理示意图

后，吸收热量沸腾变为汽相，由于汽相的比重轻，汽相上升，遇到较冷的管壁便凝结为液体，同时放出热量。凝结的液体沿管内壁又流回下部，然后再沸腾变为汽相反复地进行上述过程，不断地将底部热量传送到上部。

工作液在热管内经历的汽化—蒸汽凝结过程，传热系数极高，平均可达 $6000\sim7000\text{W/}(\text{m}^2\cdot\text{℃})$，因此重力式热管的有效导热系数可以是同尺寸铜棒的数百倍乃至上千倍。

工作液在热管内从液体变为蒸汽的区域，称为沸腾段（或称为蒸发段）；热流体在外部加热的区域，称为加热段。沸腾段虽然应该与加热段相对应，但也可有不同长度。工作液在热管内从蒸汽变为液体的区域，称为凝结段；冷流体在外面冷却的区域，称为冷却段。凝结段和冷却段的关系也如沸腾段与加热段的关系一样。

除必须有加热段与冷却段外，热管还一定要有一个介于加热段与冷却段之间的绝热段。绝热段是既不受外界加热也不受外界冷却的区域，或者说既不发生沸腾也不发生凝结的区域。它可长可短，这也是热管的一个特点。

为了使热管工作可靠并具有优越的换热性能，热管还要满足下列要求：

（1）热管内腔要经过清洗与除气，工作液应是纯度高的液体或液体的混合物。

（2）内腔材料和工作液要经过选择，使工作液与内腔材料之间具有相容性或者有弥补不相容性的某些措施。相容性是指工作液与内腔材料之间不发生腐蚀等化学作用，尤其不产生不凝结气体。这里所说的不凝结气体，是指在热管工作温度范围内，不能凝结为液体的气体，如钢水热管中产生的氢气。

（3）热管制成后，内部的压力应处在负压或真空状态（对沸点高于常温的工作液，如水），真空压力与常温（室温）下工作液的饱和压力有关，例如，纯水在10℃条件下，其真空压力为 0.0125kg/cm^2。

（4）热管内、外表面，应设有强化传热与改善流动的措施（如沟、槽、肋片等），在设计制造时应结合具体条件一并考虑。

（5）热管必须密闭并能承受一定的压力。

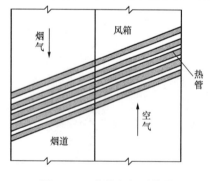

图 3-119　热管空气预热器
结构布置示意图

2. 热管空气预热器

图 3-119 是应用于电站锅炉的热管空气预热器，它由若干支倾斜布置的热管、钢板外壳以及烟风道之间的隔板组成。热管加热段放置在烟道内，热管冷却段放置在烟道外。烟气流过热管加热段，将热量传给热管内的工作液，烟气温度得以降低；空气流过热管的冷却段，吸收热管工作液的热量，空气温度得以升高。

与常规的管空气预热器相比，热管空气预热器由于具有相对较高的传热系数、较好的抗低温腐蚀性能、不漏风以及较小的体积尺寸等优点，因此早已在电站锅炉上得到应用。尤其是在实际使用中，当某一根热管的加热段在烟道中由于飞灰磨损或低温腐蚀而损坏后，由于热管管壁仍与空气隔开，所以不会引起漏风，只需停炉检修时，将该根热管更换即可。

由于上述优点，热管空气预热器在国外早已用于大型循环流化床锅炉，用以解决采用普通回转式空气预热器引起的漏风量过大的问题，具体应用有以下多种方式：

（1）一次风空气预热器采用热管空气预热器，二次风采用回转式空气预热器。

（2）一、二次风空气预热器都采用热管空气预热器。

在美国 ABB-CE 公司制造的循环流化床锅炉上，较多地采用了热管空气预热器，其最大锅炉容量已超过 150MW。表 3-5 是截止到 2000 年，美国大型循环流化床锅炉上采用热管空气预热器的部分统计资料。经过近十年的发展，热管空气预热器在循环流化床锅炉上的应用业绩肯定更多、更成熟。

表 3-5　热管空气预热器在美国大型循环流化床锅炉上的应用统计（不完全统计）

电 站 名 称	锅炉容量（电功率）（MW）	蒸发量（t/h）	台数
美国德克萨斯-新墨西哥州 TexMex 电站	146/185	500	2
美国俄克拉何马州 AES Shady Point 电站	80	370	4
美国宾夕法尼亚州 St. Nicholas 电站	85	390	1
美国康涅狄克州 AES Thames 电站	95	306	2

四川宜宾发电有限责任公司的国产 410t/h 循环流化床锅炉（11 号炉）的低温段空气预热器，就采用了热管空气预热器。

3. 回转式空气预热器

按传热方式分类，回转式空气预热器属于再生式，烟气和空气交替地进行放热和吸热；按布置形式有垂直轴和水平轴两种，垂直轴布置的又有受热面旋转和风罩旋转两种。世界上最大容量的单台回转式空气预热器已可满足 500MW 锅炉机组预热空气的要求。

图 3-120 所示为受热面旋转的回转式空气预热器。

回转式空气预热器是由可转动的圆筒形转子和固定的圆筒形外壳所组成。分隔为许多仓格的转子内装满了传热元件（波形板）。按不同的分仓结构，回转式空气预热器有二分仓、三分仓、四分仓及同心式空气预热器（也称中心环套空气预热器）4 种外形结构形式，如图 3-121 所示。

在二分仓空气预热器中，空气和烟气分别通过两个不同的流通区域，如图 3-121(a)所示。

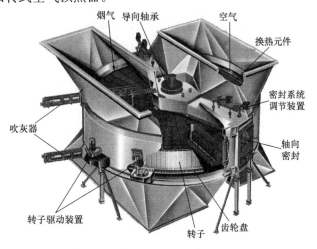

图 3-120　回转式空气预热器结构示意图

在三分仓空气预热器中，转子受热面被划分为三个扇形流通区域，分别通过烟气、一次风、二次风，如图 3-121(b)所示。

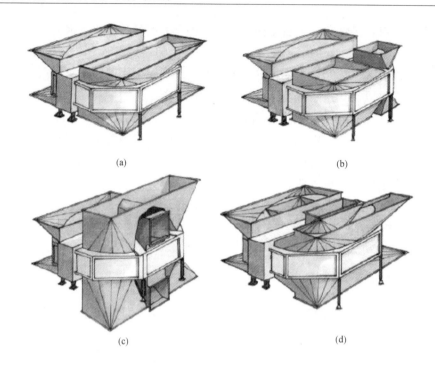

图 3-121 回转式空气预热器分仓结构形式示意图

(a) 二分仓；(b) 三分仓；(c) 四分仓；(d) 同心式

在四分仓空气预热器中，转子受热面被划分为四个扇形流通区域，烟气、一次风分别流过一个流通区域；二次风流过两个流通区域，且二次风的两个流通区域分别位于烟气流通区域和一次风流通区域之间，从而可以在一定程度上减轻高压一次风向烟气侧的泄漏，如图 3-121 (c) 所示。

在同心式空气预热器中，转子受热面被分为内外两个同心圆环，内环布置一次风/烟气流通区域，外环布置二次风/烟气流通区域，如图 3-121 (d) 所示。

不同外形结构的回转式空气预热器，其初投资、漏风率、传热面积、流通阻力、外形尺寸等都不相同。

若按由小到大排序，不同外形结构的 VN 型回转式空气预热器各项主要性能参数如下：

初投资：三分仓＜二分仓＜四分仓＜同心式。

传热表面积：二分仓/同心式＜三分仓＜四分仓。

漏风率：四分仓＜二分仓/同心式＜三分仓。

风机功率：二分仓/同心式＜四分仓＜三分仓。

回转式空气预热器外壳的扇形顶板和底板，把转子流通截面分隔为烟气侧和空气侧两个部分；烟气侧与烟道相连，空气侧则根据分仓结构分别与一次风道和二次风道相通，使转子一边通过空气而另一边逆向通过烟气。转子中，装满了换热元件（也称换热瓦或受热面）。每当转子转过一圈就完成一个热交换循环。在每一个循环中，当受热面在烟气侧时，受热面从烟气中吸收热量，当受热面转至空气侧时，又把热量放出传给空气。图 3-122 是回转式空气预热器的转子外观示意图。

回转式空气预热器转子中，划分出若干个区域，在这些区域中成组地安装若干块换热元件，如图 3-123 所示。换热元件是由一定形状的金属薄片制成的，如图 3-124 所示。

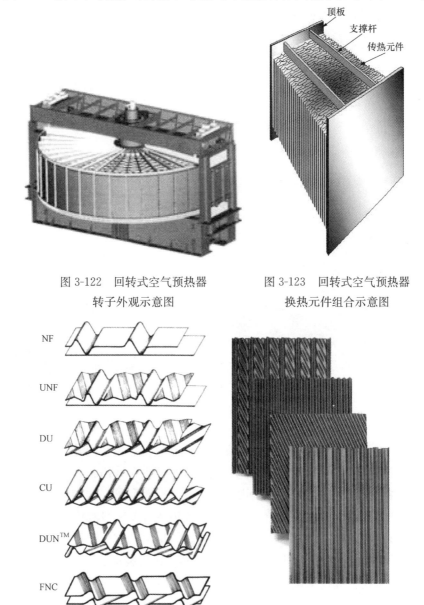

图 3-122　回转式空气预热器
转子外观示意图

图 3-123　回转式空气预热器
换热元件组合示意图

图 3-124　回转式空气预热器中的换热元件

通常根据煤质、传热效果、流动阻力、材质（是否耐腐蚀）、是否容易堵灰、是否便于清洁等因素选择换热元件。

回转式空气预热器的漏风，是空气预热器设计和运行中必须控制的一个关键参数。回转式空气预热器有多种形式的漏风现象，如图 3-125 所示。

对于受热面转动的回转式空气预热器，通过设置径向密封、环向密封和轴向密封来减少漏风。

径向密封是防止空气从空气通道穿过转子与径向密封板（扇形板）之间的密封区而漏入烟道。

环向密封包括外缘环向密封和内缘环向密封。外缘环向密封是防止空气从转子与外壳之间的缝隙经轴向密封板而漏入烟气侧，内缘环向密封是阻止空气经转子中心筒上下空隙而漏入烟气侧。

轴向密封装置在转子每一径向隔板的最外侧，其作用是阻止空气通过转子上下外缘角钢与环向密封条的间隙漏入烟气侧。

回转式空气预热器密封结构如图 3-126 所示。

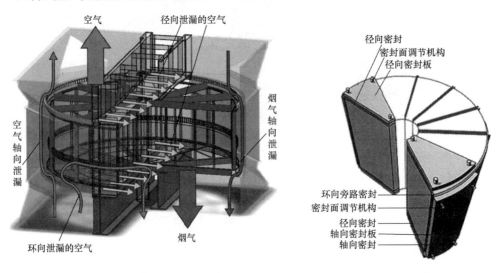

图 3-125　回转式空气预热器的漏风形式示意图　　图 3-126　回转式空气预热器的密封结构

近年来，一种采用 VN 技术设计的新型回转式空气预热器在国外问世。这种新型回转式空气预热器采用了全新的固定密封结构，通过增加密封条等措施，使回转式空气预热器漏风率降至 5%～6%，且在一个大修间隔内（3～4 年），漏风率的增大幅度不超过 1%。

图 3-127 是采用传统技术设计的回转式空气预热器与 VN 型回转式空气预热器的密封装置对比示意图。图 3-127（a）是采用传统技术设计的回转式空气预热器的密封装置，图 3-127（b）是采用 VN 技术设计的回转式空气预热器的密封装置。

图 3-128 是采用传统技术设计的回转式空气预热器与 VN 型回转式空气预热器的漏风情况对比结果。

由图 3-128 可以看出，VN 型回转式空气预热器的漏风率在一个大修期内基本不随运行年限的增加而变化。国外运行经验表明，采用 VN 型回转式空气预热器已可以确保大型循环流化床锅炉的高压—次风与负压烟气之间的漏风量在一个合理的范围内（长期运行不超过 7%）。

根据国内目前已投运的 17 台四分仓回转式空气预热器的实际使用效果，空气预热器漏风率普遍超过 70%。

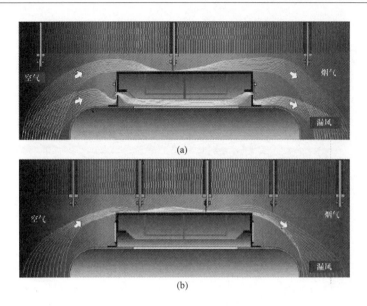

图 3-127　传统回转式空气预热器与 VN 型回转式空气预热器的密封装置对比示意图

(a) 传统设计的转子及可调密封扇形板；(b) 改进设计的转子及固定密封扇形板

回转式空气预热器的传热元件布置得较紧密，烟气中的飞灰较易沉积在受热面上，使烟风流动阻力增加，严重时甚至会将受热面的空气流通截面完全堵死，影响回转式空气预热器的正常工作，因此运行中需要采取吹灰措施。

为保证吹灰效果，通常在受热面上下两侧均装设可沿径向往返移动的吹灰器，加上转子的旋转，就可以使整个受热面上的积灰得到清除，如图 3-129 所示。

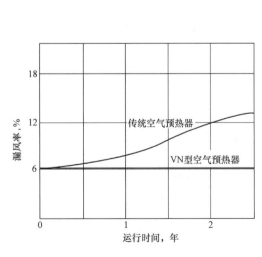

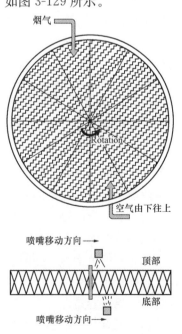

图 3-128　传统回转式空气预热器与
VN 型回转式空气预热器漏风对比

图 3-129　回转式空气预热器
吹灰装置示意图

图 3-130 是采用引进技术设计的用于国产 300MW 循环流化床锅炉的四分仓回转式空气预热器。

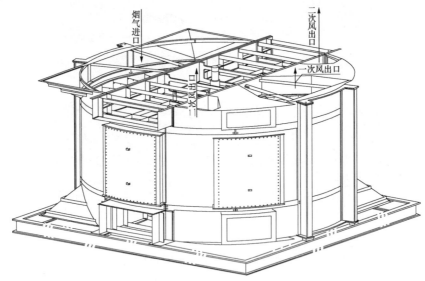

图 3-130　引进技术设计的四分仓回转式空气预热器

该型回转式空气预热器的冷端传热元件采用搪瓷传热元件，热端、中间层、冷端传热元件盒在安装及检修拆卸时互不影响别的传热元件盒；采用中心驱动方式，运行平稳、可靠，安装、检修方便；结构上具有以下特点：

（1）转子采用半模式双密封扇形仓结构，其优点是转子中心筒和模式扇形仓是销接结构，在工地不用焊接，不存在焊接变形。这种结构减小了工地焊接工作量，安装速度快。

（2）传热元件盒均制成较小的组件，检修时热端传热元件盒、中间层传热元件盒、冷端传热元件盒全部为抽屉式从侧面检修门孔处抽出，安装、更换非常方便。热端传热元件及盒的材料采用 Q215-A，板形为 DU；冷端传热元件及盒的材料采用耐低温腐蚀的考登（Corten）钢制作，板形为 DU3，不容易积灰，可保证使用寿命大于 70 000h。

（3）采用两道或三道径向及轴向密封，形成双密封或三密封系统，可降低直接漏风 30% 左右，这是近期通常采用的较成熟的技术。采用四分仓结构，将一次风布置在二次风中间，降低一次风与两侧介质间的压差，可大大降低一次风漏风量，从而满足循环流化床锅炉空气预热器一次风压头高的要求。

（4）采用可靠的导向轴承和支承轴承。导向轴承采用双列向心滚子球面轴承，其结构可随转子热胀和冷缩而上下滑动，并能沿扇形板内侧上下移动，从而保证扇形板内侧的密封间隙控制在合理值范围内。导向轴承结构简单，更换、检修方便，配有润滑油冷却水系统，并设有温度传感器接口。空气预热器的支撑轴承采用向心球面滚子推力轴承，使用可靠，维护简单，更换容易。

（5）预热器配有一套中心传动装置，包括主、备电动机和手动盘车装置，电动机配备变频调速启动装置，实现软启动、无级变速。当主传动电动机发生故障时，能自动切换备用电动机投入运行，确保预热器不停转。传动装置减速机齿轮全部为硬齿面，减速机体积小、质量轻，安装调整方便，运行可靠。

（6）冷端静密封采用胀缩节静密封，既保证了不漏风又可以在空气预热器外部对扇形板进行调整；热端采用迷宫式静密封，在保证密封效果的同时，为漏风控制系统的使用提供了可能。热端和冷端静密封由通常的单侧密封改为双侧密封，既减少了漏风又提高了使用寿命。

4. 600MW 超临界循环流化床锅炉空气预热器选型分析

600MW 超临界循环流化床锅炉空气预热器方案设计中，可以采用以下 3 个方案。下面从布置特点、运行的可靠性和经济性等方面对这三个方案进行了比较。

方案一：两台 60％负荷的四分仓回转式空气预热器。

方案二：一次风采用卧式光管空气预热器，二次风采用两分仓回转式空气预热器。

方案三：一、二次风均采用卧式光管空气预热器。

在方案二和方案三中，考虑到空气预热器进出口风道的连接方便，管式空气预热器采用了三回程顺列的布置方式，空气在管内流动，烟气在管外流动，位于尾部竖井烟道之后。

管式空气预热器中，每个回程的管箱上部两排、左右两侧和下部各两排管子的规格为 $\phi57\times3$，其余管子的规格为 $\phi57\times2$，沿烟气流向前两个回程管箱采用材质为 Q215-A 的管子，最后一个回程的管箱下部采用材质为 09CuPCrNi-A 的耐腐蚀考登钢钢管。

各级管组管间横向节距为 90mm，纵向节距为 90mm，考虑到发货的需要，各级管组分为上下两层管箱，两侧管箱间留有足够的安装和检修空间，上下级管箱空气侧之间通过连通箱连接。

采用管式空气预热器后，600MW 超临界循环流化床锅炉总体布置如图 3-131 所示。

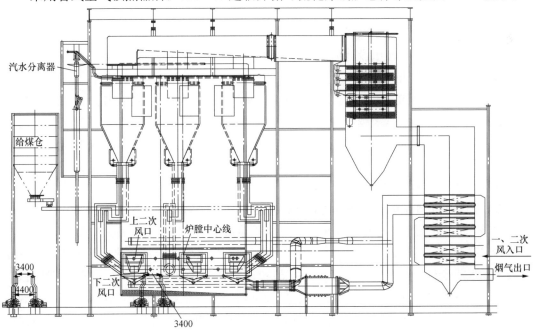

图 3-131　东锅带管式空气预热器的 600MW 超临界循环流化床锅炉总体布置

三个空气预热器方案的比较如表 3-6 所示。

表 3-6   三种空气预热器方案的比较

项　目	方案一	方案二	方案三
漏风率（%）	7.5（二次风到烟气）	7.5（二次风到烟气）	0
空气预热器质量（单台锅炉）（t）	1222	1694	2300
煤耗量（t/h）	366.4	365.7	365.0
15 年煤耗量（t）	27.48×10^6	27.42×10^6	27.37×10^6
15 年煤价格（亿元）	137.4	137.1	136.8
空气预热器电动机功率（包括变频器等）及风机电功率差（kW）	360	330	0
用电量（kW）	360	330	0
15 年用电量（kW·h）	27×10^6	24.75×10^6	0
15 年电价（万元）	1128.6	1035.0	0

注 1. 锅炉年运行小时数按 5000h 考虑。

2. 煤价格按 500 元/t 计算。

3. 电价按电厂上网电价 0.418 元/(kW·h)考虑。

4. 二次风量约占空气预热器出口风量的 55.4%。

表 3-6 中，仅从电厂运行的经济性指标（漏风率、锅炉效率、耗煤量、厂用电等方面）对三种方案进行比较，而不考虑一次性投资的成本差异，比较时间为 15 年。

由于循环流化床锅炉的特点，使其空气预热器中风侧与烟气侧压差较大，而回转式空气预热器由于其结构特点，漏风不可避免，而在实际工程中又往往由于制造安装等原因，实际运行的漏风率往往高出设计值，因此在以往的循环流化床锅炉设计中，漏风率低的管式空气预热器往往成为首选。

但随着锅炉不断向高参数大容量的方向发展，管式空气预热器体积庞大、布置困难、金属耗量大的特点使其越来越难以适应锅炉总体布置的要求。由于回转式空气预热器设计制造技术的不断改进，四分仓空气预热器技术的发展，尤其是密封结构的不断优化，实际运行的漏风率与设计值基本一致，因此，在白马 600MW 超临界循环流化床锅炉中采用了 2 台四分仓回转式空气预热器。

二、白马 600MW 超临界循环流化床锅炉空气预热器结构与布置特性

白马 600MW 超临界循环流化床锅炉空气预热器采用的四分仓容克式空气预热器。它是一种以逆流方式运行的再生式热交换器。加工成特殊波纹的金属蓄热元件被紧密地放置在转子扇形隔仓格内，转子以 0.99r/min 的转速旋转，其左右两半部分分别为烟气和空气通道。空气侧又分为一次风通道及二次风通道，一次风布置在两个二次风之间。当烟气流经转子时，烟气将热量释放给蓄热元件，烟气温度降低；当蓄热元件旋转到空气侧时，又将热量释放给空气，空气温度升高。如此周而复始地循环，实现烟气与空气的热交换。

转子由置于下梁中心的推力轴承及置于上梁中心的导向轴承支撑，并处在一个十边形的壳体中，上梁、下梁分别与壳体相连，壳体则坐落在钢架上。电驱动装置安装在下梁的下部，通过与转子接长轴连接，带动转子以0.99r/min的转速旋转。为了防止空气向烟气侧泄漏，在转子上、下端半径方向，外侧轴线方向以及圆周方向分别设有径向、轴向及旁路密封系统，此密封装置采用多密封结构的固定密封方式，以降低漏风率。此外，预热器上还配置有火灾监测消防及清洗系统。吹灰装置、润滑及控制等设备。

白马600MW超临界循环流化床锅炉采用的四分仓双密封空气预热器（见图3-131）是在东方锅炉厂原有容克式空气预热器的基础上，针对循环流化床锅炉特点专门研制开发的新型空气预热器。它采用固定密封系统、下轴中心变频驱动、全模数仓格、多密封结构、循环油站过滤冷却系统、红外线火灾监测系统等技术特点。从减少预热器烟风压差着手，改进密封方式，减少预热器漏风，使预热器整体性能得到了保证。

回转式空气预热器的漏风主要分为由烟风压差及密封间隙引起的压差漏风和由预热器运转引起的携带漏风，其中，压差漏风约占75%~80%，因此，如何从根本上减少压差漏风成为减小空气预热器漏风率的关键。对于循环流化床锅炉来讲，其一、二次风压头均较高，尤其是一次风压头非常高，由此所引起的空气预热器一、二次风与烟气侧压差非常大，可能导致较大的漏风。针对循环流化床锅炉特点，在四分仓空气预热器中为降低漏风采取了如下措施。

1. 合理设置一次风仓格和二次风仓格的分仓角度

原300MW循环流化床四分仓空气预热器一次风与二次风夹角为66°，现将该夹角改为72°，有利于减小一次风阻力，如图3-132所示。

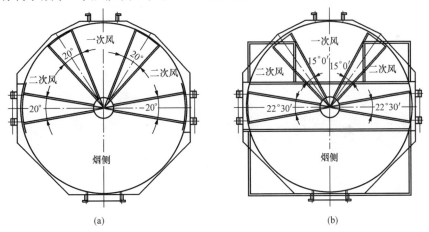

图3-132　四分仓空气预热器一次风、二次风及烟气之间的密封角度示意图
（a）引进型300MW循环流化床锅炉空气预热器结构；（b）优化后的结构

2. 设置多重密封系统

将烟气与二次风侧扇形板扇形角度设计成22.5°，将二次风与一次风侧扇形板扇形夹角设计成15°，同时将轴向密封弧板的宽度重新设计来实现双密封和三密封。空气与烟气侧采用三密封，一次风与二次风侧采用双密封，从而减少空气侧向烟气侧的泄漏，以满足

电厂对空气预热器漏风率的要求，如图 3-133 所示。

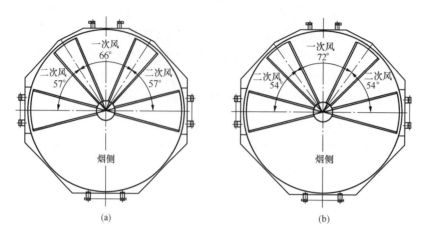

图 3-133　四分仓空气预热器一次风与二次风夹角的差异示意图
（a）300MW 循环流化床锅炉空气预热器的分仓角度；
（b）白马 600MW 超临界循环流化床锅炉空气预热器的分仓角度

3. 空气预热器采用固定密封结构

空气预热器热端、冷端扇形板和轴向密封弧板均采用冷态多点调节方式，保证扇形板的平面度和轴向密封装置的位置，依靠精确的计算得到空气预热器密封间隙和冷态径向、轴向、旁路间隙，采用冷态预留间隙方式满足预热器热态膨胀和密封要求。扇形板和轴向密封弧板均采用固定密封焊接方式连接在支撑板和梁上。通过这种冷态调整方式和间隙预留方式，提高空气预热器的密封可靠性，最大限度地减小空气预热器的故障率和检修调整工作量，如图 3-134 所示。

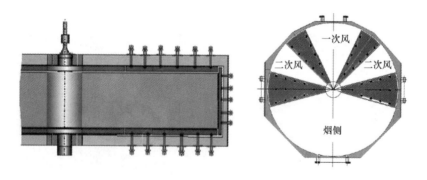

图 3-134　白马 600MW 超临界循环流化床锅炉的固定密封结构示意图

4. 固定密封的改进

扇形板与梁之间、轴向密封弧板与其支撑壳体板之间均采用密封钢板密封焊接，形成全密封结构，彻底消除此处由于采用热态间隙可调结构时产生的漏风，进一步减小空气预热器的漏风率。

第八节　尾部受热面磨损、积灰、腐蚀及其预防

与普通煤粉锅炉一样，循环流化床锅炉尾部受热面也存在磨损、积灰以及腐蚀问题。但由于循环流化床锅炉运行工况与普通煤粉锅炉有较大差异，因此其受热面的磨损、积灰以及腐蚀情况也有所不同。

由于循环流化床锅炉燃烧温度大大低于普通煤粉锅炉，因此炉内受热面的高温腐蚀并不明显，对流过热器和对流再热器的高温腐蚀也不大。此外，由于炉内呈流态化状态的床料对炉壁的冲刷作用，炉内水冷壁几乎不会积灰，因此运行中也不需要对炉膛进行吹灰操作。

但是，循环流化床锅炉受热面的磨损、积灰及腐蚀问题，也有其特殊性。

由于大量床料在炉膛与外循环回路中循环流动，加之炉内剧烈的气固湍流流动，炉内受热面的磨损情况要比煤粉锅炉严重得多。由于循环流化床锅炉入炉煤粒的粒径远大于煤粉锅炉的煤粉粒径，因此烟气中飞灰粒径较大，加之循环流化床锅炉多燃用高灰分低发热值的劣质煤，其折算灰分较高，并采用炉内加石灰石脱硫，使单位烟气体积中的灰浓度较高，甚至不低于固态排渣煤粉锅炉烟气中的灰浓度，因而会对尾部受热面造成较严重的冲刷磨损。

循环流化床锅炉由于负荷调节性能较好，常作为调峰机组运行。为防止尾部受热面的磨损，尾部竖井烟道的设计烟速较低（过热器区域一般小于 12m/s，省煤器区域一般小于 8m/s）。当长期低负荷运行时，尾部受热面就会出现较严重的积灰现象。

循环流化床锅炉在国内得到日益重视及大力推广的一个重要原因，就是可以通过炉内加石灰石脱除烟气中的 SO_2 气体，因此循环流化床锅炉被大量用于燃烧高硫劣质煤。在某些特殊情况下，如锅炉点火启动、低负荷运行、天气极其寒冷的季节、给水温度过低、无法或不能足量加入石灰石时，都会对尾部低温段受热面（省煤器和空气预热器）造成腐蚀。

综上所述，循环流化床锅炉尾部受热面的磨损、积灰及低温腐蚀，有其不同于普通燃煤锅炉的特点，有必要认真研究和总结。

一、尾部受热面磨损及防磨措施

（一）磨损原因

携带大量灰粒和未完全燃烧煤粒的高速烟气通过受热面时，固体颗粒对受热面的每次冲击都会剥离掉极微小的金属屑，从而逐渐使受热面管子变薄，这就是飞灰对受热面的磨损。

飞灰对受热面的磨损可以看做是飞灰对受热面的垂直撞击（法向方向）和切向磨削（切线方向）。垂直撞击可使管壁表面产生微小的塑性变形或显微裂纹，称为撞击磨损。切向磨削则引起飞灰对管壁表面产生微小的切削和磨蚀作用，造成摩擦磨损。大量灰粒长期反复撞击，产生上述两类磨损的综合结果，使得冲击角度在 30°～ 50°范围内的金属管壁磨损最为严重。

（二）影响尾部受热面磨损的主要因素

1. 烟气的流速和灰粒特性

烟气流速越大，磨损越严重。管壁的磨损量与烟气速度的三次方成正比，烟速提高 1 倍，磨损量将提高 10 倍。

灰粒特性包括灰粒形状、粒径、浓度、硬度、比重等特征。表面有锐利的棱角的灰粒，比表面圆滑的灰粒的磨损能力大。灰粒的直径越大，磨损也越重。飞灰的浓度增加，单位时间内对受热面管子的冲击频率增加，磨损加重。当灰粒中 SiO_2 含量较大时，灰的硬度较高，磨损加剧。灰粒的比重较大，对受热面的磨损也较大。

在循环流化床锅炉中，煤颗粒中心的燃烧温度约比运行床温高 150～200℃，因此过热器区域的大多数灰粒都较软，颗粒接近球形，对受热面的磨损并不十分严重。但在省煤器区域，由于烟温降低，灰粒已基本变硬，灰粒在温度降低和不均匀的体积收缩过程中其表面形成许多尖锐的棱角，对省煤器管子的磨损相当严重。当灰粒流出省煤器区域后，其表面尖锐的棱角大多已被省煤器管束磨平，因此同等条件下，空气预热器的磨损不如省煤器严重。

当锅炉燃用劣质烟煤时，灰渣比重比燃用劣质无烟煤或煤矸石的灰渣比重小，对受热面的磨损也要轻一些。

2. 尾部受热面布置特性

当烟气横向冲刷管束时，对于错列布置的管束，第二排的磨损量约比第一排的要大两倍。这是因为第二排的每根管子正对第一排的两管之间，烟气进入管束后流通截面变小而烟气流速加大使磨损加重。以后各排的磨损量也均大于第一排，但小于第二排。对顺列管束，第一排管子的磨损较严重，而第二排以后的管子相对较轻。

尾部对流管束如果出现烟气走廊，会导致管束弯头部分磨损加剧。

（三）减轻和防止磨损措施

1. 选择合理的烟气流速

在循环流化床锅炉尾部烟道中，通常过热器和再热器区域的平均烟气流速不超过 12m/s，在省煤器区域则不超过 8m/s。

2. 采取各种防磨措施

运行实践表明，行之有效的防磨措施有多种。比如，在前三排管子的迎风面上加装防磨盖板，管子弯头处加装防磨护瓦，在每段受热面管束前安装几排假管，加装烟气导流装置，将省煤器弯头安装在尾部烟道外等。

3. 采用扩展受热面

采用膜式省煤器、鳍片管省煤器和螺旋肋片管省煤器可减轻磨损。采用扩展表面受热面后，可强化烟气侧传热。在金属消耗量和通风电耗相同的条件下，可使省煤器所占空间大大下降，从而使烟气流通截面增大，烟速降低。

4. 合理地降低烟气流速

锅炉运行中，采用较低的过量空气系数，尽量减少各受热面的漏风量，使烟气流速降低，可以减轻磨损。此外，使炉内燃烧均匀、炉膛及循环回料系统两侧温度分布均匀，也有助于减轻尾部受热面的局部磨损。

二、尾部受热面积灰及其预防措施

1. 积灰形成原因

在锅炉运行中，当含灰烟气流经受热面时，部分灰粒沉积在受热面上的现象称为积灰。

循环流化床锅炉烟气所携带的飞灰，有粗有细，较粗的飞灰会产生磨损，较细的飞灰则容易沉积在受热面管子上。沉积在受热面上的飞灰大多数是粒径小于 $10\mu m$ 以下的飞灰粒子。当含灰烟气横向流过管束时，在管子的背风面会产生旋涡，细灰粒由于惯性力小，会被烟气卷吸到管子的背风面上沉积下来并形成积灰。当烟气流速较低时（如低负荷运行），在管子迎风面上也会产生积灰。

管子的排列方式对积灰有较大影响，因为排列方式和管子节距会影响烟气流动速度和对管子的冲刷方式。当管束顺列布置时，管子的背风面不易受到灰粒的冲刷，第二排管子以后的管子迎风面也不易受到灰粒的冲刷，故积灰较严重。当管节距较小时，相邻管之间的积灰容易搭桥，会造成局部堵灰。当管束错列布置时，由于管子的背风面也受到气流灰粒的冲刷作用，因此积灰相对较轻。

积灰形成后，会降低管束的传热系数，并减少烟气流通面积，使排烟温度升高、锅炉效率降低，引风机电耗增大。

积灰形成后，还会使低温受热面的腐蚀加重。一旦积灰和低温酸腐蚀同时发生，原来松散的积灰就容易变成坚硬的灰垢，使积灰和腐蚀更加严重。

2. 防止和减轻积灰主要措施

在设计和运行中可以采用以下主要措施来防止和减轻积灰：

（1）在设计时选择合理的烟气流速，使积灰减轻，并采用合理的管束结构和布置方式，减少积灰。

（2）运行中采用吹灰器吹灰。根据锅炉尾部受热面的积灰情况（运行时注意观察排烟温度和各级受热面的烟气压降），每班至少吹灰 2～3 次，积灰严重（如低负荷运行），吹灰次数要增加。

进行吹灰操作时，通常是从尾部竖井烟道上部的受热面开始，逐级向下吹；但当积灰严重时，则应该先由下往上逐级投吹灰器，然后再由上往下逐级再进行一次吹灰操作。

目前循环流化床锅炉可以采用蒸汽吹灰器、声波吹灰器和激波吹灰器对尾部竖井内的受热面进行吹灰。

蒸汽吹灰器有可伸缩式和固定式两种类型。其基本原理是将高压蒸汽的内能，通过一个喷嘴转变为高速蒸汽的动能（喷口蒸汽速度可达 1000m/s），将受热面上的积灰吹掉。

吹灰器工作时，吹灰器会绕其轴线左右旋转，可将 2～3m 宽度范围内受热面上的积灰吹掉，其吹灰过程如图 3-135 所示。

为了保持尾部受热面的清洁，白马 600MW 超临界循环流化床锅炉采用蒸汽吹灰器。

图 3-136 是用于白马 600MW 超临界循环流化床锅炉的两种蒸汽吹灰器。

为了保持受热面的清洁，锅炉设计了蒸汽吹灰系统。它采用过热蒸汽作为吹灰介质，

图 3-135 蒸汽吹灰器的工作原理

一定压力的过热蒸汽通过文丘里喷嘴喷出后直接吹扫受热面,并通过蒸汽的内能和产生的冲击动能,清除结渣和积灰,同时通过气流将灰渣带走。

吹灰系统的汽源取自低温过热器出口连接管,在 BMCR 工况下,此处的蒸汽压力为 26.1MPa,温度为 490℃。锅炉启动初期,空气预热器易堆积易燃固体和燃油,在启动前需进行吹灰,吹灰汽源来自辅助汽源,其蒸汽压力约为 1.57MPa,温度约为 350℃。

在每组受热面(低温再热器 LTR、低温过热器 LTS、高温省煤器 ECO2、低温省煤器 ECO1)前,各布置一排吹灰器,吹灰器安装在尾部竖井两侧墙。

近年来,某些大型循环流化床锅炉采用了激波吹灰器。激波吹灰器具有投资少、不伤管束的优点。该装置是利用可燃气体(如乙炔气、天然气等)与空气混合爆燃所产生的冲

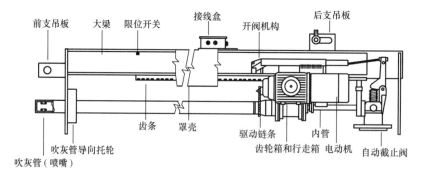

(a)

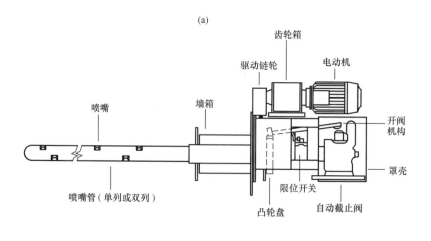

(b)

图 3-136 白马 600MW 超临界循环流化床锅炉的蒸汽吹灰器结构示意图

(a) 长、半伸缩式吹灰器简图;(b) 固定回转式吹灰器简图

击波振打空气空气预热器蓄热板片，清除受热面积灰的清灰装置，其工作原理是：让气体燃料（如乙炔气、煤气、天然气等）与空气（空气来自本锅炉送风机出口）通过流量控制装置按一定比例混合，由高能点火装置点燃燃气混合器内的混合气体，混合气体发生爆燃，在紊流器中形成高压、高速气流，由冲击管喷口喷出，产生瞬间冲击波；冲击波将能量积聚于极短时间和空间，在气体介质中形成能量间断面，使气流的压力和速度产生突变，其瞬间传播速度可达 1000m/s，其波峰瞬时压力值大约为 1MPa。当冲击波作用于积灰表面时，其声能和动能将对灰尘粒子产生冲击和加速扰动，使之与受热面分离，从而脱落。

该吹灰系统主要包括流量控制系统、燃气混合系统、脉冲除灰系统和控制系统。

（1）流量控制系统：包括乙炔流量和空气流量控制两部分，如图 3-137 所示。

1）乙炔流量控制：由乙炔供给站、乙炔气源控制阀、乙炔压力变送器、差压流量测量组件、乙炔调节阀、电磁阀组成，各测量元件与控制元件配合实现对燃气流量的精确控制。

2）空气流量控制：由空气源开关阀、空气调节阀、差压流量测量组件组成，空气调节阀与流量测量组件配合实现对空气流量的精确控制。通过流量控制系统可获得达到爆燃浓度要求的混合气体。

（2）燃气混合系统。燃气混合器由燃爆室、混合室、阻尼器、燃气喷头、测温元件和点火头组成，一定浓度的燃气由燃气喷头喷出，与空气在混合室均匀混合后由点火器在燃爆室点燃，并迅速引爆紊流器内的混合燃气，产生的高压冲击波由冲击管喷口喷出，清除蓄热元件上的灰垢。

测温元件可检测燃爆室内燃气温度，当燃爆室内温度快速上升或较高时，说明发生回火（混合燃气处于燃烧状态），立即停止除灰过程，保证系统运行安全。

（3）脉冲除灰部件。脉冲除灰系统由紊流器、冲击管组成。冲击管上开有多个棱形喷口，混合燃气在紊流器内爆燃后产生冲击波，由冲击管的喷嘴喷出。由电动闸阀可控制脉冲除灰部件除灰，如图 3-138 所示。

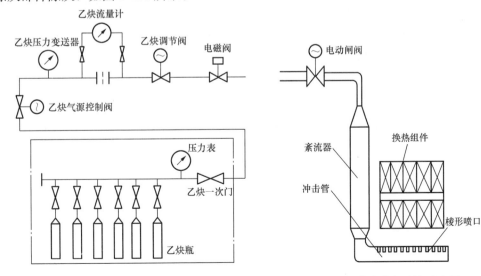

图 3-137　燃气激波吹灰装置流量控制系统示意图　　图 3-138　脉冲除灰系统示意图

三、尾部受热面腐蚀及其预防措施

（一）尾部受热面腐蚀原因

由于煤中含有一定量的水分和硫分，因此煤燃烧生成的烟气中就含有水蒸气和硫酸蒸气。当烟气中的水蒸气和硫酸蒸气与温度较低的金属壁面相遇时，就可能发生酸蒸气或水蒸气凝结而形成酸腐蚀。

大型循环流化床锅炉由于炉内石灰石脱硫，烟气中的 SO_2 浓度已大为降低。但在某些壁温较低的尾部受热面中，仍可能发生腐蚀。腐蚀主要发生在受热面金属管壁较低的部位，如空气预热器低温段。在某些特殊情况下，比如锅炉启动时，由于锅炉给水温度低，又未加石灰石脱硫，省煤器也会发生酸腐蚀。

（二）尾部受热面腐蚀的影响因素及预防措施

1. 尾部受热面腐蚀的影响因素

煤中的硫燃烧后生成 SO_2，SO_2 与水蒸气结合只能生成不稳定的亚硫酸蒸气（H_2SO_3），它很难在金属表面上稳定地凝结下来。但一旦 SO_2 与高温下被分解的自由氧原子［O］结合生成 SO_3，就会在烟气中形成化学性能很稳定的硫酸蒸气（H_2SO_4），硫酸蒸气很容易在低温金属表面上稳定地凝结下来。通常烟气中只有 5％ 左右的 SO_2 气体会转变成 SO_3 气体，但这部分 SO_3 气体却成为造成尾部受热面严重酸腐蚀的最主要因素。

烟气中硫酸蒸气的凝结温度，就称为酸露点，当金属表面温度低于酸露点时，硫酸蒸气就会凝结下来，腐蚀金属，并可能大量黏灰形成堵灰。

煤的折算硫分越高，酸露点也越高，尾部金属受热面也越容易被腐蚀。

此外，硫酸浓度、凝结酸量、受热面金属温度，也对受热面的腐蚀有一定的影响。

2. 减轻和防止尾部受热面腐蚀的措施

（1）提高空气预热器金属壁面温度，可以减轻和防止尾部受热面腐蚀。通常可以采用以下 3 种方法提高空气预热器金属壁面温度：

1）采用空气再循环。将空气预热器出口的部分热风，送回到空气预热器入口，此法可使冷空气温度提高 50～65℃。

2）在空气预热器和一、二次风机之间加装暖风器。暖风器是利用蒸气加热空气的面式加热器。蒸气来自汽轮机抽汽或启动锅炉。

3）采用热管空气预热器作为空气预热器的前置式空气预热器。利用热管的高壁温特性，提高冷空气温度。

（2）采用耐腐蚀钢材。空气预热器低温段采用耐腐蚀的低合金钢材、考登钢等。

第四章 600MW 超临界循环流化床锅炉辅助系统

第一节 600MW 超临界循环流化床锅炉燃煤制备系统及其主要设备

燃煤制备系统对循环流化床锅炉运行有十分重大的影响。与煤粉锅炉、层燃锅炉不同，循环流化床锅炉对煤粒的粒径分布有十分明确的要求，其原因是循环流化床锅炉炉膛中的高温循环灰对炉内燃烧、传热和负荷调节有重要影响。而循环灰就来自进入炉内燃烧反应后且粒径分布合理的煤粒和石灰石。也就是说，入炉煤既不能太粗，也不能太细。给煤太粗，煤粒（包括燃烧后变成的灰渣床料）无法参加循环，始终在炉膛下部，因而无法建立起循环流态化工况，并且造成风帽磨损。给煤太细，许多细煤粒还来不及燃烧完全，就被烟气带出高温旋风分离器，造成飞灰未完全燃烧热损失。

一般而言，给煤粒度在 6～8mm 以下，但入炉煤的平均粒径都在 1mm 以下，即 3mm 以上粒径的煤所占份额很小。不同的锅炉制造厂商，往往推荐的给煤粒度略有不同，这与具体的炉内流化状态设计、运行工况、旋风分离器结构（主要是分离效率）、煤种（煤粒在炉内燃烧后产生爆裂的情况）等因素有关。例如，国外三家著名循环流化床锅炉制造商在投标国内某 300MW 循环流化床锅炉项目时，其设计入炉煤的 d_{50} 值分别是 400μm、800μm 和 810μm。

由于煤破碎特性和爆裂特性不同，因此针对不同煤种，同一锅炉制造厂家推荐的入炉煤粒度分布曲线范围也不相同。图 4-1 所示为国外某锅炉制造厂针对不同煤种推荐的入炉煤分布曲线。由图 4-1 可见，一般而言，煤的挥发分越高，入炉煤的平均粒径也越大。这是因为煤的挥发分越高，煤在炉内的爆裂现象越严重，为保证炉内有足够多的循环床料量，需要适当增加入炉煤的平均粒径。

为保证入炉煤的粒度分布，入厂煤需要经过破碎机的破碎、筛分设备的筛分，才能达到入炉煤的要求。整个燃煤制备系统也由给煤设备（如叶轮给煤机、振动给煤机）、破碎与筛分设备以及其他辅助设备（如电磁除铁器、除尘器、皮带煤采样计量装置）等设备组成。为达到所要求的给煤粒度分布，整个燃煤制备系统中的各种设备必须协调一致地工作。

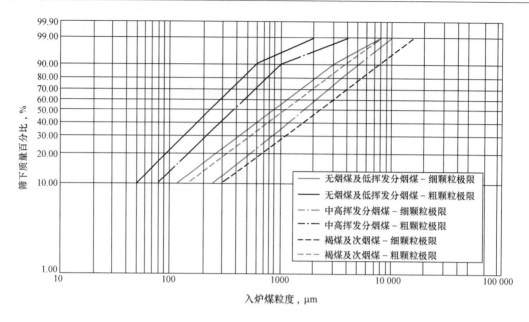

图 4-1　大型循环流化床锅炉燃烧不同煤种时的入炉煤粒度分布值

上述燃煤制备设备，有些在传统电站锅炉燃运系统中已有使用，本节不再介绍。本节主要介绍大型循环流化床锅炉燃煤制备系统及其专用设备，如破碎设备、筛分设备等。

一、大型循环流化床锅炉燃煤制备系统典型布置方案

图 4-2 是国内大型循环流化床锅炉燃煤制备系统的典型布置方案，其布置特点是：原煤经一台往复式给煤机（或叶轮式给煤机）送至皮带输送机，皮带输送机上设有两级除铁

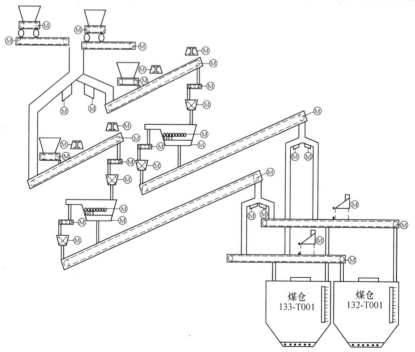

图 4-2　循环流化床锅炉燃煤制备系统的典型布置方案

器。煤被输送至一级环锤式破碎机破碎后落在滚轴筛上，经滚轴筛筛分后，大于 8mm 的筛上物进入第二级环锤式破碎机继续破碎，筛下物与二级破碎的煤均落在输煤皮带上，作为成品煤被送至炉前成品煤仓，其粒径全部小于 8mm。一般情况下，燃煤制备系统设计出力约为锅炉燃煤量的 3 倍左右。

为保证燃煤制备系统的稳定、安全运行，燃煤制备系统上的主要落煤点处还设置有除尘器等附属设备。

目前，国内大型循环流化床锅炉燃煤制备系统的主要差别在于破碎级数不同（采用一级破碎或二级破碎）、破碎与筛分系统设备的选型不同，即主要差别体现在"筛碎设备"方面。

尽管入炉煤的粒度分布对循环流化床锅炉运行状态的影响很大，但按目前的技术水平，无论多么完善的燃煤制备系统，也不可能将燃煤破碎到锅炉入炉煤的设计粒度分布。另外，即使入炉煤粒度分布能达到锅炉设计要求的最佳值，由于不同的煤入炉后燃烧破碎与磨损情况不同，也很难使锅炉达到最佳运行状态，因此燃煤粒度分布值只是锅炉运行良好的一个必要条件，而不是一个充分条件。

表 4-1 是国内某大型循环流化床锅炉入炉煤粒度的设计值与运行实测值的比较。

表 4-1　　　　国内某大型循环流化床锅炉入炉煤粒度分布的设计值与运行实测值的比较

粒径（mm）	设计（％）	实测 1（％）	实测 2（％）
>4	6.73	16.11	15.84
4~2	37.54	18.69	19.71
2~1	21.45	17.80	14.85
1~0.5	21.78	18.80	20.42
<0.5	12.5	28.60	29.18

二、燃煤制备系统常用破碎设备结构及其工作原理

（一）概述

破碎是把大粒度物料利用破碎机或磨碎机来破碎或磨碎至较细粒度的过程。破碎的目的是使物料粒径减小，比表面积增加。比表面是单位质量或体积的物料的表面积，物料的粒度越小，比表面将越大。例如，一块边长为 1cm 的立方体，比表面为 $6cm^2$。如果把这个立方体切成边长为 0.1cm 的小立方体，则可切出 1000 个，比表面达 $60cm^2$，增加到切割以前表面积的 10 倍。如果继续切割，比表面将继续增加，如表 4-2 所示。

表 4-2　　　　　　　　　　　　　比表面随粒度的变化

立方体边长（cm）	切割后的个数	比表面（cm²）	立方体边长（cm）	切割后的个数	比表面（cm²）
1	1	6	10^{-4}	10^{12}	6×10^4
10^{-1}	10^3	6×10	10^{-5}	10^{16}	6×10^5
10^{-2}	10^5	6×10^2	10^{-6}	10^{18}	6×10^6
10^{-3}	10^9	6×10^3			

比表面积增加使物料同周围介质的接触面积增大，反应速度增加，传热和传质速度提高。

在实际应用中，要求总的破碎比往往较大，例如要求把 500mm 的原煤破碎至 1mm 以下，总的破碎比等于 500，这往往不是一台破碎机或磨碎机能完成的，而需要经过几次破碎和磨碎来使煤炭达到最终的粒度。例如先将粒度为 500mm 的物料送入一台颚式破碎机，破碎至 250mm 以下；再将 250mm 以下的煤送入一台环锤式破碎机，破碎至 50mm 以下；最后将 50mm 以下的物料送入最后一台环锤式破碎机破碎至 8mm 以下，然后再送入成品煤仓。

图 4-3 所示为电站循环流化床锅炉破碎筛分系统的典型布置示意图。由图 4-3 可见，电站循环流化床锅炉的破碎筛分系统主要由粗筛煤机、粗碎煤机、细筛煤机、布料装置、细碎煤机组成，即两筛/两碎。也有个别电站循环流化床锅炉设置三筛/两碎，即在细碎煤机后，再设置一级细筛，将上游两级碎煤机都无法破碎的石头等坚硬杂物筛出，避免进入炉膛。

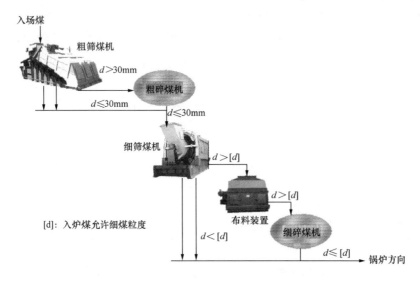

图 4-3　电站循环流化床锅炉燃煤破碎筛分系统的典型布置示意图

为保证破碎最终产品的粒度分布，同时也尽量减轻破碎的负荷，破碎设备往往与筛分设备配合使用，组成所谓的"筛碎流程"。

设在破碎机前的筛子，起到"预先筛分"的作用。预先筛分的作用，是把进入下一级破碎机的燃煤中的细煤粒（即粒度小于第二级破碎机排料粒度的那部分燃煤）分出，从而减轻下一级破碎机的负荷，也避免了燃煤的过度破碎。设在破碎机后的筛分，称为"检查筛分"，检查筛分处理的对象是破碎机排出的燃煤，其筛孔尺寸大致等于合格燃煤的粒径。筛上燃煤为不合格产品，返回破碎机再度破碎；筛下燃煤为合格产品，直接送往下一级煤斗。

根据锅炉容量、煤质情况，国内大型循环流化床锅炉燃煤筛碎系统常采用表 4-3 所示的典型布置方案。

表 4-3　　　　　国内部分大型循环流化床电站锅炉筛碎系统布置方案

电站名称	锅炉容量 （t/h）	破碎与筛分设备
四川白马循环流化床示范电站	1025	二级可逆转破碎机＋振动筛
中国国电集团岷江发电厂	440	二级环锤式破碎机＋振动筛
中国华电攀枝花发电有限公司	490	二级环锤式破碎机＋振动筛
安徽淮北中利发电有限公司	1100	二级环锤式破碎机＋粗筛＋细筛
内江高坝电厂	410	二级可逆转环锤式破碎机＋滚轴筛
湖北宜昌东阳光发电有限公司	1030	二级可逆转环锤式破碎机＋振动筛
秦皇岛秦热发电有限公司	1025	二级可逆转环锤式破碎机＋振动筛
四川华电宜宾发电有限公司	490	二级可逆转环锤式破碎机＋滚筒筛
中电投重庆松溉发电有限公司	460	二级环锤式破碎机＋三级筛分

（二）物料破碎的基本方法

普通物料可以采用撞击、研磨、剪切和挤压 4 种基本方法进行破碎，如图 4-4 所示。大多数破碎机所采用的破碎方法都是这几种基本方法的组合。

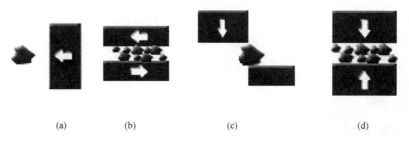

（a）　　　　　　　（b）　　　　　　　　（c）　　　　　　　　（d）

图 4-4　物料破碎的基本方法

（a）撞击；（b）研磨；（c）剪切；（d）挤压

1. 撞击破碎

所谓撞击是指一个运动的物体与另一个物体发生快速而剧烈的碰撞。此时，这两个物体可以都是运动着的，比如用乒乓球拍击回对方打过来的乒乓球；或者只有其中一个物体是运动的，比如用锤子敲打一块岩石。

具体的撞击形式有两种：重力撞击和动力撞击。煤块从一定高度落到一块钢板上，就是一个重力撞击的例子。当人们试图将两种破碎性能相差较大的物料分离开来时，就常会用到重力撞击的方法。易碎的物体很快破碎，难碎的物体还保持原样，用一个筛子就能轻易将它们分离开来。

物料落在一个高速运动的锤头上，就是一个动力撞击的例子。当物体被重力撞击破碎时，破碎后的物体几乎立即就停留在一个固定不动的表面上（如地面）。但如果物体的破碎是由于动力撞击引起的，破碎后的物体不会停留在某一个地方，由于撞击，物体会沿着撞击方向作加速运动，一直到碰上其他的物体为止。动力撞击在破碎大多数物料时都具有非常明显的优势，尤其是在下列条件下应用，效果很好：

（1）当破碎后的物料需要保持一定的立方体形状时；

（2）当破碎后的物料需要保持一定的粒径分布时；

（3）当需要将物体沿其自然晶面进行破碎时；

（4）当由于物料尺寸、水分以及形状限制，无法采用鳄式破碎设备，而物料又十分坚硬且不易研磨时。

反击式破碎机就是采用动力撞击方法进行破碎的。

2. 研磨破碎

将物料夹在两个坚硬的表面之间进行搓擦，就称为研磨。研磨会导致研磨表面的严重磨损，并且比其他破碎方法消耗更多的能源，但目前仍将应用于对一些磨蚀性不强的物料的破碎过程，比如用来磨煤。研磨破碎主要用于以下场合：

（1）易碎的物料或不太坚硬的物料；

（2）当采用闭式循环仍不能有效控制出口物料的最大尺寸时。

3. 剪切破碎

与研磨不同的是，剪切是指物料受到来自不在同一平面上的两个方向相反的力的作用，类似于剪刀。剪切破碎总是与其他破碎方式共同出现。通常在以下三种情况下采用剪切破碎方法：

（1）当物料稍微有点易碎，且物料中的硅含量不高时；

（2）用于破碎比为 6：1 的第一级破碎时；

（3）当要求破碎后的物料尺寸较粗时，比如破碎后的最大粒径通常应大于 38mm。

4. 挤压破碎

所谓挤压破碎就是指物料受到两个表面的压力而产生的破碎现象。颚式破碎机就采用这种挤压方法破碎十分坚硬的岩石。但也有一些颚式破碎机采用研磨和挤压这两种方法一起进行破碎，就不适合破碎坚硬的物料，因为这些物料会造成挤压面的磨损。挤压破碎通常在以下情况时采用：

（1）物料的硬度很大时；

（2）物料的磨蚀性很强时；

（3）物料的黏性很小时；

（4）当要求破碎后的物料尺寸较粗时，比如破碎后的最大粒径通常应大于 38mm；

（5）当物料比较容易沿晶面破碎时。

（三）电站循环流化床锅炉燃煤制备系统中常用破碎设备

目前国内已用于循环流化床锅炉燃煤制备系统的破碎设备主要有环锤式破碎机、反击式破碎机、辊式破碎机、振动式破碎机、棒式磨碎机等。

粉磨机与破碎机的区别是：采用粉磨机破碎后的物料，70％以上的粒径都在 1mm 以下。因此粉磨机常用于第二级破碎，尤其是用于石灰石的第二级破碎。

国内投运的大型循环流化床锅炉所用的破碎机产品，一级破碎机主要采用国产设备，而二级破碎机则主要选用美国宾夕法尼亚破碎机公司、德国奥贝玛公司、德国 FAM 公司以及美国 GUNDLACH 公司的产品。

1. 环锤式破碎机

环锤式破碎机主要用于火力发电厂、冶金、矿山、化工等行业破碎原煤、石灰石等中等硬度脆性物料，可实现物料的粗碎、中碎和细碎。该机利用旋转的转子带动环锤对物料进行冲击破碎，被冲击后的物料又在环锤和破碎板之间受到压缩、剪切及碾磨作用，使物料达到需要的粒度。物料自上而下流动，连续破碎。

传统的环锤式破碎机可以按转子数目分为单转子和双转子两种（见图 4-5），单转子又可分为不可逆式和可逆式两种（见图 4-6）。

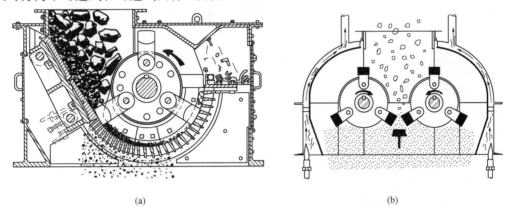

(a)   (b)

图 4-5　单转子环锤式破碎机与双转子环锤式破碎机结构示意图
(a) 单转子；(b) 双转子

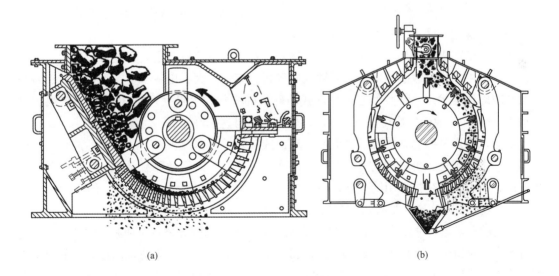

(a)   (b)

图 4-6　单转子环锤式破碎机示意图
(a) 不可逆式；(b) 可逆式

物料自上部给料口给入机内，立即遭受高速运动的锤子（又称锤头）的打击、冲击、剪切、研磨作用而粉碎，锤子以铰链方式装在转子圆盘沿圆周分布的各个销轴上，可以在销轴上摆动。电动机带动主轴、圆盘、销轴及各锤子以高速旋转。这个包括主轴、圆盘、销轴和锤子的部件称为转子。在转子下部，设有筛板。粉碎物料中小于筛孔尺寸的细煤粒通过筛板排出，大于筛孔尺寸的粗煤粒阻留在筛板上并继续受到锤子的打击和研磨，最后通过筛板排出。

图 4-6（a）是不可逆式，转子的转动方向如箭头所示。图 4-6（b）为可逆式。转子首先向某一个方向旋转，该方向的衬板、筛板和锤子端部即受到磨损。磨损至一定程度后，使转子改向另一方向旋转，破碎机利用锤子的另一端及另一方的衬板和筛板继续工作，从而连续工作的寿命几乎提高一倍。

图 4-7 所示的单转子不可逆式锤式破碎机的结构装配示意图。

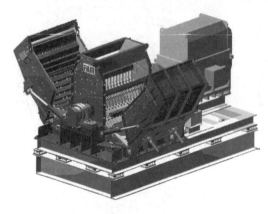

图 4-7　单转子不可逆式锤式破碎机
的结构装配示意图

在某些形式的环锤式破碎机中，筛板或筛条的位置是可调的。当锤子磨损后，可调节筛板或筛条的位置，使锤子与筛板之间的径向间隙不变，从而保证产品粒度的波动较小。

各类型环锤式破碎机的锤子形状和数目、筛条或筛板的形状、调节方式及破碎腔形状等虽然各不相同，但总的结构大同小异。

锤子是破碎机的工作机构，通常用高锰钢或其他合金钢（如 30CrNiMoRE）等制造。由于锤子前端的磨损较快，设计时还应考虑锤子磨损后能够上下调头或者前后调头。

环锤式破碎机是循环流化床锅炉燃煤制备系统中的重要设备之一，既可以作为一级破碎设备，也可作为二级破碎设备。环锤式破碎机具有出力大、出料稳定、运行可靠、寿命长及高破碎比等优点。某些型号的环锤式破碎机的进料粒度最大可达 300mm，出料粒度可小于 1mm。一般破碎比可达到 1：15，最大出力可达 1500t/h。

目前，国内一些电站辅机厂也能制造环锤式破碎机，但锤头材料和破碎后的物料粒度分布还不十分理想，价格却比进口产品低得多。因此许多大型循环流化床锅炉燃煤制备系统的第一级破碎机往往采用国产破碎机。

图 4-8 为美国宾夕法尼亚破碎机公司生产的环锤式破碎机结构示意图。

该型破碎机是一种旋转锤开口排放型破碎机，它装有双层壳体及可逆旋转的转子，以纯冲击方式破碎物料。当煤块以预定高度落入旋转的锤子的轨道时，首先被高速旋转的锤头击碎，并从飞锤获得足够的动能，当煤块冲向破碎器块时，被再次破碎。粒度的进一步减少发生在物料在锤和破碎器块之间的来回反弹过程，直至从破碎机开口底部排放出来。

转子旋转速度是产生一定物料粒径的主要因素，较细的出料粒径是由较高的转子速度产生的，因此在燃煤制备系统中，二级破碎机的转速（1500r/min）高于一级破碎机转速（1000r/min）。

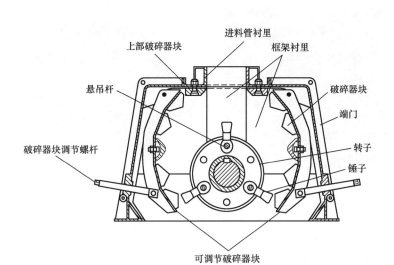

图 4-8　美国宾夕法尼亚破碎机公司生产的环锤式破碎机结构示意图

可反转性是该型破碎机的重要特点之一，转子在一个方向上运行一定时间后，然后反向运行同样长的时间。连续的交换旋转方向可使锤头和破碎器块都能较均匀地磨损，并取得最经济的运行效果。只有在破碎后的煤粒粒径无论怎样调节都达不到要求时，才进行锤头的更换。

破碎机上部的破碎器块是固定的，下部的破碎器板是可调节的，调节破碎器板的前后位置可控制破碎器块和锤头之间的间隙，补偿锤头和碎块的磨损，以保证最终得到合格的成品煤粒径。此外，破碎器块也可以上下两种方向安装，使破碎器块的寿命得以延长。

该型破碎机可安装 3~8 排锤头，锤头为单柄锤。根据破碎机型号不同，每排有若干个锤头，共有十多个甚至二十多个锤头。

图 4-9 为常用的锤头结构形式。

图 4-9　环锤环破碎机锤头的几种主要结构形式
(a) 棒式锤头；(b) 光面环形锤头；(c) T 形锤头；(d) 齿面环形锤头

国外某些厂家生产该型破碎机，采用电加热内壁，可防止煤泥黏结在破碎机内壁上，并在破碎的同时产生一定的干燥作用。

该型破碎机还可用于破碎石灰石。

与环锤式破碎机有些类似的是冲击式破碎机，它是利用安装在转子上并随转子高速旋转的冲击板与破碎机内腔壁之间的反复碰撞，将物料破碎的。图 4-10 所示为冲击式破碎机及带有冲击板的转子。

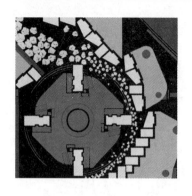

图 4-10　冲击式破碎机结构

2. 辊式破碎机

辊式破碎机是一种较传统的粉碎机械，主要用于能源动力、化工、冶金等行业中进行煤、矿石、各种盐块、渣块、岩石等较软及中等硬度物料的破碎。辊式破碎机由于构造简单，破碎时过粉碎现象少，辊面上的齿牙形状、尺寸、排列等可按物料性质而改变等优点，而得到广泛应用，且有新的改进与发展。

按辊子的数目，辊式破碎机可以分为单辊、双辊、三辊和四辊 4 种，它们的工作原理如图 4-11 所示；按辊面形状，可以分为光面辊碎机和齿面辊碎机两种。辊式破碎机的规

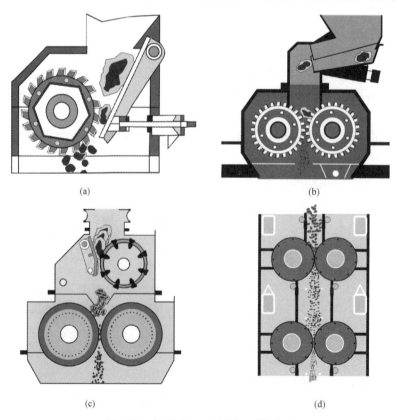

图 4-11　辊式破碎机工作原理示意图

（a）单辊式；（b）双辊式；（c）三辊式；（d）四辊式

格用辊子的直径 ϕ 乘以辊子长度 L 来表示。

单辊破碎机是在辊子与装在辊子对面的铰接衬板之间进行破碎工作的。衬板可以是光面的、带沟槽的或是带齿的，而辊子表面必须是带齿的。由于衬板是铰接的，其角度位置可以调整，从而可改变衬板与辊子之间的距离（排料口宽度）。衬板由弹簧支撑，当非破碎物进入破碎腔时，衬板向后退让，排出非破碎物，因而也起破碎机的保险装置作用。

双辊式破碎机是依靠两个辊子对煤的挤压实现对煤的破碎的。两个辊子由电动机带动相向转动，燃煤由于受辊子与燃煤之间的摩擦力作用，而被带入两个辊子之间的空间（破碎腔），受挤压破碎后，自下部排出。两个辊子之间的最小间隙称为排料口宽度，破碎产品的粒度即由它的大小来决定。

辊式破碎机的辊子一般采用特殊的铸造合金制造，有时在辊子表面覆盖一层耐磨合金。辊子表面可以呈锯齿（齿辊式）、凸轮等多种形状，如图 4-12 所示。辊式破碎机的主要优势在于：出力大且稳定；工作寿命长；易磨损件更换方便；破碎比较高；破碎后细粉比例较低。

不同形式的辊式破碎机，辊子之间、辊子与破碎板之间的距

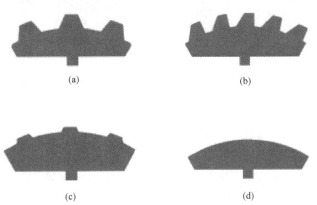

图 4-12　辊式破碎机常面用齿面形状
(a) 深齿形梯形齿面；(b) 破碎竖硬物料的斜梯形齿面；
(c) 浅齿形梯形齿面；(d) 光滑齿面

离可调，从而可以调节出力和出料粒度。其中，双辊式、三辊式以及四辊式破碎机的工作噪声较少，且带有过负荷保护。

单辊式破碎机的破碎比可达 1：6；双辊式破碎机的破碎比可达 1：5；由于三辊式破碎机和四辊式破碎机的破碎机理与单辊式或双辊式相比差异较大，相当于进行了二次破碎，且破碎的同时还有研磨作用，因此其破碎比相当大。

循环流化床锅炉燃煤制备系统，有时选用单辊式破碎机用做第一级破碎（粗破），双辊式破碎机用做第二级破碎（精破）或用于石灰石制备系统中的第一级破碎（粗破）。三辊式破碎机和四辊式破碎机可用于石灰石制备系统的二级破碎（精破）。

3. 振动式破碎机

振动式破碎机，也称振动式粉磨机，它利用振荡块产生的高频振荡作用，将破碎筒中的物料破碎。振动式破碎机有双筒式和三筒式两种结构形式，如图 4-13 所示。筒中放置一定量的钢球、钢棒等碾磨材料，当物料进入筒内后，在外力振动作用下，物料与碾磨材料之间产生碰撞、挤压以及碾磨作用，物料粒径变小，经过一个筛子流出破碎机。

振动式破碎机主要用于能源、化工、冶金等行业，可用于褐煤、无烟煤、木炭、石灰石、白云石、灰渣、石膏、黏土、矽铁矿、氧化铝、氧化铁等物料的破碎和粉磨。

振动式破碎机的出力较高，出料速度也较稳定，双筒式振动破碎机的最大出力可达 12t/h，三筒式振动破碎机的最大出力可达 20t/h。

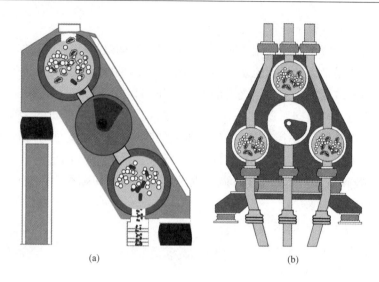

图 4-13　振动式破碎机工作原理示意图

(a) 双筒式；(b) 三筒式

　　振动式破碎机要求的进料粒度较小，一般要求进料粒径应小于 16mm，最大不超过 25mm；振动式破碎机的出料粒径较小。根据不同的进料粒径，出料粒径可低于 $25\mu m$。

　　振动式破碎机的破碎比可高达 1：30，非常适合用做石灰石的二级破碎设备。

　　4. 圆锥式破碎机

　　圆锥式破碎机通过挤压方式将物料破碎。挤压力量来自设置于破碎机中心绕圆周振动的圆锥体。物料靠重力由上部料斗落下，经过圆锥体与破碎腔室之间的间隙到达破碎机出口，在这一过程中，沿一条圆周线摆动的锥体将物料挤压破碎，如图 4-14 所示。

　　圆锥体与破碎腔室之间的间隙是可以自动调节的，一旦负荷过大或有铁件等异物进入并存在堵塞的可能性时，间隙自动变大；当异物排出破碎机后，这一间隙将自动恢复。

　　国外的同类产品，通过采用特殊设计的轴承系统、破碎间隙调节装置，可以最大限度避免由于过负荷所引起的堵塞现象；同时通过专门设计的密封系统保证现场的工作环境。

　　圆锥式破碎机适应破碎中等以上硬度的物料，如岩石、各种矿石、煤炭以及耐火材料等。

　　圆锥式破碎机的最大进料粒度可达 350mm，破碎比可以达到 1：6。

图 4-14　圆锥式破碎机的工作原理

　　5. 笼式细碎机

　　笼式细碎机是美国 Gundlach 公司生产的产品，如图 4-15 所示。该破碎机的结构像一个高速转动的滚筒筛，由内到外设有 3 层孔径逐步减少的筛网。煤进入破碎机后，在离心力作用下相互碰撞，并逐步透过筛网，形成颗粒均匀的煤粒。这种破碎机的最大优点是能

够在很大程度上避免"过破碎"现象，成
品煤粒比较均匀。国内燃用褐煤的某
300MW 循环流化床锅炉曾采用该种破碎
机作为燃煤制备系统的第二级破碎机。

6. 颚式破碎机

颚式破碎机具有破碎比大、产品粒度
均匀、结构简单、工作可靠、维修简便、
运行费用经济等特点。广泛运用于矿山、
冶炼、建材、公路、铁路、水利和化学工
业等众多部门，破碎抗压强度不超过
320MPa 的各种物料。当原煤粒度太大

图 4-15　笼式细碎机结构及工作原理示意图

时，常采用颚式破碎机对煤场的原煤进行初步破碎。图 4-16 是颚式破碎机的工作原理示
意图。

颚式破碎机适合破碎从中等硬度到高硬度的各种物料，如岩石、煤炭、建筑垃圾、玻
璃坚硬物料。颚式破碎机的出力可达 400t/h，入料粒度可达 1250mm；根据不同的入料粒
度，其出料粒度可达 20mm 以下，破碎比可达 1∶7。

7. 棒式磨碎机

棒式磨碎机的主体是一个水平装在两个大型轴承上的低速回转的筒体。棒式磨碎机外
形与钢球磨煤机相似，只是筒体要短得多。与钢球磨煤机不同的是，棒式磨碎机筒体内放
的不是钢球，而是钢棒，如图 4-17 所示。

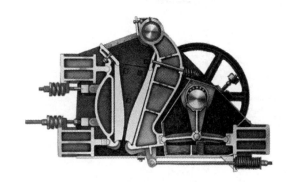

图 4-16　颚式破碎机工作原理示意图

图 4-17　棒式磨碎机结构示意图

根据破碎理论，钢棒与煤粒的接触是"线接触"，是采用研磨方式造成煤粒"表面破
碎"，破碎后煤的粒径较为均匀。因此棒式磨碎机适宜于用做第二级破碎，且对产品粒度
分布要求较为均匀的场合。钢球磨煤机内的钢球与煤粒的接触是"点接触"，是通过产生
碰撞作用造成煤粒"体积破碎"，破碎后的成品煤中，细粉较多，因此适宜用做制备煤粉。

棒式磨碎机的筒体、壳体置在轮毂和轮子上，壳体沿纵向中心线传动，以链轮减速机
传动。

煤粒从一端加入筒体，与滚动的钢棒相接触。旋转筒体带动钢棒转动，煤粒与钢棒反复撞击被逐步破碎。成品煤粒度大小由钢丝滚筒筛控制，成品煤从破碎机出来到达装在筒体壳外的钢丝滚筒筛上，小于筛孔直径的煤粒落下来成为合格粒径的产品，大于筛孔直径的煤颗粒被送回到棒式磨碎机中继续研磨。

棒式磨碎机也可以用做石灰石制备系统的二级破碎设备。

（四）大型循环流化床锅炉燃煤制备系统破碎机的选型

我国是世界上使用循环流化床锅炉最多的国家，锅炉总台数和总吨位均居世界第一位。国内循环流化床锅炉使用的煤种也多种多样，从挥发分较高的褐煤、烟煤，到挥发分较低的无烟煤，从高硫煤至低硫煤，从高热质煤到高灰分或高水分劣质煤（煤矸石、洗选煤泥）等，都有应用业绩。那么，如何选择合适的碎煤机呢？图 4-18 给出了不同类型的破碎机或磨碎机的使用范围。

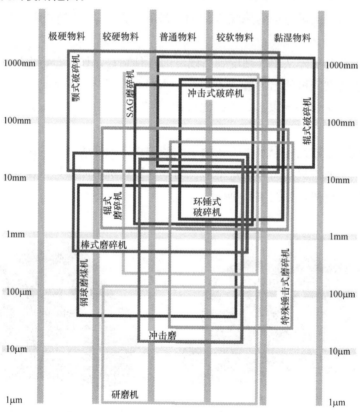

图 4-18　各种破碎机的使用范围

图 4-18 中，纵坐标是物料（煤）的粒径范围，横坐标代表了煤的破碎特性，由左往右依次是极硬物料、较硬物料、普通物料、较软物料和黏湿物料。可见，当物料较细时，如粒径小于 100μm 以下，则应该选用研磨机。循环流化床锅炉常配置的环锤式破碎机，适用破碎 1mm 以上、80mm 以下的普通物料或较软物料。这就是为什么煤中混杂的石块，很难被环锤式破碎机破碎的原因之一。如果需要破碎粒径 50mm 以上较硬的物料，则应选择颚式破碎机。

三、电站循环流化床锅炉燃煤制备系统常用筛分设备

（一）筛分原理与筛分过程

将颗粒大小不同的碎散物料群，多次通过均匀布孔的单层或多层筛面，分成若干不同级别的过程称为筛分。理论上，大于筛孔的颗粒留在筛面上，称为该筛面的筛上物；小于筛孔的颗粒透过筛孔，称为该筛面的筛下物。

碎散物料的筛分过程，可以看做由两个阶段组成：一是小于筛孔尺寸的细颗粒通过粗颗粒所组成的物料层到达筛面；二是细颗粒透过筛孔。要想完成上述两个过程，必须具备最基本的条件，就是物料和筛面之间要存在着相对运动。为此，筛箱应具有适当的运动特性，一方面，使筛面上的物料层成松散状态；另一方面，使堵在筛孔上的粗颗粒让开，保持细颗粒透筛之路畅通。

实际的筛分过程是：大量粒度大小不同、粗细混杂的碎散物料进入筛面后，只有一部分颗粒与筛面接触，而在接触筛面的这部分物料中，不全是小于筛孔的细颗粒，大部分小于筛孔尺寸的颗粒，分布在整个料层的各处。由于筛箱的运动，筛面上料层被松散，使大颗粒之间本来就存在的较大的间隙被进一步扩大，小颗粒乘机穿过间隙，转移到下层。由于小颗粒间隙小，大颗粒不能穿过，因此，大颗粒在运动中，位置不断升高。于是原来杂乱无章排列的颗粒群发生了离析，即按颗粒大小进行了分层，形成小颗粒在下，粗颗粒居上的排列规则。到达筛面的细颗粒，小于筛孔者透筛，最终实现了粗、细粒分离，完成筛分过程。然而，百分之百的分离是没有的，在筛分时，一般都有一部分筛下物留在筛上物中。

细颗粒透筛时，虽然颗粒都小于筛孔，但它们透筛的难易程度不同。经验得知，和筛孔相比，颗粒越小，透筛越易，和筛孔尺寸相近的颗粒，透筛就较难，透过筛箱下层的大颗粒间隙就更难。

在实际燃煤制备过程中，筛子经常与破碎机共同组成一个"破碎－筛分"系统，共同保证给煤的粒径分布。这种"破碎－筛分"系统可组成闭式系统或开式系统，如图 4-19 所示。

筛分机械不仅用于生产粒度、水分和灰分等指标达到锅炉运行要求的成品煤，而且在实现煤炭资源的合理利用和保护环境及为电力企业创造经济效益等方面，都发挥着重要的作用。

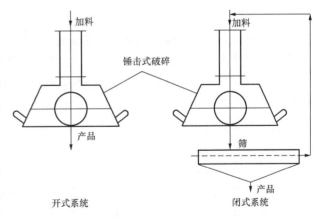

图 4-19　开式系统与闭式系统

在实际筛分过程中，小于筛孔的颗粒要落入筛下这一过程受许多因素的影响，归纳起来可分成三个方面，即物料性质、筛分设备的性能及对筛分机的操作管理。

对筛分过程产生影响的物料性质主要包括：煤粒和筛孔的相对尺寸；燃煤的水分、含

泥量等。原料中，难筛粒、阻碍粒（直径大于筛孔但又小于筛孔尺寸 1.5 倍的粗粒）含量越高，筛分效率就越低。燃煤所含水分可分两种：一是内在水分，存在于煤粒的孔隙中；二是外在水分，即煤粒表面上所附的水分，主要由原煤开采过程中加水采煤、井下灭尘喷淋水、露天堆放时淋的雨水等因素形成。

（二）筛分设备

筛分设备有两种类型：一种是破碎设备自身所带有的筛分装置；另一种是独立的筛分设备。下面主要介绍独立的筛分设备。

大型循环流化床锅炉燃煤制备系统中，通常采用自动筛分设备。这类设备主要有振动筛、滚轴筛和滚筒筛等几种。

图 4-20　密闭式振动筛的结构图

1. 振动筛

振动筛是一种依靠振动部件的运动而进行筛分的设备，结构如图 4-20 所示。

振动筛的关键部件是激振器，激振器采用双轴块偏心的箱式焊接结构而且置于筛箱下部。激振器两根主轴上装有一定偏心距的等质量偏心块，两轴间用一对速比为 1 的齿轮连接。这种结构的激振器加工简单，维修方便，质量较小，比较适合较大的筛机。激振器整体下置有利于维护检查，且使用方便。

筛箱采用完全密封的箱体结构，由箱体、箱盖、筛网及其张紧装置等组成。筛箱盖上有 2 个便于观察筛分情况的孔。筛箱后侧有 1 个方形维修孔。进料口在筛箱顶部后端，出料口在筛箱底部前端，箱底部倾斜便于出料，排料口由筛网前端的分支管口引出。筛网平置，由弹簧张紧。箱体结构采用带有加强筋的钢板焊接而成，横梁与筛箱框采用高强度螺栓连接。筛箱整体结构简单合理，适宜于生产现场安装、维护。

采用安装高度低且简便的座式支撑结构和橡胶复合弹簧。

传动装置是采用一对轮胎联轴器。电动机固定在基础上，通过两个轮胎联轴器来补偿振动引起传动轴的动态偏角。与三角皮带传动相比，这种传动具有保持激振器的稳定转数、振动频率恒定、传动效率高、弹性好、能吸收冲击和保护设备等优点。

进出料的软连接采用无刚度柔性脉冲式软管。无刚性的波纹软管由波纹管、不锈钢导管、锥形护套等部件构成。它使设备的振动不能传递到与其连接的系统网管上，同时也避免了设备本身被施加额外外力的可能，这样，保证了振幅和振形的准确。

包括筛网张紧装置在内的所有连接处均采用了橡胶垫密封与密封胶涂层的双重结构。

2. 滚轴筛

滚轴筛是利用多轴作同向旋转推移物料向前移动并进行筛分的机械，由电动机经减速机驱动筛轴转动，筛轴之间用链条传动。滚轴筛的筛面结构如图 4-21 所示。

图 4-21　滚轴筛的筛面结构图

滚轴筛的结构特点如下：

（1）筛轴装有耐磨的偏心筛片，相邻两轴的筛片交错排列，中间形成筛孔，当筛轴旋转时，将筛面物料向前推移并筛分。

（2）相邻两轴上的筛片，在筛轴的轴向投影相交，减少了筛轴之间的死角，避免了物料中的异物卡筛。

（3）筛面采用顺斜式筛面，使大块物料顺利通过，避免堵筛并减少筛片的磨损。

（4）设有旁路机构，装有电动、手动两操作的换向板。

（5）筛箱两侧采用活动板连接，当取下活动板时，可顺利取出筛轴。

（6）筛片与筛轴采用键连接，当需要更换时，可以从筛轴上取下并更换。

（7）筛箱两侧面装有可拆卸的防磨衬板，不会磨损筛箱壳体。

（8）筛机有过热电保护和断相保护装置，当筛机在运行中因各种原因造成电动机处于断相、三相不平衡、线间短路、相线接地、零线零点漂移等事故状态时，均可得到安全保护。

筛机工作时，经过破碎机破碎的煤落到滚轴筛上后，在滚轴筛若干转轴带动下向出口运动。煤在运动过程中，符合要求的细颗粒煤从滚轴筛片之间的缝隙中落到筛下，成为合格的成品煤；不符合要求的粗颗粒煤被带到滚轴筛出口，然后被重新送回到破碎机中破碎。

滚轴筛出力大，具有煤种适应好的特点，而且适应较高水分的煤种。

3. 滚筒筛

滚筒筛由筛箱、密封罩、振动电动机、二次隔振系统、底架等组成，如图 4-22 所示。

筛箱依靠两台相同的振动电动机作反方向自同步旋转，使整个参振部件做直线振动。煤粉从入料口落入筛箱后，迅速松散、透筛，木屑、纤维等杂物留在筛网上部，定期由人工清理。图 4-22 所示的滚筒筛，出力不大，主要用于中小型循环流化床锅炉的燃煤制备系统中。

图 4-23 是一种在滚筒筛的原理基础上改良发展起来的高效双转式筛煤机，主要由机座、机壳、筛筒机构及转子机构等部分组成。

图 4-22 滚筒筛结构示意图

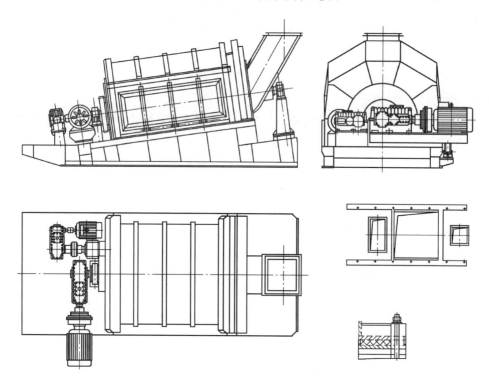

图 4-23 高效双转式筛煤机结构原理示意图

该筛煤机以强力筛分原理对煤进行分离：进入料斗的煤，在自身势能和动能作用下，经料斗流向筛筒内，再受转子头部螺旋推料板作用迅速向内部移动。入筛煤受高速旋转转子带动的锤头作用，细煤受到锤头压迫透筛孔外流，未透细煤和粗煤在锤头轴向拨动的力量作用下，向筛筒出口移动，逐次受到再分离和再向出口运动，直至经筛筒支撑体通过筛筒粗料出口。

由于筛孔的特殊形状，内层孔宽比外层孔宽小，防止了煤在孔壁的阻滞；又由于孔为长条形，与转子轴向有 10°倾斜，从而促进了细煤过孔的流畅并产生一定轴向力作用。

该筛煤机关键部件是筛筒机构和转子机构两大部分，以其两者组合功能使入机物料边向出口运行，边被筛分。该筛煤机物料透筛能力强、不易卡堵、筛分效率高，适应煤质广泛，分离细料粒度最细可达 6mm，可以满足与循环流化床锅炉输煤系统细碎机匹配使用的要求。

4. 梳式摆动筛煤机

梳式摆动筛煤机的结构类似于滚轴筛，筛面也是由若干平行转轴及串装在转轴上的镰刀型梳齿组成，筛面结构如图 4-24 所示。每一根轴上套有多个梳齿，类似一把梳子。

筛机工作时，其奇数列转轴与偶数列转轴的转动方向不同，转轴上、下 90°摆动，奇数轴上摆向前拨料时，偶数轴下落接料。

当梳齿运动时，细煤受前一级梳齿压力经梳齿间隙透筛，未透筛大块被抬起梳齿强制向后拨动。

图 4-24　梳式摆动筛煤机的筛面结构

梳式摆动筛煤机的最大特点是筛煤量大，可达 1200t/h；由于采用强力筛分原理，因此可以筛分水分较大的煤，不易卡堵。

梳式摆动筛煤机通常用于循环流化床锅炉燃煤制备系统的原煤筛（粗筛）。

四、白马 600MW 超临界循环流化床锅炉燃煤破碎与筛分系统

白马 600MW 超临界循环流化床锅炉燃煤制备系统采用两级破碎＋两级筛分系统。一级破碎采用国产设备，二级破碎采用进口设备；一级筛分采用梳式摆动筛煤机，二级筛分采用振动式筛煤机（高幅筛）。

白马 600MW 超临界循环流化床锅炉入炉煤粒径分布设计值如图 4-25 所示。

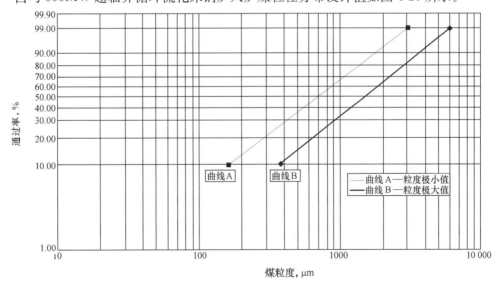

图 4-25　白马 600MW 超临界循环流化床锅炉入炉煤粒径分布设计值

第二节　600MW 超临界循环流化床锅炉
给煤系统及其主要设备

一、炉前给煤系统

锅炉，总是为燃烧某一特性燃料而设计建造的，不同类型的燃煤锅炉，有不同的给煤系统。将循环流化床锅炉与鼓泡流化床锅炉相比，以及将流化床锅炉与其他类型锅炉相比就会发现，它们在燃煤制备系统上存在显著的差异。鼓泡流化床燃烧系统对燃煤品质的要求最低。鼓泡流化床锅炉不像煤粉炉那样要求复杂的制粉系统，也不像层燃炉那样对给煤粒度较为敏感。鼓泡流化床锅炉既可以负压给煤（从悬浮段给入），也可以正压给煤（从料层给入）。燃烧高挥发煤种并采用负压给煤时，挥发分的燃烧容易造成悬浮段温度超温并降低燃烧效率，因为大量细颗粒还来不及燃烧就会逸出炉膛。在鼓泡流化床炉膛中，燃料一离开沸腾层就会由于温度急剧降低而无法继续燃烧。正压给煤系统会显著提高煤粒在炉内的停留时间并提高燃烧效率，但正压给煤系统对入炉煤的粒径及水分变化十分敏感，要求给煤制备设备必须运转正常。

与其他类型的燃烧系统相比，循环流化床锅炉的给煤系统相对简单。每个给煤点可以覆盖 $9\sim30m^2$ 的炉膛截面积，相当于每个给煤点的热功率可达 $30\sim130MW$。将一部分煤从回料管给入，可以改善煤粒在炉内的混合。由于燃烧效率及石灰石利用率的提高，大型循环流化床锅炉单个给煤点的覆盖面积也在增大。虽然有限的给煤点使煤粒在炉膛下部无法保证完全均匀的混合，但这种混合不均匀会由于炉膛上部强烈的混合而使其趋于均匀，这一点已为许多实际经验所证实。

（一）国内外大中型循环流化床锅炉给煤系统

炉前给煤系统是循环流化床锅炉辅助系统的重要组成部分。由于循环流化床锅炉具有很高的横向混合能力和较深的床层，因此其给料点相对于鼓泡流化床较少。给料点的设计与燃料特性（碳的反应活性、挥发分含量）以及横向混合程度（给煤方式）有关。

大型循环流化床锅炉给煤系统有 3 个作用：一是将储存在煤仓中的破碎好的煤送入炉膛燃烧，并根据锅炉负荷变化对给煤量进行调节；二是能够有效避免炉膛高压烟气的反窜；三是对给煤量进行精确的计量。目前，大中型循环流化床锅炉采用的给煤系统主要有炉前气力给煤系统、炉后多级给煤系统和炉侧给煤系统。

1. 炉前气力给煤系统

炉前气力给煤系统是指从成品煤仓到炉膛给煤口法兰的所有设备，通常包括成品煤仓、称重式皮带给煤机、旋转给料阀、气力式抛煤机（也称风力式抛煤机）、手动或电动隔离闸阀等。炉前给煤系统主要用于采用炉前气力给煤系统的大中型循环流化床锅炉。

在大型顺列式布置（也称 M 型布置）的循环流化床锅炉上，常采用重力皮带给煤机加风力播煤机的给煤设计方案，即每台重力皮带给煤机只给一个给煤口供煤。该设计方案一般仅用于前墙给煤的循环流化床锅炉上，如图 4-26 所示。在该设计方案中，每个成品煤仓的出煤口下方配一台重力皮带给煤机，每台重力皮带给煤机都有其各自的就地控制面板，每台面板都有一系列用以显示该给煤机状态的显示灯。每台就地控制面板上还设有用来控制单台给煤机的微处理器。微处理器将电子重力信号转换成给煤量信号并在 DCS 显示屏和就地显示屏同步显示。

在炉膛每个给煤口处都设有一台隔离滑动闸阀，该阀关闭时，可确保没有煤送入燃烧室。滑动闸阀上的限位开关信号将输入 DCS 并被显示出来。每台滑动闸阀还装有一个小型压缩空气罐，当仪用空气故障时，该空气罐中的压缩空气可以使滑动闸阀关闭。

每台重力皮带给煤机配有一台链式清扫机，其位置就在重力皮带机的皮带下方。链式清扫机将散落在主给料皮带

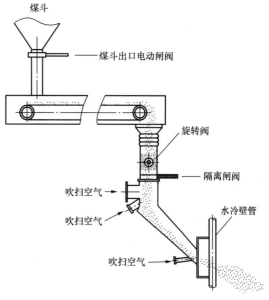

图 4-26　FW 型循环流化床锅炉
前墙给煤系统示意图

输送机之外的燃料送至重力皮带给煤机的排料口。

来自一次风机或二次风机的冷风，通过管道送至每台重力皮带给煤机，并用于对给煤机增压。此增压空气有助于将煤"推"入锅炉，并防止炉内高温烟气逆向流入重力皮带给煤机。

为了清除给煤点管道内的燃煤堵塞，在每个给煤点上还安装有"空气炮"。"空气炮"实际上是一个带有自动充气、放气控制阀的压缩空气罐。平时自动充满压缩空气，当给煤点管道内发生堵塞时，将压缩空气放出，把给煤点的管道吹通。只有在给煤点隔离阀完全关闭后，才能使用"空气炮"。

在炉前气力给煤系统中，给料口处压力应比炉膛高，以防止热气体从炉内反吹。通常给料点布置在敷设耐火材料的炉膛下部还原区，尽可能地远离二次风入口，从而使细煤粒在被高速气体夹带前有尽可能长的停留时间。由于炉墙给煤的扩散能力较弱，故每个给煤点的最大热输入（以低位热值为基础）较低。

2. 炉后多级给煤系统

用于 M 型布置的分离器位于炉膛后墙的中小型循环流化床锅炉回料器给煤，一般为三级布置。其中，第一级为称重式给煤机，第二级采用埋刮板式给煤机，将煤纵向输送到炉膛后部；第三级采用埋刮板式给煤机，将煤横向输送到相应给煤位置。

3. 炉侧给煤系统

用于分离器位于炉膛左右两侧的 H 形布置的大型循环流化床锅炉回料器给煤，根据锅炉成品煤仓的布置方式，又可分为单级和多级两种。

当锅炉煤仓布置在锅炉两侧时，由于输煤距离较短，可采用类似炉前给煤系统的处理方式，直接用称重式给煤机单级给煤。但采用这种煤仓布置的工程较少。

目前国内电厂一般采用成品煤仓炉前布置的方式。这就需要 H 形布置的大型循环流化床锅炉采用两级给煤系统。其中，第一级为称重式给煤机；第二级采用埋刮板式给煤机，将原煤输送至相应的给煤点。

从目前国内 135～300MW 的大型循环流化床锅炉的运行情况看，炉前给煤在简化系统、提供可靠性方面相对于炉后和炉侧给煤具有优势。主要表现在给煤距离短，设备较少，故障率较低；可设计为给煤机与给煤点一一对应，直接通过给煤机转速进行给煤量调节，不需要给煤机进行给煤分配等。但受炉前气力播煤装置单台设备容量、锅炉炉膛宽度（主要是电厂锅炉和煤仓间宽度等因素）的限制，在 300MW 以上容量等级的循环流化床锅炉中很难继续使用炉前气力播煤装置。

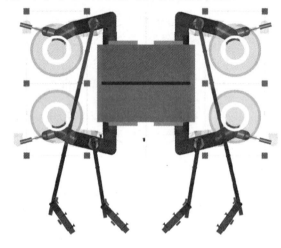

图 4-27　引进 300MW 循环流化床锅炉返料管给煤系统示意图

虽然炉侧回料器给煤系统相对复杂，但给煤受给煤装置容量影响较小，更适合于循环流化床锅炉的大型化。白马引进 300MW 循环流化床锅炉就全部采用返料管给煤，如图 4-27 所示。这种给煤方案有利于煤粒的混合和预热，同时有利于着火和燃尽。

美国 FW 公司设计制造的 460MW 超临界循环流化床锅炉，也采用炉侧给煤系统，共设计了 4 条给煤线，每条给煤线上设计了 3 台螺旋给煤机。

白马自主开发型 600MW 超临界循环流化床锅炉的给煤系统采用了 H 形六分离器、六外置床炉膛两侧布置方案，锅炉给煤系统则采用炉侧两级 6 点给煤，共有 12 个给煤点。

（二）白马 600MW 超临界循环流化床锅炉给煤系统

白马 600MW 超临界循环流化床锅炉综合采用回料器给煤点与外置床返回炉膛给料点相结合的形式，共布置有 12 个给煤点，单点给煤热功率为 128MW，单点给煤覆盖的布风板的面积为 $19m^2$，如图 4-28 所示。

这种给煤形式能起到煤粒子混合和预热作用，有利于煤着火和燃尽，并且采用多点给煤，给煤点沿炉膛深度方向均匀布置，降低了单个给煤口的热容量，煤入炉后能够播散开来，避免由于局部富煤区引起的结焦现象。每个给煤点上设有 2 个给煤装置，分别连接 2 条给煤线路，以提高给煤均匀性，同时能避免单条给煤线路故障造成分体炉膛两侧床压不均和翻床现象。

煤仓出口采用 4 条独立的输煤线路，每条给煤线路均包括两级给煤装置和相应配套设备。给煤从成品煤仓下的落煤口进入第一级称重式皮带给煤机，然后进入第二级埋刮板式给煤机。每个埋刮板式给煤机在 3 个回料器给煤口及外置床给煤口位置各设有 1 个出煤口，并通过落煤管分别与返料腿上各自的给煤装置连接。每条给煤线路的前两个落煤管上

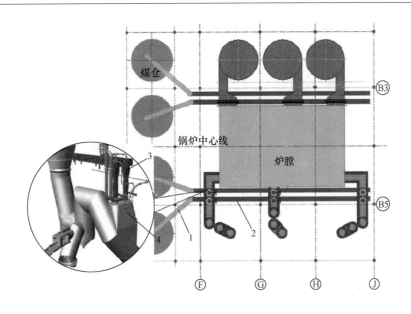

图 4-28　白马 600MW 超临界循环流化床锅炉给煤系统示意图

1—称重式皮带给煤机；2—埋刮板式给煤机；3—带调节的卸料装置；4—带吹扫的给煤装置

设有旋转给料器（或闸板调节阀）以控制各点的给煤量。同时，每个落煤管上还设有气动闸板阀，当系统断煤或落煤管超温时迅速关断，避免高温烟气的反窜。

二、炉前给煤设备

炉前给煤设备包括成品煤仓、电子称重式皮带给煤机、埋刮板输送机等。

（一）成品煤仓及相关设备

经过一级或两级破碎后的入炉煤被送入成品煤仓。成品煤仓与普通煤仓结构基本相同，但国内许多循环流化床锅炉的成品煤仓在运行中都或多或少地出现问题，主要的问题是堵煤和黏煤，如图 4-29 所示。

堵煤主要是由于煤仓内的煤粒出现"起拱"和"架桥"现象产生的；煤仓内壁面黏煤，则是导致煤仓可用容积减少、煤仓不下煤、出现阵发性沟流的主要原因。

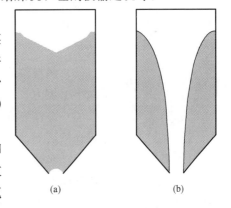

图 4-29　煤仓内的不正常流动现象

（a）由于煤仓内起拱而堵煤；

（b）由于煤仓壁面黏煤而呈沟流

产生起拱现象的原因有两种：一是由于煤粒之间产生自锁现象，尤其是与排料口尺寸相比，煤粒尺寸相对较大时；二是由煤粒之间的相互作用力引起，尤其在煤粒较细时，如图 4-30 所示。

当流动在沟流和起拱之间频繁变化时，就会出现一种不稳定的流动。沟流可能会因为外力振动、启用空气炮等因素而消失；沟流的边壁也可能脱落，在重力作用下形成起拱，继而又出现沟流，周而复始。

当成品煤粒在成品煤仓中沿一个沟槽流动时，就形成沟流现象，部分煤粒在流动，而其他的煤粒没有流动。如图 4-31 所示，当煤仓的锥形壁面与垂直方向的夹角过大时，壁面与煤粒之间的摩擦力太大，煤粒与煤粒之间而不是与壁面之间产生滑动时，就出现沟流。

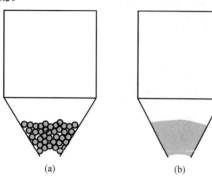

图 4-30　煤仓起拱的原因

（a）煤粒之间自锁；（b）煤粒之间相互作用

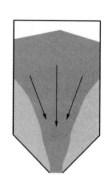

图 4-31　煤仓内的沟流现象

起拱和沟流的频繁出现，容易导致煤仓振动，引起煤仓的损坏并对给煤机造成冲击。

沟流或起拱，往往会带来锅炉熄火、煤仓自燃等后果。为避免这一问题，应使煤仓中的煤，形成如图 4-32 所示的"整体流"流动状态。要使成品煤仓中的煤以"整体流"的形式流出，煤仓设计及运行时应考虑以下条件：

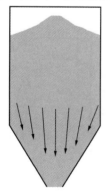

图 4-32　"整体流"
流动状态示意图

（1）煤仓壁面材料。一般而言，光滑的壁面易于形成整体流，但也有例外。国内一些电厂常采用在煤仓内壁铺设聚氯乙烯板或不锈钢板，以减小煤粒与煤仓表面的摩擦系数，实际运行情况表明，有一定的效果。

（2）煤粒整体特性。控制成品煤中的水分含量及颗粒尺寸，并尽量减小摩擦力。

（3）煤在煤仓中的停留时间。当停留时间太长时，某些煤粒会黏在煤仓壁面上，因此停炉前应尽量将煤仓中的煤烧完。

（4）腐蚀。由于煤中含有一些腐蚀性物质，时间一长，可能会在煤仓壁面上产生一些腐蚀，使摩擦力增大。

（5）磨损。一般而言，磨损会导致煤仓壁面更加光滑，但磨损也可能会磨掉光滑的内衬，使摩擦力增大。

当运行中发现煤仓出现起拱和沟流现象时，针对具体的情况，可以采用如下措施：

（1）调整成品煤的特性，如增加干煤棚。

（2）调整燃煤制备输送流程，如减少成品煤的储存时间、降低成品煤仓中的料位、定时清空煤仓等。

（3）采用空气炮、压缩空气、电动振打器、煤仓松煤装置等辅助手段清理煤仓。图 4-33 为成品煤仓综合清堵装置，图 4-34 为国外某厂商研制的煤仓流化清堵装置工作原理示意图。该装置的最大优点是能够大面积地松动仓壁上的黏煤，避免普通空气炮作用范围有限的缺点。

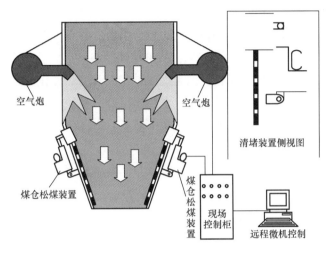

图 4-33　成品煤仓清堵装置示意图

图 4-34　煤仓流化清堵装置
工作原理示意图

（4）对煤仓结构进行改造，如增大煤仓下部倾角、改变煤仓出煤口结构、铺设摩擦力更小的光滑内衬等。

此外，成品煤仓出煤口结构也对煤仓出煤口附近的煤粒流动有一定的影响。国外某电厂还采用如图 4-35 所示的成品煤仓出煤口结构，该成品煤仓出煤口沿给煤皮带行走方向逐渐升高，使煤仓中的煤能均匀落到输煤皮带上。

为了解决煤仓堵煤问题，近年来，国内出现一种称为中心给料机的煤仓卸煤装置，结构如图 4-36 所示。

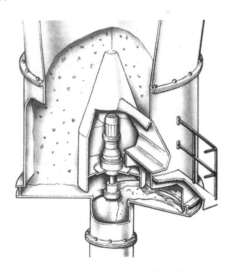

图 4-35　国外某电厂成品煤仓出煤口结构

图 4-36　中心给料机结构示意图

中心给料机主要由卸料底盘、内部锥体、支撑臂、卸料臂、中心出料口、驱动系统、润滑系统等部分组成。

中心给料机安装在料仓下，卸料臂整体安装在料仓内部，并解决下料问题。根据电动机不同的速度来控制卸料速度，通过特殊曲线形卸料臂与物料的剪切，使物料持续向中心运动并卸出，卸料臂与料仓内壁相切，防止物料在料仓内固结。

中心给料机料仓内的各种散装物料（包括流动性能较差的黏性材料）按照"先进先出"的原则进行卸料，从而避免物料长时间的堆积。中心给料机属于机械式可控制型给料，给料过程均匀稳定，没有因煤质特性、含水量等各种因素而导致给料量突然变化的现象，给料机下的落煤管内总是处于非充满状态。

中心给料机由大口到小口的给料过程在同一平面上完成，无需过渡，因此落料管内的燃煤为自由落体状态，给料通畅。

中心给料机的给料量在额定范围内通过变频调速对其给料量进行无级连续调节，最大给料量可达到2000t/h以上，满足用户不同的给料需求。中心给料机在火力发电厂原煤仓中的应用，可以降低输煤间的厂房高度，大大降低厂房的建筑成本。同时，可适当降低通往储煤料仓输煤皮带机的倾角，缩短输煤皮带机与输煤通廊的长度，并减小占地面积。

中心给料机的给料量均匀稳定，不会因物料流动特性的突然变化而产生给料量的变化，充分保证下一级给料设备的稳定运行，延长其使用寿命。设备本身若停止运转，则停止给煤，可以取消已往的关断门设备。该设备本身还具有自润滑系统，能够定期对其传动系统进行自润滑维护。

白马600MW超临界循环流化床锅炉炉前给煤系统中使用了中心给料机。

（二）电子称重式皮带给煤机

1. 概述

电子称重式皮带给煤机是一种带有微机控制的电子称量及自动调速装置的带式给料机，可以将燃烧煤精确定量地输送到锅炉，并具有自动调节和控制的功能，其结构如图4-37所示。

2. 给煤机结构

给煤机由机座、给料皮带机构、断煤及堵煤信号装置、称重机构、链式清理刮板、润滑及电气管路、电源动力柜和微机控制柜等组成。

（1）机座由机体、进料口和排料门体、侧门和照明灯等组成。机体为一密封的焊接壳体，能承受0.34MPa的爆炸压力。机体的进料口处设有导向板和挡板，原煤进入机器后能在皮带上形成一定断面的煤流。所有与煤接触的部分，均以1Cr18Ni9Ti不锈钢制成。

进料和排料端门体用螺栓紧密压紧于

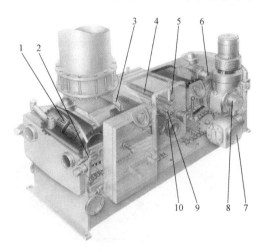

图4-37 电子称重式皮带给煤机结构图
1—张紧辊；2—张紧机构；3—推煤板；4—称重辊；
5—高精度负荷传感器；6—断煤信号器；7—清扫机构
减速箱；8—皮带输送减速箱及电动机；9—称重机构；
10—张力辊

机体上，以保持密封。门体可以选向左或向右开启。在所有门体上，均设有观察窗，在窗内装有喷头，当窗孔内侧有煤灰时，可以通过喷头用压缩空气或水予以清洗。

具有密封结构的照明灯，供观察机器内部运行情况时照明使用。

（2）给料皮带机构由电动机、减速机、皮带驱动滚筒、张紧滚筒、皮带支撑板以及给料胶带等组成。给料胶带带有边缘，并在内侧中间有凸筋，各滚筒中有相应的凹槽，使胶带能很好地导向。在驱动滚筒端，装有皮带清洁刮板，以刮出黏结于胶带外表的煤。胶带中部安装的张力滚筒使胶带保持一定的张力从而得到最佳的称量效果。胶带的张力，随着温度的变化而有所改变，应该经常注意观察，利用张紧拉杆来调节胶带的张力。在机座侧门内，装有指示板；张力滚筒的中心应调整在指示板的中心刻线。

给料皮带机构的驱动电动机采用风冷式电磁调速电动机或交流变频调速电动机驱动。通过控制器或变频器组成具有测速负反馈自动调节系统的交流无级调速装置，它能在比较宽广的范围内进行平滑的无级调速。

给料皮带减速机为圆柱齿轮及蜗轮两极减速装置。蜗轮采用油浴润滑。齿轮则通过减速箱内的摆线油泵，使润滑油通过蜗杆轴孔后进行润滑，蜗轮轴端通过柱销联轴器带动皮带驱动滚筒。

（3）断煤及堵煤信号装置。断煤信号装置安装在胶带上方。当胶带上无煤时，信号装置上挡板的摆动，使信号装置轴上的凸轮触动限位开关发出信号，表示胶带上无煤。断煤信号另一功能是可防止在胶带上有煤的情况下标定给煤机。堵煤信号装置安装在给煤机出口处，其结构与断煤信号装置相同，当煤流堵塞至排出口时，限位开关发出信号，并停止给煤。

（4）称重机构位于给煤机进料口与驱动滚筒之间，3个称重托辊辊表面均经过仔细加工。其中一对固定于机体上，构成称重跨距；另外一个称重托辊，则悬挂于一对负荷传感器上，共同称出胶带上煤质量。经标定的负荷传感器的输出信号和测速机输出的速度信号，通过微机控制系统指导这两者综合，就可以得到机器的给煤率。

在负荷传感器及称重托辊的下方，装有称重校准量块。在机器工作时，校准量块支撑在称重臂和偏心盘上而与称重托辊脱开，当需要标定时，转动校重杆手柄使偏心盘转动。称重校准量块即悬挂在负荷传感器上，从而检查质量信号是否正确。

（5）链式清理刮板供清理给煤机机体内底部积煤用，在机器工作时，胶带上黏结的煤通过皮带清洁刮板刮落，胶带内侧如有黏结的煤灰，则通过自洁式张紧滚筒后由滚筒端面落下，同时密封风的存在，也会使煤灰都积在机体底部，如不及时清除，往往有可能引起自燃。

刮板链条由电动机通过减速机带动链轮拖动，带翼的链条将煤灰刮至给煤机出口排出。链式清理刮板最好随给料皮带的运转而连续运行。采用这种运行方式，可以使机体内积煤最少。同时，连续清理可以减少给煤率误差。连续的运转，也可以防止链销黏结和生锈。

清理刮板减速机为圆柱齿轮及蜗轮两极减速。清理刮板机构除电动机采用电气过载保护外，还在蜗轮与蜗轮轴之间设有剪切机构。当机构过载时，剪切销被剪断，使蜗轮与蜗轮轴脱开，同时带动限位开关，使减速机停止转动，并发出信号给用户。

（6）密封空气的进口位于给煤机机体进口处的下方。法兰式接口供用户接入密封空气用。

密封空气压力过低，容易使炉内具有一定压力的高温烟气反窜进入给煤机烧坏给煤胶带；密封空气压力过高和风量过大，又会将煤粒从胶带上吹落，从而使称量精度下降，并增加清理刮板的负荷。密封空气量过大还容易使观察孔内产生尘雾而不利于观察。因此，应当适当调整密封空气的压力。

在给煤机机体进口处设有一个内螺纹接口，可以在这个接口接上压力表来测定机体内的压力数值，在不接压力表时则以螺塞密封。

（7）机器的润滑除减速机采用润滑油浸油润滑外，其余均采用润滑脂。机器内部的润滑点利用软管接至机体外，所以不需打开机器门体即可进行润滑。

电气接管采用软管装置，电缆线在软管内进入机体，并保持机体的密封。

（8）电源动力柜内装有热过载保护的磁力启动器以及变压器、熔断器与继电器等。电源动力柜不装在机器本机上，柜门表面装有电源开关，可以切断机器电源，柜门上的绿色指示灯则表示给煤机运行。

（9）微机控制柜内装有微机控制系统、信号转换板、速度控制器。微机控制柜安装在机体上，柜门表面装置微机显示键盘以及开关 SSC 和 FLS。

3. 电气控制系统

（1）给煤机微机控制。微机控制系统可用于条件恶劣、电源干扰频繁的工业环境，它采用特殊的电路、软件子程序、存储数据程序和操作参数永久存储器。这就使系统能在瞬时断电后恢复运行控制。微处理器封装在给煤机微机控制柜内，在控制柜门上装有玻璃门及接触键盘。键盘是密封显示板的一部分，该显示板与控制柜门之间是密封的。给煤机控制柜包含电源板、CPU 板、电动机速度控制器 3 个硬件。另外，备有附加输入输出组件，可以通过各种组合来满足不同的数字量或模拟量控制要求。

（2）给煤率测量和控制电路。给煤机的称重信号是由两个悬吊着的称重辊和称重传感器产生的，在称重辊的两边是两根称重跨支撑辊，该两辊之间的精确距离给出了一个进行物料称重的皮带长度。每一个称重传感器承担了在称重跨上物料质量的 25%。称重传感器输出的是一个代表物料在皮带上的 t/m 信号。这个质量数据提供给煤率公式，给煤机就是根据这个公式进行计算给煤率的，即

$$质量(t/m) \times 皮带速度(m/s) = 给煤率(t/s)$$

给煤机既可以接受一个内部给煤率设定，也可以接受一个用户提供的给煤率设定信号。这个信号将与物料在皮带上的质量、皮带速度以及其他参数而测量计算出给煤率反馈信号进行比较，从而产生一个系统误差信号来控制电动机转速。

给煤率的显示单位是 t/h，给煤率被累加后获得物料传送总量，以 kg 为总量单位。给煤机被设计成物料体积在称重跨上保持不变，因此物料密度可从称重传感器的输出获得。这个测量密度可在操作面板上显示，也可传输到遥控显示处。

（3）给煤机卸料口堵料报警。在给煤机出口处装有一个挡板式限位开关用于检测在出

料口是否发生堵塞情况。如果物料堆积并碰到了挡板限值的接触板时,挡板将推动限位开关 LSFD 的触点闭合,从而停止皮带传动电动机,这个报警装置包含有一个装在水平轴端部的由不锈钢制成的挡板和装在水平轴另一端的限位开关。这个开关装在给煤机的机体外部。限位开关壳体中的单极触点的闭合可通过轴端的凸轮加以调节。

图 4-38 是称重式皮带给煤机控制原理示意图。

（三）埋刮板输送机

埋刮板输送机是一种在封闭的矩形断面的壳体内,借助于运动着的刮板链条连续输送散体物料的运输设备。在水平输送时,物料受到刮板链条在运动方向的压力及物料自身重力的作用在物料间产生了内摩擦力,使物料形成整体料流而被输送。

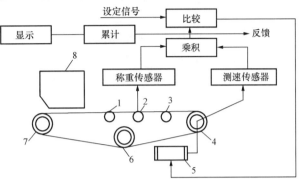

图 4-38 称重式皮带给煤机控制原理示意图
1~3—托辊；4—驱动滚筒；5—励磁放大器；
6—张力滚筒；7—从动滚筒；8—下料口

埋刮板输送机主要由头部、加料口、卸料口、刮板链条、中间段、过渡段、尾部等零部件组成,基本结构如图 4-39 所示。

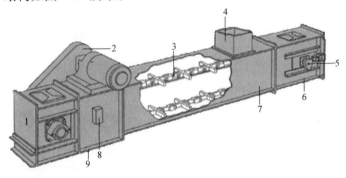

图 4-39 埋刮板输送机的基本结构
1—头部；2—驱动装置；3—刮板链条；4—加料口；5—断链指示器；
6—尾部；7—中间段；8—堵料探测器；9—卸料口

1. 埋刮板输送机结构组成

图 4-40 所示是埋刮板输送机的主要部件,包括刮板链条、头部、尾部、中间段等。

（1）刮板链条。电站专用型埋刮板输送机采用模锻链作为牵引构件。它由优质碳素钢或合金钢模锻造而成,具有结构简单、质量轻、强度高、使用可靠、耐磨损、寿命长的优点。

（2）头部。头部是埋刮板输送机的驱动部件,由头部壳体、头轮、头轮轴、轴承、轴承座、脱链器等零部件构成。根据需要,可以在头部上安装堵料探测器。头部分为左装和右装两种形式,站在输送机尾部往头部方向看,出轴在左为左装,出轴在右为右装。

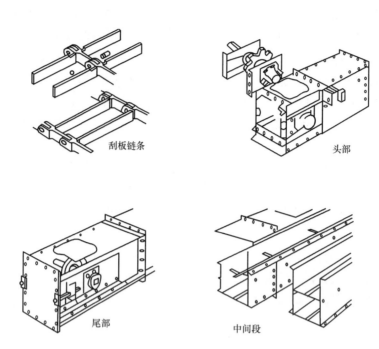

图 4-40　埋刮板输送机的主要部件

（3）尾部。尾部是埋刮板输送机的改向和张紧部件，由尾部壳体、尾轮、尾轴、轴承、轴承座、张紧丝杆等零部件构成，通过调节张紧丝杆来调节牵引链条的松紧使之达到最佳状态。根据需要，可以在尾部上安装断链指示器。

（4）中间段。中间段有两种，一种是普通中间段，用于单向输送，由机槽、上盖板、导向支承、导向槽及导轨组成。根据用户需求，可以在底板和侧板上衬上耐磨材料。另一种是双槽型中间段，较普通型中间段增加了中间隔板，用于上走料或者用于双向输送。

埋刮板输送机结构简单、质量轻、体积小、密封性强、安装维修方便；工艺布置灵活，可以多点加卸料及实现定量输送；由于壳体是封闭的，在输送有毒、易飞扬、易爆及高温物料时，对改善工人的操作条件和防止环境污染等方面都有突出的优点。目前，埋刮板输送机已广泛用于电力、冶金、交通、建材、化工、粮食、水泥等行业。

在我国电力系统，埋刮板输送机广泛地应用于煤粉电站磨煤机前的给料、煤粉配仓、飞灰输送以及循环流化床锅炉的炉前给煤系统和底渣输送系统中。

2. 埋刮板输送机输送原理

埋刮板输送机是一种在封闭的矩形断面的壳体内，借助于运动着的刮板链条连续输送散状物料的运输机械。它与通用刮板输送机的区别在于：刮板输送机由每一刮板来推动物料，带动物料向前输送，而埋刮板输送机在输送物料时，刮板链条埋在被输送的物料之中，与物料一起形成一股连续整体的料流向前移动，故而称为"埋刮板输送机"。刮板输送机只能作水平或小于30°的倾斜输送，埋刮板输送机除此之外，还能进行大倾角输送和垂直提升，并能在封闭的水平或垂直平面内进行循环输送，在水平—垂直—水平的复杂路径中进行复合输送。

　　埋刮板输送机的输送原理是利用散状物料具有内摩擦力和对竖直壁上产生侧压力的特性，使带动物料层运动的内摩擦力大于槽壁与物料之间的外摩擦阻力来实现物料的输送。水平输送时，物料受到刮板链条在运动方向上的推力，使物料被挤压，由于自重及两侧壁的约束，在物料间产生了内摩擦力，这种内摩擦力保证了料层之间的稳定状态，并足以克服物料在机槽中移动时产生的所有外摩擦阻力，因此物料就形成连续整体的料流随着刮板链条向前输送。垂直提升时，物料受到刮板链条在运动方向的推力，由于物料的起拱特性、物料的自重及机槽四壁的约束等诸因素的作用，在物料中间产生了横向侧压力，形成物料的内摩擦力。同时，下水平段的不断给料对上部物料也产生一种连续不断的推移力，迫使物料向上，当这些作用力大于物料和槽壁之间的外摩擦阻力及物料自身的重力时，物料就形成连续整体的料流而提升。因为刮板链条运动中的振动，料拱会时而破坏，时而形成，所以在垂直提升时，物料相对于刮板链条会产生一种滞后现象，其对输送效率和速度略有影响，但并不妨碍正常工作。

　　对于物料进行水平和小倾角输送，人们是不会有什么疑问的，然而对于物料进行大倾角输送、特别是进行垂直提升工作，许多人持有怀疑的态度。因为埋刮板输送机的刮板与刮板输送机的刮板不同，刮板输送机的刮板是一块整体的成型钢板，而埋刮板输送机的刮板是由扁钢弯曲成一定形状，中间空心的圆钢制成的，用于垂直提升的刮板，其中间为一空心形状，中间空心的刮板怎么能把物料往上提升呢？这不好比"竹篮打水"吗？难道物料不会从中间落下去吗？这种担心是多余的，如前所述，因为物料中形成了横向侧压力即内摩擦力，加上下部的不断给料，迫使物料不得不向上运动。这种解释似乎很抽象，我们可以举一个例子来说明这一问题。设想地上有一堆碎木屑，当你用双手或用两块干板夹住木屑向上运动时，碎木屑必定随之一同向上运动，绝不会掉下来，双手或平板中心不也是空心的吗？为什能提起木屑呢？其原因就在于：双手或平板施于碎木屑的侧压力，形成了较大的侧向摩擦力，使得即使碎木屑下部没有任何支托也能被抬起。这与埋刮板输送机垂直输送虽然不完全相似，但其原理却是一样的。所不同的是：机槽四壁不动，刮板链条为物料作用了一个向上的压力，在四壁的约束下，物料不会散塌，只能维持同机槽断面一样的矩形形状，相当于四壁给了物料以一定的横向侧压力，形成物料的内摩擦力。在刮板链条向上的运动中，它完全可以克服物料的自重及其与机槽四壁的外摩擦阻力，从而顺利地实现物料的提升工作。

　　显然，物料从四壁到中部的横向侧压力是逐步变小的。当机槽断面尺寸较大时，中部的物料仍有下掉的可能，此时，往往在刮板的中间加撑板或筋板予以支托，这在实质上是为了增大物料的内摩擦力。也就是说，并不是在所有情况下，都能使用空心刮板进行垂直提升工作，它与机槽宽度和物料特性有关。

三、600MW 超临界循环流化床锅炉回料器给煤系统布置特性及其主要设备

　　白马 600MW 超临界循环流化床锅炉的回料器给煤系统是在吸取国内已使用的回料器给煤系统布置的经验和教训进行优化设计的，从而能保证给煤系统密封、称重、按负荷要求的给煤三大基本功能上有良好的表现，主要的设计特点如下。

（一）优化的煤斗设计

从现有循环流化床锅炉的运行情况来看，煤斗的事故率很高，煤斗堵塞时有发生。分析其原因，大多数工程的煤斗都是参照链条炉设计长方形的煤斗，而没有考虑到流化床本身燃料颗粒的具体情况。流化床入炉煤粒径一般要求为 0～8mm。这种粒径的煤粒不像原煤颗粒之间间隙较大，堆积疏松；也不像煤粉那样具有流动性。因此，发生堵塞的几率要远大于原煤和煤粉。

按电力系统火力发电厂的相关设计要求，成品煤仓的容积应能满足锅炉满出力时 8h 以上的储煤量的需求。成品煤堆积在锥形煤仓内受到煤的挤压，使煤粒之间、煤粒与煤仓壁之间产生摩擦力。因此，越接近落煤口，其摩擦力及挤压力也越大。其中，煤粒间的摩擦力呈双曲线形增大，所以在靠近下煤口（约 1m）处的煤易搭桥。另外，水分越大，煤粒间的黏着力也越大，但当水分超过某一极限值时，黏着力又会减少。煤粒间的黏着力以单个颗粒间的黏附力为基础。颗粒越小，单位质量煤粒的表面积增大，煤粒间的黏附力增加，使煤的流动性恶化。

为减小成品煤与仓壁间的摩擦力，在新设计的煤仓中将采用一些措施：

（1）成品煤仓四壁与水平面的倾斜角大于 70°；

（2）在仓壁内衬不锈钢板或者高分子塑料板——聚氯乙烯（PVC）板；

（3）调整优化煤斗下部落煤口的尺寸和形状。

煤斗下部开口设计借鉴国内外设计经验：下煤口宽度在燃用烟煤时，大于等于 1000mm；燃用褐煤时，大于等于 1200mm，下煤口长度则小于等于 1200mm。因此，在 600MW 超临界循环流化床锅炉成品煤仓下部落煤口设计中，可适当增加开口尺寸，同时，将煤仓与给煤机连接部分的金属斗加工成双曲线形，以减少此处的堵煤现象。但下煤口开口增加后，对给煤机皮带的压力增加，需要对皮带托辊的承重力重新考虑。

（二）成熟可靠的称重式皮带给煤机

称重式皮带给煤机是火力发电厂 300MW 以上煤粉锅炉机组给煤系统的一个重要组成设备，在大中型循环流化床锅炉中也得到了广泛的使用。称重式皮带给煤机采用耐压壳体，可有效实现正压给煤，是循环流化床锅炉给煤系统中重要的一级给煤和计量调节装置。称重式皮带给煤机的可靠性对给煤系统的安全和经济运行有很大影响。燃煤锅炉通过调节称重式皮带给煤机给煤率来满足以下几个方面的要求：

（1）提供可靠的，不受干扰的煤流量；

（2）精确称重；

（3）根据从燃烧控制系统发来的信号提供锅炉需要的热量。

以上要求，完全可以通过对称重式皮带给煤机以及与之相配的煤斗、煤斗出口、落煤管及给煤机入口的优化设计得以实现。称重式皮带给煤机的主要设计特点如下。

1. 传动系统

电动机、减速机采用一体化结构；主动滚筒轴与减速机孔直接连接。这样结构紧凑，占用空间小，安装、维修方便，减少力的传递环节，传动效率高。采用变频调速方式，调速连续、范围广。

2. 称重系统

采用直压式称重传感器，信号采集直接、精确。

3. 测量系统

安装于主动滚筒轴端，可减少速度传递环节，更直接精确。

4. 精度标定

采用标准链码标定方式，称重传感器、测速传感器、电动机、减速机、称重托辊、计量胶带、主动滚筒、被动滚筒全部参与标定，能真实反映运行后各部件参数变化对称重系统造成的误差，并给予修订。动态标定，真实可靠。

5. 传感器工作温度

称重传感器工作温度为 $-30 \sim +80 \, ℃$ 。

6. 计量系统

容积与称重计量两种功能的计量切换在容积计量控制器与称重计量控制器两个独立的系统之间进行，其中一个控制器发生故障会自动切换到另一控制器上，不会影响计量，安全、可靠、灵活。

7. 胶带形式

采用带裙边（高 80mm）无缝隙的连续波纹挡边，整体硫化成型的无缝胶带。带裙边既可防止煤在运行过程中脱落，又可防止胶带在滚筒回转时煤从裙边缝隙处落下，保证了给料精度。胶带为柔软型胶带，其永久伸长率在 1‰ 以下，具有良好的韧性和几何精度，不易跑偏，具有阻燃特性。

8. 胶带防跑偏功能

主驱动滚筒采用带"人"字齿的鼓形结构，滚筒表面沿驱动方向有"人"字形沟槽，粉尘颗粒能够靠离心作用通过沟槽排出，由于锥度的原因，当胶带向一侧跑偏时其摩擦力水平分力的合力将永远指向滚筒中心，因此，能够自动调整至正常状态。

给煤机回程侧安装有 4 组 8 个防跑偏辊轮，当胶带向一侧跑偏时，该侧辊轮利用胶带斜度向中心方向施加作用力，起到强制纠偏作用。

（三）二级给煤机和落煤管

为实现每个给煤线路的 3 点均匀给煤，第二级给煤机选用埋刮板式给煤机。第一级给煤机使煤从煤仓到第二级给煤机；第二级给煤机则将煤输送到回料器和外置床返料管给煤点上的落煤管，如图 4-41 所示。

第二级埋刮板式给煤机底部开有落煤口。为调节每个给煤点的给煤量，在前两个落煤口下设计有调节闸板阀以调节落煤口的大小。落煤口处设计有密封风和脉冲清扫风。采用调节闸板阀控制给煤量的大小具有不宜堵塞的优点，适合于给煤水分和杂质较多的情况，缺点是控制给煤量的精度不高。

给煤点的给煤量控制也可采用旋转给料阀。采用旋转给料阀控制给煤量具有控制精度高、密封性能好的优点。但从已采用多级多点给煤的 135～150MW 超高压循环流化床锅炉的运行情况看，在目前国内煤种变化大、水分含量高和杂质较多的条件下，采用旋转给料阀容易造成堵塞和卡死的现象。国内旋转阀生产厂家正积极采取

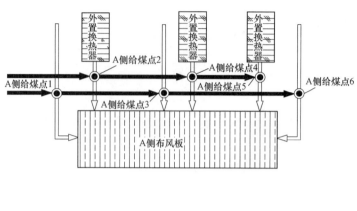

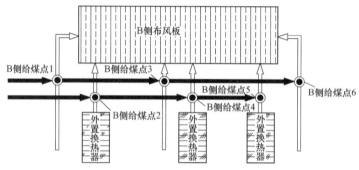

图 4-41　第二级埋刮板给煤机布置示意图

各种改进措施，如在旋转给料阀内设计有脉冲清扫风，必要时可对非受煤叶片进行清理，并采用中空轴给风结构，以防止堵煤，提高旋转给料阀在循环流化床锅炉给煤系统中的可靠性。

另外，在云南开远 300MW 引进型亚临界循环流化床锅炉中，为保证埋刮板给煤机 3 个落煤口的给煤量达到设计要求，在埋刮板给煤机的前两根落煤管各设置 1 台螺旋给料机，通过调整螺旋给料机的转速来调节给煤量。这种螺旋给料机与四川内江高坝电厂 100MW 进口循环流化床锅炉机组给煤机下设的螺旋给料机原理相同。采用螺旋给料机的目的是考虑既能有效调节各个落煤口的给煤量，又能很好地解决了堵煤问题。但从早期螺旋给料机在小容量循环流化床锅炉给煤系统中的应用情况看，螺旋给料机的使用并不十分理想。由于其在播煤的过程中对煤有挤压的作用，螺旋给料机在播撒水分含量较大的煤时易使煤起团结块，造成播煤装置的堵塞。同时，由于机械摩擦，螺旋给料机的磨损也比较严重。

综合分析调节闸板阀、旋转给料阀和螺旋给料机 3 种给煤量控制方法，利用调节闸板阀虽然精度较差，但可靠性是 3 种控制方法中最高的。因此，调节闸板阀是白马 600MW 超临界循环流化床锅炉的首选给煤控制方式。同时，锅炉制造厂、设计院以及用户也在密切关注循环流化床锅炉精确给料设备的技术发展和实际使用情况，并与旋转给料阀和螺旋给料机生产商积极配合，推动这些设备在大型循环流化床锅炉给料系统中更好地运用。

为便于设备检修和防止高温烟气反窜，在调节闸板阀（或旋转给料阀）下的落煤管设有快速关断阀，而快速关断阀设计为向下倾斜式，可防止积灰。

落煤管采用大直径大倾斜角设计。落煤管倾斜角越大，煤粒在落煤管侧壁受到的摩擦力越小；落煤管管径越大，煤粉下落越顺畅，不易附着在落煤管侧壁上，减少了落煤管堵煤的可能。另外，在落煤管加装管壁吹扫风，可进一步消除煤粒附着在落煤管侧壁上的现象。

（四）采用成熟可靠的回料管给煤装置

600MW 超临界循环流化床锅炉的给煤装置采用已有成熟应用的给煤装置，如图 4-42 所示。

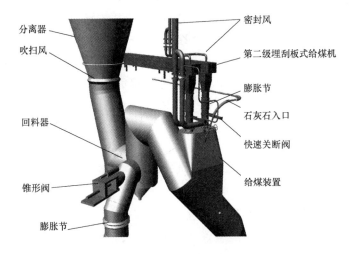

图 4-42　600MW 超临界循环流化床锅炉回料管给煤装置结构布置示意图

（五）给煤的计量和监控

白马 600MW 超临界循环流化床锅炉给煤系统计量通过两级控制。首先，从成品煤仓进入每条给煤线路的煤量通过各自的称重式皮带给煤机计量，经求和后得到锅炉总燃煤输入量。其次，通过每条给煤线路前两个给煤点落煤管上的调节闸板阀（或旋转给料阀）控制各给煤点的给煤量。

同时，在成品煤仓出口煤阀门上设有煤流监测器，用以监测煤仓出口煤流的情况（是否堵煤或无煤）。另外，在一、二级给煤机内的皮带上方设有断煤报警装置，在出口处设有堵煤报警装置，用以监测给煤机内的煤流情况。

总之，白马 600MW 超临界循环流化床锅炉的给煤系统是在充分吸收 300MW 亚临界循环流化床锅炉给煤系统设计原理，并结合国内外多级多点给煤技术实际运行中的经验教训进行优化的基础上设计完成的，具有较高的可靠性和满足工程需要的控制精度。所采用的技术较为先进且成熟可靠，完全能够保证 600MW 超临界循环流化床锅炉的运行和控制的要求。

第三节　白马 600MW 超临界循环流化床锅炉底渣系统及其主要设备

大型循环流化床锅炉底渣系统的主要作用，就是将锅炉排出的高温炽热灰渣及时冷却，并输送到底渣库中。底渣系统主要由冷渣器、输渣设备（埋刮板输送机或链斗式输送机等）、斗式提升机及底渣库组成。

从循环流化床锅炉中排除的高温灰渣会带走大量的物理热，对灰分高于 30％的中低热值燃料，如果灰渣不经冷却，则灰渣物理热损失可达 2％以上，这部分热量通过适当的传热装置是可以回收利用的。另外，炽热灰渣的处理和运输十分麻烦，不利于机械化操作，一般灰处理机械可承受的温度上限大多在 200～250℃之间，故灰渣冷却是必需的。而循环流化床锅炉除烟气带走一部分飞灰外，只能通过排放底渣的方式排除灰渣。为了控制炉膛床压，防止大渣沉积，保持良好流化条件，避免结焦，就必须适时地放渣。此外，底渣中的细颗粒床料，对炉内热量传递极为有利，为进一步提高燃烧和脱硫效率，有必要使这部分细颗粒返回炉膛。冷渣器作为底渣的冷却装置就是出于冷却底渣、便于输送、回收余热和细颗粒几个方面考虑设计的。

从冷渣器排出的底渣，通过输渣设备最后送入底渣库。在循环流化床锅炉底渣系统中，冷渣器是最重要的设备。

一、大型循环流化床锅炉常用冷渣装置

大型循环流化床锅炉配套的冷渣装置（冷渣器或冷渣器）有多种结构形式。按冷却介质分类，第一种是水冷式冷渣器，如水冷螺旋冷渣器、滚筒式冷渣器等；第二种是风水联合冷渣器，主要是各种流化床冷渣器，如美国 FW 公司的"底流式"流化床冷渣器、法国 ALSTOM 公司的"溢流式"流化床冷渣器、气槽式流化床冷渣器、混流式流化床冷渣器等；第三种是风冷式冷渣器，如国外的钢带式冷渣器等。

不同的冷渣器，有其不同的性能特点和适用场合，下面分别介绍。

（一）水冷式冷渣器

1. 水冷螺旋冷渣器

水冷螺旋冷渣器（见图 4-43）是一种应用较多的冷渣器。早期设计的水冷螺旋冷渣器，灰渣在螺旋叶片间隙流道中通过，水流通道可以是螺旋外壁，也可以是主轴上的水夹套。当底渣输送量较大时，还可以采用如图 4-44 所示的双螺旋式

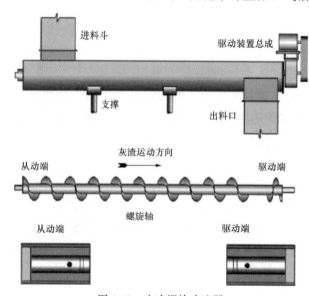

图 4-43　水冷螺旋冷渣器

冷渣器。

水冷螺旋冷渣器内由于隔绝空气，故灰渣中残炭再燃的可能性很小，但与流化床或移动床相比，其传热系数较小，因此冷渣器的体积较大。由于灰渣在冷却过程中混合差，基本上只有贴壁的一层参加传热，因此传热效果不是很好。

为提高水冷螺旋冷渣器的传热效果，新型水冷螺旋冷渣器采用图 4-45 所示的水冷螺旋叶片。冷却水首先进入中空结构的叶片内部，沿叶片中空部分向前流动到水冷螺旋叶片末端，再沿中空的螺旋轴流回到旋转接头，然后流出水冷螺旋叶片。

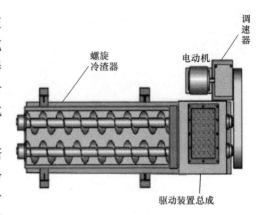

图 4-44　双螺旋式冷渣器

为防止结垢，水冷螺旋叶片采用化学除盐水作冷却水。通过一个水—水换热器，将冷却水的热量传递给电厂循环水。虽然锅炉排出的炽热灰渣的热量没有被有效利用，但与采用电厂冷凝水作冷却水相比，却避免了由于冷渣器磨损泄漏而可能造成对电厂冷凝水水质污染问题。

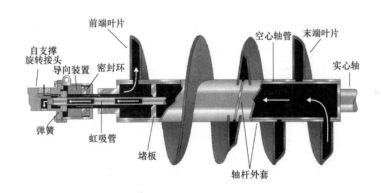

图 4-45　水冷螺旋叶片结构示意图

为防止水冷叶片由于高温变形被拉裂，整个水冷螺旋叶片仅在两端与水冷螺旋轴焊接，中间的水冷叶片可以沿水冷螺旋轴表面滑动。

为提高抗磨损能力，水冷叶片表面镀有一层耐磨合金材料。

为防止水冷螺旋冷渣器中的底渣通道堵塞，水冷螺旋叶片常采用变螺距设计，即从进料端到出料端，螺距逐渐变大。

水冷螺旋冷渣器的冷渣能力取决于其设计参数，如水冷螺旋直径、轴径以及转速。显然转速与冷却效果有关。在同一几何尺寸下，转速越高，则灰渣的停留时间越短，出渣温度越高，故推荐的运行转速为 20～60r/min。

水冷螺旋的螺距越大，则传热面积越小。为了在同样的灰渣量下扩大冷却面积，或当

图 4-46 FW 公司 460MW 超临界循环流化床
锅炉水冷螺旋冷渣器

灰渣处理量大时，为了减小冷渣器的外形尺寸，可采用双联螺旋叶片，这可使相同处理量时的冷却面积增大近 1 倍。

尽管水冷螺旋冷渣器的技术不断取得进步，但在实际使用中也出现了一些问题，如水冷螺旋进口处叶片和外壁，由于接触炽热高温灰渣，易出现烧蚀、磨损，最终导致水夹套磨穿漏水。另外，运行中还出现过轴和叶片受热变形扭曲、堵塞、电动机过载等问题。

水冷螺旋冷渣器在国内大型循环流化床锅炉中已基本不再单独作为冷渣器使用，但在国外还有应用。美国 FW 公司设计制造的 460MW 超临界循环流化床锅炉，设计燃烧低灰分褐煤，采用了水冷螺旋冷渣器，如图 4-46 所示。

2. 滚筒式冷渣器

滚筒式冷渣器是国内最早使用的一种冷渣器，也是具有完全自主知识产权的国产冷渣器。经过多年改进，这种以前主要用于中、小型循环流化床锅炉的冷渣器，目前已在近百台 100～150MW 循环流化床锅炉和几十台 300MW 循环流化床锅炉上应用。

目前，改进后的滚筒式冷渣器主要有百叶式滚筒式冷渣器和膜式壁管式滚筒式冷渣器两种结构形式。

图 4-47 所示为百叶式滚筒式冷渣器的结构和工作原理示意图。百叶式滚筒式冷渣器由百叶式传热滚筒、进渣装置、出渣装置、转动机构、冷却水系统及控制装置等组成。其结构特点是：两个直径不等的内外钢筒套装在一起，并构成封闭的水环形水腔，在内筒内壁焊接螺旋状叶片；在螺旋叶片间密布纵向叶片；螺旋叶片既是换热面，又有推动灰渣沿滚筒轴线方向移动的作用。

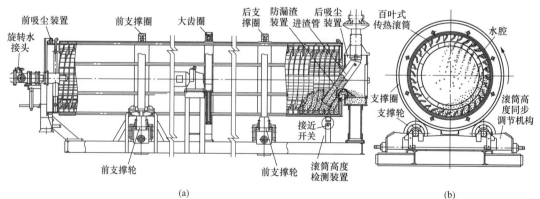

(a)   (b)

图 4-47 百叶式滚筒式冷渣器结构及工作原理示意图

(a) 结构示意图；(b) 工作原理示意图

这种滚筒式冷渣器的工作过程是：炽热灰渣经一个进渣管进入滚筒端部，并在进渣管端部周围堆积，当堆积到一定高度时，其产生的重力与管内渣流的重力平衡，管内渣流便被阻滞。当滚筒旋转而推动灰渣向滚筒出渣端移动时，进渣管端周围渣堆高度随之下降而打破了管内外灰渣重力平衡，进渣管内的渣又继续流出。这样，滚筒转，热渣流进；滚筒停，进渣停。实际使用过程中，通常将循环流化床锅炉床压信号接入变频器而成为电动机转速控制信号，使冷渣器出力自动跟踪锅炉排渣量。

实际应用中，这种改进型滚筒式冷渣器由于采用了纵向叶片，相当于增加了换热面积，使炽热底渣与水冷内筒的接触面积提高了近 50%，因此可以在较低转速下，达到较好的冷渣效果。在此基础上，相关生产厂家将滚筒式冷渣器改进为双套筒结构，使冷渣能力得到进一步提高。

近年来，曾多次出现过滚筒式冷渣器由于运行操作失误而引起的爆炸伤人事故。为提高防爆性能，冷渣器制造厂家纷纷推出全部采用膜式壁管制造的滚筒式冷渣器，其截面结构如图 4-48 所示。

图 4-48　采用膜式壁管结构的滚筒式冷渣器截面结构示意图

滚筒式冷渣器有如下主要优点：

（1）对锅炉底渣粒径大小不敏感，因此理论上讲，无论多大粒径的底渣，都可以冷却，不会造成堵渣等现象。

（2）底渣中的残炭在冷却过程中，不会再燃，因此不会出现结焦现象。

（3）设备结构简单，运行技术要求不高。

滚筒式冷渣器在长期运行中也存在以下问题：

（1）由于锅炉排渣管不能与转动的滚筒直接连接，因此运行中由于炉膛压力溢出或连接到尾部烟道的负压抽力不够，就会产生漏灰现象。

（2）滚筒式冷渣器进水口的旋转接头最高承压能力有限，在一定的冷却水压（冷凝水压）下，易出现漏水现象。

（3）为提高传热效果和出力，在滚筒内设置多个分仓结构并焊接了大量的肋片，空间小，检修困难。

（4）受滚筒圆周线速度和长度限制，滚筒式冷渣器冷渣能力的进一步增加有一定困难。

（二）风水联合冷渣器

风水联合冷渣器主要是指各种安装有水冷换热面的流化床冷渣器，流化风（空气或低温烟气）和冷却水同时作为冷却介质，冷却炽热灰渣。在电站循环流化床锅炉中，有多种结构形式的流化床冷渣器。

1. 单床式流化床冷渣器

早期的大型循环流化床锅炉采用并联单床流化床冷渣器，如国内引进的首台 410t/h 循环流化床锅炉采用了 6 个并联的单床式流化床冷渣器。在单床式流化床冷渣器中，灰渣由冷风或低温烟气流化，并将热量传递给流化介质，而冷却后的灰渣通过冷渣器排渣管排出。由于单床式流化床只能将热渣冷却至风渣平衡温度，且灰渣停留时间分布接近全混流时的情形，故单床式流化床冷渣能力有限，并较易出现尚未充分冷却的红渣。由于单床式流化床冷渣器排出的底渣温度仍较高，因此需要采用两级冷却系统，在单床式流化床冷渣器后再串联一个其他形式的冷渣器（如水冷螺旋冷渣器），对灰渣继续进行冷却。第二级冷渣器往往也起一个调节排渣量的作用。国内引进的首台 410t/h 循环流化床锅炉就采用了两级底渣串联冷却系统，第一级采用单床流化床冷渣器，第二级采用水冷螺旋冷渣器。

2. 美国 FW 公司的多仓"底流式"流化床冷渣器

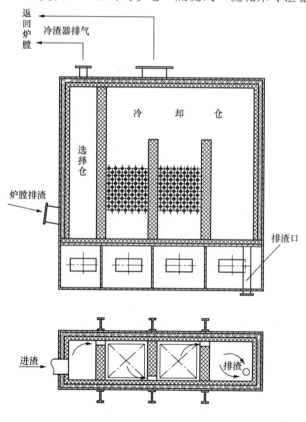

图 4-49 多仓式流化床选择式排灰冷渣器

近年来，国内外大型循环流化床大多采用多仓式流化床冷渣器。

图 4-49 所示为美国 FW 公司开发的冷渣器，由钢板和型钢制成的护板构成，内侧敷设防磨、耐火层。该冷渣器分为 4 个小仓，其上设有 1 个进渣口、1 个排渣管和 2 个出气口。沿渣的走向，冷渣器的四个小仓分别为第一级选择仓和之后的三级冷却仓，仓与仓之间用耐火耐磨砖筑成的分隔墙隔开，在进入下一个小仓之前，底渣绕墙流过，以延长停留时间；每个仓均有其独立的布风装置，在布风板上布置有定向风帽。按 FW 公司的原设计，冷渣器第二、三冷却仓采用冷风流化，选择仓采用再循环烟气流化，第一冷却仓则采用一次风空气预热器后的热风流化。由于采用再循环烟气流化选择仓需要增设一台再循环风机，采用热风流化使管道布置复杂，因此国内投运的该型冷渣器，四个仓都采用冷风流化（流化风来自一次风机或单独设置的冷渣器风机），以减少投资和降低系统的复杂性。每个冷渣器的进渣管上布置有 12 个风管，通过风管的定向布置、高压风的开关及风量的调节来保证渣从炉膛至冷渣器的顺利输送和进渣量大小的调节，进渣管所需空气由"J"阀回料风机提供。中间两级冷却仓中布置有采用回热水冷却的水冷管束，四个分仓中都设有事

故喷水。

当选择仓采用热一次风流化时，由于空气的助燃作用以及选择仓与炉膛之间的热灰循环，控制不好时，选择仓容易超温结焦。

在冷渣器的选择仓内可将未燃尽的碳粒继续燃尽，并筛选出炉渣中的细颗粒，通过选择仓顶部的风渣返料管，从炉膛侧墙送回炉膛。

冷渣器的冷却仓可将剩余的粗颗粒热渣冷却到 150℃以下之后排出。来自汽轮机回热系统的冷凝水，根据炉渣量及冷却情况，部分或全部被引入布置在冷渣器冷却仓中的水冷管束，进行渣的冷却和热量的回收。由于冷却仓的运行流化风速低，同时，水冷管束上还设有防磨鳍片和销钉（见图 4-50），因此管束磨损并不十分严重。

事故自动喷水系统用于紧急状态下灰的冷却，它是由安装在

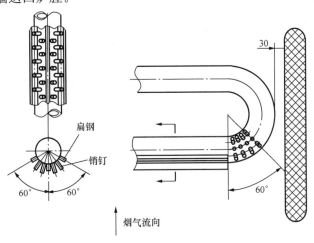

图 4-50　水冷管防磨销钉

16 个流化床空气喷嘴（每个小室安装 4 个）里的喷水头组成，系统水源为 0.42MPa，水温低于 33℃。

3 个冷却仓排气在第一、二级冷却仓之间的隔墙顶部附近排出，并从炉膛侧墙返回炉膛。

每台冷渣器有 5 个床温测点，3 个冷却仓各布置 1 个；选择仓有 2 个，布置在炉膛排渣管附近。冷渣器根据冷却仓温度来控制事故喷水。通过排渣管风的启停、风量的调节，开启关闭炉膛排渣，粗调炉膛排渣。冷渣器出口设有旋转阀，精确控制排渣量，保持炉膛床压和冷渣器床压的稳定。

冷却室排气及炉膛排渣管进渣温度都有相应的测温组件。

采用多仓式流化床的优点是可以形成气固逆流传热特性，从而保证每一级都有较大的传热温差，可以使出口渣温低于出口风温。

由于冷渣器中布置有加热冷凝水的埋管管束，也可当做是一种特殊的外置床，不过有所不同，因为外置床并非作为专门的锅炉出渣装置，它所处理的是细的循环物料，而流化床冷渣器主要是处理锅炉炉膛排出的底渣，两者的颗粒粒径不同，物性及组成也有差异，故两种设备的操作及控制方式不同。

目前，流化床分选式冷渣器在国内外已应用于烟煤、石油焦、煤矸石等不同煤种的循环流化床锅炉，但这种多仓式流化床"底流式"冷渣器运行至今仍存在一些问题。其主要问题如下：

（1）灰渣复燃结焦。

（2）处理大块焦渣的能力不强，经常会出现堵塞。

（3）从冷渣器返回炉膛的热风管道磨损。这是因为夹带的细灰未能有效地分离下来，或出口风管设计方面存在缺陷。

（4）床内埋管磨损。由于冷渣器处理的是宽筛分灰渣，故流化风速不可能降至外置换热器那么低，为解决埋管磨损问题，需采取有效的防磨措施。

（5）送风系统设计上的不足。这种问题在与一次风共用时较容易发生，造成调节困难。

（6）冷渣器的调节性能有待于提高。

（7）冷渣器排渣量不易控制，旋转排渣阀易卡死。

出现上述问题的主要原因是底渣颗粒太大，流动性不好，流化质量较差。尤其是当煤中灰分较多时，燃煤制备系统的二级破碎机出料粒度难以保证所致。

鉴于流化床分选式冷渣器在国内运行过程中出现的问题，锅炉制造厂商及用户都在对其进行不断改进。主要改进方法如下：

（1）将分选仓排气管拆除，分选仓与第一冷却仓之间隔墙上部相通，4个仓共用1个排气管。

（2）在第三冷却仓（最后一个冷却仓）中也设置与第二、第三冷却仓相同结构的水冷受热面。

（3）冷渣器冷却水采用凝结水，水压为1.5MPa，水温约为35℃。冷却水回到汽轮机回热系统。

采用上述改进措施的主要思路如下：

（1）国内燃煤灰分较高，并不一定需要将排渣中的细颗粒床料返送到炉膛中；

（2）增大冷渣器的冷却能力。

3. 法国 ALSTOM 公司的多仓"溢流式"流化床冷渣器

图4-51所示为引进型300MW循环流化床锅炉的流化床冷渣器。这种冷渣器也属于多仓式流化床冷渣器。每台锅炉共布置4台冷渣器，炉膛两只裤衩管各对应两台，当其中一台冷渣器短时间解列进行维修时，另一台冷渣器需承担单侧裤衩管（即半炉膛）的全部排渣量。

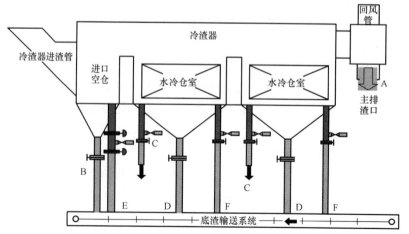

图 4-51 引进型 300MW 循环流化床锅炉的流化床冷渣器示意图

炉膛 4 个排渣口通过锥形阀与冷渣器连接。冷渣器呈矩形，通过分隔墙被分为 3 个仓室，护板及分隔墙均采用钢板结构，护板内表面与分隔墙外表面均敷设有耐火耐磨材料，隔墙同时还通过自然通风冷却，以提高耐磨耐火材料的可靠性。各个仓室下布置有风箱，灰渣颗粒通过布置于各个仓室底部布风板上的风帽实现流化冷却。进口空仓采用风冷却，两个水冷仓室内布置蛇形管，冷却介质为凝结水。最后一个冷却仓后墙设置有主排渣口（A）和回风口。当炉膛床压超过设定值时，冷渣器进口锥形阀开启，渣从侧面进入冷渣器的第一个进口空仓，在该室的流化冷却风作用下，部分随渣进入的未燃尽的煤，得以充分燃烧，并呈流化状态从风冷隔墙溢流到第一水冷冷却仓；同样道理，在第一水冷冷却仓的流化状态下，渣从风冷隔墙溢流到第二水冷冷却仓；经过两级水冷管束及流化冷却风的作用后溢流到主排渣口，并接入刮板输渣机。经风水冷却后的渣温能控制在 150℃以下。

由于底渣中的大尺寸渣块无法溢流，因此该冷渣器的每个仓都至少设计了两个排渣口。冷渣器各排渣口的结构和作用如下：

（1）主排渣口 A。从主排渣口排出的渣进入底渣输送系统。主排渣口正常排渣温度不大于 150℃，但极端工况下，如某一台冷渣器停运时，排渣温度可能会达到 200℃，排渣粒度为 0～10mm。

（2）风室排渣口 B、D。作用有二：其一，锅炉运行时，可能会有一些细灰通过布风板上的风帽进入到冷渣器各仓室的风室中，这些细灰将通过布置在风室底部的排渣口排出；其二，当锅炉在长时间停炉（冷态及温态启动）后启动时，再建立流化前的排渣。正常运行时，这些排渣口一般一周排一次，排渣量约 5kg/d，最高排渣温度不大于 250℃，粒度小于 100mm。风室排渣口需纳入底渣输送系统。

（3）进口空仓排渣口 E。冷渣器进口空仓排渣口布置在靠近冷渣器进渣管处，主要作用是排除来自炉膛的大渣，这些渣块可能影响冷渣器的流化。由于该排渣管的渣温较高，排渣设备的布置及选型应充分考虑该渣温，如底渣的输送方向应与冷渣器中渣的流动方向相反，以避免高温渣与底渣输送设备直接接触。同时，在该排渣管上串联布置了两个电动闸板门（带就地操作装置），并可通过主控室进行控制。在这两只依次打开的阀门间设计了带空气喷嘴的容器罐（容量大于 50L），以防堵并降低渣温。

该排渣口需纳入底渣输送系统，正常运行时一般每天排一次渣，若煤和石灰石粒径不能满足设计要求，则每班排一次。渣量约 50kg/d。

（4）冷渣器水冷仓排渣口 C、F。在冷渣器的每个水冷仓，均设置有两个排渣口，一个靠近水冷仓进口隔墙，另一个靠近水冷仓出口隔墙，用于该仓中堆积在受热面间大渣的排除，避免影响受热面的换热效率。

靠近水冷仓进口隔墙的排渣口的大渣引至距地面 1～2m 处，在该排渣管上设置了一个手动闸板门，在该闸板门的上游布置有空气喷嘴，以防堵并降低渣温。在必要的时候（如底渣系统出问题或大渣量较多）进行排渣。

靠近水冷仓出口隔墙的排渣口与底渣输送系统相连，在该路排渣管上布置了一个电动闸板门（带就地操作装置），在该闸板门的上游布置有空气喷嘴，以防堵并降低渣温。正常运行时，一般 2～3 天排一次渣；若煤和石灰石粒径不能满足设计要求，则每班排一次。

渣量约 800kg/d。由于渣温可能达到 500℃，故需充分考虑此状态下底渣输送系统的正常运行。

由于国内电厂燃用的煤质变化较大，其破碎粒度难以保证，大渣的沉积较多，通过这些辅助排渣口，可以做到大渣细灰各行其道。但在实际使用中却发现，锅炉排出的底渣进入分选仓后，却很难溢流到下游的冷却仓中，从而导致分选仓经常结焦堵塞。

通过比较 FW 公司和 ALSTOM 公司的多仓式流化床冷渣器，可以看出：FW 公司的分选式冷渣器，各冷却仓之间的灰渣通道紧靠布风板，即底渣是通过"底流"方式从一个仓进入到下一个仓的。这种底流方式的优点是可以排出大渣，缺点是容易发生堵塞。ALSTOM 公司的多仓式流化床冷渣器，底渣是通过"溢流"方式进入下一个仓的。这种溢流方式的优点是不易发生堵塞，缺点是较大的渣块无法溢流到下一个仓，从而在所在仓中沉积、堵塞。因此，ALSTOM 公司的多仓式流化床冷渣器中的每一个仓，都有专门的大渣排放口，冷渣器的排渣口较多。

两种冷渣器的受热面布置及传热机理也有差异。FW 公司的冷渣器，受热面布置位置较高，与流化风及其所携带的中、小粒径灰渣进行换热。换热后的流化风和细小颗粒被吹入炉膛，而中等以上的颗粒可能重新落回底部流化床中。因此，从换热的角度来看，相当于流化风冷却了灰渣，再将热量传给水冷管，而水冷管并没有直接冷却灰渣。只有与水冷管换热后重新回到底部流化床的灰渣，才是真正被水冷却管冷却的灰渣。因此，这种冷渣方式的效率不高。而 ALSTOM 公司的多仓"溢流式"冷渣器，水冷受热面以埋管形式放置于流化床冷却仓中，因此流化风速就不能太高，否则磨损严重，这就要求灰渣的粒径不能太粗，所以进入冷却仓的渣必须通过溢流方式从分选仓中分选出来。此外，为了布置足够多的水冷受热面，保证冷渣效果，就要求冷却仓的深度较大才行，相应的流化风压也较高。

图 4-52　美国 B&W 公司的
流化床冷渣器

4. 美国 B&W 公司的流化床冷渣器

图 4-52 是美国 B&W 公司研制的流化床冷渣器，该冷渣器的最大特点是整个冷渣器采用膜式壁弯制而成。由于采用了膜式壁结构，因此该冷渣器可以与炉膛连为一体，消除了膨胀差。

5. 气槽式流化床冷渣器

近年来，为解决流化床分选式冷渣器存在的堵渣问题，国内某循环流化床锅炉辅机配套厂家开发出可用于大型循环流化床锅炉的气槽式冷渣器，如图 4-53 所示。

气槽式冷渣器采用喷泉床的工作原理。结构上采用分仓送风、倾斜布置的密孔板式布风板，且冷渣器内部一般不设隔墙或仅设置下部悬空、高度较矮的隔墙（主要防止进口红渣直接排到出渣口）。从炉膛排出的高温灰渣经排渣风吹入冷渣器中，在气槽流化风

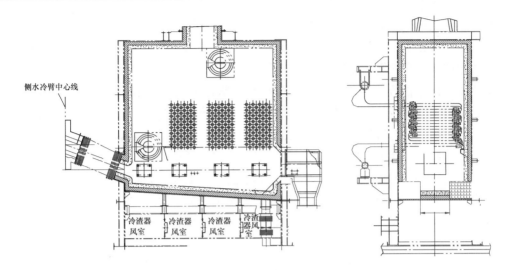

图 4-53　气槽式冷渣器结构及工作原理示意图

作用下被吹入冷渣器上部空间，将热量传给流化风和水冷管束，然后沿两侧壁的斜坡重新滑入气槽中，并逐渐向排渣口移动。当冷渣器内的流化灰渣高度超过排渣溢流口时，灰渣就自动从排渣口排出。由于采用了倾斜布置的布风板，在布风板较低的一端设有粗渣排放口，将溢流不出来的粗渣排出冷渣器。送入冷渣器的流化风，最后经顶部排风管排入炉膛（作为辅助二次风）或排入尾部烟道。根据目前应用在多台 100～150MW 级循环流化床锅炉上的气槽式冷渣器的运行效果，气槽式冷渣器确实具有冷渣效果好的优点，基本上不会出现堵渣、结焦现象。

　　目前，单台气槽式冷渣器的最大底渣处理能力已达 20t/h 左右，在结构上进行某些改进的气槽式流化床冷渣器已有 300MW 循环流化床锅炉的应用业绩。

　　气槽式流化床冷渣器存在的主要问题如下：

　　（1）水冷受热面磨损与水冷换热效率的矛盾无法解决。由于流化风速较高，当受热面布置位置较低时，冷渣效果好，但水冷管束磨损严重；受热面布置位置较高时，水冷却管的换热效率又太低。

　　（2）大量流化风送回到炉膛后，对炉内燃烧影响较大。气槽式冷渣器，每冷却 1t 渣，大约需要 2000～3000m³ 空气。

　　6. 混流式流化床冷渣器

　　混流式流化床冷渣器，也称为复合式流化床冷渣器，是近年应用于大型循环流化床锅炉的一种新型流化床冷渣器，如图 4-54 所示。

　　该冷渣器由一个风力分选仓（也是粗颗粒底渣冷却仓）和 2～3 个细颗粒底渣冷却仓组成。

图 4-54　混流式流化床冷渣器
结构原理示意图

混流式流化床冷渣器的工作原理是：从循环流化床锅炉中排出的底渣，首先进入一个类似于气槽的流化床中，利用流化风进行床料分选。细床料被流化风带入隔墙另一侧的细颗粒流化床中，粗颗粒则继续留在气槽流化床中被流化风冷却，冷却后由另一端排出。细颗粒流化床里面布置若干水冷管束（埋管），细床料在细颗粒流化床中被流化风和水冷埋管冷却，从一个细渣冷却仓流到另一个细渣冷却仓，渣温降到150℃以下后，从最后一个细渣冷却仓排出。分选流化床和细颗粒流化床的流化风冷却床料后，从冷渣器顶部排出，既可以排入炉膛作二次风，也可以通过一个气固分离装置排入尾部烟道（省煤器和空气预热器之间）。简单地讲，复合式流化床冷渣器就是借助风力分选原理，首先将循环流化床锅炉排出的底渣分选成粗颗粒和细颗粒，再根据粗细渣的不同流化特性，分别采用最适当的方式冷却：粗颗粒底渣采用气槽式冷渣器冷却，细颗粒底渣采用与循环流化床锅炉外置床类似的细颗粒流化床冷却。

简而言之，从炉膛排出的高温灰渣，在混流式流化床冷渣器中按如下方式进行分选、冷却和回收：锅炉排渣进入冷渣器后进行风力分选，大渣（>4mm）采用风冷，细渣（<4mm）采用流化床风水联合冷却，并通过调节细渣仓的流化风速，实现对排渣粒径（返回炉膛的细灰粒径）的选择性回收。

与其他流化床冷渣器相比，混流式流化床冷渣器具有如下技术优势：

（1）采用风力分选技术，实现粗细渣分离。

（2）粗渣采用流化风冷却，避免磨损水冷管；细渣采用风水联合冷却。

（3）解决了冷却受热面磨损与高分选流化风速冷却之间的矛盾。

（4）应用微鼓泡流态化技术，可维持很低的冷却仓冷却风量，每冷却 1t 底渣所需流化风量约为 $800 \sim 1200 m^3$（视底渣粒径分布而定）。

（5）风水冷却比例视底渣粒径分布而定，底渣粒径越粗，风冷比例越大。

（6）通过各仓之间的"底流"或"溢流"装置，有效控制底渣的流动。

（7）混流式冷渣器流化风，既可以返回炉膛，也可以接到循环流化床锅炉省煤器与空气预热器之间的尾部烟道。

根据对国内多台锅炉排渣粒径的取样分析，循环流化床锅炉底渣中，粒径大于 4mm 的底渣比例通常不超过 25%［个别资源综合利用型循环流化床电厂（注：燃用 60% 以上的煤矸石）的底渣中粒径 4mm 以上的可达 30%］，因此采用混流式流化床冷渣器风力分选技术，25%～30% 的粗渣采用气槽冷却，其余细渣采用类似于循环流化床锅炉的外置床冷却，总的冷渣出力即可达到 40t/h 以上。

混流式流化床冷渣器目前已有在 300MW 循环流化床锅炉上的应用业绩。

（三）风冷式冷渣器

风冷式冷渣器，顾名思义，就是完全采用冷风或低温烟气冷却循环流化床锅炉排放出的炽热高温底渣。由于风冷式冷渣器用风量大，因此国内应用较少。用于电站循环流化床锅炉的风冷式冷渣器主要有钢带式冷渣器、气力输送式冷渣器和拆除水冷受热面后的气槽式冷渣器。下面分别加以介绍。

1. 钢带式冷渣器

　　钢带式冷渣器是从国外某公司引进的专利技术，最早用于煤粉炉的干式排渣，其结构与系统布置如图 4-55 所示。

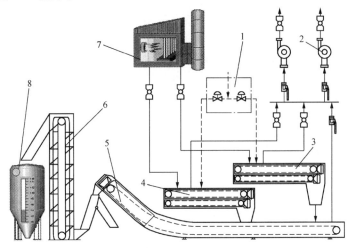

图 4-55　钢带式冷渣器结构与布置示意图

1—紧急喷水阀；2—冷却风机；3—钢带式冷渣器；4—超强钢带；

5—埋刮板输送机；6—斗提机；7—炉膛；8—底渣库

　　钢带式冷渣器类似一个链条炉，从炉膛排出的炽热灰渣直接落在炉排上，在炉排带动下向后缓慢运动，并逐步被从炉排下吹出的空气冷却。冷却灰渣后的空气经过冷却风机增压后，进入锅炉炉膛作二次风使用。在冷却风机的抽吸作用下，钢带式冷渣器内部呈微负压运行状态。

　　2. 气力输送式冷渣器

　　国内曾应用过气力输送式冷渣器。高温灰渣借助与冷渣系统尾部的鼓风机所形成的入口真空与冷风一起吸入输渣管，在管内气固两相混合传热，达到冷却底渣的目的。在输渣管的出口处有气固分离装置，冷渣排出，热风则被送入炉内。

　　气力输送式冷渣器由于管道系统磨损严重、电耗太高等原因，未在大型电站循环流化床锅炉上应用。

　　（四）大型循环流化床锅炉对冷渣器的要求

　　循环流化床锅炉容量的增大、燃煤灰分的增加以及添加石灰石脱硫，都使得循环流化床锅炉底渣量大幅增加。对中小型循环流化床锅炉而言，底渣冷却可采用多种方式，如目前常用的滚筒式冷渣器、风水联合冷却式冷渣器、气槽式冷渣器等，它们采用空气和/或水冷却底渣。但当循环流化床锅炉容量进一步增大后，对冷渣器提出了新的要求，这些要求如下：

　　（1）应慎重考虑底渣的冷却介质。原因是：如果底渣全部采用风冷，则大量的底渣冷却风进入炉膛。因为每冷却 1t900℃左右的热渣（冷却至 150℃），大约需要 3000m³ 空气。大量的冷却风送入炉内，面对高浓度的气固两相流动，很难起到均匀送风的作用，从而导致炉膛中心区域缺氧或排烟热损失增大，并伴随着分离器温升偏高的现象。如果底渣全部采用水冷，则冷凝水用量相当大，对汽轮机最后两级的抽汽量排挤明显，增加了汽轮机的冷凝损失。并且，当锅炉燃烧劣质煤、渣量较大时，可能出现全部冷凝水都不能满足冷渣器冷却水量的问题。

（2）以水冷为主或采用部分水冷的冷渣器，应能采用或部分采用高压给水。冷渣器的热量回收，一直是一个未完全解决的问题。采用风冷，热量可以回到炉膛。采用水冷，按目前的常规设计方案，一是采用冷凝水，二是采用除盐水，再通过水—水换热器换热给循环水。前一种方式，虽然回收了底渣的热量，提高了电厂循环热效率，但是减少了汽轮机末级抽汽，使汽轮机冷凝损失增大。底渣排出的绝大部分热量实际上并没有被有效利用。后一种方案，由于受冷却水温升的限制，冷却水回收的热量很难利用，只能由循环水排走，底渣的热量就根本没有回收。这一设计方案的唯一优点，就是当锅炉负荷、煤种（灰分）变化时，对汽轮机抽汽和汽轮机末级叶片工作条件没有影响。因此，为了有效回收底渣热量，最好能采用部分高压给水作为冷却介质。由于给水温度通常高于冷渣器的排渣温度，因此还需要采用部分冷凝水或冷空气将冷渣器排渣温度降到150℃以下。

（3）冷渣器应能根据锅炉运行需要，既能冷却底渣，也能冷却循环灰系统排出的高温循环灰，同时还能回收底渣中的部分细颗粒。大容量循环流化床锅炉床压较高，运行中要求的灰渣循环量较大，为了减少磨损，保证锅炉负荷，要求床料中应有较大比例的细颗粒。因此，锅炉运行时，使底渣中的部分细颗粒重新回到炉膛的冷渣器，以适应燃用高灰分劣质煤的要求，就成为大型循环流化床锅炉新的运行要求。在回收细床料和回料器（外置床）放灰冷却方面，流化床冷渣器具有结构优势。当选用水冷式冷渣器时，应考虑设置冷灰器，用以冷却回料器或外置床排放的循环灰。

（4）更高的冷渣能力。近年来，由于锅炉燃用煤质不断下降，大型循环流化床锅炉对冷渣器的冷渣能力提出了更高要求。以白马600MW超临界循环流化床锅炉为例，配置了6台冷渣器，设计要求单台冷渣器的冷渣能力要达到40t/h。为此，国内某锅炉厂开发出一种移动床冷渣器，如图4-56所示。该冷渣器采用水冷壁管弯制而成，其主要作用是采用高压加热器给水，将锅炉排渣冷却到400～500℃后排出，再进入第二级冷渣器中继续冷却。

（5）底渣冷却方式对机组热效率的影响。近年来，由于电厂煤质不断下降，循环流化床锅炉底渣量增加较多，不同的底渣冷却方式对机组效率的影响问题，日益受到人们的重视。根据相关研究，针对150MW、300MW以及600MW超临界循环流化床锅炉机组，按设计煤种在额定工况下计算发现，采用流化床冷渣器比采用水冷式冷渣器，可降低锅炉发电标准煤耗2.5g/kW以上，这一数值约占机组发电负荷的0.8%（按300MW循环流化床机组发电标煤耗300g/kW计算），相当于一次风机电耗的40%。这充分说明，从节能减排角度来看，

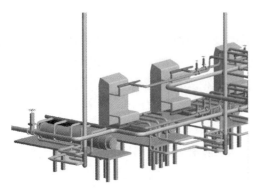

图4-56　膜式壁移动床式冷渣器
结构布置示意图

流化床冷渣器更节能。

二、白马 600MW 超临界循环流化床锅炉底渣系统及冷渣器结构布置特点

1. 底渣系统布置特点

白马 600MW 超临界循环流化床锅炉底渣系统包括如下主要设备：

（1）对应于每个排灰点的 1 套手动闸板；

（2）6 台冷渣器；

（3）冷渣器与输送装置间的送灰槽；

（4）冷渣器下的 3 台埋刮板输送机；

（5）3 台斗链式提升机。

底渣系统主要用于排放和冷却从炉膛排出的灰渣。

除渣系统按一台炉一个单元设计，底渣采用机械方式两级输送。从锅炉冷渣器出口至储渣库按连续运行设计。

底灰的排放主要通过滚筒式冷渣器，锅炉共布置 6 台冷渣器，炉膛两只裤衩管各对应 3 台，当某裤衩管的其中 1 台冷渣器短时间停运解列进行维修时，另 2 台冷渣器需承担一侧裤衩管（即半炉膛）的全部排渣量，此时的渣温可以满足灰渣的输送。

炉膛排出的底渣温度为 800～850℃，采用冷凝水和除盐水为介质，经冷渣器冷却到小于 150℃。冷却后的底渣按每 2 台冷渣器为一个单元，分别排入锅炉下的 3 条耐高温刮板输送机，由耐高温刮板输送机输送至底渣库外的斗链式提升机，再提升进入 2 座底渣库中，其中中间一台斗链式提升机，出口设置有三通闸板，可以将底渣排放至任意一座底渣库。

底渣库布置在锅炉的炉侧，底渣库底部设 3 路排渣口：第一路干渣经干灰卸车机装车外运，供综合利用；第二路经双轴搅拌机加湿搅拌装车运至临时灰场；第三路留有锅炉床料添加管道接口。除渣系统中刮板输送机和斗链式提升机的出力按每台炉设计排渣量的 250％ 设计。锥斗设计成 60° 倾角，并设置气化装置，便于卸渣畅通。

2. 冷渣器选型考虑

目前国内使用的冷渣器分为机械式冷渣器（包括滚筒、绞龙、钢带冷渣器）和非机械式冷渣器（包括风水冷、气槽冷渣器）两种。两种冷渣器各有其利弊。通过分析研究，认为冷渣器的选型关键在于：

（1）适合电厂的实际情况。实践证明，流化床对于入炉煤质的要求比较高，但是由于我国国情，煤中石块和矸石多，输煤破碎系统设计选型困难，入炉煤质较难保证。此时，就要选取对煤质粒度不敏感的冷渣器。

（2）综合考虑运行可靠性与经济性的关系。与流化床冷渣器相比，滚筒式冷渣器运行可靠性较高。在煤质灰分不太高的情况下，只能牺牲经济性，而选择可靠性更高的冷渣器。

在超临界循环流化床锅炉（白马）设计中，由于灰量较大，拟采用滚筒式冷渣器。滚筒式冷渣器作为循环流化床锅炉的冷渣、除渣设备，以其运行稳定可靠、对炉渣粒度适应范围广等显著特点而被广泛应用。

3. 冷渣器布置特点

冷渣器排渣口设在炉膛外侧墙下部，每侧布置 3 台，两侧共布置 6 台滚筒式冷渣器。在进渣管上设有关断阀门，以备冷渣器事故时使用，同时在该管路上设有三维膨胀节，以吸收锅炉的热态膨胀位移。热渣经进渣管进入冷渣器冷却后，由出渣口流出，进入除渣系统进行输送和外运。

冷渣器对称布置在锅炉中心线的两侧，为了避开锅炉的钢柱，冷渣器的中心线偏心布置在锅炉出口中心线的一侧，即下渣管可以倾斜布置和冷渣器的进渣口连接；同时冷渣器布置在高度为 2m 的混凝土立柱上，和采用钢支撑相比，没有斜拉筋，便于工人通过，且具有更好的刚性、耐振性及耐热性，如图 4-57 所示。

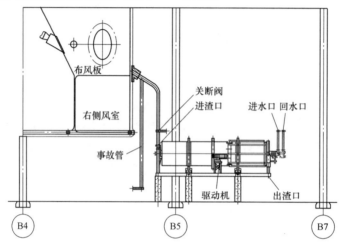

图 4-57　白马 600MW 超临界循环流化床锅炉冷渣器布置示意图

白马 600MW 超临界循环流化床锅炉排渣口布置在炉膛外侧墙，采用侧向排渣，其主要优点如下：

（1）不破坏炉膛布风板的连续性，保证炉膛布风的均匀性。

（2）侧向排渣管在炉外布置，工作条件较好，密封良好。

（3）侧排渣方式的冷渣器可布置在炉膛四周较高标高处，便于除渣及其他系统的布置。同时避免了炉底过于拥挤，使各设备检修更加方便。

（4）侧排渣管的合适部位可设置打焦孔，当出现排渣口结焦时可以及时排除。

（5）检修方便。

4. 底渣系统布置及冷渣器结构优化措施

（1）场地布置的优化。大型循环流化床锅炉，特别是燃用煤矸石、油页岩等高灰煤的循环流化床锅炉，冷渣器的布置一直存在较大的问题，主要原因在于：冷渣器台数多；冷渣器尺寸大；布置位置要考虑离回料器回灰点有一定距离，并避开钢柱等部件。

按以上原则，白马 600MW 超临界循环流化床锅炉沿炉膛深度最多能布置 8 台冷渣器。通过优化布置，采用冷渣器分层布置方案，则可以从容地布置 16 台冷渣器，并保证冷渣器性能可靠，布置美观。

（2）预防冷渣器堵渣的措施。为了防止在冷渣器前后及内部堵渣，白马 600MW 超临界循环流化床锅炉冷渣器采用了如下措施：

1）滚筒式冷渣器筒体结构决定了其进渣端内部筒体为开阔式结构，且落渣管与筒体间留有足够空间，不可能堵渣。

2）冷渣器出口侧为落料管结构，通过锅炉下渣管的渣均能顺利通过，也不会发生堵塞现象。

3）滚筒式冷渣器采用结构先进、可靠长效的防漏渣专利结构。螺旋体的两侧均带有螺纹，把渣推向出渣侧，同时，若有细渣进入收料体内，可以经过返料体进入冷渣器的筒体内部，实现漏渣内部循环，消除外漏，如图 4-58 所示。

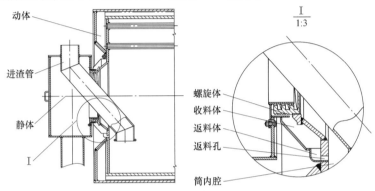

图 4-58　滚筒式冷渣器的防漏渣专利技术示意图

流化床锅炉容量的不断放大，给循环流化床锅炉冷渣器的选型和设计也带来了一定的困难，具体表现在以下几方面：① 单台冷渣器的冷渣量增大，冷渣器外形尺寸也不断放大，需要解决锅炉冷渣器场地布置问题；② 冷渣器冷却水压力高（＞4MPa），需要解决冷渣器管筒的保护问题和漏水问题；③ 对冷渣器结构进一步优化，防止漏渣、漏水等故障，提高冷渣器的使用率，延长使用寿命；④底渣冷却方式对电厂热经济性的影响问题应给予高度重视。

第四节　白马 600MW 超临界循环流化床锅炉点火与启动循环系统

一、白马 600MW 超临界循环流化床锅炉点火系统布置及其主要设备

（一）循环流化床锅炉点火过程的特点

循环流化床锅炉点火启动就是将床料加热至煤粒着火温度，使煤粒加入炉内后能正常燃烧并能维持锅炉稳定运行的过程。

要把室温下静止状态的床料转变为高于煤粒着火温度的流化床料，是流化床燃烧首先要解决的一个问题。循环流化床锅炉的点燃要比煤粉炉中煤粉的点燃或层燃炉中煤块的点燃困难得多。这是因为从床料升温到正常燃烧是一个动态过程，燃用的通常又是难以着火的劣质煤。点火初期的床料和风的温度都很低，同样尺寸的床料颗粒达到流化状态的风量要比热态正常运行时大一倍左右；而根据点火时颗粒燃烧和传热的要求，又希望风量小些以减少热损失。故必须妥善处理各种影响因素，例如流化床的结构特性、点火床料的配制、加热启动方式、配风操作、给煤时机和数量等，以防止熄火和结焦，使点火过程顺利进行并平稳地过渡到正常燃烧。

循环流化床燃烧锅炉的点火方式有多种。点火燃料一般采用柴油，在床内处于流态化状态时加热床料。燃油设备有床下风道燃烧器＋床上油枪（简称床枪）、床下风室启动燃烧器、床上启动燃烧器等方式。无论什么样的点火方式，整个点火启动过程一般可分成三个阶段：

（1）用高温燃油烟气作热源，把床料从室温加热到煤粒着火温度。

（2）少量加煤，并逐步减少燃油量直至完全断油，使床温逐渐升至接近正常运行温度。

（3）适时给煤，调节好风煤比，逐步过渡到正常运行参数。

在中小容量循环流化床锅炉上，通常配置床上启动燃烧器或床下风室启动燃烧器，用于点火时加热床料。

床下风室启动燃烧器是直接将油燃烧器安装在水冷等压风室的外壁上，油燃烧器采用机械雾化，油雾在风室中被点燃，在风室中形成约 900℃ 左右的烟风混合气体，通过布风板进入流化料层，使床温升高。这种床下点火系统布置简单，成本低，但风室内烟风混合不十分均匀，个别区域存在温度极高的现象，易烧坏风帽，因此只用于中、小容量的循环流化床锅炉。

床上启动燃烧器属旋流配风燃烧器。其配风经进口导向叶片切向进入燃烧器；油枪头部配有一个旋流小叶轮，作为燃烧器的稳燃器。这种启动燃烧器运行时火焰十分稳定，燃烧完全，故障率低，可根据点火过程的需要变负荷运行。启动燃烧器每小时的设计燃油量可达 0.5～2t 轻柴油。采用压缩空气或蒸汽雾化，燃烧空气通常来自锅炉二次风。启动燃烧器上一般配有点火头、UV 火焰监控器等。在正常运行和停运时，为避免点火头和启动燃烧器油枪（包括其头部的稳燃器）被烧坏或被流化床料打坏，启动燃烧器专门配有自动执行机构，可使其回缩。在锅炉全燃煤正常运行时，启动燃烧器内仍少量供风冷却，并保持其风道处于吹通状态。由于床上启动燃烧器点火后产生的热烟气并不全部通过床料，因此点火加热效率较低，也主要用于中、小容量循环流化床锅炉。

大型循环流化床锅炉通常采用床下风道燃烧器或床下风道燃烧器＋床枪进行锅炉点火启动及低负荷稳燃，如图 4-59 所示。风道燃烧器有时还配有点火风机。来自一次风机的高压空气经点火风机升压后，与雾化后的燃油一起在点火风道中燃烧，产生约 1500℃ 左右的高温烟气；高温烟气再与一次风混合，形成约 900℃ 的烟风混合物后进入炉膛布风板下的等压风室中，并通过布风板进入流化料层。这种床下点火系统布置上增加了点火风道，投资费用较前一种类型高，但形成的高温烟风混合物温度均匀，基本不存在布风板局部区域过热的问题。大型循环流化床锅炉配置的风道燃烧器常采用这种布置方式。

与风道燃烧器配套使用的床枪，其主要作用是：当风道燃烧器及启动燃烧器投运数小时后，炉内点火床料已被加热升温到 500℃，即高于轻柴油着火温度后，依次将床枪投入，以进一步加热床料至投煤燃烧温度。此外，床枪也常用于低负荷稳燃。

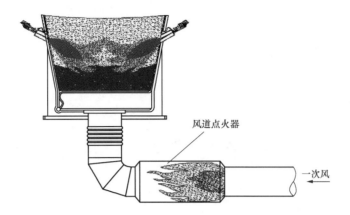

图 4-59 床下风道燃烧器＋床上启动燃烧器点火方案示意图

由于要求不同，床枪结构相对简单，床枪中心为一压力雾化油枪，燃烧用风通常为下二次风（来自一次风机），采用直流配风方式。床枪喷口距炉底很近，处于床内的密相区，燃油从床枪喷出，便进入密相床内，与床料颗粒混合流化后燃烧。与启动燃烧器相比，床枪无需配备点火头、火焰监视器等装置，为了在点火过程结束后撤出油枪，每台床枪均装备自动执行机构。

（二）白马 600MW 超临界循环流化床锅炉点火系统与主要设备

白马 600MW 超临界循环流化床锅炉采用床下风道燃烧器＋床上助燃油枪联合点火系统，用于锅炉点火和低负荷稳燃。点火系统配有总出力为 11％BMCR 输入热量的 4 只床下风道点火燃烧器，每个风道燃烧器配 2 支油枪，共配 8 支油枪。点火系统还配有总出力为 16％BMCR 输入热量的 16 支床上助燃油枪。风道点火燃烧器油枪和床上助燃油枪均采用蒸汽雾化形式，采用 0 号轻柴油点火。

床下风道点火燃烧器如图 4-60 所示，床上助燃油枪如图 4-61 所示。

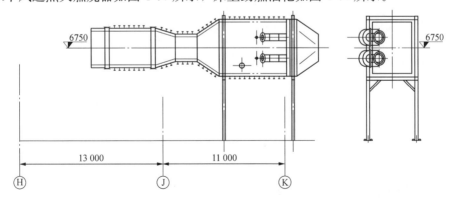

图 4-60 床下风道点火燃烧器结构示意图

床下风道点火燃烧器主要由点火油燃烧器和点火风道两部分组成，布置在锅炉水冷风室之前一次风道内，用于锅炉启动点火，如图 4-62 所示。其中的主要设备有风道、一次风道风门及执行器、一次风道膨胀节、油燃烧器调风器、调风器风门及执行器、火焰检测装置、看火孔、油枪、高能点火器等。

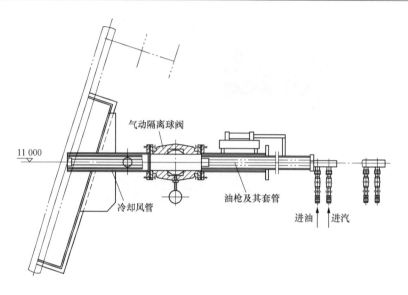

图 4-61　床上助燃油枪示意图

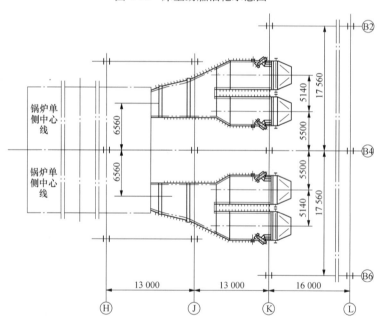

图 4-62　床下风道点火燃烧器平面布置示意图

　　床下风道点火燃烧器在锅炉启动时，可将风道燃烧室中的一次风加热约 900℃，经过点火风道进入床下水冷风室，通过布置在布风板上的风帽，使床上物料达到流化状态，并加热床料到可稳定燃烧的温度。当锅炉床上物料稳定燃烧达到锅炉投煤温度后，停运风道点火燃烧器。

　　点火燃烧器设计参数如下：

　　油枪数量：2×4 支。

　　单只油枪出力：1800kg/h（出力曲线如图 4-63 所示）。

油枪工作压力：约 1.5MPa。

油枪雾化方式：蒸气雾化。

油枪前雾化蒸汽压力：约 0.7MPa。

雾化蒸汽温度：200～250℃。

油枪出力调节比：约 4：1。

冷却风流量：300m³/h（标态）（单支油枪）。

冷却风温度：常温。

冷却风压力：≥50kPa。

点火风道（启动点火时）设计参数：

一次风风量：2×320 080m³/h（标态）。

一次风温度：约 900℃。

设计风压：25.0kPa。

出口设计风速：约 28m/s。

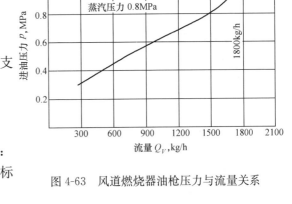

图 4-63 风道燃烧器油枪压力与流量关系

床上助燃油枪设有 16 支，分别布置在炉膛底部裤衩管的两侧，如图 4-64 所示，在锅炉启动过程中，用来提高锅炉受热面、耐火材料及床料的温度。当一次风风温达到 700℃，床温高于 500℃，即可开启床上助燃油枪，直至床温满足锅炉投煤允许值。床上助燃油枪除了用于锅炉启动点火，也用于低负荷稳燃。

床上助燃油枪不带点火和火检装置，每只床上助燃油枪由油枪及其套管、气动执行器、隔离球阀、冷却风管等部分组成；床上助燃油枪停运后，油枪将后退 800mm。油枪设计参数如下（额定工况）：

油枪数量：16 支。

单只油枪出力：1300kg/h（出力曲线如图 4-65 所示）。

油枪工作压力：约 1.4MPa。

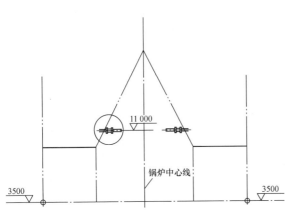

图 4-64 床上油枪布置示意图

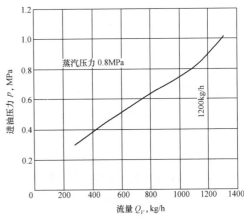

图 4-65 床上油枪压力与流量关系

油枪雾化方式：蒸气雾化。

油枪前雾化蒸汽压力：约 1.0MPa。

雾化蒸汽温度：200~250℃。

油枪出力调节比：约 4：1。

单支冷却风流量：300m³/h（标态）。

冷却风温度：常温。

冷却风压力：≥50kPa。

（三）炉前燃油系统

炉前燃油系统包括床上助燃床枪油系统及床下风道点火燃烧器油系统。

炉前燃油系统进口压力为 1.9MPa，系统最大进油量约为 40.5t/h。炉前燃油系统雾化和吹扫用蒸汽压力为 1.27MPa，温度为 200~250℃，最大蒸汽耗量约 3.5t/h。

1. 助燃床枪油系统

床枪在进油母管上设置有快关阀和调节阀，在蒸汽总管上设有一只总调节阀。

床枪油系统采用恒汽压的调节方式，通过进油母管上的调节阀，调节进油量在所需范围内。在调节范围内，可首先投运其中任意一只，直至 8 只全部投运，单只燃烧器的出力调节范围可达到 4：1。

蒸汽母管进汽压力要求恒定为 1.27MPa，母管上调节阀用于维持油枪前雾化蒸汽压力为 0.8MPa。

2. 风道点火燃烧器油系统

风道点火燃烧器油系统采用蒸汽与油间的压差恒定的调节方式，在进油母管上设置有快关阀和调节阀，在风道点火燃烧器蒸汽总管上设有一只总调节阀，用以调节蒸汽参数使之与不同负荷下的油枪参数相匹配。油系统的调节阀调节进油量在所需范围内，在调节范围内，可首先投运其中任意一只直至两只全部投运，当投运油枪数量超过两只时，单只风道点火燃烧器的出力调节范围可达到 4：1。

每只油枪投运前，可预先适当提高进油母管调节阀后燃油压力；每只油枪停运前，可预先适当降低进油母管调节阀后燃油压力，以防止油枪投、停后进油母管调节阀后油压波动超出 1.1~1.7MPa 的正常范围。进油母管进油量与投运油枪数量和油枪负荷率有关。

（四）风道点火燃烧器运行控制要求

1. 点火准备

点火燃烧器点火前，应至少满足以下条件（不限于）：

（1）对油管路系统应进行全面检查，管道中不得有杂质、铁锈、泄漏现象。

（2）油枪、点火枪位置正确，油枪前燃油快关阀关闭，风道燃烧器炉前油系统进油母管上燃油快关阀开启，燃油调节阀置于点火位置。

（3）高能点火器、执行器、火焰检测器电源正常，气源正常。

（4）燃油压力、蒸汽压力在允许的范围内。

（5）一次风风门挡板打开，调风器风门打开。

（6）对床下点火风道进行彻底吹扫。吹扫时所有点火燃烧器风门挡板应全开，炉前油系统进油母管上燃油快关阀关闭，吹扫风量按：①不得低于全通风量的 25%；②使床料处于流化状态的最低风量，取两者中的较大值。连续吹扫时间按：①不得少于 5min；②对应于吹扫容积的 5 次换气所需时间，取两者中的较大值。上述吹扫可以与机组吹扫同时进行，吹扫完成后方可允许点火。

吹扫计时完成后发出"吹扫完成"信号。"吹扫完成"信号发出后，可使主燃料跳闸（MFT）复归，并发出复归信号。吹扫开始时和吹扫过程中必须满足以上条件，若任一吹扫条件失去，则不得开始吹扫，若已在吹扫过程中则认为吹扫失败，吹扫计时中断，排除故障后重新开始吹扫并重新计时。

2. 点火

只有满足点火燃烧器点火条件后，才能启动点火。

油枪就地控制设备在接到"油枪点火"信号后，能顺序自动完成油枪的推进、吹扫、高能点火器的推进、高能点火器打火、油枪投油、高能点火器停止打火、退高能点火器等的控制；在接到油枪停运信号后，能顺序自动完成高能点火器的推进、高能点火器打火、油枪停油、吹扫、高能点火器停止打火、退高能点火器等的控制。

若某只油枪接到投运指令，将该燃烧器对应的调风器风门挡板置于点火位置，以油枪不被吹熄为原则（推荐为全关约 5% 开度，具体开度可由试验确定）；油枪到位后开油枪前吹扫阀，推荐吹扫时间为 1min，之后推进高能点火器，高能点火器到位后开始打火，2s 之后开启枪前燃油快关阀，高能点火器打火持续时间推荐为 15s，之后退高能点火器。若相应火焰检测器在该点火油枪前燃油阀接到开启指令后 15s 未能检测到火焰存在的信号，则该油枪点火失败，关油枪前快关阀，打开油枪前吹扫阀对油枪进行吹扫，推荐吹扫时间为 1min，之后关闭吹扫阀。全炉膛第一支油枪投运失败后应至少延时 1min（油枪吹扫完成起计时）才能再次发出油枪点火信号。如 5min 内连续发生两次点火失败，必须对点火燃烧器进行重新吹扫。若相应火焰检测器在该点火油枪前燃油阀接到开启指令后 15s 内检测到火焰，则认为该油枪点火成功，慢慢打开对应的调风器风门到运行位置。

根据需要按上述程序投运其他油枪。

在每只风道点火燃烧器的 2 支油枪投运后，可以根据油枪出力和风道空气温度等调节点火燃烧器风门挡板，主要是保证点火燃烧器的正确配风。

正常停运油枪时，向油枪发出停运指令，首先推进高能点火器，到位后开始打火，同时关闭油枪前快关阀、开吹扫阀，高能点火器打火时间推荐为 15s，之后停打火并退高能点火器。油枪吹扫时间推荐为 1min，之后关吹扫阀。

油枪运行中，若其火焰检测器连续 10s 未检测到火焰存在信号，则立即关该油枪枪前快关阀，开油枪枪前吹扫阀对油枪进行吹扫，油枪吹扫时间推荐为 1min。若此时炉膛内无任何一支油枪在运行，则至少应延时 1min（吹扫完成起计时）才能再次进行某支油枪的点火。

锅炉 MFT 后，不得立即对油枪进行吹扫。

3. 床下风道点火燃烧器连锁要求

有下列条件之一，须立即切断风道燃烧器回路的燃料，关闭枪前燃油快关阀，高能点

火器断电:

(1) 主燃料跳闸;

(2) 风室风温大于 1000℃;

(3) 枪前进油压力低于 0.25MPa (延时 2s);

(4) 枪前进油压力高于 0.94MPa (延时 2s);

(5) 风道燃烧器全部火焰丧失。

4. 床下风道点火燃烧器报警值

以下为制造厂按常规的"炉膛安全监控系统报警信号配置"的最低要求推荐的部分报警条件值:

(1) 枪前进油压力低于 0.3MPa;

(2) 枪前进油压力高于 0.89MPa。

(五) 床上助燃床枪运行控制要求

1. 点火准备

助燃床枪点火前,应至少满足以下条件(不限于):

(1) 对油管路系统应进行全面检查,管道中不得有杂质、铁锈、泄漏现象。

(2) 油枪位置正确;油枪前燃油、蒸汽快关阀关闭,床枪用轻油系统进油母管上燃油快关阀开启;冷却风开启。

(3) 高能点火器、推进器、火焰检测器电源正常;压缩空气气源正常。

(4) 主燃料跳闸 (MFT) 复归。

(5) 燃油压力、蒸汽压力在允许的范围内。

无论锅炉是冷态还是热态启动,助燃床枪必须在床温分别满足如下条件时方可投运:

(1) 如果风道点火燃烧器已经投运,床温需满足以下两个条件:

1) 床温测点中的 2/3 测点温度高于 500℃;

2) 风室温度大于 700℃。

(2) 如果风道点火燃烧器未投运,床温必须大于 590℃。

2. 点火

无论助燃床枪是否投运,冷却风均应打开。

床枪就地控制设备在接到"投床枪"信号后,能顺序自动完成床枪的推进、床枪投油的控制;在接到床枪停运信号后,能顺序自动完成床枪停油、吹扫(推荐时间为 1min)、退床枪等的控制。

若某根床枪接到投运指令,打开隔离球阀,打开蒸汽快关阀,油枪及套管推进至设计位置,如果该只床枪是第一只投运的床枪,需打开床枪用柴油系统上对应的主燃油快关阀,将对应的燃油调节阀、蒸汽调节阀置于启动位置。床枪到位后打开燃油快关阀,床枪投运。

床温达到锅炉投煤允许值后,可停运床枪。关闭枪前燃油快关阀,在 5min 内开启吹扫阀,对床枪进行吹扫,推荐吹扫时间为 2min;吹扫完成后,关闭吹扫阀及蒸汽快关阀;床枪后退 800mm;关闭隔离球阀。

3. 助燃床枪停运

在下列情况下，助燃床枪应停运：

（1）风道点火燃烧器停运时：

1）床温原已大于 700℃，因各种原因降至 650℃ 以下；

2）床温原本小于 700℃，因各种原因降至 590℃ 以下。

（2）至少有一只风道燃烧器投运：

1）床温原已大于 640℃，因各种原因降至 590℃ 以下；

2）床温原本小于 640℃，因各种原因降至 500℃ 以下。

4. 助燃床枪连锁要求

有下列条件之一，须立即切断床枪回路的燃料，关闭枪前燃油快关阀、蒸汽快关阀，退出油枪，然后关闭隔离球阀：

（1）主燃料跳闸；

（2）床料未流化；

（3）床温低于 500℃；

（4）床枪枪前油压低于 0.35MPa（延时 2s）；

（5）床枪枪前油压高于 1.45MPa（延时 2s）。

5. 助燃床枪报警值

以下为制造厂按常规的"炉膛安全监控系统报警信号配置"的最低要求推荐的部分报警条件值。

（1）床枪枪前油压低于 0.4MPa；

（2）床枪枪前油压高于 1.4MPa。

二、白马 600MW 超临界循环流化床锅炉启动系统

（一）直流锅炉启动与汽包锅炉启动的区别

自然循环和强制循环汽包锅炉均有一个很大的汽包对汽水进行分离，汽包作为分界点将锅炉受热面分为蒸发受热面和过热受热面两部分。直流锅炉是靠给水泵的压力，使锅炉中的水、汽水混合物和蒸汽一次通过全部受热面。

自然循环锅炉在点火前锅炉上水至汽包低水位，锅炉点火后，水冷壁吸收炉膛辐射热，水温升高后，水循环开始建立，随着燃料量的增加，蒸发量增大，水循环加快，因此启动过程中水冷壁冷却充分，运行安全。强制循环锅炉在锅炉上水后点火前，循环泵已开始工作，水冷壁系统建立了循环流动，保证水冷壁在启动过程中的安全。

超临界直流锅炉无储存汽水的汽包，启动一开始就必须不间断地向锅炉供水。通常启动流量约占额定给水流量的 30%。进入锅炉的给水都是经过化学水处理过的，并在启动过程中吸热而变成汽水混合物。汽轮机冲转前，这些亚临界条件下的汽水混合物没有其他用处，如果不加以回收利用，既造成很大的水资源浪费，也造成不必要的水处理费用和热量的浪费。因此，超临界直流锅炉必须设置专门的回收工质与热量的系统，这种系统就是直流锅炉的启动系统。

超临界直流锅炉在启动前必须由锅炉给水泵建立一定的启动流量和启动压力，强迫工质流经受热面，以保护受热面。由于直流锅炉没有汽包作为汽水分离的分界点，因此在正常情况下，水在锅炉管中加热、蒸发和过热后直接向汽轮机供汽。但超临界机组锅炉在启动和低负荷运行时，需要保持一个最低的流量以保护炉膛水冷壁管子，同时，在低于最小直流负荷时，使锅炉的控制与汽包锅炉一样。因此，超临界锅炉均需设置启动系统，用该系统来获得良好的给水质量条件以达到快速点火和升温的目的。

（二）超临界锅炉启动循环系统

超临界变压直流锅炉的启动系统主要功能如下：

（1）完成机组启动时锅炉省煤器和水冷壁的冷态和热态循环清洗，清洗水量为 30% BMCR，清洗水排入凝汽器（水质合格时）或水处理系统（水质不合格时）；

（2）建立启动压力和启动流量，以确保水冷壁安全运行；

（3）尽可能回收启动过程中的工质和热量，提高机组的运行经济性；

（4）对蒸汽管道系统暖管。

与亚临界汽包锅炉相比，超临界循环流化床锅炉的启动循环系统，在设计上必须考虑以下特点。

1. 启动压力

启动压力指启动前在锅炉水冷壁系统中建立的初始压力，它的选取与下列因素有关：

（1）受热面的水动力特性。随着压力的提高，水动力特性能改善或避免水动力不稳定，减轻或消除管间脉动。

（2）工质膨胀现象。启动压力越高，汽水比体积差越小，工质膨胀量越小，可以缩小启动分离器的容量。

（3）给水泵的电耗。启动压力越高，启动过程中给水泵的电耗越大。

由于白马 600MW 超临界循环流化床锅炉采用了低质量流速垂直管圈水冷壁，在高热负荷区域采用了内螺纹管，可防止变压运行至亚临界参数时该区域发生膜态沸腾，因此，启动压力对水动力影响不大，可采用零压力启动。启动系统采用了足够容量的水位控制阀，可满足汽水膨胀时水的排量控制。

2. 启动流量

锅炉启动流量直接影响启动的安全性和经济性。启动流量越大，工质流经受热面的质量流速也大，对受热面冷却、水动力特性改善有利，但工质损失及热量损失也相应增加，同时启动旁路系统的设计容量也要加大。但启动流量过小，受热面冷却和水动力稳定就得不到保证，因此，选用启动流量的原则是在保证受热面得到可靠冷却和工质流动稳定的条件下，启动流量尽可能选择得小一些。白马 600MW 超临界循环流化床锅炉采用的低质量流速垂直管圈水冷壁具有正流量响应特性，在高热负荷区域采用了内螺纹管，在质量流速较低的工况下水动力的安全性也能得到很好的保障，根据水动力试验及校验计算，设计选取的启动流量为 30% BMCR。由于白马 600MW 超临界循环流化床锅炉带有启动循环泵，启动流量可由启动循环泵提供 25%，给水泵仅提供 5% 的流量，在启停或低负荷运行过程中，工质和热量损失较小。

3. 工质膨胀现象

直流锅炉的启动过程中工质加热、蒸发和过热三个区段是逐步形成的。启动初期,分离器前的受热面都起加热水的作用,水温逐渐升高,而工质相态没有发生变化,锅炉出来的是加热水,其体积流量基本等于给水流量。随着燃料量的增加,炉膛温度提高,换热增强,当水冷壁内某点工质温度达到饱和温度时开始产生蒸汽,但在开始蒸发点到水冷壁出口的受热面中的工质仍然是水,由于蒸汽比体积比水大很多,引起局部压力升高,将这一段水冷壁管中的水向出口挤出去,使出口工质流量大大超过给水流量。这种现象称为工质膨胀现象。当这段水冷壁中的水被汽水混合物替代后,出口工质流量才回复到和给水流量一致。

启动过程中工质膨胀量的影响因素如下:

(1) 与分离器的位置有关,分离器前受热面越多,膨胀量越大;

(2) 与启动压力有关,较高的启动压力可减少膨胀量;

(3) 与启动流量有关,随着启动流量的增加,膨胀的绝对值增加;

(4) 与给水温度有关,给水温度降低,蒸发点后移,膨胀量减弱;

(5) 与燃料投入速度有关,燃料投入速度越快,膨胀量越大;

(6) 与锅炉形式有关,螺旋上升型比一次上升型(UP)相比膨胀量大;

(7) 与启动工况有关,热态启动时汽水膨胀现象更加明显。

因此,白马600MW超临界循环流化床锅炉启动系统的启动分离器、储水罐、水位控制阀及大气式扩容器等设备的设计中充分考虑了工质膨胀量,使其容量能满足工质的膨胀要求。

4. 启动过程中的相变特点

超临界锅炉启动过程中,锅炉压力经历了从低压、高压、超高压到亚临界,再到超临界的过程,工质从水、汽水混合物、饱和蒸汽到过热蒸汽。从启动开始到临界点,工质经过加热、蒸发和过热3个阶段;机组进入超临界范围内运行,工质只经过加热和过热两个阶段,呈单相流体变化。

工质在临界点附近,存在着相变点(最大比热容区),汽水性质发生剧变,比体积和热焓急剧增加,定压比热容达到最大值。

5. 启动速度

超临界锅炉没有汽包,受热部件中的厚壁部件较少,因此,启停过程中部件受热、冷却容易达到均匀,升温和冷却速度可加快,可大大缩短启动时间。

图4-66是美国FW公司为超临界循环流化床锅炉设计的带有循环泵的启动系统。

(三) 白马600MW超临界循环流化床锅炉启动循环系统

1. 基本组成

白马600MW超临界循环流化床锅炉启动循环系统由启动分离器(蒸汽分离器)、储水罐(收集水箱)、再循环泵等组成。

启动分离器布置在炉前,采用旋风分离形式,数量为每台炉2个。经水冷壁加热以后的工质分别由连接管沿切向向下进入启动分离器,分离出的水通过分离器下方的连接管进入储水罐,蒸汽则由分离器上方的连接管引入汽冷式旋风分离器入口烟道。启动分离器下

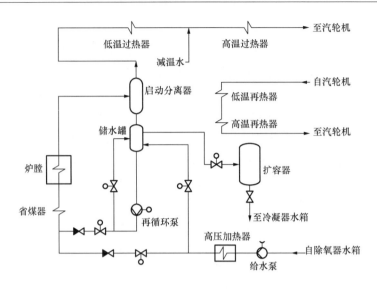

图 4-66　FW 公司超临界循环流化床锅炉启动系统示意图

部水出口设有阻水装置和消旋器。启动分离器储水罐数量为每台炉 1 个。启动分离器和储
水罐端部均采用锥形封头结构，封头均开孔与连接管相连。启动分离器和储水罐结构分别
如图 4-67 和图 4-68 所示。

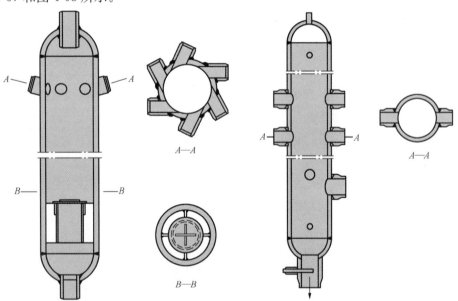

图 4-67　启动分离器结构示意图　　　　图 4-68　启动分离器储水罐结构示意图

　　储水罐上部蒸汽连接管、下部出水连接管上各布置有 1 个取压孔，后接 3 个并联的单
室平衡容器，水、汽侧平衡容器一一对应提供压差给差压变送器，进行储水罐的水位控
制。储水罐上有设定的高报警水位、液位调节阀全开水位、正常水位（上水完成水位）、
液位调节阀全关水位及基准水位，根据各水位不同的差压值通过液位调节阀来控制储水罐
水位，储水罐中水流在锅炉清洗及点火初始阶段被排出系统外或循环到凝汽器。

白马 600MW 超临界循环流化床锅炉采用内置式启动分离器系统，系统简单，运行操作方便，适合于机组调峰要求。在锅炉启停及正常运行过程中，汽水分离器均投入运行，在锅炉启停及低负荷运行期间，汽水分离器湿态运行，起汽水分离作用；在锅炉正常运行期间，汽水分离器只作为蒸汽通道。

考虑了炉膛水冷壁的最低质量流量等因素后，白马 600MW 超临界循环流化床锅炉启动系统的设计容量确定为 30%BMCR。

2. 启动系统的特点

超临界直流锅炉的启动要求为：保证从启动到 BMCR 全过程的安全性，防止亚临界压力下的膜态沸腾和超临界压力下的管壁超温及出口的热偏差。

对一次上升的低质量流速垂直水冷壁系统来说，一般需采用带再循环泵的启动循环系统。

配置循环泵启动系统的优点如下：

（1）缩短启动时间。配置了循环泵的启动系统，由于可以提高省煤器入口的给水温度，因此可以缩短启动时间，而对于经常启动的两班制机组来说，缩短启动时间可带来良好的经济效益。

（2）在启动过程中回收热量。由于在启动过程中水冷壁最低流量为 30%BMCR，对于不带启动循环泵的系统，在机组启动初期，由汽水分离器分离出的饱和水的流量很大，只能进入凝汽器，造成大量的热量损失。

（3）在启动过程中回收工质。采用启动循环泵后，分离器分离的饱和水通过再循环泵与给水混合后重新进入省煤器，可以避免这部分工质损失。

（4）在机组冷态清洗时，可以减少补给水。为了保证冷态清洗的效果，通常要求冷态清洗时水冷壁的流量为 30%BMCR，对于不带启动循环泵的系统，这部分清洗水必须全部为补给水，造成制水设备的容量加大；而采用启动循环泵以后，在清洗水质合格的前提下，锅炉清洗后期可以开启启动循环泵，使用较少的清洗补给水量就可以在水冷壁系统中获得清洗所需的流量。

（5）在锅炉启动处于循环运行方式时，饱和蒸汽经汽水分离器分离后进入过热器，疏水进入储水罐。来自储水罐的一部分饱和水通过锅炉再循环泵和再循环流量调节阀回流到省煤器入口。再循环流量调节阀控制再循环流量，储水罐水位控制阀控制储水罐的水位。来自储水罐另一部分饱和水通过储水罐水位控制阀至大气式扩容器。

白马 600MW 超临界循环流化床锅炉启动系统由大循环回路和小循环回路组成，大循环回路由汽水分离器、分离器储水罐和储水罐水位控制阀组成；小循环回路由汽水分离器、分离器储水罐、再循环泵（包括其辅助系统）和再循环管路流量控制阀组成。带循环泵的启动系统示意图如图 4-69 所示。

3. 再循环泵（启动循环泵）及其辅助系统

锅炉再循环泵采用潜水泵，如图 4-70 所示。

再循环泵需设置高压冷却水管路以防止高温的炉水进入启动循环泵的电动机，高压冷却水取自给水加热器进口，包括热交换器和过滤器等装置。热交换器由外部冷却水（低压冷却水）冷却。

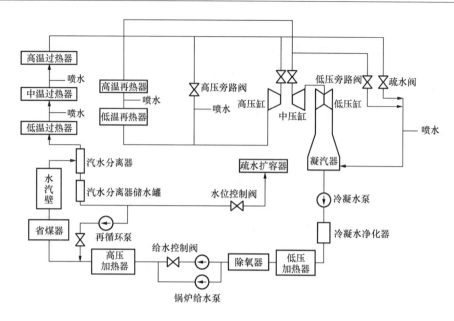

图 4-69　白马 600MW 超临界循环流化床锅炉带循环泵的启动系统示意图

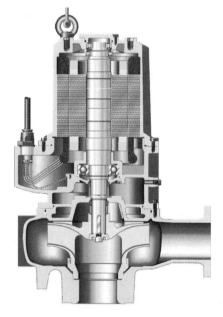

图 4-70　再循环泵结构示意图

为保证锅炉在启动和低负荷运行时水冷壁管内流速，设置了再循环管路。管路从储水罐出口引出，通过再循环泵、止回阀、截止阀和流量调节阀和流量计后引至省煤器入口的给水管路。

为了排放锅炉冷态启动清洗阶段水质不合格的清洗水，以及控制机组启动初期由于水冷壁的汽水膨胀现象引起的储水罐水位的急剧上升，设置了储水罐疏水管路。该管路还用于防止异常情况引起储水罐水位过高，避免过热器带水。该管路从储水罐出口引出，通过储水罐水位调节阀后引至大气式扩容器。在大气式扩容器中，蒸汽通过管道在炉顶排向大气，水则进入疏水箱。疏水箱的水位由调节阀控制，多余的水通过两台疏水泵排往凝汽器（水质合格时）或系统外（水质不合格时）。

为了改善启动循环泵的调节特性，维持循环泵的最小安全流量，设置了再循环泵最小流量回流管路。该管路从再循环泵出口引出，经流量孔板和最小流量调节阀后至储水罐出口。

为了防止在快速降负荷时，再循环泵进口循环水发生闪蒸引起循环泵的汽蚀，设置了再循环泵过冷管路。该管路从主给水管引出，经调节阀和截止阀后引至储水罐出口，管路容量约为 2%BMCR。

为了防止再循环泵和水位控制阀受到热冲击，设置了再循环泵的加热管路，该管路从省煤器出口引出热水，经截止阀后分成两路：一路经针形调节阀送至循环泵出口，在泵停运时，暖泵水经过循环泵后，从泵入口管道进入储水罐；另一路经针形调节阀送至水位控制阀出口，在水位控制阀停运时，暖阀水经过水位控制阀后，从阀入口的疏水管道进入储水罐。为了排放进入储水罐的暖泵热水和暖阀热水并回收热能，在储水罐上设置了加热水排水管路，将加热水通过止回阀引至过热器二级减温水管道。

4. 启动系统运行控制

（1）锅炉清洗。机组启动初期，首先将对低压段管路进行清洗，包括冷凝给水管路及低压加热管道部分的清洗；然后进行除氧给水及高压加热管道部分的清洗；待这段水质清洗满足要求后，方可进行锅炉的清洗工作。

锅炉的清洗主要是清洗沉积在受热面上的杂质、盐分和因腐蚀生成的氧化铁等。锅炉清洗包括冷态清洗和热态清洗，冷态清洗又分开式清洗和循环清洗两个阶段。

在机组冷态启动时，锅炉首先进行冷态清洗，为保证冷态清洗的效果，要求通过省煤器和炉膛水冷壁的流量为 30%BMCR。清洗后的炉水通过水位控制阀排入扩容器，经扩容后的疏水进入疏水箱，然后通过疏水泵后的管道排出系统外的水处理装置。

当分离器出口水质满足 Fe<500ppb 或浊度≤3，油脂≤1ppm，pH≤9.5 时，启动锅炉循环泵进行循环清洗，切换疏水泵后的水位调节阀，将疏水排入凝汽器；此时可开启再循环管路，继续进行锅炉冷态清洗。

当省煤器入口水质满足如下要求时：水的电导率<1μS/cm，含铁量<100mg/kg，pH=9.3~9.5，则完成冷态清洗，可点火升温升压进行热态清洗。循环清洗时一般控制启动循环泵管路的循环量为 23%MCR，如水质太差可减小启动循环泵的流量。升温升压时的锅炉水循环要求的最低流量，通过锅炉再循环泵和锅炉给水泵相互协调配和来满足要求。

（2）锅炉点火及分离器升压。升温升压时，可启动燃油系统，并启动送风机使通风量维持一定风量。通过锅炉再循环泵和锅炉给水泵相互协调配合，使水冷壁系统的工质流量维持在 30%BMCR。锅炉点火后，工质温度逐渐升高，当工质开始汽化时，体积将突然增加，使分离器前受热面出口温度达到饱和温度，储水罐水位迅速上升，此时打开疏水管路上水位控制阀，以维持分离器储水罐水位。当分离器有蒸汽发生时，便将相应的阀门投入自动运行，调整燃油控制阀以及主蒸汽压力调节阀等，使锅炉升压，将压力控制在要求的范围内，进行热态清洗，监测循环水的水质，合格后便可进行汽轮机冲转。

（3）汽轮机冲转、暖机。当主蒸汽压力上升到一定值（主蒸汽压力最小值）后，对蒸汽管道进行预热，当汽轮机前蒸汽参数达到规定数值，就可对汽轮机进行冲转、暖机，逐步增加燃料，汽轮机升速，准备带负荷，启动一次风机，升床温，投煤，燃油系统过渡到给煤系统。协调控制高、低压缸旁路调节阀，再循环泵流量调节阀和分离器储水罐水位调节阀，工质逐步由湿态向干态的转换，进入直流运行状态。

（4）直流运行。机组进入直流运行工况后，启动系统停止运行，进入热备用状态，此时应保持一定流量的暖泵水和暖阀水，以使再循环泵、水位控制阀和相关的管道保持在热备用的状态。当机组负荷较低至最低直流负荷以下时，自动打开再循环流量调节阀以控制储水罐的水位。

（5）启动系统运行控制。锅炉启动后，控制系统根据指令的要求，对再循环泵流量调节阀和储水罐水位调节阀进行相应的控制。控制输入以储水罐水位变送器信号为主，由分离器储水罐的压力作为补偿信号，与锅炉输入指令进行偏差计算后，进行相应的程序选择控制（高低水位的不同）以及连锁保护措施，以满足机组启动阶段的需要。

如图 4-71 所示为采用启动疏水直接排入凝汽器的控制模式。当储水罐处于低水位段（水位在 $L_0—L_1$ 之间）时，利用再循环泵流量调节阀控制储水罐的水位。在锅炉清洗和启动初期汽水膨胀阶段，当储水罐水位处于高水位段（水位在 $L_1—L_2$ 之间）时，利用储水罐水位调节阀控制储水罐水位。

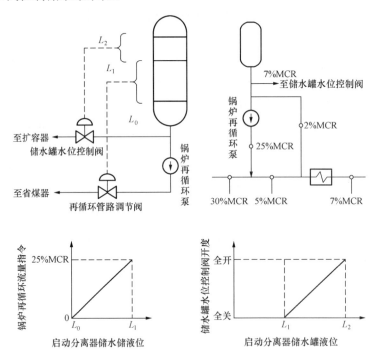

图 4-71 启动循环系统启动疏水直接排入凝汽器控制模式示意图

第五节 石灰石制备与除灰系统

一、石灰石输送系统及主要设备

高效脱硫是循环流化床锅炉主要特点之一，也是循环流化床锅炉得以迅速发展的主要原因。循环流化床锅炉能够较简便地通过向炉内加入石灰石来大幅度降低 SO_2 污染排放。经过破碎满足粒度分布要求的石灰石颗粒通过气力输送系统进入物料燃烧、循环系统，参与化学反应，除去燃烧过程中产生的 SO_2。因此，保证石灰石制备、输送系统连续、可靠地运行是极其重要的。

运行经验表明，向炉内加入石灰石后，可使炉内流化质量改善，因为颗粒较细、形状较均匀的石灰石在粗糙的流化床料之间起到了一种"滚珠润滑"的作用，这对防止炉内结焦和顺利排放底渣都是十分有利的。此外，向炉内加入石灰石后，飞灰含碳量会下降，底渣份额会增大，使锅炉能在接近理想工况下运行。

由于石灰石加入炉内后，粒径变化不像燃煤粒径的变化那么大，会显著改变床料的粒度分布，因此对加入炉内的石灰石粒径分布也有比给煤粒度分布更为严格的要求。由于石灰石在炉膛内的脱硫反应比煤的燃烧反应慢得多，并且脱硫反应的生成物 $CaSO_4$ 的单位体积比 CaO 大，因此在入炉石灰石的表面经常会形成一层坚固的 $CaSO_4$ 外壳，使其内部的 CaO 无法参加脱硫反应。由于上述原因，要求入炉石灰石既不能太细，也不能太粗。颗粒太细，在炉内来不及反应就被带出炉膛；颗粒太粗，其内部的 CaO 又不能被充分利用。

与燃煤制备系统一样，石灰石制备系统也是由破碎、筛分、输送、给石设备组成。根据石灰石外表面水分含量（质量百分比）来确定系统是否需要干燥，当石灰石水分含量小于 1％时，系统不需要干燥，否则系统必须进行干燥，确保石灰石粉粒在输送管道中不黏结、不堆积。

由于破碎、筛分设备与燃煤制备系统所用设备相差不大，因此本节只针对性地介绍石灰石制备及输送系统的总体情况和石灰石输送及给石设备。

（一）循环流化床锅炉对石灰石颗粒度的要求

石灰石的利用率和脱硫率受脱硫剂的颗粒度及活性、燃烧室温度、停留时间和分离效率等因素的影响。循环流化床锅炉的独特设计使得燃烧室温度、停留时间以及分离效率能够基本保证，因而脱硫剂的粒度对脱硫率具有很大的影响。在通常的煅烧温度下，煅烧过程在不到 200ms 就基本完成了，煅烧后形成多孔隙的氧化钙颗粒，如果粒度较大，煅烧后的石灰石颗粒表面很快与 SO_2 反应形成 $CaSO_4$ 硬质表面，包覆未完全反应的氧化钙内核，造成石灰石利用率较低。由于外表面积比内表面积小得多，所以石灰石粒径对脱硫的影响最终反映在孔的结构上，颗粒越细煅烧越快，CaO 与 SO_2 反应也越充分，同时随着颗粒度的减小，石灰石在燃烧时受破碎过程产生的机械应力和热应力作用而产生的机械孔的比孔体积迅速增加，孔深缩短，有利于 SO_2 和 O_2 的扩散，从而提高了脱硫剂的利用率。循环流化床锅炉的流体动力特性，使得该型锅炉可以使用粒径仅为 $100\sim300\mu m$ 的脱硫剂。尽管如此，循环流化床锅炉中的石灰石颗粒也不是越小越好，过细的颗粒还没有来得及完全利用之前就已从分离器中逃逸出去。对特定的循环流化床锅炉采用特定的石灰石时，存在一个最佳的石灰石粒径以使之达到最大的利用率，最佳粒径要根据石灰石的孔隙特性和旋风分离器的分离特性而定。最佳粒径分布应与通过热循环回路的热物料典型颗粒分布（$40\mu m\sim1.0mm$）相对应。国外通常是小于 $1\sim1.5mm$，国内一般是 $0\sim2mm$。白马 600MW 超临界循环流化床锅炉设计的入炉石灰石粒径分布如图 4-72 所示。

（二）国内外循环流化床锅炉石灰石制备及输送系统

1. 国内情况

国内循环流化床锅炉石灰石制备及输送系统的类型主要有以下 3 种：

（1）直接购买合格粒径的石灰石粉。因此，电厂内只有石灰石给料系统。

（2）采用一级破碎系统制备合格的石灰石粉。某 50MW 循环流化床机组，电厂直接

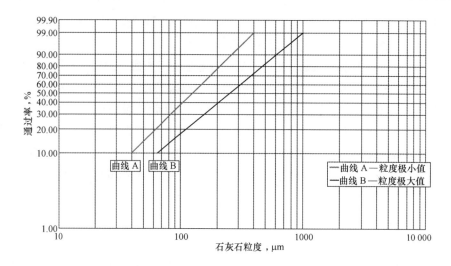

图 4-72 白马 600MW 超临界循环流化床锅炉入炉石灰石粒径分布设计值

购买粒径小于 25mm 的半成品石灰石，厂内只设一级破碎（采用振动式粉磨机破碎）。

（3）采用二级破碎系统制备合格的石灰石粉。某 100MW 循环流化床机组，采用两级破碎：第一级破碎的出料粒度为 25mm；第二级破碎的出料粒度小于 2mm。

图 4-73 是某电站循环流化床锅炉石灰石制备系统示意图。

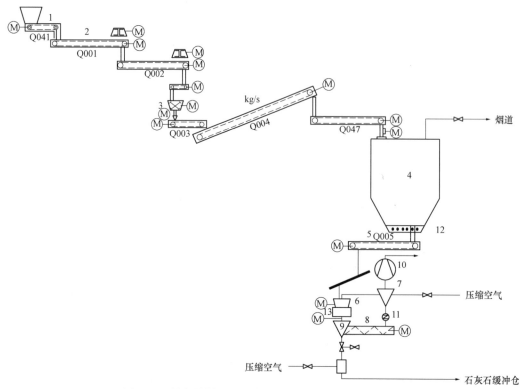

图 4-73 某电站循环流化床锅炉石灰石制备系统示意图
1—石灰石给料机；2—输送皮带；3—破碎机；4—石灰石仓；5—链式输送机；6—棒式磨碎机；7—除尘器；
8—回料绞龙；9—石灰石输送器；10—除尘器风机；11—旋转阀；12—振打器；13—接收料斗

该系统采用了二级破碎系统，第一级锤击式破碎设备将粒径不大于 100mm 的石灰石初破碎至粒径不大于 25mm 的石灰石；初破碎后的石灰石由皮带机输送到炉前 100m³ 石灰石仓，再送入石灰石二级棒式低速磨碎机，初破碎后的石灰石从磨筒体一端加入筒体，与滚动的磨辊接触，通过旋转筒体带动磨棒运转，磨棒与石灰石的反复撞击产生符合要求的石灰石产品，磨碎后的石灰石最大尺寸由钢丝滚筒筛控制。石灰石从磨碎机出来经过孔径为 16 目（筛孔径 1mm）的钢丝滚筒筛（该筛装在滚筒体壳外面），小于 1mm 的石灰石细颗粒通过筛网成为合格的石灰石产品，筛上的剩余石灰石颗粒通过再循环通道送入棒式磨碎机加料端。

经过二级破碎后，成品石灰石由仓泵提升输送至炉前 100m³ 石灰石缓冲灰仓，再由 2 套气力输送装置，经 4 根石灰石输送管分别给入 4 根循环灰回灰管中，与循环灰、给煤一并给入炉膛，该锅炉的给石系统如图 4-74 所示。

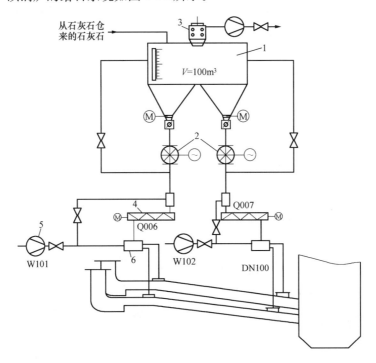

图 4-74　石灰石给料系统示意图

1—成品石灰石仓；2—电动给料机；3—布袋过滤器；
4—螺旋给料机；5—给料风机；6—供料器

图 4-75 是国内某电站循环流化床锅炉的石灰石两级破碎气力输送系统。

石灰石来料首先经过一级破碎机，粒度小于 25mm 之后进入二级破碎机，满足一定粒度分布要求的石灰石颗粒被送入输送仓泵。输送仓泵进料、排料周期性切换运行。输送仓泵内物料通过气力输送至合格石灰石仓，合格石灰石仓内物料通过给料机排出，石灰石流量根据燃料量和锅炉尾部 SO_2 分析，通过调节给料机转速来实现。物料通过风粉混合器后，与高压空气混合，采用气力输送方式送入炉膛。

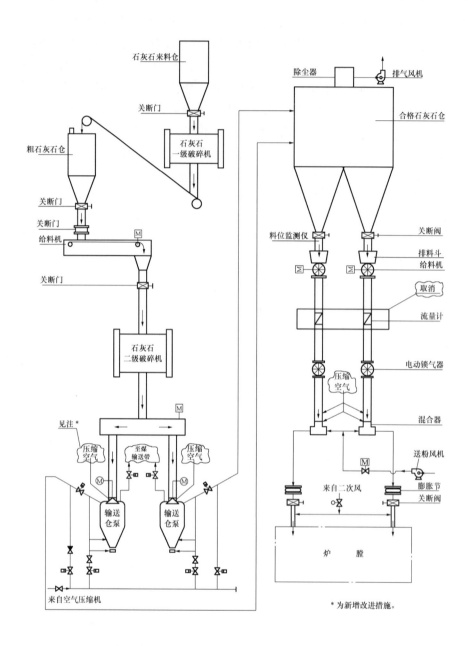

图 4-75　国内某电站循环流化床锅炉的石灰石两级破碎气力输送系统

　　该石灰石系统投运初期，曾出现堵塞，不能长期稳定运行，其改进措施如下：

　　（1）输送仓泵入口控制阀为锥面密封，阀芯上行（逆石灰石粉流向）为关闭状态，密封面常因黏有石灰石粉而关闭不严，无法控制仓泵压力，导致整个输送系统中断。引入压缩空气吹扫控制阀锥形密封面，保持其清洁，从而有效控制仓泵压力，顺利完成石灰石粉进料、排料的周期性切换。

　　（2）成品石灰石仓下部给料机和电动锁气器之间的冲击式流量计经常堵粉，后拆除此流量计，通过调节给料机转速控制石灰石流量。

（3）风粉混合器进料管为鸭嘴形结构，经常堵塞、落料不均。在鸭嘴部引入压缩空气吹扫，同时在其上方落料管内也增加一路吹扫，确保物料输送畅通。

（4）系统空压机启动前应进行疏水，避免水分进入系统。

（5）石灰石流量发生改变时，给料机转速应缓慢调节，避免输送量猛增引起管路堵塞。

国内某 50MW 循环流化床锅炉电厂石灰石系统采用如下单级破碎的石灰石制备及输送系统：石灰石（0～25mm）经过 1、2、0、5 号皮带输送至碎石机房进行一级破碎，碎成 0～1mm 的成品石灰石粉，然后经过仓泵采用气力输送至石灰石粉仓。石灰石粉仓采用裤腿式，粉仓下粉分两路，分别由 2 台配有链式清扫机的 100％容量变速重力皮带输送机通过旋转给料阀经二次风喷口分 4 路（原设计 8 路）送至炉膛内。在石灰石系统中设有 2 台 100％容量的石灰石风机和旋转给料阀，在它们之间还设有止回阀。2 台石灰石风机用于为石灰石粉输送提供推动力，止回阀是防止石灰石粉倒流入石灰石风机。2 台石灰石风机空气侧设有 1 套横向连接系统，使两台石灰石风机能交叉使用。

加入炉内的石灰石量随排烟中 SO_2 浓度、煤中含硫量、锅炉负荷而变，100％容量变速重力皮带输送机就承担了随时改变石灰石加入量的任务，而石灰石旋转给料阀则保持恒速运转，其主要作用一是隔离旋转给料阀前后的压差，二是起密封作用。

2. 国外情况

当石灰石外表面水分含量大于 1％时，系统则必须进行干燥，干燥介质可以是被加热的热空气或热烟气。

图 4-76 是国外某循环流化床锅炉公司推荐的带有干燥功能的石灰石两级破碎气力输送系统。

该系统的二级破碎机为风扇式磨碎机，满足一定粒度分布要求的石灰石颗粒，由热风送至细粉分离器，在破碎和输送的同时，完成石灰石干燥。合格的石灰石经过分离后进入成品石灰石仓，分离器排气则参与再循环。成品石灰石仓中的物料经过旋转给料机后，在混合器中与高压空气混合，气力输送进入炉膛。石灰石流量调节则根据燃料量和锅炉尾部 SO_2 测量值，通过调节旋转给料机的转速来实现。

（三）白马 600MW 超临界循环流化床锅炉石灰石制备及输送系统

白马 600MW 超临界循环流化床锅炉采用了如图 4-77 所示的石灰石制备系统。石灰石制备系统主要由给料机、柱式粉磨机（柱磨机）、提升机和瀑流式选粉机及成品仓组成。在石灰石制备系统中，最主要的设备是柱磨机和瀑流式选粉机。

1. 柱磨机

柱磨机是近年发展进来的一种新型石灰石立式粉磨机，结构与工作原理如图 4-78 所示。

在结构上，柱磨机采用上部传动，电动机通过减速机带动主轴旋转，装在主轴上的 3～4 个辊轮在环锥形内衬中作公转和自转。物料从上部给入，靠自重和上部推料作用在辊

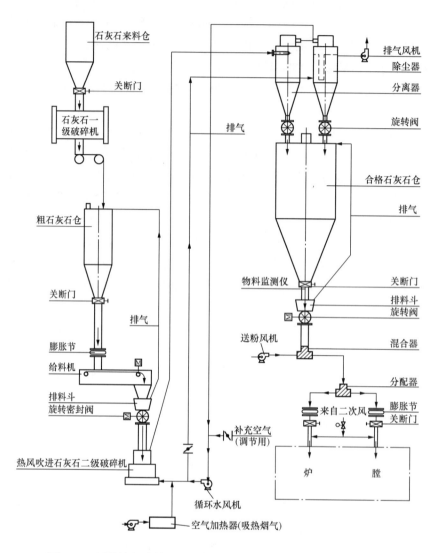

图 4-76 国外某电站循环流化床锅炉石灰石两级破碎气力输送系统

轮与环锥衬板之间形成料层,受到辊轮的反复碾压而成为粉末,从柱磨机底部卸料口排出,由提升机送入分级设备进行分级,细粉即为成品,粗粉返回柱磨机再磨。辊轮与衬板不直接接触,间隙可调,料层所受作用力主要来自弹性装置给予的压力以及物料之间的挤压力,从而避免了因研磨介质相互撞击而产生的磨损与能耗。

柱磨机采用中速中压、连续反复挤压粉磨原理,物料上进下出,粉磨和分级分别进行。柱磨机辊衬间隙、主轴转速、弹簧(或液压)压力和料层厚度都可调节,加上选粉机的配合,可非常方便地调整产品细度,并使系统达到最佳运行状态。

在机械结构上,柱磨机有如下优点:

(1) 机械磨损小。磨制最大粒径为 1.5mm 石灰石粉时,研磨介质(辊轮与衬板)磨耗不到 5g/t (石灰石),可连续使用 1~2 年。

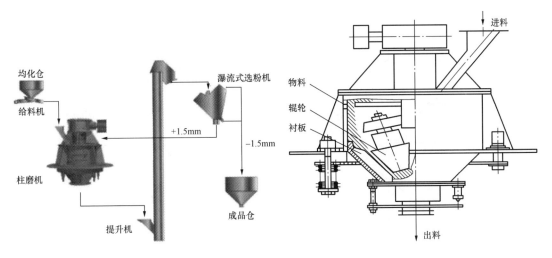

图 4-77　白马 600MW 超临界循环流化床
锅炉石灰石制备系统

图 4-78　柱磨机结构与
工作原理示意图

（2）环境污染小。柱磨机噪声不超过 80dB；柱磨机没有风扇效应，基本无扬尘，如在机器底部适当排风，效果更好。

（3）维护简单。日常维护仅需定时加油，故障少、运转率高。研磨介质使用周期长，磨损后可很方便地更换，也可堆焊修复。

（4）电耗低。柱磨机粉磨效率高，磨制最大粒径为 1.5mm 石灰石粉时的单位电耗仅 6～10kW·h/t。

此外，采用柱磨机磨制石灰石时，一次通过后的出磨物料大部分已是粉状，粒径小于 1mm 颗粒超过 50%，经分级设备分级后，便可获得 −1～+0.1mm 粒级区间的产品，并可根据锅炉要求很方便地调整。

柱磨机在粉磨过程中，会对石灰石反复碾压，破坏了石灰石内应力，使石灰石颗粒中产生大量的微裂纹，孔隙率提高，表面积增加，在受热后易自碎，大大提高了石灰石粉的化学活性，使脱硫反应速度更快、效果更好。

柱磨机产品粒级分布集中，粒径调整方便，可使大部分颗粒粒径集中在 d_{50} 附近，符合循环流化床锅炉要求的脱硫剂粒级分布最佳范围。

2. 瀑流式选粉机

瀑流式选粉机是主要用于对粗粒选粉的新型粗粒分选设备。经过实践表明，该设备粗粒选粉效率可达 85%，而且细度调节方便，性能稳定可靠。

瀑流式选粉机是一种静态选粉机，内部无转动部件，主要是由呈梯形状排列的栅板构成，如图 4-79 所示。

待分选的物料成梯形流落在一组梯级上，梯级上有分选气流通过，气流将细粉从物料中分离出来，并将其输送到细粉出口，通过调节分选气流可调节排出粗粉和细粉的粒度分布和流速。

瀑流式选粉机结构简单，安装维护方便，磨损小，维修量少。

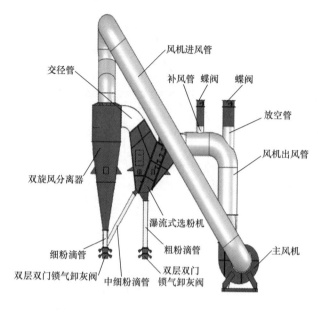

图 4-79　瀑流式选粉机结构及系统示意图

图中标注：风机进风管、补风管、蝶阀、蝶阀、放空管、风机出风管、主风机、瀑流式选粉机、粗粉滴管、双层双门锁气卸灰阀、中细粉滴管、细粉滴管、双层双门锁气卸灰阀、双旋风分离器、交径管

（四）石灰石粉输送系统常用设备

1. 仓泵

在石灰石输送系统中，经常用到仓泵。采用仓泵，可实现石灰石的密相动压气力输送。仓泵具有输送能力大、输送距离远的优点，是电厂输送粉料（石灰石粉、飞灰）的理想设备。

仓泵实际上是一个带有粉料进口、压缩空气进口和气固混合物出口的压力容器。其工作流程是：先打开进料阀向仓泵中放灰，当仓泵中的料位高度达到进料阀的限位开关时，关闭进料阀，完成进料过程；进料过程完成后，再打开压缩空气进口阀向仓泵内充气，并使灰悬浮起来，使仓泵处于充气状态；当仓泵压力达到设定值后，打开输送阀，仓泵内的灰在压缩空气作用下，被送走，此即为排料状态；随着排料的进行，仓泵内物料逐渐减少，气压开始降低，仓泵开始转入吹扫状态；当气压降低到某一设定值时，或仓泵内维持低气压到一定时间后，即认为吹扫状态结束，关闭排料阀和压缩空气进口阀，打开进料阀，重复上述进料过程。图 4-80 是仓泵工作状态示意图。当仓泵工作时，所有阀门的开闭和进灰、排灰操作，都是采用气动执行机构自动完成的。

仓泵按其出料方式，可分上出料和下出料两种方式。

上出料仓泵的主要特点是排料管从泵体上方引出，粉体在仓泵内开始悬浮后被送入输送管，混合比保持在某一极限以下，很少有堵塞发生，属间歇输送。上出料仓泵适用于粉状物料，如电厂的粉煤灰等。

下出料仓泵因排料管的入口在泵底部的中心，所以不需要粉粒体呈悬浮运动，靠重力和空气流就可将粉粒体送入排料管内。因此，混合比可不受限制，输送能力大，但如果不用二次空气适当加以稀释，则会有堵塞的危险。下出料仓泵适用于块料物料，如电厂的炉渣等。

仓泵运行中，一旦发生堵塞现象，现场清堵工作十分艰难。堵塞部位一般发生在进料阀、排料阀以及压缩空气进口阀处。通常是由于阀芯处黏有少量物料颗粒，导致阀门关闭不严，仓泵内无法建立起正确的气压值，使仓泵无法正常工作。现场实践表明，在阀门处引入一小股压缩空气始终吹扫阀芯，对防止仓泵堵塞有一定作用。

在用仓泵输送石灰石粉时，还要注意石灰石粉的结潮问题。调查表明，国内大型循环流化床锅炉石灰石制备及给料系统中，普遍存在石灰石结潮、堵塞问题。石灰石粉结潮、堵塞大多发生在石灰石管道中。当输送石灰石的压缩空气除湿不够，或空气中水分较多并进入成品石灰石粉中时，就会发生石灰石管堵塞问题。现场经验表明，通过测量石灰石管道壁温，可以初步判断石灰石管道中是否有堵塞现象。

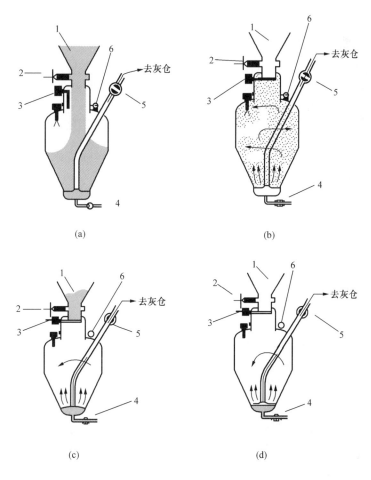

图 4-80　仓泵工作状态示意图

（a）进料状态；（b）充气状态；（c）排料状态；（d）吹扫状态

1—料斗；2—检修阀；3—进料阀限位开关；

4—压缩空气进口阀；5—排料阀；6—压力开关

2. 旋转给料阀

在循环流化床锅炉中，给煤系统、石灰石系统以及流化床冷渣器排渣系统中往往设置旋转给料阀，用以控制给料并具有密封作用。旋转给料阀可防止炉内热烟气反窜进入皮带给煤机，防止石灰石输送风反窜进入石灰石粉仓，防止流化床冷渣器中的流化风通过设置在布风板的排渣口外泄。

图 4-81 所示为石灰石旋转给料阀，其阀芯带有 8 个叶片，物料靠重力随时将叶片之间的空间（称为抛料槽）充满。

旋转给料阀是通过转子的转动，把物料均匀地输送到下一个受料设备的。物料由落料管落下，进入到可控式旋转给料阀内，物料通过转子的抛料槽转过转子靴抛到下一级输送设备的落料管内，也可以由控制系统根据炉内所需物料量的信号来调整旋转给料阀转子的转速，准确控制给料量，满足系统需要，确保系统正常运行。

图 4-81 石灰石旋
转给料阀

为防石灰石粉外泄，在其转子和外壳之间的微小缝隙内通入压缩空气进行密封，运行中，调节石灰石旋转给料阀转速，就可调节给料量。为保证排料顺畅，在石灰石旋转给料阀出口与石灰石旋转给料阀之间还设有排气管路。保持排气管路畅通是确保石灰石旋转给料阀运行正常的关键。某些型号的石灰石旋转给料阀，其自身还带有一个吹扫装置。

旋转给料阀叶片有直叶片、波纹叶片等多种形式。实际情况运行表明，采用斜叶片或波纹叶片对防止旋转给料阀卡涩有一定作用。

3. 石灰石粉储仓

图 4-82 所示为石灰石粉储仓。主要用于采用外购石灰石粉的石灰石制备系统，储存一定量的石灰石粉。石灰石粉从顶部加入，从下部螺旋给料机送出。从储仓下部螺旋给料机排出的石灰石粉，进入一个料斗后，经旋转给料阀送入石灰石风管中，然后被送入炉膛。其输送过程如图 4-83 所示。

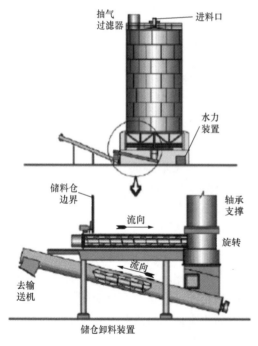

图 4-82 石灰石粉储仓结构

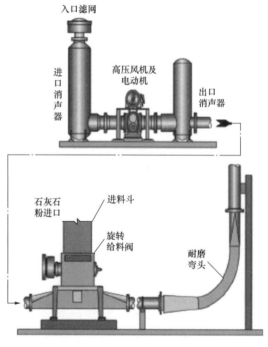

图 4-83 石灰石粉输送装置

二、飞灰输送系统及主要设备

我国燃煤电厂过去一直以水力除灰为主，这种方式的主要缺点是耗水量大，灰水处理困难，粉煤灰加水后，影响到粉煤灰的活性，特别是对加石灰石脱硫后的粉煤灰，不利于其综合利用。气力除灰是一种以空气为载体，借助于某种压力设备（正压或负压）在管道中输送粉煤灰的方法。气力除灰以其不耗水、输送过程可保持粉煤灰原有特性、满足不同用户要求等优势,逐步为我国电力生产部门所接受。从20世纪70年代开始,一些电厂已采用气力输送技术,20世纪80年代以后,一些新建电厂在引进机组的同时,也引进国外的气力输送设备,气力除灰方式已进入推广的实际运用阶段。

对循环流化床锅炉而言,飞灰输送系统主要用于输送除尘器灰斗的灰和尾部烟道下部灰斗的沉降灰。该系统由3部分组成:

(1)飞灰气力输送系统。其用途是将飞灰通过气力输送至飞灰库和飞灰再循环灰仓。该系统主要由若干仓泵和输送管道组成。为使输送顺利进行,设计有专用空气压缩机提供压缩空气。为此,系统管路上还设有一些气动或电动可编程控制阀。

(2)飞灰再循环系统。其作用是将再循环飞灰由再循环飞灰仓输入炉膛。再循环飞灰进入炉膛的方式有多种,可以在炉膛二次风标高附近单独设置一个或多个再循环飞灰喷口,也可以将再循环飞灰从某一个或几个二次风喷口送入炉膛。通常将再循环飞灰送到一个储存仓中,再由一个螺旋给料机将再循环飞灰定量加入到二次风管道中。

(3)飞灰储存及排出系统。其作用是将飞灰由飞灰库输至转运设备(罐车)。可以采用干式装车,也可采用湿式装车。当采用敞车运输飞灰时,就必须采用湿式装车。飞灰库的出灰装置设计有加水系统,以满足湿式装车的需要。

常规气力除灰系统一般由发送器、输送管道、灰库、动力源、控制系统5个部分构成。经过几十年的发展,气力输送技术日臻成熟,演化出负压系统、微正压系统、正压单仓泵系统、正压多仓泵系统等多种形式(统称为常规气力输送系统)。气力输送技术的广泛应用为国民经济、环保事业作出了不可磨灭的贡献。常规气力输送系统的输送管道均为单管结构,其余各部分因类型而异,其构成不尽相同,各有特色。

飞灰在输灰管道中的流动形态,可以分为4种基本流动形式。这4种流动形式如下:

(1)颗粒密相输送(Solid Dense Phase)[见图4-84(a)]:其特点是颗粒流动速度很低,颗粒充满整个管道空间,尤其适合于输送易碎材料。

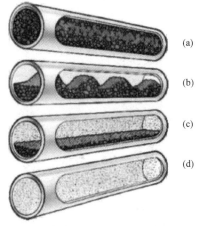

图 4-84　飞灰在气力输送
管道中的流动形态

(a)颗粒密相输送;(b)间歇密相输送;
(c)连续密相输送;(d)稀相气力输送

(2)间歇密相输送(Discontinuous Dense Phase)[见图4-84(b)]:其特点是较低的颗粒流动速度,较高的输送负荷,物料呈沙丘状移动,形如一个连一个的沙丘,具有输送消耗功率少、管路磨损轻的特点。

(3)连续密相输送(Continuous Dense Phase)[见图4-84(c)]:也称为移动床输送。其特点是物料流动速度比物料非连续输送高,但远低于稀相气力输送,物料在管中呈移动床流动状态,尤其适合输送能正常流化的物料。

(4)稀相气力输送(Dilute Phase)[见图4-84(d)]:其特点是物料流速远高于临界

流化速度，输送消耗功率较大，不适合输送易碎以及具有较强研磨特性的物料。

一般而言，不同的输送方案，物料在输送管道内就呈现不同的流动状态。但在同一输送管道中，也可以呈现多种流动状态。

依据输送压力的不同，气力除灰系统可以分为低压系统和高压系统。

（1）低压系统也称为负压系统。在低压系统中，输送气体的压力不超过 0.1MPa（表压），采用正压或负压方式进行输送，以相当高的速度来推动或拉动飞灰，使其顺利通过整个输送管道。这种系统也称为低压/高速系统，它具有很高的气体—物料比，如图 4-85 所示。

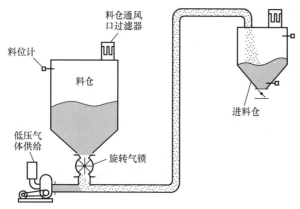

图 4-85　低压稀相气力除灰输送系统

如果一个气力除灰系统使用旋转给料阀进料，则这种系统大多属于低压输送系统。由于输送空气量很大，在输灰管道起始段，气流的加速度可达 10m/s²，而在输送管道的末端，由于气流压力降低，体积增大，多个管道的气流汇集在一起，气流速度最高可达 25m/s。在输灰管道的起始段，输送气流的静压力一般略低于 0.1MPa（表压），在输灰系统的末端，输送气体的压力接近大气压力。

低压系统常采用低压鼓风机或引风机作为动力来源。

（2）高压系统通常指浓相系统。这类系统利用高于 1.5MPa 压力的气体，使用正压来推动物料通过输送管道，非常类似于挤压，通常被称为高压/低速系统。这类系统的气体—物料比很低。

如果一个输灰系统采用一个高压仓泵来保持输送压力，则在输送管道的始端，气流的加速度往往很低，约 15m/min² 左右，而在系统的末端，输送速度只是略高一点，也只有约 150m/min。在系统的初始端，输送管道的压力约 0.3MPa（表压），而在系统末端，压力接近一个大气压，如图 4-86 所示。

高压系统通常使用气体压缩机作为动力来源。

目前，高压除灰系统的应用非常广泛，主要有以下 4 种类型的高压输灰系统。每种系统都有不同应用场合并适应输送不同的物料，也具有不同的输送性能、输送效率、输送成本及优缺点。

1）普通高压浓相气力除灰系统。图 4-86 所示的高压浓相气力除灰系统是一种最基本的输灰系统，它通常适用于较短的输送管道距离及流动性能较高、磨蚀性或非磨蚀性的颗粒状物料，如石英砂、塑料粒等。该系统为分散进料、集中输送系统，由仓泵（发送器）和输送管道组成。

在进料过程中，物料通过膨胀式蝶阀被加进发送器中。置换出的空气通过排气阀释放出去，以使进料更容易，同时消除了阻碍物料流动的反向压力。

一旦发送器被装满（由料位计或称重设施）显示，进料阀和排气阀关闭并且密封。然后，所有为了输送物料的高压气体，不管有多远，在整个输送过程中通过发送器顶部被逐渐加入到输灰管道中。之后，在整个输送过程中，所有为了输送而需要的气体被加入发送器中并与物料相混合。加入发送器的压缩气体与物料相混合，同时向输送管道施压。然后物料以分立的组块形式输送，直到发送器和输送管道都排空。

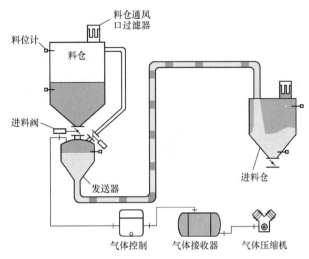

图 4-86　高压浓相气力除灰系统

当输送管道接近排空时，发送器里的压力降为零。一旦这种情况发生，气体供给即被关闭，同时剩余的气体量也排出发送器和输送管道。

这种系统的特点是在输送过程初端和末端有很高的气体流速及较高的输送管道压力。当听到"呼"的一声时，就表示刚刚结束了一次输送过程。

2）采用流化床发送器的高压浓相气力除灰系统。流化床仓泵输送飞灰也是一个比较经济的输灰方式。这种系统通常适用于较短的输送管道及非常精细和非磨蚀性的粉末物料，如滑石粉或面粉。流化床仓泵输送系统为分批投料式系统，由流化床仓泵和输送管道组成，如图 4-87 所示。

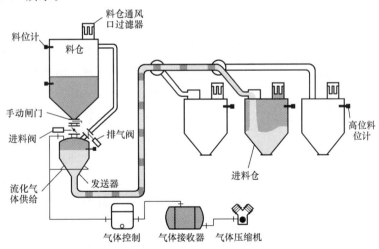

图 4-87　采用流化床发送器的高压浓相气力除灰系统

流化床仓泵在输送过程中使用流化喷嘴来使物料流动，这样就消除了仓泵内部堵塞的可能性，提高了仓泵的效率，它使粉末状的物料流动起来非常像液体。

在进料过程中，物料通过膨胀式蝶阀在重力作用下被加进发送器中。置换出的空气通过排气阀释放出去，以使进料更容易，发送器被装满由料位计或称重设施显示，进料阀和排气阀关闭并且密封，然后高压气体通过发送器顶部和流化喷嘴被逐渐地加入，然后在整个输送管线中以流动状态被加压，一直输送到发送器和输送管道都排空。

3）采用空气助推器的高压浓相气力除灰系统。这种系统通常适用于较长的输送管道距离及精细的、颗粒状的、磨蚀性和非磨蚀性的及难于输送的物料，如石英砂、耐火材料、苏打灰或飞灰。该系统为分批投料式输送系统，由发送器、输送管道和助推器组成，如图 4-88 所示。

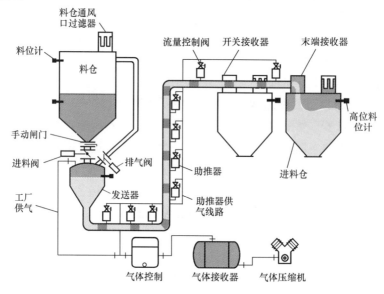

图 4-88　采用空气助推器的高压浓相气力除灰系统

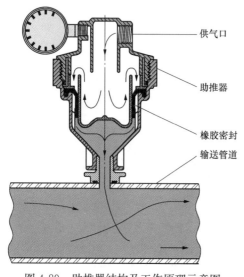

图 4-89　助推器结构及工作原理示意图

在进料过程中，物料通过膨胀式蝶阀，在重力作用下被加进发送器中。置换出的空气通过排气阀释放出去，以使进料更容易。一旦发送器物料装满（由料位计或称重设施显示），进料阀和排气阀关闭同时密封。进入发送器的仅是用于物料置换的压缩气体。为了输送而需要的所有其他气体由助推器添加。

图 4-89 所示为助推器结构和工作原理示意图，明确地显示了隔膜调制装置是怎样根据输送的需要而给管道添加气体的。隔膜作为止回阀使用，使压缩气体进入输送管道的同时阻止了飞灰反窜进入气体输送管道。这一点对于助推器的可靠性及整个系统的性能关系重大。助推器的布置完全取决于被输送物料的特性。对于非常难于输送的物料，可

能助推器间相互距离非常接近；而对于非常易于输送的物料，可能助推器之间距离非常远。

通过沿输送管道布置助推器，管线的长度事实上被缩减为助推器间的距离。这就增加了系统的可靠性。

当输送管道接近变空时，发送器里的压力降为零。一旦这种情况发生，气体供给即被关闭，同时剩余的气体量也排出发送器和输送管道。

这类系统的特点是在输送过程的初端和末端有高的气体流动，在中间气体流动则较低，即较低的输送管道压力。

这种在输送管道上一定距离内设置输送空气的方法目前已有多种应用形式，如某些电厂采用的双套管输灰系统，就是在输灰管道中另外设置一根很细的高压空气管，在一定的间距上开设小孔，利用小孔流出的高压空气来防止输灰管道堵塞。

双套管飞灰紊流气力输送技术是国外 20 世纪 80 年代中期兴起的一项正压浓相输灰技术，其主要特点是在输送管道上部装设有一直径较小的内管，内管每隔一定的间距开设有一特定的开口。当输送管道中某处发生物料堵塞时，堵塞前方的输送压力增高而迫使输送气流进入内管，进入内管

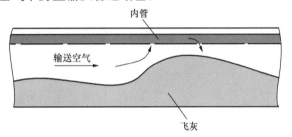

图 4-90　双套管飞灰紊流输送系统工作原理示意图

的压缩气流从堵塞下游的开口以较高的速度流出，从而对该处堵塞的物料产生扰动和吹通作用（见图 4-90），保证管内物料的正常输送，即输送管道内的物料刚要形成堆积状态，就立即被紊流气流驱散，造成自动清堵的效果，从而不会堵管，提高了系统的可靠性。

双套管输送系统流速较低（初速 5～7m/s），浓度较高，大大减缓了输送管道的磨损，减少了输送能耗，因此可采用容量较小的空压机和排气除尘器，从而节省了投资和运行费用。

4）高压浓相连续气力除灰系统。这一系统通常适用于较长的输送管道距离及非常精细的、颗粒状的，磨蚀性和非磨蚀性的、易碎的和难于输送的物料，如炭黑、金刚砂、塑料粒或石英砂。高压浓相连续气力除灰系统可采用分批投料式输送系统或连续投料式输送系统，由单一或多重发送器、输送管道和助推器组成。图 4-91 为采用连续投料式输送系统的高压浓相连续气力除灰系统示意图。

由图 4-91 可见，高压浓相连续气力除灰系统和其他 3 个浓相气力除灰系统的的主要区别在于连续气力除灰系统从来不允许输送管道变空。在输送过程初始和末端，输送管道总是保持满载。

分批投料式系统以物料通过膨胀式蝶阀，在重力作用下被加进发送器中开始。置换出的空气通过排气阀释放出去，以使进料更容易。一旦发送器物料装满（由料位计或称重设施显示），进料阀和排气阀就关闭并且密封。进气阀然后打开，同时压缩气体被加进发送器中来置换输送物料。

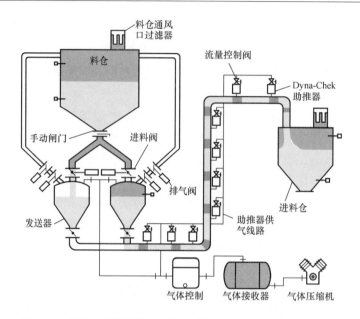

图4-91　采用连续投料装置的高压浓相连续气力除灰系统示意图

所有其他用于输送物料的压缩气体由沿着输送管道布置的助推器来添加。

当发送器完全变空（由料位计料位显示），压缩气体被关闭，物料在输送管道中停下来。在再次向发送器装料前，里面的气压通过特殊的在进料过程中仍保持打开的排气阀被释放出去。因为输送管道里始终在输灰，所以不存在其他 3 种浓相输灰系统在管道排空过程中常见的短时高速度气流现象，使得连续气力除灰系统非常适于磨蚀性和（或）易碎物料的输送。

因为管线总是保持满载，所以在排空和填充输送管道上就没有在时间上的损失。另外，气体消耗大幅度减少，使得连续气力除灰系统适于长输送管道距离及单一物料的输送。

连续气力除灰系统的特点是在整个输送过程有很低的气体流动及较高的输送管道压力。

当采用连续投料式输送系统时，该系统适于输送超长的距离或很高的输送速度，整个系统由多重发送器、输送管道和助推器组成。

多重发送器可分别操作进料和输送。除了在发送器的使用外，其他部件与应用在分批投料式系统的部件非常近似。当一个发送器正在装料，另一个已在输送。这就可使物料从发送器中连续流动，消除了在进料过程中通常的时间损失。这在最高程度上提高了输送管道的利用率和效率。

这一系统的特点是在整个输送过程中极低的气体流动和高的输送管道压力。

在实际应用中，往往根据需要，同时采用以上两种或多种气力输送系统，以实现气力输灰、飞灰分级、综合利用等目的。

按粒度大小对飞灰进行分级收集，主要目的是便于飞灰综合利用。不同的综合利用途径，往往要求不同的飞灰粒径。在飞灰收集过程中对其进行分级，可显著提高飞灰综合利用的经济效益。

如图 4-92 所示为负压闭路除灰及飞灰粒径分级系统的布置示意图。来自除尘器的多个灰斗的飞灰，被负压吸入到输送管道中，经过 3 次分离后，分别被送入粗灰库和细灰库中。该闭路系统的特点如下：

（1）在闭路循环输送管道中，热灰不易受外界气象条件影响，吸湿量小，不结露，可消除外界空气湿度、温度对分选效率的影响。

（2）系统不设布袋除尘器或电除尘器，占地面积小，布置紧凑，系统简单，检修维护工作量小。

（3）由于闭路循环不设除尘器，循环风含有的粉尘对风机叶轮有一定磨损，所以风机应采用耐磨风机。

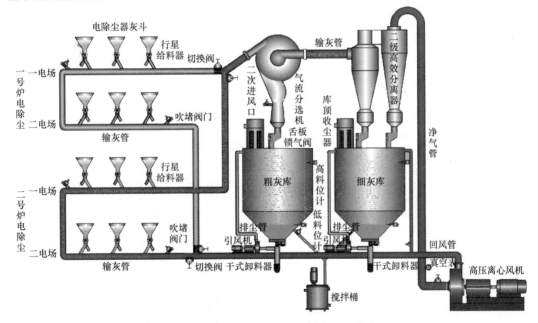

图 4-92　负压闭路除灰及飞灰粒径分级系统的布置示意图

图 4-93 所示为负压开路除灰及飞灰粒径分级系统的布置示意图。

图 4-93 中，来自除尘器的多个灰斗的飞灰，被负压吸入到输送管道中，经过 3 次分离后，分别被送入粗灰库和细灰库中。该开路系统的特点如下：

（1）滤袋分离器为脉冲反吹袋滤式分离器，采用优质滤袋，可大大提高系统的净化效率和滤袋使用寿命，并解决了风机的磨损问题。

（2）由于采用了布袋除尘器，因此能进行超细灰收集，从而可最大限度地为用户创造经济效益。

（3）尾气可直接对空排放，能达到国家相关排放标准。

图 4-94 所示为许多电厂实际使用的正压除灰系统。来自多个除尘器灰斗的飞灰，被高压空气以密相方式送入灰库中。需要说明的是，正压除灰系统也能采用飞灰分级技术，将不同粒径的飞灰送入不同的飞灰库中。

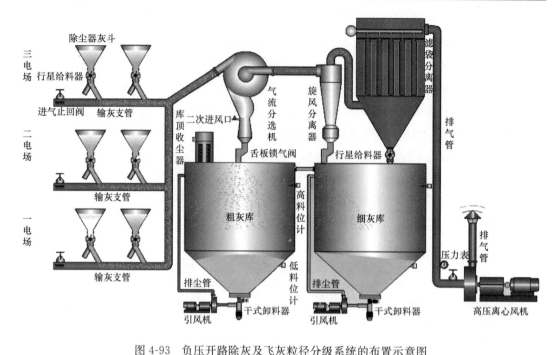

图 4-93　负压开路除灰及飞灰粒径分级系统的布置示意图

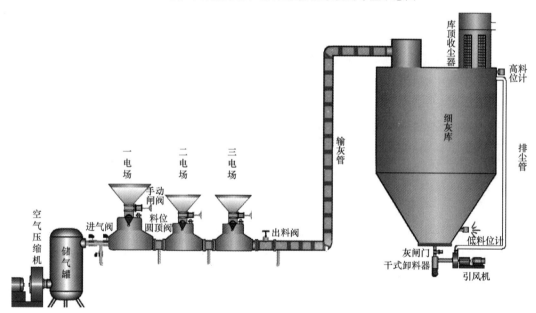

图 4-94　正压除灰系统布置示意图

　　该正压除灰系统的特点是：①适用于从一处向多处分散输送飞灰；②系统的投资和运行费用较低；③输送能力强，最大输送量可达 100t/h；④较细的输送管道；⑤输送距离可达 2000m；⑥系统的输送压头较大，一般气源压力选用 0.8MPa。

第六节　600MW 超临界循环流化床锅炉紧急补水系统

一、设置紧急补水系统的必要性

电厂系统的完善性（如双回路设置）使全厂失电工况存在的几率非常小，一般而言，在全厂失电情况下，对于循环流化床锅炉，可能存在下述情况：

（1）外部电源仅余备用电源（保安电源），电压～380V（±10%），50Hz（±1%）；

（2）不能投运任何辅机；

（3）炉内床料及耐火材料的大量蓄热释放缓慢，而煤粉炉只有烟气的辐射热。

上述情况引起的承压件金属材料保护问题不容忽视。对于自然循环锅炉，炉内存在的大量床料和耐火耐磨材料的蓄热使炉内的汽水混合物及水不断被加热，通过汽轮机旁路等蒸发，而主给水泵不能投运使损失的水得不到补充。随着时间的增加，炉内存水（包括汽水混合物）将不断减少，而锅炉压力的下降造成的汽水混合物体积的减小更加剧了这种趋势。缺乏蒸汽介质的冷却，锅炉受热面，尤其是布置在外置床中的受热面和受辐射热较强的受热面（如水冷壁上部或汽冷包墙上部），将可能因为超温而损坏甚至烧毁。但由于锅筒内尚有一定的循环水量，短时间内上述部件冷却较为充分，可不设置紧急补水系统。

而直流锅炉没有汽包作为汽水分离的分界点，水在锅炉管中加热、蒸发和过热后直接向汽轮机供汽，工质一次通过所有受热面。经计算，600MW 超临界循环流化床锅炉机组水冷系统蓄水量仅为 58t，为 135MW 锅炉机组水冷壁蓄水量的 76%，因此，理论上讲，直流锅炉应设置一套特有的紧急补水系统，以保证在锅炉给水突然失去（如全厂失电）的情况下水冷壁和其他受热面的安全，防止由于炉内床料及耐火材料的大量蓄热引起管壁过热超温。此外，紧急补水系统还提供此时的汽轮机旁路减温减压系统的喷水量和紧急情况下锥形阀的冷却水量。如果不设，考虑到水的损失，炉膛上部水冷壁和尾部包墙管将可能烧坏，尤其是分离器采用绝热式分离器的情况下，由于分离器及其进口烟道的大量蓄热，水冷壁管子将会面临更大的危险。

二、紧急补水系统设计

1. 紧急补水系统的运行模式要求

紧急补水系统为长期备用。锅炉运行中，当锅炉给水突然失去（如全厂失电情况下）时，紧急补水系统能够自动启动，投入运行，连续地提供给锅炉受热面、汽轮机旁路减温减压系统、外置床锥形阀以足够的冷却水。水源采用除盐水。

2. 紧急补水系统的基本组成

每台锅炉应单独配置一套紧急补水系统。如图 4-95 所示，紧急补水系统主要由一个除盐水箱、一套自带驱动装置的紧急给水泵组组成。泵组启动时，再循环管路将多余的水送回水箱。

3. 紧急补水系统容量设计

针对白马 600MW 超临界 CFB 锅炉，紧急补水的容量至少应包括：

（1）锅炉跳闸后 3h 内的蒸汽吹扫用量，考虑如下：

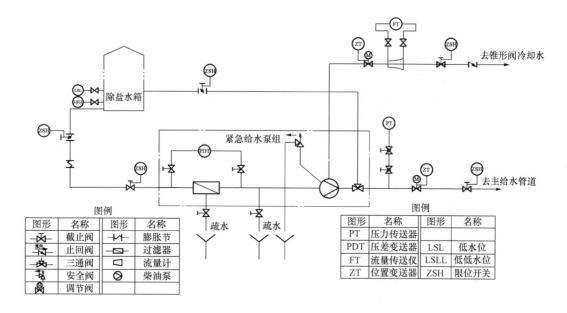

图 4-95　紧急补水系统示意图

1）最初的 30s，蒸汽吹扫用量为锅炉最大连续蒸发量的 50%，即 950t/h；

2）随后的 20min 内，蒸汽吹扫用量为锅炉最大连续蒸发量的 5%，即 95t/h；

3）随后的 2~3h 内，蒸汽吹扫用量为锅炉最大连续蒸发量的 3%，即 57t/h。

在计算总的蒸汽吹扫用量时，上述用量均需考虑一定的余量，初步考虑余量为 50%，即 210.6t。

（2）汽轮机高压旁路喷水用量，设计为上述蒸汽吹扫总用量的 15%，即 31.6t。

（3）平衡闪蒸所需的水量，针对 600MW CFB 锅炉的具体布置方案，考虑为 70t。

（4）6 个外置床入口锥形阀冷却水量，共计 24t。

4. 紧急给水泵压力设计

紧急给水泵的压力首先是要保证当水泵启动时，即使锅炉压力处于过热器出口安全阀启座压力（安全阀开启），水泵也能够立即启动，提供冷却水给锅炉的水冷系统；第二要保证当所有安全阀都处于关闭状态时，给水泵能够提供足够的冷却水量给锅炉。

当锅炉跳闸后，蒸汽流量迅速下降，这就意味着锅炉过热器的压降迅速下降直至几乎可以忽略不计，因此当紧急给水泵投运时，由于锅炉减压引起锅炉压力降低，结合水泵的特性曲线，水泵的流量将随之上升。

三、紧急补水系统主要设备

1. 水箱

紧急补水采用除盐水，水箱容积应至少大于所需要的紧急补给水量。

在水箱的下部，沿高度方向设有两个低水位指示点，一个用于报警，另一个用于切除紧急给水泵。

2. 紧急给水泵组

紧急给水泵一般采用自带柴油机驱动，因此一套紧急给水泵组主要由一台高压头的水泵和一台柴油机及其连接装置组成。

（1）紧急给水泵。在水泵的吸入管上安装有一个带开位限位开关的手动隔离阀，吸入管上过滤器的压降由就地测量元件测量并送出高压降的报警信号。水泵上的安全阀用于泵组停运时，当进口阀关闭、锅炉压力升高时，对吸入管和再循环管进行保护。

（2）三用阀。水泵的最小流量保护是由布置在水泵出口的一个三用阀来实现的，三用阀的功能设计能将多余的水量减压后通过再循环管送回水箱。

（3）柴油机。单台柴油机的基本组成如下：

1）1 台柴油发动机，包括泵和柴油机的所有现场接线；

2）电气控制柜；

3）1 套酸洗电池；

4）1 套充电器；

5）1 套启动器；

6）吸入段空气过滤器；

7）出水段及柴油机排气管消声器（包括固定装置）；

8）1 个柴油箱，其容量能满足周测试（1h）和 1 个常规运行（12h）的需要，并不得少于 3000L。

（4）各种必需的测量元件，以避免泵及柴油机发生意外。

（5）泵和柴油机的润滑油箱。

四、全厂失电情况下锅炉的保护

虽然电厂系统的完善性（如双回路设置）使全厂失电或给水泵失效的工况存在的几率非常小，但对于超临界循环流化床锅炉，为防止紧急情况下超温爆管事故给电厂带来的损失，有必要对全厂失电工况进行深入研究。除了设置足够流量、扬程的紧急补水系统外，白马 600MW 超临界循环流化床锅炉在系统布置和锅炉本体设计上采取了以下措施：

（1）设置足够的保安电源容量，将控制逻辑中重要的保护元件纳入保安电源。

（2）为保证紧急情况下紧急给水泵能够及时投运，泵组应每周至少检测一次，时间为 1h，每月的检测时间不得少于 12h。

（3）在受热面的选材裕量、对危险区域的防护上采取相应的措施。如在包墙上部受辐射热的区域敷设保温绝热材料，对受热面管子予以保护，如图 4-96 所示。

（4）除合理的选择受压部件的材料外，主要的设计原则是尽量减少系统中耐火耐磨材料的用量，从而减小耐火材料的蓄热量，或用蒸汽冷却耐火材料。

白马 600MW 超临界循环流化床锅炉，为减少耐火材料用量，分离器及进口烟道都采用了汽冷包墙结构，内表面敷设 25mm 厚（距离管子表面）的防磨内衬，内衬采用高密度的销钉固定，耐火材料导热系数高；相对绝热型结构（分离器及其进出口烟道均采用钢板结构，内衬耐磨绝热材料）300～400mm 的内衬厚度，耐火材料用量大大减少，使锅炉启动速度不受耐火材料升温速度的限制，负荷调节快捷，启动迅速。同时，分离器及进口

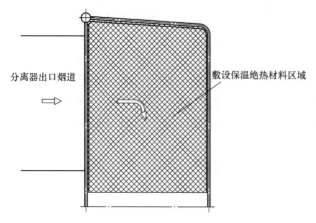

图 4-96　尾部包墙敷设保温绝热材料的区域

烟道的蓄热量也大为降低，既节约启动用油，也大大减少了紧急情况下对尾部包墙及水冷壁的辐射热，降低管子过热的风险。汽冷式分离器与绝热式分离器耐火材料厚度的比较如图 4-97 所示。

（5）尽管锅炉设置的紧急补水系统能够保证紧急情况下锅炉受热面的安全，但电厂在运行过程中仍必须加强现场管理，严格按照有关操作规程处理锅炉在运行过程中出现的问题，才能确保锅炉的连续稳定安全运行。

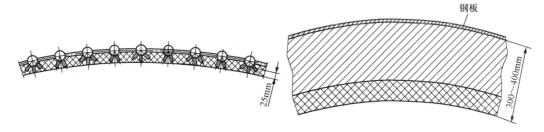

图 4-97　汽冷式分离器与绝热式分离器耐火材料的比较

第五章　600MW 超临界循环流化床锅炉控制系统

第一节　600MW 超临界循环流化床锅炉主要控制回路及其控制特性

一、600MW 超临界循环流化床锅炉控制策略主要技术难点分析

超临界循环流化床锅炉和煤粉（PC）锅炉相比，在控制方式上的不同点是前者特有的对循环物料的监测、调节和控制，另外就是直流锅炉技术和流化床技术的结合所产生的问题。

具体来说，循环流化床锅炉注重床温、分离器入口温度、外置床的调整，风煤比及床压的监测、调节及控制；注重对影响物料流化、循环及燃烧的各种风量的监控，以确保有一个平稳、足够的热物料循环得以建立，从而完成锅炉燃烧侧的燃料燃烧及热量传递过程。

（一）循环流化床锅炉的主要控制特点

（1）通过调节带再热器的外置床的循环灰量调节再热蒸汽温度。

（2）通过调整过热器侧外置床的循环灰量调整床温，使其处于最有利于炉内石灰石脱硫的温度范围内。

（3）通过控制冷渣系统维持炉膛床压恒定，也即确保炉内的灰平衡和床料构成。

（4）通过调节入炉石灰石数量以控制 SO_2 的排放量。

（5）采用旋风分离器入口烟温过高信号，或布风板一次风量过低信号，而不采用炉膛火焰丧失信号去触发主燃料跳闸（MFT）动作，以此作为炉膛安全保护的重要手段之一。

（6）启动油燃烧器的出力调节范围大，以此精确控制炉膛燃烧率，以确保炉内耐磨材料的温度变化合理，不致造成损坏。

（7）床温和床压测量元件均应采取耐热、防磨及防堵措施，使所测数据准确、可靠并且有代表性。

（8）通过一次风量的平衡调整来控制左右裤衩腿炉膛的流化稳定，防止出现翻床等问题。

（9）通过控制给煤、布风的平衡以控制整个炉膛的烟风物料平衡。

（10）一次风、二次风及高压流化风量控制及其连锁控制。

除上述一些主要差别之外，循环流化床锅炉的数据采集系统（DAS）、模拟量控制系统（MCS）及燃烧器管理系统（BMS）系统与常规 PC 锅炉的相应系统没有本质差别，在此不一一列举。

（二）锅炉主要安全监控及控制难点

根据以上特点，超临界循环流化床锅炉在控制方面需要进一步做的工作及主要控制重点、难点如下。

1. 锅炉床温控制

循环流化床锅炉运行温度一般为 750～950℃之间，低于 750℃，燃烧和脱硫效率明显降低；高于 950℃，炉内容易结焦，且脱硫效率降低，NO_x 量上升。因此，必须严格控制炉内温度。

循环流化床锅炉的床温取决于下部密相区的能量平衡，输入热为燃料释放热，输出热包括入炉风、石灰石、循环灰、受热面吸热和排渣带走热量等。控制床温就是要控制输入热与输出热的平衡点。循环流化床锅炉在控制床温方面，以控制外置床进入炉膛的冷灰量为主要手段，同时根据负荷要求设定风煤比，来设定炉膛温度的控制目标。

外置床内布置了高温再热器和中温过热器，循环灰量同时影响锅炉床温和过热、再热蒸汽温度；风煤比在影响床温的同时，也影响了炉内受热面的吸热量。在调节床温的同时，必须考虑对锅炉蒸汽参数的影响，其耦合因素多，控制系统较常规炉复杂，控制设计时，应充分考虑各项因素的耦合关系；一个包含了各项因素的控制系统，同时也是一个庞大、复杂的系统，运行中对某一参数的调节，会影响诸多参数的变化，造成运行调节无从下手。解耦是控制系统设计的重要工作。

2. 锅炉床压控制

锅炉床压值分为炉膛全床差压和炉膛上部差压。全床差压代表了炉内的床料总量，上部差压代表了参与外循环的床料总量。床料分布量和循环物料量，影响着外置床换热和炉内换热量，同时反应了炉膛燃烧状况。床压过高和过低都会影响流化质量，床压过高，影响密相区气泡流动不稳定；床压过低，使床层的热容减少，床温波动变大。维持稳定的床层高度和床层压降是为了保证床温和蒸汽参数的稳定。采用双支腿的循环流化床锅炉，还要控制两支腿的差压平衡，避免床料翻床和塌床现象。

床压的控制手段有：通过控制炉膛向冷渣器的排渣量来稳定炉内差压，上部差压通过控制外置床向冷渣器的排细灰量来调节；两支腿的差压平衡，通过调节两侧一次风量，维护相对等量的进风量。

通过底渣排放来调节炉膛全床差压，受给煤量、燃料灰分、底渣排放温度等参数制约，要与冷渣器和输渣系统的工作相协调，同时，排渣量过大会影响炉内物料粒径分布比例，外循环回料量也要与底渣排放量相协调。

两支腿差压平衡控制，是通过调节热一次风门来实现的。控制系统必须与热一次风挡板流量特性曲线相配合，同时要克服差压与风量的延迟性，避免"翻床"。

3. 锅炉蒸汽温度控制

蒸汽温度控制分为主汽温控制和再热汽温控制。过热蒸汽受热面分布在尾部竖井（包墙过热器、低温过热器）、外置床（中温过热器Ⅰ和中温过热器Ⅱ）、炉膛（屏式高温过热器），再热蒸汽受热面布置在尾部竖井（低温再热器）和外置床（高温再热器）。

过热蒸汽温度是由水煤比和三级减温来控制。调节给煤量和一、二次风量，从而调节炉膛上部床料浓度和后竖井烟气量，改变受热面吸热量和吸热比例。中温过热器在外置床的吸热基本稳定，不受负荷影响，外置床灰量用于调节炉内床温。中温过热器进出口汽温受炉内和后竖井受热面的吸热量，以及布置在低温过热器与中温过热器Ⅰ之间、中温过热器Ⅰ与中温过热器Ⅱ之间、中温过热器Ⅱ与高温过热器之间的一～三级减速温器控制。

需要注意的是，高温过热器出口汽温还受炉膛水冷壁出口中间点温度控制的影响。

再热汽温度由外置床调节，低温再热器出口管道上布置有再热器微调喷水减温器，作为辅助调温手段。

4. 协调控制

协调主控系统设计有4种控制方式，实现无扰动地自动或手动方式转换，以适应机组在不同工况下的安全运行。4种控制方式为：基本方式（全手动）；锅炉跟随；汽轮机跟随；协调方式。另外，还提供3种辅助控制方式："自动发电控制（AGC）"遥控方式；定压控制方式；滑压控制方式。

循环流化床锅炉比常规锅炉有更大的迟滞和惯性，当煤质和负荷变化大、频率高时，对蒸汽参数的控制将变得更加困难。为了提高控制品质，引入负荷和煤质前馈，以提高锅炉的响应速度。

由于单元机组中循环流化床锅炉存在迟滞和惯性，而汽轮机的负荷响应速度较快，因此将压力偏差大修正负荷指令的信号引入到汽轮机主控回路中，汽轮机在调功的同时，适当考虑压力偏差的影响，当压力偏差大时，汽轮机要等一等锅炉，从而实现完整的机炉协调控制系统。

5. 干湿态切换和外置床投入

锅炉启动系统由内置式启动分离器（蒸汽分离器）、储水罐（收集水箱）、再循环泵等组成。

再循环系统：保证锅炉在启动和低负荷运行时水冷壁管内流速。

储水罐疏水：排放锅炉冷态启动清洗阶段水质不合格的清洗水以及控制机组启动初期由于水冷壁的汽水膨胀现象引起的储水罐水位急剧波动。

最小安全流量：改善启动循环泵的调节特性。

再循环泵系统：防止在快速负荷波动时，再循环泵进口循环水发生闪蒸引起循环泵的汽蚀。

湿态运行：水冷壁所产生的蒸汽流量小于水冷壁最小流量，汽水分离器处于湿态运行，汽水分离器中多余的饱和水通过汽水分离器液体控制系统控制排出。

干态运行：给水流量大于最小直流负荷时的流量，水冷壁产生的蒸汽流量大于水冷壁最小流量，处于微过热的蒸汽通过汽水分离器，汽水分离器出口温度由水煤比控制，由汽水分离器湿态时的液位控制转为温度控制。

湿干态转换期间，需要注意汽水膨胀导致的分离器水位或储水罐控制问题。

外置床的投入：锅炉启动，蒸汽流量大于 10%～20%BMCR 时投入外置床，进一步提升蒸汽参数和控制锅炉床温。

外置床投运初期，床内为冷物料，床受热面有一个冷却到迅速受热的过程，炉内温度也会由于冷灰的进入而下降。此过程会造成蒸汽温度和炉温的波动。控制外置床进灰控制阀开度和流化风量，减小对蒸汽参数和炉温的冲击。

6. 锅炉的安全保护

（1）锅炉主辅机的顺序控制：①空气预热器的顺序控制和连锁保护；②引风机的顺序控制和连锁保护；③一次风机的顺序控制和连锁保护；④二次风机的顺序控制和连锁保护；⑤高压流化风机的顺序控制和连锁保护；⑥锅炉给水、疏水、放气系统的连锁保护；⑦过热器系统的连锁保护；⑧再热器系统的连锁保护；⑨石灰石系统的顺序控制和连锁保护；⑩底灰输送系统（冷渣器、输送机和斗提机）的顺序控制和连锁保护、底灰库系统的顺序控制和连锁保护。

（2）锅炉本体保护（FSSS）：

1）油泄漏试验。包括床下油系统试验和床上油系统试验，以及泄漏试验的启动和停止条件。

2）炉膛吹扫。锅炉启动前或 MFT 后必须进行炉膛吹扫，否则不允许再次点火。FSSS 监控吹扫允许条件和吹扫全过程。

3）锅炉安全灭火。锅炉安全灭火分为：①主燃料跳闸（MFT）切断进入炉膛的所有燃料（煤和燃油）；②油燃料跳闸（OFT）切断进入油燃烧器及油母管的所有燃油；③锅炉跳闸（BT）；

4）油燃烧器管理。锅炉经过炉膛吹扫，并且所有油点火条件全部满足后，才能点火启动。点火从油枪开始点火，而且油枪只能依靠自己所属的高能点火器进行点火，不允许依靠其他燃烧器的火焰进行点火。油燃烧器一般分为床上油燃烧器和床下油燃烧器。

5）给煤系统管理。给煤系统包括链式给煤机、称重式给煤机、中心给煤机、启动床料称重式给煤机。

锅炉允许投煤条件：①BT 继电器已复位；②风量大于 30%；③床温高于设定值 1，且有两侧各有至少 1 只床下油燃烧器投运，或床温高于设定值 2；④左侧（右侧）炉膛与布风板压差正常。（注：床温设定值 1：600℃或试验确定；床温设定值 2：750℃或试验确定）

中心给煤机、称重式给煤机和链式给煤机均设有顺序控制和连锁保护。当 MFT 和 BT 发生时，给煤系统跳闸。

（三）循环流化床锅炉启动

循环流化床锅炉冷态点火启动过程及停炉过程，在控制方面要注意两点：

（1）各种风机必须按一定的顺序启动（停止则按相反顺序），这可由 BMS 中的风机连锁加以实现，如图 5-1 所示。

（2）通过燃油的启动燃烧器（SUB）暖炉加热床料，然后再投煤升负荷，根据床温来决定何时投煤与切煤（由燃油完全转换为燃煤），这也是通过 BMS 中的连锁条件加以实现的：在布风板下的风箱压力大于最小值，且无 MFT 的条件下，投 SUB，使床温升至 600℃，即可允许投煤。油、煤混烧使床温升至 750℃，则可切除所有 SUB，以燃煤维持正常床温。由于某些原因（包括正常停炉），床温降至 750℃ 之前，应投油以确保煤的正常燃烧并保证炉膛耐火材料按规定的冷却速度冷却；若没有投 SUB，且床温低于 750℃，则必须通过 BMS 实行 MFT 以切除给煤。需要说明的是：上述有关温度定值仅为一个例，实际定值取决于燃料特性，并且应在机组试运行时，通过试验确定锅炉启动步骤。

二、600MW 超临界循环流化床锅炉控制策略

根据上述分析，600MW 超临界循环流化床锅炉可以采用以下控制策略。

1. 燃料量控制

燃料量包括给煤量和燃油量，给煤系统由 4 台给煤机组成，每台供 3 个加煤点，共 12 个加煤点。燃油系统由床上燃烧器和烟道燃烧器组成。给煤指令选择锅炉负荷指令和总空气量的较小值。

2. 一次风控制

（1）一次风压控制：通过调节 A、B 两台一次风机的导叶调节热一次风母管压力。一次风压设定点随着炉膛的两条支腿中的最高差压的变化而增加。

锅炉正常运行时，双支腿是炉膛流化层的密相区，双支腿之间床压处于相对平衡状态。由于床温、一次风量、给煤量及给煤粒径等原因，这种平衡有可能在运行中打破，引起一侧流化作用强于另外一侧，床料也因此被吹向另外一侧，造成一侧床压降低，另一侧床压升高，严重时会造成一侧床料塌死，另外一侧床料被吹空。当某侧一次风量设定值和测量值的偏差高于单侧设定风量的 15% 时，表明该侧炉膛堆积的床料在持续增加。此时，采取在一次风压调节器输出叠加一个前馈环节，瞬间增大一次风压力，将炉膛床料吹向两支腿以上，以恢复双支腿的正常流化状态。

（2）一次风量控制：总风量指令经函数折算出一次风量设定值，并加上床温的修正，通过控制热一风门来控制一次风量。

3. 二次风量控制

总风量指令为锅炉负荷指令和总燃料量之间的较大值，总风量通过函数关系得出二次风量，与二次风量测量值之间的偏差值经 PI 调节器控制二次风挡板。

4. 炉膛压力控制

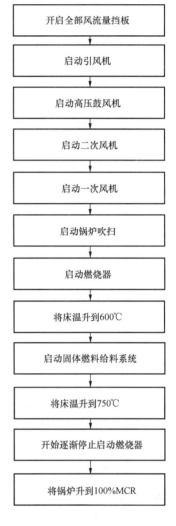

图 5-1　循环流化床锅炉
启动控制示意图

開啟全部風流量擋板
啟動引風機
啟動高壓鼓風機
啟動二次風機
啟動一次風機
啟動鍋爐吹掃
啟動燃燒器
將床溫升到600℃
啟動固體燃料給料系統
將床溫升到750℃
開始逐漸停止啟動燃燒器
將鍋爐升到100%MCR

炉膛压力测量值与设定值之间的偏差值经 PI 调节器控制引风机挡板。

5. 炉膛压差控制

炉膛差压与流化床料量成正比,控制差压由 6 个冷渣器灰控阀来完成。炉膛差压测量值与锅炉负荷指令之间的偏差值经 PI 调节器控制冷渣器灰控阀。

6. 炉膛温度控制

炉膛温度控制由外置床冷灰量多少确定,通过控制布置有 ITS Ⅰ /ITS Ⅱ 外置床飞灰量调节炉膛温度。炉膛温度测量值与锅炉负荷指令之间的偏差值经 PI 调节器控制 ITS Ⅰ /ITS Ⅱ 外置床灰控阀。

7. 流化风控制

(1) 流化风量控制。主要是控制去外置床、回料器和冷渣器的流化风,通过控制每个风管上的风门挡板来完成,使流化风量维持在恒定值。

(2) 流化风压力控制。机组配备 5 台高压流化风机,通过控制风机导叶开度来控制高压流化风母管压力,高压流化风向回料器提供流化用风。

单台风机投入自动或多台流化风机都投入自动时,因对风压的调节能力有所不同,需对调节器的增益进行修正。以单台流化风机为基准,两台流化风机投入自动时,将控制增益逐台减少。

高压流化风母管压力为单回路控制,运行人员设置定值,根据投运台数设置变增益参数。

8. 过热器汽温控制

过热器系统布置 3 级喷水减温,第一级喷水减温布置在 LTS 和 ITS Ⅰ 之间,第二级喷水减温布置在 ITS Ⅰ 和 ITS Ⅱ 之间,第三级喷水减温布置在 ITS Ⅱ 和 HTS 之间。

过热蒸汽温度控制回路采用按温差控制的分段控制方式,一级喷水减温的设定值是根据给水总量额定比例得到,引入分离器出口过热度的调节量作为修正,兼顾低温过热器和中温过热器 Ⅰ 出口汽温偏差。考虑了左右侧中温过热器 Ⅰ 的出口温度不平衡量的修正,同时设置了减温器出口抗饱和回路。中温过热器 Ⅰ 出口汽温的设定,按负荷指令的不同阶段得到,同时考虑锅炉启动过程中对汽温的修正量;其控制由中温过热器 Ⅰ 出口温度与锅炉负荷函数进行 PID 调节为主调节,一级减温器出口汽温为副调节组成串级控制回路完成。二级喷水减温控制采用中温过热器 Ⅱ 出口汽温与设定值进行 PID 调节为主调节,中温过热器 Ⅱ 入口汽温为副调节的串级控制回路。三级喷水减温控制采用高温过热器出口汽温与设定值进行 PID 调节为主调节,高温过热器入口汽温为副调节的串级控制回路。

9. 再热汽温控制

再热器汽温控制有两种控制方式:①通过 HTR 外置床灰控阀调节;②通过再热喷水减温器调节。再热器出口汽温测量值与设定值之间的偏差值经 PI 调节器控制 HTR 外置床灰控阀。再热器出口汽温测量值与设定值和某一温度值叠加值之间的偏差值经 PI 调节器控制再热喷水减温器调节阀。

10. 给水控制

超临界直流锅炉没有汽包环节，给水加热、蒸发以及过热是一次性连续完成的，锅炉惯性相对于汽包炉大大降低，蓄热量减小，动态过程加快。超临界直流炉是一个典型的多输入多输出系统，其主要输入量包括给水量、燃烧率、汽轮机调门开度，其主要输出量有主汽温度、主汽压力和主蒸汽流量，这些因素相互影响，仅仅改变其中某一个量是达不到控制效果的，超临界直流炉的控制更加强调燃烧率和给水量之间的平衡、燃烧率和给煤及风量之间的平衡，它需要锅炉给水、燃烧、汽温和风量等之间更强的协调配合，同时也需要更快速的控制作用。

由于超临界直流锅炉给水变成过热蒸汽是一次性完成的，完全直流运行后，给水量就等于蒸汽流量，给水量的变化直接影响到机组负荷，给水量的变化会改变锅炉汽水相变点位置，进而导致过热汽温的变化，因而超临界直流锅炉给水控制是相当重要的。基于超临界直流锅炉的特点，其给水控制是不能孤立对待的，给水控制方案以煤水比为基础，控制住能较快速而又精确反映煤水比变化的参量——汽水分离器入口微过热蒸汽焓，进而达到控制给水量到合适值的目的，保证整个系统的平衡稳定。

11. 启动系统运行方式

对于直流炉来讲，为了确保水冷壁在低负荷时有效的冷却，通过水冷壁的流量不能小于某个值（30%BMCR），即最低直流负荷。当机组启动和停炉时，启动系统投入使用，由于启动系统要经历不同的运行状态（湿态和干态），故须采用不同的控制方式（湿态和干态）且能平稳自动地切换。

当锅炉最初启动没有蒸汽产生时，给水泵可以不带负荷，此时进入省煤器和蒸发器的水完全来自分离器/储水罐的疏水；一旦有蒸汽产生，储水罐中的水位开始下降，给水泵需马上启动补充给水，以维持储水罐水位，而此时进入省煤器和蒸发系统的流量发生变化，由纯粹的疏水变成给水和疏水的混合物，这样的状态一直要维持到最低直流负荷，在该负荷以上锅炉进入直流运行方式，进入蒸发器的水全部变成蒸汽，而省煤器和蒸发器的流量完全来自给水。为了防止启动初期阶段汽水膨胀时分离器水位过高，饱和水进入过热器，除了给水控制水位外，当水位过高时，通过调节至凝汽器管路上的调节阀来控制分离器水位。

再循环泵出口设置有一个控制省煤器进口最小流量的调节阀，该调节阀是通过测量得到的省煤器进口流量与最小流量比较信号和测量的循环泵压差与规定压差的比较信号来控制，这样的控制，既可保证省煤器的最小流量要求，又可以保护再循环泵。

（1）机组启动——从水位控制到温度控制的切换过程。从水位控制到温度控制的切换过程如图 5-2 所示。由锅炉给水自动控制分离器水位，负荷逐渐增加，一直到纯直流负荷方式后切换到温度自动控制方式。

在 I 阶段以前，按照冷态、温态及热态（含极热态）启动方式，顺序启动锅炉及相关的锅炉辅机，循环泵启动系统投运；分离器水位由控制锅炉母管给水流量来实现。

I 阶段：省煤器入口的给水流量保持在某个最小常数值（30%BMCR）；当燃料量逐渐增加时，随之产生的蒸汽量也增加，从分离器返回的水量逐渐减小，锅炉给水流量逐渐增加，以保证省煤器入口的给水流量保持在某个最小常数值，分离器入口湿蒸汽的焓值

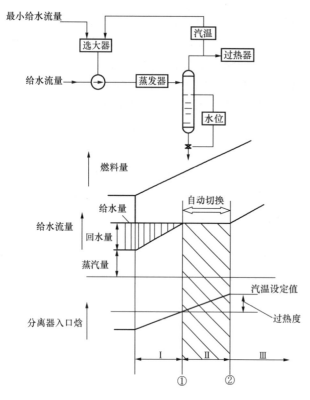

图 5-2　机组启动时水位控制到温度控制的切换过程

增加。

①点：分离器入口蒸汽干度达到 1，饱和蒸汽流入分离器，此时没有水可分离，锅炉给水流量等于省煤器入口的给水流量，但仍保持在某个最小常数值（30％BMCR）。

Ⅱ阶段：给水流量仍不变，燃烧率继续增加，在分离器中的蒸汽慢慢地过热。分离器出口实际温度仍低于设定值，温度控制还未起作用。所以，此时增加的燃烧率不是用来产生新的蒸汽，而是用来提高直流锅炉运行方式所需的蒸汽蓄热（提高过热度）。

②点：分离器出口的蒸汽温度达到设定值，进一步增加燃烧率，使温度超过设定值。

Ⅲ阶段：进一步增加燃烧率，给水量也相应增加，锅炉开始由定压运行转入滑压运行。汽温控制系统投入运行，分离器出口的蒸汽温度由煤水比控制。当锅炉主蒸汽流量增加至 40％BMCR 时，锅炉正式转入干态运行。

在干态自动方式时，循环泵自动停运，循环泵停运后，循环泵入口电动阀自动关闭。随即暖管系统投入运行，暖管管路进口和出口电动阀开启，分离器下降管水封水位由暖管管路出口调节阀自动控制在设定值附近。

（2）停炉——温度控制到水位控制的切换过程。停炉过程中，温度控制到水位控制的切换过程如图 5-3 所示。由图 5-3 可见，负荷降低，从纯直流锅炉方式后切换到启动运行方式，由温度控制切换到水位控制的过程。

Ⅰ阶段：锅炉负荷指令同时减少燃烧率和给水流量，汽温控制系统自动；当锅炉主蒸汽流量降至 40％BMCR（暂定）以下时，干态信号消失，湿态信号还没有满足（注：满足条件为炉膛有火且给水母管给水量小于 30％BMCR 暂定）。

①点：给水流量达到最低直流负荷流量［30％BMCR（暂定）］。

Ⅱ阶段：给水流量仍不变，燃烧率继续减小，在分离器中的蒸汽过热度降低，开始有水分离出。

②点：蒸汽过热度完全消失，流入分离器的蒸汽呈饱和状态。

Ⅲ阶段：进一步减小燃烧率，给水流量不变，分离器入口蒸汽湿度增加，分离器中开始积水，当分离器水位上升到一定高度时，循环泵启动条件满足，手动或顺控启动循环泵。当给水母管流量小于 30%BMCR（暂定）时，能自动切换为湿态运行，则循环泵进口电动阀会自动开启；当循环泵进口电动阀在全开位且分离器水位大于 1m 时，循环泵自动启动，水位控制开始动作，水位由锅炉给水自动调节。

Ⅲ阶段以后，随着负荷的降低，蒸汽量减少，母管给水量也减少，当母管给水量减少到 5%BMCR 时，保持该值不变。

随着蒸汽量减少，分离器水位会上升。当分离器水位上升到一定高度时，分离器水位调节阀会自动调节分离器水位在设定值以内；注意当分离器水位上升到 MFT 设定值时，锅炉跳闸。

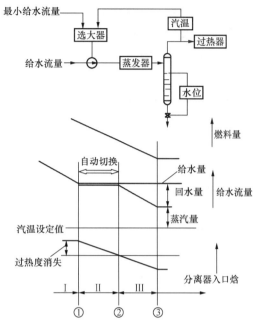

图 5-3　停炉时温度控制到水位控制的切换过程

（3）循环泵启动条件。启停过程中，循环泵的启动条件如下：

1）冷却水流量满足。

2）循环泵进口电动阀开。

3）循环泵出口电动阀开。

4）省煤器进口给水流量大于循环泵启动设定值，或分离器水位大于设定值且循环泵进口电动阀已开。

5）无停循环泵指令。

当上述循环泵的启动条件全部满足后，则发指令要求循环泵出口的调节阀的开度满足循环泵最小流量；当循环泵出口的调节阀的开度已满足循环泵最小流量要求，则如下任一指令可开启循环泵：

1）机组顺控要求启动循环泵。

2）自动湿态方式启动循环泵。

3）运行人员启动循环泵。

（4）循环泵跳闸条件。

1）循环泵已启动但循环泵进出口差压小于设定值。

2）电动机温度大于设定值。

3）循环泵进口电动阀关。

4）循环泵出口电动阀关。

当循环泵启动后，如下任一指令可自动停运循环泵：

1）机组顺控要求停运循环泵。

2）自动干态方式停运循环泵。

3）运行人员停运循环泵。

4）电气故障停运循环泵。

5）循环泵已开启但省煤器进口给水流量小于循环泵要求的最小设定值，停运循环泵。

（5）分离器下降管电动阀控制。

满足如下任一条件且没有关指令时，可以开启分离器下降管电动阀。

1）当自动湿态方式。

2）手动按钮。

3）机组顺控要求。

满足如下任一条件关闭分离器下降管电动阀：

1）自动干态方式且循环泵已停。

2）手动按钮且循环泵已停。

（6）循环泵进口电动阀控制。

满足如下任一条件且没有关指令时，开启循环泵进口电动阀：

1）MFT。

2）手动按钮。

3）机组顺控要求。

满足如下任一条件时，关闭循环泵进口电动阀：

1）循环泵跳闸。

2）手动按钮且循环泵已停。

（7）循环泵出口电动阀控制。

满足如下任一条件且没有关指令时，开启循环泵出口电动阀：

1）MFT。

2）手动按钮。

3）机组顺控要求。

满足如下任一条件关闭循环泵出口电动阀：

1）循环泵跳闸。

2）按手动按钮且循环泵已停。

（8）暖管出口电动阀控制。

满足如下任一条件且没有关指令时，开启暖管出口电动阀：

1）自动干态方式。

2）手动按钮且干态方式。

满足如下任一条件关闭暖管出口电动阀：

1）MFT。

2）自动湿态方式。

3）按手动按钮且湿态方式。

（9）暖管进口电动阀控制。

满足如下任一条件且没有关指令时，开启暖管进口电动阀：

1）自动干态方式且分离器水位小于设定值。

2）手动按钮且干态方式。

满足如下任一条件关闭暖管进口电动阀：

1）MFT。

2）分离器水位大于1m且循环泵已启动。

3）按手动按钮且湿态方式。

第二节　白马 600MW 超临界循环流化床锅炉控制方案

一、锅炉模拟量控制说明

在整个电厂控制中，各个控制子回路之间相互协调，以保证机组稳定运行。DCS 中的控制子回路的组成包括：

（1）机组主控。

（2）锅炉主控和汽轮机主控。

（3）给水控制。

（4）给水—燃料量比控制。

（5）主蒸汽温度控制。

（6）再热蒸汽温度控制。

（7）风量控制。

（8）炉膛压力控制。

（9）炉膛差压控制。

（10）炉膛温度控制。

（11）SO_2 控制。

（12）燃料量控制。

（13）启动旁路控制，包括：①锅炉循环流量调节阀（锅炉循环流量）；②分离器储水罐水位调节阀（分离器储水罐水位）；③主蒸汽压力调节阀（主蒸汽压力）；④汽轮机旁路减温喷水；⑤主蒸汽管道疏水调节阀。

（一）机炉协调控制

1. 工作模式

协调主控系统设计有 4 种控制方式，如表 5-1 所示。4 种控制方式为：基本方式（全手动）；锅炉跟随方式；汽轮机跟随方式；协调方式。另外，还提供 3 种辅助控制方式："AGC"遥控方式；定压控制方式；滑压控制方式。

2. 运行方式切换

（1）汽轮机系统、锅炉燃烧系统均正常，汽轮机主控和锅炉主控都能投自动时，就可运行于协调方式；

（2）在协调方式下，由手动连锁条件引起的汽轮机主控切手动，将运行方式切为锅炉跟随方式；

（3）在协调方式下，由手动连锁条件引起的锅炉主控切手动，将运行方式切为汽轮机

表 5-1 协调主控系统的 4 种运行方式

工作模式	锅炉主控	汽轮机主控	调频
基本方式（全手动）	手 动	手 动	无
锅炉跟随（BF）方式	调压，负荷指令修正，能量信号前馈	手 动	无
汽轮机跟随（TF）方式	手 动	自动调节汽压	无
协调（CC）方式	调压，调功，负荷指令前馈	调功，调压，主蒸汽压力设定值校正的负荷指令前馈	有

跟随方式；

（4）在锅炉跟随方式下，由手动连锁条件引起的锅炉主控切手动，将运行方式切为基本方式；

（5）在汽轮机跟随方式下，由手动连锁条件引起的汽轮机主控切手动，将运行方式切为基本方式；

（6）由基本方式到汽轮机跟随方式或锅炉跟随方式，再到协调方式，是根据汽轮机系统和/或锅炉系统正常，汽轮机主控和/或锅炉主控具备投自动的条件时，将汽轮机主控和/或锅炉主控投自动来实现的。

3. 负荷设定值

主控系统能适应主辅机的实际能力调整机组出力。当机组运行时，出现局部故障或负荷需求超过了机组当时的实际能力，辅机出力远大于其指令，或辅机指令已达最小，主控系统将对负荷指令进行方向闭锁：闭锁增（BLOCK INCREASE）或闭锁减（BLOCK DE-CREASE），强迫负荷指令缓慢下降（RUN DOWN）或辅机故障快速减负荷（RUNBACK）。系统在主辅机或子回路控制能力受限制的异常情况下，照样安全保持机组指令与机组能力的平衡，锅炉与汽轮机能力平衡以及锅炉燃料、送风、给水等各子回路间的能力平衡。

方向闭锁条件基于两个方面。第一方面是与机炉协调直接相关的子系统阀位指令达到预定的最大、最小限值，如：①机组实际负荷指令达到操作人员设定的负荷最大、最小限值；②一次风机阀位指令达到预定的最大、最小限值；③汽动给水泵指令达到预定的最大、最小限值；④送风机阀位指令达到预定的最大、最小限值；⑤引风机阀位指令达到预定的最大、最小限值；⑥汽轮机调门开度达最大、最小值；⑦辅机或燃料的运行数决定负荷的最大、最小输入范围；⑧压力偏差超限。第二方面是与机炉协调直接相关的子系统的过程参数与其设定值偏差超限，如机组实发功率、燃料量、给水量、风量、炉膛负压等参数相对于各自设定值的偏差越过预定的高、低限，则对负荷指令进行方向闭锁，限制机组负荷的速度与幅度。

一旦发生负荷指令的增/减闭锁，则不管是就地控制还是远方控制都无法改变机组负荷要求指令。

在某一子系统产生对机组负荷指令闭锁增后，如果该子系统的阀位指令以及过程参数偏差都达到各自预定的限值，则产生负荷指令缓慢下降（RUNDOWN）信号，当该子系统的过程参数偏差消失后，则负荷指令退出 RUNDOWN 状态。系统 RUNDOWN 的条件如下：

（1）燃料量远小于燃料指令，并且满足下列条件：煤主控自动且煤主控指令达最大值。

（2）送风量小于送风量指令，并且满足下列条件之一：

1）两台送风机均自动且阀位指令均达最大值；

2）一台送风机自动且其阀位指令达最大值而另一台送风机手动；

3）两台送风机均手动。

（3）给水量小于给水量指令，并且汽动给水泵调节指令或电动给水泵出口调节阀指令达最大值，负荷指令 RUNDOWN。

（4）炉膛压力大于设定值，并且满足下列条件之一：

1）两台引风机均自动且阀位指令均达最大值；

2）一台引风机自动且其阀位指令达最大值而另一台引风机手动；

3）两台引风机均手动。

（5）一次风压小于设定值，并且满足下列条件之一：

1）两台一次风机均自动且阀位指令均达最大值；

2）一台一次风机自动且其阀位指令达最大值而另一台一次风机手动；

3）两台一次风机均手动。

当机组运行在协调方式下，主要辅机发生跳闸并且负荷要求指令大于一台该辅机负荷限值时，主控系统将产生 RUNBACK 信号，使机组负荷指令快速减到还在运行的辅机所能承担的负荷。本系统对不同的辅机故障分别设定了不同的减负荷目标值和速率，并将协调控制系统切换到相应的控制方式。本系统还考虑了床温过高、旋风分离器出口温度过高等引起的 RUNBACK。

机组运行在非协调方式，人工请求 DEH 就地方式，负荷闭锁增或闭锁减，AGC 指令品质坏，RUNBACK，禁止 AGC 远方操作等都将退出远方控制方式。

远方控制方式或通过人工请求，负荷按给定速率向负荷要求指令爬坡。当发生 RUNBACK 或 RUNDOWN、负荷指令被闭锁且负荷指令计算（LDC）仍沿被闭锁的方向升/降、LDC 不升也不降或通过人工请求都将退出按给定速率向负荷要求指令爬坡的工况。

当机组运行在基本方式且非旁路模式同时功率信号品质好，或协调方式下，负荷指令跟踪实际功率；当机组运行在基本方式且旁路投入，或汽轮机跟随方式下，负荷指令跟踪锅炉主控输出。在正常运行方式（旁路未投入），负荷指令处于跟踪工况。

目标负荷限幅后形成负荷指令 1 即 MW1；MW1 经过限速并叠加压力修正的频率需求后形成 MW2，负荷的速率由汽轮机的启动状态决定。MW2 经过快速减负荷（RB）的降负荷形成 MW3。MW3 叠加压力修正形成锅炉指令锅炉负荷指令（BLD），锅炉主控自动的情况下，BLD 生成锅炉指令负荷段修正（BD），BD 跟踪给水流量。

4. 主蒸汽压力设定值

主蒸汽压力目标值由人工设定；当机—炉主控为基本方式或汽轮机旁路系统投入时，

主蒸汽压力目标值和设定值跟踪主汽压力信号。

主蒸汽压力设定值按爬坡速率向目标值爬坡；爬坡速率由人工设定，但要小于主蒸汽压力目标值与设定值之差。

滑压方式下，主蒸汽压力设定值由负荷指令经函数器与汽轮机调门开度修正产生，并受主蒸汽压力最大值限幅。

5. 定压/滑压运行模式

选择滑压：在协调方式下，人工请求进入滑压模式。滑压模式只能在协调或炉跟随方式下使用。

退出滑压：

人工请求	或
进入基本模式	或
RUNBACK 状态	或
启动旁路	或
进入汽轮机跟随模式	或

负荷大于 85%（定值现场设定）

滑压模式下，阀门开度固定，但有 10% 的调节范围。

人工请求、定压运行、主蒸汽压力设定值偏离目标值都将引起主蒸汽压力设定值爬坡。

主蒸汽压力设定值爬坡保持：

人工请求	或
滑压运行	或
主蒸汽压力设定值不偏离目标值	或
进入基本模式	或
RUNBACK 状态	或
启动旁路	或

进入汽轮机跟随模式

6. 协调控制系统（CCS）与数字电液转换（DEH）的接口

以下为 CCS 与 DEH 的接口信号：

CCS 送至 DEH 的信号有：增负荷指令、减负荷指令；允许 DEH 远方操作信号（开关量）。

DEH 送至 CCS 的信号有：DEH 处于远方操作模式（开关量）；负荷参考（模拟量）。

7. AGC 的接口

在 LDC 自动时，AGC 远方控制有效的脉冲信号发出后，操作员通过键盘发出将机组投入远方控制指令后，机组即进入"远操"方式。

但在下列条件下机组退出"远操"方式：

（1）LDC 非自动状态；

（2）机组作控制方式切换时，操作员发出就地（LOCAL）请求；

（3）负荷闭锁增；

（4）负荷闭锁减；

（5）AGC 指令品质坏；

（6）发生 RUNBACK；

（7）远控发出 AGC 无效的脉冲信号。

当上述条件不成立时，则发出允许"允许 AGC"信号，用于通知远控此时可以投入 AGC 远方控制方式。

8. 一次调频

考虑最大负荷限制：调频修正后的负荷设定值不超过机组最大出力。

机组负荷大于定值，允许投入一次调频。

9. RUNBACK（RB）控制

（1）RB 控制。机组实际出力与各主要辅机允许出力进行比较。当机组实际出力大于任一主要辅机允许出力时，即发生 RB 工况。机组目标负荷由当前值按照引起 RB 的辅机所需的 RB 速率进行减小。当机组目标负荷到达 RB 目标值即机组允许的最大出力后，RB 结束。

RB 回路包括以下组成部分：

1）RB 工况判断；

2）RB 目标值形成回路；

3）RB 状态指示。

（2）RB 工况判断。在机炉协调方式下，以下辅机故障会引发 RB 工况：

1）旋风分离器温度高（大于 1030℃），锅炉上部床温高（大于 980℃），按一定速率（5%/min）RB 到 50%负荷；

2）二次风机任意跳闸一台，RB 到 50%负荷；

3）引风机任意跳闸一台，RB 到 50%负荷；

4）给水泵任意跳闸一台时（延时 3s)，RB 锅炉负荷指令为与给水泵的容量相匹配的负荷；

5）一次风机任意跳闸一台，按一定速率（5%/min）RB 到 50%负荷。

当机组实际负荷降低到机组最大允许负荷以下后，RB 结束。

（3）RB 目标值形成回路。RB 发生时，负荷目标值自动切换到引起 RB 的设备的允许最大出力，RB 速率开始有效。

10. 锅炉主控 M/A

锅炉主控 M/A 用于给定整个机组的总燃料量定值，锅炉指令同时作用到燃料主控、给水及送风控制回路。在锅炉主控未投自动时，其输出指令跟踪机组的当前负荷（总给水量）。当机组处于锅炉跟随方式，锅炉主控回路中能量平衡调节器有效；当发生 RB 工况时，机组切到汽轮机跟随方式，锅炉主控切手动，接受 RB 指令快速减少燃料量。

11. 汽轮机主控

汽轮机跟随方式下，锅炉主控手动，通过改变汽轮机调门开度调节主汽压。

机炉协调方式下，锅炉调节汽压，汽轮机调节机组功率。设有汽压保护功能：在汽压偏差不大时，该回路不起作用；当汽压偏差过大时，可将汽轮机调门适当打开或关小。

12. 锅炉输入加速指令

在不同负荷下，锅炉输入的静态平衡是由相应的子控制回路的指令信号维持的，如给水、燃料和风量指令信号。但是在负荷变动时，仅有这些是不够的。直流锅炉中，锅炉受热面管内的内部流体受到外部烟气的加热，温度发生变化，其反应时间常数随燃料、给水、负荷等变化而变化。并且，燃料系统中给煤、燃烧也存在大的延迟。因此，在各负荷段中，即使严密地设定了给水、燃料、空气等锅炉输入量，负荷变化时，蒸汽温度或蒸汽压力变化也是过渡性地跟进。因此，负荷变化时，如果事先将各种锅炉输入量控制得比平衡量多些或少些，改善蒸汽温度或蒸汽压力的控制性能就会比较有效。这就是锅炉输入加速控制（Boiler Input Regulation Control，BIRC）。

考虑到锅炉的动态平衡，锅炉输入变化率指令（BIR）是以负荷指令信号为基础，根据相应子控制回路单独产生，并作为前馈信号个别加到给水、燃料、风量、减温喷水等的指令信号上。各 BIR 信号可根据机组负荷的上升和下降，单独调节信号的强弱。BIR 量也会因为不同的负荷变化幅度，改变所需要的量，因此进行了负荷变化幅度（Load Change Width）增益放大修正。由于要维持锅炉富氧燃烧，因此对风量控制子回路，它的 BIR 信号总是增加的方向。这些 BIR 的波形是以试运行的结果为基础，个别调整给水、燃料等，使蒸汽温度、蒸汽压力的偏差变小。

13. 机炉协调控制方案的优化

为了进一步提高控制品质，引入了负荷前馈。当协调方式未投入时，负荷前馈不起作用。当协调方式投入时，负荷前馈的主要作用是提高锅炉的响应速度。

由于单元机组中循环流化床锅炉存在迟滞和惯性，而汽轮机的负荷响应速度较快，故此，将压力偏差大修正负荷指令的信号引入汽轮机主控回路中。汽轮机在调功的同时，适当考虑压力偏差的影响。当压力偏差大时，汽轮机要等一等锅炉，从而实现完整的机炉协调控制系统。

14. 燃料指令

燃料量控制的目的就是控制总燃料量，以满足当前锅炉输入指令。总燃料量指令是根据不同的启动方式所要求的锅炉输入指令产生的，水燃比（WFR）指令加在总燃料量指令上，同时考虑了交叉限制功能和再热器保护功能。

主燃料煤的实际发热值可能会变化，而锅炉的吸热状态取决于燃料的种类。

为了对这种情况进行补偿，把水燃比（WFR）偏置指令加在总燃料量指令上。另外，为了改进锅炉在负荷改变期间的响应性，加进锅炉输入加速指令作为前馈信号。

燃料主控指令由基础指令和水燃比的修正组成，其中基础指令由锅炉指令的需求加上燃料加速信号组成。总燃料量设定值与机组实际总燃料量（折算成 0～100%）的偏差经过 PI 运算得到给煤机给煤量控制指令。总燃料设定受风和水的交叉限制。

干态情况下，水燃比汽温控制信号由减温水修正、旋风分离器出口温度修正和不同负荷段修正（BD）的中温过热器出口温度修正，以及基础分量（分离器出口过热度的调节输出量）修正。在燃料量控制切手动的情况下，该值跟踪燃料偏差；湿态情况下，采用主汽压偏差的修正量来表征水燃比信号；汽温控制手动时，跟踪水燃比修正总量与分离器出口过热度的调节量的差值：①旋风分离器出口温度修正量，根据不同的负荷段（MW2）对应不同的旋风分离器出口温度，设以一定的温升速率。汽温偏差用锅炉指令 BD 来修正；②减温水修正量，干态情况下，根据负荷各级减温对应不同的喷水流量；③汽水分离器出口过热度修正量，根据不同的负荷段（BD）修正分离器出口过热温度，考虑到汽温的惯性，分别设置增减闭锁。

水燃比指令是通过下述方法产生的。

当锅炉处于湿态运行方式时，主蒸汽压力由燃料量控制（和汽包锅炉相同）。因此，在这种情况下，通过调整水燃比指令来控制主蒸汽压力。

主燃料煤的实际发热值可能会变化，而锅炉的吸热状态取决于燃料的种类和一、二次风比。

当锅炉处于干态运行方式时，调整水燃比指令，以补偿上述吸热量的变化。在这种情况下，水燃比指令控制汽水分离器入口蒸汽的过热度。这样，主蒸汽温度控制可以始终处于能快速响应温度扰动的最佳位置（即在一定负荷以上时，喷水量都处在稳定状态条件下）。

此外，为了保护锅炉，必须把过热度控制在适当的设定值上。为了协助主汽温的控制，还把每一部分的蒸汽温度偏差加起来作为比例控制信号。

上游蒸汽温度偏差（也就是汽水分离器出口蒸汽温度、旋风分离器出口蒸汽温度）加在主蒸汽温度控制回路上作为前馈指令。

由于在高、低负荷范围内水燃比的运行范围是不同的，所以通过锅炉指令的函数关系式给出了对水燃比控制指令的高、低限值。

总燃料量＝各称重给煤机的煤燃料量经热量校正后的值＋经热量校正后的燃油流量，所有的量按机组的额定负荷折算成百分数。

热量校正：煤种变化时，煤的发热量会发生变化，此时需对实际的燃料量进行修正，补偿因煤种变化而引起的锅炉调节器参数的变化。

燃料在整个给煤的过程中，可控制的设备有中心给料装置、皮带给煤机、刮板给煤机、刮板给煤机落煤口闸板门。在需要给煤量变化时，这 4 组执行机构同时动作。

（二）给水控制

（1）给水流量指令信号由锅炉输入指令（BID）产生，由该值与锅炉给水测量值的偏差计算得出给水泵 BFP 指令信号，如图 5-4 所示。

（2）给水控制系统在启动时处于手动方式，最小给水流量设定值跟踪实际给水流量（设定值跟踪），如果这时锅炉给水控制系统切换为自动方式，则最小给水流量设定值将以预定义速率增加至锅炉最小给水流量（30％BMCR）。此外，当实际给水流量测量值大于最小给水流量（30％BMCR）时，本操作不起作用。

（3）省煤器入口给水流量包括过热器减温喷水流量，给水流量与锅炉输入指令相关，

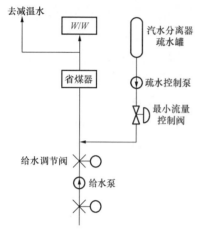

图 5-4　给水控制

并与主蒸汽（输出）流量相平衡。因此，以省煤器入口给水流量作为给水流量控制的反馈信号。

（4）给水主控增益补偿。由于信号放大系数随参与自动调节的给水泵数量的变化而变化，因此对增益进行校正，使给水控制回路的总增益保持固定。

（5）省煤器防止蒸发回路。锅炉是复合变压运行设备，如果由于减负荷而使压力变化急剧增加，例如从最大压力（临界压力）降低，省煤器水温变得大于饱和蒸汽温度，省煤器内的流体可能蒸发至干，如果省煤器出口温度变得大于"对应分离器储水罐压力裕量的饱和温度 10℃"，为防止省煤器蒸发，省煤器水温可通过给水流量的增加而降低。此外，在省煤器防止蒸发操作中，为避免进一步恶化，禁止减少负荷，如图 5-5 所示。

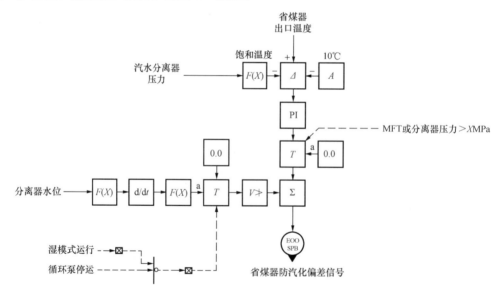

图 5-5　省煤器防止蒸发回路

（6）用汽水分离器储水罐水位对给水回路进行补偿。锅炉循环在运行湿模式运行状态时，锅炉循环流量急剧减少，可能对给水流量控制产生扰动，给水流量会下降至低于最小给水流量。显然，可以通过设定汽水分离器储水罐水位来控制锅炉循环流量，检测汽水分离器储水罐水位的变化防止给水流量的降低，并且对给水流量需求进行补偿，如图 5-6 所示。

（三）水燃比控制

为控制主蒸汽温度保持在固定值，根据锅炉蒸发量，生成主蒸汽温度偏差对基本燃料指令（Basic Fuel Demand，BFD）的补偿信号和燃烧率指令即燃烧强度指令（Firing Rate

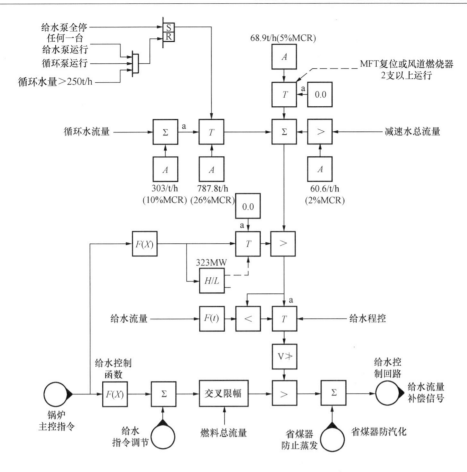

图 5-6 用汽水分离器储水罐水位对给水回路进行补偿

Demand，FRD)，其中 BFD 信号由锅炉主控指令即锅炉输入指令（Boiler Input Demand，BID）生成。补偿信号叠加到锅炉水燃比控制回路，如图 5-7 和图 5-8 所示。

复合变压、直流运行锅炉的水燃比控制按以下规定进行。

1. 基本燃料量控制（Basic Fuel Program）

如图 5-9 所示，对应不同负荷时锅炉的静态平衡点，燃料控制程序（Basic Fuel Program）生成基本燃料量。

湿模式运行时，对应不同的启动模式（环境冷态/冷态/暖态/热态）有不同的启动程序。根据启动时的主蒸汽温度，选择合适的启动程序。

在直流运行（干模式）和停炉时，选用正常操作程序。

MFT 动作后，改变启动程序，根据预定义负荷进行复位（改变为正常操作模式）。

MFT 复位时，根据汽水分离器入口温度自动选择不同启动程序（设置手动操作按钮），由汽轮机侧启动模式（根据汽轮机金属温度选定）决定机组的启动进程。尽管启动程序已经考虑了锅炉补水和炉水循环泵（BCP）启动等自动逻辑，但最终要由运行人员来判断决定启动进程，是因为锅炉强行冷却后，汽轮机和锅炉的启动模式不相同。

这种情形下，锅炉若为环境冷态，汽轮机则为冷态或热态启动。

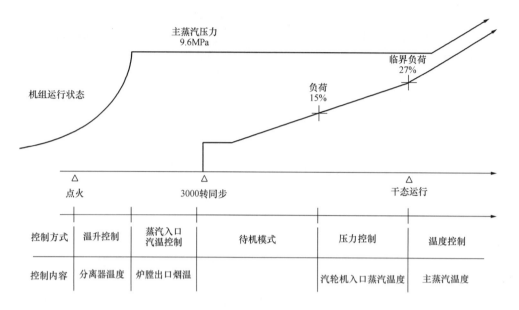

图 5-7 水燃比控制（一）

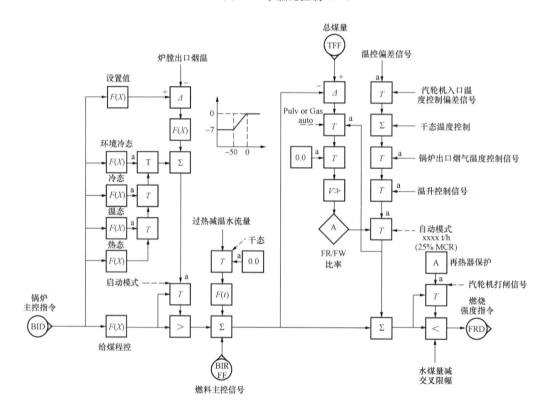

图 5-8 水燃比控制（二）

2. 汽轮机进汽冲转前的燃料量负偏置（fuel decrease bias）

为了在汽轮机进汽冲转时增加燃料量，汽轮机冲转前，在启动时燃料量控制回路上叠加燃料量负偏置（minus bias），并且在汽轮机冲转时，这个负偏置清零，启动燃料控制回路切换为正常启动燃料控制。

对于不同的锅炉启动模式，这个负偏置的数值设置不同。

为防止启动时因为燃料过量使得

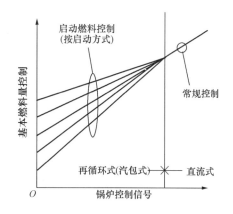

图 5-9　基本燃料量控制

再热蒸汽管道过热，需要监视锅炉出口烟气温度。当锅炉出口烟温大于最大设定值时，燃烧量指令回路进行比例运算。汽轮机进汽冲转后，解除对炉膛出口烟气温度的限制操作。

根据机组运行状态（plant state），对升温控制过程、炉膛排烟温度控制、主蒸汽压力控制过程、主汽温控制等，水燃比控制的偏置量相应改变。燃料量控制处于手动方式时，指令信号跟踪基本燃料指令信号和总燃料量的偏差，因此，当切换至燃料量自动方式时，防止燃料量出现扰动。自动方式时，禁止手动设置给水－燃料量比值偏置量。在汽轮机截止（interception）进汽时，为保护再热器，必须考虑交叉限制的限定（给水量不足－燃料量下降），这时燃烧率指令（FRD信号）受限制为低于最大设定值。

3. 水温上升控制回路（启动分离器入口水温控制）

机组环境冷态/冷态启动时，在主蒸汽压力小于 8.7MPa 以及某个点火油阀开启时，水燃比控制切换至自动方式，汽水分离器入口升温控制回路启动。当有 2 对点火油燃烧器着火及主蒸汽压力达到 9.6MPa 时，解除水温上升控制。

水温上升控制回路使汽水分离器入口温度的变化率保持在 2℃/min。考虑到汽水分离器温度变化时设备的膨胀和收缩作用，缩短加热时间。譬如，汽水分离器入口水温达到 200℃ 时，停止水温上升并保持水温恒定，对水质进行测定。因此，通过"保持负荷"按钮动作，控制水温上升停止，这时升温控制的偏置变为 0，可设置负偏差。水质检测完成后，用"停止保持负荷"按钮操作，重新启动水温上升控制。主蒸汽压力达到 9.6MPa 时，结束水温上升控制。水温上升控制回路如图 5-10 所示。

4. 主蒸汽压力控制回路偏置补偿

机组启动时，用汽轮机高压旁路阀控制主蒸汽压力稳定，但是，当负荷大于 15% ECR 时，汽轮机高压旁路阀完全关闭，使用水燃比主控进行主蒸汽压力控制（湿模式运行），直至切换为直流运行（干模式），如图 5-11 所示。

5. 主蒸汽温度控制修正

直流运行时，用水燃比主控进行主蒸汽温度控制。通过水燃比主控和减温喷水的比例积分控制进行主蒸汽温度控制。可以调节过热器减温喷水修正主蒸汽温度的偏离和变化，最终需要由水燃比控制偏置量来控制主蒸汽温度稳定，如图 5-12 所示。

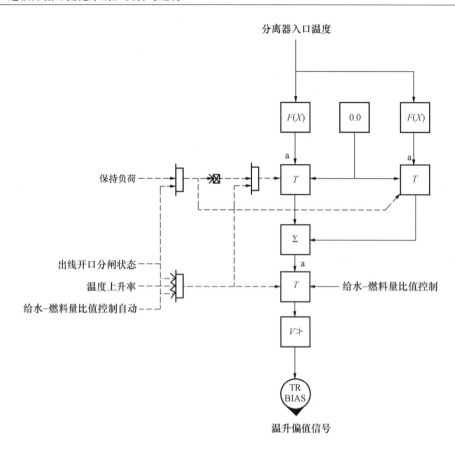

图 5-10　水温上升控制回路（启动分离器入口水温控制）

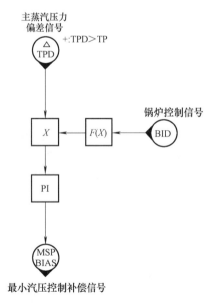

图 5-11　主蒸汽压力控制回路偏置补偿

在负荷需求指令（MWD）控制程序中设置主蒸汽温度设定值，这时遵照负荷变化率的限制规定生成温度设定值，其中负荷变化率由汽轮机启动模式决定。

（1）循环操作时（湿模式），在手动方式下，汽水分离器入口温度设定值跟踪分离器入口温度测量值，这时控制回路的偏差为 0。对主蒸汽温度偏差进行积分微分运算得出水燃比控制偏置量，同时将主蒸汽温度偏差信号（经过比例运算）作为前馈信号叠加到积分环节的输出。由于响应时间是固定的，燃料量随负荷变化而相应改变时，主蒸汽温度数值也是变化的，而且在控制回路中，比例增益和积分常数是固定的，根据当前 BID 生成增益和时间常数的校正信号。

（2）将过热器喷水量控制偏差叠加至主蒸汽温度控制偏差的比例环节上，进行减温喷水控

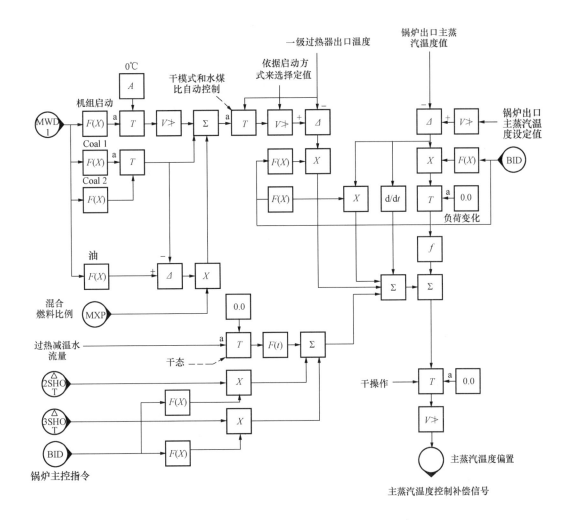

图 5-12　主蒸汽温度控制修正

制。干模式运行时，过热器喷水流量占主蒸汽流量的 10%。此外，在干模式时，过热器喷水控制系统用积分控制环节进行温度控制，但是不设置控制回路使减温喷水比率返回固定比率（设定值为 10%）。这是因为，主蒸汽温度的稳定是进入锅炉管道的给水和参与燃烧的燃料量相平衡的结果。因此，当减温喷水比率从固定值（10%）偏离时，为控制返回至喷水量的固定比率，需要缓慢调整锅炉燃烧状况。

（3）在负荷改变时，当温度偏移变化被校正后，由于蒸汽温度调节的时间常数很大，给水－燃料量比值会从某个合适的数值发生偏移，最终对蒸汽温度控制造成扰动。为防止上述情形发生，积分器输入设为 0，禁止积分作用。

6. 水燃比偏置补偿

水燃比偏置补偿控制如图 5-13 所示。

（1）分离器箱入口过热度控制。通过设置燃料量的减少/增加偏置，叠加至水燃比偏置，其中由汽水分离器储水罐压力、分离器入口水温确定分离器入口温度上限/下限，由

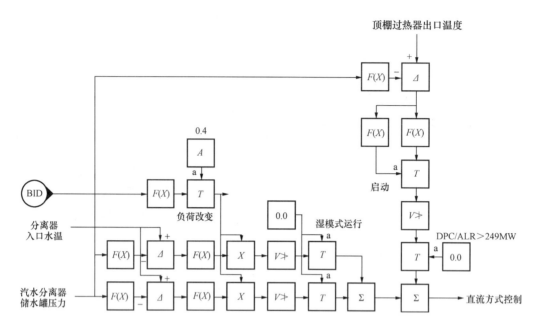

图 5-13　水燃比偏置补偿控制

此控制蒸发器出口过热度小于某个固定数值。在循环运行时（湿模式），不需进行过热度控制，燃料量偏置被切除。而且，只在负荷不发生波动时根据 BID 信号调整偏置量大小。

（2）顶棚出口（ceiling wall outlet）过热度控制。根据汽水分离器储水罐压力，计算得出顶棚过热器出口过热度设定值，并与顶棚过热器出口温度进行比较，当测量值高于程序计算值时，减少偏置量叠加到给水－燃料量控制回路上，防止过热器壁温（金属温度）过高。

（3）过热度控制只叠加作用于水燃比控制偏置、温度控制偏置，用以限制分离器入口过热度控制回路的总给水量变化在±6t/h 以内。

（四）主蒸汽温度控制

主蒸汽温度控制是通过调整水燃比来实现的，但对过热汽温影响的迟延大；减温喷水能较快地改变过热汽温，但不能最终维持汽温稳定。超临界直流炉的控制需要将两者有机地协调起来。

要控制好过热汽温，理想的状态是能控制中间若干关键位置点的温度到期望值。在超临界直流炉控制中，采用控制一级减温器出入口温降 ΔT 到期望值来起到这方面的作用。一级过热汽温控制目标是 ITS I 过热器出口温度，其设定是负荷指令的函数。为使一级过热汽温控制达到目标值，一级过热汽温控制回路必须控制一级过热减温器出口温度到合适值，锅炉设计时一级减温器出入口温降 ΔT 与负荷是有对应关系的，负荷越高，温降反而减少。一级减温器出口温度加上设计温降 ΔT 就得到一级减温器入口温度值，此入口温度值与入口实际温度值相比较，当实际入口温度值偏高时，就需要减少分离器入口微过热蒸汽焓，反之需要增加分离器入口微过热蒸汽焓。ΔT 调节器输出用来修正分离器入口微过热蒸汽焓给定值，从而改善水燃比，进而达到稳定汽温的作用。

过热蒸汽温度控制回路采用按温差控制的分段控制方式，一级喷水减温的设定值根据给水总量额定比例得到，引入分离器出口过热度的调节量作为修正，兼顾低温过热器和中温过热器Ⅰ出口汽温偏差。考虑了左右侧中温过热器Ⅰ的出口温度不平衡量的修正，同时设置了减温器出口抗饱和回路。中温过热器Ⅰ出口汽温的设定，按负荷指令的不同阶段得到，同时考虑锅炉启动过程中对汽温的修正量，控制原则为中温过热器Ⅰ出口温度与锅炉负荷函数进行 PID 调节为主调节，一级减温器出口汽温为副调节的串级控制回路；二级喷水减温控制采用中温过热器Ⅱ出口汽温与设定值进行 PID 调节为主调节，中温过热器Ⅱ入口汽温为副调节的串级控制回路。三级喷水减温控制采用高温过热器出口汽温与设定值进行 PID 调节为主调节，高温过热器入口汽温为副调节的串级控制回路。

（五）再热蒸汽温度控制

锅炉布置有低温再热器和高温再热器，其中，低温再热器布置在尾部竖井，高温再热器布置在左右侧外置床上。在低温再热器和高温再热器之间，左、右侧各布置有减温器。

再热蒸汽温度是通过控制回料器出口的锥形阀，来调节进入两个外置床（带再热器）的灰流量和控制减温水调节阀，以维持再热器温度在稳定值。

发到这两个锥形阀的控制信号不能是连续的，这是为了防止锥形阀被灰粒堵死，因此输出指令的附加了一个振荡信号。

左、右侧再热蒸汽温度的控制方式相同。

（六）风量控制

总风量是所有进入炉膛的风量之和（一次风、二次风、流化风）。总风量需求必须和锅炉负荷与总燃料量之间的高值相匹配，总风量设定值必须保证足够富余，有利于最优化燃烧。总风量控制由二次风挡板加以调节。

（1）一次风流量控制。一次风主要流过炉膛两腿对炉膛进行流化。一次风流量调节回路是通过两个调节挡板（每腿各一个）来保持两腿之间的风量平衡。一次风流量设定点是锅炉负荷的函数。

（2）二次风流量控制。炉膛两支腿都有二次风进入，二次风流量是由 4 个二次风挡板加以控制（每支腿各一个外侧挡板和内侧挡板）。

（3）一次风压力控制。一次风压力是通过一次风机的进口导叶来加以控制的。一次风压设定点增加了炉膛两侧的相对最高差压。

（4）二次风压力控制。二次风压力是由二次风机进口导叶加以控制的。

（5）流化风控制。循环粒子必须在锅炉内保持充分流化。流化风必须稳定提供给外置床、回料器。每一个流化风管路都是通过管路上的调节阀来控制。

（6）流化风（到外置床）压力控制。流化风压力是通过流化风机进口导叶来控制的。

（七）炉膛压力控制

炉膛压力是进入炉膛风量和出口烟气的压力平衡，通过调节引风机进口挡板进行控制。总风量需求作为前馈信号。

被调量：炉膛三个压力测点取中后作为控制回路的被调量。

调节死区：由于炉膛压力信号总是带有小幅度的噪声干扰信号，直接采用这样的测量信号会引起引风机挡板动作过于频繁，不利于机组安全运行。因此，采用调节器内的死区来改善调节性能,死区设为 0.02kPa 左右。

送风前馈:将风量指令经函数运算后作为前馈修正炉膛负压控制偏差,使得负压控制回路跟随送风调节动作,减小锅炉送风调节时对炉膛负压的扰动。

增益补偿:单台引风机投入自动或两台引风机都投入自动时,因对炉膛负压的调节能力有所不同,需对调节器的增益进行修正。以单台引风机为基准,两台引风机都投入自动时,将控制偏差修正为原来的 75%。

双侧平衡控制:当两台引风机都运行时,为了防止两台风机出力不平衡引起"倒风"现象,需要调节各风机静叶的开度,使得两台风机的出力一致。运行人员可根据情况调整偏差值,调节两台风机的出力平衡。该偏差同时加到各风机的控制偏差上,作用符号相反,使得 A 增 B 减(或 A 减 B 增),最终达到平衡偏差输出为零。当两台风机均投入自动时,平衡控制允许操作;当两台风机均在手动时,平衡控制不起作用。

超驰控制:BT 动作时,超驰引风导叶 10s 关小的开度由当时的锅炉指令决定。炉膛负压低一报警时,超驰引风导叶关小的开度由当时负压偏差决定。

(八)炉膛差压控制

炉膛差压与炉膛内的流化粒子质量成比例。每侧的炉膛差压是通过同侧的冷渣器来控制的。

在炉膛的两侧,各布置有 3 个滚筒式冷渣器,通过调节每侧的 1 台或 2 台滚筒式冷渣器的出力来达到控制炉膛差压的目的。

(九)炉膛温度控制

一部分再循环灰可以在外置床里冷却进而降低炉膛温度。因此,通过调节回料器(B 和 F)上的锥形阀,用以分配进入外置床(B 和 F)或回到炉膛的灰量,来调节炉膛温度。

如果温度进一步提高,可通过减少给煤量来调节。床温调节器中增加死区环节,床温调节死区为 +/−10°。

床温是负荷的函数,随着负荷的增加床温升高,同时还要考虑煤种的变化对床温的影响,根据煤的发热量修正床温设定曲线。

炉膛下部两个床温分别控制,采用偏置控制手段,尽可能保持两侧的床温大致相同,以避免炉膛烧偏,出现热负荷分布不均匀的情况。

发出到这两个布置在回料器通往外置床的锥形阀的控制信号不能是连续的,这是为了防止锥形阀被灰粒堵死,因此输出指令的附加了一个振荡信号。

(十)SO_2 控制

SO_2 在烟气中的含量是通过石灰石给料速率来控制其保持在定值。燃料流量作为前馈信号。

(十一)燃料流量控制

本回路的目的是为了调节 4 个给煤机的给煤速率,使得燃料量能与锅炉负荷匹配。

给煤信号必须满足锅炉负荷和总风量信号两者的最低值需求,然后把信号传给调节回路。

每条给煤管路需求是由相应的给煤机给煤速率来加以调节。

给煤量和燃油量之和为总燃料量。

给煤管路由中心给煤机、称重式给煤机和链式刮板机组成，三级给煤速率匹配，避免出力不足或积煤现象。三级给煤设备的转速以给煤量为主调量，按一定比例共同增减，同时以称重给煤机实际出力与给定值的偏差来修订中心给煤机的转数。

（十二）启动系统控制

在机组启动/停止时，流过水冷壁的流体为30％MCR，启动控制系统的目的就是为保持这一流量。来自水冷壁的流体在汽水分离器里被分为蒸汽和水，水被汽水分离器储水罐收集。然后，蒸汽流经过热器，被过热器的旁路阀和汽轮机高压旁路阀变成最小主蒸汽压力。

另外，在汽水分离器储水罐有一个水位，如果在低负荷区域，锅炉循环泵（BCP）将启动。被锅炉循环流量控制阀控制的平衡水位的炉水，又被送到省煤器的入口，同时，循环水的最大流量被认为是30％BMCR。

在锅炉产生的蒸汽量小于7％MCR时，汽水分离器储水罐调节阀控制储水罐水位，水位超过高限值以后，水流入凝汽器；当锅炉产生的蒸汽量大于7％MCR时，汽水分离器储水罐水位由锅炉循环水调节阀控制，直到锅炉直流运行。

启动系统控制过程如图4-69所示。

启动系统中的主要调节阀的作用如表5-2所示。根据图4-69和表5-2，分别对启动系统的各功能部分进行讨论。

表5-2　　　　　　　　　　启动系统中各主要调节阀的作用

序号	名称	作用
1	锅炉给水旁路调节阀	给水流量控制
2	启动分离器储水罐溢流调节阀	储水罐水位控制
3	锅炉循环水调节阀	锅炉循环流量控制
4	汽轮机高压旁路阀	主蒸汽压力控制
5	汽轮机低压旁路阀	再热蒸汽压力控制

1. 锅炉循环流量控制

这个控制回路在机组负载较低时，保证最小给水量以及保护水冷壁管路，利用BCP泵控制启动分离器疏水循环流经省煤器入口。同时，在启动时，由于部分热水循环，可以减少BFP出口到省煤器的流量，并实现热量回收，如图5-14所示。

为保护BCP，必须根据启动分离器储水罐水位来调整锅炉循环流量，根据分离器储水箱水位来设定锅炉循环流量，对流量偏差来进行比例积分控制。此外，如果锅炉循环水调节阀全关或者锅炉循环流量低于预先设定值，对流量偏差信号叠加−600t/h（−10％偏置），锅炉循环水调节阀保持全关位置。

在BCP泵启动时，为了防止分离器储水罐水位的急剧下降，必须设置锅炉循环流量调节阀的开度限制逐步放大功能，开度上限逐步放大。BCP泵启动初始，开度上限只设在20％位置，当循环流量达到30t/h时，控制回路将以预定义变化率将开度上限增加

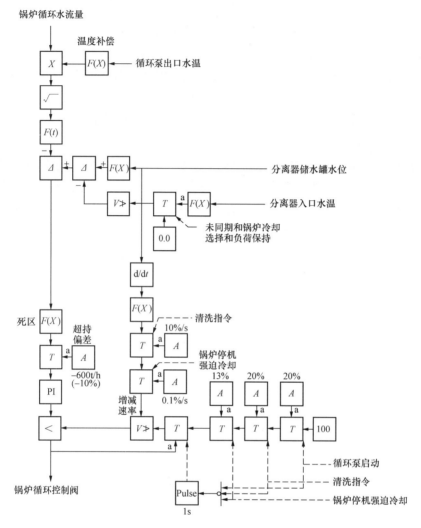

图 5-14 锅炉循环流量控制

到 100%。

为了防止汽水分离器储水罐水位的急剧下降,对储水罐水位进行微分控制,监视水位的变化,根据水位变化幅度来限制调节阀开度上限放大的变化率。

为了在锅炉启动时,迅速提高省煤器给水的温度,BCP 启动时,正向偏置叠加到设定值。通常,对流量设定值和锅炉循环流量的偏差的比例积分运算,锅炉循环流量需进行温度补偿,来控制调节阀动作。

此外,在锅炉冷却停炉模式下或者锅炉管路清洗时,调节阀以预定变化率动作至预定义的开度上限。

2. 分离器储水罐水位控制

汽水分离器储水罐水位控制回路的控制目的是当分离器水位超过预设定值时,排水至汽轮机凝汽器,防止储水罐满溢,主要用于锅炉加水、锅炉清洗和锅炉启动的初期,如图 5-15 所示。

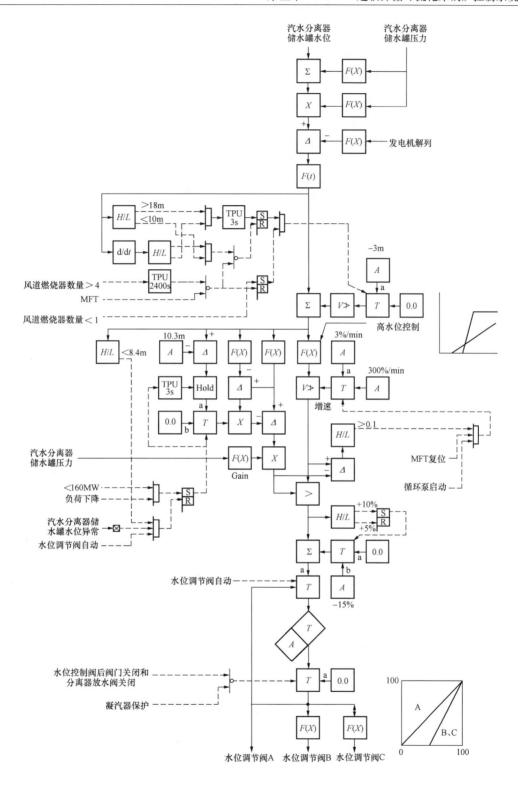

图 5-15　分离器储水罐水位控制

分离器储水罐水位控制回路执行汽水分离器储水罐水位的程序控制。而且，汽水分离器储水罐水位测量时，对水位测量值进行了压力补偿，并计算得出调节阀开度指令。因为通过调节阀开度（通流量）随流过水位调节阀的体积流量的改变而不同，所以根据分离器压力对开度指令进行补偿。

对水位仅有比例控制作用时，分离器储水罐水位可能满溢（超调）。当储水罐水位超过了预先设定值时，选择加大开度控制作用，用以防止水位失控上升。

并且，当储水罐水位从高限位置开始下降时，负偏置叠加到水位信号上，水位信号可以提前变到低水位位置，就可以防止水位控制波动过大。另外，还可以防止水位调节阀开启过于快速引起水位的急剧变化，限制调节阀开度指令上升的变化率。

为了减少在很小的开度指令变化时阀门开关动作次数，对开度调节指令进行监视，以开度指令的10%或者更大步长进行步开，以开度指令的5%或者更小的步长进行步关。

当锅炉启动时（主要是热态启动时），分离器内工质焓值增加，热水膨胀，这就是膨胀现象。如果膨胀现象发生，分离器储水罐水位将急剧上升，此后就会急剧下降，使用图5-15所示的控制回路，可以防止这种现象的发生。

运行中监视水位的偏差，如果呈下降趋势，给水流量将增加，就启动分离器储水罐水位控制。

3. 汽轮机高压旁路阀

汽轮机高压旁路阀用于锅炉启动模式时（冷态或者环境冷态模式），根据主蒸汽压力信号变化，按照程序控制逐渐开启汽轮机高压旁路阀，使得汽水分离器饱和蒸汽温度变化率不超过限值，即2.0℃/min，控制回路如图5-16所示。

在第二台风道燃烧器着火5min后，以及主蒸汽压力上升到9.4MPa，汽轮机高压旁路阀控制方式从程序控制自动切换至对蒸汽压力的比例积分控制，控制主蒸汽压力到9.63MPa。

汽轮机高压旁路阀在压力控制的细调范围，根据锅炉启动模式控制程序，确保汽轮机高压旁路阀开度不低于最小开度。

锅炉温态启动和热态启动时，燃烧器着火后，汽轮机高压旁路阀工作在1.0MPa的超驰控制位置（这时，阀门通常处于全关位置），经过一预设时间后（30s），工作在8.3MPa固定压力控制。

如果发电机输出达到150MW或更大时，超驰（BOGIE）偏差（-1.0MPa）起作用，使汽轮机高压旁路阀逐渐关闭。如果316水位调节阀（汽轮机旁路阀）关闭，+0.5MPa偏置量叠加到主蒸汽压力设定值。

在全关位置时，高压旁路阀控制回路中取消BOGIE偏置作用，切换为压力控制，这时高压旁路阀工作于超驰控制方式，并叠加+0.5MPa偏置到压力设定值（用水燃比信号进行压力控制）。

当主蒸汽压力大于压力设定值+0.5MPa或者更多时，汽轮机高压旁路阀打开，以减少压力的增加。

热态停炉时，主蒸汽压力可能由于受炉膛余热加热而升高，高压汽轮机旁路阀可能重

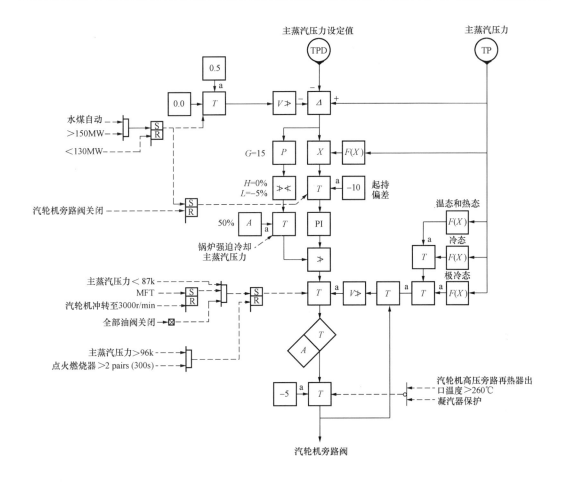

图 5-16　汽轮机高压旁路阀控制回路

复开关动作。因此，利用锅炉 MFT 信号设置压力偏置量，可以设为 0.5～1MPa。最好是在压力开始下降后修改偏置量，所以，在 MFT 动作 2min 后，修改偏置量。

在凝汽器保护或者汽轮机高压旁路阀再热过热器出口温度过高（＞260℃）时，强制关闭命令使汽轮机高压旁路阀全关。此时，强制关闭指令单独输出到汽轮机伺服放大器电路一侧（保证可靠动作）。

锅炉冷态停炉时，主蒸汽压力在 4.9MPa 或者更低时，汽轮机高压旁路阀工作于 50％开启位置，以降低压力。

4. 汽轮机高压旁路喷水调节阀控制回路

汽轮机高压旁路喷水调节阀（减温水来自锅炉给水泵出口），通过汽轮机高压旁路调节阀控制，使得通过汽轮机高压旁路管进入低温再热器的蒸汽温度保持为固定值。汽轮机高压旁路喷水调节阀控制回路如图 5-17 所示。

对汽轮机高压旁路调节阀出口蒸汽温度设定值和测量值的偏差进行比例积分控制，生成汽轮机高压旁路喷水调节阀开度指令。

为防止高压汽轮机旁路调节阀对应过热器出口蒸汽温度测量滞后所引起的控制动作延

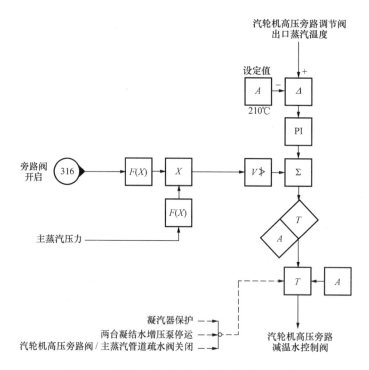

图 5-17　汽轮机高压旁路喷水调节阀控制回路

迟，将汽轮机高压旁路阀开度作为开度指令信号的前馈（在控制回路中用主蒸汽压力进行补偿），来提高控制性能。

在高压汽轮机旁路阀全关或接到紧急关闭命令时，喷水调节阀强制关闭。此时，进入"凝汽器保护"：①凝结水升压泵（CBP）A 和 B 停止；②汽轮机高压旁路阀/主蒸汽管道疏水阀关闭。

5. 主蒸汽管道疏水阀

通过汽轮机旁路阀、过热器旁路阀等调整过热器管道的蒸汽流量。主蒸汽管道疏水阀用以控制蒸发器出口工质稳定升温，并为不同压力条件下，例如不同启动模式时，进行各种不同策略控制，如图 5-18 所示。

6. 汽轮机高压旁路阀在启动时的动作

汽轮机高压旁路阀的利用取决于启动时锅炉出口主蒸汽温度（以下称 SOT）和汽轮机入口主蒸汽温度（以下称 MST）。汽轮机高压旁路阀控制汽轮机入口和主蒸汽管道中蒸汽量。

（1）冷态启动。如图 5-19 所示。这时 SOT、MST 温度低，通过锅炉出口蒸汽温度加热主蒸汽管道，通过汽轮机高压旁路阀压力控制以防 MST 温度升高过快。

（2）温态启动。如图 5-19 所示。当汽轮机高压旁路阀开度增大时，MST 降低，因为 SOT 在点火以后降低。该对象增加燃料量使 SOT 升高。增加汽轮机高压旁路阀开度加热主蒸汽管道。汽轮机高压旁路阀执行程序控制直到压力达到 8.3MPa，在冷启动时，压力更大。

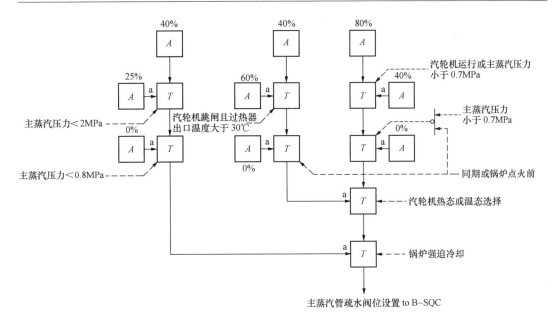

图 5-18　主蒸汽管道疏水阀控制回路

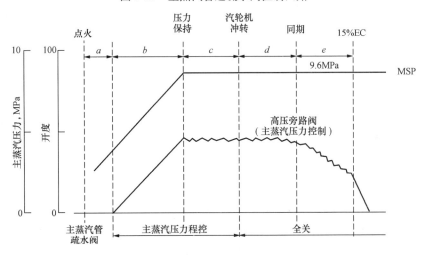

图 5-19　冷态、温态、热态启动时，汽轮机高压旁路阀的动作

（3）热态启动。如图 5-19 所示。利用再热器冷却系统的特性，增加燃料负荷并测量温度升高，区分温态启动和冷态启动。

（4）极热态启动。如图 5-20 所示。在 SOT 和 MST 非常高的情形下启动，点火以后同其他启动方式相比，温度降低的幅度很大。

启动时，汽轮机高压旁路阀动作如下：

1）点火以后，汽轮机高压旁路阀全开，由延时一定时间后转向 b（在各个模式下，延时时间是不同的）。

2）根据主蒸汽压力按程序控制。

3）主蒸汽压力控制在固定值（8.3MPa）。

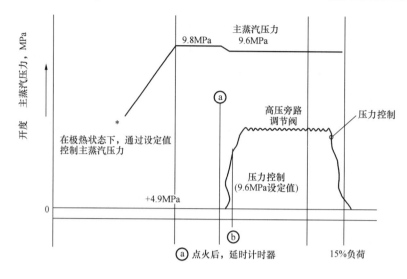

图 5-20 极热态启动下，汽轮机高压旁路阀的动作

4）汽轮机高压旁路阀逐渐关闭（主蒸汽压力控制）。

5）汽轮机高压旁路阀完全关闭。

在 15%ECR 下：汽轮机高压旁路阀完全关闭而且主蒸汽压力控制转换为水燃比控制。

（1）压力超过+3.9MPa 设定值以后，通过汽轮机高压旁路阀完全关闭阀门。点火以后大约 10min，汽轮机高压旁路阀的压力设定值改为 8.3MPa。

（2）在 15%ECR 的时候，汽轮机高压旁路阀完全关闭。

7. 汽轮机高压旁路阀在停炉时的动作

在负荷低于 25%ECR 时，停止并过渡到燃料压力控制而不采用 BID 的平行控制；在负荷为 15%ECR 时，通过汽轮机高压旁路阀过渡到压力控制。主燃料跳闸以后，汽轮机高压旁路阀完全关闭，并且锅炉完全停机，如图 5-21 所示。

锅炉停炉时，汽轮机高压旁路阀按如下顺序动作：

（1）汽轮机高压旁路阀完全关闭。

（2）汽轮机高压旁路阀慢慢打开（主蒸汽压力控制）。

（3）汽轮机高压旁路阀主蒸汽压力功率控制。

（4）主蒸汽燃料跳闸以后，汽轮机高压旁路阀完全打开。

二、锅炉安全保护及连锁部分

锅炉的安全保护及连锁分为锅炉主辅机保护及连锁和锅炉本体保护及连锁（FSSS）。

（一）锅炉主辅机的顺序控制及连锁保护

1. 空气预热器的顺序控制和连锁保护

（1）空气预热器 A/B 主驱动电动机。

1）启动允许条件（AND）：①空气预热器 A/B 主驱动电动机无故障；②空气预热器 A/B 气动马达停止。

2）连锁停止条件：空气预热器 A/B 事故停机。

（2）空气预热器 A/B 副驱动电动机。

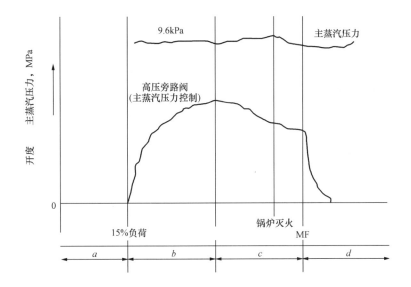

图 5-21　锅炉停炉时，汽轮机高压旁路阀的动作

1) 启动允许条件：空气预热器 A/B 副驱动电动机无故障。

2) 连锁停止条件（OR）：①空气预热器 A/B 事故停机；②空气预热器 A/B 支撑轴承润滑油泵跳闸位置；③空气预热器 A/B 导向轴承润滑油泵跳闸位置。

(3) 空气预热器 A/B 气动马达。

1) 启动允许条件：空气预热器 A/B 主、副驱动电动机都未运行（AND）。

2) 连锁停止条件：空气预热器 A/B 副驱动电动机运行延时 Xs。

2. 引风机的顺序控制和连锁保护

(1) 引风机功能子组启动步序。

1) 启动引风机 A/B，1/2 号冷却风机。

2) 启动引风机 A/B 稀油站 1/2 号润滑油泵。

3) 关引风机 A/B 入口电动门。

4) 开引风机 A/B 出口电动门。

5) 置引风机 A/B 入口导叶阀位最小。

6) 启动引风机 A/B。

7) 开引风机 A/B 入口电动门。

8) 释放引风机 A/B 入口导叶阀位最大。

(2) 引风机功能子组停步序。

1) 置引风机 A/B 入口导叶阀位最小。

2) 停引风机 A/B。

3) 关引风机 A/B 入口电动门。

4) 释放引风机 A/B 入口导叶阀位最大。

(3) 引风机 A/B 保护跳闸。

1) 一、二次风机均停运。

2）BT 跳闸。

3）炉膛压力低低，延时 5s。

3. 一次风机的顺序控制和连锁保护

（1）一次风机功能子组启动步序。

1）关一次风机出口电动门。

2）置一次风机入口导叶位置最小。

3）启动一次风机。

4）开一次风机出口电动门。

5）释放一次风机入口导叶。

（2）一次风机功能子组停步序。

1）置一次风机入口导叶位置最小。

2）停一次风机。

3）关一次风机出口电动门。

4）释放一次风机入口导叶。

（3）一次风机 A/B 保护跳闸条件（OR）。

1）一次风机 A/B 前/后轴承温度大于 80℃。

2）一次风机 A/B 电动机前/后轴承温度大于 80℃。

3）一次风机 A/B 电动机定子绕组 A/B/C 温度大于 120℃。

4）一次风机 A/B 轴承径向振动大于 X。

5）一次风机 A/B 轴承水平振动大于 85μm。

6）一次风机 A/B 运行 60s 后，出口电动门未开。

7）一次风机 A/B 稀油站油泵均停运，延时 10s。

8）一次风机 A/B 稀油站油压低（无测点）。

9）一次风机 A/B 稀油站油位过低（无测点）。

10）一次风机 A/B 保护跳闸。

11）锅炉跳闸 BT。

4. 二次风机的顺序控制和连锁保护

（1）二次风机功能子组启动步序。

1）若对侧二次风机未运行，开对侧二次风机出口电动门，置动叶全开位置。

2）关本侧二次风机出口电动门。

3）置二次风机入口导叶位置最小。

4）启动二次风机。

5）开本侧二次风机出口电动门。

6）释放二次风机入口导叶。

（2）二次风机功能子组停机步序。

1）置二次风机入口导叶位置最小。

2）停二次风机。

3）关二次风机出口电动门。

4）释放二次风机入口导叶。

（3）保护跳闸条件（OR）。

1）二次风机 A/B 前/后轴承温度大于 X℃。

2）二次风机 A/B 电动机前/后轴承温度大于 X℃。

3）二次风机 A/B 电动机定子绕组 A/B/C 温度大于 X℃。

4）二次风机 A/B 轴承径向振动大于 X。

5）二次风机 A/B 轴承水平振动大于 X。

6）二次风机 A/B 运行 60s 后，出口风门未开。

7）本侧引风机停。

8）本侧空气预热器 A/B 停运，延时 Xs（主、副驱动电动机）。

9）二次风机 A/B 保护跳闸。

10）BT 动作，延时 10s。

11）BT 已发生炉膛压力高三值。

5. 高压流化风机的顺序控制和连锁保护

（1）高压流化风机功能子组启动步序。

1）关闭气动入口阀和电动出口阀。

2）打开排气阀。

3）打开进口阀。

4）打开出口阀。

5）关闭排气阀。

6）启动风机。

7）打开进口阀，进口打开大于 30％。

8）关闭放空阀。

（2）高压流化风机功能子组停机步序。

1）打开排气阀。

2）停主电动机。

3）关闭出口阀。

4）关闭放空阀和入口阀。

（3）保护跳闸条件（OR）。

1）高压流化风机 A/B/C/D/E 前/后轴承温度大于 X℃（85）。

2）高压流化风机 A/B/C/D/E 电动机前/后轴承温度大于 X℃（80）。

3）高压流化风机 A/B/C/D/E 前/后轴承 X 向振动大于 X。

4）高压流化风机 A/B/C/D/E 前/后轴承 Y 向振动大于 X。

5）高压流化风机 A/B/C/D/E 稀油站系统重故障。

6）高压流化风机 A/B/C/D/E 稀油站系统轻故障。

7）高压流化风机 A/B/C/D/E 启动 Xs 内，出口气动门且出口排空电动门均未开。

8）高压流化风机 A/B/C/D/E 保护跳闸。

9）BT 动作。

（4）备用启动条件（四用一备）。

5 台高压流化风机采用四用一备的运行方式，当 1 台运行中的流化风机跳闸时，应连锁启动备用流化风机。当 5 台流化风机运行时，高压流化风母管压力低于 40kPa，应连锁启动备用风机（备用分开 A、B 和 C、D、E）。

6. 锅炉给水、疏水、放气系统的连锁保护

7. 过热器系统连锁保护

过热系统连锁保护的设备包括过热器减温水总管电动阀、过热器一级/二级/三级减温水进水电动阀、储水罐至过热器二级减温水支管电动阀 1/2、储水罐至过热器二级减温水总管电动阀、过热器一级/二级/三级减温水左侧/右侧调节阀后电动阀。

8. 再热器系统连锁保护

再热器系统连锁保护的设备包括低温再热器进口水压堵阀后疏水电动阀 1/2、再热器减温水管疏水电动阀 1/2、左侧/右侧高温再热器进口/出口疏水电动阀 1/2、左侧/右侧再热器减温水调节阀前/后电动阀。

9. 石灰石系统的顺序控制和连锁保护

A/B/C 往复式给料机、A/B/C 电磁除铁器、A/B/C 式输送机、A/B/C 斗式提升机、1～3 号 FU 链式输送机、1～3 号布袋除尘器、1～3 号埋刮板输送机、1～3 号斗式提升机。

1～3 号柱式粉磨机润滑油站、1～3 号柱式粉磨机润滑油站加热器、1～3 号柱式粉磨机。

1～3 号电磁除铁器、1～3 号称重皮带机（有 AI/AO）、1～3 号中间仓进料阀、1～3 号中间仓平衡阀、1～3 号中间仓流化气阀。

1～3 号仓螺体进料阀、1～3 号仓螺体流化气阀、1～3 号输送气阀、1～3 号出料阀、1～3 号清堵料阀。

1～3 号仓，1～3 号吹气阀，11～14/21～24 号补气阀、切换阀，1、2、11、12、13 号入炉气动关断阀。

1、2 号电加热器，1、2 号电加热器入口阀，1、2 号电加热器出口阀。

1～3 号变频器、1～3 号变频器风扇（有 AI/AO）。

10. 底灰输送系统（冷渣器、输送机和斗提机）的顺序控制和连锁保护

（1）冷渣器 A/B/C/D/E/F 启动允许条件（AND）（以冷渣器 A 为例子）。

1）冷渣器 A 冷却水不超温。

2）冷渣器 A 冷却水压不高。

3）冷渣器 A 冷却水压不低。

4）冷渣器 A 允许远控。

5）冷渣器 A 无故障。

6）冷渣器 A 移位不超限。

7）冷渣器 A 进出水电动门均打开。

8）斗式提升机运行。

9）埋刮板输送机运行。

10）滚筒式冷渣器冷却水总流量＞X。

（2）保护停止条件（OR）。

1）冷渣器 A 故障。

2）冷渣器 A 冷却水压低。

3）冷渣器 A 冷却水压高。

4）冷渣器 A 冷却水超温。

5）冷渣器 A 移位超限。

6）冷渣器 A 进出水电动门均未打开。

7）MFT 动作（1s 脉冲）。

8）斗式提升机 A/B/C 停运。

9）埋刮板输送机 A/B/C 停运。

10）高压流化风机 A/B/C/D/E 均未运行。

11）冷渣器 A 入口温度大于 X℃，延时 Xs。

12）冷渣器 A 出口温度大于 X℃，延时 Xs。

13）冷渣器 A/B/C/D/E/F 炉膛排渣口排渣门。

14）冷渣器 A/B/C/D/E/F 外置床排渣口排渣门。

（3）斗式提升机 A/B/C 启动允许条件（AND）。

1）斗式提升机 A 允许远控。

2）斗式提升机 A 无断链。

3）斗式提升机 A 无堵料。

4）斗式提升机 A 无故障。

（4）保护停止条件（OR）。

1）斗式提升机 A 断链。

2）斗式提升机 A 堵料。

3）斗式提升机 A 故障。

4）相应冷渣器停运。

（5）埋刮板输送机 A/B/C 启动允许条件（AND）。

1）埋刮板输送机 A 允许远控。

2）埋刮板输送机 A 无断链。

3）埋刮板输送机 A 无故障。

4）斗式提升机 A 运行。

（6）保护停止条件（OR）。

1）埋刮板输送机 A 断链。

2）埋刮板输送机 A 故障。

3）斗式提升机 A 停运。

（二）锅炉本体保护（FSSS）

1. 油泄漏试验

油系统泄漏实验是针对油系统母管气动门、油系统回油母管气动门及床上燃烧器油角阀、风道燃烧器油角阀的密闭性所作的实验。炉前油管路分为床上启动油管路、床下启动油管路。2 个油管路的油泄漏试验将同步进行，通过控制母管阀门的开关来完成泄漏试验。

2. 炉膛吹扫

锅炉启动前或 MFT 后必须进行炉膛吹扫，否则不允许再次点火。在整个吹扫过程中，FSSS 逻辑要监视一套一次吹扫及二次吹扫的允许条件。一次吹扫允许条件是 FSSS 进入吹扫模式所必须具备的条件；二次吹扫允许条件是启动吹扫计时器所必须具备的条件。在吹扫过程中，如果某个二次吹扫条件突然不满足了，吹扫计时器就会复位，但并不中断吹扫；但如果某个一次吹扫条件不满足了，就会导致吹扫中断，吹扫计时器复位。如果吹扫中断，操作员就需要重新启动吹扫程序。二次吹扫条件主要是风量方面的条件。一次吹扫条件满足，发指令后，将所有二次风挡板置于吹扫位，风量方面的条件满足后（二次吹扫条件），开始吹扫计时。

在风量为 25%～40%BMCR 风量情况下，炉膛吹扫完成对炉膛进行等同于其容积的 5 倍的空气交换，炉膛吹扫至少进行 5min。

在吹扫过程中继续对燃料（煤和油）进行监控，避免任何燃料在此情况下进入炉膛。

炉膛吹扫时间是根据旋风分离器出口温度的函数进行计算，以确保对炉膛进行等同于其容积的 5 倍的空气量的交换。

对于 600MW 超临界循环流化床锅炉，炉膛吹扫的区域分为以下几个部分：

（1）炉膛本身。

（2）每个一次风道及其相应的风箱。

根据最初的旋风分离器的出口温度来得到一个可变化的（炉膛吹扫）计时时间值，而非定值。对一次风系统中的风道燃烧器要求吹扫 5min。

对风道燃烧器的吹扫包含在炉膛吹扫的过程中。

风道燃烧器（作为一次风管道系统的一部分）允许在 5min 吹扫完成后启动。

床上油枪（作为炉膛的一部分）只有在根据最初的旋风分离器的出口温度，来得到的一个可变化的（炉膛吹扫）计时时间值计时完成后，方可启动。

在冷态或温态启动之前都必须经过炉膛吹扫，同样的，如果风道燃烧器出现连续两次点火不成功的情况，也必须重新对炉膛进行吹扫。

风道燃烧器（作为一次风管道系统的一部分）允许在 5min 吹扫完成后启动。

床上油枪或床上燃烧器（作为炉膛的一部分）只有在根据最初的旋风分离器的温度来得到的一个可变化的（炉膛吹扫）计时时间值计时完成后方可启动。

当全部吹扫条件满足后，激活吹扫计时器。

为了完成炉膛吹扫，必须满足如下条件：

（1）保持烟气通路的畅通，并且至少一台引风机投运并维持炉膛压力正常。

（2）启动两台一次风机、至少一台二次风机。

（3）启动至少一台流化风机，确保每个回料器有足够的风量。

（4）当这些风机运行以后，确保有足够的风量。

（5）开 EHE（外置床）吹扫阀。

一旦这些条件满足，操作人员可以激活吹扫流程，以激活吹扫计时器。

当吹扫完成，EHE（外置床）吹扫阀将关闭。

3. 锅炉安全灭火

锅炉安全灭火分为如下几种：

（1）MFT（主燃料跳闸）切断进入炉膛的所有燃料（煤和燃油）。

（2）OFT（油燃料跳闸）切断进入油燃烧器及油母管的所有燃油。

（3）BT（锅炉跳闸）。

主燃料跳闸是指锅炉的安全运行条件不满足，或炉内燃烧工况恶化，而发出相应指令快速切断所有通往炉膛的燃料并引发必要的连锁动作，以保护锅炉本体、其他设备和人员的安全。循环流化床的 MFT 不同于煤粉炉的 MFT，这是因为即使切断所有燃料输入，循环流化床内可能还存有大量未燃尽的燃料，并随着物料循环继续燃烧，所以对于循环流化床来说，MFT 并不等同于停炉。FSSS 逻辑需要监视以下不同的 MFT 条件。如果任何一个条件成立，FSSS 逻辑就会跳闸 MFT 继电器。由于所有 MFT 条件都可能造成设备及人身的严重伤害，因此 MFT 时，FSSS 会立即停掉所有的油燃烧器及给煤机。在该 MFT 条件消失且锅炉吹扫结束后，MFT 跳闸才允许结束。

（1）MFT 跳闸条件（OR）：

1）床温大于 990℃。

2）总风量小于 25%。

3）汽轮机跳闸。

4）燃料丧失。

5）下层床温小于 600℃且未投油。

6）任意风道燃烧器连续两次点火失败。

7）烟气含氧量低。

8）BT（锅炉跳闸）。

（2）MFT 跳闸的设备如下：

1）切除给煤机。

2）切除石灰石给料系统。

3）关闭油枪进油阀和回油阀。

4）关闭油母管快关阀。

5）停冷渣器。

6）跳闸电除尘。

7）外置床的 6 个灰控阀置关至最小。

8）延时 Xs，关外置床流化风闸门。

9）链式给煤机出口闸门关闭。

油燃料跳闸是指 FSSS 逻辑监视不同的 OFT 条件，如果其中任一个成立，FSSS 逻辑就会 OFT。

锅炉跳闸是指锅炉的安全运行条件不满足，需要立即停炉，降低燃烧率。对于循环流化床，MFT 切除燃料后并不一定能停止锅炉内的燃烧工况，大量未燃尽的燃料会随着物料循环持续燃烧放热。只有切除一次风机和二次风机，停止床料流化，同时切除所有燃料才能最大限度地降低燃烧率。

（1）BT 的条件。

1）炉膛压力高高（5s）。

2）炉膛压力低低（5s）。

3）给水流量过低（开关量）。

4）2 台引风机跳闸（脉冲）。

5）2 台一次风机跳闸（脉冲）。

6）2 台二次风机跳闸（脉冲）。

7）5 台流化风机跳闸（脉冲）。

8）任意回料器流化风量低低 。

9）蒸汽阻塞。

10）给水泵停且锅炉已点火（点火记忆）。

11）锅炉跳闸按钮信号。

12）两侧空气预热器均停，延时 Xs。

13）仪用压缩空气母管压力失去。

14）旋风分离器出口烟温高大于 1050℃。

（2）BT 连锁跳闸设备。

1）跳闸一次风机。

2）跳闸二次风机。

3）跳闸流化风机（软），延时 Xs。

4）跳闸所有给水泵。

5）关闭过热器减温喷水阀。

6）关闭再热器减温喷水阀（4 个）。

7）跳闸吹灰系统。

8）跳闸汽轮机（紧急跳闸系统，ETS）。

9）跳闸 MFT 继电器。

4. 油燃烧器管理

锅炉经过炉膛吹扫，并且所有油点火条件全部满足后，才能点火启动。点火从油枪开始点火。而且油枪只能依靠自己所属的高能点火器进行点火，不允许依靠其他燃烧器的火焰进行点火。本工程的油燃烧器分为床上油燃烧器和床下油燃烧器。

单个油角控制系统能自动完成油枪及点火枪的推进及退出、高能点火器点火、油角阀的打开、喷油、油枪吹扫、点火结果监视及处理。就地点火系统一般只接收FSSS发来的启动、停运控制信号和跳闸信号。在特殊情况下，亦可以通过就地点火控制柜进行操作与控制。

床下启动油枪布置在床下两个风道燃烧器中，每个风道燃烧器布置四套油枪，油枪采用中心回油机械雾化方式，每套油枪包含独立火检、打火装置、执行机构、进油阀和回油阀等设备。油枪控制逻辑提供完整的控制模式选择、点火顺序控制、吹扫顺序控制和保护跳闸功能。

（1）床下启动燃烧器油点火的允许条件（AND）：

1）床下启动燃烧器进油母管压力正常。

2）床下点火燃烧器系统供油气动快关阀已开。

3）床下点火燃烧器系统吹扫蒸汽压力不低。

4）MFT继电器与OFT已复位。

5）炉膛吹扫完成。

6）锅炉风量大于30%。

7）炉膛压力正常。

8）左侧床下燃烧器入口风量的总和大于左侧最小流化风量。

9）右侧床下燃烧器入口风量的总和大于右侧最小流化风量。

（2）床上启动燃烧器油点火的允许条件（AND）：

1）床上启动燃烧器进油母管压力合适。

2）床上启动燃烧器进油母管快关阀全开。

3）吹扫蒸汽压力不低。

4）MFT继电器与OFT均已复位。

5）炉膛吹扫完成。

6）锅炉风量大于30%。

7）炉膛压力正常。

8）床上燃烧器的温度允许：床下启动燃烧器投运且炉膛温度高于500℃。

5.给煤系统管理

给煤系统包括链式给煤机、称重式给煤机、启动床料称重式给煤机和中心给料机等。

锅炉允许投煤条件如下：

（1）BT继电器已复位。

（2）风量大于30%。

（3）床温高于设定值1（600℃）且有两侧各有至少1只床下油燃烧器投运，或床温高于设定值2（750℃）。

（4）左侧（右侧）炉膛与布风板压差正常。

中心给煤机、称重给煤机和链式给煤机均设有顺序控制和连锁保护。当MFT和BT发生时，给煤系统跳闸。

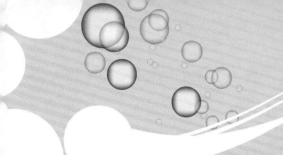

第六章　600MW 超临界循环流化床锅炉的运行调整

第一节　循环流化床锅炉结构布置与热平衡特性对运行调整的影响

与传统锅炉相比，循环流化床锅炉由于在结构、系统以及气固流动方面存在较大差异，因此循环流化床锅炉的运行控制在许多方面不同于传统锅炉。这种差别主要表现在以下几个方面。

一、循环流化床锅炉结构特性对运行参数的影响

与传统锅炉相比，循环流化床锅炉在结构上的最大差别，就是存在一个高温床料的循环回路。这一高温循环回路中，通常布置有蒸发受热面、过热器和再热器。对超高压及其以下参数的循环流化床锅炉，循环回路主要由炉膛、分离器和回料器组成；对亚临界及其以上参数的循环流化床锅炉，循环回路中还可能包括外置床。由于单位时间内参与循环流动的高温床料量，可以达到同一时间入炉煤量的几倍、十几倍甚至几十倍，循环灰流量非常大，因此运行中循环灰流量的变化会对炉内温度分布、锅炉负荷、过热蒸汽温度、再热蒸汽温度等关键运行参数带来十分明显的影响。这些影响具体表现如下。

（一）对炉内温度分布的影响

循环回路中循环灰量的大小，直接影响炉内的温度分布。

根据不同的高温旋风分离器结构（绝热式分离器或汽冷式分离器），高温循环灰进入炉膛的温度可能有所不同。在没有外置床的情况下，不管循环灰温度是高于炉膛下部床温，还是低于炉膛下部床温，都会对炉膛下部的热量平衡带来很大的影响。由于循环灰量很大，因此即使循环灰温与炉膛下部温度只相差几度，一旦循环灰量发生变化，对炉膛下部的温度影响都是很大的。

循环灰量的变化，还会影响炉膛上部的温度值。当循环灰量变化时，会同时引起炉膛上部燃烧份额和传热强度的变化，这两个参数的变化对炉膛上部温度值的影响往往是相反的。当循环灰量增大时，会携带更多的煤粒进入炉膛上部燃烧放热，使炉膛上部温度上升；同时循环灰量增大，还会提高炉膛上部的传热系数，这会使炉膛上部温度下降。通常情况下，循环灰量增大，炉膛上部的温度是上升的。其原因是，循环灰量增大，往往意味着锅炉负荷增加，入炉煤量也相应成比例增大，但此时炉膛上部的燃烧份额增大了，从而使炉膛上部的燃烧放热量的增加值，大于由于循环灰量增大而引起的传热量的增加值，最终导致炉膛上部温度上升。

如果锅炉设置有外置床，则循环灰量对炉膛温度的影响就大大减少了。此时可以通过调整进入外置床的循环灰量，改变高、低温循环灰的平均温度，使循环灰量变化时，炉膛下部的温度基本不变或略有变化。

白马 600MW 超临界循环流化床锅炉设置了 6 个外置床。

（二）对锅炉负荷及汽温的影响

循环流化床锅炉循环灰量的变化，对锅炉负荷及汽温有较大的影响。

当锅炉的循环灰量变化时，炉膛上部烟气中的固体颗粒浓度也会相应变化，从而导致传热强度（传热系数）变化；此外，循环灰量变化，还会导致炉膛上部温度变化，从而也会改变炉膛上部的传热强度。传热强度发生变化的直接后果，就是导致锅炉的蒸汽量和炉内翼墙式过热器或翼墙式再热器的出口汽温发生相应变化。

锅炉循环灰量变化时，往往意味着锅炉负荷在发生变化。循环流化床锅炉运行中，炉内燃烧调整的首要任务，就是要保证锅炉的蒸发量；蒸发量的保证，是通过调整循环灰量和炉膛上部烟气温度实现的。

如果循环流化床锅炉未设置外置床，那么炉膛上部必须同时布置翼墙式过热器和翼墙式再热器。循环灰量和炉膛上部的温度变化必然会影响到这些翼墙式受热面内的蒸汽温度，翼墙式过热器/再热器出口汽温的调节就必须通过其他手段进行调节。通常过热汽温采用喷水减温方式调节，即在低温过热器出口设置喷水减温器，预先降低进入翼墙式过热器的入口汽温，使其出口蒸汽温度达到设计值。同理，通过预先调节进入翼墙式再热器的再热汽温（可调节尾部平行双烟道的烟气挡板或微喷水减温器），使翼墙式再热器的出口汽温达到设计值。

由于循环灰量变化对炉膛上部受热面（蒸发受热面、过热蒸汽受热面及再热蒸汽受热面）的影响是同时存在的，不同负荷下对这 3 种受热面的影响程度也不相同，因此过热汽温和再热汽温必须采用专门的调温手段进行调节。

如果大型循环流化床锅炉设置了外置床，则蒸发量仍采用循环灰量调节。此时部分外置床用于保证再热汽温，另有部分外置床利用过热器吸热以调节炉膛温度，过热蒸汽的温度采用喷水减温调节。在这种系统布置中，包括外置床在内的循环灰系统，主要用于保证锅炉蒸发量和再热汽温，用过热蒸汽吸热量来弥补由于给煤等原因引起的燃烧、传热的偏差，而过热蒸汽温度与设计值的偏差则用减温水调节。

二、循环流化床锅炉系统布置特性对运行参数的影响

与传统锅炉以锅炉为主导的系统配置不同，循环流化床锅炉运行更加强调锅炉本体与辅助系统之间的配合。由于特殊的炉内气固流动结构，循环流化床锅炉的炉前给煤系统、底渣冷却系统、送风系统、点火系统等系统配置都与传统锅炉不同，它们运行正常与否对锅炉的稳定、安全、经济运行都有较大的影响。

（一）给煤均匀性对炉内燃烧工况的影响

循环流化床锅炉的炉前给煤系统主要有 3 种类型：①从炉墙给煤，通常是从前墙给煤；②从回料管给煤；③同时采用前墙给煤和回料管给煤。实践表明，无论采用何种形式给煤，锅炉的二次风布置应与给煤方式相适应，才能从给煤侧保证炉内燃烧的均匀。

以顺列式布置的循环流化床锅炉为例，如果采用前墙给煤，则前墙的二次风应大于后墙的二次风，前后墙的二次风比应为 6∶4 或 7∶3，具体应根据距离上二次风口一定高度处的炉内氧气分布的均匀性确定。如果同时采用前墙及回料管给煤，则由于循环灰中也有一定的含碳量，炉膛内靠近后墙的燃烧份额，应略大于炉膛内靠近前墙的燃烧份额，前后墙的二次风比应为 4∶6 左右，即前墙二次风应略少于后墙二次风。如果锅炉全部采用布置在后墙的回料管给煤，则前后墙的二次风比至少应为 3∶7。

引进 300MW 循环流化床锅炉采用裤衩腿结构，给煤通过布置在炉膛两侧的各两个回料腿给煤。该锅炉带有 4 个外置床，其中靠炉前的 2 个外置床中布置了低温过热器和高温再热器，靠炉后的 2 个外置床中布置了两级中温过热器（两级中温过热器之间有喷水减温）。前后外置床的热交换量不同，使得炉膛前后返料灰的平均温度（热容量）也不相同，因此虽然同样是回料管给煤，但前后回料管的给煤量也不相同。通常靠前墙的两个外置床的吸热量小于靠炉后的两个外置床的吸热量，其回料的平均热容量大（包括高温回料），因此靠炉后的两个回料管的给煤量应大于靠炉前的两个回料管的给煤量，这样才能使炉膛内前后侧温度基本相同。

白马 600MW 超临界循环流化床锅炉设置了 6 个外置床，采用外置床返料管和回料器返料管给煤（共 12 个给煤点）。外置床中的受热面左右两侧对称布置，由炉前往炉后，依次是高温再热器、二级中温过热器和一级中温过热器。

（二）冷渣器结构布置特性对炉内燃烧工况的影响

目前，大型循环流化床锅炉使用的冷渣器主要有两种，一种是可将排渣中的部分细灰吹回炉膛的风水联合冷却式冷渣器，另一种是不具备细灰返回功能的水冷滚筒式冷渣器。由于两种冷渣器具有不同的排渣特性，因此它们会对炉内的床料颗粒分布、炉内的热平衡带来影响。

风水联合冷却式冷渣器的最大特点，是流化冷却风会携带部分细颗粒和从底渣回收的部分热量返回炉膛。由于排渣中的部分细颗粒返回炉膛，因此床料的颗粒分布会得到改善，通过返料风以及部分高压冷却水（如高压加热器来的部分给水）回收了底渣中的部分热量，使排渣热损失降低。

返回炉膛的流化冷却风（也称为冷渣器返料风），虽然压力较低，但射流直径大、刚度大，也能射到炉膛中心，但可能由于风量过份集中，而使炉膛出现缺氧区。

早期的风水联合冷却式冷渣器，当排渣中的粗渣（8mm 以上石头）较多时，常引起冷渣器堵塞、结焦等问题。近年来通过改进，对各类底渣的适应性有了较大的提高。

水冷滚筒式冷渣器是我国自主开发的一种冷渣器，其最大特点是可以冷却各种粒径尺寸的底渣，因此其运行可靠性较高。但由于底渣中的细颗粒无法回收，锅炉燃烧某些成灰性能较差的煤种时，炉内循环灰量偏少，对锅炉带负荷和炉内防磨有一定的影响。

滚筒式冷渣器所组成的底渣冷却系统，由于冷凝水冷却底渣后温度升高，减少了汽轮机抽汽，增大了冷凝损失，使其实际上无法回收底渣中的绝大部分热量，从而造成锅炉灰渣物理热损失过大。这种冷渣器由于水冷旋转接头的承压能力较低，冷却水常采用低压冷凝水。由于滚筒式冷渣器水侧的承压能力差，冷却水换热后的温升受到限制，冷却水的出口温度较低（水不能沸腾，冷却水出口水温通常不能超过 90℃），因此无法采用水—水换热器将热量回收利用。为避免冷渣器的水空间出现结垢，通常采用汽轮机冷凝水作为冷却水，并将升温后的冷却水送回汽轮机回热系统。但这样会使汽轮机的抽汽量减少，增加了汽轮机侧的冷凝损失。

需要特别注意的是，运行中滚筒式冷渣器绝不能缺水，否则存在爆炸的危险。国内近年来曾多次出现过滚筒式冷渣器在运行中爆炸造成人员伤亡的事故。

近年来，随着循环流化床锅炉燃用煤种日趋多样性，对循环流化床锅炉的排渣方式及冷渣器性能也提出的新的要求。具体要求是：循环流化床锅炉不仅要能排出大颗粒的底渣，还要能排放高温循环灰，并能将其冷却下来。

（三）循环流化床锅炉汽水系统布置特性对锅炉运行的影响

与传统锅炉汽水系统不同，循环流化床锅炉汽水系统受热面的布置更加灵活。省煤器不仅可以布置在尾部烟道中，也可以部分布置在冷渣器和外置床中。循环流化床锅炉不仅有传统的对流过热器，在汽冷式分离器、外置床、回料器内也可以布置过热器管束等传统锅炉通常布置在尾部烟道的受热面；即使布置在炉膛内的辐射式过热器，出于防磨损等方面的考虑，其结构与传统锅炉辐射式过热器也有较大差异。具体而言，有以下两种情况：

1. 带外置床的循环流化床锅炉汽水吸热平衡问题

当循环流化床锅炉带有外置床时，汽水的吸热平衡问题，就与炉膛燃烧温度密切相关，即炉内的燃烧热平衡与汽水吸热平衡密切相关。此时，在外界影响下（如煤质发生较大变化，底渣排放的热量相应发生较大变化），无论炉内燃烧工况会如何变化，运行中都可以调节外置床中汽水系统的吸热量，来调节炉膛内的温度分布。此时，外置床实际上就成了在一定的炉内放热条件下和炉膛蒸发吸热条件下，调节炉膛温度的平衡装置。既然是一个平衡装置，那么在锅炉设计时，还可将再热蒸汽在不同工况下的吸热偏差也采用外置床来调节。这就是引进 300MW 循环流化床锅炉外置床受热面的设计方案，即把炉内温度和保证再热蒸汽不喷水而引起的吸热偏差，都用靠炉后的两个外置床（布置两级中温过热器）的进灰量调节。白马 600MW 超临界循环流化床锅炉也采用了这一设计方案。

采用外置床后，高温循环灰在外置床中的停留时间较长，对脱硫剂的再生较为有利，可提高锅炉的脱硫效率。

当锅炉低负荷时，为维持一定的再热汽温和过热汽温，运行中仍需要使部分循环灰经过外置床进入炉内。此时，由于炉内温度已较低，对稳定炉内温度不利。

2. 不带外置床循环流化床锅炉汽水吸热平衡问题

当锅炉不带外置床时，炉内温度分布与锅炉负荷就密切相关，即锅炉负荷变化会直接影响炉内温度分布。煤种变化所引起的炉内床料粒径分布变化，在运行中需要确保锅炉负荷的条件下，也会以炉膛温度分布发生变化的形式表现出来。在高蒸汽参数的循环流化床锅炉中，为保证炉膛出口烟温，炉膛内通常还布置了部分过热器或部分再热器，这部分过热器或再热器的蒸汽温升是有一个限制的，以保证蒸汽管束的壁温不会超温。这样运行中有时就会遇到汽温与汽压的平衡问题，即由于外界条件的变化（如煤种变化、负荷变化），炉内燃烧工况的调整，首先要保证汽压，然后通过其他手段调节过热汽温（如喷水）和再热汽温（如烟气挡板）。对过热蒸汽而言，当过热蒸汽温度过高时，可以采用喷水；但一旦汽压正常而过热汽温偏低时，汽温调节就有一定困难。

（四）分离器结构布置特点对汽水吸热平衡的影响

目前，大型循环流化床锅炉主要采用绝热式和汽冷式两种高温旋风分离器。

当采用绝热式分离器时，且锅炉在负荷变化时，由于分离器热惯性大，分离器出口烟温的变化速度低于分离器进口烟温的变化速度，从而会影响尾部烟道的第一级受热面（过热器或过热器/再热器）的吸热量。不仅是分离器本身，分离器出口烟道内的耐火保温材料也存在这个现象。

此外，在锅炉点火过程中，采用绝热式分离器时，也需要较多的循环灰去加热分离器，这会影响点火阶段的炉内温度平衡。

当采用汽冷式旋风分离器时，由于分离器内的耐火材料少，因此负荷变化时，分离器的热惯性不大。白马 600MW 超临界循环流化床锅炉采用了汽冷式高温旋风分离器。

除了分离器的结构外，分离器的数量及其布置形式，也对循环流化床锅炉运行有一定的影响。对 300MW 级循环流化床锅炉而言，分离器的数量及布置形式主要有两种：

第一种是引进型 300MW 循环流化床锅炉。该锅炉设置了 4 个分离器，炉膛两侧各布置 2 个分离器。为了保证 4 个分离器的负荷基本一致，除严格保证分离器及其进口烟道的结构尺寸外，也对分离器出口烟道的汇合方式进行了严密的计算。

第二种是自主型 300MW 循环流化床锅炉。以东锅自主型 300MW 循环流化床锅炉为例，该锅炉设置 3 个旋风分离器，布置在炉膛后墙。3 个分离器的出口烟道的烟气汇合后进入尾部烟道。由于 3 个分离器出口烟道长度不同（两侧分离器出口烟道略长）、入口烟道进口处的气流参数不同（气流旋转方向、烟气中的固体颗粒浓度等），因此中间一个分离器与两侧分离器的负荷很难一致。

白马 600MW 超临界循环流化床锅炉共有 6 个分离器，分别位于炉膛两侧，每侧有 3 个分离器。运行中如何保证每侧 3 个分离器的参数均匀，是一个需要重视的问题。

三、600MW 超临界循环流化床锅炉与引进 300MW 循环流化床锅炉的差异

1. 炉膛差异

与引进型 300MW 循环流化床锅炉相比，白马 600MW 超临界循环流化床锅炉在炉膛结构上的最大差异是采用了宽深比较大的炉膛，炉膛高度增加较多（相比增加了约 1/3），并设置了单面曝光的中隔墙和高温过热器。炉膛结构的变化，会使锅炉运行过程中产生以下差异：

（1）大尺寸布风板更容易引起的流化不均现象；

（2）新增加那部分高度的炉膛水冷壁及其翼墙管屏高温过热器，其传热性能超出了国产电站循环流化床锅炉以往的设计和运行经验。

2. 分离器结构及布置差异

白马 600MW 超临界循环流化床锅炉采用 6 个汽冷式分离器，对称布置在炉膛两侧，分离器的进口烟道均采用汽冷结构，相比引进型 300MW 循环流化床锅炉的绝热式分离器及其进出口烟道，锅炉的启停及变负荷速度都有明显提高。

3. 外置床吸热份额差异

白马 600MW 超临界循环流化床锅炉设置了 6 个外置床，受超临界炉内水冷壁传热要求的限制，外置床的吸热份额只有 18％ 左右，远小于引进型 300MW 循环流化床锅炉高达 30％ 的外置床吸热份额，因此 600MW 超临界循环流化床锅炉外置床对炉膛温度的调节作用，会小于引进型 300MW 循环流化床锅炉。

4. 炉内气固浓度（床压）差异

白马 600MW 超临界循环流化床锅炉的炉膛高度比引进型 300MW 级循环流化床锅炉高 30％ 左右，但设计床压却基本相同。主要原因有两个：

（1）600MW 超临界循环流化床锅炉采用的是低床压技术路线，这是一个设计理念问题，从一次风机的风压参数就可看出来。东锅设计的自主型 300MW 循环流化床锅炉的一次风机的风压参数是 23kPa 左右，而白马 600MW 超临界循环流化床锅炉的一次风机压头设计值为 29kPa，低于引进型 300MW 循环流化床锅炉的一次风机压头（37kPa）。

（2）白马 600MW 超临界循环流化床锅炉，就炉膛横断面部分而言，基本上相当于两台东锅自主型 300MW 循环流化床锅炉的组合。由于超临界压力条件下炉膛高度较高，因此炉膛水冷壁的吸热面积较大。由于炉内床压的高低，直接代表了烟气中颗粒浓度的多少，从而直接影响水冷壁表面的传热系数，因此白马 600MW 超临界循环流化床锅炉的炉内平均气固浓度就低于引进型 300MW 循环流化床锅炉炉内的气固浓度。白马 600MW 超临界循环流化床锅炉炉内的气固浓度较低，有以下好处：

1）床压较低，从而可降低一次风机压头，节省厂用电。

2）减轻了磨损，炉内受热面在高负荷下不易被较粗大、尖锐的床料磨损。

3）通常不需要将排渣中的细颗粒回收，即可保证炉膛上部的气固浓度。

由于东锅 600MW 超临界循环流化床锅炉与引进型 300MW 循环流化床锅炉在炉内烟气中气固浓度方面存在上述差异，因此借用引进型 300MW 循环流化床锅炉的某些运行经验时，应加以注意。

四、循环流化床汽水系统吸热平衡及其变工况特性

（一）锅炉汽水吸热平衡与燃料燃烧放热平衡的关系

亚临界汽包锅炉，汽水参数属于亚临界状态。给水进入锅炉后，经历了给水加热至沸点（通常在省煤器和锅筒内完成）、沸腾（由饱和水变为饱和蒸汽，这一过程在炉膛水冷壁管内完成）和蒸汽过热（由饱和蒸汽变为过热蒸汽，在过热器管束内完成）3 个吸热阶段。

这 3 个吸热阶段，根据工质（水、蒸汽）温度、换热能力、工作环境的不同，需要将受热面布置在锅炉的不同位置。比如，水的蒸发过程，其换热系数很高，能够有效冷却受热面，因此蒸发受热面就要布置在炉膛高温区域，即以水冷壁的形式布置在炉膛内的炉墙上。过热蒸汽的出口蒸汽温度较高，因此过热器也要布置在高温区域；而省煤器中的水温

较低，布置在尾部烟道的低温区域就行了。

这 3 个吸热阶段中，每个阶段的吸热量或吸热比例是随汽水参数变化而变化的。汽水参数越高，蒸发吸热比例就越小，给水加热和蒸汽过热的吸热比例就越大。

亚临界或超临界直流锅炉，水在锅炉水冷壁中一次性地由欠饱和状态加热到过热蒸汽状态。因此，在超临界状态下，水冷壁也起了部分过热器的作用。当锅炉负荷变化时，水冷壁中的汽水工况就可能在超临界与亚临界状态之间不断变化。

锅炉中的汽水受热面的布置，还要与锅炉的燃烧平衡相适应。对燃煤锅炉而言，关键是要保证炉膛的出口烟温。由于蒸发受热面主要布置在炉膛中，因此在炉膛中布置了所有的蒸发受热面后，如果炉膛出口烟温仍然超过规定值，那么就要在炉膛中布置其他受热面（如部分过热器和再热器），以维持炉膛出口烟温。

由于蒸发吸热比例随蒸汽参数的升高而降低，因此锅炉蒸汽参数温度越高，炉膛内除水冷壁以外的其他受热面（过热管屏和再热管屏）的管屏总面积就越大。

除了 3 个阶段的汽水吸热比例随蒸汽参数的变化而有所变化外，煤在炉内燃烧后，在炉内的放热量和在尾部烟道中的放热量也随煤质的不同而变化。比如，煤的水分高，则在尾部烟道中的放热量或放热比例就要升高。当煤质发生变化时，如何来维持炉内的放热与吸热平衡呢？锅炉设计时专门考虑了这一点。具体方案就是在过热器系统中采用多级的喷水减温器。由于喷入过热蒸汽中的减温水，最终会变成过热蒸汽，因此实际上，就是将少量的蒸发吸热由炉膛吸热转变成尾部烟道吸热，通过调节吸热量在炉膛与尾部烟道之间的比例，来应对煤质变化而造成的炉膛放热与尾部烟道放热的比例变化。

大型锅炉都设置了再热器。再热器的布置方案比较灵活，但通常要求布置在温度较高的区域，以保证再热蒸汽的出口汽温。锅炉设计时，正确地选择再热器在炉膛和尾部烟道中的布置比例，以及再热蒸汽的汽温调节方式，在一定的程度上，可增大锅炉放热与吸热平衡的调节范围。

（二）循环流化床锅炉受热面布置与汽水吸热平衡的关系

与常规锅炉相比，大型循环流化床锅炉在结构上有两个显著特点：一是有一个高温旋风分离器，分离器内存在燃烧现象，因此分离器也可以认为是炉膛的一部分；二是采用了外置床，调节进入外置床的灰流量，就能很容易地控制过热蒸汽吸热量（或在炉膛内的吸热比例），从而轻易地完成吸热平衡的调节。

如果循环流化床锅炉没有设置外置床，炉内过热管屏和再热管屏的吸热量与水冷壁管的吸热量就基本是同步增大或同步减小的，不能单独调节。当外界因素（如煤种等）变化较大时，炉膛内的过热蒸汽吸热量和蒸发吸热量的比例，就只能采用喷水减温调节。通常的做法是，锅炉在 60% 负荷时，锅炉的蒸发吸热与过热吸热就能达到平衡，当负荷继续升高时，就投入减温水，以保持汽水蒸发与饱和蒸汽过热之间的平衡关系。

由于不带外置床时，循环流化床锅炉炉膛内的蒸发受热面和过热/再热受热面的传热量是同步增大或减小的，因此煤种、负荷等外界变化对炉内的蒸发和过热/再热吸热量的影响是同时存在的，即负荷高时，汽压、汽温都会升高，而负荷低时，汽压汽温都会下降。对过热蒸汽而言，设计的减温水量很大，低负荷时基本能保证汽温；但再热蒸汽喷水量很小，低负荷时，再热汽温就比较难以保证。

（三）循环流化床锅炉变工况运行时的汽水吸热平衡特点

循环流化床锅炉变工况运行，与其他锅炉的不同之处有两点：一是循环流化床锅炉内有大量的耐火材料，热惯性很大；二是循环流化床锅炉内有大量的床料，热惯性和流动惯性都很大。

循环流化床锅炉的变工况运行有两种情况：一是点火阶段，此时锅炉的耐火材料在不断地吸热，床料量及床料粒径分布正在建立之中；二是正常运行过程中的变负荷阶段，此时耐火材料的吸热量变化不大，但床料的流动惯性要加以注意。

在循环流化床锅炉的点火阶段，当锅炉汽水吸热平衡问题处理不好时，就会造成蒸汽压力和温度的不匹配。具体表现就是汽压高而汽温偏低，或者汽压偏低而汽温偏高。

当点火阶段出现汽压高而汽温低时，实际上就是炉内蒸发吸热量大而尾部烟道或外置床吸热量少。造成这一现象的主要原因如下：

（1）炉膛烟温高而烟气量小。炉内的辐射吸热比例比尾部烟道大，尾部烟道受热面是以对流换热为主的，从而造成炉膛吸热量偏大，而尾部受热面吸热量偏小的现象。

（2）蒸汽暖管不充分。当蒸汽暖管时间不够时，出现过热蒸汽部分被蒸汽管道冷凝的现象，从而造成蒸汽温度偏低。

（3）对有外置床的循环流化床锅炉，当点火过程中外置床内的温度低于蒸汽温度时，外置床内换热强烈，会使大量蒸汽迅速冷凝，不仅会造成蒸汽温度偏低，还会产生大量的冷凝水。

点火阶段出现汽温高而汽压低的情况不多见，一旦出现这种情况，其主要原因如下：

（1）烟气量大，炉内烟温偏低，使炉内的吸热量减少，而尾部烟道的吸热量偏大。比如在点火初期，对流过热器向空排汽不充分、疏水不够时，容易发生。

（2）由于炉内氧量分布不均或局部缺氧，分离器内的"燃烧"现象严重，使尾部烟道烟温偏高。

（3）炉内细灰量不够，循环灰量较少，使蒸发吸热量偏少。

在锅炉变负荷运行时，由于锅炉负荷的调节主要是调节蒸发量，因此当锅炉负荷变化时，炉内的给煤量和循环灰量也要进行调节。图6-1和图6-2分别是300MW循环流化床锅炉不带外置床和带外置床时，炉内各受热面的吸热比例（由于该锅炉结构是对称的，因此按半个炉膛的热负荷即150MW计算）与锅炉负荷的变化关系。

由图6-1可见，随锅炉负荷降

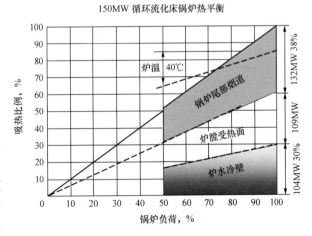

图 6-1　无外置床循环流化床锅炉各受热面吸热
比例与锅炉负荷的变化关系

低，炉内蒸发吸热量、过热/再热吸热量以及尾部烟道内的受热面吸热量都是下降的，但下降的幅度略有不同。比如，在锅炉 100％负荷时，炉内蒸发受热面的吸热比例是 30％；而锅炉在 50％负荷时，炉内蒸发受热面的吸热比例却超过锅炉额定负荷时总吸热量的 30％。其原因在于，锅炉在满负荷时，由于投入了减温水，因此炉膛水冷壁的吸热量，应略低于锅炉的额定蒸发量，不足部分由减温水提供。

由图 6-2 可见，当锅炉负荷变化时，由于锅炉带有外置床，高温再热器的吸热比例基本上没有变化，因此再热汽温能够保证。

此外，当锅炉负荷降低 50％时，不带外置床的 300MW 循环流化床锅炉炉膛温度会下降 40℃左右，如图 6-1 所示；当锅炉带有外置床时，即使锅炉负荷降低到 50％时，炉膛温度也基本不变，如图 6-2 所示。

表 6-1 为白马 600MW 超临界循环流化床锅炉各受热面吸热份额数据，表中还列出了采用绝热式分离器的 600MW 超临界循环流化床锅炉和白马引进型 300MW 循环流化床锅炉的设计数据。

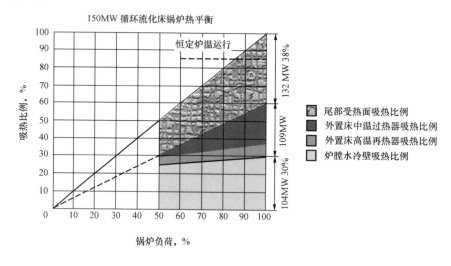

图 6-2　外置床循环流化床锅炉各受热面吸热比例与锅炉负荷的变化关系

表 6-1　　　　　白马 600MW 超临界循环流化床锅炉受热面吸热份额对比

位置	受热面类型	600MW 超临界循环流化床锅炉汽冷式分离器方案	600MW 超临界循环流化床锅炉绝热式分离器方案	白马 300MW 循环流化床锅炉
主循环回路	蒸发受热面	39.00％	38.93％	27.40％
	屏式过热器	7.72％	7.72％	0
	外置床	15.91％	17.89％	36.70％
	旋风分离器	3.66％	—	0
	小计	66.29％	64.54％	64.10％
尾部受热面	过热器	10.40％	13.55％	12.00％
	再热器	13.00％	11.08％	7.10％
	省煤器	10.31％	10.83％	16.80％
	小计	33.71％	35.46％	35.90％

由表 6-1 可知，由于受汽冷式分离器、超临界炉膛水冷壁以及炉膛下部大量采用导热型耐火材料的影响，白马 600MW 超临界循环流化床锅炉外置床吸热份额不到 16%，低于引进型 300MW 循环流化床锅炉。

五、循环流化床锅炉物料循环特性及其对运行的影响

与传统锅炉比较单一的气固流动结构不同，循环流化床锅炉的物料循环回路中，可能同时存在鼓泡流化床、湍流床、快速流化床、移动床、稀相气力输送状态。不同的气固流动状态，具有不同的气固流动特性。随锅炉负荷变化以及运行条件的改变，炉内不同区域的流化状态有可能发生转变。

此外，无论锅炉负荷的高低，炉内燃烧过程都必须在相关流化状态下进行，而维持流化状态的两个重要参数——烟气速度和烟气中的床料颗粒浓度，也必须在运行中始终加以保证。由于临界流化风量的限制，炉膛下部的燃烧气氛，也会在负荷变化时发生变化。

造成循环流化床锅炉内的物料循环特性发生变化的主要原因有两个：一是锅炉负荷变化，二是某些运行参数变化。

（一）负荷变化时，炉内物料循环特性的变化

在锅炉负荷快速变化过程中，由于炉内床料运动的惯性，锅炉会短时间内发生不正常的气固流动现象。这种不正常的气固流动现象常见于锅炉降负荷过程中。当锅炉负荷降低后，炉内二次风口上部就可能由快速流化床转变为稀相气力输送状态；二次风口以下，炉内就呈现鼓泡流化床状态。

当锅炉负荷快速降低时，给煤量及总风量的快速减少，使进入旋风分离器内的烟气量和循环灰量都快速减少，炉内床压会很快升高。此时立管内还有较高的料位，根据回料系统的压力平衡关系，如果负荷变化前床压较高，此时就会出现回料瞬时停滞、床压波动较大的现象，其原因是负荷变化后，炉膛回料口处的压力升高了；如果负荷变化前床压较低，此时就会出现回料量瞬时增大、床压急速上升的现象，其原因是负荷变化后，炉膛回料口处的压力降低了。由此可见，锅炉负荷快速降低时，回料量的变化主要取决于炉膛回料口处的压力如何变化。而回料口处的压力就取决于，锅炉负荷降低后，该回料口的位置是在密相料层之上还是在密相料层之下。

当锅炉负荷快速变化时，物料循环回路往往还会出现一种流动惯性。这种流动惯性会造成床压在短时间内剧烈波动。这种流动惯性是由于负荷的快速变化，而循环回路建立新的压力平衡需要一定的时间所致。

（二）物料循环特性变化对循环流化床锅炉运行的影响

物料循环特性的变化，会改变炉内的物料浓度分布，也会改变床层总压降。当床层总压降变化时，会使风系统管路的阻力曲线发生变化，从而使离心式流化风机的工作点，即风量风压发生变化。这是循环流化床锅炉送风特性与其他锅炉的最大区别。在运行中，如果锅炉一次风量值未设置自动，则床压变化时，风机挡板开度即使不变化，风量也会发生变化，因此运行中应特别注意。

第二节　循环流化床锅炉关键运行参数的控制与调节

一、床温控制与调节

（一）床温控制

床温反映了炉内吸热与放热之间的平衡关系。过高的床温，会导致炉内结焦；过低的床温，易造成熄火。过高或过低的床温，还影响脱硫效率和石灰石耗量。

运行中，床温是通过布置在炉膛各处的热电偶来监测的，床温热电偶既可以从炉墙上插入炉内，也可以从布风板插入炉内（仅限于最下层热电偶）。前者布置方便，但监测不到布风板上部中心区域温度；后者可监测炉膛下部中心区域的温度，但热电偶在风室内的部分必须保温良好，否则在点火和运行过程中易被高温空气（或床下点火时的热烟气）烧坏。

白马 600MW 超临界循环流化床锅炉运行时，床温控制主要是参考炉膛底部的下部床温、炉膛中部的中部床温、炉膛出口和分离器出口的烟温进行的。

为降低不完全燃烧损失，提高传热系数，并减少 CO、N_2O 排放，运行床温应尽可能高一些；然而从脱硫、降低 NO_x 排放和防止床内结焦考虑，运行床温应选择比最佳燃烧温度（950℃左右）略低一些。为此，推荐烧烟煤时，炉内密相区温度在 820～900℃，烧无烟煤时可取得稍高一些。一般应保证密相区温度至少低于灰的初始变形温度 100～150℃或更多。额定负荷运行时，炉内床温沿炉膛高度的变化，宜控制在 20℃以内。

白马 600MW 超临界循环流化床锅炉运行床温要求控制在 880℃左右。分离器出口烟温应低于 1000℃。

在循环流化床锅炉运行中，投煤量、过量空气系数、一二次风配比、循环灰平均温度以及床压等都会影响床温及其分布。在锅炉设计时，还须考虑煤种发热量、受热面布置、燃料水分等方面的因素。需要指出的是，这些因素往往是相互关联的。比如，当外界因素（如汽轮机负荷）发生变化时，锅炉为了适应这种变化，给煤量、入炉总风量以及一、二次风比就要相应变化，炉内温度及其分布也就会相应变化。

一般情况下，在 50%～100%负荷范围内，床温可以基本保持不变。这是由于当负荷从 100%降低至 50%时，虽然入炉煤量和风量同时减少，但入炉风量的减少主要是减二次风，一次风最多下降 30%左右。二次风的减少，使原来可以进入炉膛上部区域燃烧的煤粒继续留在炉膛下部燃烧；炉膛下部由于给煤量减少，炉内气氛由还原气氛向氧化气氛转变，使炉膛下部燃烧份额增大；同时，也使炉膛上部的快速流态化状态消失，循环倍率降低，循环灰在炉膛下部的吸热量减少，最后使床温得以稳定。

当负荷由 50%继续下降时，由于上、下二次风已基本关完，流化风不可能再继续降低（需要维持炉内流化状态），因此床温降低速度加快。

综上所述，炉膛下部温度与锅炉负荷之间存在一个平衡关系。在额定负荷时，炉温和负荷都能得到满足。在低负荷时，两者之间就出现矛盾：为维持一定的负荷，流化风量就不能太低，以保证炉膛上部的气固浓度；为维持一定的床温，流化风量则应尽量降低（但始终大于临界流化风量），以减少热烟气带走的热量和循环灰的吸热。

当负荷降低时，由于炉膛上部燃烧份额的减少，炉膛出口烟温的下降速率要大得多。通常情况下，负荷降低时，炉膛出口烟温几乎是直线下降；当负荷低于 60％时，炉膛出口烟温将低于 800℃。

（二）床温调节

循环流化床锅炉床温调节，主要是通过改变燃煤量、风量和循环灰量进行的。总的来说，改变给煤量和总风量，就能调节炉内温度和锅炉负荷；改变进入外置床中的灰量，也能改变床温。

当锅炉负荷不变时，白马 600MW 超临界循环流化床锅炉床温的调节，主要是通过含中温过热器的外置床的锥形阀开度进行的。为了提高系统的反应时间，减轻其他相关因素的影响，该锥形阀的开度位置与锅炉负荷的函数关系已纳入控制回路。因此，在不同负荷下，仅需对锥形阀开度作细微的调节，就可以使实际运行床温与设计床温相符合。

上述因素的变化会改变炉膛内烟气速度和固气比，对炉膛上部的循环粒子量有着直接的影响。在其他条件相同的情况下，炉膛上部的循环颗粒量的增大将会增加炉膛换热强度。如果实际运行床温和设定值相差较大，则运行人员应检查锥形阀的开度是否处于正确的位置。

运行控制中，还要密切注意两侧分离器出口烟气温度应相等，否则，运行人员应对给煤量进行修正，使两个支腿的热平衡状态一致，即：

（1）床温一致；

（2）锥形阀开度一致；

（3）过热器减温器喷水量一致。

影响床温的其他主要因素还有：一次风率；上二次风与总二次风量的比值；循环物料量（炉膛全压降）；过量空气系数。

循环流化床锅炉炉膛下部（上二次风口以下部分）和炉膛上部（上二次风口以上部分）床温的调节方法略有不同：在额定负荷运行时，炉膛下部呈还原燃烧气氛，过剩空气系数小于 1。在给煤量不变的条件下，增加流化风量或下二次风量，炉膛下部燃烧会加强；如果给煤粒径较粗，或循环倍率增大不多，则炉膛下部温度会上升。但在低负荷运行时，炉膛下部已呈氧化气氛，此时增大流化风量，炉膛下部床温将下降。

无论在什么负荷下，炉膛上部始终呈氧化气氛。因此，当进入炉膛上部的燃煤量增多时，炉膛上部温度会升高。

高温灰循环倍率的变化对炉内温度分布有明显影响。比如，在总风量和总给煤量不变的条件下，增大一、二次风比例，会增大循环灰量，使炉膛下部的煤粒更多地被吹到炉膛上部燃烧，导致炉膛上部温度升高。

综上所述，在锅炉运行中，炉内总的温度水平主要与负荷（燃煤量）、总的风煤比有关。但额定负荷下炉内温度沿炉膛高度的分布，则主要与一、二次风比有关。当总风量不变时，若增大一、二次风比，则由于进入二次风口之上的床料量（包括燃烧着的煤粒）增多，就会使炉膛上部温度升高。一、二次风比的增大，也意味着炉膛下部流化风在总风量中所占份额增大。流化风量的增大，会使炉膛下部的燃烧份额增大，但炉膛下部温度却不会升高。因为一、二次风比提高后，循环倍率升高，进入炉膛下部的循环灰量增大，而循环灰温度一般略低于炉膛下部温度。循环灰量增大造成炉膛下部吸热量的增加量，会大于炉膛下部燃烧份额增大而增加的放热量。因此，一、二次风比提高后，炉内总的温度变化趋势是：炉膛上部温度升高，炉膛下部温度降低。

二、床层压降控制与调节

（一）床层压降控制

维持相对稳定的床层高度或床层压降是运行中十分重要的，也是传统锅炉控制中没有的一个控制参数。锅炉运行中，通常是把循环流化床炉内靠近布风板处的几个压力点作为床层压力控制点，并监测此处压力。

在额定工况运行时，炉内床层压降值的高低既与流化风速有关，又与炉内固体颗粒浓度或床料量有关，即床层压降既与一定的流化风速引起的摩擦压降有关，也与固体颗粒浓度大小有关。流化风速增大，摩擦压降增大，但流化风速增大会导致固体颗粒浓度降低，进而使颗粒浓度压降减小，即在额定工况时，或炉膛上部处于快速流化状态时，增大流化风速（即升高负荷），若其他条件不变，则床层压降是下降的。增大流化风速或增加锅炉负荷时，往往伴随着循环倍率的上升（为了锅炉带负荷的需要），并使炉内固体颗粒浓度升高，这又使床层压降升高。但总的来说，负荷升高，床层压降会略有下降。

当锅炉低负荷运行时，炉膛上部处于稀相输送状态，炉膛下部处于鼓泡流化状态。此时，炉膛下部的床层压降基本上只与床层内的固体颗粒浓度或床料量有关。此时 1kPa 的床层压降，大约相当于 100mm 厚的静止料层高度。

上述床层压降实际上是指炉膛全压差。白马 600MW 超临界循环流化床锅炉的床压值分为炉膛全压差和炉膛上部压差。其中全压差代表了炉内的床料总量，而炉膛上部压差代表了参与外循环的床料总量。在正常运行时，上部炉膛压差不需要控制，其与总的循环粒子量、烟气流速、床温、粒子的尺寸有关，可作为判定分离器效率和换热效率的参考依据。

在各种负荷水平下维持炉膛全压降和上部炉膛压差，是为了保证床温水平和蒸汽参数的稳定性。实际上，在烟气流量一定的情况下，上部炉膛压差同样代表了循环物料量，影响着外置床和炉膛的换热、炉膛上部和下部的温度差以及燃烧状况。

从外置床向冷渣器排渣，可降低炉膛的上部压差。这种操作通过排除细灰，减少了返回炉膛的细粒子量，可以降低炉膛上部的固体粒子浓度和压差。相反的，停止从外置床向冷渣器排灰，则可以维持尽可能高的上部炉膛压差。

除控制炉膛的压差值外，还应控制两个支腿的压差平衡。当两个支腿的炉膛全压差值的偏差大于 2.5kPa 时，应检查左右侧炉膛温度和一次流化风量是否相等。如果左右侧炉膛温度差别较大，可以通过对两侧给煤量和外置床锥形阀开度的控制来调整。如果左右侧炉膛温度和一次流化风量是相等的，可加大全压差较大侧炉膛的排渣量来使两侧压差重新达到平衡。

运行中，床层过高或过低都会影响流化质量，引起炉内结焦。尽管从理论计算上，床层高度并不影响临界流化速度，但床层太高，却有可能由于密相鼓泡区气泡流动的不稳定性，使个别地方出现流化质量下降的情况。床压过低，则会使床层的热容减少，热稳定性变差，当出现给煤波动等情况时，极易造成床温的突然上升或下降，一旦操作不当，就会造成事故停炉。

白马 600MW 超临界循环流化床锅炉在正常运行范围内（负荷变化范围为 50%～100%BMCR），炉膛全压差（不包括布风板压差）根据负荷变化由自动控制系统调节，其变化范围为 9.8kPa（100%BMCR）～16.5kPa（50%BMCR）。

（二）床层压降调节

底渣排放是调节炉膛全压差的常用方法。在连续放底渣时，应根据给煤速度、燃料灰分、底渣温度等参数确定放渣速度，并要与排渣机构或冷渣器本身的工作条件相协调。在采用定期排渣时，通常在 DCS 控制系统中设定启停底渣排放装置的炉膛全压差值，使炉膛全压差控制在某一个范围内。

此外，当床压过高时，在布风板上方会形成一个较大范围的低温区。因此，监测密相区下层温度的变化情况，也可以作为是否放渣的辅助判断手段。

采用炉膛排渣调节炉膛全压差，自然会改变炉内床料中粗细颗粒的比例。因此，布置有中温过热器的外置床的锥形阀开度可能需要作相应调整。

运行中应注意：由于炉内气固流化状态存在随机性的压力脉动，因此床层压降值也会在一个小范围内波动。如果床压波动变缓、停止，则说明测压管发生堵塞或炉内出现流化不良现象，必须及时采取措施。若床压出现较大幅度的波动，则往往是由于旋风分离器、立管以及回料器中耐火层的剥落，回料器内流化质量不佳等原因造成的。

运行中还需要注意：在排渣前后，由于床压相差较大，即使风门挡板开度未变，风量也会发生变化，这是离心式风机的固有特性造成的，运行中应注意监视。此外，循环倍率变化，也会影响床压值。

三、炉膛出口过剩空气系数控制与调节

炉膛出口过剩空气系数，代表炉内燃烧过程的总风煤比，即按化学反应方程式所确定的入炉总空气量与实际燃烧掉的煤量之间的化学当量比。炉膛出口过剩空气系数越大，表示风煤比越大。当给煤量和入炉风量未变，而炉膛出口过剩空气系数增大时，则说明燃烧效率下降了。

为尽可能保证炉内煤粒燃烧完全，必须使送入炉内的总风量略大于煤完全燃烧所需的风量。此外，由于石灰石脱硫反应过程也需要一定量的氧气，因此必须保证炉膛出口处有一定的过剩氧量。

锅炉负荷低于某一负荷值时，为了维持足够的流化风量，炉膛出口过剩空气系数会随锅炉负荷下降而增大，而炉膛下部密相区会由额定负荷时的还原性气氛转变为氧化气氛。

送入循环流化床锅炉的各种风，对调节炉内过剩空气系数的作用有所不同。

1. 一次流化风

一次流化风的作用是保证物料的流化并作为一次燃烧用风，即通过布风板下的风室送入炉膛的风。

根据白马 600MW 超临界循环流化床锅炉的煤质特点，在额定负荷下，通过布风板的

一次风量占总风量的 45%。在 50%～100%BMCR 范围内，随着负荷的降低，一次风量呈线性减小；在 50%BMCR 负荷以下，一次风量保持不变，为 BMCR 工况下一次流化风量的 70%。

2. 固定风

固定风指在各种负荷下风量保持不变的风，包括所有的高压风和一次风（除去炉底一次流化风）、二次风（除去从炉膛二次风口进入风量）流量不随负荷变化的部分，如各种密封用风和冷却用风。这部分风一般不随负荷变化，机组调试完成后，各风口风量一般无需调节，但可以根据运行实际情况进行微调。

3. 二次燃烧用风

二次燃烧用风从二次风口送入炉膛，以保证提供给煤粒足够的燃烧用空气并参与燃烧调整，用于补充在各种负荷下需要的总风量与一次流化风、固定风的差值，维持一定的过氧量。在锅炉 BMCR 工况下，高温省煤器出口烟气中 O_2 的容积百分比（湿烟气基准）为 3.25%。该氧量值仅作参考，最后还需通过燃烧调整确定其最佳值。在 50%～100%BMCR 范围内，如果该氧量值低于 3.25%，则对锅炉的良好燃烧和安全运行不利。但在低负荷下，由于流化的需要，入炉总风量值远大于燃烧所需风量，此时，炉膛出口氧量会显著增加。

在 50%～100%负荷区间，随着负荷的降低，除固定风以外的各种风的风量都在减少，其中二次风量降低较多，一次风量降低较少。在 50%负荷以下，为了维持炉内基本的流态化工况，所有风量都不再随负荷的降低而降低。因此，在 50%负荷以下，炉膛出口烟气中的氧量值会随锅炉负荷的降低而开始逐渐增加。其原因是，为了维持炉膛、外置床以及冷渣器中的流化状态，流化风量绝不能降到临界流化风量以下。送入外置床中的流化风，最终都会进入炉膛，使炉膛中的氧量增加。

四、物料循环控制与调节

（一）物料量平衡

在正常运行过程中，物料量是通过入炉燃料中的灰分（包括未燃尽的碳）和脱硫反应产物（包括石灰石中的惰性物料）而得到补充的；物料量的消耗则是通过烟气带走飞灰细粒子和必要的排渣，即炉膛和外置床通过冷渣器的排渣而产生的。通过排渣可以保持在不同负荷下的炉膛全压差并避免大渣在炉膛内的堆积。

运行中主要通过控制立管和外置床入口锥形阀的运行状态来保证循环回路运行正常、没有堵塞现象发生，并通过冷渣器入口锥形阀开度来控制循环回路的灰量平衡。

（二）循环回路堵塞现象的判断及解决措施

1. 分离器下部和立管上部的堵塞迹象及其解决措施

锅炉正常运行中，如果发现设置在分离器底部的回料器立管压力测点显示的压力大于 10kPa 的时间超过 1min，则表明立管内的床层高度过高，立管内有堵塞的可能；如果此时锅炉负荷未变，而炉膛全压差值降低，则表明床料未能从外循环回路中顺利地返回炉膛。如果外置床不存在堵塞现象，则可以判断在分离器下部和立管部分出现堵塞。如果此时回料器流化风压力快速下降，表明回料器内已基本没有床料，回料器流化风直接进入了炉膛，这就表明有可能灰在分离器内出现了堵塞，分离器到回料器灰流量降低。此时，有必要快速降低锅炉负荷，并立即将分离器底部的流化风切换到压缩空气，经环形分配母管，通过多个充气点送至分离器。同时，交替的开关回料器进口和出口风箱的流化风，直到回料器流化风压力明显上升，才意味着分离器的堵塞得到清除。

如果采取上述措施后，分离器堵塞的现象仍存在，应尽快停炉。

2. 外置床的堵塞迹象及其解决措施

当回料器灰温和外置床开度不变，而外置床入口灰温偏低时，则表明有可能外置床入口发生了堵塞导致外置床入口灰流量过低。因为当外置床灰流量过低时，由于过度的冷却，外置床入口灰温测点显示的温度将和回料器灰温测点有较大差别。

此时，运行人员应增加锥形阀的开度（和设定值相比，增加约 20%～30%），保持这一开度约 1min 后回到原位。同时，检查外置床入口灰道流化风是否正常，如流化风管道堵塞，应开启压缩空气吹扫。

第三节　600MW 超临界循环流化床锅炉启动

一、白马 600MW 超临界循环流化床锅炉基本特性参数

（一）锅炉主要技术参数

白马 600MW 超临界循环流化床锅炉主要技术参数如表 6-2 所示。

表 6-2　　　　　　　　白马 600MW 超临界循环流化床锅炉主要技术参数

名　　称	BMCR	BECR	名　　称	BMCR	BECR
过热蒸汽流量（t/h）	1900	1840.92	再热蒸汽入口温度（℃）	322	318
过热蒸汽出口压力（MPa）	25.5	25.42	再热蒸汽出口压力（MPa）	4.513	4.349
过热蒸汽出口温度（℃）	571	571			
再热蒸汽流量（t/h）	1552.96	1498.52	再热蒸汽出口温度（℃）	569	569
再热蒸汽入口压力（MPa）	4.728	4.556	给水温度（℃）	287	285

（二）入炉煤与入炉石灰石特性

白马 600MW 超临界循环流化床锅炉设计入炉煤粒径最大 7mm，粒径分布如图 4-25 所示。

图 4-25 所示的燃料粒度是严格按国内外最新的固体粒子程序以及排放程序计算的结果，采用这种燃料粒度可以得到最佳的碳粒子的燃烧效率以及合理的排放。燃料粒度的合理选取可以确定合理的流化速度，而炉膛烟气速度决定了炉膛的几何尺寸，因而是一个极为关键的参数。对燃料的粒度提出了如图 4-25 所示的粒度要求是为了获得一个最佳的锅炉性能。

白马 600MW 超临界循环流化床锅炉设计入炉石灰石粒径分布如图 4-72 所示，其最大粒径 $d_{max}=1.0mm$；$d_{50}=0.15\sim0.2mm$。粉状的石灰石被送入炉膛之后，与燃烧过程中产生的 SO_2 发生化学反应，除去 SO_2。为了维持锅炉有效、经济运行，采用适当大小

的石灰石粒子是关键所在。如采用的石灰石粒子比图 4-72 所示的粗大或细小，将对循环过程产生不利影响。过粗的石灰石粒子将导致石灰石耗量的增加、床温低于正常温度、锅炉的效率降低、底渣量超过设计值等。如石灰石粒子过细，其在主回路中停留的时间达不到要求，将导致石灰石耗量的增加，另一个负面影响则是使飞灰系统超负荷。

（三）运行条件

锅炉带基本负荷并参与调峰。

给水泵配置：机组配置 $2 \times 50\%$ BMCR 容量调速汽动给水泵；配置 1 台 30%BMCR 容量的电动调速给水泵，用于机组启动或备用。

汽轮机旁路系统：采用 60% 容量高低压二级串联旁路。

入炉煤采用二级破碎系统制备。

石灰石粉采用二级破碎系统制备。

一次风机：每台炉设 2 台离心式一次风机。

二次风机：每台炉设 2 台离心式二次风机。

引风机：每台炉设 2 台静叶调节轴流引风机。

回料器流化风机：5 台 25% 容量的高压离心风机，正常 4 台运行，1 台备用。

锅炉变压运行，采用定—滑—定或纯滑压运行方式。

变压运行机组与定压运行机组的区别是变压运行机组能在相当大的负荷范围内维持汽轮机调节门的开度不变，让汽轮机入口主蒸汽压力随着负荷按比例变化。它的主要优点如下：

（1）主蒸汽变压运行，可减少调节门节流损失，汽轮机内效率有所提高。

（2）低负荷运行时，减少给水泵所需功率消耗，使电厂的热效率得到改善。

（3）降低启动时的热损失。

（4）减少了负荷变化时汽轮机各部分金属温度变化幅度，特别是转子温度变化幅度，亦减小了负荷变化及启动时的热应力，有利于提高汽轮机运行可靠性。

（5）在负荷变化中，汽轮机高压缸的排汽温度大体上不变，有别于定压运行机组，能在更大的负荷范围内保持再热蒸汽温升幅度大体不变，有利于再热汽温调节。

（6）采用定—滑—定运行方式时，机组在高负荷（>90% THA）和低负荷（<35% THA）范围内为定压运行，汽轮机主汽入口压力不随负荷变化；在 35% THA～90% THA 范围内为滑压运行，汽轮机主蒸汽压力随负荷变化如图 6-3 所示。

（四）锅炉启动时间与正常运行时的排放控制

锅炉有加快启动速度和适应快速启动的措施。锅炉从投点火燃烧器到带满负荷的时间，在正常启动情况下能达到表 6-3 的要求。

表 6-3		锅炉在不同条件下的启动时间		h
冷态启动（≥停炉 72h）	8	热态启动（≤停炉 10h）		2
温态启动（≤停炉 40h）	4	极热态启动（≤停炉 1h）		1

超临界循环流化床锅炉在冷态、温态和热态以及极热态下启动时的参数曲线分别如图

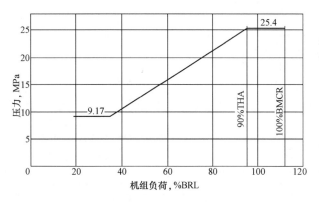

图 6-3　机组负荷与主蒸汽压力的关系

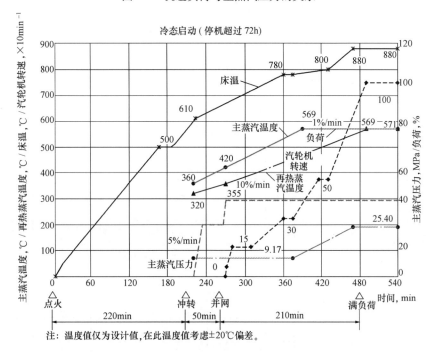

图 6-4　典型超临界循环流化床锅炉冷态启动曲线

6-4～图 6-7 所示。

　　流化床及风系统的设计考虑降低 SO_2 和 NO_x 的有效措施，根据白马 600MW 超临界循环流化床锅炉环评要求，SO_2 排放值不大于 $380mg/m^3$、NO_x 排放值不大于 $160mg/m^3$（干烟气，6％含氧量）。

　　（五）过热器和再热器温度控制范围

　　过热蒸汽和再热蒸汽温度控制范围：过热蒸汽温度在 35％～100％BMCR、再热蒸汽温度在 50％～100％BMCR 负荷范围时，保持稳定在额定值，偏差不超过 -5～$+3$℃。

　　二、冷态启动程序

　　与亚临界循环流化床锅炉相比，超临界压力锅炉主要有两大特点：一是由于没有汽包，没有排污，锅炉给水将全部转换为过热蒸汽，因此锅炉运行对锅炉水质的要求特别严

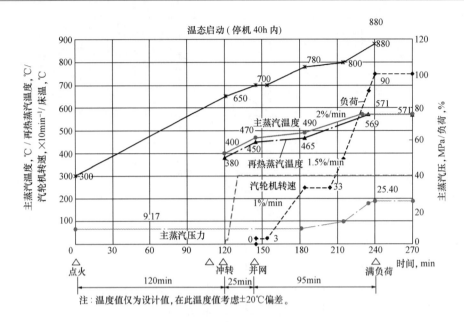

图 6-5 典型超临界循环流化床锅炉温态启动曲线

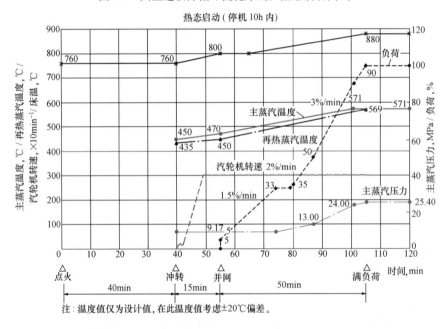

图 6-6 典型超临界循环流化床锅炉热态启动曲线

格；二是锅炉在启动和运行调整时，汽水参数在超临界与亚临界之间变换，即水冷壁管出口蒸汽参数存在干、湿态转换问题，因此汽水系统的操作比较复杂。

针对上述两大特点，超临界循环流化床锅炉在冷态启动前，首先必须完成冷态清洗和热态清洗，以满足锅炉对水质的要求。其次，在建立超临界参数之前，锅炉在亚临界状态下运行，此时通过设置汽水分离器及储水罐以及循环泵回路，类似亚临界汽包炉汽包的汽水分离及汽水的控制循环过程。超临界循环流化床锅炉启动所需要的汽水回路如图 6-8 所示。

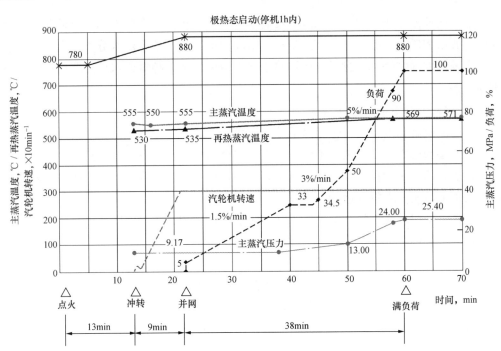

图 6-7 典型超临界循环流化床锅炉极热态启动曲线

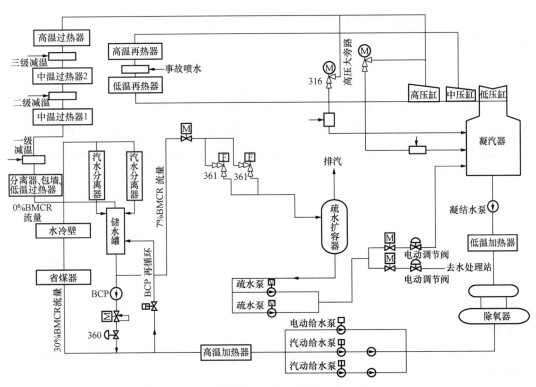

图 6-8 超临界循环流化床锅炉汽水系统示意图

超临界循环流化床锅炉在冷态滑参数启动时，与汽包锅炉有所不同，启动时要求有一定的启动流量和压力，维持受热面的冷却、水动力的平衡及防止汽水分离。在干、湿态转换时，应缓慢增强燃烧，通过对分离器储水罐水位的调节，控制汽水分离器出口温度逐渐过渡到干态。

（一）锅炉启动前的检查和准备

启动前的检查和准备工作包括以下几个方面：

（1）安装和检修工作结束，工作票完工，安全措施拆除，所有系统经过验收。

（2）所有热工表计投入，各信号显示灯完好，指示正常。各种控制、保护信号的电源和气源已送上，按要求投入运行。

（3）各电动门、气动门开关动作正常，转机电气连锁、热工连锁试验合格，机组静态试验合格，各种保护试验正常。

（4）操作盘上事故按钮、工业电视等齐全完好，标志齐全正确。

（5）蒸汽吹灰系统管道、阀门完整，吹灰器在退出位置（防止启动过程中被烧坏）。

（6）检查汽水系统、风烟系统各管道、阀门完整，标志编号正确、齐全，阀门门杆无弯曲、锈蚀现象，法兰螺丝齐全、盘根完好，手柄完整灵活，开关方向正确，远方控制传动装置完整牢固。

（7）主、再热蒸汽管道连接完好，安全门严密完整。

（8）检查高压给水系统放水门关闭，锅炉启动分离器前疏水门关闭，锅炉受热面所有空气门开启。

（9）转动设备加足合格的润滑油或润滑脂，安全罩齐全、牢固可靠，锅炉启动前投入润滑油系统运行。

（10）投运空气预热器系统正常，确认辅助电动机正常备用。

（11）锅炉风机的电动机接地线良好，绝缘合格，各电动机空转方向正确，靠背轮连接完好，机组启动前将设备送电正常，配电柜上信号灯显示正常。

（12）根据安排向炉膛和外置床铺床料，每只裤衩腿 200t 左右，每台外置床不少于 80t。加床料完毕，检查确认炉膛、外置床无杂物、积灰，承压部件无磨损及变形，固定完整无缺，关闭炉膛、各外置床人孔门。

（13）确认回料器、空气预热器、烟风道、除尘器畅通无积灰和杂物、各系统内部无人工作，无遗留工具、杂物，各人孔、检查孔开关灵活，检查合格后严密关闭。

（14）管道支吊架完整牢固，无拉脱变形现象。

（15）锅炉各部膨胀节完整，膨胀指示器齐全，刻度盘清晰，指针无卡涩且指示应正常，记录始点位置。

（16）检查给煤系统、石灰石制备、加入系统正常备用；在启动前按要求制备一定的石灰石粉。

（17）检查启动仪、杂用空气压缩机运行，维持仪用、杂用空气母管压力为0.6～0.7MPa。

（18）底灰系统斗提机、链斗机处于备用，底渣冷却器无影响启动的工作。

（19）各床枪、风道燃烧器的点火器、推进器、快关阀等完整齐全，位置正确。

（20）床枪、风道燃烧器喷口完整无变形，无焦渣堵塞，传动装置良好，无积灰及杂物卡涩。

（21）检查炉前油系统处于点火前状态，燃油系统通道正常，投入燃油循环，调整油站回油门维持供油母管压力为 1.8～2.2MPa。

（22）全面检查紧急给水泵及系统正常备用。

（23）根据锅炉点火时间，提前 24h 投运电除尘灰斗的加热器，提前 2h 投入阴极、阳极振打装置，启动输灰空压机、飞灰输送系统运行。

（二）锅炉上水

（1）在锅炉启动前的检查工作结束后，确认无影响进水因素时，抄录锅炉膨胀指示器一次。

水质要求：锅炉上水的水质应为化验合格的除盐水，进水温度 50～70℃，在该温度范围内，基本上可以避免温差对受压部件的影响。

（2）上水的时间要求：进水应缓慢、均匀，避免管路系统温差过大，同时也避免水冲击。上水时间夏季不少于 2h，进水流量 70～80t/h；其他季节不少于 4h，进水流量 40～45t/h。若水温与储水罐壁温接近，可适当加快进水速度。

（3）开启锅炉疏水扩容器至化学水处理电动门，关闭排凝汽器电动门，投入 361 阀自动（见图 6-8）。

下列条件满足才允许向锅炉上水：

1）MFT 复位；

2）确认储水罐水位小于 10m；

3）炉水循环泵（BCP）注水完毕，处于备用状态；

4）汽轮机管路（凝汽器至炉前段）清洗完毕。

（4）上水方式：可以采用凝输泵、电动给水泵、汽动给水泵前置泵上水。若锅炉为冷态，上水温度与启动分离器壁温差不大于 40℃时，采用凝输泵上水方式。

（5）上水操作：

1）采用凝输泵上水：①启动一台凝输泵运行，化学加药系统应投运正常；②开启凝结水至锅炉上水手动门、电动门，高压加热器水侧走旁路运行，向给水管道及高压加热器水侧注水，调节锅炉给水流量至 80t/h 左右。

2）采用电动给水泵或汽动给水泵前置泵上水：①当给水泵入口水质达到 Fe<100μg/L，高压加热器水侧切至主路，启动电动给水泵或汽动给水泵前置泵上水，调节锅炉给水流量至夏天 70～80t/h 左右、其他季节 40～45t/h；②根据辅汽压力尽量维持除氧器温度在 80～90℃；③锅炉上水期间，以下各放空气阀开启，待见水后关闭；④水冷壁出口混合集箱放气一、二次阀；⑤省煤器出口放空气门（储水罐现水位后关闭）；⑥储水罐见水后，放慢上水速度，加强监视，当储水罐水位达到 10m，检查 361 阀开启，自动调节正常；⑦关闭启动分离器前所有空气门，锅炉上水完毕；⑧当储水罐压力≥981kPa 时，连锁关闭所有锅炉疏水、排气阀，以防止漏关现象；⑨锅炉上水完毕后，全面抄录锅炉膨胀指示一次。

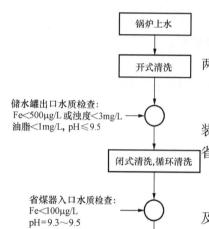

储水罐出口水质检查：
Fe<500μg/L 或浊度<3mg/L
油脂<1mg/L，pH≤9.5

省煤器入口水质检查：
Fe<100μg/L
pH=9.3～9.5
电导率<1μS/cm

图 6-9 锅炉冷态清洗

（三）锅炉冷态清洗

锅炉冷态清洗分为冷态开式清洗和冷态循环清洗。两种清洗方式的流程及检验方法如图 6-9 所示。

1. 冷态开式清洗

高压循环清洗流程：凝汽器→凝结水泵→精处理装置→低压加热器→除氧器→给水泵→高压加热器→省煤器→水冷壁→启动分离器→凝汽器。

清洗步骤如下：

（1）在完成高压管路清洗后，炉水循环泵（BCP）及疏水系统处于备用状态。

（2）接受开始清洗指令后，储水罐水位调节阀开启。

（3）开大辅汽至除氧器加热门，保证除氧器出口水温在 80～100℃。

（4）启动前置泵或者电动给水泵，通过高压加热器旁路向锅炉供水，调整锅炉给水流量为 30%BMCR(585t/h)左右，锅炉进行冷态清洗，清洗水经疏水扩容器排至化学水处理。

（5）当启动储水罐下部出口水质达到 Fe≤500μg/L 或者混浊度≤3mg/L，油脂≤1mg/L，pH≤9.5 时，冷态开式清洗完毕。

2. 冷态循环清洗

（1）启动炉水循环泵，使锅炉循环水流量为 488t/h（25%BMCR），此时锅炉循环流量调节阀全开。将给水流量减小至 137t/h（7%BMCR）左右，其中过冷水流量约 39t/h（2%BMCR），省煤器流量约 98t/h（5%BMCR）。

（2）开启疏水泵出口至凝汽器电动门，关闭疏水泵出口至化学水处理电动门，清洗水切换至排凝汽器，进行冷态循环清洗。

（3）分离器水位变化时，依靠储水罐水位调节阀的调节维持分离器储水罐水位。

（4）维持省煤器入口 585t/h 清洗流量进行循环清洗，当省煤器入口水质达到电导率≤1μS/cm，Fe≤100μg/L，pH=9.3～9.5 时，冷态循环清洗完毕。

锅炉厂家推荐的清洗时间及耗水量如表 6-4 所示。

表 6-4　　　　　　　　　　锅炉厂家推荐的清洗时间及耗水量

启动类型 排放方式	新机组首次启动		机组长期运行后和停运时间超过 150h
	冷态清洗	热态清洗	
排系统外	约 8.5h/5000t（首次启动 2.5 天）	0h/0t	约 5h/2925t
排凝汽器	约 25h/14 700t（首次启动约 2.5 天）	约 49h/6700t（BCP 解列时为 28 700t）（首次启动 4 天）	约 25h/14 700t

（5）汽轮机轴封送汽、凝汽器抽真空。

（四）锅炉点火前的准备

（1）投入底渣输送系统，启动底渣冷却器运行；确认点火投煤后，底渣输送系统能正常运行。

（2）为确保锅炉产生的蒸汽在汽轮机冲转前能顺利进入凝汽器，开启高压大旁路及低压旁路，将高压旁路置于点火的最小开度，建立蒸汽通道。

（3）启动两台空气预热器运行，开启其风、烟侧挡板，保证烟风通道通畅。

（4）开启引风机、二次风机的进、出口挡板及调节挡板，建立自然通风道。炉内流化之前先开二次风机的目的，是防止炉内流化后，床料被吹入二次风口。

（5）开启引风机的操作：关闭待启引风机的进口挡板及调节挡板，全开其出口挡板。启动风机后，全开其入口关断挡板，稍开调节挡板，调整炉膛负压至 0 ± 50Pa。

（6）关闭未投运的引风机的进、出口挡板及调节挡板。

（7）启动两台高压流化风机，调节风机进口调节挡板，调整高压流化风母管压力不低于 40kPa，回料器达到流化风量，各个充气管风量在正常范围内。

（8）关闭待启动的同一侧二次风机出口关断挡板，关闭入口调节挡板。

（9）启动选定的二次风机，打开运行送风机的出口挡板。开启二次风机出口联络门，关闭未投运的二次风机出口挡板及入口调节挡板。

（10）调节二次风机入口调节挡板，总二次风量控制在最小流量 200km^3/h，建立二次风箱压力大于 4.5kPa，同时调整各分二次风挡板开度至适当位置。

（11）以相同方式启动另一侧引风机、二次风机，打开出口挡板，将两侧引风机、二次风机负荷调平衡后，关闭二次风机出口联络门。

（12）启动一次风机，一次风流量调节至最小 350×10^3m^3/h 以上；逐渐增加炉膛总风量至大于 25%BMCR，量调整炉膛负压至 0 ± 50Pa。

（13）启动电动给水泵（BFP），维持省煤器入口给水流量为 585t/h。

（14）泄漏试验与锅炉吹扫：

锅炉点火前，应进行风道燃烧器、床枪系统的泄漏试验，并确认吹扫条件满足，启动炉膛吹扫，吹扫时间不小于 5min。吹扫完成后，检查 MFT 信号复位。

在锅炉吹扫过程中，任意条件不满足，则吹扫中断，并发出吹扫失败信号，此时需查明原因，恢复吹扫条件，重新吹扫。

（15）漏油试验启动条件：

1）油枪所有进油阀、回油阀关闭到位。

2）调整供油系统压力大于 3.5MPa。

3）锅炉总风量大于 25%BMCR。

4）一次风流量大于临界流化风量。

5）仪用空气压力在 0.6~0.7MPa。

6）无"油泄漏试验完成"信号。

7）无"油泄漏试验失败"信号。

8）无"油泄漏试验停止"信号。

以上漏油试验启动条件中，对流化风量及锅炉总风量的要求，其目的是一旦有点火柴油泄漏，足够大的锅炉风量能将这些油雾很快带走，不会沉积在炉膛或尾部烟道中。

(16) 油泄漏试验步骤。

油母管憋压试验：母管憋压试验是针对油枪进油阀和回油阀、油母管进油阀的泄漏试验。泄漏试验开始时，置床枪进油调节阀全开位置，因为风道燃烧器的油枪是中心回油雾化油枪，油枪不投运时，无法构成回油通道，所以对风道燃烧器仅作进油管路的泄漏实验。

为了对油母管充压，打开床枪、风道燃烧器燃油母管进油快关阀。开启燃油母管进油阀开状态 30s，而后关闭，如果此时床枪、风道燃烧器油母管压力大于 3.5MPa，则油管路打压成功信号发出，反之"油泄漏试验失败"信号发出。

油管路打压成功后，程序将记录此时的床枪、风道燃烧器燃油母管压力，而后保持油母管当前状态 2min。在计时过程中，将之前记录的床枪、风道燃烧器油母管压力减去现在的床枪、风道燃烧器油母管压力，如果差值大于 0.3MPa，则"油泄漏试验失败"信号发出。计时结束时，如果油压差值正常，则"油泄漏试验第二步开始"信号发出，油母管憋压试验成功后，为了对油母管进油快关阀作泄漏试验，将开始油泄漏试验第二步。

泄漏试验第二步开始时，先进行油母管泄压，打开燃油总站回油快关阀，泄压 1min 后关闭阀门，开始 120s 油压监视。在此过程中，如果油压出现上升情况，如现在的床枪油母管压力减去之前记录的床枪油母管压力差值大于 0.3MPa，则"油泄漏试验失败"信号发出。计时结束时，如果油压差值正常，则"油泄漏试验完成"信号发出。

(17) 炉膛吹扫允许条件。

当以下条件均成立时，允许操作员启动炉膛吹扫程序。在吹扫过程中，任意吹扫条件失去，都会导致吹扫中断，炉膛吹扫程序必须重新启动。

1）MFT 置位，无 MFT 动作条件；当 MFT 动作后，某些风机可能无法开启。

2）无燃料进入炉膛信号。

3）电袋除尘器跳闸；避免吹扫炉内油烟时，污染电除尘器电极和堵塞布袋除尘器的滤袋。

4）石灰石系统跳闸。

5）任意引风机、一次风机、二次风机、"J"阀风机运行。

6）任意一台"J"阀风机运行。

7）播煤风机运行或播煤风机旁路挡板开到位。

8）总风量介于 30%～40%BMCR。

9）一次风量大于临界流化风量。

(18) 炉膛吹扫步骤。

炉膛吹扫允许条件均成立后，操作员发出炉膛吹扫指令，炉膛吹扫程序开始计时，吹扫时间规定为 5min 或者按吹扫风量置换 5 次炉膛容积所需时间，两者取大值。在炉膛吹扫过程中，如果任意吹扫允许条件失去，就会中断炉膛吹扫程序。炉膛吹扫计时完成后，将发出"炉膛吹扫结束"信号。

(五) 锅炉点火

(1) 全面检查点火条件具备，开启燃油进油、回油快关阀、回油电动门，调节燃油压力至 1.8～2.2MPa。风道燃烧器吹扫、雾化、冷却空气压力正常，检查两侧风道燃烧器火检冷却风门、点火枪冷却风门开启。

（2）水质达到点火要求：省煤器入口水质达到电导率不大于 $1\mu S/cm$；Fe 不大于 $100\mu g/L$；pH 值为 9.3～9.5。

（3）确认所有点火条件满足后，开始风道燃烧器点火。可选择 DCS 顺序控制点火方式，也可选择"就地"方式：将风道燃烧器油枪控制开关切至"就地"位置，在就地操作盘上进行油枪的投运。操作步骤是：进油枪→进点火枪→点火枪打火 15s（打火 15s 后停止打火，退点火枪）→开油阀→火焰建立→油燃烧器工作；锅炉点火后，应就地查看着火情况，确认油枪雾化良好，配风合适。如发现某只油枪无火，应立即关闭快关阀，对油枪进行吹扫后，重新点火；如果锅炉启动风道燃烧器油枪两次点火失败，则锅炉 MFT，必须重新吹扫炉膛方可再次点火。

（4）确认点火成功后，根据风道烟温适当开大一次风至风道燃烧器调整风门，保持风道燃烧器出口烟温不高于 900℃，根据耐火材料厂家及锅炉制造厂家要求升高锅炉床温，控制床温温升率不大于 2℃/min，并定期调整燃油压力，以保证两侧温度均衡。

（5）点火后应加强尾部烟道温度监视，投入空气预热器连续吹灰，避免发生烟道再燃烧。

（六）锅炉升温升压

（1）锅炉启动后，应加强风量、炉膛负压、燃烧调节，尽量减少炉膛床料的损失，并以不超过 2.0℃/min、0.056MPa/min 的速率升温升压。当过热蒸汽压力达 0.3MPa 时，关闭启动分离器后过热器空气门和疏水门，再热蒸汽压力达到 0.3MPa 时，关闭再热器系统空气门和疏水门。根据升温升压速度，当蒸汽压力达到 0.3MPa，可以认为暖管已经完成，蒸汽管内已无空气和疏水，但外置床入口集箱的疏水门在投外置床之前，应一直保持开启。

（2）床温大于 500℃，当床下油枪达到最大出力且床温不再上升时，按两侧对称方式逐一投入床上油枪，控制两侧各风道燃烧器出口烟温偏差不大于 50℃，水冷风室温度应缓慢上升；避免锅炉床温形成大的偏差，锅炉膨胀不均。

（3）当床温达到 600℃时，即可进行投煤操作，具体操作如下：

1）检查给煤机具备启动条件。

2）给煤机密封风压力正常。

3）确认上层床温达到投煤温度。

4）如有播煤风机，应启动播煤风机，将播煤风机旁路切换为主路，检查播煤风压、风量正常。

5）按照给煤机启动操作步骤，手动启动两台给煤机运行（在最低转速下运行），采用脉冲式给煤方式给煤，给煤量为额定燃料量的 15%，15～20min 后停止给煤机运行；观察床温、氧量的变化，如果氧量逐渐降低，床温逐渐上升，则可判定入炉燃煤着火燃烧，同时确定入炉煤完全燃尽时间周期。

以相同方法反复 3 次，燃煤着火且床温上升到 760℃后，方可维持给煤机连续正常运行，并逐渐降低床枪或风道燃烧器的出力，该方法为脉冲投煤方式，可避免连续投煤未燃并在炉膛中沉积，当温度上升后，堆积燃煤大量燃烧，从而造成炉膛"爆燃"的现象。

（4）随着锅炉的升温、升压，检查高、低压旁路阀逐渐开大，控制蒸汽压力按要求上升，当主汽压力到 8.73MPa，检查高、低压旁路控制转入定压运行。

（5）根据冷态启动升温升压曲线，增加燃烧率，提高蒸汽参数，但应保持锅炉金属温度和过热器金属温度在限定范围内。随着蒸发量增加，相应增加给水流量，始终保持省煤器入口流量不小于 585t/h。

（七）热态清洗

顶棚过热器出口温度达到 190℃，锅炉开始热态清洗，投入给水旁路调整门自动，炉水循环泵 BCP 再循环管路流量维持在 488t/h（25%MCR），热态清洗时，清洗水全部排至凝汽器，投入 361 阀自动控制储水罐水位。联系化学取样化验启动分离器储水罐水质。

由于水中的沉积物在 190℃时达到最大，热态清洗期间，应停止升温升压，可适当降低燃油压力，维持启动分离器水温在 190℃±10℃ 范围内。当省煤器入口给水的 Fe 不大于 50μg/L，启动分离器出口 Fe 不大于 100μg/L，热态清洗结束，按原速率继续升温升压，同时调整高、低压旁路的开度，以达到汽轮机冲转的蒸汽参数。

（八）汽轮机冲转，发电机并列

汽轮机启动时，主、再热蒸汽温度和压力应满足相应启动曲线的要求，根据汽轮机高、中压缸第一级金属温度（如第一级蒸汽温度低于第一级内壁金属温度，应将蒸汽温度而非金属温度作为第一级温度）按东方汽轮机厂提供的启动曲线及相关曲线决定汽轮机冲转参数、升速率、升负荷率、暖机点及暖机时间。

采用中压缸冲转参数：主蒸汽压力 8.73MPa，主蒸汽温度 380℃，再热蒸汽压力 1.1MPa，再热蒸汽温度 330℃，凝汽器真空高于 −87kPa，高压旁路流量大于 120t/h。

采用高压缸冲转参数：主蒸汽压力 8.73MPa，主蒸汽温度 380℃，再热蒸汽温度 350℃，凝汽器真空高于 −87kPa，主蒸汽流量大于 100t/h。

发电机组并网后，接带负荷的大小和变负荷速率应严格根据汽轮机厂家的启动曲线要求进行。机组并网带 2.5% 负荷后，锅炉注意加强燃烧调整，保持主蒸汽压力稳定，主、再汽温按启动曲线控制。机组带负荷暖机的时间根据汽轮机缸温状况及蒸汽参数按机组启动曲线确定，长期停机后，中压缸启动应暖机 55min。

（九）升温升压及投外置床

（1）机组并列后，调整燃油与给煤比例，加强锅炉燃烧，直至全停燃油，30min 后，投入电袋除尘运行，根据排放要求，投入石灰石加入系统，控制各排放指标合格；当蒸发量达到 7%BMCR（136t/h），关闭储水罐水位调节阀，储水罐水位由再循环泵流量调节阀控制。

（2）当主蒸汽流量达到 20%~25% 最大蒸发量时，锅炉床温无大幅度波动，汽温、汽压处于较低水平，则应增加高压流化风机运行台数，依次投运高温再热器外置床、过热器外置床。

（3）外置床投运条件：高压流化风机运行台数不少于 3 台；锅炉主蒸汽流量大于 15％最大蒸发量；外置床灰控阀冷却水流量满足要求。

（4）外置床投运：开启冷却仓流化风门，开启空仓流化风门，调整风量至要求值并投入自动，检查外置床回炉膛流化风、回料器至外置床输送风投入正常，外置床物料已经流化，外置床内压力显示正常，外置床内冷灰进入炉膛，此时应增加锅炉燃烧，避免投运外置床时，冷床料对床温的冲击，同时根据床温、过热器、再热汽温逐步开启外置床灰控阀，逐步升高主蒸汽、再热蒸汽温度。

（5）外置床投运注意事项：

1）投运外置床前，必须保证外置床流化风压足够。

2）冷态启动过程中投运外置床，应加强汽温、床温的监视、调整，避免床温、主蒸汽、再热蒸汽温度大幅度波动。

3）如果是锅炉热态恢复过程中投运外置床，应加强汽温、床温的监视，也可手动投运外置床，根据汽温调节风量，合理使用减温水，避免主、再热蒸汽温度超限；当出现外置床空仓、冷却仓未流化的情况，应采用压缩空气进行疏通，或采取增、减风量的方式使其流化。

4）增加锅炉燃烧量，按照启动曲线进行升温、升压。以 3MW/min 升负荷率将机组负荷升至 180MW，暖机 20min，准备加负荷，进行汽水系统干湿态转换。

（十）锅炉干湿态转换操作要点

（1）调整给水泵出力，切换给水为主路运行，维持省煤器入口流量 35％～40％额定蒸发量；361 阀、360 阀自动；维持分离器水位正常；确认减温水系统已投入运行或者备用。

（2）机组负荷 210MW 左右，检查各设备运行正常；维持主蒸汽压力稳定在 9.0MPa 左右，缓慢增加燃料量，监视分离器水位逐渐下降，361 阀逐步自动关闭；继续增加燃料量，注意中间点温度变化（即保持分离器出口过热度大于 10℃）、分离器水位变化、再循环泵运行状态。正常情况下，分离器水位进一步下降，360 阀自动逐渐关小，当再循环泵出口流量小于 400t/h 时，再循环泵再循环门自动开启，此时要特别注意调整给水泵出力，维持省煤器入口流量稳定在 35％～40％额定蒸发量不变，同时继续缓慢增加燃料量，并留意中间点温度变化；严密监视各级受热面壁温情况。

（3）当分离器水位不大于 5.7m 时，360 阀全关，当水位为 0.5～1.25m 时，锅炉 BCP 泵跳闸或停止再循环泵运行；继续缓慢增加燃料量，留意中间点温度变化，维持中间点过热度 10～15℃左右；锅炉转入干态运行；记录该状态下锅炉水煤比；如果分离器水位变化趋势与中间点温度情况不相吻合时，应以中间点温度判断锅炉是否已转入干态运行。如分离器水位一直大于 5m，但是中间点过热度已经大于 10℃，可以手动停止再循环泵运行，锅炉转入干态运行。此时，锅炉控制不应再受到分离器水位影响，应以水煤比和中间点温度控制调整锅炉负荷。

（4）干湿态转换完成之后，检查再循环泵（BCP 泵）过冷水阀和最小流量阀联关，投入 BCP 泵、361 阀暖管管路；关闭 361 排水至凝汽器前电动门，逐步增加给水，增加燃料，维持水煤比及中间点温度稳定；汽轮机按照滑压曲线升负荷。

图 6-10 为干湿态转换示意图。

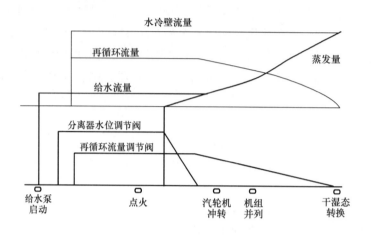

图 6-10　干湿态转换示意图

（十一）加负荷至额定负荷

（1）机组加负荷至 40% 左右，锅炉燃烧稳定，主蒸汽温度、压力逐渐上升，汽轮机、电气调节正常，应投入给水自动、燃烧自动、锅炉主控（汽轮机主控）、协调控制，设定目标值时，应注意保持主再热汽温、汽压稳定。

（2）在机组负荷达到 70% 左右，检查锅炉尾部受热面各段温度、静压，排烟温度是否正常，并启动锅炉吹灰系统，对锅炉受热面全面吹灰一次。

（3）在机组负荷达到 90% 后，主蒸汽压力达到额定值，对机组汽水系统作全面检查。检查受热面是否有异常声音，膨胀是否均匀，各疏水、排空管道是否有泄漏或内漏。

（4）在机组负荷达到满负荷后，全面检查、调整机组各系统，使机组处于正常运行状态。

（5）设定机组 AGC 方式负荷上下限，按调度要求投入 AGC。

（6）机组冷态启动的其他注意事项：

1）燃油期间应注意油燃烧器自动控制正常，避免油燃烧器前油压过高或过低。同时，加强空气预热器吹灰，防止空气预热器产生低温腐蚀及二次燃烧。

2）在整个启动过程中应加强对锅炉各受热面金属温度的监视，以不超过 2.0℃/min、0.056MPa/min 的速率升温升压，防止超温。

3）整个机组冷态启动过程中，应严格控制水质合格以及水量充足，满足系统清洗及点火要求。

4）在锅炉转直流运行区域内，不得长时间停留或负荷上下波动，以免锅炉运行工况不稳定而造成机组负荷大幅度扰动。

5）整个机组冷态启动过程中，机组点火、升压、冲转、并网、带负荷各阶段的操作，应按照图 6-11 所示的机组冷态启动曲线来控制进行。

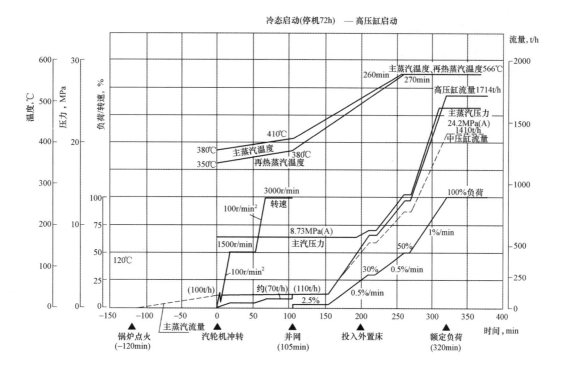

图 6-11　白马 600MW 超临界循环流化床锅炉冷态启动曲线

6）机组如果处于温态，其停运的时间相对较长，或者是锅炉进行了相应的检修工作，故机组温态启动对锅炉而言可能是冷态，适用于锅炉冷态启动。

三、机组热态、极热态启动

（一）机组热态启动前的检查与准备工作参照冷态启动，并注意以下事项

（1）对已运行的设备系统进行全面检查确认无异常。

（2）对已投入的系统或已承压的电动阀、调节阀均不进行开、关试验。热态启动点火前准备，与冷态启动操作相同。

（二）热态、极热态启动操作

（1）复位锅炉跳闸信号，依次启动引风机、高压流化风机、二次风机、一次风机运行，锅炉泄压至 10MPa 以下，启动电动给水泵，通过过冷水管缓慢向储水罐补水至 10m 水位，启动再循环泵，手动调节给水，进行水循环。

（2）炉膛床料流化后，如果床温大于 600℃，可直接投入给煤线运行，此时监视氧量应开始下降，床温下降率变缓，或者床温开始上升，即可确认进入炉膛内的燃煤已经着火燃烧。如果床温低于 600℃，应对炉膛进行吹扫后，投入风道燃烧器或床枪，按照床温上升率进行控制，在床温回升至 600℃ 以上，脉动投入燃煤，并确证其着火燃烧并达到 760℃ 后，连续给煤，逐渐降低燃油压力，直至全停。

（3）机组极热态启动时，可以不进行锅炉汽水系统热态清洗，但要通过化学化验水质

合格。当汽水膨胀结束后，可以加快增加热负荷。

（4）机组热态冲转参数选择：主蒸汽压力 10MPa，主蒸汽温度 500℃，再热蒸汽压力 1.1MPa，再热蒸汽温度 480℃。升速率为 300r/min。

（5）汽轮机冲转至 3000r/min 后，应尽快并列，并将负荷加至缸温对应的参数。在 20%BMCR 左右，切换厂用电为高压厂用变压器运行。

（6）锅炉继续加强燃烧调节，提高蒸汽流量，当主蒸汽流量大于 20%蒸发量后，依次投入高温再热器、中温过热器外置床运行。

（7）负荷大于 30%BMCR，启动分离器储水罐水位降至 500mm，检查再循环泵停止，锅炉转直流运行。

（8）汽轮发电机的操作与冷态启动相同。

（9）锅炉极热态启动的注意事项：

1）炉膛床料流化后，应快速投入燃煤，防止锅炉过多冷却，同时加强汽温监视，防止主蒸汽、再热蒸汽温度快速上升。

2）机组极热态启动是停机时间不到 1h（调节级温度不小于 450℃）机组需要恢复运行，此时汽轮机的缸温较高，接近于正常运行时的缸温，启动不用暖机，且在低参数或低负荷状态下停留的时间尽可能短，要求以最快的速率使蒸汽参数与机组缸温相匹配，并严格按照极热态启动曲线进行。防止冲转参数太低，与机组缸温相差太大，使机组在冲转时产生过多的冷却，出现过大的负胀差。

图 6-12 为白马 600MW 超临界循环流化床锅炉热态、极热态启动曲线。

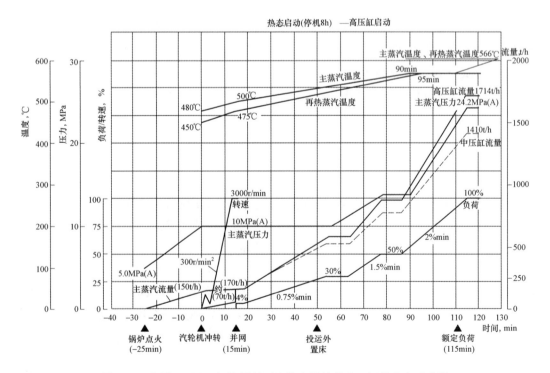

图 6-12　白马 600MW 超临界循环流化床锅炉热态、极热态启动曲线

第四节 600MW 超临界循环流化床机组正常运行监视和调整

一、机组运行调整的任务和目的

机组运行调整的主要任务和目的，就是通过对锅炉给煤量、送风量、给水量、外置床进灰量、减温水量以及启动系统等设备或参数的调节，确保燃烧放热与各受热面的吸热份额在正常范围内。机组运行调整的具体任务和目的包括：

（1）维持机组各运行参数在正常范围内，保证机组安全、稳定、经济运行。

（2）满足电网负荷的需求，调整机组功率在调度指令范围内。

（3）按照机组滑压控制器主蒸汽压力设定值维持正常汽压。

（4）严格按照锅炉的负荷需求调整燃料量及给水量，控制好水煤比，确保锅炉各受热面金属壁温在正常的范围内，维持分离器出口温度在正常范围内。正确投入减温水保证主、再热汽温在正常范围内。

（5）保证炉水和蒸汽品质合格。

（6）调整燃烧，防止锅炉灭火，保持燃烧稳定，减少结渣的可能。减少热损失、提高锅炉的热效率。

（7）机组启动阶段，利用锅炉的启动系统建立启动流量，在水质合格的情况下回收工质。

（8）及时调整锅炉运行工况，使机组在安全、经济的最佳工况下运行。

二、机组给水调整

（一）启动系统的监视调整

（1）启动系统运行中，应严密监视 361 阀自动动作情况，上水流量应稳定，避免 361 阀开度大幅度变化甚至储水罐、分离器满水。

（2）不论启停机，361 阀开启期间，主蒸汽压力不得高于 8.73MPa，避免因 361 阀后参数（压力、温度、流速）过高对其后管道及凝汽器造成损伤。

（3）随着汽水压力上升，因水位测量系统结构原因，储水罐会出现虚假水位，故引入了储水罐水位与负荷的修正，在锅炉负荷为 30%～35%BMCR 以上时，361 阀不会再因水位高而开启。

（4）361 阀在 30%负荷左右关闭转直流运行，关闭后应适当加强燃烧，防止因储水罐水位升高再次开启。

（5）锅炉在湿/干态转换完毕且稳定后，投入 361 阀暖阀系统运行，调整暖阀手动门开度，维持暖阀流量合适。

（6）机组不论启、停过程中，负荷在 0～30%范围内，应维持有足够的给水流量运行，保证水冷壁管有足够的冷却，水冷壁各受热面不超温。

（7）主给水流量在 30%BMCR 以下，由主给水旁路调节阀来调节给水量。

（8）主给水流量接近 30%BMCR 时，逐渐全开主给水电动阀，全关主给水旁路调节阀。

（二）正常运行中给水调整原则

（1）根据燃料量调整给水量，维持负荷与水煤比的对应关系，防止水煤比失调造成参数大幅度波动。

（2）根据启动分离器出口温度修正给水流量。

（3）根据一、二级减温水流量与给水流量的比值修正给水流量。

（4）在给水调整的过程中，应注意中间点温度和过热度合适，防止水煤比失调造成参数的大幅度波动。

（5）燃烧工况阶跃扰动、给水自动失灵或跳手动等造成水煤比失衡，应将给水切至手动方式，维持负荷与水煤比的对应关系，调节给水量使水煤比重新恢复平衡，但应尽量避免燃烧和给水同时调节。

（6）启动分离器温度和机组负荷均偏高（偏低）时，应优先降低（增加）燃料量。

（7）启动分离器温度偏高（偏低），而机组负荷低于（高于）目标负荷时，应优先增加（降低）给水量。

三、机组过热汽温调整

（一）调整原则

（1）在保证各部金属温度不超限的前提下尽量维持额定的蒸汽参数，以保证机组运行的经济性。

（2）调整床温与主蒸汽温度相结合，调整再热汽温与床温偏差相结合，防止单侧温度异常造成蒸汽带水或单侧管壁超温。

（3）蒸汽温度变化均匀，防止温度骤变造成短时蒸汽品质恶化或大的热应力。

（二）主蒸汽温度的调整

（1）锅炉正常运行时，主蒸汽温度在机组 $35\% \sim 100\%$ BMCR 负荷范围内应控制在 571^{+3}_{-5} ℃，两侧蒸汽温度偏差小于 10 ℃。

（2）水煤比是调整主蒸汽温度的主调手段，而中间点温度的变化能快速反应水煤比的变化，维持该点温度稳定才能保证主蒸汽温度的稳定。

（3）中间点蒸汽过热度的变化反应了工质在水冷壁中蒸干点位置变化。为保护水冷壁不超温和防止过热器进水，须注意以下几点：

1）在达到临界压力前的直流工况下，中间点蒸汽温度过热度应在 $5 \sim 15$ ℃范围内。

2）在超过临界压力后，中间点蒸汽温度应维持在 410 ℃± 15 ℃之间，异常工况下，应不超出对应负荷下的温度范围。

3）中间点过热度和机组负荷均偏高（偏低）时，应优先降低（增加）燃料量。中间点过热度偏高（偏低），而机组负荷低于（高于）目标负荷时，应优先增加（降低）给水量。

（4）主蒸汽一、二级、三级减温水是主蒸汽温度调节的辅助手段。一级和二级减温水用于保证外置床过热器不超温并调整左右侧温度偏差，三级减温水用于保证屏式过热器不超温，以及对主蒸汽温度的精确调整。

（5）锅炉低负荷运行时，要尽量避免使用减温水，防止减温水不能及时蒸发造成受热面积水。

（6）投用减温水时，要注意减温后的蒸汽温度必须保持20℃以上过热度，防止过热器积水。

（7）在一、二级减温水手动调节时，要考虑到汽温调节的惯性和迟滞性，注意监视减温器后汽温的变化，不要大幅度调整，要根据汽温偏离要求值的大小及减温器后温度变化情况及时调整减温水量，若有其他操作，加强联系。

（8）在高压加热器投停、启停给水泵、负荷变化、投停给煤系统或油枪、吹灰等情况下，要特别注意蒸汽温度的监视和调整。

（9）在主蒸汽温度调整过程中要加强受热面金属温度监视，以金属温度不超限为前提进行调整，金属温度超限时，要适当降低蒸汽温度或降低机组负荷，并积极查找原因进行处理。

四、再热蒸汽温度调整

（1）锅炉正常运行时，再热蒸汽温度在机组50％～100％BMCR负荷范围内应控制在569^{+3}_{-5}℃范围内，两侧蒸汽温度偏差小于10℃，同时受热面沿程工质温度、受热面金属温度不超过规定值。

（2）再热器外置床的灰控阀是再热汽温的主调手段，开大再热器外置床灰控阀，可提高再热汽温，反之降低，调节过程中应注意避免床温的大幅度波动。

（3）再热器事故减温水用于再热汽温超限时的事故减温，正常运行中要尽量避免开启，在使用减温水时，应保证减温后蒸汽有20℃以上过热度。

（4）锅炉低负荷运行时要尽量避免使用减温水，防止减温水不能及时蒸发造成受热面积水。

（5）如用手动方式调节再热蒸汽温度，要考虑汽温调节的惯性和迟滞性，不要大幅度调节灰控阀。事故减温水调节时，要注意减温器后蒸汽温度的变化，防止再热蒸汽温度振荡过调。

（6）当再热汽温通过灰控阀不能维持在正常范围、事故减温水需保持一定开度时，要对系统进行检查分析。检查给煤量、煤质是否严重偏离设计值；炉膛内是否有结焦；蒸汽吹灰是否正常投入；外置床流化是否正常等。

（7）在负荷变化，启、停给煤线，投停油枪，吹灰、煤质变化等情况下，要加强蒸汽温度的监视和调整。

（8）蒸汽温度的调整要以金属温度不超限为前提，金属温度超限时，要适当降低蒸汽温度或降低机组负荷，并积极查找原因进行处理。

五、主蒸汽压力调整控制

（1）机组运行中，主蒸汽压力采用"定—滑—定"运行方式，压力设定值由值班员手动设定或由CCS内给定。

1）机组30％负荷以下或90％负荷以上稳定运行时，采用定压运行方式；

2）机组启停过程中及30％～90％负荷范围内，采用滑压运行方式。

（2）机组90％负荷以上稳定运行时，应控制锅炉侧主蒸汽出口压力为25.4MPa

±0.5MPa。

（3）机组运行中，主蒸汽压力的主要控制模式为 CCS 协调控制、锅炉控制、汽轮机控制。

（4）主蒸汽压力调整控制的注意事项：

1）正常运行中，主蒸汽压力的变化反应的是锅炉燃烧工况与机组负荷的平衡情况，即在蒸汽温度达到设定值时，蒸汽压力代表了滑压运行阶段蒸汽流量的大小，也是给水泵出力大小的标志。主蒸汽压力异常变动时，应及时分析原因，果断采取措施予以控制。

2）压力变动率较大、较快时，主要通过较大范围快速调整锅炉燃烧工况，改变煤水比增强或减弱炉内换热，即通过较大范围快速调整锅炉一、二次风量、燃料量同时适当调整床温得以控制，必要时可适当调整机组负荷，稳定主蒸汽压力。

3）正常情况下，不允许用启停给煤线或有损燃烧稳定的方式来调整主蒸汽压力。

4）正常情况下，不允许采取投停旁路、向空排汽、安全阀的方式控制压力。

5）汽压上升达到安全阀动作值，旁路、向空排汽、安全阀拒动或动作后压力仍无法控制，锅炉超压时，立即手动紧急停炉。

6）主蒸汽压力过低，高压调节汽阀异常开大甚至卡涩，影响机组安全性和调节性能，正常运行中，应将主蒸汽压力控制在正常范围。

7）压力变动较大、较快时，还应注意加强主、再热蒸汽温度，汽动给水泵组、机组负荷及汽轮机主参数的监控。

8）机组启停过程中，必须严格按照滑压曲线及压力变动速率规定，并结合现场安全启停的需要控制锅炉主、再热蒸汽压力。

六、机组燃烧调整

（一）锅炉燃烧调整原则

（1）锅炉主控及各分控制器均投自动时，按照锅炉设定值调整燃烧，满足主蒸汽温度和机组负荷的需要。

（2）除锅炉启停和异常处理外，锅炉总风量控制器均投入自动方式运行。

（3）正常运行中，应将锅炉两侧氧量尽量控制在设定值（内给定）±0.5％范围内运行。

（4）锅炉运行中，根据实际情况可将锅炉一次风量、燃料量、煤质修正、氧量修正等投手动方式，及时手动调整风煤配比。

（5）正常运行中，锅炉燃烧的调整应遵循"风煤联动"的原则，注意防止缺氧燃烧。加煤前先加风，减风前先减煤。

（6）手动加减负荷过程中，锅炉的燃烧调整应注意锅炉蓄热量及燃烧惯性的影响，控制好"提前量"。

（7）手动加减负荷过程中，燃烧的调整应尽量采取连续或"少量多次"的调整方式进行，防止机组负荷及锅炉床温、汽压、汽温出现大幅波动。

（8）异常和事故处理时，可通过改变锅炉主控或手动快速加减一二次风量、调整床温、煤量来适应需要，保证安全。

（9）正常运行中，应保证锅炉燃烧稳定充分、炉膛流化和物料循环的安全稳定，床温、床压及炉内热负荷均匀，炉内无结焦，尽量降低受热面磨损和防止受热面超温。

（10）正常运行中，应根据入炉煤品质、粒度及底渣、飞灰可燃物含量及时作相应调整，保证燃烧的经济性。

（11）异常或事故情况下，锅炉中部床温小于750℃，应及时投入风道燃烧器。

（二）锅炉风量调整控制

1. 锅炉风量调整原则

（1）运行中主要通过调整一次风保证炉内物料流化、循环正常，保证炉内燃烧稳定。

（2）运行中主要通过调整二次风保证炉内燃烧充分、热负荷均匀，保证炉内外物料循环正常。

（3）控制各风压、风量、温度及氧量符合设计要求。

（4）流化风机对应的外置床、回料器、各输送风一般自动控制为固定值运行，异常时可手动调整以满足需要。

2. 一次风调整

（1）正常情况下，锅炉总风量控制根据锅炉主控进行自动分配，调节一、二次风量。

（2）当一次风量控制器置于手动时，根据值班员的一次风量输出指令，自动调整两侧一次风量。

（3）正常运行中，一次风压由两台一次风机进口调节挡板进行控制。一次风压设定值自动内给，也可由值班员手动设定一次风压输出值或两侧调门开度偏值，力求将两侧一次风门开度控制在最佳特性区间，防止因阀门调节特性不好、两侧一次风压偏差导致的燃烧、流化不稳和翻床。

（4）锅炉启停、异常或事故处理时，可将一侧或两侧一次风流量调门投手动，通过控制一次风流量调门开度调整一次风量。

3. 锅炉二次风调整

（1）正常运行中，二次风量控制器接受来自锅炉总风量控制的命令，目的是调节锅炉氧量，使炉内燃料充分燃烧，并且达到分级燃烧的良好效果。

（2）正常运行中，两侧上、下二次风门投自动运行，其输入炉内份额可由DCS内部给定，也可由值班员进行设定。

（3）正常运行中，二次风压由运行二次风机进口调节挡板自动控制。二次风压设定值自动内给定，也可由值班员手动设定二次风压输出值或两侧调门开度偏值，将各二次风门开度控制在最佳特性区间及安全范围。

（4）异常或事故处理时，手动控制相应二次风门开度调整二次风量，保证物料循环和流化的正常及锅炉的安全。

（三）锅炉燃料量调整控制

（1）燃料量控制方法：锅炉燃料量通过调整控制锅炉4条给煤线的给煤量实现。正常运行中，4条给煤线投自动运行，接受锅炉主控要求，同时接受氧量修正和煤质修正的修正系数指令来调整总的燃料量，每条给煤线的3个给料点由运行人员进行手动分配，使各给煤线连续均匀给煤，以满足机组热负荷的需要。

（2）正常运行中燃煤量的调节：通过调整各条皮带称重给煤机煤量调整燃料量；禁止使用投停给煤线的方式调整燃料量。

（3）单侧两条给煤线控制及左右侧给煤控制均可根据情况手动设定偏差，以调整各给煤线负荷满足实际调整控制的需要。

（4）异常、检修或事故时，可将锅炉燃料量置于手动方式，由值班员手动控制总的燃料量以满足锅炉的需要，此时应注意防止锅炉两侧热负荷偏差过大。

（四）锅炉床温调整控制

（1）正常运行中床温控制方式：炉膛床温主要决定于锅炉热负荷，一、二次风量及配比，炉内物料循环，入炉煤量，煤质，粒度及锅炉的床压等。床温的调整主要通过中温过热器外置床灰控阀控制进入外置床的循环灰量来实现。

（2）一、二次风量，入炉煤量及煤质，物料粒度及床压可作为床温调整的辅助手段。

（3）启停过程中（外循环未有效建立前），床温的调整控制主要通过燃料量、风量及床压来实现。

（4）稳定运行中应将平均床温控制在设定值偏差范围内，波动过快、过大时，可手动调整外置床灰控阀。在床温大幅波动或手动控制调整各外置床灰循环时，应注意对主、再热蒸汽温度的影响。

（5）锅炉左右侧床温的偏差主要决定于两侧给煤量，一、二次风量，物料循环的均匀性及两侧流化工况；前后床温偏差主要决定于前后侧给煤量、前后外置床的灰循环强弱和锅炉床压及炉内流化的均匀性；上下床温偏差主要决定于物料粒度、物料循环的强弱、锅炉床压、炉膛的流化工况和一、二次风量。正常运行中，尽量控制各侧床温均匀。

（6）旋风分离器出口温度决定于锅炉床温、物料循环强弱、锅炉风量配比及旋风分离器的工况及给煤的均匀性。床温上升、物料循环减弱、风量过大或过小、旋风分离器堵塞或故障、给煤严重不平衡均会导致旋风分离器出口温度上升或偏差增大。工况恶化时，可能导致旋风分离器及尾部受热面超温、磨损、积灰加剧、烟道再燃烧和汽温无法控制。正常运行中，将旋风分离器出口温度控制在规定温度以内。

（7）正常运行中回料器温度出现异常升降，应及时检查该回料器流化情况，必要时可手动调整流化风门进行控制，防止回料器立管堵塞或结焦。

（8）运行中应注意各外置床空仓温度及返料温度的监控，必要时可手动调整相应灰控阀及流化、疏松风门进行控制，保证换热的需要。

（9）加强受热面烟温监视，将其控制在安全范围以内，主要措施有控制调整锅炉燃烧、调整锅炉灰循环、受热面吹灰和及时消除设备缺陷。

（五）锅炉床压调整控制

（1）锅炉床压监视以炉膛左右侧平均总差压为准，反应了布风板阻力及炉内总床料量及流化的变化情况。正常运行中，应将炉膛两侧床压控制在规定范围之内并相对于负荷稳定，同时控制两侧床压差应尽量小。

（2）锅炉床压决定于锅炉热负荷，物料循环流化的情况，一、二次风量和入炉煤及石灰石的品质及粒度情况等。锅炉床压的控制主要是通过底渣冷却器排底渣及回料器或外置床排细灰实现。

（3）正常运行中，两侧床压突然出现大范围波动或产生较大偏差时，应立即检查两侧一、二次风量，风压，调门开度及一、二次风机运行是否正常，并注意两侧炉膛流化状况及锅炉物料循环是否正常。必要时，应及时切换为手动调整，防止出现床压偏差以及炉内结焦的情况。

（4）锅炉物料循环正常时，两侧床压的偏差可通过调整两侧一、二次风配比，给煤及排渣偏差将其控制在最小。

（六）锅炉烟气负压调整控制

（1）正常运行中，锅炉负压控制及两台引风机调节挡板均投入自动，通过控制尾部烟道上部烟气压力将炉膛顶部压力维持在正常范围（0±0.1kPa）运行。

（2）正常运行中，锅炉负压设定值自动内给定为"0"kPa，也可手动设定运行值满足需要。

（3）锅炉负压投自动时，其输出值决定于锅炉主控的输出并受到锅炉总风量及最低尾部烟道上部烟气压力的限制。异常时，可将锅炉负压切手动，由值班员手动给定其输出值以满足需要。

（4）根据两台引风机运行情况，可手动设定偏差控制器的开度偏差，自动调整均衡两台引风机的负荷。

（5）除启停初期及异常处理外，正常调整控制时，应避免将引风机调门切手动。在单台或两台引风机调门切手动时，应注意调整控制锅炉负压、两台引风机的负荷及偏差，维持锅炉工况的稳定。

（6）单台引风机运行期间及两台运行的引风机中一台突然故障时，应及时将该引风机的调门切手动，或限定该引风机的输出开度。

（7）在两台运行引风机负荷偏差较大或锅炉异常工况情况下，应注意防止引风机进入不稳定运行工况而产生"喘震"或"抢风"。

（七）锅炉烟气排放指标调整控制

（1）按项目环评指标，锅炉排放指标设计值：SO_2 排放浓度≤380mg/m³（干烟气，6%含氧量），Ca/S摩尔比≤2.1；NO_x 排放浓度≤160mg/m³（干烟气，6%含氧量）。

（2）锅炉运行过程中，应严格控制烟气排放，满足环保排放要求。

（3）运行中 SO_2 的排放控制。

1）调整石灰石加入量是控制调整 SO_2 的主要手段。SO_2 上升，适当增大石灰石加入量；SO_2 下降，适当减小石灰石加入量。石灰石加入量的调整可通过自动和手动控制实现。

2）控制床温在最佳脱硫床温870~890℃范围内运行。

3）控制、调整石灰石品质和粒度。

4）控制、调整入炉煤品质（含硫量）及粒度。

（4）运行中 NO_x 的排放控制。

1) 通过调整风量及风量配比控制 NO_x 排放；

2) 控制床温在 850～920℃ 范围内，当床温高于 940℃ 时，NO_x 会明显升高。

（八）锅炉正常运行监视

锅炉运行过程中，DCS 显示的机组参数众多，运行中要注意监视以下重要参数：

（1）监视锅炉主蒸汽、再热汽、启动分离器温度（中间点温度）、压力正常与机组负荷匹配。

（2）监视锅炉给水、减温水流量、温度、压力与机组负荷相匹配，参数稳定。

（3）监视炉膛负压、烟气氧量在正常范围内，引风机，一、二次风机开度指示正确，风机出口压力正常，电流与风量匹配。

（4）监视锅炉各受热面金属温度在正常范围内，不超温。

（5）监视锅炉给煤系统运行正常，水煤比合适，锅炉启动分离器出口温度正常稳定。

（6）监视空气预热器入、出口的一、二次风温及烟温正常，空气预热器压差在正常范围内，锅炉排烟温度在正常范围内。

第五节　600MW 超临界循环流化床锅炉停运

机组停运分为正常停运和滑参数停机。

机组停运方式选择原则为：如停机热备用时，为尽量保证机组的蓄热，以缩短启动时间，应采用正常停机；如停机检修时，应采用滑参数停机，以使机组得到最大限度的冷却，使检修提前开工，缩短检修工期。

一、锅炉停运前准备

（1）接到锅炉停炉命令后，应对锅炉设备进行一次全面大检查，统计相关缺陷，以便于安排检修工作，进行处理。

（2）备用设备疏放水系统处于良好的备用状态；对炉前油系统进行全面检查，投运油循环正常，循环合格后，对两侧床上油枪或床下油枪分别试投一次，以确认油系统处于良好的备用状态。

（3）检查确认备用给水泵及事故给水泵处于可靠备用状态。

（4）对各受热面进行一次全面吹灰，特别是对回转式空气预热器进行一次全面吹灰。

（5）锅炉停运时，如果煤仓需要烧空，则应根据停机计划，在最后一次上煤时，调配好各个煤仓的煤量，以便将各个煤仓的存煤在汽轮机停机时清空。

二、锅炉滑参数停炉

（1）滑停过程中有关参数的控制：

1) 因检修工作需要，一般可滑停至汽轮机高压缸调节级金属温度至 350℃。

2) 主、再热蒸汽过热度不少于 50℃。

（2）由于东方汽轮机高压调门为复合控制，主蒸汽压力按定—滑—定曲线控制。

（3）在整个滑停过程中，要严密监视汽轮机胀差、轴位移、上下缸的温差、各轴振动及轴瓦温度在规程规定的范围内，否则应打闸停机。主、再热蒸汽温度的控制严格由汽轮机的缸温决定。

（4）锅炉滑参数停炉的原则和要求：

1）锅炉停炉应按照规程停炉曲线（启动曲线反向）停运。

2）锅炉停炉应严格按照锅炉的滑参数曲线，控制降温、降压、降负荷率。

3）根据锅炉停炉目的具体时间安排，如停运时间长，应将煤仓煤位烧空或将煤位降至低煤位；尽量将石灰石粉仓粉烧空，以防止石灰石粉结块造成堵塞。

（5）锅炉滑参数停炉步骤。

1）降负荷至300MW。①接到停炉命令后，按滑参数停炉曲线降负荷；逐渐减少给煤量，降低一、二次风量和引风量，开始减负荷。②负荷从100％降至80％，机组进入滑压运行，应确认高压调门的开度在90％左右，主蒸汽压力随着负荷下降相应下降，严密监视主机振动情况。负荷从80％降至75％，逐渐关小高压调门的开度至80％左右，稳定后投入"滑压"运行，压力偏值设定为零。③减负荷至300MW阶段应尽量使用协调控制，降负荷速度一般应不超过机组最大降负荷速率，主蒸汽压降不大于0.43MPa/min，主蒸汽温度、再热蒸汽温度在额定参数运行。④锅炉降负荷至50％负荷后，应调节燃烧系统，稳定运行一段时间，以利于主蒸汽参数的变化幅度不超限。

2）降负荷至150MW。①将机组负荷降至35％，应控制主参数的降幅，降负荷速率应控制在5％额定出力。主蒸汽压降不大于0.1MPa/min，主蒸汽温降不大于0.5℃/min，再热蒸汽温度降不大于1℃/min。②滑降过程中，手动调整汽轮机高压调门的开度，维持DEH滑压方式设定值与主蒸汽压力值偏差为"0MPa"。③在减负荷过程中，应加强对风量、中间点温度及主蒸汽温度的监视，若自动失灵，应及时手动进行风量、给水及减温水的调整。④降负荷至30％时，通过关小高压调门减小机组负荷，控制主蒸汽压力为8.73MPa。当储水罐压力小于12.0MPa且主蒸汽压力小于8.9MPa时，即可开启361阀控制储水罐水位。启动分离器储水罐见水后，开启疏水排凝汽器电动门及疏水扩容器减温水门，水位高于12m，检查361阀自动开启、动作正常，关闭361阀及暖阀系统各阀门。应注意防止储水罐压力大于12.0MPa或主汽压力大于8.9MPa，自动关闭361阀至凝汽器和至定排电动门，否则应停止减燃料，适当开大汽轮机调门进行降压，必要时稍微增加燃料，防止储水罐水位升高。为防止储水罐压力波动，反复自动关闭和开启361阀至凝汽器和至定排电动门，调整给水时，应注意361阀开度不要太大，同时要防止给水流量低于保护值。⑤降负荷至30％时，给水主路切旁路运行后，启动电动给水泵运行，退出另一台汽动给水泵，给水流量由电动给水泵液力耦合器勺管和给水旁路调门共同控制。⑥外置床灰控阀逐渐关闭到零，主、再热蒸汽的调整应用蒸汽流量及减温水进行控制，必要时停运外置床。⑦降负荷至30％时，将厂用电倒至启动备用变压器。⑧将机组负荷降至25％时，应按照汽包炉的主参数下降速率进行控制，降负荷速率1MW/min。主蒸汽压降不大于0.03MPa/min，主蒸汽温降不大于0.75℃/min，再热蒸汽温降不大于1℃/min。主蒸汽压力为8.73MPa，主蒸汽温度为485℃，再热蒸汽温度为455℃。保持负荷、汽压稳定运行120min，降低主蒸汽温度：第一阶段约30min，主蒸汽温降不大于0.75℃/min，再热蒸汽温降不大于1℃/min，主蒸汽温度降至465℃，再热蒸汽温度降至420℃；第二阶段约 10min，维持主蒸汽温度为 465℃不变，再热蒸汽温降不大于 1.5℃/min，再热汽温度降至 405℃；第三阶段约 110min，维持主蒸汽温度为 465℃，再热蒸汽温度降至 405℃不变。⑨随着负荷的降低，根据锅炉用风情况，减少风机的运行台数。

3）降负荷到零，汽轮机打闸，电气解列。①机组负荷降至 20%左右，应根据主蒸汽参数及锅炉床温下降情况，投油稳燃，控制床温降温速度为 80~120℃，并对空气预热器进行连续吹灰，停运电除尘（或布袋除尘器）。②将机组负荷降至 15%，降负荷速率 1MW/min。主蒸汽压力为 8.73MPa，主蒸汽温降不大于 0.25℃/min，再热蒸汽温降不大于 0.25℃/min，主蒸汽温度降至 450℃，再热蒸汽温度降至 390℃。③在锅炉床温降到 700℃前，将石灰石粉投完，停运石灰石加入系统。④根据燃烧情况停运给煤机，及时调整引风，一、二次风量，控制床温下降速度。⑤锅炉蒸汽压力、蒸汽温度降至停机参数，机组负荷降至汽轮机允许的最低负荷时，锅炉停运风道燃烧器或床枪，汽轮机停机，发电机解列。⑥汽轮机手动打闸，检查逆功率保护动作，汽轮机转速下降，发电机自动解列。检查发电机三相定子电流全部回零。⑦检查高、中压主汽门、调门关闭，各级抽汽止回门、高排止回门关闭，BDV 及 VV 阀连锁开启，转速开始下降。注意记录汽轮机惰走时间。

4）锅炉滑参数停炉后有关操作。①汽轮机打闸后应监视高压旁路打开，保证维持蒸汽最小流量冷却外置床（再热器管屏），同时监视各部金属壁温在正常范围内。②锅炉熄火后自动转入吹扫程序，保持 25%以上风量，进行 5min 炉膛吹扫，然后停一次风机、二次风机、高压风机、引风机，炉膛保持自然通风。③启动分离器上水至最高可见水位，维持电动给水泵运行至尾部烟道吊挂管壁温已降到安全温度时停运电动给水泵。④锅炉启动风机排床料时，根据床温和汽温、汽压情况决定是否需要启动给水泵。⑤在锅炉自然冷却状态下，汽水系统受热面壁温大于 150℃时，应尽量维持储水罐高水位。⑥当锅炉下部床温测点降到 400℃以下时，启动风机强制通风冷却，根据停炉目的决定是否排床料。⑦启动风机强制通风冷却后，应严密监视外置床灰渣温度不能高于换热面金属的最高允许温度，同时维持高压旁路有一定开度，保证受热面得到可靠冷却。⑧床温降低到检修工作开展的允许值（50℃左右）时，停运所有风机；在停炉后，进口烟温低于制造厂的要求时，可停止旋转空气预热器运行。⑨锅炉放水可采用带压放水的方法，即启动分离器压力降至 0.5~0.8MPa、启动分离器壁温符合制造厂要求时，进行锅炉放水；也可采用常压放水，即储水罐金属壁温度低至 150~100℃时，锅炉、省煤器和给水管路放水。⑩当启动分离器压力降至 0.2~0.15MPa 时，开启过热器、再热器对空排汽阀和空气门。

确认锅炉放水完毕，8h 后关闭各空气门，密闭汽水系统，根据需要进行锅炉保养。

三、锅炉正常停炉

（一）锅炉正常停炉总要求

（1）汽温、汽压的滑降范围视停机后缸温目标值而定。

（2）主、再热蒸汽压降速度不高于 0.1MPa/min，主、再热汽温降温速度小于 1℃/min。

（3）汽缸温降速度在 1~1.5℃/min。

（4）整个降温、降压、减负荷过程必须平稳，以停机曲线为准则，保持主蒸汽和再热蒸汽 50℃以上的过热度。

（5）锅炉各部件膨胀指示器的指示变化在正常范围内。

（6）停炉过程中应及时进行风量和配风调整，低负荷或燃烧不稳定时，应及时投油稳燃。

（二）减负荷操作

（1）设定目标负荷 480MW，以 12MW/min 的减负荷率进行减负荷，设定锅炉定压运行，锅炉热负荷逐渐减少。

（2）负荷在 480～600MW 时，锅炉应保持 4 台给煤机运行。如为手动控制，减负荷操作时，应采用同时均匀减少各给煤机出力方式。

（3）负荷降至 480MW 后，机组运行方式切为锅炉滑压，汽轮机调节汽门开度不变，锅炉降压，以 10MW/min 速度减负荷。

（4）负荷 360MW，机组运行方式切为锅炉定压，目标压力设定为 12.75MPa，目标负荷 30MW，以减负荷率 10MW/min 进行减负荷，调速汽门逐渐关小，锅炉热负荷逐渐减小。减负荷停机过程中，降压速度比滑参数停运要小，并注意与汽温配合，保证足够的过热度。

（5）机组负荷降至 300MW 时，启动电动给水泵，逐步增加电动给水泵负荷，同时逐步降低准备停用的汽动给水泵负荷后，停运该台汽动给水泵。

（6）根据汽温情况逐渐减少或退出减温水。

（7）负荷至 240MW 锅炉稳定为定压运行，接到调度停机命令后，减少给煤量，视情况逐步退出外置床，降负荷到 15MW 打闸停机，检查机组各连锁动作正常。

（8）检查停炉保护动作正常。

（9）锅炉熄火后，高压旁路打开，保证维持蒸汽最小流量冷却外置床（再热器管屏），同时监视各部金属壁温在正常范围内。

（10）其余注意事项与停运操作参照滑参数停运。

四、锅炉停运后的保养

（一）锅炉停用时间 $T<60$h

（1）在电动给水泵停止前，调整给水 pH 值为 9.4～9.5，省煤器和启动分离器前受热面充水保养。

（2）外置床得到冷却后关闭高压旁路，过热器压力下降到 0.8～1MPa 时，开启疏水门，进行烘干保养。再热器在停炉后，低压旁路开启，再热系统抽真空，再热器干态保养。

（二）锅炉停用时间 60h$\leqslant T\leqslant 2$ 周

（1）在电动给水泵停止前，调整给水 pH 值为 9.4～9.5，省煤器和启动分离器前受热面充水保养。

（2）过热器系统在主蒸汽压力低于 0.06MPa 后，进行充氮并密封保养，充氮压力为 0.03～0.06MPa。再热器在停炉后，低压旁路开启再热系统抽真空，再热器干态保养。

（三）锅炉停用时间 $T\geqslant 2$ 周

（1）在电动给水泵停止前，调整给水 pH 值为 9.4～9.5，省煤器和启动分离器前受热面充水保养。

（2）省煤器、水冷壁、过热器进行充氮置换后密封，即开启锅炉放水门，关闭排空门，开启充氮门进行炉水置换。炉水排空后，关闭疏水门和充氮门，进行密闭保养。充氮置换时，主蒸汽压力不高于 0.35MPa，充氮压力为 0.03～0.06MPa。

（3）再热蒸汽系统在再热蒸汽压力降低到 0.06MPa 后，进行充氮并密闭保养。

第七章　大型循环流化床锅炉事故处理

第一节　事　故　处　理　原　则

事故处理的原则如下：

（1）事故发生时，应按"保人身、保主设备、保电网"的原则进行处理。

（2）发生事故时，值班人员应根据各参数变化、CRT 显示、报警、设备联动和机组外部现象等情况，查清故障原因、范围，并按程序汇报。

（3）事故发生时，应在值长（或主值）的统一指挥下，按照有关规定及时正确地处理。对值长的命令除直接危害人身和设备安全外，均应立即执行，否则应申明理由，拒绝执行；接受命令时，必须复诵命令内容。

（4）事故发生时，根据情况必要时应立即解列或停用发生事故的设备，确保非事故设备正常运行。

（5）当事故危及厂用电系统的正常运行时，应在保证人身和设备安全的基础上隔离故障点，尽力确保厂用电系统运行。

（6）在事故发生时，值班人员应坚守各自岗位，保证所管辖设备安全运行，并且注意各岗位间的联系配合。无关人员应远离事故现场，协助人员不可擅自操作，必须在统一指挥下协助处理。

第二节　循环流化床锅炉运行异常现象及其处理

一、主、再热蒸汽温度高

1. 现象

（1）主、再热蒸汽温度高报警。

（2）主蒸汽减温水流量异常增大或再热器喷水减温投入。

（3）各级减温器前后汽温升高或出现偏差。

2. 原因

主要从过热器或再热器的加热侧和蒸汽侧找原因，具体原因有以下几种：

（1）减温水自动调节失灵或减温水阀门故障，即减温水有指示，但实际未投入。

（2）给水调节压差异常降低；由于减温水压偏低，因此减温水无法喷入。

（3）锅炉燃烧工况变动，风量、烟温、床温异常升高。

（4）外置床灰循环异常增大，换热增强。

（5）汽压、机组负荷波动大。

（6）烟道再燃烧。

（7）事故或异常时，机组减负荷过快或外置床未可靠停运。

（8）减温水手动调整不及时或误操作。

3. 处理

（1）设定较低的汽温目标值，或者适当增大减温水量，必要时手动控制。

（2）手动关小外置床灰控阀，减少外置床灰循环量。

（3）适当增加机组负荷，增加锅炉蒸汽流量，或者重新设定水煤比值，减弱锅炉燃烧。

（4）如果某级减温水阀门卡涩，应及时增大另两级减温水，如就地不能开启，通知检修处理。

（5）如果发现有误关的减温水调门，应立即开启并调整适当。

（6）在处理过程中，应适当提高给水压力，稳定给水压差，保证减温水量；控制汽温异常上升。

（7）在高汽温调整无效时，当主、再热蒸汽温度超过厂家规定的高限时，锅炉紧急停炉。

（8）启停、异常或事故时，开大旁路或向空排汽，增加蒸汽流量控制汽温。

（9）异常或事故时，确认外置床可靠停运，汽温无异常反应，方可解列减温水。

（10）烟道再燃烧，按相应事故处理。

二、主、再热蒸汽温度低

1. 现象

（1）主、再热蒸汽温度低报警。

（2）主蒸汽减温水流量异常增大。

（3）各级减温器前后汽温降低或出现偏差。

2. 原因

主要从蒸汽侧或加热侧找原因，具体原因如下：

（1）减温水自动调节失灵或减温水阀门故障。

（2）给水压差异常升高。

（3）亚临界工况下，汽水分离器严重满水。

（4）锅炉燃烧工况变动，风量、烟温、床温异常降低。

（5）外置床灰循环异常减小，换热减弱。

（6）汽压、机组负荷波动大。

（7）在旁路系统投运时，减温水使用不当。

（8）减温水手动调整不及时或误操作。

3. 处理

（1）适当减小减温水量，必要时手动控制。

（2）手动开大外置床灰控阀，增加外置床灰循环量，检查流化正常。

（3）适当降低机组负荷，调节水煤比，加强锅炉燃烧。

（4）汽温继续下降到汽轮机厂家允许值后，应按照温度曲线降低机组负荷，直至降低到零，如果汽温仍不能恢复时，应手动停机。

（5）连续 10min 内主再热蒸汽温度快速下降不小于 50℃或机组发生水冲击，应立即手动破坏真空紧急停机。

（6）某级减温水阀门卡涩，及时关小另两级减温水，如就地不能关小，通知检修处理。

（7）在处理过程中，稳定给水压差，避免减温水量大幅度波动。

（8）启停、异常或事故时，适当关小旁路或向空排汽，减小蒸汽流量控制汽温。

（9）合理使用旁路及减温水，防止旁路后管路积水和蒸汽带水。

（10）在蒸发量较小时，尽量不采用减温水调整汽温，必须保证各级蒸汽温度高于该工况下的饱和温度至少 20℃，防止水塞或蒸汽带水。

三、主蒸汽压力高

1. 现象

（1）主蒸汽压力上升，主蒸汽压力高报警。

（2）机组负荷异常降低。

（3）压力升高达动作值，旁路或安全阀可能动作。

2. 原因

主蒸汽压力高的主要原因是蒸汽的产生多于蒸汽的消耗，具体情况可能有锅炉甩负荷、燃烧调整不当等：

（1）锅炉燃烧调整不当，工况变化剧烈。

（2）煤质突然变好，调整不及；炉内温度、灰浓度突发性的升高。

（3）机组甩负荷或跳闸。

（4）锅炉翻床。

3. 处理

（1）增加机组负荷，提高机组的用汽量。

（2）降低水煤比值，减弱燃烧，降低总风量、煤量，降低炉内燃烧反应速度和换热速度。

（3）调整中温过热器外置床灰控阀开度，降低床温，注意主、再热汽温控制。

（4）翻床时，加强一、二次风量、风压的调节，减缓炉内床温大幅波动，尽快消除翻床。

（5）主蒸汽压力上升至旁路动作压力，旁路应动作，必要时可手动投入；注意防止机组超负荷。

（6）机组跳闸（或全甩负荷），确认旁路系统投入正常，锅炉 MFT 动作，按 MFT 处理；否则锅炉手动 MFT。

（7）主蒸汽压力上升至安全阀动作压力，安全阀应动作，否则手动开启电磁安全阀。

（8）汽压上升达到安全阀动作值及以上，旁路、向空排汽、安全阀拒动或动作后压力仍无法控制，锅炉超压时，立即手动紧急停炉。

（9）压力剧烈变化时，应加强主再热蒸汽温度、给水泵、机组负荷及汽轮机主参数的监控。

四、发电机温度突然升高

1. 现象

（1）发电机腔室温度高报警。

（2）发电机腔室水温趋势突然跃升。

2. 处理

（1）检查低压冷却水流量应大于发电机对冷却水的要求，进水温度应不大于 35℃。

（2）检查低压系统是否有泄漏。

（3）检查泵和高压冷却器之间是否有漏泄现象。

（4）当高压冷却水出水温度超过规定值时，应立即停止炉水循环泵运行。如高压冷却水出水温度仍继续升高，应立即关闭炉水循环泵进出口所有阀门、再循环门及暖泵门，并通知检修处理。

五、炉水再循环泵出现异常噪声和振动

1. 现象

（1）炉水再循环泵运行声音异常偏高，可能发出间断的响声。

（2）泵体出现轻微的振动。

2. 处理

（1）检查储水罐水位指示是否正常，储水罐内水温是否异常升高，储水罐内压力降低是否过快。

（2）检查泵的转动方向是否正确，应使泵正方向旋转。

（3）检查泵出口阀、再循环阀、过冷水阀、暖泵阀的位置正确。

（4）检查管线连接方式是否正确。

（5）系统支吊装置正常，没有受阻现象，系统不存在较大的应力和张力。

（6）将泵的有关数据与检测结构进行比较，查找原因。

六、外置床进灰不畅

1. 现象

（1）外置床内空仓及回灰温度降低。

（2）空仓物料压力下降，流化风门开度减小。

（3）对应的受热面出口温度相应下降，两侧汽温差增大，主、再热蒸汽温度下降或波动大。

（4）锅炉床温异常升高或波动大，两侧床温差增大。

2. 原因

（1）灰控阀卡涩或故障，灰控阀锥头堵灰。

（2）灰控阀冷却水泄漏，造成外置床进灰不畅。

（3）耐火材料脱落引起进灰口或灰道堵塞。

（4）进口灰道松动风堵塞或误关。

（5）空仓风帽堵塞或损坏，流化不良。

（6）流化风门调节失灵。

3. 处理

（1）利用压缩空气疏通灰控阀锥头的积灰。

（2）将该灰控阀进行大幅度活动，观察进灰情况。

（3）空仓流化不良时，将流化风切换为手动，开关数次或者用压缩空气对其疏松。

（4）灰控阀卡涩或故障，应就地活动，必要时通知检修配合处理。

（5）灰控阀冷却水泄漏，按相应事故进行处理。

（6）进口灰道堵塞，应切换为压缩空气进行疏通。

（7）如是耐火材料脱落或结焦等引起外置床无法进灰，经多方处理无效，不能维持正常的蒸汽参数，请示停炉处理。

（8）在处理过程中，加强床温，主、再蒸汽温度的调整。

七、回料器回料不畅

1. 现象

（1）旋风分离器下部压力急剧波动并快速上升。

（2）对应回料器流化风量产生急剧波动，流化风门开大。

（3）炉膛上部差压出现不正常波动，有可能引起翻床。

（4）床压不正常下降。

2. 原因

（1）炉膛上部差压大，造成锅炉外循环量太大。

（2）保温材料脱落引起回料不畅。

（3）回料器流化风量异常。

（4）该回料器对应的给煤线跳闸。

3. 处理

（1）增大该回料器流化风量，提高流化风压力。

（2）降低一次风量，减少锅炉外循环量。

（3）开大该回料器灰控阀，注意相应汽温调整。

（4）将回料器下部的流化风先切换至靠炉膛侧，然后切换至立管侧，交替调整直到回料器流化风量正常。

（5）调整过程中加强床温、汽温、汽压的监视，防止床温、床压及汽温、汽压大幅度波动。

（6）如果流化风量、立管压力达到保护动作值，锅炉跳闸。

（7）锅炉跳闸后，汽轮机、发电机按停机处理。

八、锅炉床压异常

1. 现象

（1）炉膛两侧总差压过高、过低或偏差大。

（2）流化风室压力、流量不平衡。

（3）炉膛床温显示异常，两侧减温水偏差大。

（4）回料不畅时，该侧床压波动大。

2. 原因

（1）给煤粒度不合格或煤质差。

（2）回料器回料不畅；外置床灰循环异常。

（3）两侧风量不平衡，锅炉上部压差高。

（4）底渣冷却器长期故障。

（5）锅炉结焦。

（6）测点故障。

3. 处理

（1）加大底灰排放，上部差压高时，加大细灰排放。

（2）两侧炉膛差压超过规定值，检查一、二次风压风量是否正常，调整均衡两侧配风；如出现翻床，按翻床处理。

（3）两侧床温偏差过大，或底灰排放中有明显焦块排出，则按锅炉结焦处理。

（4）回料器回料不畅、外置床灰循环异常应设法疏通。

（5）底渣冷却器故障应设法处理正常，如短时不能处理，床压上升至锅炉允许的床压之上，则应降低机组负荷。

（6）及时调整煤质及粒度，减少炉膛内粗颗粒的份额。

九、锅炉床温异常

1. 现象

（1）锅炉两侧各层床温指示高或低，床温报警。

（2）锅炉两侧、各层及前后墙床温指示偏差增大大于 100℃。

（3）锅炉燃烧波动大，主蒸汽压力、负荷波动大。

（4）外置床进灰量波动大，主、再热蒸汽温度波动大。

2. 原因

（1）床温测量故障。

（2）给煤不均，煤质突变。

（3）一、二次风量配比失调或总风量使用不当。

（4）床压过高、过低或翻床。

（5）外置床进灰不正常。

（6）启动过程中燃烧控制不当。

（7）旋风分离器故障，分离效率下降。

（8）炉内流化不良或者结焦。

3. 处理

(1) 根据床温情况，调整燃烧，合理调整风量。

(2) 床温短时大幅度波动，通过调整外置床灰控阀，稳定床温。

(3) 检查给煤情况，尽量均匀给煤，调节煤质、煤及石灰石粒度。

(4) 当床温异常升高时，适当降低负荷，减少给煤量。

(5) 控制床压及上部差压在正常范围。

(6) 有结焦危险时，增大排渣量，加强床层流化及床料置换。

(7) 如锅炉床温、旋风分离器出口烟温高保护拒动，应立即手动干预。

(8) 如床温测点发生故障，应及时联系检修处理。

(9) 灰控阀卡涩或堵塞等异常情况应及时处理。

十、锅炉翻床

1. 现象

(1) 炉膛两侧床压出现较大偏差。

(2) 两侧一次风门及一次风流量出现较大幅度波动，一次风机电流明显增大。

(3) 严重时一侧塌死，一侧吹空；塌死侧床温急剧下降，一次风流量急剧下降甚至到零；吹空侧床温急剧上升，一次风流量急剧增大。

(4) 主蒸汽压力、负荷、温度出现较大波动。

(5) 两侧床温出现较大偏差。

(6) 锅炉上部压差较大时，可能出现回料器回料不畅。

2. 原因

(1) 一次风流量调节阀自动调节失灵或一次风流量调节阀故障。

(2) 一次风流量测量出现较大偏差。

(3) 床压过高，床料粒度不合格，上部差压过大。

(4) 两侧给煤、给石或排渣长期严重不平衡。

3. 处理

(1) 检查两侧一次风流量调节阀开度及自动动作情况，一次风流量、一次风压及两台一次风机运行调节工况，根据情况及时调整。

(2) 根据情况，适当调整两侧一次风流量偏差或一次风机入口挡板偏差，满足调节需要。

(3) 适当提高一次风压，保证一次风流量调节阀工作在较好特性区间；除自动或阀门及测量故障外，尽量不采用一次风压手动调整方式。

(4) 一次风机负荷不足，适当降低一次风量。

(5) 某侧一次风流量调节自动失灵、一次风量不准、特性不好或阀门故障，立即将该侧一次风流量调节阀切手动控制，根据床压变化趋势调整该侧一次风流量调节阀，另一侧一次风流量采用自动跟踪；尽量不采用将两侧一次风流量调节阀同时切为手动的控制方式。

(6) 适当调整两侧二次风量，平衡床压偏差。

（7）翻床时，尽量维持炉膛上部较大负压。

（8）翻床严重，将床压低侧一次风流量调门切手动，迅速关小该侧流量调门，当床压（一次风量）出现回头趋势时，逐渐回调至正常值，在一次风流量手动调整时，尽量避免猛开猛关一次风流量调门，防止一次风量过调或一次风机工况进入不稳定区。

（9）及时调整床压高侧给煤量，床温不稳定时，及时投入风道燃烧器或床枪运行，待流化恢复后，再增加给煤量，停运燃油。

（10）经多方调整无效，锅炉出现严重结焦，应按锅炉结焦处理。

（11）床压过高，加强底渣排放，降低床压，必要时降负荷运行。

（12）通过回料器、外置床放细灰及调整石灰石加入量，降低炉膛上部差压，加大底渣冷却器转速，降低锅炉总床压。

（13）锅炉翻床过程中，严密监控主蒸汽压力、温度、负荷、汽包水位；注意床温控制，防止严重结焦。

第三节　循环流化床锅炉典型事故现象及其处理

一、事故及故障停炉

（一）出现下列任一情况时，锅炉跳闸

（1）炉膛负压（3取2）高Ⅱ值，延时2s。

（2）炉膛负压（3取2）低Ⅱ值，延时5s。

（3）给水流量低（开关量）。

（4）2台引风机跳闸。

（5）2台一次风机跳闸。

（6）2台二次风机跳闸。

（7）5台高压流化风机跳闸。

（8）任意回料器流化风量低二值。

（9）锅炉热值大于20％MCR蒸汽阻塞（汽轮机进汽中断），延时10s；锅炉热值小于20％MCR蒸汽阻塞（汽轮机进汽中断），延时180s。

（10）锅炉已点火，给水泵停运。

（11）锅炉跳闸按钮信号。

（12）两侧空气预热器停运。

（13）仪用空气压力低。

（14）旋风分离器出口烟气温度高大于1050℃（6个分离器中任一个分离器温度3取2）。

（二）出现下列任一情况时，应MFT动作

（1）炉膛上部床温（3取2）大于990℃。

（2）汽轮机跳闸。

（3）燃料丧失。

（4）下层床温小于 600℃且未投油（床下启动燃烧器均未投）。

（5）任意风道燃烧器连续两次点火失败。

（6）锅炉氧量低Ⅱ值。

（7）锅炉跳闸。

（三）出现下列任一情况时，应手动紧急停炉

（1）锅炉跳闸条件具备应动作而未动作时。

（2）给水、蒸汽管道破裂，不能维持正常运行或威胁人身设备安全时。

（3）省煤器、水冷壁爆管，不能维持正常运行时。

（4）过热器、再热器严重爆管不能维持汽温、汽压时。

（5）锅炉压力急剧上升，高、低压旁路和所有安全门拒动无泄压手段造成锅炉超压时。

（6）炉膛烟道内发生爆燃时，主设备损坏或尾部烟道发生再燃烧，排烟温度大于 250℃时。

（7）再热蒸汽中断。

（四）出现下列任一情况时，应请示值长要求故障停炉

（1）炉内承压部件因各种原因泄漏，运行中无法消除时。

（2）炉水、蒸汽品质严重恶化，经多方处理无效时。

（3）锅炉严重结焦、堵灰，无法维持正常运行时。

（4）两台电袋除尘器跳闸，短时间内无法恢复时。

（5）安全门起跳却无法回座时。

（6）锅炉受热面严重超温，经多方处理无效时。

（7）燃油系统严重泄漏，无法保证正常供油或有火灾危险时。

（五）锅炉跳闸后的处理

（1）检查所有运行给煤机、一次风机、二次风机、给水泵跳闸，供油快速关断阀关闭，过热器减温水总门关闭，再热器事故减温水气动总门关闭，上述设备和阀门未动作应手动关闭。

（2）检查锅炉跳闸联动的其他设备联动正常，否则手动干预。

（3）检查炉膛负压自动跟踪正常，炉膛负压自动跟踪不正常应解除自动，手动进行调整，防止炉膛负压超限引起引风机跳闸。

（4）确认汽轮机跳闸，否则手动打闸。

（5）锅炉主汽压力达 27.0MPa，压力控制阀(PCV)不动作，立即手动开启 PCV 阀泄压。

（6）非操作员主动停炉，应尽快查明锅炉跳闸的原因，确认锅炉是否可以重新启动，如不能启动，则按停炉处理；如可以启动，则开启高、低旁对锅炉泄压，并尽快恢复相关设备运行，检查具备炉膛吹扫条件，进行炉膛吹扫，机组按极热态启动恢复运行。

（7）注意监视锅炉排烟温度和热风温度，防止尾部受热面再燃烧。

二、锅炉辅机跳闸（RB）

1. 现象

（1）发事故声、光报警，(操作员站 OS) 显示 RB 原因。

（2）故障跳闸设备状态指示闪烁。

（3）部分给煤机跳闸或快速降低出力。

（4）机组负荷快速下降。

2. 原因

（1）锅炉负荷不小于 50%，1 台二次风机跳闸。

（2）锅炉负荷不小于 50%，1 台一次风机跳闸。

（3）锅炉负荷不小于 50%，1 台给水泵跳闸。

（4）锅炉负荷不小于 50%，1 台引风机跳闸。

（5）锅炉负荷不小于 50%，炉膛上部床温（3 取 2）大于 980℃。

（6）锅炉负荷不小于 50%，旋风分离器出口烟度高>1030℃（6 个分离器中任一个分离器温度 3 取 2）。

3. 处理

（1）检查 RB 动作正常。

（2）直接切除两台给煤机运行或将给煤机转速调至最低。

（3）若 RB 动作不正常应立即手动干预，切除两台给煤机，保留两台给煤机运行降负荷至 350MW。

（4）加强对给水、汽温调节的监视，必要时手动干预，保证过热器、再热器管壁金属温度正常，避免汽温大幅度下降。

（5）加强主蒸汽压力监视，严防超压，并注意与汽温匹配度，必要时开启 PCV 阀手动泄压，保证足够的过热度。

（6）当两台并列运行的设备其中一台跳闸时，应检查跳闸设备出口隔离门关闭，将对应运行设备加到允许的最大出力，并加强运行设备的检查，维持相关设备运行正常。

（7）系统运行相对稳定后，调整燃料量、给水量、风量，保证机组在低于允许的最大出力下稳定运行，联系热工人员查找 RB 原因，消除故障后恢复机组正常运行。

三、锅炉结焦

1. 现象

（1）锅炉结焦，炉膛内床温、床压分布不均，偏差大，特别是两支腿间偏差更大，汽温汽压波动大。

（2）旋风分离器进口温度升高。

（3）大面积结焦时，流化风室压力升高。

（4）大块焦渣进入底渣冷却器，使底渣冷却器排渣不畅，甚至堵塞底渣冷却器。

2. 原因

（1）燃煤质量差，灰溶点低。

（2）布风板流化风嘴或二次风嘴堵塞，炉膛温度场分布不均匀。

（3）炉膛热负荷及炉膛温度过高。

（4）长期低负荷运行，流化不好。

（5）底渣冷却器排渣不正常。

（6）锅炉运行中长时间风煤配比不当。

3．处理

（1）适当增大可能结焦区的一次风量。

（2）适当降低床温，特别是在投煤时应注意床温不得急剧上升。

（3）调整一二次风的配比和给煤量，加强结焦区的排灰。

（4）经调整无效，则应请示停炉处理。

四、水冷壁泄漏

1．现象

水冷壁泄漏后，炉水在炉内汽化，形成大量水蒸气。因此，往往会有以下现象：

（1）炉膛压力升高，旋风分离器出口负压减小并形成正压，引风机挡板开度增大，电流上升。

（2）泄漏较大时，给水流量不正常大于蒸汽流量，机组补水量明显增大。

（3）床温不均匀，两支腿床温偏差大，旋风筒温度不正常或温差增大，两侧床压出现较大偏差。

（4）泄漏处有明显的声音，严重时，冷渣器下部有汽水流出。

（5）电除尘除尘效果变差，二次电流明显增大。

2．原因

（1）锅炉炉水品质长期不合格，使管内结垢，造成传热恶化。

（2）材质不合格或检修质量差。

（3）炉膛热负荷不均匀造成水循环不良。

（4）耐火材料裂纹或脱落、正压区漏床料、锅炉配风不当造成水冷壁磨损。

（5）锅炉严重缺水使水冷壁过热爆破或急于进水造成热冲击。

3．处理

（1）确认水冷壁泄漏，立即降低锅炉负荷，机组滑压运行。

（2）增大锅炉给水量，启动备用除盐水泵，维持凝汽器、除氧器水位正常。

（3）联系检修查明泄漏点和泄漏情况，申请停炉。

（4）快速降低给煤量，继续滑降机组负荷，加大床料排放，防止床料在炉内板结。

（5）机组负荷20%BMCR，将厂用电切换为启动备用变压器供电。

（6）停运给煤线、给石加入线。

（7）蒸汽流量为15%额定蒸发量前，应开启高压旁路，保证汽水系统有足够的通流量，避免受热面因局部过热受到损害。

（8）机组负荷到零，汽轮机打闸，发电机解列，按正常停机处理。

（9）维持一台引风机、一台二次风机、一次风机运行。

（10）水冷壁泄漏后，锅炉水动力平衡被破坏，如果锅炉监视段水冷壁出现局部超温或管间温度偏差超过允许值无法维持正常运行时，锅炉应紧急停炉，发电机、汽轮机按故障停机处理。

（11）锅炉停炉后保留一台引风机运行，保证二次风通道开启。

（12）维持锅炉 10%～15% 的额定上水量，监视水冷壁温度不超限，直至炉膛温度低于水冷壁金属允许温度。

（13）锅炉下部床温最高点小于 400℃时，启动二次风机通风 1h，抽吸炉内存在的大量可燃气体，避免发生炉膛氢爆，再启动一次风机冷却锅炉、排床料。

五、省煤器泄漏

1. 现象

省煤器泄漏出的给水，会在烟道中部分蒸发产生蒸汽，同时降低烟温。因此，省煤器下游的烟气量会增大，烟温会降低，会出现以下现象：

（1）引风机挡板开度增加，电流增大，泄漏严重时，烟道负压减小。

（2）给水流量不正常大于蒸汽流量，机组补水量明显增大。

（3）排烟温度下降。

（4）泄漏处有明显的声音，严重时省煤器灰斗有灰浆，甚至有灰水流出。

（5）一、二次风温度降低。

（6）电除尘除尘效果变差，二次电流明显增大。

2. 原因

（1）给水品质长期不合格，管内结垢，造成传热恶化。

（2）材质不合格或检修质量差。

（3）磨损或管道过热。

（4）启、停过程中省煤器再循环使用不正确。

（5）吹灰器故障。

（6）给水含氧量长时间超标，造成省煤器入口氧腐蚀。

3. 处理

（1）确认省煤器泄漏，立即降低锅炉负荷，机组滑压运行。

（2）增大锅炉给水量，启动备用除盐水泵，维持凝汽器、除氧器水位正常。

（3）联系检修查明泄漏点和泄漏情况，申请停炉。

（4）锅炉减弱燃烧，机组滑降负荷，尽量降低锅炉床温。

（5）机组负荷 20%BMCR，将厂用电切换为启动备用变压器供电。

（6）停运电除尘，将振打切换为手动连续振打。

（7）停运给煤线、给石加入线。

（8）蒸汽流量为 15% 额定蒸发量前，应开启高压旁路，保证汽水系统有足够的通流量，避免受热面因局部过热受到损害。

（9）机组负荷到零，汽轮机打闸，发电机解列，按正常停机处理。

（10）如果省煤器发现泄漏后，锅炉主蒸汽，再热蒸汽参数超限，或者监视段水冷壁温度超温，锅炉应紧急停炉，发电机、汽轮机按故障停机处理。

（11）锅炉停炉后保留一台引风机运行，保证二次风通道开启。

（12）维持锅炉上水量 100t/h，1h 后停止上水。

（13）在确保安全的前提下，排出尾部烟道内的积水以及灰浆。

（14）维持锅炉 10％～15％的额定上水量，监视水冷壁温度不超限，直至炉膛温度低于水冷壁金属允许温度。

六、高温过热器泄漏

1. 现象

（1）引风机挡板开度增加，电流增大，泄漏严重时，烟道负压减小。

（2）给水流量不正常大于蒸汽流量，机组补水量明显增大。

（3）排烟温度下降。

（4）泄漏处有明显的声音。

（5）主蒸汽压力、机组负荷下降。

2. 原因

（1）蒸汽品质长期不合格，管内结垢，造成传热恶化。

（2）材质不合格或检修质量差。

（3）磨损或管道过热。

（4）热负荷偏差大。

3. 处理

（1）确认高温过热器泄漏，立即降低锅炉负荷，机组滑压运行，尽量降低锅炉床温、主蒸汽压力。

（2）增大锅炉给水量，启动备用除盐水泵，维持汽包、凝汽器、除氧器水位正常。

（3）联系检修查明泄漏点和泄漏情况，申请停炉。

（4）停运给煤线、给石加入线。

（5）机组负荷 100MW，逐渐关闭外置床灰控阀，就地确认已关闭，维持外置床流化风量运行。

（6）机组负荷 20％BMCR，将厂用电切换为启动备用变压器供电。

（7）蒸汽流量 15％额定蒸发量前，应开启高压旁路，保证汽水系统有足够的通流量，避免受热面因局部过热受到损害。

（8）机组负荷到零，汽轮机打闸，发电机解列，按正常停机处理。

（9）如锅炉负压无法维持，锅炉紧急停炉，发电机、汽轮机按故障停机处理。

（10）锅炉停炉后保留一台引风机运行，保证二次风通道开启。

（11）锅炉下部床温最高点小于 400℃时，启动风机冷却、排床料。

（12）事故处理过程中，应加强汽水系统参数及金属壁温度的监视，发现异常，应立即处理，避免超限。

七、低温再热器泄漏

1. 现象

（1）引风机挡板开度增加，电流增大，泄漏严重时，烟道负压减小。

（2）机组补水量明显增大。

（3）排烟温度下降。

（4）泄漏处有明显的声音。

（5）再热蒸汽压力、机组负荷下降。

（6）汽轮机轴向位移负值增大。

2. 原因

（1）蒸汽品质长期不合格，管内结垢，造成传热恶化。

（2）材质不合格或检修质量差。

（3）磨损或管道过热。

（4）吹灰器故障。

（5）热负荷偏差大。

3. 处理

（1）确认低温再热器泄漏，立即降低锅炉负荷，机组滑压运行。

（2）增大锅炉给水量，启动备用除盐水泵，维持凝汽器、除氧器水位正常。

（3）联系检修查明泄漏点和泄漏情况，申请停炉。

（4）滑压减负荷过程中，重点监视机组轴向位移和非工作推力瓦温度。

（5）滑参数过程中，尽量将煤仓、石灰石粉仓烧空。

（6）机组负荷 20％BMCR，将厂用电切换为启动备用变压器供电。

（7）蒸汽流量为 15％额定蒸发量前，应开启高压旁路，保证汽水系统有足够的通流量，避免受热面因局部过热受到损害。

（8）停运给煤线、给石加入线。

（9）机组负荷到零，汽轮机打闸，发电机解列，按正常停机处理。

（10）如锅炉负压无法维持，锅炉紧急停炉，发电机、汽轮机按故障停机处理。

（11）锅炉停炉后保留一台引风机运行，保证二次风通道开启。

（12）锅炉下部床温最高点小于 400℃时，启动风机冷却、排床料。

八、外置床内受热面泄漏

1. 现象

（1）泄漏外置床侧床压异常下降，回灰温度先上升后下降，进灰困难，空仓温度下降。

（2）引风机挡板开度增加，电流增大，泄漏严重时，烟道负压减小。

（3）过热器泄漏时，两侧汽温偏差大，蒸汽流量不正常低于给水流量。

（4）高温再热器泄漏时，再热蒸汽压力下降，负荷下降，轴向位移负值增大。

（5）机组补水量明显增大。

（6）外置床泄漏处有明显的声音。

2. 原因

（1）蒸汽品质长期不合格，管内结垢，造成传热恶化。

（2）材质不合格或检修质量差。

（3）磨损或管道过热。

3. 处理

（1）确认外置床受热面泄漏，立即降低锅炉负荷，机组滑压运行。

（2）增大锅炉给水量，启动备用除盐水泵，维持凝汽器、除氧器水位正常。

（3）联系检修查明泄漏点和泄漏情况，申请停炉。

（4）滑参数过程中，尽量将煤仓、石灰石粉仓烧空。

（5）机组负荷 20%BMCR，将厂用电切换为启动备用变压器供电。

（6）蒸汽流量 15%额定蒸发量前，应开启高压旁路，保证汽水系统有足够的通流量，避免受热面因局部过热受到损害。

（7）停运给煤线、给石加入线。

（8）机组负荷到零，汽轮机打闸，发电机解列，按正常停机处理。

（9）维持一台引风机、一台二次风机、一次风机运行，对炉膛、外置床通风冷却。

（10）发生泄漏后，如果锅炉主参数无法维持运行，紧急停炉，发电机、汽轮机按故障停机处理。

（11）锅炉停炉后保留一台引风机运行，保证二次风通道开启。

（12）锅炉下部床温最高点小于 400℃时，启动风机冷却、排床料。

九、空气预热器着火、尾部烟道再燃烧

1. 现象

（1）空气预热器处或尾部烟道压力剧烈波动；排烟温度急剧升高，引风机自动时，静叶频繁动作。

（2）空气预热器出口风温、排烟温度不正常升高，烟气氧量不正常降低。

（3）烟道不严密处冒烟气。

（4）空气预热器发生二次燃烧时，电流波动大、外壳温度高或烧红，消防装置动作，严重时发生卡涩或跳闸。

（5）炉膛氧量显示严重偏低或至零。

2. 原因

（1）启动过程中床温过低，投煤过早，造成燃烧不完全，加之烟速低，造成烟道内沉积燃料。

（2）旋风分离器分离效果差，飞灰中可燃物含量高。

（3）入炉煤粒径分布不合理。

（4）煤、油混烧时间过长。

（5）燃烧调整不当，配风不合理。

（6）烟道漏风。

（7）未按规定对烟道和空气预热器进行吹灰。

3. 处理

（1）某处温度不正常升高时，立即采取调整燃烧和对应部位受热面吹灰等措施，使烟气温度降低。

（2）省煤器、空气预热器等处确认发生再燃烧，或排烟温度上升至 250℃时，应紧急停炉。

（3）停炉后，立即关闭各烟风挡板，严禁通风。维持空气预热器运行，投入空气预热

器消防灭火装置。

（4）如火势不减，烟温继续升高，应加大给水流量，提高高、低压旁路流量，增大汽水系统流量，以防省煤器，低温过热器、低温再热器管道过热损坏。

（5）待火熄灭、烟温降至正常后，停止灭火和吹灰，缓慢开启人孔检查设备损坏情况，同时对空气预热器进行彻底检查、清理。无火源后，启动引风机通风 5～10min。符合启动条件后，方可恢复机组运行。

（6）在上述处理中，其他操作按热备用停炉处理。

第八章　循环流化床锅炉常规试验

大型循环流化床燃烧技术作为一种崭新的燃煤发电技术，至今不过 30 多年的历史。虽然这种新型的燃烧方式，已表现出极强的生命力，但毕竟发展历史较短，基础研究不够，实践运行经验不多，绝大多数新投运的循环流化床锅炉都或多或少地存在一些缺陷，未能达到最佳运行状态。据统计，国内燃煤循环流化床锅炉，投运当年就能在额定负荷、额定蒸汽参数下连续运行 180 天以上者寥寥无几。因此，进行系统的燃烧调整试验，使循环流化床锅炉及其辅助系统尽可能地达到长期稳定高效安全运行，就成为一项十分迫切的工作。

循环流化床锅炉的燃烧调整与运行优化，主要是通过一系列的锅炉试验来完成的。这些试验主要包括冷态流化特性试验、锅炉热平衡试验、锅炉运行优化试验。本章主要介绍这三种试验的原理、方法及注意事项。

第一节　循环流化床锅炉冷态流化特性试验

一、冷态试验的目的与作用

循环流化床锅炉炉内的燃烧过程是在流态化状态下进行的，因此作为炉内燃烧顺利进行的一个基本条件，必须保证炉内处于良好的流态化状态。在新锅炉投运时，可以通过冷态试验来了解、掌握其气固流动规律，验证和修改设计及运行方案；在锅炉运行一段时间或大修后，可以通过冷态试验帮助锅炉用户找出锅炉设备运行现状与新炉投运之初存在的差距，以便确定下一步的改进措施。

考虑到循环流化床锅炉炉内燃烧过程极为复杂，热态下测量困难很大，因此冷态试验被认为是省时、省力、效率高、灵活性强、适应于锅炉现场的一种试验方法，从而在循环流化床锅炉现场得到广泛的应用。冷态试验通常可用于解决以下问题：

（1）确定炉内流态化是否均匀，包括炉膛、回料器的流化均匀程度。

（2）确定二次风的作用及风速的合理性。

（3）确定回料器返料流动的均匀性及必要的回料风量。

（4）确定给煤的均匀性。

（5）确定布风装置运行状况。

（6）确定流化床冷渣器和外置床内的流化均匀性以及与炉膛匹配的气固流动特性。

（7）确定风门挡板的调节特性。

二、冷态试验的准备工作

冷态试验通常在新炉投运之前或锅炉大修之后进行，因为此时锅炉各系统的工作状态较好。当然，实际需要时，也可在临时停炉后进行冷态试验。在进行冷态试验之前，应先准备一个试验大纲，在设备、人员分工以及仪器仪表等方面作统一安排，然后按照试验大纲，进行以下准备工作。

1. 锅炉设备的准备工作

首先，应根据锅炉实际情况，确定试验过程中会使用那些设备，并确保这些设备能够顺利投运。比如，若冷态试验包括炉膛和回料器，则需要投入一次风机、引风机和高压风机。这些风机必须达到良好的运行状态。试验过程中，可能要反复排放和添加床料，因此冷渣器及排渣设备也应工作正常。此外，还应保证布风板风帽基本没有堵塞、炉内耐火材料没有破损并准备足够多的合格床料等。若需要试验人员较长时间地呆在炉内进行测量，还需要让炉内温度降到室温，以便试验人员进入炉内并使仪器的工作温度符合要求。

2. 试验人员的准备工作

在进行试验之前，需要根据试验工作量的大小，准备足够多的试验人员。试验人员组成包括正式试验人员、辅助试验人员和临时工等。其中，炉内冷态流化试验需要约 4 名正式试验人员。正式试验人员主要负责进行必要的仪器操作和记录试验数据，具体分工为现场指挥、观察炉内流化情况、集控室抄表记录和机动。若试验内容不仅限于炉内流化试验，所需正式试验人员还会更多。辅助试验人员则在正式试验人员的指挥和要求下，进行引、送风机等设备的操作，可以由当班的运行人员担任。临时工则完成现场床料搬运等工作。

试验之前，最好对试验人员进行简单的培训，使每个试验人员都清楚自己的职责和试验要求及所操作仪器的使用方法。

3. 仪器仪表和床料的准备工作

有关仪器、仪表的准备工作，主要包括两方面：一是试验所需要的测量数据，若 DCS 系统有记录，则需要在试验之前检查这些仪表的工作状态是否正常。由于冷态试验主要测量炉膛内和等压风室中的压力，而炉内的测压管又经常容易堵塞，因此必须保证测压管畅通。二是试验所需的部分测量数据，如各个二次风口的速度等，DCS 系统可能没有记录，此时就需要单独安装测量仪表（如笛形管）或采用风速仪进行现场测量。

试验所用床料，最好采用循环灰。但实际上也有使用停炉后炉内剩余床料进行冷态试验的。但最好将这种床料放出炉外，将粒径大于入炉煤粒径要求的床料（往往是运行中产生的小焦块）筛除后，再送回炉内进行冷态试验。

三、冷态试验的内容及试验方法

所谓冷态试验，就是在锅炉未点火升温、炉膛基本处于室温状态下进行的试验。冷态试验通常可以包括以下内容，但也可根据锅炉的实际情况进行增减。比如，对带有外置床的大型循环流化床锅炉，还需要进行外置床的冷态试验。

1. 风量标定试验

风量标定试验主要是指一、二次风的总风量标定试验。某些中、小容量的循环流化床锅炉，一、二次风的总风量没有进入 DCS 测量系统，也未在操作显示屏上显示出来，操作显示屏只显示了风机的调节挡板开度；另外的一些循环流化床锅炉，虽然有一、二次风的风量测量，但风量测量的一次元件（通常是机翼）可能由于受现场空间限制而安装得不正确（比如：风量测量元件的前后直管段长度不够），风量测量不准。在上述情况下，都需要在风道上安装专门测量仪表测量风量，或者对已安装的风量测量装置进行标定。

为冷态试验安装的风量测量装置一般采用笛形管，然后用皮托管或热球风速仪标定笛形管。标定时，将风机调节挡板依次开启至 20％、40％、60％、80％和 100％开度，用皮托管或热球风速仪按等截面划分法，将风道截面划分成若干个测量点进行风速测量，求得平均风速；然后根据笛形管所测压差，用坐标纸作出笛形管压差与平均风速或风量的标定曲线。

冷态试验开始后，只需根据笛形管所测压差，就可从标定曲线上查得风量值。

2. 煤量标定试验

给煤量均匀是保持循环流化床炉内燃烧均匀的一个重要条件。由于受设备设计、安装以及运行等因素的影响，炉膛两侧的进煤量有时不完全相等，炉内床料横向混合又没有人们想象的那么快，因此最好对入炉煤量进行标定试验。此外，为了便于锅炉运行的经济核算和锅炉热平衡试验时的煤量计算，最好在冷态试验期间进行煤量标定试验，找出入炉煤量与给煤机转速的准确关系，作为运行管理、热平衡试验、锅炉热态调试的参考依据。

煤量标定试验比较简单，但工作环境恶劣。试验时，试验人员将编织口袋或其他容器置于炉内给煤口下方，根据不同的给煤转速（通常要测量额定负荷给煤机转速的 100％、80％、60％、40％、20％以及 10％时的入炉煤量），测出 1min 的给煤量，并且在炉内几个给煤口同时测量。试验完成后，可得到不同给煤转速时炉内各给煤口的给煤量。采用给煤试验的测量结果，就可以对给煤系统加以改进。

在进行给煤量标定试验时，炉内试验人员必须穿戴防尘服、防尘面罩和防护眼镜。

3. 炉内流态化试验

炉膛流态化试验是十分重要的冷态试验。通过炉膛流化试验，可以确定临界流化风速（量）以及炉内流化是否均匀。新炉投运以及大修后，都应当进行炉内冷态流化特性试验。

在相关准备工作做好后，就可以进行冷态流化试验了。首先要在炉内铺设一层筛分好的床料，厚度约 400mm。打开炉膛两侧的人孔门，启动引风机，使炉内始终保持一定的负压状态。然后逐步开启一次风机，分别在风机入口调节挡板开度为 20％、40％、60％、80％和 100％时，记录床压值和一次风量。床压值可以从 DCS 系统显示屏或床压测量装置上读取，一次风量值可以从 DCS 系统显示屏或者根据笛形管标定曲线得到。

在逐渐增大一次风量的同时，要通过人孔门仔细观察炉内的流化状态，确定炉内床料需要多大风量才能达到临界流化状态。对于大而深的炉膛，可采用一个较长的木杆，前端吊一盏 36V 行灯，伸入炉内，将行灯置于床料上。若行灯自然陷入床料中，则说明该处已处于流化状态；若行灯静置于床料上，则说明该处未流化。也可以用铁耙或铁钩插入床料中，若能轻松地接触到布风板上的风帽，则说明此处已流化；反之，则未流化。

当炉内的床料已充分流化后，停一次风机，然后观察炉内床料静止后的表面平整情况。若床料表面十分平整，则说明流化十分均匀。否则，凡是凹陷的地方，流化风速较高；凡是发生堆积的地方，流化风速较低。

在进行炉内冷态流化试验之前，在炉内无床料情况下，可以开启一次风机，测量不同风量时的布风板阻力（风室压力）。尤其在新炉投运之前，特别推荐作一次布风板阻力试验，并将试验结果很好地保存起来。锅炉投运一段时间后，重作一次布风板阻力试验，若相同风量下的布风板阻力增大，则说明布风板的风帽有堵塞现象。风帽堵塞越严重，布风板阻力增长的幅度越大。

完成了炉膛的流化试验后，还应对外置床进行流化试验。需要注意的是，外置床的流化试验所用床料不能太粗，可以采用启动床料。

4. 回料器返料试验

回料器也是工作在流化状态下。与炉内床料流化不同，回料器的返料不仅与回料器中的流化状态有关，还与立管的工作状态有关。由于进入回料器的流化风量的一部分，会作为松动风进入立管，使立管内的床料能工作在稳定的移动床状态下而不断下行，因此进入回料器的风量，不仅应使回料器内处于流化状态，还应使立管内的床料能够均匀地进入回料器。

在进行回料器返料试验之前，首先要通过分离器锥段或分离器烟气入口处的人孔门，向立管内加入足够多的床料；也可以开启一、二次风机和引风机，在关闭高压风机的条件下，将部分床料吹入立管。若启动风机将部分床料从炉膛吹入回料器，往往需要临时改动DCS系统的连锁保护，否则无法顺利启动风机。

将立管内的床料准备好后，就可单独启动高压风机，使回料器内流化起来。此时试验人员应穿戴好防护用具，进入炉内观察回料口的回料情况。当送入回料器的流化风量不够时，回料器内的床料不会流化，从炉膛的回料口也观察不到回料。当逐渐增大回料风量时，回料器内的床料开始返回炉膛。刚开始时可能不稳定，随着回料风量继续增大，回料量逐渐趋于稳定。此时的回料风量就是最小回料风量。再继续增大回料风量，回料量会略有增加并仍能保持稳定。当回料风量继续增大时，回料量又会变得不稳定，这是由于回料风量过大，立管被吹穿所致。

将能够保证回料量稳定的回料风量范围记录下来，作为锅炉运行时参考。冷态下的回料风量参数，对解决热态运行时出现的回料不畅有很重要的参考价值。

5. 流化床冷渣器冷态流化试验

当锅炉采用流化床冷渣器时，还需要进行流化床冷渣器的冷态流化试验。与单纯的炉内冷态流化试验不同，流化床冷渣器内的流化状态还受炉膛内流化状态的影响，因此其冷态试验过程与炉内冷态流化试验也有所不同。

在进行流化床冷渣器冷态试验时，首先要在炉膛内和冷渣器内堆放一定的床料量（各堆放400mm高），单独开启冷渣器流化风，找出流化床冷渣器的最小流化风量。然后使炉膛内的床料流化起来。当炉膛和冷渣器都处于流化状态时，冷渣器内的床层高度会随炉腔内的流化风量和冷渣器内的流化风量改变而变化。一般而言，增大循环流化床炉腔的流化风量，冷渣器内的床层高度会升高，以平衡循环流化床炉腔一侧的压差；增大流化床冷渣器内的流化风量，冷渣器内的床层高度会自动降低，以使炉腔与冷渣器之间达到新的平衡。

在流化床冷渣器内一定高度位置，一般设计有水冷受热面。流化床冷渣器内的床层高度越高，则浸没在灰渣中的水冷受热面越多，冷渣器的冷却效果就越好。冷渣器的流化风速则扮演了一个比较矛盾的角色：增大流化风速，风的冷却能力加强，但同时由于床层高度下降和吹回炉腔的床料增多，又会使冷渣器的冷却能力下降。现场试验表明，流化床冷渣器的流化风速，存在一个使冷渣器达到最大冷渣能力的最佳值。

当多个流化床冷渣器并联运行时，冷渣器流化风在冷渣器之间的分配特性，也需要在冷态试验期间进行观察和试验。某个流化床冷渣器流化风量变化，对其他流化床冷渣器流化风量的影响，也是一个需要在冷态试验中重点关注的问题。

此外，炉腔向流化床冷渣器的排渣方式及排渣量的控制特性，也需要在冷态试验时给予特别的注意。

通过不同的炉腔流化风速与冷渣器流化风速的组合，就可根据冷态试验得到冷渣器在不同工况下的冷渣能力数据。这些数据对热态下冷渣器的运行具有重要的指导意义。

试验时，冷渣器内的床层高度，可以通过冷渣器内的床压值测出，也可将风机突然停下，直接测量静止床层高度。

6. 二次风口风速调整试验

二次风对炉内气固混合具有重要的影响。由于每个二次风口在二次风环形母管上所处的位置不同，每个二次风口的风门挡板的调节性能也不同，因此二次风喷口的风量可能各不相同。此外，对于全部给煤都从炉腔前墙进入炉内的给煤设计方案，客观要求前墙的二次风量应略大于后墙的二次风量。为此，必须进行二次风喷口风速的调整试验。

二次风口的风速需要用专门的风速表测量。由于二次风速较高，一般可达 $60\sim80m/s$，因此通常采用转杯式风速仪进行测量（普通热球风速仪最大只能测量 $45m/s$ 的风速）。测量风速时，可将二次风口划分为 4 个 1/4 圆面积的几何区域，每个区域测量一次，然后取平均值。

在进行二次风喷口风速调整试验时，应将炉内的床料放掉，开启送、引风机，将炉腔吹扫 $30\sim60min$，等炉内基本吹扫干净后，试验人员穿戴好防护用品，再携带风速测量仪进入炉内。然后只开启引风机和二次风机，依次测量各二次风喷口的风速。测量时，首先应将各二次风喷口速度测量一遍，将各喷口风速调整一致后，再根据锅炉给煤系统的具体情况（前墙给煤及后墙回料方案、前后墙给煤及后墙回料方案、前墙给煤及前墙回料方案），综合考虑前后墙二次风量的分配。根据作者的经验，当锅炉采用前后墙给煤（后墙给煤一般是采用回料管给煤）的方案时，后墙二次风量应占总风量的 55% 左右；采用前墙给煤及后墙回料方案时，前墙二次风量应占总二次风量的 60% 左右；当采用前墙给煤及前墙回料的方案时，前墙二次风量应占总二次风量的 65%～70%。冷态试验时，可多做几种比例的二次风风量配比工况，并将相关二次风口的挡板位置记录和标记出来，便于热态调试时采用。

第二节　循环流化床锅炉热平衡试验

一、热平衡试验的目的

通过热平衡试验，可以掌握锅炉运行的整体情况，可以确切了解锅炉运行的热效率。这也是新的循环流化床锅炉投运时，商务合同规定必须做的一项重要工作。

通过热平衡试验，可以确定锅炉的各项热损失，了解锅炉的缺陷和进行技术改造的方向。由于循环流化床锅炉在全世界范围内还是一个新生事物，还处于不断完善过程中，新锅炉投运后，锅炉本体及其附属设备，总会存在某些可以进一步完善的地方，通过热平衡试验，可以找出具体问题所在，进一步搞好锅炉的运行。

通过热平衡试验，确定不同运行工况下的各项经济指标，修正原有的锅炉运行操作规程。

循环流化床锅炉投运之初，锅炉制造厂家都提供了全部锅炉运行参数值或参数范围。锅炉调试验收过程中，又根据锅炉实际情况，对这些参数重新进行了修订。在此基础上，锅炉调试单位或锅炉用户编写了《锅炉安全运行规程》。通过一段时间（通常 1~2 年）的运行，根据锅炉及其系统的磨合情况，以及运行人员对锅炉运行特性更深入具体的了解，在新的热平衡试验结果的基础上，可以对原有的《锅炉安全运行规程》进行修订，进一步提供锅炉运行的安全性和经济性。

二、热平衡试验的标准及其差异

（一）适用于循环流化床锅炉热平衡试验的标准

目前，国内循环流化床锅炉热平衡试验所用的热平衡标准主要有 3 种：一是中国国家标准 GB 10184—1988《电站锅炉性能试验规范》，二是德国标准 DIN 1942（1997 年版），三是美国 ASME PTC4.1 锅炉性能试验规范。

其中，GB 10184—1988 颁布于 1988 年，该标准颁布时，并未对循环流化床锅炉结构及运行方面存在的特殊性进行专门考虑，比如，带外置式高温旋风分离器的循环流化床锅炉的表面积比常规煤粉锅炉大，使循环流化床锅炉的实际散热损失比该标准推荐的同样容量的煤粉锅炉的散热损失值大；该标准也未考虑由于石灰石加入炉内并参与煅烧反应和脱硫反应后，对入炉热量计算结果的影响。因此，在使用 GB 10184—1988 时，需要事先对上述两项内容的计算方法进行约定。2005 年，西安热工研究院会同有关单位，提出了一个电力行业推荐标准 DL/T 964—2005《循环流化床锅炉性能试验规程》，该标准将高压风机、一次风机和二次风机包括在热平衡系统之内，而引风机在系统之外。该标准是对 GB/T 10184—1988 的补充，考虑了循环流化床锅炉由于炉内加石灰石脱硫对锅炉热平衡和尾部烟气成分的影响。以煤的低位发热量为基础，在热损失法的计算中将锅炉的热损失分为排烟损失 q_2、化学未完全燃烧损失 q_3、机械未完全燃烧热损失 q_4、散热损失 q_5、灰渣物理热损失 q_6、脱硫热损失 q_7。其计算的基本公式为

$$\eta_{gl} = 100 - (q_2 + q_3 + q_4 + q_5 + q_6 + q_7)$$

图 8-1 是根据 DL/T 964—2005 标准绘制的一个典型的循环流化床锅炉的热平衡系统图。

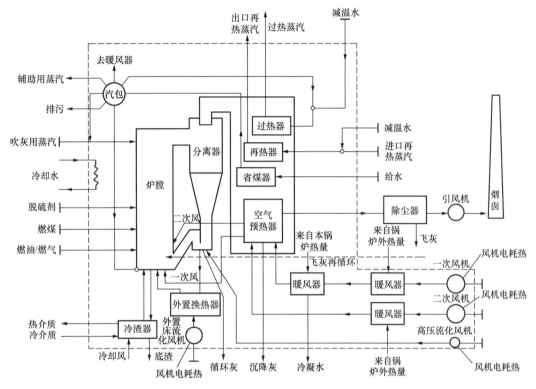

图 8-1 按 DL/T 964—2005 标准绘制的循环流化床锅炉热平衡系统图

(二) 各标准中对效率计算的主要差异

ASME PTC 4.1 标准中热损失考虑项目十分详尽,对测量有较高的要求。但其中有些项目并不进行测量,其原因是测量困难,数值也很小。比如炉膛向冷炉斗的辐射热损失、进入机组范围的冷却水吸热造成的热损失等,一般需试验双方协商,计入不可测量热损失。德国 DIN 标准采用统计公式,其方法比较简便,且与 ASME PTC 4.1 标准计算具有较好的一致性。在验收国外机组时多采用 ASME PTC 4.1 标准,而在验收国内机组时多采用 DL/T 964—2005 和 GB/T 10184—1988 标准。这 3 大标准的不同之处如下。

1. 对辅机电耗的处理

在计算锅炉毛效率(一般合同中的效率均为毛效率)时,各标准均不考虑辅机电耗,而在计算锅炉净效率时,将其折算成热量列入输入热量中,如 ASME PTC 4.1 、DIN 1942、GB10184—1988。

2. 基准温度

基准温度是在锅炉能量平衡中,计算各项输入和损失热量时规定的一个能量起算点,对于基准温度的选取,各国规定并不一致:DIN 1942 标准定为 25℃;GB 10184—1988 定为送风机进口空气温度,也即环境温度;ASME PTC 4.1 定为空气预热器进口空气温度。因为一般效率计算中均忽略燃料等的物理显热,因此计算损失的基准温度不一定取上述温度，一般会在合同技术附件、效率保证条件中规定。当试验的基准温度偏离保证条件中的规定值时，试验的结果要对此进行修正。

3. 燃料发热量

燃料发热量有高位发热量和低位发热量。DIN1942 和 GB 10184—1988 标准采用低位发热量；ASME PTC 4.1 标准中采用高位发热量。高位发热量和低位发热量间的差别仅在于燃料水分的汽化潜热［即 $25.2 \times (9Har + War)$ kJ /kg］。在锅炉燃烧与换热的整个过程中，它是不被利用的。实际应用中，采用高位发热量还是低位发热量计算，可以灵活掌握。目前，绝大部分合同中规定锅炉效率的计算均采用 ASME PTC 4.1 标准中的简化计算法，并仅采用低位发热量作为输入热量。

4. 烟气量计算

各标准均利用燃料的元素分析计算燃烧空气量及烟气量，而 DIN 1942 标准同时列出了按烟气中 O_2 和 $Q_{net.ar}$ 统计公式进行计算的方法，这种方法简单，可用于一般性试验。在计算烟气和空气量时，各标准均对未燃尽碳的热损失作了考虑，但方法各异。ASME PTC4.1 中的方法是将未燃尽碳在燃料的元素分析 C_{ar} 中扣除，即减去；GB 10184—1988 方法中是采用［$(100-q_4)$ /100］对烟气和空气量等进行修正；DIN 1942 标准中的方法是输入热项乘以 $(1+L_u)$，而 L_u 为未燃尽碳与燃尽碳之比。显而易见，不同的修正方法对未完全燃烧热损失的物理模型是不一样的，前者认为固体未完全燃烧热损失就是碳，除此之外的可燃物如硫、氢等都燃尽，因此只在计算中从燃料的元素分析 C_{ar} 中扣除未燃尽碳；而后二者都认为固体未完全燃烧热损失相当于一部分煤还没有燃烧，因此在计算中作了总的修正。从炉内燃烧过程及未燃尽碳的实质来看，前者是合理的，也比较切合实际。

5. 烟气比热容

对于烟气比热容，GB 10184—1988 方法中用查表求得；ASME PTC 4.1 规定按燃料的 C/H 比及烟气温度查曲线图而得；DIN 1942 标准规定既可按公式计算亦可按燃料特性求得的 H_2O、CO_2 比值查曲线图而得。

6. 固体未完全燃烧热损失

各标准中固体未完全燃烧热损失的计算差异主要是由未燃尽碳的发热量取值不同，各标准中的发热量取值如下：ASME PTC 4.1 取 33 727kJ/kg；DIN 1942 取 33 000kJ/kg（硬煤）、27 200kJ/kg（褐煤）；GB 10184—1988 取 33 727kJ/kg。

7. 气体未完全燃烧热损失

各标准中气体未完全燃烧热损失的计算差异主要是所计及的不完全燃烧气体成分及 CO 的发热量取值不同，DIN 标准仅计算 CO，而其他标准都较全面地计算了 CO、H_2、CH_4、C_nH_m 等。各标准中 CO 的发热量取值如下：ASME PTC 4.1 取 10 188kJ/m^3；DIN1942 取 10 115kJ/m^3；GB 10184—1988 取 12 636kJ/m^3。

8. 散热损失

散热损失具有影响因素多、测量困难、数值较小的特点，各标准处理方法如下：ASME PTC 4.1 采用 ABMA 辐射损失曲线；DIN 1942 标准中给出了包括管道等外置部件的辐射损失曲线组，该曲线组根据现代大容量锅炉机组的实践，对褐煤高炉煤气、烟煤及重油天然气炉 3 种典型的、差别较大的不同类型锅炉的散热损失区别对待，包含了不同的 3 条曲线，从而使散热损失更切合实际和更科学合理；GB 10184—1988 中采用我国自己的科研成果，即原西安热工研究所经过实测、分析和整理的散热损失曲线。

近年来的研究表明，由于分离器数量、结构形式（汽水冷却式或绝热式）以及是否有外置床的差异，不同结构布置的电站循环流化床锅炉的散热损失差异较大，同为 300MW 循环流化床锅炉的散热损失可能相差 2 倍以上。将循环流化床锅炉依表面温度的不同，分成两部分计算，从而获得较准确的散热损失值，具体可查阅相关参考文献。

9. 空气预热器漏风的计算差别

国内锅炉机组性能试验中提及的均为空气预热器漏风系数，为空气预热器进、出口过剩空气系数之差；国外锅炉机组提及的多为空气预热器漏风率，为漏到烟气侧的湿空气质量与进入空气预热器湿烟气质量之比，二者的计算方式是不一致的，因而其数值也不一致（对同一设备），但它们之间可以进行经验换算。

目前，国产循环流化床锅炉投运验收时，一般采用 GB 10184—1988 范进行验收；国外进口的循环流化床锅炉，国外锅炉制造厂家通常要求采用 DIN1942 标准或 ASME 标准验收。本节主要介绍采用 GB 10184—1988 进行循环流化床锅炉热平衡试验的基本方法，同时给出一个采用德国 DIN 标准进行热平衡试验的计算实例。

三、循环流化床锅炉热平衡试验基本步骤及其计算实例

（一）试验的组织与准备工作主要内容

（1）熟悉锅炉设备的结构、系统布置、锅炉本体及辅机系统的技术条件、运行特性和操作程序。

（2）检查锅炉本体及相关系统设备，确保所有系统、设备能正常运行。若发现问题，应及时予以消除。

（3）制定试验大纲，确定测量项目、测量方法、测点布置和分析化验项目，并编制所需的试验记录表格。尤其要在试验之前，试验各方应根据 GB 10184—1988 标准，协商好标准未详细说明的内容。如锅炉入炉热量计算方法、散热损失的取值方法等。

（4）根据锅炉设备的具体结构和试验大纲的要求，列出试验所需补充的测试装置、试验材料、现场条件（供电电源等）清单。虽然循环流化床电站锅炉大多采用 DCS 控制系统，许多参数可以从 DCS 显示屏上读取或打印，但诸如平均排烟温度的测量，仍需要在空气预热器出口尾部烟道上进行温度场测量，以求得排烟平均温度。类似还有尾部烟气成分（含氧量）参数的测定，也最好进行多点测量，求取平均值。

（5）对试验需用仪表器件的安装进行技术监督，做好试验用仪表及测量设备的检验工作，并培训试验观测人员。

（6）成立一个有用户、试验单位等相关单位人员组成的热平衡试验领导小组，做好相关生产调度（电网负荷和电厂各部门配合等）与维修保障工作。

（二）热平衡试验中应注意的几个问题

1. 热平衡计算中的修正问题

循环流化床锅炉热平衡试验与其他类型锅炉热平衡试验不同之处，主要是由于石灰石加入炉内后，石灰石在炉内发生高温分解、脱硫反应，使锅炉入炉热量、烟气成分、灰渣量等参数的计算式发生了明显变化，必须要在相关计算公式中进行修正。

（1）入炉热量的计算。

在 GB 10184—1988 标准规定的锅炉入炉热量计算值的基础上，应当计入石灰石入炉后由于参与煅烧反应的吸热量和由于参与脱硫反应的放热量。在循环流化床锅炉运行条件下，入炉石灰石几乎全部煅烧生石灰（CaO），这个反应是吸热的，化学反应方程式为

$$CaCO_3 = CaO + CO_2 - 183 \quad kJ/mol \tag{8-1}$$

即每煅烧分解 1mol 的石灰石（$CaCO_3$），需要吸热 183kJ。

随后，生石灰（CaO）与 SO_2、O_2 反应，生成 $CaSO_4$，化学反应方程式为

$$CaO + \frac{1}{2}O_2 + SO_2 = CaSO_4 + 486 \quad kJ/mol \tag{8-2}$$

即每吸收 1molSO_2，会放出 486kJ 的热量。

此外，还应考虑原煤灰分中的 CaO 成分对炉内脱硫反应的影响。由于原煤灰分中的 CaO 成分以多种矿物形态存在，某些矿物组分会参与炉内的脱硫反应（如硅酸二钙 [$(CaO)_2 . SiO_2$]），而另外的一些矿物组分则不会再参与炉内的脱硫反应 [如石膏（$CaSO_4$）]。为了便于计算，可以假定原煤灰分中的所有 CaO 都参与脱硫反应，都计入脱硫参数 Ca/S 摩尔比中。但这种处理方法会使炉内实际参与脱硫反应的 CaO 的数量少于计算值。作为一种补偿，在石灰石中的 $MgCO_3$ 含量不高（一般小于 5%）时，可以将其作为杂质考虑，即认为 $MgCO_3$ 不参与炉内的脱硫反应。这样既减少了计算误差，也简化了脱硫计算。

按照上述条件，石灰石加入炉内后，对应于 1kg 入炉煤，根据式（8-1）和式（8-2）所确定的数量关系以及 Ca、S 等元素的分子量，可得到入炉热量的变化值为

$$\Delta Q = S_{ad}\left[15\,652\eta_s - 5583\left(K_s - \frac{4CaO_c}{7S_{ad}}\right)\right]/100 \quad kJ/kg \tag{8-3}$$

式中 S_{ad}——煤的收到基硫分，%；

      η_s——锅炉脱硫效率，%；

      K_s——炉内脱硫反应的 Ca/S 摩尔比；

   CaO_c——煤中 CaO 含量。

（2）烟气成分计算式的修正。

根据式（8-1）和式（8-2），并将烟气看成是理想气体，则石灰石加入炉内后，理论空气量、理论干烟气容积、水蒸气容积、RO_2 容积都发生了变化。下面分别以理论空气量和理论干烟气量的计算为例，加以说明。

在计算理论空气量时，考虑脱硫所消耗的空气后，1kg 煤燃烧脱硫的理论空气量 V^0 计算式为

$$V^0 = 0.089\,(C_{ad}^{ry} + S_{ad}) + 0.265H_{ad} - 0.033\,3O_{ad} + 1.663\,3\eta_s S_{ad}/100 \tag{8-4}$$

$$C_{ad}^{ry} = C_{ad} - MaC$$

式中 C_{ad}^{ry}——煤在炉内实际烧掉的碳含量百分比，%；

C_{ad}——煤的收到基含碳量，%；

Ma——1kg 煤燃烧脱硫后产生的总灰量，kg/kg；

C——灰渣中炭量与灰量的比率；

S_{ad}、H_{ad}、O_{ad}——煤的收到基硫、收到基氢和收到基氧。

理论干烟气容积为

$$V_{gys} = V_{gy0} + K_{CaCO_3} \times 22.4Ms / 10^4 / B - 0.007 \eta_s S_{ad} \tag{8-5}$$

式中 V_{gys}——考虑脱硫反应后的理论干烟气容积，m^3/kg；

V_{gy0}——未考虑脱硫反应时的理论干烟气容积，m^3/kg；

K_{CaCO_3}——石灰石中的 $CaCO_3$ 含量，%；

Ms——脱硫石灰石消耗量，kg/h；

B——入炉煤消耗量，kg/h。

（3）锅炉额定负荷下散热损失的确定。

锅炉额定负荷下的散热损失，可以查表确定。GB 10184—1988 附录 F 中，给出了锅炉额定负荷下的散热损失与锅炉容量的关系曲线。曲线有两条，一条为实线，一条为虚线。在没有其他参考资料的条件下，可以按实线查取。也可以参照锅炉制造厂提供的相关技术资料，试验各方协商确定。

（4）灰渣含碳量的修正。

由于循环流化床锅炉的燃烧温度只有 800～900℃左右，很难保证所加入的石灰石能够 100％的分解成 CaO 和 CO_2。因此，灰渣中可能存在少量诸如 $CaCO_3$ 之类的碳酸盐。在对灰渣进行含碳量分析时，这些碳酸盐会发生分解反应而释放出 CO_2，从而使按照标准方法测出的灰渣含碳量偏高。

因此在进行灰渣含碳量测定的同时，应当另取一个同样的灰渣样进行灰渣中的 CO_2 含量测量。在热平衡计算中，应将按国家标准方法测得的灰渣含碳量，减去灰渣中 CO_2 含量后再带入计算。

2. 灰渣中 CaO 含量的测量

为了准确地计算出循环流化床锅炉的热效率，在热平衡试验中必须准确测得入炉石灰石量、脱硫效率、CaO 利用率、脱硫 Ca/S 摩尔比等脱硫参数。但直接测量这些脱硫参数比较困难，测量误差也较大，因此通常采用测量灰渣中的 CaO 含量来反算这些脱硫参数。

在测量灰渣中的 CaO 含量时，应当测量出灰渣中所包含的所有 CaO 成分，包括灰渣中的 $CaCO_3$、被 $CaSO_4$ 外壳包裹的未反应 CaO 等所有 CaO 成分。测量标准可以采用 GB/T 4634—1996。

3. 锅炉灰渣物理热损失和排烟热损失的计算修正

对采用滚筒式冷渣器的循环流化床锅炉，在计算排渣热损失时，排渣温度应取锅炉的排渣温度，而不是冷渣器的排渣温度。因为滚筒式冷渣器的冷却水来自冷凝水，这股冷凝水将底渣冷却后，水温升高，返回汽轮机回热系统后使汽轮机抽汽减少，使汽轮机冷凝损失增大，即底渣的绝大部分热量，实际上是通过汽轮机回热系统，被循环水系统带走了，没有完全达到节能的目的。因此，在计算灰渣物理热损失时，建议不要简单地采用冷渣器出口渣温计算，还应综合考虑由于汽轮机冷凝损失增大而造成的额外热量损失。

类似情况也出现在循环流化床锅炉设置低温省煤器时，排烟热损失的计算修正。采用回热系统的冷凝水，通过低温省煤器进一步降低了排烟温度，虽然锅炉排烟热损失降低，但汽轮机冷凝损失增加，因此在计算排烟热损失时，建议综合考虑由于汽轮机冷凝损失增大而造成的额外热量损失。

4. 热平衡试验的开始步骤与结束步骤

由于循环流化床锅炉底渣含碳量（一般小于 2%）与飞灰含碳量（最大可超过 30%）相差较大，因此大渣与飞灰量的比例对热效率影响极大。与其他锅炉不同的是，循环流化床锅炉炉膛内始终保持有大量的灰渣，如果试验开始与试验结束时炉内灰渣量不相等，则必然影响所测得的大渣与飞灰量的比例，从而影响最终的试验结果。炉内床料量的多少，可以通过床压表现出来。床压值又与入炉风量有关。因此，当热平衡试验结束时，应当使锅炉床压和锅炉负荷分别与试验开始时的床压值和负荷值保持一致（试验期间可以有所变化）。

除试验开始与结束时的床压和负荷一致外，试验结束时的锅炉水位、汽水参数、煤仓料位也应与试验开始时保持一致。

（1）循环流化床锅炉热平衡试验可以采用如下方式开始：锅炉负荷、汽水参数稳定后，启动输煤皮带向成品煤仓加煤，成品煤仓加满、皮带运输机停运的时刻作为试验的开始时间，随即完成以下工作：

1）记录锅炉水位、炉内床压、一、二次风量、锅炉负荷等运行参数。

2）停止由炉膛向冷渣器排渣。若配备的是水冷螺旋冷渣器，则等除渣系统内的所有冷渣全部排往渣库后，冷渣器再开始排渣，并将排出的冷渣切换出来称重计量。如果锅炉配用流化床冷渣器，则在试验开始时，将流化床冷渣器中的渣全部排往渣库。若流化床冷渣器中的渣无法全部排出，则需要记录流化床冷渣器的床压。

3）如果锅炉空气预热器下部烟道设置有放灰口，此时应立即将灰斗中的灰放干净。

4）开始进行烟气分析和煤、渣、灰的取样工作；同时开始进行其他相关测试工作，如测量环境温度、电动机电流等。

（2）热平衡试验一般采用如下方式结束：在达到试验时间后，调整锅炉运行参数，使炉膛床压、锅炉水位恢复到试验开始时的数值，同时启动输煤皮带向成品煤仓加煤，当煤仓再次加满、输煤皮带停运的时刻，就作为热平衡试验结束的时刻，随即完成以下工作：

1）停止由炉膛向冷渣器排渣，若配备的是水冷螺旋冷渣器，则等除渣系统内的所有冷渣全部排出称重完成后，再重新启动冷渣器并将冷渣直接排往渣库。如果锅炉配用流化床冷渣器且试验开始时冷渣器中的底渣已全部排出，此时则需将流化床冷渣器中的底渣全部排出称重。若试验开始时记录了流化床冷渣器的床压值，此时还需要使流化床冷渣器的床压值与试验开始时一致。

2）如果锅炉尾部烟道空气预热器下部设置有放灰口，此时应立即将灰斗中的灰放干净，并将所放出的灰进行称重计量。

3）取消所有因热平衡试验而采取的临时措施（如重新开启因热平衡试验而关闭的锅

炉定排、拆除试验期间为测量排烟平均温度而安装的测温网络等）。

第三节　循环流化床锅炉运行优化试验

一、炉内燃烧优化试验

循环流化床锅炉炉内燃烧过程的优化，是循环流化床锅炉运行优化试验的主要内容，也是许多循环流化床锅炉用户最为关心的问题。锅炉运行优化的目的，就是要进一步提高锅炉运行可靠性和经济性。

要搞好循环流化床锅炉运行优化，必须了解循环流化床锅炉在炉内燃烧组织方面，与其他传统锅炉的不同之处。其主要的不同之处有两点：

（1）大量床料在炉膛、分离器、回料器组成的循环回路中循环流动，这股高温或中温循环灰，对炉内床温分布和受热面吸热有极大的影响；大量循环灰参与炉内换热过程并形成炉膛上部空间的循环流态化状态，出现大量床料成团与返混现象，这是其他锅炉所没有的。

（2）在锅炉额定负荷或大多数负荷条件下，二次风口以下区域处于还原燃烧区，这一区域的过剩空气系数小于1，从而抑制了燃料的充分燃烧，并在大量循环灰及时将燃烧放热带往炉膛上部的条件下，使这一绝热燃烧区域的温度得到合理的控制，不会出现温度飞升现象。

因此，炉内燃烧优化试验内容，主要由两部分组成：一是风煤的均匀混合调整试验，这是对所有燃煤锅炉都是一样的，只是具体方法不同；二是针对循环流化床锅炉上述两点特殊性，专门进行的燃烧优化试验。具体而言，这些燃烧优化试验主要包括以下几个方面。

1. 二次风配平试验

二次风配平试验主要包括两方面的内容，一是要保证各二次风口的风速均匀一致，二是要确保二次风量在炉内的分布状态与燃料分布状态一致。

为了确保各二次风口的风速均匀一致，需要在冷态试验期间进入炉内，测量各二次风口的风速。由于二次风口风速较高，可以采用气力式测速管（如皮托管）或转杯式风速仪测量。

为了使二次风在炉内的分布状态与燃烧分布状态一致，需要在热态调试期间，根据给煤及回料口的具体布置情况，结合炉内氧气浓度测量，增大前墙或后墙二次风量。

某410t/h循环流化床锅炉运行优化试验表明，炉内气固横向混合并没有人们想象的好。该炉采用前墙给煤、前墙回料。冷态时，炉内实测二次风速达到70m/s。但在热态运行时，实测二次风口上方（约10m）炉膛中心处的氧量接近0，同一标高处前墙附近炉内氧量为4%，后墙附近氧量达到8%。这至少说明两点：一是二次风进入炉内后，很难均匀地分布于整个炉内横断面上；二是煤从炉前给入后，在经历了约10m长的距离后，仍然不能均匀地分布于炉内横断面上。因此，必须针对炉内实际的氧量分布情况，合理调整前后墙的二次风比例，使炉内氧量沿炉膛深度的分布尽量均匀。为此，需要采用专门的烟气氧量分析仪，并在炉壁上专门开设抽取炉内高温烟气的测量孔。

2. 一、二次风比调整试验

当总风量不变时，一、二次风比变化会影响炉内床料的循环倍率。一般而言，当一次风量（通过布风板的流化风）增加，会使更多的床料被吹到二次风口以上区域，在二次风的帮助下，就会有更多的床料被吹出炉膛进入分离器，从而使通过回料器返回到床内的床料量增大。

一、二次风比的调整还会影响炉内的温度分布，这种影响程度还与具体的锅炉结构有关。当采用绝热式高温旋风分离器时，由于分离器内会发生少量的燃烧反应，回料器出口温度往往会高于高温旋风分离器的进口温度，此时循环量的增加，有可能会使炉膛下部温度上升。但当采用回料管给煤时，由于煤的热解，循环灰与煤混合后的温度往往低于炉温，此时循环量的增加又会使炉膛下部温度降低。

此外，当一、二次风量变化时，在不同的负荷下，炉膛下部温度变化是不同的。在额定负荷或较高负荷时，一次风量的增加，有可能还会使炉膛下部温度升高，因为此时炉膛下部区域的气氛处于还原状态，一次风量增大，会增大燃烧强度。当低负荷运行时，炉膛下部已可能处于氧化气氛（为了确保流化，一次风量存在一个下限值），此时再增大一次风量，就会使炉膛温度降低。在这两种情况下，增大一次风量，都会使炉膛下部的热量更多地被带到炉膛上部，使炉膛上部的温度升高。

通过调整一、二次风量比，可以使额定负荷时的炉膛温度，在垂直方向上趋于一致，这对改善炉内燃烧是十分有利的。

3. 灰渣含碳量优化试验

循环流化床锅炉化学不完全燃烧损失几乎为零，主要的燃烧损失是机械不完全燃烧损失，具体表现在飞灰含碳量上。因此如何降低飞灰含碳量，就成为燃烧优化的重点。

飞灰含碳量的高低，与煤种、运行参数（如炉内温度、负荷、一二次风量等）、分离器分离效率等众多设计和运行因素有关。这里，仅从灰渣分布情况，讨论降低飞灰含碳量的问题。

飞灰含碳量的最主要贡献者是分离器未能分离下来、一次性穿过炉膛的微小煤粉。这种微小煤粉可能是来自入炉煤中的微小煤粒，也可能是由于较大直径煤粒在炉内燃烧过程中经过磨损或爆裂所产生的。因此，灰渣含碳量优化试验的主要内容，一是要对床料、循环灰、除尘器收集的飞灰进行粒度分析，二是要分析不同粒度的飞灰的含碳量。通过这两项分析，确定什么粒径的固体颗粒不可能被分离器分离下来；在飞灰中，什么粒径范围的飞灰颗粒含碳量最高，从而确定是否采用飞灰再循环来降低飞灰含碳量。

二、燃煤制备和石灰石系统的运行优化试验

燃煤制备系统和石灰石输送系统运行好坏，对锅炉运行经济性和安全性也有很大影响。不同循环流化床锅炉制造厂家，往往给出不同的最佳燃煤粒径分布和石灰石粒径分布曲线。任何一个破碎系统破碎出的燃煤或石灰石，其粒径分布都不可能刚好达到锅炉制造厂的要求。此外，煤粒进入炉内后还会发生进一步的破碎与磨损。因此实际运行中，就存在一个如何在现有设备条件下，始终使燃煤制备系统和石灰石系统达到最佳运行状态的问题。

（一）燃煤制备系统的运行优化试验

燃煤制备系统的运行优化试验主要是对煤的破碎、筛分系统进行优化。试验内容主要包括煤粒径分布的测量及调整试验、破碎特性（破碎比）试验、破碎设备出力及电耗试验、筛分设备出力试验、给煤设备出力试验等。下面以某 410t/h 循环流化床锅炉为例加以讨论。该炉燃煤制备系统配备两级环锤式破碎机，在两级破碎之间设置有圆盘筛。

1. 煤粒径分布试验

试验每一工况分别对原煤、一级破碎机下煤、圆盘筛下煤以及成品煤取样，利用标准筛进行筛分，筛孔径为 0～50mm 共 15 个筛孔系列，筛孔孔径大小分别为 0.05、0.074、0.1、0.154、0.71、1、2、3.2、5、8、10、16、31.5、50mm。

破碎物料的颗粒特性一般符合下列关系式，即

$$R_x = 100\mathrm{e}^{-bx^n} \tag{8-6}$$

对式（8-6）取对数可改写成以下形式，即

$$\lg\left(\ln\frac{100}{R_x}\right) = \lg b + n \,(\lg x) \tag{8-7}$$

式中　R_x——筛孔尺寸为 x mm 筛上余量百分数，％；

　　　　b——表征物料颗粒度大小的系数，b 值越大，颗粒度越细；

　　　　n——物料均匀性指数。

按式（8-7）对本阶段试验各工况颗粒度分布作线性回归，就得出各破碎产物的 n 指数和 b 指数。

2. 破碎机出力试验

一级破碎机出力试验在其稳定运行 1h 后进行。一级破碎机出力试验通过测量计算成品煤流量的方法进行。

对成品煤输送皮带运行速度进行标定，即通过对皮带上某点煤样做标记以测量其移动速度的方法测定皮带运行速度。由于煤流横断面面积很难求得，因此试验直接从皮带上截取 0.3m 长度的煤样称其质量，再计算出输送的煤量即破碎机的出力。其计算方法为

$$G = G_l / l v_\mathrm{e} \times 3.6 \tag{8-8}$$

式中　G——一级破碎机的出力，t/h；

　　　　G_l——代表段长度上煤样质量，kg；

　　　　l——截取代表段的长度，m；

　　　　v_e——皮带运动速度，m/s。

由于一级破碎机系统停运采取连锁的方式，即其停运的顺序必须是先停运原煤筒仓下的振动给料机，然后依次停运原煤输送皮带、一级破碎机、二级破碎机、二级破碎机后输送皮带。为保证直接从皮带上截取 0.3m 长度煤样量具有代表性，试验采取在皮带运行过程中直接从皮带上截取 0.3m 长度煤样用于计算一级破碎机出力。

3. 破碎机电耗试验

影响破碎机电耗的主要因素是破碎机出力、进料颗粒度等。试验用电能表进行功率测量，按电能表电枢在一定时间内的转数来测定功率，每一工况计算电枢的总持续时间为 2min，已知电能表圆盘转数 n' 和时间 t 以后，电动机功率可由式（8-9）求得，即

$$P = \frac{n' \times 3600 \times K_{dl} K_{di}}{tA} \tag{8-9}$$

式中　A——电能表常数，为每 1kW·h 电能表圆盘的转数，r/（kW·h）；

n'——在时间 t 内电表电枢的转数，r；

K_{dl}——电压互感系数；

K_{di}——电流互感系数。

4. 破碎特性试验

破碎比是衡量破碎机破碎特性的重要指标，破碎比是指给入破碎机物料的最大粒度 D_{max}（或平均粒度）与破碎产物的最大粒度 d_{max}（或平均粒度）之比，即

$$\lambda = \frac{D_{max}}{d_{max}} \tag{8-10}$$

但实际中，最大粒度难以确定，亦即最大粒度本身无明确定义，而平均粒度也有较多定义法则，并且涉及形状系数等因素。试验时，可对原煤最大粒度采用当量直径方法间接测量，即从所取的样中取体积最大的颗粒测量其体积和质量，计算出其当量直径。对于成品煤、一级破碎机后煤最大粒径，为简便起见，计算中均以筛余量 R_x 的最大筛孔直径尺寸作为最大粒径。

通过调节环锤式破碎机锤头与破碎块之间的间隙以及破碎机转速等参数，重复上述试验，就可分别得到一级破碎机、煤筛以及二级破碎机的出料粒度分布、破碎机电耗、破碎系统最终出力等试验结果，再结合燃烧调整试验结果，就可确定最佳的给煤粒径分布。

（二）石灰石制备及给料系统运行优化试验

石灰石制备及给料系统运行优化试验内容主要包括石灰石粒径分布特性、破碎机出力及其调节特性、破碎机电耗特性、给料系统出力及阻力特性等。下面仍以某 410t/h 锅炉石灰石制备及给料系统的运行优化试验为例，加以说明。

该炉采用了二级破碎系统，第一级锤击式破碎系统将粒径不大于 100mm 的石灰石初破碎至粒径不大于 25mm 的石灰石；初破碎后的石灰石由皮带机输送到炉前 100m³ 石灰石仓再送入石灰石二级辊式低速磨碎机，初破碎后的石灰石从磨碎机筒体一端加入筒体，与滚动的磨辊接触，通过旋转筒体带动磨辊运转，磨辊与石灰石的反复撞击产生符合要求的石灰石产品，磨碎后的石灰石最大尺寸由钢丝滚筒筛控制。石灰石从磨碎机出来经过孔径为 16 目（筛孔径 1mm）的钢丝滚筒筛，该筛装在滚筒体壳外面，小于 1mm 的石灰石细颗粒通过筛网成为石灰石产品，筛上的剩余石灰石颗粒通过再循环通道送入另一头的加料端。

经过二级破碎后，成品石灰石由仓泵提升输送至炉前 100m³ 石灰石缓冲灰仓，再由 2 套气力输送装置，经 4 根石灰石输送管分别给入 4 根循环灰回灰管中，与循环灰、给煤一并给入炉膛。

　　石灰石制备及给料系统试验优化的主要内容与燃煤制备系统试验优化内容基本相同，主要包括石灰石粒径分布的测量及调整试验、破碎特性（破碎比）试验、破碎设备出力及电耗试验、筛分设备出力试验、石灰石输送设备出力试验等内容。读者请参照前述内容，此处不再叙述。

参 考 文 献

[1] 中国电力企业联合会.中国电力行业年度发展报告 2011，2011 年 6 月.

[2] R Giglio, J Wehrenberg. Fuel Flexible Power Generation Technology - Advantages of CFB Technology for Utility Power Generation Power-Gen International Orlando. Florida, USA December 14-16, 2010.

[3] T Jäntti, R Parkkonen. Łagisza 460 MWe Supercritical CFB-Experience During First Year After Start of Commercial Operation. Russia Power Moscow, Russia March 24-26, 2010.

[4] A Hotta, K Kauppinen, A Kettunen. Towards New Milestones in CFB Boiler Technology - CFB 800 MWe / New 460 MWe Super-Critical Plant with CFB Boiler in Lagisza - First Experience Update. Power-Gen Europe 2010 Rai, Amsterdam The Netherlands, June 8 - 10, 2010.

[5] T Jantti, H Lampenius, M Russkanen, R Parkkonen. Supercritical OTU CFB Projects - Lagisza 460 MWe and Novocherkasskaya 330 MWe, Russia Power 2009. Moscow, Russia April 28 - 30, 2009.

[6] G X Yue, H R Yang, J F Lu, et al. Latest Development of CFB Boilers In China, Proceedings of international conference on fluidized bed combustion. Xi'An, China May 18-20, 2009. 3~12

[7] 聂立.东方自主开发型 300MW 亚临界 CFB 锅炉暨 600MW 超临界 CFB 锅炉介绍.CFB 协作网 2009 年年会.

[8] 哈尔滨锅炉厂.自主研发 600MW 超临界循环流化床锅炉技术方案，2007 年 1 月.

[9] 上海电气集团上海锅炉厂有限公司.超临界循环流化床锅炉关键技术研究，2006 年 12 月.

[10] 李金晶，大型循环流化床动态特性研究：〔博士论文〕.北京：清华大学，2009.

[11] G X Yue, J F Lu, H Zhang, et al. Design Theory of Circulating fluidized bed boilers. //Jia L, eds. Proceedings of the 18th international Conference on Fluidized Bed Combustion. New York：American Society of mechanic Engineers，2005：135~146

[12] 岑可法，倪明江，骆仲泱，等.循环流化床锅炉理论设计与运行.北京：中国电力出版社，1998.

[13] 金涌，祝金旭，等.流态化工程原理.北京：清华大学出版社，2001.

[14] 冯俊凯，岳光溪，吕俊复.循环流化床燃烧锅炉.北京：中国电力出版社，2003.

[15] 吕俊复，岳光溪，张建胜，等.循环流化床锅炉运行与检修(第 2 版).北京：中国水利水电出版社，2005.

[16] 四川白马 300MW CFB 示范工程总结编委会.四川白马 300MW CFB 示范工程总结.北京：中国电力出版社，2007.

[17] 卢啸风.大型循环流化床锅炉设备与运行.北京：中国电力出版社，2006.

[18] 杨海瑞.循环流化床锅炉物料平衡研究：〔博士论文〕.北京：清华大学，2003.

[19] 孙献斌，黄中.大型循环流化床锅炉技术与工程应用.北京：中国电力出版社，2009.

[20] J R Grace, A A Avidan, T M Knowlton. Circulating Fluidized beds. New York, USA：Blackie Academic & Professional, 1997.

[21] 赵伟杰，王勤辉，张文震，等.循环流化床锅炉控制系统的设计和应用.北京：中国电力出版社，2009.

[22] 张彦军.600MW 超临界循环流化床锅炉设计关键技术研究：〔博士论文〕.杭州：浙江大学，2009.

[23] 吕俊复.超临界循环流化床锅炉水冷壁热负荷及水动力研究：〔博士论文〕.北京：清华大学，2005.

［24］ W C Yang. Fluidization，Solids，and Processing-Industrial Applications. New Jersey，USA：Noyes Publications，1998.

［25］ D Kunii，O Levenspiel. Fluidization Engineering. 2nd. Newton，MA，USA：Butterworth-Heinemann，1991.

［26］ J F Davidson，R Clift，D Harrison. Fluidization. 2nd. Orlando，Florida，USA：Academic Press INC，1985.

［27］ R J Hossfeld，D A Craig，R A Barnum. What You Need to Know to Reliably Handle Waste Coal. Proceedings of 17th International Conference on Fluidized Bed Combustion. Jacksonville，Florida，USA，May 18-21，2003.

［28］ J W Kerner，P E，G W Stetler. Ash Cooling Screws-A Retrospective and Looking Ahead. Proceedings of 17th International Conference on Fluidized Bed Combustion. Jacksonville，Florida，USA，May 18-21，2003.

［29］ M M Marchetti，T S Czarnecki，J C Semedard，et al. ALSTOM'S Large CFBs and Results. Proceedings of 17th International Conference on Fluidized Bed Combustion. Jacksonville，Florida，USA，May 18-21，2003.

［30］ I Lalak，J Seeber，F Kluger. Operational Experience with High Efficiency Cyclones：Comparison between Boiler A and B in The Zeran Power Plant- Warsaw，Poland. Proceedings of 17th International Conference on Fluidized Bed Combustion. Jacksonville，Florida，USA，May 18-21，2003.

［31］ J Seeber，G Scheffknecht. Utilization of High Sulphur Coals in CFB. Proceedings of 16th International Conference on Fluidized Bed Combustion. Jacksonville，Reno，Nevada，USA，May 13-16，2001.

［32］ F Belin，M Maryamchik，D J Walker，et al. Babcock & Wilcox CFB Boilers-Design and Experience. Proceedings of 16th International Conference on Fluidized Bed Combustion. Jacksonville，Reno，Nevada，USA，May 13-16，2001.

［33］ S J Goidich，T Hyppänen. Foster Wheeler Compact CFB Boilers for Utility Scale. Proceedings of 16th International Conference on Fluidized Bed Combustion. Jacksonville，Reno，Nevada，USA，May 13-16，2001.

［34］ M G Alliston，T Luomaharju，A Kokko. Improved Water-Cooled Cyclone Constructions in CFBs. Proceedings of 15th International Conference on Fluidized Bed Combustion. Savannah，Georgia，USA，May 16-19，1999.

［35］ B Zeng，X F Lu，H Z Liu. Influence of CFB (Circulating Fluidized Bed) Boiler Bottom Ash Heat Recovery Mode on Thermal Economy of Units. Energy，2010，35(9)：3863～3869

［36］ B Zeng，X F Lu，L Gan. Development of a Novel Fluidized Bed Ash Cooler for Circulating Fluidized Bed Boilers：Experimental Study and Application. Powder Technology，2011，212(1)：151～160

［37］ J Y Lu，X F Lu，H Z Liu，et al. Calculation and Analysis of Dissipation Heat Loss in Large-scale Circulating Fluidized Bed Boilers. Applied Thermal Engineering，2010，30 (13)：1839～1844

［38］ 谢江. 浅析 600MW 机组超临界压力直流锅炉水冷壁的系统特性对运行操作的要求. 热力发电，2004，4 (8)：7～9.

［39］ 樊泉桂. 超临界锅炉中间点温度控制问题分析. 锅炉技术，2005，36(6)：1～5

［40］ 樊泉桂. 阎维平. 锅炉原理. 北京：中国电力出版社，2003.

［41］ 樊泉桂. 超超临界及亚临界参数锅炉. 北京：中国电力出版社，2009.

［42］ 蒋敏华，肖平，等. 大型循环流化床锅炉技术. 北京：中国电力出版社，2009.

［43］ B Xiong，X F Lu，H Z Liu，et al. Gas-solid Flow in an Integrated External Heat Exchanger for CFB boiler. Powder Technology，2010，202 (1-3)：55～61

［44］ J H Chen，X F Lu，H Z Liu，et al. The Effect of Solid Concentration on the Secondary Air-jetting Penetration in a Bubbling Fluidized Bed. Powder Technology，2008，185(2)：164～169